D0744538

George Pólya: Collected Papers
Volume IV
Probability; Combinatorics; Teaching and Learning in Mathematics

Mathematicians of Our Time

Gian-Carlo Rota, series editor

Richard Brauer: Collected Papers
Volumes I–III
edited by Warren J. Wong and Paul Fong
[17–19]

Paul Erdös: The Art of Counting
edited by Joel Spencer [5]

Einar Hille: Classical Analysis and Functional Analysis. Selected Papers of Einar Hille
edited by Robert R. Kallman [11]

Mark Kac: Probability, Number Theory, and Statistical Physics. Selected Papers
edited by K. Baclawski and M. D. Donsker
[14]

Charles Loewner: Theory of Continuous Groups. Notes by Harley Flanders and Murray H. Protter [1]

Percey Alexander MacMahon: Collected Papers
Volume I
Combinatorics
edited by George E. Andrews [13]

George Pólya: Collected Papers
Volume I
Singularities of Analytic Functions
edited by R. P. Boas [7]

George Pólya: Collected Papers
Volume II
Location of Zeros
edited by R. P. Boas [8]

George Pólya: Collected Papers
Volume III
Analysis
edited by J. Hersch and G.-C. Rota [21]

George Pólya: Collected Papers
Volume IV
Probability; Combinatorics; Teaching and Learning In Mathematics
edited by G.-C. Rota [22]

Collected Papers of Hans Rademacher
Volume I
edited by Emil Grosswald [3]

Collected Papers of Hans Rademacher
Volume II
edited by Emil Grosswald [4]

Stanislaw Ulam: Selected Works
Volume I
Sets, Numbers, and Universes
edited by W. A. Bayer, J. Mycielski, and G.-C. Rota [9]

Norbert Wiener: Collected Works
Volume I
Mathematical Philosophy and Foundations; Potential Theory; Brownian Movement, Wiener Integrals, Ergodic and Chaos Theories; Turbulence and Statistical Mechanics
edited by P. Masani [10]

Norbert Wiener: Collected Works
Volume II
Generalized Harmonic Analysis and Tauberian Theory; Classical Harmonic and Complex Analysis
edited by P. Masani [15]

Norbert Wiener: Collected Works
Volume III
The Hopf-Wiener Integral Equation; Prediction and Filtering; Quantum Mechanics and Relativity; Miscellaneous Mathematical Papers
edited by P. Masani [20]

Oscar Zariski: Collected Papers
Volume I
Foundations of Algebraic Geometry and Resolution of Singularities
edited by H. Hironaka and D. Mumford [2]

Oscar Zariski: Collected Papers
Volume II
Holomorphic Functions and Linear Systems
edited by M. Artin and D. Mumford [6]

Oscar Zariski: Collected Papers
Volume III
Topology of Curves and Surfaces, and Special Topics in the Theory of Algebraic Varieties
edited by M. Artin and B. Mazur [12]

Oscar Zariski: Collected Papers
Volume IV
Equisingularity on Algebraic Varieties
edited by J. Lipman and B. Teissier [16]

George Pólya

Collected Papers

Volume IV

Probability; Combinatorics; Teaching and Learning in Mathematics

Edited by
Gian-Carlo Rota

Associate Editors
M. C. Reynolds
R. M. Shortt

The MIT Press
Cambridge, Massachusetts
London, England

This book was printed and bound in the United States of America.

Library of Congress Cataloging in Publication Data

Pólya, George, 1887–
Probability; Combinatorics; Teaching and learning in mathematics.

(Collected papers/George Pólya; v. 4) (Mathematicians of our time; v. 22)
English, German, and French.
"Bibliography of George Pólya": p.
1. Probabilities—Addresses, essays, lectures. 2. Combinatorial analysis—Addresses, essays, lectures. 3. Mathematics—Study and teaching—Addresses, essays, lectures. I. Rota, Gian-Carlo, 1932– . II. Reynolds, M. C. III. Shortt, Rae Michael. IV. Title: Probability. V. Title: Combinatorics. VI. Title: Teaching and learning in mathematics. VII. Series: Pólya, George, 1887– . Collected papers; v. 4. VIII. Series: Mathematicians of our time; v. 22.
QA3.P73 vol. 4 [QA273.18] 510s [519.2] 83-24846
ISBN 0-262-16097-8

George Pólya

Contents
(Bracketed numbers are from the Bibliography)

Reprints of Papers in Probability

Reprints of Papers in Combinatorics

Reprints of Papers in Probability

Über geometrische Wahrscheinlichkeiten

Von

Georg Pólya in Zürich

(Vorgelegt in der Sitzung am 8. Februar 1917)

Der Theorie der geometrischen Wahrscheinlichkeiten, soweit sie willkürlich gezogene Geraden und willkürlich gelegte Ebenen betrifft, haben Crofton[1] und Czuber,[2] der die Ansätze von Crofton weiter führte, den Begriff des Maßes von Geraden- und Ebenenmengen zugrunde gelegt. Der Zweck der vorliegenden Mitteilung ist, auf den einfachen und natürlichen Gesichtspunkt hinzuweisen, von dem aus betrachtet die Begriffsbildungen der erwähnten beiden Autoren als die einzig berechtigten erscheinen.

1. Ich denke mir die Geraden der (x, y)-Ebene in die Hesse'sche Form

$$x \cos \varphi + y \sin \varphi - p = 0 \tag{1}$$

geschrieben, wo $0 \leqq \varphi < 2\pi$ und $p \geqq 0$. Die Zahlen φ und p sind die Polarkoordinaten von dem Fußpunkte des vom Anfangspunkt auf die Gerade (1) gefällten Lotes und bestimmen die Gerade (1) vollständig. Ich deute noch φ und p als rechtwinkelige Koordinaten in einer (φ, p)-Ebene und ich werde den in dieser Ebene gelegenen Punkt (φ, p) als Bild der Geraden (1) bezeichnen.

---

[1] Crofton, On the Theory of Local Probability etc. Phil. Trans. (London 1868), Bd. 158, p. 181—199.

[2] Czuber, Zur Theorie der geometrischen Wahrscheinlichkeiten; diese Sitzungsber., 90. Bd. (1884), p. 719—742.

For comments on this paper [36], see p. 607.

Crofton schreibt einer Geradenmenge $\mathfrak{G}$ ein bestimmtes Maß $m(\mathfrak{G})$ zu, und zwar nimmt er an, daß dieses Maß

$$= \iint_{\mathfrak{P}} d\varphi \, dp$$

ist, wo das Integrationsgebiet $\mathfrak{P}$ das Bild der Geradenmenge $\mathfrak{G}$ in der (φ, p)-Ebene bedeutet. Die geometrischen Betrachtungen, die Crofton seiner Festsetzung vorausschickt, sind sehr gewinnend, aber sie lassen doch letzten Endes unbegründet, warum nicht ein anderes analoges Integral

$$m(\mathfrak{G}) = \iint_{\mathfrak{P}} f(\varphi, p) \, d\varphi \, dp \tag{2}$$

als Maß der Geradenmenge $\mathfrak{G}$ gewählt wird, wo $f(\varphi, p)$, die »Dichtigkeitsfunktion«, irgendeine bestimmte stetige und positive Funktion bedeutet.

In der Tat, die Maßbestimmung (2) besitzt zwei der wesentlichen Eigenschaften, die man von irgendeiner Maßbestimmung a priori fordern würde, sie ist positiv und distributiv. Genauer gesagt, die Maßbestimmung (2) genügt den beiden Forderungen:

I. Es gibt Mengen $\mathfrak{G}$, für welche $m(\mathfrak{G}) > 0$ ist. Für alle Mengen $\mathfrak{G}$ ist

$$m(\mathfrak{G}) \geqq 0.$$

II. Wenn mit $\mathfrak{G}_1 + \mathfrak{G}_2$ die Vereinigungsmenge der beiden gliedfremden Geradenmengen $\mathfrak{G}_1$ und $\mathfrak{G}_2$ bezeichnet wird, so ist

$$m(\mathfrak{G}_1 + \mathfrak{G}_2) = m(\mathfrak{G}_1) + m(\mathfrak{G}_2).$$

Diesen Forderungen genügt die Maßbestimmung (2) bei jeder Wahl von $f(\varphi, p)$. Ich stelle mir die Aufgabe, **die Funktion $f(\varphi, p)$ so zu bestimmen, daß das Maß unabhängig von der Lage sei.** M. a. W. füge ich den beiden schon erfüllten Forderungen I und II die folgende dritte zu:

III. Wenn die beiden Geradenmengen $\mathfrak{G}$ und $\mathfrak{G}'$ kongruent sind, d. h. wenn die als starres System bewegte Geradenmenge $\mathfrak{G}$ mit $\mathfrak{G}'$ in Koinzidenz gebracht werden kann, so sei

$$m(\mathfrak{G}) = m(\mathfrak{G}').$$

Diese letzte Eigenschaft kann füglich als Invarianz des Maßes gegenüber Bewegung bezeichnet werden.

Ich übe auf die (x, y)-Ebene eine beliebige Bewegung

$$\begin{aligned} x &= x' \cos\alpha + y' \sin\alpha + a, \\ y &= -x' \sin\alpha + y' \cos\alpha + b \end{aligned} \tag{3}$$

aus. Die Gerade (1) wird dann in eine Gerade

$$x' \cos\varphi' + y' \sin\varphi' - p' = 0 \tag{1'}$$

übergeführt. Aus (1) und (3) ergibt sich

$$x \cos\varphi + y \sin\varphi - p =$$
$$= x' \cos(\varphi + \alpha) + y' \sin(\varphi + \alpha) - (p - a \cos\varphi - b \sin\varphi),$$

woraus je nach der Beschaffenheit des Wertepaares φ, r eines der beiden Formelpaare

$$\left.\begin{aligned} \varphi' &= \varphi + \alpha, \\ p' &= p - a \cos\varphi - b \sin\varphi, \end{aligned}\right\} \tag{4}$$

$$\left.\begin{aligned} \varphi' &= \varphi + \alpha + \pi, \\ p' &= -p + a \cos\varphi + b \sin\varphi \end{aligned}\right\} \tag{4*}$$

folgt.

Wird durch (3) $\mathfrak{G}$ in $\mathfrak{G}'$ übergeführt und bedeutet $\mathfrak{P}'$ das Bild von $\mathfrak{G}'$ in der (φ, p)-Ebene, so fordert III

$$m(\mathfrak{G}) = \iint_{\mathfrak{P}} f(\varphi, p)\, d\varphi\, dp = \iint_{\mathfrak{P}'} f(\varphi', p')\, d\varphi'\, dp' = m(\mathfrak{G}')$$

oder

$$\iint_{\mathfrak{P}} f(\varphi, p)\, d\varphi\, dp = \iint_{\mathfrak{P}} f(\varphi', p') \left| \frac{\partial(\varphi', p')}{\partial(\varphi, p)} \right| d\varphi\, dp.$$

Da diese Gleichung für beliebig kleine Gebiete $\mathfrak{P}$ gelten soll, folgt aus der Stetigkeit von $f(\varphi, p)$

$$f(\varphi, p) = f(\varphi', p') \left| \frac{\partial(\varphi', p')}{\partial(\varphi, p)} \right|.$$

In beiden Fällen (4) und (4*) erhält man für den absoluten Wert der Funktionaldeterminante

$$\left|\frac{\partial(\varphi', p')}{\partial(\varphi, p)}\right| = \left|\begin{matrix} 1 & 0 \\ a\sin\varphi - b\cos\varphi & 1 \end{matrix}\right| = 1,$$

woraus

$$f(\varphi, p) = f(\varphi'\, p') = \text{Konstante}$$

folgt, da durch Bewegung eine beliebige Gerade (φ, p) in eine beliebige andere (φ', p') überführt werden kann.

Hat also das Maß von Geradenmengen die Form (2) und ist dieses Maß von der Lage unabhängig, so muß notwendigerweise (abgesehen von einem konstanten Faktor)

$$m(\mathfrak{G}) = \iint\limits_{\mathfrak{P}} d\varphi\, dp \tag{5}$$

sein. Die ausgeführte Rechnung zeigt, daß diese Bestimmung (5) des Maßes sämtlichen Forderungen I, II, III genügt. Da das Maß gegenüber Bewegung invariant bleibt, ist die Lage des Koordinatensystems unerheblich.

Die Maßbestimmung (5) ist die von Crofton angegebene. Daß das Maß von Geradenmengen in der Ebene durch das Invarianzpostulat III eindeutig bestimmt ist, beruht, wie wir eben gesehen haben, darauf, daß die Gruppe der ebenen Bewegungen in bezug auf die Geraden der Ebene transitiv ist. Daß eine invariante Maßbestimmung überhaupt möglich ist, beruht auf der folgenden einfachen Tatsache: Einer beliebigen starren Bewegung der (x, y)-Ebene, der Trägerin der Geraden, entspricht eine flächentreue Transformation der (φ, p)-Ebene. [Die Ebene der inhomogenen Plücker'schen Geradenkoordinaten z. B. transformiert sich nicht flächentreu bei beliebiger starrer Bewegung der $(x\, y)$-Ebene.]

Das Maß (5) läßt sich für verschiedene spezielle Geradenmengen $\mathfrak{G}$ mit Einfachheit und Eleganz auswerten. Z. B. ist, wie bekannt, das Maß aller derjenigen Geraden der Ebene, die eine geschlossene konvexe Kurve K treffen, der Umfang von K.

2. Das Maß der Mengen von Ebenen und Geraden im Raum ergibt sich ebenfalls eindeutigerweise aus der Forderung der Unabhängigkeit des Maßes von der Lage. Ich darf mich wohl nur auf eine Andeutung der Ableitung beschränken. Einerseits glaube ich die wesentlichen Momente im Vorangehenden genügend hervorgehoben zu haben. Andrerseits sehen wir, daß die Festlegung dieser grundlegenden Begriffe der Wahrscheinlichkeitslehre als spezieller Fall in eine oft behandelte mathematische Aufgabe eintritt: ich meine die Bestimmung von Integralinvarianten kontinuierlicher Gruppen.

Eine Ebene im dreidimensionalen Raume ist festgelegt durch die drei Polarkoordinaten ϑ, φ, p von dem Fußpunkte des Lotes, das auf sie von einem festen Anfangspunkte gefällt wird. Denn jede Ebene kann in die Form

$$x \sin\vartheta \cos\varphi + y \sin\vartheta \sin\varphi + z \cos\vartheta - p = 0 \tag{6}$$

gesetzt werden, wobei $0 \leqq \vartheta \leqq \pi$, $0 \leqq \varphi < 2\pi$, $p \geqq 0$.

Es sei

$$\begin{pmatrix} o_{11} & o_{12} & o_{13} \\ o_{21} & o_{22} & o_{23} \\ o_{31} & o_{32} & o_{33} \end{pmatrix} = (o_{ik})$$

eine orthogonale Matrix und es seien g, h, k drei Konstanten. Durch die Bewegungstransformation

$$(x, y, z) = (o_{ik})(x', y', z') + (g, h, k) \tag{7}$$

geht die Ebene (6) in die Ebene

$$x' \sin\vartheta' \cos\varphi' + y' \sin\vartheta' \sin\varphi' + z' \cos\vartheta' - p' = 0 \tag{6'}$$

über. Sind die Konstanten der Transformation (7) gegeben, so sind ϑ', φ', p' wohlbestimmte Funktionen der Variablen ϑ, φ, p.

Wie der unter 1 mitgeteilte Gedankengang zeigt, kommt die Bestimmung eines von der Lage unabhängigen Ebenenmaßes darauf hinaus, eine Funktion $f(\vartheta, \varphi, p)$ zu finden, die der Funktionalgleichung

$$f(\vartheta', \varphi', p') \left| \frac{\partial(\vartheta', \varphi', p')}{\partial(\vartheta, \varphi, p)} \right| = f(\vartheta, \varphi, p) \tag{8}$$

für alle in der Formel (7) enthaltenen Transformationen genügt.

Die Berechnung der Funktionaldeterminante in (8) kann direkt ausgeführt, oder auch durch elementare geometrische Überlegungen abgekürzt werden. Man findet

$$\left|\frac{\partial(\vartheta', \varphi', p')}{\partial(\vartheta, \varphi, p)}\right| = \left|\frac{\partial(\vartheta', \varphi')}{\partial(\vartheta, \varphi)} \frac{\partial p'}{\partial p}\right| = \frac{\sin\vartheta}{\sin\vartheta'}.$$

Setzt man dies in (8) ein, so ergibt sich

$$\frac{f(\vartheta', \varphi', p')}{\sin\vartheta'} = \frac{f(\vartheta, \varphi, p)}{\sin\vartheta},$$

woraus

$$f(\vartheta, \varphi, p) = c\sin\vartheta$$

folgt. Wählt man die Konstante $c = 1$, so ergibt sich als Maß einer Ebenenmenge $\mathfrak{E}$

$$m(\mathfrak{E}) = \iiint_{\mathfrak{P}} \sin\vartheta\, d\vartheta\, d\varphi\, dp, \tag{9}$$

wo das Integrationsgebiet $\mathfrak{P}$ das Bild von $\mathfrak{E}$ in dem Raume mit den rechtwinkeligen Koordinaten ϑ, φ, p bedeutet.

Aus (9) folgt, wie bekannt, daß das Maß aller derjenigen Ebenen des Raumes, die eine geschlossene konvexe Fläche F treffen, $= 2\pi \times$ mittlere Breite der Fläche F ist. Eine Formel, die Hurwitz[1] bei einer anders gerichteten Untersuchung gelegentlich fand, gestattet, diese Größe anders auszudrücken: Das Maß aller derjenigen Ebenen, die eine stetig gekrümmte geschlossene konvexe Fläche schneiden, ist das über die ganze Fläche erstreckte Integral der mittleren Krümmung. Daraus kann man leicht zu verschiedenen Grenzfällen übergehen. Das Maß aller Ebenen, die ein geschlossenes konvexes Polyeder treffen, drückt sich aus durch die Längen $k_1, k_2, \ldots k_m$ der Kanten des Polyeders und die Flächenwinkel $\alpha_1, \alpha_2, \ldots \alpha_m$, gebildet durch die beiden in der betreffenden Kante zusammenstoßenden Seitenflächen. Das fragliche Maß ist nämlich

$$\frac{1}{2}\{k_1(\pi-\alpha_1)+k_2(\pi-\alpha_2)+\ldots+k_m(\pi-\alpha_m)\}.$$

[1] Hurwitz, Sur quelques applications géometriques des séries de Fourier. Annales de l'Ecole Normale (1902), Bd. 19 (2. Folge). Vgl. p. 405, Formel (11).

3. Irgendeine Gerade des Raumes kann in die Form

$$x = t \sin \vartheta \cos \varphi + q (\cos \vartheta \cos \varphi \sin \nu + \sin \varphi \cos \nu),$$
$$y = t \sin \vartheta \sin \varphi + q (\cos \vartheta \sin \varphi \sin \nu - \cos \varphi \cos \nu),$$
$$z = t \cos \vartheta - q \sin \vartheta \sin \nu$$

gesetzt werden. Die vier »Koordinaten« der Geraden $\vartheta, \varphi, \nu, q$ können den Ungleichungen

$$0 \leqq \vartheta < \pi, \quad 0 \leqq \varphi < \pi, \quad 0 \leqq \nu < 2\pi, \quad q \geqq 0$$

unterworfen werden, und sie haben alle eine leicht ersichtliche elementargeometrische Bedeutung.

Durch eine Bewegung (7) des Raumes geht die Gerade $(\vartheta, \varphi, \nu, q)$ in eine Gerade $(\vartheta', \varphi', \nu', q')$ über. Sind die Konstanten der Bewegung (7) gegeben, so sind $\vartheta', \varphi', \nu', q'$ wohlbestimmte Funktionen von $\vartheta, \varphi, \nu, q$. Die Auffindung eines von der Lage unabhängigen Maßes von Geradenmengen im Raume erfordert die Bestimmung einer Funktion $f(\vartheta, \varphi, \nu, q)$, die für alle ∞^6 Bewegungen des Raumes der Funktionalgleichung

$$f(\vartheta', \varphi', \nu', q') \left| \frac{\partial (\vartheta', \varphi', \nu', q')}{\partial (\vartheta, \varphi, \nu, q)} \right| = f(\vartheta, \varphi, \nu, q)$$

genügt.

Man findet (am schnellsten durch elementare geometrische Überlegung)

$$\left| \frac{\partial (\vartheta', \varphi', \nu', q')}{\partial (\vartheta, \varphi, \nu, q)} \right| = \left| \frac{\partial (\vartheta', \varphi')}{\partial (\vartheta, \varphi)} \cdot \frac{\partial (\nu', q')}{\partial (\nu, q)} \right| = \frac{\sin \vartheta}{\sin \vartheta'} \frac{q}{q'}$$

und daraus

$$f(\vartheta, \varphi, \nu, q) = c q \sin \vartheta.$$

Wählt man die Konstante $c = \frac{2}{\pi}$, so erhält man als Maß einer Geradenmenge $\mathfrak{G}$ im Raume

$$M(\mathfrak{G}) = \frac{2}{\pi} \iiiint_{\mathfrak{P}} \sin \vartheta \, d \varphi \, d \vartheta \, q \, d \nu \, d q, \tag{10}$$

wo das Integrationsgebiet $\mathfrak{P}$ das Bild der Geradenmenge $\mathfrak{G}$ im vierdimensionalen Raume mit den rechtwinkeligen Koordinaten $\vartheta, \varphi, \nu, q$ bedeutet. Die Wahl der Konstanten $c = \frac{2}{\pi}$ rechtfertigt sich dadurch, daß bei dieser Festlegung das Maß aller Geraden des Raumes, die eine geschlossene konvexe Fläche treffen, einfach die Oberfläche der fraglichen Fläche wird.

Meine Betrachtungsweise führt also mit (9) und (10) zu den Maßbestimmungen von Czuber.

Betrachten wir eine geschlossene konvexe Fläche im Raume. Die Maße der darin enthaltenen Punkte, der sie treffenden Geraden und der sie schneidenden Ebenen sind beziehungsweise das Volumen, die Oberfläche und das Flächenintegral der mittleren Krümmung, die drei wichtigsten, von Minkowski betrachteten Bewegungsinvarianten der Fläche. Die beiden Maximaleigenschaften der Kugel lassen sich nun gleichmäßigerweise so aussprechen: Unter allen geschlossenen konvexen Flächen, die durch ein gegebenes Maß von Ebenen geschnitten werden, wird die Kugel durch das größte Maß von Geraden getroffen und unter allen geschlossenen konvexen Flächen, die durch ein gegebenes Maß von Geraden getroffen werden, enthält die Kugel das größte Maß von Punkten.

4. Ich will noch kurz auf die Bedeutung der Maßbestimmungen (5), (9), (10) für die Theorie der geometrischen Wahrscheinlichkeiten zu sprechen kommen.

Ich betrachte die schematische Aufgabe: Es sei gegeben eine Geradenmenge $\mathfrak{G}$ in der Ebene und eine Teilmenge $\mathfrak{G}_1$ von $\mathfrak{G}$. Was ist die Wahrscheinlichkeit dafür, daß eine Gerade von $\mathfrak{G}$ zugleich auch $\mathfrak{G}_1$ angehört? Da in der Fragestellung nichts Spezielles über die Art und Weise enthalten ist, wie die Geraden gezogen sind, ist die vernünftige Annahme wohl die, daß kongruenten Geradengesamtheiten unabhängig von der Lage die gleiche Wahrscheinlichkeit zukommt. Die gesuchte Wahrscheinlichkeit wird demnach durch den Quotient der Masse $\frac{m(\mathfrak{G}_1)}{m(\mathfrak{G})}$ gemessen.

Z. B. wird die Menge aller Geraden, die ein konvexes Viereck treffen, durch den Umfang u des Vierecks gemessen (vgl. Ende von 1). Die Menge derjenigen unter ihnen, die das Viereck in zwei gegenüberliegenden (also nicht in zwei aneinanderstoßenden) Seiten schneiden, wird durch $2d-u$ gemessen, wo d die Summe der Längen der beiden Diagonalen bedeutet. Dies ergibt sich leicht aus bekannten Crofton'schen Schlußweisen. Folglich ist die Wahrscheinlichkeit dafür, daß eine Gerade, die ein konvexes Viereck schneidet, es in zwei Gegenseiten schneiden soll, $=\frac{2d-u}{u}$. Für ein Quadrat ergibt dies die Wahrscheinlichkeit $\sqrt{2}-1$, für ein Rechteck, dessen ungleiche Seiten sich wie $3:4$ verhalten, die Wahrscheinlichkeit $\frac{3}{7}$.

Es ist nicht unwesentlich, hervorzuheben, daß die auf die besagte Weise als Quotienten der Maße von Geradenmengen berechneten Wahrscheinlichkeiten bei mannigfach verschiedenen Versuchsanordnungen die experimentell zu erwartenden Häufigkeiten sind. Ich schnitt ein Quadrat und ein Rechteck von der eben erwähnten Form aus hartem Papier aus, ich warf die beiden Objekte auf eine Reihe von Parallelen, die so weit voneinander abstehend auf dem Boden gezogen waren, daß nie zwei zugleich getroffen werden könnten, ich zählte die Würfe, wo das Objekt eine der Parallelen traf und ich beobachtete, ob die getroffene Gerade durch zwei Nebenseiten oder ob sie durch zwei Gegenseiten des flach aufliegenden papiernen Vierecks geht. Ich zählte 1865 Würfe mit dem ersten, 1429 Würfe mit dem zweiten Objekt. Die tatsächliche Verteilung der Würfe auf Gegenseiten und Nebenseiten wich von der theoretisch zu erwartenden nur um 4, beziehungsweise 3 Einheiten ab. Die Abweichung, deren Nichtüberschreiten mit der Wahrscheinlichkeit $\frac{1}{2}$ erwartet werden konnte, war im ersten Falle 14, im zweiten 13. Die oft wiederholten Versuche, durch welche Buffon's Resultat über sein Nadelproblem verifiziert wurde, können auch als Bestätigung desselben Prinzips angesehen werden.[1]

Dem Mathematiker wird als ein weiteres Argument zugunsten der Maßbestimmungen (5), (9), (10) erscheinen, daß mit deren Hilfe eine große Mengen Aufgaben über geometrische Wahrscheinlichkeiten systematisch und elegant gelöst werden können. Den Resultaten Crofton's und Czuber's läßt sich einiges wesentlich Neues auf Grund der Bemerkung am Ende von 2 hinzufügen.

Ich gebe zum Schlusse der Hoffnung Ausdruck, daß die vorangehende Bestimmung der Wahrscheinlichkeit auf Grund der Forderung der Unabhängigkeit von der Lage zur Aufklärung der Prinzipien der Wahrscheinlichkeitsrechnung beitragen wird.

---

[1] Vgl. Czuber, Geometrische Wahrscheinlichkeiten und Mittelwerte (Leipzig 1884), p. 116.

Über geometrische Wahrscheinlichkeiten an konvexen Körpern.

Von

G. Pólya in Zürich.

Herr Czuber[1]) hat verschiedene Wahrscheinlichkeitsaufgaben behandelt, die das Schneiden konvexer geschlossener Flächen mit willkürlich gelegten Ebenen und Geraden betreffen, und die wegen der Einfachheit ihrer Lösung recht bemerkenswert zu sein scheinen. Die Berechtigung seiner Wahrscheinlichkeitsansätze, die auf Crofton[2]) zurückgehen, habe ich kürzlich erörtert[3]). Ich möchte heute einiges über seine Resultate sagen. Ich bemerkte, daß die Wahrscheinlichkeiten und Mittelwerte, die Herr Czuber berechnet hat, sich durch die drei fundamentalen Konstanten des konvexen Körpers ausdrücken lassen: durch J, O und M, Rauminhalt, Oberfläche und Flächenintegral der mittleren Krümmung, die bzw. als Maß der im Körper enthaltenen Punkte, der ihn treffenden Geraden und der ihn schneidenden Ebenen aufgefaßt werden können[4]).

Es handelt sich um folgende Aufgaben:

I. Die Wahrscheinlichkeit zu ermitteln, daß die Schnittgerade zweier willkürlich gelegter Ebenen, die beide einen konvexen Körper schneiden, den Körper ebenfalls schneiden soll. — Die gesuchte Wahrscheinlichkeit ist $\frac{\pi^3 O}{4 M^2}$.

1) Czuber, Zur Theorie der geometrischen Wahrscheinlichkeiten, Sitzungsberichte d. K. Akademie, Wien, Abt. IIa, 90. Bd. (1884), S. 719—742.

2) Crofton, On the Theory of Local Probability etc. Philosophical Transactions, London, Bd. 158 (1868), S. 181—199.

3) Pólya, Über geometrische Wahrscheinlichkeiten, Sitzungsberichte d. K. Akademie, Wien, Abt. IIa, Bd 126 (1917).

4) Pólya, a. a. O.

For comments on this paper [38], see p. 607.

II. Die Wahrscheinlichkeit zu ermitteln, daß eine willkürlich gelegte Ebene und eine willkürlich gezogene Gerade, die beide einen konvexen Körper treffen, sich innerhalb des Körpers schneiden sollen. — Die Wahrscheinlichkeit ist $\frac{4\pi J}{OM}$.

III. Die Wahrscheinlichkeit zu ermitteln, daß drei willkürlich gelegte Ebenen, die alle einen konvexen Körper treffen, sich in einem Punkte innerhalb des Körpers schneiden sollen. — Die gesuchte Wahrscheinlichkeit ist $\frac{\pi^4 J}{M^3}$, Produkt der beiden vorangehenden.

Ferner hat Herr Czuber folgende Mittelwerte betrachtet:

IV. Die mittlere Länge aller Sehnen ist $\frac{4J}{O}$.

V. Der mittlere Umfang aller ebenen Querschnitte ist $\frac{\pi^2 O}{2M}$.

VI. Der mittlere Inhalt aller ebenen Querschnitte ist $\frac{2\pi J}{M}$.

Um die Ausdrücke des Herrn Czuber in die hier gegebene Form überzuführen, bedarf man nur der Kenntnis zweier bestimmter Integrale. Das erste ist der bekannte Minkowskische Ausdruck von M durch die Stützfunktion, das zweite geht in I und V ein. Die Ausrechnung dieses letzteren läßt sich entweder direkt durchführen, oder durch die Bemerkung erledigen, daß die Wahrscheinlichkeit unter III das Produkt der beiden anderen unter I und II sein muß.

Die gegebenen Ausdrücke lassen, auf Grund der Minkowskischen Ungleichungen, sofort erkennen, daß die Wahrscheinlichkeiten I, II, III dann und nur dann ihre größten Werte erreichen, wenn der konvexe Körper eine Kugel ist. Beachtet man, daß $M \leqq 2\pi \times$ größte Breite des Körpers ist, so ergeben die Formeln unter IV, V, VI, daß unter allen konvexen Körpern gegebener größter Breite die Kugel die größte mittlere Sehnenlänge, den größten mittleren Querschnittinhalt und Querschnittumfang hat.

Zahlentheoretisches und Wahrscheinlichkeitstheoretisches über die Sichtweite im Walde.

Von G. Pólya in Zürich.

Von einem gegebenen Punkte aus kann man zwischen den Baumstämmen eines Waldes hindurch nach verschiedenen Richtungen verschieden weit sehen. Die Sichtweite hängt von der Wahl des Beobachtungspunktes und der Beobachtungsrichtung ab. Die „mittlere Sichtweite" im Walde ist eine der mittleren Weglänge der kinetischen Gastheorie analoge Größe, deren Bestimmung auf eine Aufgabe über geometrische Wahrscheinlichkeiten führt (vgl. § 2). Denkt man sich die Bäume regulär in Quadrate angeordnet, und sucht man die maximale Sichtweite von der Stelle eines fehlenden Baumes, so gelangt man zu einer zahlentheoretischen Aufgabe über die Gitterpunkte einer Ebene, die ich im § 1 lösen werde.

---

1) Vgl. W. H. Young, On certain series of Fourier, Proceedings of the London Math. Society (2) Bd. 11 (1913), S. 357—366.

Mich machte auf diese Gitterpunktsaufgabe Herr A. Speiser aufmerksam, der übrigens eigentlich von der analogen räumlichen Aufgabe der „Sichtweite bei Schneefall“ ausging.

§ 1.

Man betrachte die Gitterpunkte der Ebene innerhalb und am Rande eines Kreises vom Radius s, beschrieben um den Nullpunkt als Mittelpunkt. Mit anderen Worten, man betrachte die Punkte mit solchen ganzzahligen rechtwinkligen Koordinaten p, q, die der Ungleichung

$$p^2 + q^2 \leqq s^2 \tag{1}$$

genügen. Man denke sich um jeden dieser Gitterpunkte p, q, den einzigen Nullpunkt ausgenommen, einen Kreis vom Radius r gelegt, dessen Zentrum der betreffende Gitterpunkt ist. Je nach der Größe von r muß der eine oder der andere der beiden folgenden Fälle vorliegen:

A) Es gibt einen vom Nullpunkt ins Unendliche auslaufenden Halbstrahl, der keinen der besagten Kreise von dem Radius r trifft.

B) Jeder vom Nullpunkt ausgehende Halbstrahl trifft mindestens einen der besagten Kreise.

Liegt für r' der Fall A), für r'' der Fall B) vor, so ist $r' < r''$ Die Zahlen von der Eigenschaft A) werden von denen der Eigenschaft B) durch eine ganz bestimmte Zahl ϱ geschieden. M. a. W. ϱ ist so beschaffen, daß für $r > \varrho$ die bewußten Kreise vom Radius r jede Aussicht vom Nullpunkt aus verschließen, während sie für $r < \varrho$ noch nicht ganz undurchsichtig sind.

ϱ ist eine ganz bestimmte und zwar eine nirgendwo zunehmende, streckenweise konstante Funktion von s, $s \geqq 1$ vorausgesetzt. Mein Zweck ist, die Grenzbeziehung

$$\lim_{s=\infty} \varrho s = 1 \qquad \text{zu beweisen.}$$

Ich bezeichne mit t den trigonometrischen Tangens des Winkels, den ein beliebiger von dem Nullpunkt ausgehender Halbstrahl mit der positiven Richtung der y-Achse einschließt. Es genügt aus Symmetriegründen, sich auf den Fall

$$0 < t < 1 \tag{2}$$

zu beschränken. Daß der bewußte Halbstrahl den um den Gitterpunkt p, q mit dem Radius r beschriebenen Kreis trifft, wird durch die Ungleichung

$$\operatorname{arctg}\frac{p}{q} - \arcsin\frac{r}{\sqrt{p^2+q^2}} \leqq \operatorname{arctg} t \leqq \operatorname{arctg}\frac{p}{q} + \arcsin\frac{r}{\sqrt{p^2+q^2}}$$

ausgedrückt, wenn man den zyklometrischen Funktionen $\arcsin x$ und arctg x ihre kleinsten positiven Werte zuschreibt. Wenn ich also, was zuerst geschehen soll, die Relation

$$\lim_{s=\infty} \varrho s \leqq 1 \tag{3}$$

zeigen will, so muß ich zeigen, daß zu jedem $\varepsilon > 0$ ein $S = S(\varepsilon)$ angegeben werden kann, derart, daß für jedes $s > S$ und jedes t, das (2) genügt, die Ungleichung

$$\frac{\operatorname{arctg} t - \operatorname{arctg} \frac{p}{q}}{\arcsin \frac{1+\varepsilon}{s\sqrt{p^2+q^2}}} \leqq 1 \tag{4}$$

besteht, wobei p, q einen passend gewählten, von 0,0 verschiedenen Gitterpunkt im Kreise

$$p^2 + q^2 \leqq s^2 \tag{1}$$

bedeutet.

Ich will nun bei einem gegebenen Wert von s den zu t passenden Gitterpunkt p, q aufsuchen. Man bestimme η so, daß

$$\frac{\varepsilon}{3} < \eta < \frac{2\varepsilon}{3} \tag{5}$$

und daß

$$T = \frac{s}{\sqrt{1+t^2}} \frac{1}{1+\eta} \tag{6}$$

eine ganze Zahl wird, etwa die größtmögliche. Dies ist von einem gewissen s an sicher möglich, denn die Differenz

$$\frac{s}{\sqrt{1+t^2}} \frac{1}{1+\frac{\varepsilon}{3}} - \frac{s}{\sqrt{1+t^2}} \frac{1}{1+\frac{2\varepsilon}{3}} > \frac{s}{\sqrt{2}} \frac{3\varepsilon}{(3+\varepsilon)(3+2\varepsilon)}$$

strebt bei festem ε mit s ins Unendliche. η und T sind Funktionen von t und s. Man kann bekanntlich[1]) zu der ganzen Zahl T einen Gitterpunkt p, q so bestimmen, daß

$$0 < q \leqq T \tag{7}$$

und

$$\left| t - \frac{p}{q} \right| < \frac{1}{qT} \tag{8}$$

Es kann ferner

$$0 \leqq \frac{p}{q} \leqq 1 \tag{9}$$

vorausgesetzt werden. Der Gitterpunkt p, q ist wieder eine Funktion von s und t. Man hat

$$\lim_{s=\infty} \frac{p}{q} = t, \tag{10}$$

gleichmäßig für $0 < t < 1$. In der Tat, aus (8), (7), (6) und (5) folgt

1) Vgl. etwa Serret, Höhere Algebra (deutsch von Wertheim). 2. Aufl. Bd. 1, S. 22.

$$(11)\qquad \left|t-\frac{p}{q}\right|<\frac{1}{qT}\leqq\frac{1}{T}\leqq\frac{\sqrt{2}}{s}\left(1+\frac{2\varepsilon}{3}\right).$$

Ferner liegt der Gitterpunkt p, q von einem gewissen s an für alle folgenden sicher im Kreise 1. Denn es ist nach denselben Formeln und nach (9)

$$p^2+q^2=q^2\left(1+t^2+\left(\frac{p}{q}+t\right)\left(\frac{p}{q}-t\right)\right)$$
$$\leqq\frac{1}{(1+\eta)^2}\frac{s^2}{1+t^2}\left(1+t^2+2\frac{\sqrt{1+t^2}(1+\eta)}{s}\right)$$
$$\leqq\frac{s^2}{\left(1+\frac{\varepsilon}{3}\right)^2}\left(1+\frac{2}{s}\left(1+\frac{2\varepsilon}{3}\right)\right).$$

Nun ist

$$(12)\qquad \operatorname{arctg} t-\operatorname{arctg}\frac{p}{q}=\frac{1}{1+\xi^2}\left(t-\frac{p}{q}\right),$$

wo ξ einen gewissen mittleren Wert zwischen t und $\frac{p}{q}$ bedeutet. Daher ist *gleichmäßig in t*,

$$(13)\qquad \lim_{s=\infty}\xi=t$$

auf Grund von (10). Nach (12), (8), (6) ist

$$\frac{\left|\operatorname{arctg} t-\operatorname{arctg}\frac{p}{q}\right|}{\arcsin\frac{1+\varepsilon}{s\sqrt{p^2+q^2}}}<\frac{\frac{1}{1+\xi^2}\left|t-\frac{p}{q}\right|}{\frac{1+\varepsilon}{s\sqrt{p^2+q^2}}}$$
$$<\frac{1}{1+\xi^2}\,\frac{(1+\eta)\sqrt{1+t^2}}{sq}\,\frac{s\sqrt{p^2+q^2}}{1+\varepsilon}$$
$$=\frac{1+\eta}{1+\varepsilon}\,\frac{\sqrt{1+t^2}\sqrt{1+\left(\frac{p}{q}\right)^2}}{1+\xi^2}.$$

Die letzte Zahl wird aber nach (10), (13) und (5) für genügend großes s kleiner als 1, wie auch t gewählt ist. So ist die vorausgeschickte Behauptung (4) und damit zugleich (3) bewiesen.[1])

Um das eben bewiesene (3) zu ergänzen, betrachte man etwa den Halbstrahl durch den Nullpunkt, der mit der positiven y-Achse einen Winkel einschließt, dessen Tangens $t=\frac{1-2\varrho}{[s]+1}$ beträgt. Wie man leicht sieht, kann dieser Strahl höchstens durch den Kreis vom Radius ϱ aufgehalten werden, dessen Mittelpunkt im Gitterpunkte 1, 0 liegt. Da er aber aufgehalten werden muß, besteht die Ungleichung

1) Bezeichnet man mit ϱ und S die analogen Größen im Raume (S ist die maximale Sichtweite vom Anfangspunkte aus zwischen den auf die übrigen Gitterpunkte verteilten Kugeln vom Radius ϱ hindurch) so ergibt sich ähnlich

$$\overline{\lim_{S=\infty}}\,\varrho^2 S\leqq 2\sqrt{3}.$$

$$\frac{1-2\varrho}{\sqrt{([s]+1)^2+(1-2\varrho)^2}} < \frac{\varrho}{1},$$

woraus man wegen $\lim\limits_{s=\infty} \varrho = 0$ mit Leichtigkeit

$$\underline{\lim}_{s=\infty} \varrho s \geqq 1 \qquad \text{erschließt.}$$

Aus dieser Ungleichung zusammen mit der unter (3), folgt der Satz, dessen Beweis das Hauptgeschäft des gegenwärtigen Paragraphen war. Er enthält eine näherungsweise Bestimmung der maximalen Sehweite in einem besonders regulären Fall. Der folgende § 2 wird zeigen, daß eine wahrscheinlichkeitstheoretische Bestimmung mit dem Ergebnis der vorangehenden zahlentheoretischen Betrachtung im wesentlichen übereinstimmt.

§ 2.

Nimmt man den mittleren Radius ϱ der Baumstämme und die durch einen Baum im Mittel beanspruchte Fläche a^2 als bekannt an, und betrachtet man die Verteilung der einzelnen Bäume über die Fläche des Waldes als dem Zufall anheimgestellt, so gelangt man nach äußerster Schematisierung zu folgender Grenzaufgabe über geometrische Wahrscheinlichkeiten:

Es sei ein Kreis K vom Flächeninhalt na^2 gegeben und eine geradlinige Strecke S von der Länge x, von deren Endpunkten der eine der Mittelpunkt von K ist. Es seien n Kreisscheiben vom Radius ϱ auf das Innere von K durch den Zufall, jedoch derart verteilt, daß keine den Mittelpunkt von K bedeckt und daß sie auseinander zu liegen kommen. Man bezeichne mit $W_n(x)$ die Wahrscheinlichkeit dafür, daß keine dieser n Kreisscheiben die Strecke S trifft; dann ist $\lim\limits_{n=\infty} W_n(x) = W(x)$ zu bestimmen.

$W(x)$ wäre die Wahrscheinlichkeit dafür, daß die Sichtweite von einem beliebigen Punkte des weitausgedehnten Waldes aus nach einer beliebigen Richtung mindestens x beträgt. Der Mittelpunkt von K ist als Beobachtungspunkt gedacht, darum muß er unbedeckt bleiben. Die Bestimmung von $W(x)$ wird wohl nicht ganz leicht sein. Ihr steht im wesentlichen dieselbe Schwierigkeit entgegen, wie der strengeren kinetischen Behandlung stark komprimierter Gase.[1]) Im Falle aber, wo der Wald wenig dicht ist, wird, ähnlich wie in dem entsprechenden Falle der kinetischen Gastheorie, nicht unangebracht sein, die vorangehende Aufgabe durch die folgende zu ersetzen:

---

1) Vgl. H. A. Lorentz, Les théories statistiques en thermodynamique (Leipzig 1916, B. G. Teubner), S. 14.

K und S seien wie vorher beschaffen, und die n Kreise vom Radius ϱ seien jetzt ganz beliebig durch den Zufall auf das Innere von K verteilt, nur soll keiner den Mittelpunkt von K treffen. Man berechne die Wahrscheinlichkeit $\overline{W}_n(x)$ dafür, daß keiner der n Kreise die Strecke S trifft.

Diese Aufgabe läßt sich am besten als eine Aufgabe über Confettiwerfen interpretieren. Man stelle sich die n Kreise als sehr dünne runde Papierscheibchen vor, die durch den Zufall über die Fläche von K zerstreut, einander in beliebiger Anzahl überdecken können. Man meint jedoch, daß die meisten Kreisscheibchen wohl auseinander zu liegen kommen, wenn $\frac{\varrho}{a}$ klein ist und daß daher in diesem Falle $W_n(x)$ und $\overline{W}_n(x)$ nicht erheblich verschieden sein werden.

Ich will zuerst die Wahrscheinlichkeit dafür berechnen, daß ein bestimmtes Kreisscheibchen die Strecke S nicht überdeckt. Der Radius von K sei R. Es ist

$$na^2 = \pi R^2.$$

Der Mittelpunkt des Kreisscheibchens vom Radius ϱ kann jede Lage innerhalb des zu K konzentrischen Kreises vom Radius $R - \varrho$ und außerhalb desjenigen vom Radius ϱ einnehmen. Das Maß der möglichen Fälle ist also der Flächeninhalt des so abgegrenzten Kreisringes, d. h. $\pi(R-\varrho)^2 - \pi\varrho^2$. Die günstigen Fälle entsprechen solchen Punkten, die innerhalb des konzentrischen Kreises vom Radius $R - \varrho$ liegen und von der Strecke S mindestens die Entfernung ϱ haben. Eine leichte geometrische Betrachtung lehrt, daß das Maß der günstigen Fälle $\pi(R-\varrho)^2 - \pi\varrho^2 - 2\varrho x$ ist, sobald n, und folglich R genügend groß wird. Die gesuchte, auf das einzelne Kreisscheibchen bezügliche Wahrscheinlichkeit ist also

$$\frac{\pi(R-\varrho)^2 - \pi\varrho^2 - 2\varrho x}{\pi(R-\varrho)^2 - \pi\varrho^2} = 1 - \frac{2\varrho x}{a^2 n}\,\frac{\pi R^2}{\pi(R-\varrho)^2 - \pi\varrho^2}$$

In der zweitbetrachteten vereinfachten Wahrscheinlichkeitsaufgabe ist aber die Lage der einzelnen Kreisscheibchen von einander unabhängig, und daher ergibt sich

$$\overline{W}_n(x) = \left(1 - \frac{2\varrho x}{a^2 n}\,\frac{R}{R - 2\varrho}\right)^n$$

als aus n unabhängigen zusammengesetzte Wahrscheinlichkeit.[1]) Es ist

1) Diese Überlegung, die die resultierende Wahrscheinlichkeit als ein Produkt darstellen läßt, gestattet an Stelle der Kreise Kurven von ganz beliebiger Gestalt zu betrachten. In unserem Falle nach dem Ersetzen von $W_n(x)$ durch $\overline{W}_n(x)$, wäre diese Verallgemeinerung ohne Interesse. Man erhält aber auf dem angedeuteten Wege folgenden Satz, dessen Beweis ich hier unterdrücke: Wird ein

$$\overline{W}(x) = \lim_{n=\infty} \overline{W}_n(x) = e^{-\frac{2\varrho x}{a^2}}.$$

Mit der erläuterten Vernachlässigung wäre also die Wahrscheinlichkeit dafür, daß die Sichtweite im Walde mindestens x_1 aber nicht mehr als x_2 beträgt

$$\overline{W}(x_1) - \overline{W}(x_2) = e^{-\frac{2\varrho x_1}{a^2}} - e^{-\frac{2\varrho x_2}{a^2}} = \int_{x_1}^{x_2} \frac{2\varrho}{a^2} e^{-\frac{2\varrho x}{a^2}} dx.$$

Als mittlere Sichtweite wäre also in der üblichen Terminologie die Größe

$$s = \int_0^\infty x \frac{2\varrho}{a^2} e^{-\frac{2\varrho x}{a^2}} dx = \frac{1}{2} \frac{a^2}{\varrho}$$

zu bezeichnen. Diese für kleines $\frac{\varrho}{a}$ eben gefundene mittlere Sichtweite im Walde ist die Hälfte der im § 1 unter derselben Bedingung berechneten maximalen Sichtweite, die man in einem regulär in Quadrate angeordneten Obstgarten von der Stelle eines eben gefällten Baumes umherblickend hat. (Es war im § 1 der Fall $a = 1$ ins Auge gefaßt.)

Ist ϱ der mittlere Radius eines in der Atmosphäre schwebenden Teilchens und a^3 der im Mittel von einem Teilchen beanspruchte Rauminhalt, so ergibt sich durch die entsprechende räumliche Betrachtung (n Kügelchen vom Radius ϱ in einer Kugel vom Volumen na^3) und in einer ähnlichen Annäherung, die „mittlere Sehweite im Schneefall“ zu

$$S = \int_0^\infty x \frac{\pi\varrho^2}{a^3} e^{-\frac{\pi\varrho^2 x}{a^3}} dx = \frac{a^3}{\pi\varrho^2}.$$

Führt man

$$v = \frac{4\pi\varrho^3}{3a^3}$$

ein (v ist das in der Volumeneinheit der Atmosphäre enthaltene Volumen schwebender Teilchen), so wird

$$S = \frac{4}{3} \frac{\varrho}{v}.$$

Letztere Formel besagt, daß sowohl die Zunahme der Masse der schwebenden Teilchen, wie auch ihre feinere Zerteilung die Sichtbarkeit vermindert.

Blatt Papier vom Flächeninhalt B in kleine Teile zerrissen und werden seine Teile über eine Fläche f vom Inhalt F regellos zerstreut, so strebt die Fläche des wahrscheinlich unbedeckten Teiles von f gegen $Fe^{-\frac{B}{F}}$, falls der maximale Durchmesser der Teilchen gegen Null strebt. Vgl. dazu Happel, Über einige Probleme aus dem Gebiet der geometrischen Wahrscheinlichkeiten, Zeitschrift für Mathematik und Physik, Bd. 61, S. 43—56.

Wie man sieht, ist die „mittlere Sehweite beim Schneefall" identisch mit der mittleren freien Weglänge der kinetischen Gastheorie, wenn man nur ϱ durch 2ϱ ersetzt. Auch die hier gegebene Ableitung unterscheidet sich nicht prinzipiell von der gebräuchlichen; nur sie knüpft, wie mir scheint, näher an die Wahrscheinlichkeitsrechnung an und hebt die Art der Annäherung besser hervor.

Über den zentralen Grenzwertsatz der Wahrscheinlichkeitsrechnung und das Momentenproblem.

Von

Georg Pólya in Zürich.

Das Auftreten der Gaußschen Wahrscheinlichkeitsdichte e^{-x^2} bei wiederholten Versuchen, bei Messungsfehlern, die aus der Zusammensetzung von sehr vielen und sehr kleinen Elementarfehlern resultieren, bei Diffusionsvorgängen usw. ist bekanntlich aus einem und demselben Grenzwertsatz zu erklären, der in der Wahrscheinlichkeitsrechnung eine zentrale Rolle spielt. Der eigentliche Entdecker dieses Grenzwertsatzes ist Laplace zu nennen, seine strenge Begründung hat zuerst wohl Tschebyscheff unternommen und seine schärfste Formulierung findet sich, soweit mir bekannt, in einer Arbeit von Liapounoff[1]). Für den genauen Wortlaut soll etwa auf die letztgenannte Stelle oder auf andere Arbeiten über den Gegenstand[2]) oder auf die Lehrbücher der Wahrscheinlichkeitsrechnung[3]) verwiesen werden.

Ich befasse mich hier bloß mit einer mathematischen Methode, die zum Beweise dieses Grenzwertsatzes herangezogen werden kann, oder genauer gesagt, mit einigen rein analytischen Sätzen über Folgen monotoner Funktionen, auf die der Beweis aufgebaut werden kann. Dem Kenner des Gegenstandes wird es nicht entgehen, an welchem Punkte des üblichen Beweisganges meine Sätze zu benutzen sind. Man hat z. B. damit an die Formel (13) auf S. 27 der v. Misesschen Abhandlung[2]) anzuknüpfen.

[1]) Liapounoff, Nouvelle forme du théorème sur la limite de probabilité. Mémoires de l'Académie impériale des sciences de St. Pétersbourg, VIIIe série, vol. XII, No. 5.

[2]) Vgl. z. B. R. v. Mises Fundamentalsätze der Wahrscheinlichkeitsrechnung, Math. Zeitschr., **4** (1919), S. 1–97, Sätze III, III_2. Die Sätze I, II, IV und V dieser Abhandlung berühren sich mit dem hier gemeinten Grenzwertsatze, aber sind darin nicht enthalten.

[3]) Vgl. z. B. Markoff, Wahrscheinlichkeitsrechnung, übersetzt von H. Liebmann (Leipzig 1912), S. 67–81, 259–271.

For comments on this paper [54], see p. 608.

Der Beweis wird nachher durch eine ähnliche Formel [vgl. Formel (17) dieser Abhandlung] erbracht, wie die Formel (25) auf S. 34 der v. Misesschen Abhandlung.

Ich erwähne nur, daß auch die schärfste mir bekannte Fassung des wahrscheinlichkeitstheoretischen Grenzwertsatzes, nämlich die von Liapounoff, meinen Hilfsmitteln erreichbar ist. Die ausführliche Darstellung spare ich mir für ein Lehrbuch der Wahrscheinlichkeitsrechnung auf, das ich seit langem vorbereite[4]).

Die Benutzung diskontinuierlicher Faktoren in diesen Fragen geht bis auf Laplace zurück. Liapounoff erreichte sein Ziel durch eine geistreiche Modifikation der herkömmlichen Gestalt des diskontinuierlichen Faktors von Dirichlet. Meine Untersuchung im § 1 stützt sich ebenfalls auf eine Art von diskontinuierlichem Faktor, nämlich auf ein über das komplexe Gebiet erstrecktes Integral, das in der analytischen Zahlentheorie ständig verwendet wird [vgl. (18)]. Mein Weg zum Beweise des Laplace-Tschebyscheffschen Grenzwertsatzes ist ähnlich beschaffen, nur viel weniger verschlungen als der Weg, auf dem man zum Beweise des Primzahlsatzes gelangt.

Der springende Punkt in dem Tschebyscheff-Markoffschen Beweisgange bildet der Nachweis einer Eigenschaft der Funktion

$$f(x) = \frac{1}{\sqrt{\pi}} \int_{-\infty}^{x} e^{-x^2} dx .$$

Die Funktionen $f_1(x), f_2(x), \ldots, f_n(x), \ldots$ seien monoton; wenn die Momente von $f_n(x)$ gegen die von $f(x)$ streben, so strebt $f_n(x)$ gegen $f(x)$. Ich zeige im § 2, daß diese Eigenschaft jeder monotonen und stetigen Funktion $f(x)$ zukommt, die von 0 bis 1 wächst, während x von $-\infty$ bis $+\infty$ läuft, wenn nur die Momente von $f(x)$ gewissen einfachen Ungleichungen genügen. Diesen Satz möchte ich als den „Stetigkeitssatz des Momentenproblems" bezeichnen. Der Stetigkeitssatz des Momentenproblems wird sich in § 2 als eine leicht übersichtliche Folgerung des Schlußsatzes des § 1 ergeben.

§ 1.

Sätze über Folgen monotoner Funktionen.

Die Sätze, die ich im folgenden ableite, lassen sich auch für ein endliches Intervall aussprechen und auch auf solche Funktionen mehrerer

---

[4]) Eine Probe meiner Untersuchungen habe ich in der Arbeit „Über das Gaußsche Fehlergesetz", Astronomische Nachrichten, **208** (1919), Nr. 4981 veröffentlicht.

Variablen übertragen, die in jeder Variablen monoton sind. Mit Rücksicht auf die Anwendung, die mir vorschwebt, ziehe ich es vor, nur eine spezielle Art von monotonen Funktionen einer Veränderlichen zu untersuchen.

Ich betrachte solche Funktionen $f(x)$, die für alle reellen Werte von x definiert sind, nie abnehmen, von rechts stetig sind (von links können sie jedoch unstetig sein) und überdies die Eigenschaft haben, daß

$$\lim_{x=-\infty} f(x) = 0, \qquad \lim_{x=+\infty} f(x) = 1. \tag{1}$$

Eine solche Funktion will ich, im Anschluß an Herrn v. Mises, kurz als eine Verteilungsfunktion bezeichnen.

Satz I. *Wenn eine Folge von Verteilungsfunktionen gegen eine stetige Verteilungsfunktion konvergiert, so konvergiert sie gleichmäßig.*

Gemeint ist natürlich Konvergenz in jedem Punkt. (Wie aus dem Beweis hervorgeht, würde es genügen, weniger, nämlich bloß Konvergenz in einer überall dichten Punktmenge, vorauszusetzen.)

Die fragliche Folge soll

$$f_1(x), f_2(x), \ldots, f_n(x), \ldots \tag{2}$$

heißen, und die Grenzfunktion $f(x)$. Da letztere der Bedingung (1) genügt, ist es möglich, bei beliebig vorgegebenem positiven ε eine ganze Zahl l zu finden, derart, daß

$$f(-l) < \frac{\varepsilon}{2}, \qquad f(+l) > 1 - \frac{\varepsilon}{2}. \tag{3}$$

Da die Grenzfunktion $f(x)$ stetig und folglich gleichmäßig stetig ist, existiert eine ganze positive Zahl m, so daß die Ungleichungen

$$f\left(\frac{\mu}{m}\right) - f\left(\frac{\mu-1}{m}\right) < \frac{\varepsilon}{2} \tag{4}$$

$$(\mu = -lm + 1, -lm + 2, \ldots, -1, 0, 1, \ldots, lm)$$

erfüllt sind. Da die Folge (2) gegen $f(x)$ konvergiert, sind für alle n von einem gewissen an auch die $2lm + 1$ Ungleichungen

$$\left| f_n\left(\frac{\mu}{m}\right) - f\left(\frac{\mu}{m}\right) \right| < \frac{\varepsilon}{2} \tag{5}$$

$$(\mu = -lm, -lm + 1, \ldots, 0, \ldots, lm - 1, lm)$$

erfüllt.

Ich betrachte nacheinander die drei Intervalle von $-\infty$ bis $-l$, von $-l$ bis $+l$, von $+l$ bis $+\infty$, jedes für sich. Wenn

$$x \leqq -l, \tag{6}$$

so ist

$$(7) \qquad 0 - f(-l) \leqq f_n(x) - f(x) \leqq f_n(-l) - 0,$$

da die betrachteten Funktionen monoton sind und den Bedingungen (1) genügen. Nun ist nach (3) und nach (5) ($\mu = -lm$ gesetzt)

$$f_n(-l) \leqq |f_n(-l) - f(-l)| + f(-l) \leqq \frac{\varepsilon}{2} + \frac{\varepsilon}{2}.$$

Durch Berücksichtigung dieser Ungleichung und der Ungleichung (3) ergibt sich aus (7) im Intervalle (6)

$$-\frac{\varepsilon}{2} \leqq f_n(x) - f(x) \leqq \varepsilon.$$

Ähnlich läßt sich der Fall $x \geqq +l$ behandeln. Liegt aber x zwischen $-l$ und $+l$, so ist

$$\frac{\mu - 1}{m} \leqq x \leqq \frac{\mu}{m}$$

für ein passendes μ der Reihe $\mu = -lm + 1, \ldots 0, \ldots + lm$. Somit ist nach (4) und (5), und weil die betrachteten Funktionen monoton wachsen,

$$f_n(x) - f(x) \leqq \left(f_n\left(\frac{\mu}{m}\right) - f\left(\frac{\mu}{m}\right)\right) + \left(f\left(\frac{\mu}{m}\right) - f\left(\frac{\mu - 1}{m}\right)\right) \leqq \frac{\varepsilon}{2} + \frac{\varepsilon}{2},$$

$$f_n(x) - f(x) \geqq \left(f_n\left(\frac{\mu - 1}{m}\right) - f\left(\frac{\mu - 1}{m}\right)\right) - \left(f\left(\frac{\mu}{m}\right) - f\left(\frac{\mu - 1}{m}\right)\right) \geqq -\frac{\varepsilon}{2} - \frac{\varepsilon}{2}.$$

D. h. es ist für alle Werte von x

$$-\varepsilon \leqq f_n(x) - f(x) \leqq \varepsilon$$

für alle n von einem passenden an, w. z. b. w.

Satz II. *Es sei die Derivierte von rechts der stetigen Funktion $F_n(x)$ eine Verteilungsfunktion* ($n = 1, 2, 3, \ldots$). *Wenn die Folge*

$$(8) \qquad F_1(x),\ F_2(x),\ \ldots,\ F_n(x),\ \ldots$$

gegen eine derivable Funktion $F(x)$ konvergiert, deren Derivierte eine Verteilungsfunktion ist, so konvergiert auch die Folge der rechten Derivierten der Funktionen $F_n(x)$, und zwar gleichmäßig gegen $F'(x)$.

Ich bezeichne die *rechte* Derivierte von $F_n(x)$ mit $f_n(x)$, die Derivierte von $F(x)$ mit $f(x)$. Die Funktionen $f_n(x)$ können eventuell an unendlich vielen Stellen Unstetigkeit durch Sprung erleiden. Eine andere Art von Unstetigkeit ist bei monotonen Funktionen ausgeschlossen. Die Funktion $f(x)$ ist jedoch eine Derivierte, nimmt als solche alle Zwischenwerte an, kann folglich keine Sprungstellen haben und ist somit *stetig*. Gestützt auf Satz I genügt es also, bloß die Konvergenz der Folge $f_1(x), f_2(x), \ldots, f_n(x), \ldots$ zu beweisen, die gleichmäßige Konvergenz folgt daraus von selbst.

Es sei $\varepsilon > 0$ vorgegeben. Zu einer gegebenen Zahl x lassen sich zwei andere x_1 und x_2 so bestimmen, daß

$$x_1 < x < x_2$$

$$(9) \qquad \left| \frac{F(x) - F(x_1)}{x - x_1} - f(x) \right| < \frac{\varepsilon}{2}, \qquad \left| \frac{F(x_2) - F(x)}{x_2 - x} - f(x) \right| < \frac{\varepsilon}{2}.$$

Da $f_n(x)$ eine Verteilungsfunktion und die rechte Derivierte von $F_n(x)$ ist, folgt für alle n

$$F_n(x) - F_n(x_1) = \int_{x_1}^{x} f_n(x)\,dx \leqq (x - x_1) f_n(x),$$

$$F_n(x_2) - F_n(x) = \int_{x}^{x_2} f_n(x)\,dx \geqq (x_2 - x) f_n(x),$$

oder anders geschrieben

$$\frac{F_n(x) - F_n(x_1)}{x - x_1} \leqq f_n(x) \leqq \frac{F_n(x_2) - F_n(x)}{x_2 - x}.$$

Daraus folgt, da die Folge (8) gegen $F(x)$ konvergiert, daß für alle n von einem gewissen an

$$(10) \qquad \frac{F(x) - F(x_1)}{x - x_1} - \frac{\varepsilon}{2} \leqq f_n(x) \leqq \frac{F(x_2) - F(x)}{x_2 - x} + \frac{\varepsilon}{2}$$

ist. Kombiniert man (9) und (10), so ergibt sich für alle fraglichen n

$$|f_n(x) - f(x)| \leqq \varepsilon, \quad \text{w. z. b. w.}$$

Satz III. *Ich betrachte die Folge von uneigentlichen Stieltjesschen Integralen*

$$(11) \qquad \int_{-\infty}^{+\infty} e^{ut}\,df_1(t), \quad \int_{-\infty}^{+\infty} e^{ut}\,df_2(t), \quad \ldots, \quad \int_{-\infty}^{+\infty} e^{ut}\,df_n(t), \quad \ldots,$$

wo $f_1(t), f_2(t), \ldots, f_n(t), \ldots$ *Verteilungsfunktionen bedeuten und eine positive Größe* a *existiert, derart, daß jedes Integral für* $-a \leqq u \leqq +a$ *konvergiert. Es sei vorausgesetzt, daß für dieselben Werte von* u

$$(12) \qquad \lim_{n=\infty} \int_{-\infty}^{+\infty} e^{ut}\,df_n(t) = \int_{-\infty}^{+\infty} e^{ut}\,df(t),$$

wo $f(t)$ *eine* stetige *Verteilungsfunktion bedeutet.*

Dann ist, gleichmäßig für alle Werte von x,

$$(13) \qquad \lim_{n=\infty} f_n(x) = f(x).$$

Um diese Behauptung zu beweisen, setze ich

$$\int_{-\infty}^{+\infty} e^{ut}\,df(t) = \Phi(u), \quad \int_{-\infty}^{+\infty} e^{ut}\,df_n(t) = \Phi_n(u)$$

und betrachte die Funktionen $\Phi(u)$, $\Phi_n(u)$ für komplexe Werte der Variablen u, insbesondere für solche, die im unendlichen vertikalen Streifen

$$(14) \qquad -a \leqq \Re(u) \leqq +a$$

von der Dicke $2a$ liegen. Es ist für $b > 0$, wenn (14) erfüllt ist,

$$(15) \qquad \left|\int_0^b e^{ut} df_n(t)\right| \leqq \int_0^\infty e^{at} df_n(t), \qquad \left|\int_{-b}^0 e^{ut} df_n(t)\right| \leqq \int_{-\infty}^0 e^{-at} df_n(t).$$

Daraus folgt, daß die Integrale (11) im ganzen Streifen (14) existieren, und daß in dessen Innerem die Funktionen $\Phi_n(u)$ sämtlich analytisch sind. Es folgt übrigens aus (15), indem man b unendlich werden läßt, daß in demselben Streifen (14)

$$(16) \qquad |\Phi_n(u)| \leqq \Phi_n(a) + \Phi_n(-a).$$

Die rechte Seite dieser Ungleichung hat, nach Voraussetzung (12), für $n = \infty$ einen Grenzwert. Sie hat also a fortiori eine von n unabhängige endliche obere Schranke, und folglich bleibt die Funktionenfolge $\Phi_1(u), \Phi_2(u), \ldots, \Phi_n(u), \ldots$ in dem Streifen (14) gleichmäßig beschränkt. Die Konvergenz der Folge (11) pflanzt sich somit, kraft des grundlegenden Vitalischen Satzes, von der reellen Achse auf den ganzen Streifen (14) fort und findet gleichmäßig in jedem endlichen Teil davon statt.

Es sei die Zahl α, $0 < \alpha < a$ fest gewählt. Es folgt aus dem erschlossenen Verhalten der Folge $\Phi_1(u), \Phi_2(u), \ldots, \Phi_n(u), \ldots$, daß

$$(17) \qquad \lim_{n=\infty} \int_{\alpha-i\infty}^{\alpha+i\infty} \Phi_n(u) \frac{e^{-xu}}{u^2}\, du = \int_{\alpha-i\infty}^{\alpha+i\infty} \Phi(u) \frac{e^{-xu}}{u^2}\, du,$$

für beliebige reelle Werte von x, die Integrale entlang einer zur imaginären Achse parallelen Gerade erstreckt. In der Tat: die Integrale links haben, nach (16), eine gemeinsame Majorante.

Es ist, wie bekannt,

$$(18) \qquad \frac{1}{2\pi i} \int_{\alpha-i\infty}^{\alpha+i\infty} \frac{e^{uz}}{u^2}\, du = \begin{cases} z & \text{für } z \geqq 0, \\ 0 & \text{für } z \leqq 0. \end{cases}$$

Da man bei absoluter Konvergenz die Integrationsfolge vertauschen darf, ist

$$\frac{1}{2\pi i} \int_{\alpha-i\infty}^{\alpha+i\infty} \Phi_n(u) \frac{e^{-xu}}{u^2}\, du = \int_{-\infty}^{+\infty} df_n(t) \left(\frac{1}{2\pi i} \int_{\alpha-i\infty}^{\alpha+i\infty} \frac{e^{u(t-x)}}{u^2}\, du \right) = \int_x^\infty (t-x)\, df_n(t).$$

Eine ähnliche Formel gilt für $\Phi(u)$. Setzt man also

$$F_n(x) = x + \int_x^{\infty} (t-x)\, df_n(t), \qquad F(x) = x + \int_x^{\infty} (t-x)\, df(t),$$

so kann man (17) auch so schreiben:

$$\lim_{n=\infty} F_n(x) = F(x). \tag{19}$$

Die rechte Derivierte von $F_n(x)$ ist $f_n(x)$, die Derivierte von $F(x)$ ist $f(x)$, wie man leicht nachrechnet. Somit wird der Satz II auf die eben definierte Folge $F_1(x), F_2(x), \ldots, F_n(x), \ldots$ anwendbar, und der Satz III ist bewiesen.

In den Anwendungen auf Wahrscheinlichkeitsrechnung ist

$$f(x) = \frac{1}{\sqrt{\pi}} \int_{-\infty}^{x} e^{-x^2}\, dx,$$

und die Gleichung (12) läßt sich gewöhnlich verhältnismäßig einfach erhalten, wie z. B. bei dem Markoffschen Problem der verketteten Größen. Die Stellung meines Beweisganges zu den eingangs erwähnten läßt sich so charakterisieren: Tschebyscheff und Markoff betrachten hauptsächlich die Derivierten von $\Phi_n(u)$ für $u = 0$, Liapounoff betrachtet $\Phi_n(u)$ für rein imaginäre Werte von u, ich betrachte $\Phi_n(u)$ als analytische Funktion von u im Streifen (14). Einer Verallgemeinerung auf mehrere Variablen, die zur Behandlung mehrdimensionaler Wahrscheinlichkeitsprobleme dienen kann, steht keine Schwierigkeit im Wege.

§ 2.

Der Stetigkeitssatz des Momentenproblems.

Ich beweise den folgenden allgemeinen Satz:

Die Verteilungsfunktion $f(x)$ sei stetig. Die Momente von $f(x)$

$$\int_{-\infty}^{+\infty} x^m\, df(x) = t_m \qquad (m = 0, 1, 2, 3, \ldots) \tag{20}$$

sollen der Bedingung genügen, daß

$$\overline{\lim_{m=\infty}} \frac{\sqrt[2m]{t_{2m}}}{m} \tag{21}$$

endlich ist. Genügt dann die Folge von Verteilungsfunktionen

$$f_1(x),\ f_2(x),\ f_3(x), \ldots, f_n(x), \ldots \tag{22}$$

den unendlich vielen Grenzbedingungen

$$\lim_{n=\infty} \int_{-\infty}^{+\infty} x^{\mu}\, df_n(x) = t_{\mu} \qquad (\mu = 0, 1, 2, 3, \ldots), \tag{23}$$

so ist

$$\lim_{n=\infty} f_n(x) = f(x)$$

gleichmäßig in jedem Intervalle.

Kurz gefaßt, besagt dieser Satz, daß wenn die Momente der Funktionenfolge (22) gegen die von $f(x)$ konvergieren, so konvergiert die Folge gegen $f(x)$. Tschebyscheff und Markoff haben diesen Satz bloß für den Fall

$$f(x) = \frac{1}{\sqrt{\pi}} \int_{-\infty}^{x} e^{-x^2} dx$$

bewiesen[5]). Heute, wo neuere Untersuchungen das Stieltjessche Momentenproblem in verschiedenen Richtungen vertieft und klargelegt haben, ist der Satz verhältnismäßig leicht abzuleiten. Er ist ein einfaches Korollar einer kürzlich publizierten Bemerkung des Herrn H. Hamburger[6]), die sich ihrerseits auf die wichtigen Untersuchungen des Herrn Grommer[7]) stützt.

Es sei mir gestattet, für diesen Satz, dem so viele berühmte Bemühungen gegolten haben, hier einen kurzen, direkten Beweis zu führen, der sich neben einigen rein algebraischen Sätzen, die jedem Kenner des Momentenproblems völlig geläufig sind, sich bloß auf meinen eben bewiesenen Hilfssatz III stützt.

Ich will zuerst die nötigen algebraischen Sätze in passender Fassung zusammenstellen, die bis auf einen, den man Herrn Grommer verdankt, sich schon in den ersten Arbeiten von Tschebyscheff und Stieltjes finden[8]).

1. Eine Verteilungsfunktion, die nur endlich viele Sprungstellen hat und zwischen zwei konsekutiven Sprungstellen konstant ist, bezeichne ich als eine *Treppenfunktion. Ist $f(x)$ eine Verteilungsfunktion, jedoch keine Treppenfunktion, so gehört zu $f(x)$ eine nie abbrechende Folge von annähernden Treppenfunktionen $T_1(x)$, $T_2(x)$, ..., $T_n(x)$, ...*

Hierbei ist $T_n(x)$ eindeutig bestimmt durch die Forderung, daß sie genau n Sprungstellen haben und den $2n$ Gleichungen

[5]) Ein außerordentlich eleganter Beweis befindet sich bei A. Markoff, Démonstration du second théorème-limite du calcul des probabilités par la méthode des moments. (Supplément à la 3-ième édition russe du „Calcul des probabilités“.) (St. Pétersbourg, 1913.) Vgl. auch v. Mises a. a. O. S. 51.

[6]) H. Hamburger, Beiträge zur Konvergenztheorie der Stieltjesschen Kettenbrüche, Math. Zeitschrift, **4** (1919), S. 186–222. Vgl. S. 212–222.

[7]) J. Grommer, Ganze transzendente Funktionen mit lauter reellen Nullstellen, Crelles Journal f. Mathematik, **144** (1913), S. 114–166.

[8]) Stieltjes, Quelques recherches sur la théorie des quadratures dites mécaniques, Annales de l'Ecole Normale, 3. Folge, **1** (1884), S. 409—426.

$$(24)\qquad \int_{-\infty}^{+\infty} x^{\nu} d\,T_n(x) = t_{\nu} \qquad (\nu = 0, 1, 2, 3, \ldots, 2n-1)$$

genügen soll.

2. *Befindet sich x zwischen zwei benachbarten Sprungstellen von $T_n(x)$, so kann die Differenz $f(x) - T_n(x)$ den größeren der beiden zu diesen Stellen gehörigen Sprünge dem absoluten Werte nach nicht übertreffen.*

Die beschriebene Ungleichung bringt nur einen Teil der Tatsache zum Ausdruck: die die Funktion $f(x)$ darstellende monotone Kurve muß alle vertikalen Strecken der Treppe passieren, die $T_n(x)$ darstellt.

3. Während die $2n$ ersten Momente von $f(x)$ mit denjenigen von $T_n(x)$ gemäß (24) übereinstimmen, besteht für die höheren Momente von geradem Index die Ungleichung

$$(25)\qquad \int_{-\infty}^{+\infty} x^{2\nu} d\,T_n(x) < t_{2\nu} \qquad (\nu = n, n+1, n+2, \ldots),$$

die von Herrn Grommer herrührt[9]).

Ich betrachte nun das Stieltjessche Integral

$$(26)\qquad \int_{-\infty}^{+\infty} e^{ux} d\,T_n(x) = t_0 + \frac{t_1}{1!}u + \ldots + \frac{t_{2n-1}}{2n-1!}u^{2n-1} + \sum_{\nu=2n}^{\infty} \frac{u^{\nu}}{\nu!} \int_{-\infty}^{+\infty} x^{\nu} d\,T_n(x),$$

das eigentlich bloß die Summe von n Exponentialgrößen und als solche eine ganze Funktion der Variablen u ist. Die Voraussetzung (21) könnte auch so gefaßt werden, daß

$$\overline{\lim_{n=\infty}} \sqrt[2n]{\frac{t_{2n}}{2n!}} = \frac{e}{2} \overline{\lim_{n=\infty}} \frac{\sqrt[2n]{t_{2n}}}{n}$$

endlich ist, oder auch so, daß die Potenzreihe

$$(27)\qquad t_0 + \frac{\sqrt{t_0 t_2}}{1!}u + \frac{t_2}{2!}u^2 + \frac{\sqrt{t_2 t_4}}{3!}u^3 + \frac{t_4}{4!}u^4 + \ldots$$

einen von 0 verschiedenen Konvergenzradius hat. Die Potenzreihe (27) ist jedoch eine gemeinsame Majorante aller Reihen, die man erhält, wenn man rechts in (26) $n = 1, 2, 3, \ldots$ setzt. Auf die Glieder mit geradem Index ist die Ungleichung (25) ohne weiteres anwendbar, für die Glieder mit ungeradem Index besteht die Ungleichung

$$\left(\int_{-\infty}^{+\infty} x^{2\nu+1} d\,T_n(x)\right)^2 \leqq \int_{-\infty}^{+\infty} x^{2\nu} d\,T_n(x) \int_{-\infty}^{+\infty} x^{2\nu+2} d\,T_n(x).$$

[9]) Vgl. l. c. [7]) S. 132, Formel (16).

Da wir mit einer Folge von Potenzreihen mit gemeinsamer Majorante zu tun haben, folgt aus (26) im Innern des Konvergenzkreises der Reihe (27)

$$(28)\qquad \lim_{n=\infty}\int_{-\infty}^{+\infty} e^{ux}\,dT_n(x) = t_0 + \frac{t_1}{1!}u + \frac{t_2}{2!}u^2 + \ldots = \int_{-\infty}^{+\infty} e^{ux}\,df(x).$$

Die Verwandlung der Reihe in das Integral ist gestattet, da auch das Integral

$$\int_{-\infty}^{+\infty} e^{u|x|}\,df(x)$$

von der Reihe (27) majorisiert wird[10]).

Mit (28) ist jedoch die Bedingung (12) des Hilfssatzes III erfüllt, durch dessen Anwendung sich

$$(29)\qquad \lim_{n=\infty} T_n(x) = f(x)$$

ergibt, und zwar gleichmäßig für alle x, da doch $f(x)$ als stetig vorausgesetzt wurde. Die Limesgleichung (29) ist gemäß (24) nur ein Spezialfall des zu beweisenden Satzes, aber in diesem Spezialfall ist der Kernpunkt der Sache enthalten[11]).

Ordnen wir jetzt nämlich der Verteilungsfunktion $f_n(x)$, die das allgemeine Glied der Folge (22) bildet, die annähernden Treppenfunktionen

$$T_1^{(n)}(x),\ T_2^{(n)}(x),\ \ldots\ T_m^{(n)}(x),\ \ldots$$

zu und zerlegen wir die Differenz

$$(30)\qquad f(x) - f_n(x) = (f(x) - T_m(x)) + (T_m(x) - T_m^{(n)}(x)) + (T_m^{(n)}(x) - f_n(x)),$$

deren drei Teile wir nacheinander betrachten wollen.

Es sei $\varepsilon > 0$ vorgegeben. Da die Limesgleichung (29) gleichmäßig für alle x stattfindet, und die Funktion $f(x)$ gleichmäßig stetig ist, ist es zunächst möglich ein m zu bestimmen, so daß für dieses m

[10]) Vgl. bei Hamburger, l. c. [6]) S. 195, Hilfssatz 2. Übrigens wäre in unserem Fall auch der Weierstraßsche Doppelreihensatz anwendbar.

[11]) Die Beziehung (29) kann auch so ausgedrückt werden, daß der zu der Reihe $\sum_0^\infty \frac{(-1)^n}{z^{n+1}}\int_{-\infty}^{+\infty} x^n\,df(x)$ assoziierte Kettenbruch, dessen n-ter Näherungsbruch eben $\int_{-\infty}^{+\infty}\frac{dT_n(x)}{z+x}$ ist, konvergiert. Vgl. Hamburger a. a. O. Übrigens ist das Hauptlemma des Herrn Hamburger a. a. O. S. 196—198 in unwesentlich verschiedener Form schon in meiner unter [4]) zitierten Arbeit zu finden.

$$(31) \qquad |f(x) - T_m(x)| < \frac{\varepsilon}{3}$$

wird, und daß alle Sprünge der Funktion $T_m(x)$ ebenfalls kleiner als $\frac{\varepsilon}{3}$ sind.

Die m Sprungstellen und die m dazugehörigen Sprünge der Funktion $T_m(x)$ sind algebraische Funktionen der $2m$ Zahlen $t_0, t_1, t_2, \ldots, t_{2m-1}$ ebenso, wie die m Sprungstellen und Sprünge von $T_m^{(n)}(x)$ von den ersten $2m$ Momenten von $f_n(x)$ es sind (vgl. unter 1). Des genaueren soll man sich daran erinnern, daß die m Sprungstellen von $T_m(x)$ die verschiedenen (und folglich einfachen) Nullstellen einer Gleichung m-ten Grades sind, deren Koeffizienten rational von $t_0, t_1, t_2, \ldots, t_{2m-1}$ abhängen, und daß jeder Sprung sich rational durch die betreffende Sprungstelle und durch $t_0, t_1, \ldots, t_{2m-1}$ ausdrückt. Beschränken wir uns auf die ersten $2m$ Limesgleichungen unter (23), indem wir $\mu = 0, 1, 2, 3, \ldots, 2m-1$ setzen. Beachten wir, daß algebraische Funktionen stetig sind und daß unter den beschriebenen Bedingungen eine Verwechselung der m verschiedenen Zweige unmöglich (und auch irrelevant) ist. So sehen wir, daß es eine ganze Zahl N existiert, so daß für $n > N$ einerseits

$$(32) \qquad |T_m(x) - T_m^{(n)}(x)| < \frac{\varepsilon}{3}$$

und andererseits die Sprünge von $T_m^{(n)}(x)$, ebenso wie diejenigen von $T_m(x)$, kleiner als $\frac{\varepsilon}{3}$ ausfallen.

Aus der letzterwähnten Tatsache folgt, gemäß dem unter 2 zitierten Satze, daß

$$(33) \qquad |T_m^{(n)}(x) - f_n(x)| < \frac{\varepsilon}{3}.$$

Die Gleichung (30) und die Ungleichungen (31), (32), (33) ergeben zusammengefaßt

$$|f(x) - f_n(x)| < \varepsilon$$

für alle fragliche n und gleichmäßig für alle x, w. z. b. w.

Es liegt auf der Hand, daß die hervorgehobene Gleichmäßigkeit der Konvergenz ohne die vorausgesetzte Stetigkeit von $f(x)$ für beliebige Folgen (22) nicht stattfinden könnte. Läßt man die Bedingung der Stetigkeit von $f(x)$ fallen, so gibt der dargestellte Beweisgang noch immer bestimmte Resultate, auf deren Formulierung ich kein Gewicht lege.

(Eingegangen am 4. September 1919.)

SUR LA REPRÉSENTATION PROPORTIONNELLE EN MATIÈRE ÉLECTORALE

PAR

G. Pólya (Zurich).

Dans plusieurs périodiques non mathématiques[1], j'ai essayé de mettre en contact l'analyse mathématique avec l'énorme diversité des opinions émises sur la question de la représentation proportionnelle en matière électorale. La partie la plus intéressante de la recherche est, me semble-t-il : trouver, dans une littérature de controverse qui s'éloigne beaucoup de l'exposition et des sujets mathématiques habituels, des principes tangibles, des faits susceptibles d'une explication exacte et les « mettre en équation ». Dans les travaux cités j'ai énoncé plusieurs résultats mathématiques. Je les ai vérifiés expérimentalement par des exemples, j'ai tâché de les rapprocher du bon sens sans l'aide des formules, mais j'ai dû omettre les démonstrations. Dans les lignes suivantes je donnerai l'analyse exacte, une analyse très élémentaire d'ailleurs, mais qui ne sera peut-être pas dépourvue d'un certain intérêt pour quelques lecteurs.

1. — *Notations.* Soient A, B, C,... L les nombres de suffrages obtenus par les listes en présence. Soit S la somme totale des suffrages exprimés

$$A + B + C + \ldots + L = S . \qquad (1)$$

Soit s le nombre des sièges à répartir. En partageant s unités

[1] *Schweiz. Zentralblatt für Staats- und Gemeindeverwaltung*, 1919, N° 1 ; *Journal de statistique suisse*, 1918, N° 4; *Wissen und Leben*, N°s de janvier et février 1919. *Zeitschrift für die gesamte Staatswissenschaft* (sous presse).

For comments on this paper [56], see p. 608.

arbitrairement divisibles proportionnellement aux nombres A, B, C,... L, on obtient les « parts exactes »

$$a = \frac{As}{S}, \quad b = \frac{Bs}{S}, \quad \ldots \quad l = \frac{Ls}{S}.$$

On a

$$a + b + c + \ldots + l = s. \tag{2}$$

Les parts exactes a, b, c, ... l ne sont pas en général des nombres entiers. Donc si l'on décerne aux diverses listes respectivement α, β, γ, . . λ sièges, on commet inévitablement des erreurs. Les erreurs commises sont respectivement $\alpha - a$, $\beta - b$, ... $\lambda - l$ pour les différentes listes et $\frac{\alpha - a}{A}$, $\frac{\beta - b}{B}$, ... $\frac{\lambda - l}{L}$ pour les électeurs des différentes listes. S'il y a des erreurs, il y en a toujours des positives et des négatives, la somme de toutes les erreurs étant

$$\begin{aligned} &\alpha - a + \beta - b + \ldots + \lambda - l \\ &= A\frac{\alpha - a}{A} + B\frac{\beta - b}{B} + \ldots + L\frac{\lambda - l}{L} = 0. \end{aligned} \tag{3}$$

On a proposé un très grand nombre et appliqué effectivement un nombre considérable de systèmes différents pour effectuer la répartition des sièges, c'est-à-dire pour déterminer les nombres entiers α, β, γ, ... λ en connaissant A, B, C, ... L. On peut poser, à priori, certaines conditions très plausibles, que tout système doit remplir pour être admissible. Premièrement, si l'on a

$$A \geqq B \geqq C \geqq \ldots \geqq L,$$

chaque système raisonnable doit donner

$$\alpha \geqq \beta \geqq \gamma \geqq \ldots \geqq \lambda.$$

Remarquons, en second lieu, que chaque règle doit devenir indéterminée en certains cas particuliers, par exemple si le nombre s est impair et s'il n'y a que deux listes en présence, les deux ayant obtenu le même nombre de suffrages. Pour qu'un système de répartition soit admissible, il faut que ces cas d'indétermination soient exceptionnels. Cette condition sera précisée plus loin. Enfin les entiers α, β, γ, ... λ doivent « s'approcher » autant que possible des parts exactes

a, b, c, ... l ou plutôt les erreurs commises doivent être « les plus petites possible ». Cette condition peut être précisée de manières très diverses.

2. — *Traitement égal des partis.* Considérons d'abord les erreurs commises pour chaque parti. Quelle est la répartition les rendant les plus petites possible ? Le problème est indéterminé. En effet, si des erreurs d'observation étaient en question, nous aurions, après tant de recherches théoriques et expérimentales, sinon des arguments absolument décisifs, du moins quelques bonnes raisons d'appliquer la méthode des moindres carrés. Il s'agit, dans notre cas, d'erreurs d'ordre juridique, et à ma connaissance on n'a proposé jusqu'ici que des raisons de sentiment qui parlent plutôt en faveur de la méthode des moindres carrés qu'en celle d'une autre méthode quelconque. Nous allons essayer plusieurs méthodes à la fois.

Problème. — *Soit* $\varphi(x)$ *une fonction figurée par une courbe convexe,* $\varphi(0) = 0$, $\varphi(x) > 0$ *pour* $x \gtrless 0$. *Etant donné les nombres positifs* a, b, c, ... l, *satisfaisant à* (2), *trouver des entiers non-négatifs* $\alpha, \beta, \gamma, \ldots \lambda$ *satisfaisant à* (3) *tels que la somme* $\varphi(\alpha - a) + \varphi(\beta - b) + \ldots + \varphi(\lambda - l)$ *soit la plus petite possible.*

En posant, par exemple, $\varphi(x) = |x|^\alpha$, $\alpha > 1$, on cherche la solution de notre problème de répartition d'après la méthode « des moindres puissances $\alpha^{-\text{mes}}$ ». On écrit la somme en question comme suit :

$$\begin{aligned}
&\varphi(\alpha - a) + \varphi(\beta - b) + \ldots + \varphi(\lambda - l) \\
&= \varphi(-a) + \varphi(-b) + \ldots \varphi(-l) \\
&+ \big(\varphi(1-a) - \varphi(-a)\big) + \big(\varphi(2-a) - \varphi(1-a)\big) \\
&\quad + \ldots + \big(\varphi(\alpha - a) - \varphi(\alpha - 1 - a)\big) \\
&+ \big(\varphi(1-b) - \varphi(-b)\big) + \big(\varphi(2-b) - \varphi(1-b)\big) \\
&\quad + \ldots + \big(\varphi(\beta - b) - \varphi(\beta - 1 - b)\big) \\
&\cdots\cdots\cdots\cdots\cdots\cdots \\
&+ \big(\varphi(1-l) - \varphi(-l)\big) + \big(\varphi(2-l) - \varphi(1-l)\big) \\
&\quad + \ldots + \big(\varphi(\lambda - l) - \varphi(\lambda - 1 - l)\big) .
\end{aligned} \tag{4}$$

Désignons le nombre des partis concurrents par p. Le second membre de l'égalité (4) comprend $p+1$ lignes. La 0^{-me} ligne se compose de p termes, indépendants du choix de $\alpha, \beta, \gamma, \ldots \lambda$, c'est la longueur des p lignes suivantes qui en dépend. La première ligne[1] correspondant au premier parti, comprend α termes, la seconde ligne β termes et ainsi de suite chaque ligne comprend autant de termes qu'il y a de sièges attribués au parti correspondant.

Quelle est la grandeur relative de ces termes dans les p dernières lignes ? L'hypothèse que la courbe $y = \varphi(x)$ est convexe (vue d'en bas) entraîne[2] que la fonction $\varphi(x+1) - \varphi(x)$ augmente constamment avec x. Donc la réponse à la question : quel est le plus grand des deux termes donnés ? est (l'hypothèse en question remplie) indépendante de φ et ne dépend que des arguments. On voit facilement que le problème, rendre minimum le premier membre (ou le second) de (4) revient à ceci : choisir dans le tableau suivant, à p lignes et à une infinité de colonnes,

$$\begin{array}{l} 1-a,\ 2-a,\ 3-a, \ldots [a]-a,\ [a]+1-a, \ldots \\ 1-b;\ 2-b,\ 3-b, \ldots \\ \ldots\ldots\ldots\ldots\ldots\ldots\ldots\ldots \\ 1-l,\ 2-l,\ 3-l, \ldots \end{array} \qquad (5)$$

α nombres de la première ligne, β de la seconde,... λ de la p^{me}, de manière que les $\alpha + \beta + \gamma + \ldots + \lambda$ nombres choisis soient les s plus petits nombres de tout le tableau.

Dans la première ligne il y a $[a]$ (c'est-à-dire partie entière de a) nombres négatifs, voir $1-a,\ 2-a, \ldots [a]-a$, le suivant $[a]+1-a$ est ≤ 1 et les suivants sont > 1. On constate que dans tout le tableau (5) il y a

$$[a] + [b] + [c] + \ldots + [l] \leq s ,$$

[1] Cette ligne, comme les suivantes, a été partagée en deux à cause des difficultés d'impression.

[2] Pour les notions analytiques utilisées, voir JENSEN, *Acta Mathematica*, t. 30 (1906), p. 175-193.

nombres non-positifs et p nombres compris entre 0 et 1. C'est entre ces $[a] + [b] + [c] + \dots + [l] + p$ nombres que nous devons chercher les s plus petits du tableau (5), parce que, évidemment,

$$s < [a] + 1 + [b] + 1 + \dots + [l] + 1 .$$

En résumé, pour rendre minimum la somme

$$\varphi(\alpha - a) + \varphi(\beta - b) + \dots + \varphi(\lambda - l)$$

on a la règle suivante : *attribuer d'abord aux partis respectivement* [a], [b], [c], ... [l] *sièges; s'il reste encore des sièges disponibles* (ce qui sera généralement le cas), *attribuer le complément aux plus grandes des fractions* a — [a], b — [b], c — [c], ... l — [l]. C'est la *règle des plus grands restes,* comme on dit couramment. La règle des plus grands restes ne peut être indéterminée que dans le cas où deux des nombres $a - [a]$, $b - [b]$, ... $l - [l]$ deviennent égaux.

Le résultat est qu'une infinité des méthodes, par exemple celle des moindres carrés, celle des moindres bicarrés, etc., appliquées aux erreurs relatives aux listes préconisent la même répartition des sièges. Ce résultat peut être généralisé encore, en élargissant les conditions auxquelles la fonction $\varphi(x)$ est assujettie.

Je ne veux pas formuler les conditions les plus générales; on voit par exemple que la démonstration s'applique presque sans changements à la fonction $\varphi(x) = |x|$, ce qui n'est pas sans intérêt.

Le problème de répartir les sièges de telle manière que le maximum des écarts $|\alpha - a|$, $|\beta - b|$, .., $|\lambda - l|$ soit aussi petit que possible, conduit aussi à la règle des plus grands restes. J'omets la démonstration, parce qu'elle est facile et bien connue.

3. — *Traitement égal des électeurs.* D'après la nature de la question, ce ne sont pas les erreurs relatives aux partis, mais celles relatives aux électeurs qui importent. En essayant d'appliquer à ces erreurs-là les différentes mé-

thodes imaginables, on est amené à rendre minimum l'expression

$$A\varphi\left(\frac{\alpha - a}{A}\right) + B\varphi\left(\frac{\beta - b}{B}\right) + \dots + L\varphi\left(\frac{\lambda - l}{L}\right)$$

par le choix convenable des entiers $\alpha, \beta, \gamma, \dots \lambda$ de la somme donnée s. En remplaçant $S\varphi\left(\frac{x}{S}\right)$ par $\varphi(x)$, on peut aussi envisager l'expression suivante

$$a\varphi\left(\frac{\alpha - a}{a}\right) + b\varphi\left(\frac{\beta - b}{b}\right) + \dots + l\varphi\left(\frac{\lambda - l}{l}\right).$$

C'est cette dernière que je rendrai minimum en admettant que la fonction φ remplisse les conditions énoncées auparavant.

On a l'identité analogue à (4)

$$\begin{aligned}
&a\varphi\left(\frac{\alpha}{a} - 1\right) + b\varphi\left(\frac{\beta}{b} - 1\right) + \dots + l\varphi\left(\frac{\lambda}{l} - 1\right) \\
&= a\varphi(-1) + b\varphi(-1) + \dots + l\varphi(-1) \\
&+ a\left(\varphi\left(\frac{1}{a} - 1\right) - \varphi(-1)\right) + a\left(\varphi\left(\frac{2}{a} - 1\right) - \varphi\left(\frac{1}{a} - 1\right)\right) \\
&\qquad + \dots + a\left(\varphi\left(\frac{\alpha}{a} - 1\right) - \varphi\left(\frac{\alpha - 1}{a} - 1\right)\right) \\
&+ b\left(\varphi\left(\frac{1}{b} - 1\right) - \varphi(-1)\right) + b\left(\varphi\left(\frac{2}{b} - 1\right) - \varphi\left(\frac{1}{b} - 1\right)\right) \\
&\qquad + \dots + b\left(\varphi\left(\frac{\beta}{b} - 1\right) - \varphi\left(\frac{\beta - 1}{b} - 1\right)\right) \\
&\cdots\cdots\cdots\cdots\cdots\cdots \\
&+ l\left(\varphi\left(\frac{1}{l} - 1\right) - \varphi(-1)\right) + l\left(\varphi\left(\frac{2}{l} - 1\right) - \varphi\left(\frac{1}{l} - 1\right)\right) \\
&\qquad + \dots + l\left(\varphi\left(\frac{\lambda}{l} - 1\right) - \varphi\left(\frac{\lambda - 1}{l} - 1\right)\right).
\end{aligned} \tag{6}$$

La 0me ligne du membre droit donne $s\varphi(-1)$. Les lignes suivantes[1] sont puisées du tableau

$$\frac{\varphi\left(\frac{1}{a}-1\right)-\varphi(-1)}{\frac{1}{a}},\quad \frac{\varphi\left(\frac{2}{a}-1\right)-\varphi\left(\frac{1}{a}-1\right)}{\frac{1}{a}},\quad \ldots\frac{\varphi\left(\frac{n}{b}-1\right)-\varphi\left(\frac{n-1}{a}-1\right)}{\frac{1}{a}},\ldots$$

$$\frac{\varphi\left(\frac{1}{b}-1\right)-\varphi(-1)}{\frac{1}{b}},\quad \frac{\varphi\left(\frac{2}{b}-1\right)-\varphi\left(\frac{1}{b}-1\right)}{\frac{1}{b}},\quad \ldots\frac{\varphi\left(\frac{n}{b}-1\right)-\varphi\left(\frac{n-1}{b}-1\right)}{\frac{1}{b}},\ldots \tag{7}$$

. . . .

$$\frac{\varphi\left(\frac{1}{l}-1\right)-\varphi(-1)}{\frac{1}{l}},\quad \frac{\varphi\left(\frac{2}{l}-1\right)-\varphi\left(\frac{1}{l}-1\right)}{\frac{1}{l}},\quad \ldots\frac{\varphi\left(\frac{n}{l}-1\right)-\varphi\left(\frac{n-1}{l}-1\right)}{\frac{1}{l}},\ldots$$

où on posera $n = 1, 2, 3, \ldots$ La courbe $y = \varphi(x)$ étant convexe, on a, par de simples considérations géométriques,

$$\frac{\varphi(t+h)-\varphi(t)}{h} < \frac{\varphi(T+h)-\varphi(T)}{h} < \frac{\varphi(T+H)-\varphi(T)}{H} \tag{8}$$

pourvu qu'on ait $t < T$, $0 < h < H$. La première des inégalités (8) montre que dans chaque ligne du tableau (7) les quantités sont rangées par ordre de leur valeur algébrique croissante. On rend donc minimum l'expression (6) *en choisissant dans le tableau* (7) *les* s *quantités les plus petites en valeur*

[1] Sont partagées à cause de l'impression.

algébrique, et en attribuant à chaque parti autant de sièges qu'il y a de quantités parmi ces s *prises dans la ligne correspondante du tableau* (7).

En appliquant cette règle à la fonction $\varphi(x) = |x|$ à laquelle la démonstration s'applique aussi, avec de légers changements, on retrouve la règle des plus grands restes. Ce qui est évident d'ailleurs d'après l'identité

$$a\left|\frac{\alpha - a}{a}\right| + b\left|\frac{\beta - b}{b}\right| + \dots + l\left|\frac{\lambda - l}{l}\right| = |\alpha - a| + |\beta - b| + \dots + |\lambda - l| .$$

Le lecteur est prié d'appliquer aussi la règle à la fonction $\varphi(x) = x^2$. Il retrouvera ainsi la règle des moindres carrés donnée par M. Sainte-Laguë dans un travail[1] qui constitue un réel progrès de la théorie de la représentation proportionnelle, autant que cette théorie est mathématique. C'est la méthode de M. Sainte-Laguë que nous avons généralisée dans l'analyse précédente. En appliquant la règle à d'autres fonctions, par exemple à $\varphi(x) = |x|^3$, x^4, $|x|^5$, ... l'on trouvera toujours d'autres méthodes de répartition de sièges[2].

On peut faire voir que les méthodes ainsi trouvées sont réellement différentes en recherchant leurs cas d'indétermination. Si notre règle ne peut pas décider à qui attribuer un siège, au premier parti ou au second, une relation de la forme

$$a\left(\varphi\left(\frac{\alpha}{a} - 1\right) - \varphi\left(\frac{\alpha - 1}{a} - 1\right)\right) = b\left(\varphi\left(\frac{\beta}{b} - 1\right) - \varphi\left(\frac{\beta - 1}{b} - 1\right)\right) \quad (9)$$

doit avoir lieu. Considérons les entiers α, β comme donnés et les quantités a, b comme variables. D'après (8) le membre gauche est une fonction croissante de $\frac{1}{a}$, donc une fonction décroissante de a. Une remarque analogue a lieu concernant le membre droit. Il s'en suit que la courbe représentative

[1] Voir *Annales de l'Ecole Normale,* 3e série, tome 27 (1910), p. 529-542.

[2] Ces différentes méthodes pour mesurer la petitesse des erreurs peuvent être envisagées aussi à propos d'autres questions. Par exemple le polynôme qui s'écarte le moins possible du zéro a une signification qui varie avec la notion de l'écart. On obtient différents polynômes d'un degré donné.

de la relation (9) dans le plan a, b ne peut rencontrer qu'une fois une droite parallèle à l'axe des a ou à l'axe des b. Cette courbe sera différente quand on remplace $\varphi(x)$ par les fonctions différentes $|x|$, x^2, $|x|^3$, x^4, etc.

Voici encore une remarque qui me paraît importante. Supposons qu'on ait

$$A \geqq B \geqq C \geqq \dots \geqq L$$

ou ce qui revient au même,

$$a \geqq b \geqq c \geqq \dots \geqq l\ .$$

Il suit de ces inégalités, en vertu de (8), qu'en parcourant de haut en bas une colonne quelconque du tableau (7), on rencontre des quantités toujours plus grandes. Si donc, sur les s quantités plus petites contenues dans le tableau (7) il y a α appartenant à la 1re, β appartenant à la 2me, ... λ appartenant à $p$me ligne, on a nécessairement

$$\alpha \geqq \beta \geqq \gamma \geqq \dots \geqq \lambda\ .$$

Donc toutes les méthodes de répartition considérées remplissent une condition évidente, qu'on a posée à priori.

On peut évidemment choisir entre une infinité de méthodes pour mesurer la petitesse des erreurs et l'on peut se poser une infinité de problèmes de minimum. Mais le choix n'est pas tout à fait arbitraire. Les problèmes doivent être résolubles et les solutions doivent remplir certaines conditions. C'est ce que nous avons montré pour les problèmes traités. On verra plus loin que d'autres problèmes de minimum, mentionnés toutefois par plusieurs auteurs, ne remplissent pas les conditions posées ci-dessus. Il est intéressant de constater que différentes méthodes, donnant des résultats divergents quand on les applique aux erreurs relatives aux électeurs, convergent au même point quand on les applique à celles relatives aux partis.

4. *Rapprochement des deux points de vue.* Nous avons vu que contrairement à certaines assertions un peu hâtivement émises, la règle des plus grands restes traite également tout aussi bien les électeurs que les partis, en mesurant la

petitesse des erreurs par une mesure simple : la somme de leur valeur absolue. Est-ce que ce système est le seul qui rapproche ces deux points de vue? Nous allons démontrer qu'il en est ainsi, sous des conditions très larges. Nous supposerons seulement que la petitesse des erreurs relatives aux partis soit mesurée par une expression de la forme

$$\varphi(\alpha - a) + \varphi(\beta - b) + \ldots + \varphi(\lambda - l) \tag{10}$$

où φ désigne une fonction continue, $\varphi(0) = 0$, $\varphi(x) > 0$ pour $x \gtrless 0$. Soit r un nombre rationnel, différent de zéro et n un entier positif. On choisira successivement deux entiers positifs, α et β satisfaisant aux inégalités

$$n\alpha - r > 0 \qquad n\alpha - r < n\alpha + \beta\,,$$

puis deux entiers positifs, A et B satisfaisant à l'égalité

$$\frac{n\alpha - r}{n\alpha + \beta} = \frac{n}{n + \frac{\mathrm{B}}{\mathrm{A}}}\,. \tag{11}$$

C'est seulement le quotient B : A qui est déterminé par (11). C'est avantageux de se figurer A et B grands par rapport à α et β.

Supposons deux élections. A la première, il y a $n + 1$ partis concurrents qui ont obtenu respectivement

$$\mathrm{A}, \mathrm{A}, \mathrm{A}, \ldots \mathrm{A}, \mathrm{B}$$

suffrages et auxquels une loi quelconque attribue respectivement

$$\alpha, \alpha, \alpha, \ldots \alpha, \beta$$

sièges. A la seconde il y a deux partis obtenant respectivement nA et B suffrages et $n\alpha$ et β sièges. Les erreurs commises au détriment ou au profit des électeurs sont absolument les mêmes dans les deux cas. En calculant à l'aide de (11) les erreurs commises pour chaque parti, on voit que l'expression (10) se réduit à

$$n\varphi\left(\frac{r}{n}\right) + \varphi\left(\beta - \frac{n\alpha + \beta}{n\mathrm{A} + \mathrm{B}}\,\mathrm{B}\right)$$

dans le premier cas et à

$$\varphi(r) + \varphi\left(\beta - \frac{n\alpha + \beta}{nA + B} B\right)$$

dans le second cas. Si l'évaluation des erreurs doit être la même en envisageant les erreurs relatives aux partis et celles relatives aux électeurs, les deux dernières expressions doivent être égales, ce qui donne

$$\varphi(r) = n\varphi\left(\frac{r}{n}\right) . \tag{12}$$

En vertu de ce qui a été dit, le nombre rationnel r et l'entier positif n peuvent être quelconques. L'équation (12) valable dans cette étendue entraîne, suivant des raisonnements classiques, que $\varphi(x)$ est égal à une fonction linéaire et homogène pour les valeurs positives de x. Une conséquence analogue a lieu pour $x < 0$. On a donc

$$\varphi(x) = c_1 |x| \text{ pour } x > 0$$

$$\varphi(x) = c_2 |x| \text{ pour } x < 0$$

c_1 et c_2 étant deux constantes positives. On peut réunir les deux formules en une seule en écrivant

$$\varphi(x) = \frac{c_1 + c_2}{2} |x| + \frac{c_1 - c_2}{2} x .$$

La somme (10) se réduit à

$$\begin{aligned} \frac{c_1 + c_2}{2}(|\alpha - a| + \ldots + |\lambda - l|) + \frac{c_1 - c_2}{2}(\alpha - a + \ldots + \lambda - l) \\ = \frac{c_1 + c_2}{2}(|\alpha - a| + \ldots + |\lambda - l|) \end{aligned} \tag{13}$$

en vertu de (3). Comme nous avons vu, c'est la règle des plus grands restes qui rend minimum le membre droit de (13) c. q. f. d.

5. — *Aspect géométrique de la question.* Je suppose qu'il y a trois listes en présence, dont les parties exactes sont x, y, z et qu'il y a s sièges à distribuer. On a

$$x + y + z = s , \quad x > 0, \; y > 0, \; z > 0 . \tag{14}$$

Si l'on abaisse d'un point intérieur d'un triangle équilatéral de hauteur s trois perpendiculaires sur les trois côtés de longueur x, y, z respectivement, les nombres x, y, z satisfont aux relations (14). (Pour démontrer on joint le point en question aux trois sommets du triangle et on considère l'aire totale des trois triangles partiels obtenus.) On peut donc représenter toutes les répartitions de suffrage essentiellement différentes entre 3 partis par l'ensemble des points à coordonnées rationnelles x, y, z à l'intérieur d'un triangle de référence équilatéral. Les nombres des suffrages obtenus sont les coordonnées homogènes du point représentatif. Les répartitions des suffrages entre deux partis concurrents peuvent être représentées sur un segment de droite, celles entre 4 partis par les points à l'intérieur d'un tétraèdre régulier, celles entre p partis dans l'espace à $p - 1$ dimensions. J'envisagerai ici de préférence le cas $p = 3$.

Les différentes répartitions de sièges sont représentées par des points, dont toutes les trois coordonnées x, y, z sont des nombres entiers. Ils sont les sommets d'un réseau de triangles équilatéraux. Par exemple un sommet du triangle de référence correspond à l'attribution de tous les s sièges en question à un des partis.

Comment interpréter géométriquement les diverses règles de répartition ? Une règle quelconque fait correspondre à chaque point, représentant une répartition déterminée des suffrages, un point, différent en général du premier, représentant la distribution coordonnée des sièges. Il y a une infinité de répartitions de suffrages qui mènent à la même distribution de sièges. Leurs points représentatifs remplissent une aire, entourant le point représentatif de la distribution correspondante de sièges.

Prenons par exemple la règle des plus grands restes qui est la plus simple. Soient x, y, z les coordonnées d'un point. Ce point représente le résultat d'un scrutin, où les forces numériques des électeurs de 3 listes en présence étaient dans le rapport $x : y : z$. Si les partis obtiennent α, β, γ sièges, ces trois entiers non-négatifs doivent rendre minimum l'expression

$$(\alpha - x)^2 + (\beta - y)^2 + (\gamma - z)^2 \qquad (15)$$

d'après un théorème général précédemment démontré. (Le cas particulier qui nous intéresse momentanément fut déjà donné par M. SAINTE-LAGUË, l. c.). Or le carré de la distance des deux points x, y, z et α, β, γ est précisément les deux tiers de la somme (15), comme on le démontre facilement. Par conséquent, la règle des plus grands restes fait correspondre à un résultat de scrutin x, y, z le sommet le plus rapproché du réseau considéré ci-dessus. Les différents résultats de scrutin qui amènent la même distribution de sièges, sont représentés par des points plus rapprochés d'un certain sommet α, β, γ du réseau qu'ils ne sont à aucun autre et remplissent l'aire d'un hexagone régulier, dont le centre est α, β, γ. Les cas où la règle des plus grands restes devient illusoire sont situés sur les périphéries des hexagones et forment des lignes d'indétermination séparant les cellules qui entourent les points du réseau (voir fig. 1).

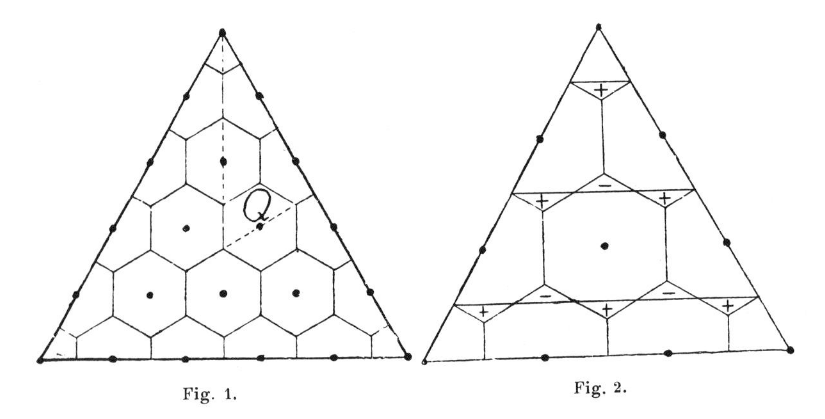

Fig. 1. Fig. 2.

La règle des plus grands restes est la plus simple et la plus naturelle au point de vue géométrique comme elle l'est aussi au point de vue arithmétique. Les autres règles engendrent d'autres divisions du triangle de référence. Je ne peux ici que mentionner certaines propriétés. La règle bien connue d'HONDT est figurée par un amas de cellules qui ont toutes la même étendue. Entre les règles de répartition considérées jusqu'ici, il n'y en a que trois qui donnent naissance à des cellules à limites rectilignes : ce sont celles des plus grands restes, de d'HONDT et de SAINTE-LAGUË. Les cellules hexagonales de ces deux dernières méthodes ne sont pas régulières. Les différentes méthodes que nous avons mises en relation avec le traitement égal des électeurs ont des lignes courbes d'indétermination (voir formule (9) et les explications qui s'y rattachent). La plupart des méthodes en usage pratique ne peuvent invoquer aucune raison théorique en leur faveur, mais elles dépendent toutes des opérations linéaires et les cellules de leur représentation graphique sont, par conséquent, limitées par des segments de droites.

M. MACQUART — dont les mérites pratiques pour la cause de la R. P. ne peuvent nullement être diminués par cette remarque — adresse à la règle des plus grands restes le reproche suivant [1]: en adoptant cette règle de répartition, il peut arriver qu'un parti A luttant deux fois de suite contre des adversaires B et C obtienne à la seconde élection une plus faible partie de sièges, quoique ayant une plus forte partie de suffrages. Il aurait pu adresser ce reproche à tous les systèmes imaginables de répartition proportionnelle. C'est impossible que toutes les lignes d'indétermination soient parallèles à un des côtés du triangle. On peut donc bien dépasser quelques-unes de ces lignes en se mouvant parallèlement à un des côtés du triangle ou même passer d'une cellule à une cellule voisine, appartenant à un sommet *moins élevé* du réseau en suivant une direction légèrement *ascendante*.

Notre représentation graphique peut élucider une quantité de paradoxes et réduire à leur juste valeur une foule d'objections semblables. Arrivons à des services plus importants qu'elle peut rendre.

6. — *Cas d'indétermination exceptionnels et non-exceptionnels.* Quand les points d'indétermination sont situés sur un nombre fini d'arcs simples (c'est-à-dire qui ne rencontrent qu'une fois une droite parallèle à un des côtés du triangle),

[1] Voir *Revue scientifique* (1905), II.

on pourra dire à bon droit que les cas d'indétermination sont exceptionnels. C'est dans ce sens qu'on peut affirmer que les méthodes de répartition examinées jusqu'ici ne donnent lieu qu'exceptionnellement à des indécisions. Tandis que si tous les points (rationnels) remplissant une surface sont des points d'indétermination, l'indécision n'est plus exceptionnelle et la règle doit être rejetée.

En admettant ce postulat, on doit rejeter la règle suivante : distribuer les sièges de manière que l'erreur relative à un électeur, la plus grande en valeur absolue soit la plus petite possible. Je dis, en effet, que cette règle sera indéterminée toutes les fois que s sièges étant à répartir, $s \geqq 6$, les parts exactes des trois partis en concurrence satisfont aux inégalités

$$x < \frac{1}{2}, \quad y > \frac{s}{3}, \quad z > \frac{s}{3}, \tag{16}$$

c'est-à-dire quand les points représentatifs se trouvent à l'intérieur d'un certain quadrilatère. Au lieu des erreurs commises pour chaque électeur, je considérerai comme auparavant les grandeurs $\frac{\alpha - x}{x}$, $\frac{\beta - y}{y}$, $\frac{\gamma - z}{z}$ qui leur sont proportionnelles et je les nommerai simplement « les erreurs ». La première des inégalités (16) entraîne

$$\frac{\alpha - x}{x} = \frac{\alpha}{x} - 1 > 1 \text{ pour } \alpha = 1, 2, 3, \ldots s.$$

En attribuant au parti ayant la part exacte x 0 sièges, on est sûr d'avoir atteint la limite inférieure de l'erreur maximale

$$\left| \frac{0 - x}{x} \right| = 1 .$$

Le nombre des sièges étant assez grand, on pourra trouver *de plusieurs manières* deux entiers β, γ satisfaisant aux relations

$$\beta + \gamma = s, \quad \beta \leqq \frac{2s}{3}, \quad \gamma \leqq \frac{2s}{3}. \tag{17}$$

En attribuant β sièges au parti à part exacte y, l'erreur commise pour chaque électeur est en vertu de (16) (17)

$$-1 < \frac{\beta - y}{y} < \frac{\frac{2s}{3} - \frac{s}{3}}{\frac{s}{3}} = 1 .$$

On trouvera de même

$$\left| \frac{\gamma - z}{z} \right| < 1 .$$

C'est donc de *plusieurs manières* que l'erreur la plus grande en valeur absolue peut atteindre sa limite inférieure, c. q. f. d.

M. Equer[1] a proposé de réduire à un minimum la différence entre l'électeur le plus et le moins favorisé. Cette différence est d'ailleurs égale à la somme des valeurs absolues de l'erreur positive et de l'erreur négative extrêmes. Malheureusement cette règle si plausible ne remplit pas non plus le postulat relatif aux exceptions, au moins quand il s'agit de quatre listes ou davantage. Représentons les différents rapports possibles entre les forces numériques de quatre partis par les points à l'intérieur d'un tétraèdre régulier. S'il y a 20 sièges à distribuer, la hauteur du tétraèdre sera de 20 unités de longueur. Considérons le point dont les distances aux 4 faces du tétraèdre sont respectivement

$$x = 1{,}8 \qquad y = 2{,}2 \qquad z = 7{,}6 \qquad t = 8{,}4 .$$

Ce point représente un scrutin où les forces des partis sont dans le rapport 18 : 22 : 76 : 84. On peut s'assurer par une discussion numérique que j'omets, qu'en donnant aux listes

2 2 7 9

ou bien

2 2 8 8

sièges respectivement, la différence dont M. Equer parle sera la plus petite possible. En poursuivant la discussion, on pourra montrer que la règle de M. Equer sera en défaut

[1] Voir Sainte-Laguë, l. c., p. 535.

non seulement pour le point considéré, mais aussi pour tous les points à l'intérieur d'une sphère de rayon assez petit, décrite autour du point en question. D'après le sens du postulat énoncé, les points formant un ensemble de même dimension que la totalité des cas possibles, ne peuvent plus être considérés comme non-exceptionnels.

On pourrait aussi considérer le principe : rendre minimum l'erreur négative extrême relative à un électeur. Cette règle est impuissante de choisir entre les répartitions différentes tant qu'on a $s < p$ et engendre la méthode dite des « plus fortes fractions » quand $s \geqq p$ (s le nombre de sièges, p le nombre des partis comme auparavant)[1].

Il n'y a qu'une règle de cette sorte qui pour chaque combinaison de s et de p ne devient indéterminé qu'exceptionnellement. C'est la règle d'HONDT, qui tend à rendre minimum l'erreur *positive* extrême[2]. Ce que nous avons dit sert à justifier dans une certaine mesure le système d'Hondt et montre que bien qu'il y ait une infinité de principes de minimum possibles, on ne saurait en choisir un tout à fait au hasard.

7. *Le rôle des probabilités.* Les élections sont un jeu de hasard, comme on l'a dit souvent. *Est-ce que les chances du jeu sont égales pour tous les partis ?*

Je montrerai par un exemple simple comment on peut trouver ces chances. Envisageons le problème suivant :

Dans une circonscription il y a cinq sièges à distribuer, 3 partis qui se les disputent et la répartition se fait d'après les plus grands restes. Quelle est l'espérance mathématique d'une erreur en faveur du parti le plus fort, du parti moyen et du plus faible ?

Soient les parts exactes des partis en question x, y, z

$$x > y > z \,. \tag{18}$$

Les inégalités (18) délimitent la sixième partie du triangle de référence, un triangle rectangle aux angles de 90°, 60° et 30° (voir fig. 1). Il y a autant de cas possibles que de points

[1] Voir SAINTE-LAGUË, l. c., p. 535

[2] Voir SAINTE-LAGUË, l. c., p. 534.

rationnels dans le dit triangle rectangle. Je suppose que la probabilité de l'événement qu'un point choisi au hasard tombe dans un certain domaine est proportionnel à l'aire de celui-ci. Cette supposition est la plus simple, je l'ai justifiée en comparant ses conséquences à des données statistiques et elle peut en outre être fondée théoriquement[1]. Calculons par exemple la probabilité pour que le parti le plus fort et le parti moyen obtiennent chacun 2 sièges et que le plus faible en obtienne 1. C'est la probabilité pour qu'un point du triangle délimité par les inégalités (18) tombe dans la moitié supérieure de la cellule entourant le point Q (voir fig. 1). Elle est égale au quotient des aires de ces deux domaines, c'est-à-dire à $\frac{6}{25}$, comme on vérifie facilement. Des probabilités analogues sont réunies dans le tableau suivant :

Nombre de sièges obtenus par le parti le plus fort	moyen	le plus faible	Probabilité
5	0	0	$\frac{1}{25}$
4	1	0	$\frac{6}{25}$
3	2	0	$\frac{6}{25}$
3	1	1	$\frac{6}{25}$
2	2	1	$\frac{6}{25}$

Les trois partis obtiendront donc en moyenne respectivement

$$\frac{1.5 + 6.4 + 6.3 + 6.3 + 6.2}{25} = \frac{77}{25}$$

$$\frac{1.0 + 6.1 + 6.2 + 6.1 + 6.2}{25} = \frac{36}{25}$$

$$\frac{1.0 + 6.0 + 6.0 + 6.1 + 6.1}{25} = \frac{12}{25}$$

[1] Voir POINCARÉ, *Calcul de probabilités*, 2me édition, p. 123-126. La supposition adoptée par SAINTE-LAGUË, l. c., p. 541-542, est, à mon avis, incorrecte et en tous cas différente de celle adoptée ici. En admettant que les parties d'égale longueur du segment de droite qui représente les différents rapports de la force numérique des deux partis sont d'égale probabilité, le problème traité l. c. donne le résultat $\frac{1}{4}$. Voir pour une interprétation de l'hypothèse faite ici, mon travail cité de Zentralblatt.

sièges. La proportion moyenne des suffrages qu'ils obtiendront est donnée par les coordonnées du centre de gravité du triangle rectangle (18), c'est-à-dire par les nombres

$$\frac{1}{3}\left(\frac{5}{3}+\frac{5}{2}+\frac{5}{1}\right)=\frac{55}{18} \quad \frac{1}{3}\left(\frac{5}{3}+\frac{5}{2}+0\right)=\frac{25}{18} \quad \frac{1}{3}\left(\frac{5}{3}+0+0\right)\equiv\frac{10}{18}$$

les trois sommets du triangle (18) ayant respectivement les coordonnées

$$\frac{5}{3}, \frac{5}{3}, \frac{5}{3}; \quad \frac{5}{2}, \frac{5}{2}, 0; \quad \frac{5}{1}, 0, 0 .$$

L'espérance mathématique d'une erreur en faveur d'un des partis est la différence de sa part moyenne en sièges et en suffrages. Les espérances mathématiques cherchées sont donc respectivement

$$\frac{77}{25}-\frac{55}{18}=+0{,}024 , \quad \frac{36}{25}-\frac{25}{18}=+0{,}051 , \quad \frac{12}{25}-\frac{10}{18}=-0{,}075 .$$

C'est-à-dire la règle des plus grands restes avantage, au moins quand il s'agit de 5 sièges, les deux partis les plus forts au détriment du troisième, mais l'avantage est assez médiocre. Sur 100 élections ayant lieu dans des conditions analogues, la perte moyenne du parti le plus faible serait de 7 à 8 sièges. Les élections ordinaires ne sauraient déceler un effet si faible.

Ce n'est pas inutile de mentionner une interprétation géométrique des trois nombres calculés. Chacun d'eux est la moyenne d'autant de distances que le triangle (18) est partagé en parties différentes par les lignes d'indétermination. Considérons dans chaque cellule ou portion de cellule comprise dans le triangle (18) le centre de gravité de l'aire et un axe parallèle à la base du triangle de référence, passant par le sommet du réseau auquel la cellule ou la portion de cellule en question est rattachée. Nous compterons la distance du centre de gravité à cet axe positivement, si le centre de gravité est au-dessous et négativement s'il est au-dessus de l'axe. C'est de ces distances que l'espérance mathématique du plus grand parti est la moyenne, mais pas une moyenne arithmétique simple, parce que chaque distance a un « poids » proportionnel à l'aire correspondante. Les espérances mathématiques des deux autres partis sont les moyennes des distances analogues, les axes en question devant être tracés parallèlement à un des deux autres côtés du triangle de référence. Dans le cas représenté par la fig. 1 ($s = 5$) le triangle rectangle (18) ne comprend que des portions de cellules. Au contraire, quand le nombre des sièges est grand ce sont les cellules entières qui sont en grande majorité. Mais le centre de gravité d'un hexagone régulier est précisément le sommet du réseau auquel l'hexagone est rattaché et la distance en question est par conséquent zéro. Ainsi pour $s = \infty$ l'espérance mathématique d'une erreur, commise en faveur de qui que ce soit, tend vers zéro. C'est-à-dire quand les circonscriptions sont assez grandes, le système des plus grands restes n'avantage aucun des partis concurrents d'une manière *systématique*. Voilà une conclusion d'une certaine valeur pratique et qui peut être soumise au contrôle de l'expérience électorale.

Voici encore un problème de cette nature :

Dans une circonscription il y avait originalement 3 partis qui se disputaient les s sièges à pourvoir ; 2 de ces partis se décident de présenter une liste commune. Quelle est l'espérance mathématique d'un gain ensuite de cette réunion si le système des plus grands restes est en vigueur ?

La situation originale des partis peut être figurée par un point (rationnel) quelconque $\mathfrak{Q}$ du triangle de référence. Soient « y » et « z » les deux partis qui se réunissent. La force numérique du troisième parti restant invariable, menons par le point $\mathfrak{Q}$ une parallèle à la base du triangle de référence. Cette parallèle rencontrera un des deux autres côtés, par exemple celui de droite, en un point $\mathfrak{Q}'$. Envisageons les sommets du réseau Q et Q′ qui sont les plus rapprochés des points $\mathfrak{Q}$ et $\mathfrak{Q}'$ respectivement. Q′ se trouve nécessairement sur le pourtour du triangle de référence. Je distingue 3 cas.

1. Q et Q′ sont à la même distance de la base. Il n'y a ni gain ni perte occasionnés par la réunion.

2. Q′ est plus rapproché de la base que Q. La différence

des distances ne peut être que d'une unité. Le parti « x » a perdu un siège ensuite de la réunion de ses deux adversaires.

3. Q′ est plus éloigné de la base que Q. L'éloignement est d'une unité et signifie un siège perdu pour les deux alliés.

Les régions remplies par les points $\mathfrak{T}$ pour lesquelles le cas (2) se présente, sont désignées par le signe + dans la figure 2 (où $s = 3$), les régions correspondantes au cas (3) par le signe —. Désignons l'aire totale des premières par $\mathcal{R}_+$, celle des secondes par $\mathcal{R}_-$, l'aire du triangle de référence par $4s^2\Delta$. En considérant les aires qui jouent un rôle analogue par rapport à y et z que les aires $\mathcal{R}_+$ et $\mathcal{R}_-$ par rapport à x, on trouve facilement

$$3\mathcal{R}_+ = \frac{s(s+1)}{2}\Delta\,, \qquad 3\mathcal{R}_- = \frac{s(s-1)}{2}\Delta\,.$$

L'espérance mathématique d'un gain par l'alliance est

$$\frac{1\,.\,\mathcal{R}_+ - 1\,.\,\mathcal{R}_- + 0\,.\,(4s^2\Delta - \mathcal{R}_+ - \mathcal{R}_-)}{4s^2\Delta} = \frac{1}{12s}\,.$$

C'est-à-dire le système des plus grands restes, contrairement à certaines affirmations légèrement émises, favorise les alliances, mais dans une mesure si faible qui ne compte pas dans la pratique. Je remarque en passant que le résultat serait identique pour le *système Sainte-Laguë.*

Je renvoie pour de plus amples résultats numériques et pour des vérifications expérimentales à mon article paru dans le *Journal de statistique suisse.* C'est, à mon avis, l'étude des *chances* des différents systèmes qui constitue une véritable théorie mathématique de la représentation proportionnelle, une théorie qui peut rendre compte de certains faits observés et en prévoir d'autres. Je crois avoir suffisamment élucidé les principes de cette théorie par les calculs précédents. *Sapienti sat.* Le lecteur désireux d'approfondir cette théorie pourra envisager des distributions non-uniformes de probabilité ou des problèmes où interviennent

4 ou plusieurs partis. Il sera amené à généraliser pour des domaines « tétraédriques » à plusieurs dimensions la formule des trapèzes qui sert au calcul approché des intégrales et à étudier certaines divisions « semirégulières » de ces domaines. Il rencontrera une foule de jolis problèmes que je n'ai pas le loisir d'exposer ici. J'ai hâte d'arriver à un résultat qui me semble d'intérêt principal.

8. *Influence minimale de la division du pays en circonscriptions électorales sur le résultat total.* Je me permets d'extraire le passage suivant du travail plusieurs fois cité de M. Sainte-Laguë : « La répartition des sièges dans chaque circonscription peut sembler d'autant meilleure que les résultats globaux auxquels elle conduit sont plus voisins de ceux qu'aurait donnés la répartition directe des sièges faite aux listes globales obtenues en prenant les totaux des suffrages pour tout le pays.

Ce critérium semble difficile à appliquer, comme le montre l'exemple suivant :

Supposons qu'on ait seulement deux listes en présence A et B et que les deux listes réunissent à peu près le même nombre de suffrages dans tout le pays ; la règle la meilleure sera alors celle qui partagera par moitié dans chaque circonscription les sièges entre les deux listes A et B et cela pour aussi disproportionnés que soient les nombres des suffrages recueillis dans la circonscription considérée. »

Contrairement à ce que semble en penser M. Sainte-Laguë, je trouve que le dit critérium est, bien interprété, parfaitement clair, qu'il touche le point essentiel de la question et qu'il mène à un résultat déterminé. Pour le bien interpréter il ne faut pas oublier que c'est d'une *question de probabilité* qu'il s'agit. Voici d'ailleurs mon analyse qui est un peu abstraite mais très simple au fond.

Admettons qu'il s'agit de la répartition de s sièges entre p partis, dont les parts exactes sont désignées par $x_1, x_2, x_3, \ldots x_p$. On a

$$x_1 + x_2 + x_3 + \ldots + x_p = s \,. \tag{19}$$

Considérons une règle quelconque de répartition. Cette règle fera correspondre au résultat du scrutin, exprimé par le rapport des nombres $x_1, x_2, x_3, \ldots x_p$ un certain entier ξ_1, fonction de ces nombres,

$$\xi_1 = f(x_2, x_3, x_4, \ldots x_p) ,$$

en désignant par ξ_1 le nombre des sièges attribués par la règle en question au parti dont la part exacte est $x_1 = s - x_2 - x_3 - \ldots - x_p$. La fonction f est une fonction symétrique de ses $p - 1$ variables et elle caractérise parfaitement la règle considérée, en tant qu'il ne s'agit que de p partis et de s sièges. En effet on attribuera respectivement

$$\xi_2 = f(x_1, x_3, x_4, \ldots x_p)$$

$$\cdot \quad \cdot \quad \cdot \quad \cdot \quad \cdot \quad \cdot \quad \cdot \quad \cdot \quad \cdot$$

$$\xi_p = f(x_1, x_2, x_3, \ldots x_{p-1})$$

sièges aux autres partis en présence. On a par conséquent

$$\xi_1 + \xi_2 + \xi_3 + \ldots + \xi_p = s . \qquad (20)$$

La fonction f n'a que des valeurs entières non-négatives. Si la règle satisfait à un desideratum expliqué plus haut, les points de discontinuité de la fonction f seront situés sur certaines variétés $p - 2$-dimensionales.

Admettons que les parts exactes $x_1, x_2, x_3, \ldots x_p$ varient conformément à une loi de probabilité quelconque qui n'est assujettie qu'à cette unique condition : elle doit être la même pour tous les partis en question. Nous avons considéré précédemment la loi la plus simple de cette nature. Je désignerai par $\mathfrak{E}(\varphi)$ l'espérance mathématique d'une fonction quelconque φ des variables $x_1, x_2, \ldots x_p$ liées par la relation (19). Si la loi de probabilité envisagée est continue, $\mathfrak{E}(\varphi)$ s'exprime par une intégrale définie $p - 2$-tuple. On a par raison de symétrie

$$\mathfrak{E}(\xi_1 - x_1) = \mathfrak{E}(\xi_2 - x_2) \ldots = \mathfrak{E}(\xi_p - x_p)$$
$$= \frac{1}{p} \mathfrak{E}(\xi_1 - x_1 + \xi_2 - x_2 + \ldots + \xi_p - x_p) = 0$$

en vertu de (19) et (20). On a de même

$$\mathfrak{E}\left((\xi_1 - x_1)^2\right) = \mathfrak{E}\left((\xi_2 - x_2)^2\right) = \ldots = \mathfrak{E}\left((\xi_p - x_p)^2\right)$$
$$= \frac{1}{p}\,\mathfrak{E}\left((\xi_1 - x_1)^2 + (\xi_2 - x_2)^2 + \ldots + (\xi_p - x_p)^2\right) = b$$

en désignant par b une constante positive, dépendant du système de répartition et de la loi de probabilité qu'on envisage.

Envisageons un grand nombre n de circonscriptions, dans chacune desquelles il y a le même nombre de votants et le même nombre s de sièges à répartir. Le scrutin donne pour le premier des partis concurrents les parts exactes $x_1', x_1'', x_1''', \ldots x_1^{(n)}$ dans les différentes circonscriptions et la règle en question lui attribue $\xi_1', \xi_1'', \xi_1''', \ldots \xi_1^{(n)}$ sièges. Le critérium, formulé et contesté par M. Sainte-Laguë, exige évidemment que la différence

$$\xi_1' + \xi_1'' + \ldots + \xi_1^{(n)} - x_1' - x_1'' - \ldots - x_1^{(n)} \tag{21}$$

soit la plus petite possible *en général*. D'après un théorème de LAPLACE[1], la probabilité pour que l'écart (21) dépasse en valeur absolue une certaine limite h est

$$= \frac{2}{\sqrt{\pi}} \int_{\frac{h}{\sqrt{2bn}}}^{\infty} e^{-x^2}\, dx\ .$$

Cette probabilité décroît évidemment avec b. Le principe en question exige donc que b soit le plus petit possible. Mais puisque

$$b = \frac{1}{p}\,\mathfrak{E}\left((\xi_1 - x_1)^2 + (\xi_2 - x_2)^2 + \ldots + (\xi_p - x_p)^2\right)$$

c'est la quantité $(\xi_1 - x_1)^2 + (\xi_2 - x_2)^2 + \ldots + (\xi_p - x_p)^2$ dépendant de la règle de répartition adoptée qui doit devenir minimum. Ainsi le postulat que le système de répartition appliqué dans les diverses circonscriptions doit donner des résultats concordant autant que possible à la force numérique des partis dans tout le pays, préfère un certain pro-

[1] Voir *Théorie analytique des probabilités,* Livre II, N° 39.

blème de minimum aux autres, considérés auparavant. C'est le problème : rendre minimum la somme des carrés des erreurs relatives aux partis dont la solution est donnée par la règle des plus grands restes. C'est, à ce qu'il me paraît, la meilleure justification théorique de cette règle si simple et naturelle.

Zurich, avril 1919.

---

10. Wahrscheinlichkeitstheoretisches über die „Irrfahrt“.

Von **G. Pólya.**

Eine der letzten Arbeiten von Lord Rayleigh,[1]) die kurz vor seinem Tode erschienen ist, behandelt eine Wahrscheinlichkeitsaufgabe, die von Pearson herrührt. Die Aufgabe lautet[2]) so: Jemand bricht von einem Punkte O auf und geht l_1 Meter in gerader Linie; dann wendet er sich auf Geratewohl um einen gewissen Winkel, ohne irgend eine Richtung auszuzeichnen, und geht l_2 Meter geradlinig vorwärts. U. s. w. geht er geradlinige Strecken von $l_1, l_2, \ldots l_n$ Meter Länge, sodaß der Winkel zwischen zwei sukzessiven Strecken auf Geratewohl gewählt wird. Was ist die Wahrscheinlichkeit, daß der Endpunkt seines Zickzackweges eine Entfernung von r bis $r + dr$ Meter vom Anfangspunkt hat? Eine asymptotische Lösung der Aufgabe bietet heutzutage keine besonderen Schwierigkeiten dar, und wurde von Lord Rayleigh schon früher gegeben in einer sehr bekannten Untersuchung, wo die Aufgabe anders eingekleidet war.[3]) Die genaue Lösung ist Kluyver[4]) zu verdanken; sie stützt sich auf ziemlich entlegene Sätze aus der Theorie der Besselschen Funktionen. Diese genaue Lösung hat Lord Rayleigh wieder behandelt und auf den Raum ausgedehnt.

Ich will im folgenden zeigen, wie man die fragliche genaue Lösung mit geläufigen Mitteln der Wahrscheinlichkeitsrechnung erhalten kann, ohne Hilfe der Theorie der Besselschen Funktionen, die als bloße Abkürzungen in das Endresultat eintreten. Ich werde nachher die Aufgabe mit einer klassischen Untersuchung von

---

1) Lord Rayleigh, Philosophical Magazine, Vol. 37, S. 321—347 (1919).

2) Vgl. Lord Rayleigh, a. a. O., S. 324.

3) Vgl. Lord Rayleigh, a. a. O., S. 321.

4) Kluyver, Amsterdam Proceedings, Vol. VIII, S. 341—350 (1905).

For comments on this paper [58], see p. 608.

Laplace und einer kürzlich erschienenen Arbeit von v. Mises in Beziehung setzen.

1. Es handelt sich in der Pearsonschen Aufgabe um die Zusammensetzung „zufälliger“, unabhängiger Verschiebungen. Betrachten wir den einfachsten, hieher gehörigen Fall. Ein in der Ebene von dem Zufall herumgeführter Punkt erleidet bei einer erstmaligen Bewegung eine von s Verschiebungen, deren rechtwinklige Komponenten bezw.

$$a_1, b_1 \qquad a_2, b_2 \qquad a_3, b_3 \ldots \qquad a_s, b_s$$

und Wahrscheinlichkeiten

$$p_1 \qquad p_2 \qquad p_3 \ldots \qquad p_s$$

heißen sollen. Bei einer zweiten von dem Ausfall der ersten unabhängigen Bewegung hat der Punkt unter t Verschiebungen die Auswahl, deren Komponenten

$$a_1', b_1' \qquad a_2', b_2' \qquad a_3', b_3' \qquad \ldots \qquad a_t', b_t'$$

und Wahrscheinlichkeiten

$$p_1' \qquad p_2' \qquad p_3' \qquad \ldots \qquad p_t'$$

heißen. Irgend eine aus den beiden besagten resultierende Verschiebung hat Komponenten von der Form

$$a_\sigma + a_\tau', \; b_\sigma + b_\tau', \; (\sigma = 1, 2, 3, \ldots s; \; \tau = 1, 2, 3, \ldots t)$$

Die Wahrscheinlichkeit dafür, daß zuerst die Verschiebung a_σ, b_σ und dann a_τ', b_τ' eintritt, ist $p_\sigma p_\tau'$. Es seien u und v zwei Hülfsvariablen. Es besteht die Identität

$$(1) \quad \sum_{\sigma=1}^{s}\sum_{\tau=1}^{t} p_\sigma p_\tau' e^{u(a_\sigma + a_\tau') + v(b_\sigma + b_\tau')} = \left(\sum_{\sigma=1}^{s} p_\sigma e^{ua_\sigma + vb_\sigma}\right)\left(\sum_{\tau=1}^{t} p_\tau' e^{ua_\tau' + vb_\tau'}\right)$$

Man kann die Formel (1) offenbar auf n sukzessive Verschiebungen ausdehnen. Dann erscheinen auf der rechten Seite n Faktoren anstelle von zwei. Man kann ferner Formel (1) auf den Fall übertragen, wo der bewegliche Punkt bei jeder Bewegung unter unendlich vielen Verschiebungen wählen kann. Dann werden die in (1) auftretenden Summen durch Integrale ersetzt.

Betrachten wir insbesondere die Pearsonsche Aufgabe. Die Wanderung soll im Anfangspunkt 0 des Koordinatensystems beginnen. Nach Durchwanderung von n Strecken von der Länge $l_1, l_2, l_3, \ldots l_n$ bzw. sei $\Phi(x, y)\,dx\,dy$ die Wahrscheinlichkeit dafür, daß der wandernde Punkt sich in einem infinitesimalen Rechteck von den Dimensionen dx, dy befindet, dessen Mittelpunkt die Koordinanten x, y besitzt. $\Phi(x, y)$ ist $= 0$ außerhalb eines Kreises vom Radius $l_1 + l_2 + l_3 + \ldots + l_n$. Die Formel (1) übergeht in die folgende:

$$(2)\qquad \iint\limits_{-\infty}^{+\infty} \Phi(x,y) e^{ux+vy}\,dx\,dy = \prod_{\nu=1}^{n} \frac{1}{2\pi}\int_0^{2\pi} e^{ul_\nu \sin\vartheta + vl_\nu \cos\vartheta}\,du\,dv.$$

Wird

$$(3)\qquad u = t\cos\varphi, \quad v = t\sin\varphi, \quad u^2 + v^2 = t^2$$

gesetzt, so ist

$$(4)\qquad \frac{1}{2\pi}\int_0^{2\pi} e^{u\cos\vartheta + v\sin\vartheta}\,d\vartheta = \frac{1}{2\pi}\int e^{t\cos(\vartheta-\varphi)}\,d\vartheta = \frac{1}{2\pi}\int_0^{2\pi} e^{t\cos\vartheta}\,d\vartheta$$

also nur von der Größe $t = \sqrt{u^2 + v^2}$ abhängig.

Es sei $i = \sqrt{-1}$. Man setze zur Abkürzung

$$(5)\qquad \frac{1}{2\pi}\int_0^{2\pi} e^{iz\cos\vartheta}\,d\vartheta = J_0(z).$$

$J_0(z)$ ist die Besselsche Funktion vom Index 0. Ersetzt man in (2) u und v durch iu und iv, so ist nach (3), (4), (5)

$$\iint\limits_{-\infty}^{+\infty} \Phi(x,y) e^{iux+ivy}\,dx\,dy = J_0(l_1\sqrt{u^2+v^2})\,J_0(l_2\sqrt{u^2+v^2})\cdots J_0(l_n\sqrt{u^2+v^2}).$$

Es folgt aus der Fourierschen Integralformel

$$\Phi(x,y) = \frac{1}{(2\pi)^2}\iint\limits_{-\infty}^{+\infty} e^{-iux-ivy} J_0(l_1\sqrt{u^2+v^2}) \cdots J_0(l_n\sqrt{u^2+v^2})\,du\,dv.$$

Man führe anstatt u und v die Polarkoordinaten t und φ ein, gemäß Formel (3). Setzt man noch

$$(8)\qquad x = r\cos\alpha, \quad y = r\sin\alpha, \quad x^2 + y^2 = r^2$$

so wird

$$\Phi(r\cos\alpha, r\sin\alpha) = \frac{1}{(2\pi)^2}\int_0^\infty\int_0^{2\pi} e^{irt\cos(\varphi-\alpha+\pi)} J_0(l_1t)\, J_0(l_2t)\ldots J_0(l_nt)\, t\, dt\, d\varphi,$$

und indem man zuerst nach φ integriert und (5) berücksichtigt

$$(9)\qquad \Phi(r\cos\alpha, r\sin\alpha) = \frac{1}{2\pi}\int_0^\infty t J_0(rt)\, J_0(l_1t)\, J_0(l_2t)\cdots J_0(l_nt)\, dt.$$

Damit ist die Pearsonsche Aufgabe im wesentlichen gelöst.[5])

2. Die gegebene Lösung läßt sich ohne Schwierigkeit auf eine beliebige d-te Dimension übertragen. Ich will den Anschluß an den behandelten Spezialfall durch eine passende Numerierung der Formeln erleichtern.

Ein beweglicher Punkt geht von dem Anfangspunkt eines rechtwinkligen Koordinatensystems im d-dimensionalen Raume aus, beschreibt nacheinander n gerade Strecken von der Länge l_1, $l_2, \ldots l_n$ bzw., aber die Richtung jeder Strecke wird von dem Zufall bestimmt, wobei alle Richtungen gleichmäßig berücksichtigt werden. Es heiße

$$\Phi(x_1, x_2, \cdots x_d)\, dx_1, dx_2 \cdots dx_d$$

die Wahrscheinlichkeit dafür, daß der Punkt schließlich in das infinitesimale Gebiet angelangt, wo die Koordinatenwerte bzw. zwischen

$$x_1 - \frac{1}{2}dx_1 \text{ und } x_1 + \frac{1}{2}dx_1,$$
$$x_2 - \frac{1}{2}dx_2 \text{ und } x_2 + \frac{1}{2}dx_2,$$
$$\cdots\cdots\cdots\cdots\cdots\cdots$$
$$x_d - \frac{1}{2}dx_d \text{ und } x_d + \frac{1}{2}dy_d$$

schwanken. Es ist in Verallgemeinerung von (2)

$$(2')\qquad \int\int_{-\infty}^{+\infty}\cdots\int \Phi(x_1, x_2, \cdots x_d)\, e^{u_1x_1+u_2x_2+\cdots+u_dx_d} dx_1\, dx_2 \cdots dx_d =$$

$$= \prod_{\nu=1}^{n} \frac{1}{S_d}\int\int\cdots\int e^{u_1\xi_1+u_2\xi_2+\cdots+u_d\xi_d}\, d\Omega.$$

[5]) Vgl. Kluyver, a. a. O., S. 343, dessen Formel aus der hiesigen Formel (9) durch Integration nach r entsteht. Vgl. Lord Rayleigh, a. a. O., Formeln (28) bis (33).

Dabei bedeuten:

$u_1, u_2, \ldots u_d$ Hülfsveränderliche, die den d Koordinatenaxen zugeordnet sind.

$\xi_1, \xi_2, \ldots \xi_d$ die Koordinaten eines Punktes auf der Einheitskugel $\xi_1^2 + \xi_2^2 + \ldots \xi_d^2 = 1$.

$d\Omega$ das Flächenelement der Einheitskugel um den Punkt $\xi_1, \xi_2, \ldots \xi_d$.

$$S_d = \int\int \cdots \int d\Omega = \frac{2\pi^{\frac{d}{2}}}{\Gamma\left(\frac{d}{2}\right)}$$

die Gesamtfläche der Einheitskugel. Das Integral ist hier, wie an der rechten Seite von (2') über die ganze Einheitskugel erstreckt.

Wird

$$u_1^2 + u_2^2 + \cdots + u_d^2 = t^2 \tag{3'}$$

gesetzt, so ist

$$\frac{1}{S_d}\int\int \cdots \int e^{i(u_1\xi_1 + u_2\xi_2 + \cdots + u_d\xi_d)} d\Omega = F_d(t) \tag{4'}$$

womit ich nur sagen will, daß das Integral links bloß von der Größe $t = \sqrt{u_1^2 + u_2^2 + \ldots + u_d^2}$ abhängt. Letzteres ist aus der Symmetrie der Kugel evident, wenn man bedenkt, daß, in leichtverständlicher Bezeichnung,

$$u_1\xi_1 + u_2\xi_2 + \cdots + u_d\xi_d = t \cos (\widehat{u, \xi}).$$

Betrachten wir die d-dimensionale Kugel

$$x_1^2 + x_2^2 + \cdots + x_d^2 = r^2. \tag{10}$$

Von der Ebene $x_1 = \xi$ wird die Kugel (10) in einer d-1-dimensionalen Kugel vom Inhalt

$$\frac{S_{d-1}}{d-1}(r^2 - \xi^2)^{\frac{d-1}{2}}$$

geschnitten. Daher hat der Teil der Kugel (10) zwischen den parallelen Ebenen $x_1 = \alpha$ und $x_1 = \beta$ den Voluminhalt

$$\frac{S_{d-1}}{d-1}\int_\alpha^\beta (r^2 - \xi^2)^{\frac{d-1}{2}} d\xi. \tag{11}$$

Die Zone, die auf der d-1-dimensionalen Oberfläche der Kugel (10) zwischen den parallelen Ebenen $x_1 = \alpha$ und $x_2 = \beta$ liegt, hat den Inhalt

(12) $$\frac{S_{d-1}}{d-1}\,\frac{d-1}{2}\,2r\int_{\alpha}^{\beta}(r^2-\xi^2)^{\frac{d-3}{2}}\,d\xi;$$

diesen Ausdruck erhält man aus (11) durch Differenzieren nach r.

Wir brauchen (12) zur Ausrechnung von $F_d(t)$. Wir dürfen in (4′) $u_1 = t$, $u_2 = u_3 = \ldots = u_d = 0$ annehmen. Dann ist

(13) $$F_d(t) = \frac{1}{S_d}\int\int\cdots\int e^{it\xi_1}\,d\Omega$$

$$= \frac{1}{S_d}\int_{-1}^{+1} e^{it\xi}\,S_{d-1}(1-\xi^2)^{\frac{d-3}{2}}\,d\xi$$

indem wir den Flächeninhalt einer unendlich schmalen Zone auf der Einheitskugel nach (12) ausdrücken. $F_d(z)$ hängt mit der Besselschen Funktion $J_{\frac{d-2}{2}}(z)$ zusammen. Es ist nämlich nach (13)

(5′) $$F_d(z) = \frac{2\Gamma\left(\frac{d}{2}\right)}{\sqrt{\pi}\,\Gamma\left(\frac{d-1}{2}\right)}\int_0^1 (1-\xi^2)^{\frac{d-3}{2}}\cos z\xi\cdot d\xi$$

$$= 1 - \frac{z^2}{2d} + \frac{z^4}{2\cdot 4d(d+2)} - \frac{z^6}{2\cdot 4\cdot 6d(d+2)(d+4)} + \cdots$$

$$= \left(\frac{2}{z}\right)^{\frac{d-2}{2}}\Gamma\left(\frac{d}{2}\right)J_{\frac{d-2}{2}}(z).$$

Es ist nach (2′) und (4′) mit der Bezeichnung (3′)

$$\int\int_{-\infty}^{+\infty}\cdots\int \Phi(x_1, x_2, \cdots x_d)e^{i(u_1x_1+u_2x_2+\cdots+u_dx_d)}dx_1\,dx_2\cdots dx_d =$$

(6′) $$= F_d(l_1t)\,F_d(l_2t)\cdots F_d(l_nt)$$

woraus nach der Fourierschen Umkehrformel

(7′) $$\Phi(x_1, x_2, \cdots x_d) = \frac{1}{(2\pi)^d}\int\int_{-\infty}^{+\infty}\cdots\int e^{-iu_1x_1-\cdots-iu_dx_d}$$

$$\prod_{\nu=1}^{n} F_d\left(l_\nu\sqrt{u_1^2+u_2^2+\cdots+u_d^2}\right)\cdot du_1du_2\cdots du_d$$

sich ergibt. Man setze

$$(8') \qquad x_1^2 + x_2^2 + \cdots + x_d^2 = r^2$$

und transformiere (7') durch d-dimensionale Polarkoordinaten, und zwar führe die Integration nach der durch die Formel (3') gegebenen Veränderlichen t zuletzt aus. So wird mit Beachtung von (4')

$$(9') \qquad \Phi(x_1, x_2, \cdots x_d) = \frac{S_d}{(2\pi)^d} \int_0^\infty t^{d-1} F_d(rt) F_d(l_1 t) F_d(l_2 t) \cdots F_d(l_n t) \, dt$$

Es ist nach (5') $F_2(z) = J_0(z)$. Somit ergibt sich (9) aus (9'). Es ist ferner

$$F_3(z) = \frac{\sin z}{z},$$

also für den dreidimensionalen Fall ergibt (9')

$$(9'') \qquad \Phi(x, y, z) = \frac{4\pi}{8\pi^3} \int_0^\infty t^2 \frac{\sin rt}{rt} \frac{\sin l_1 t}{l_1 t} \cdots \frac{\sin l_n t}{l_n t} \, dt,$$

$r^2 = x^2 + y^2 + z^2$ gesetzt [6]).

3. Wenn die Ebenen der Planetenbahnen voneinander „unabhängig" entstanden wären, so wäre zu erwarten, daß sie keine Richtung des Raumes besonders auszeichnen. Tatsächlich sind sie alle fast gleich gerichtet. Laplace [7]) versuchte die daraus entstehende Frage der Wahrscheinlichkeitsrechnung zu unterwerfen. Er berücksichtigte jedoch die Gleichberechtigung aller Richtungen im Raume auf unzutreffende Weise, wie schon Cournot [8]) hervorgehoben hat. Wenn sich jemand noch heutzutage für die Frage interessiert, kann er zu seiner Lösung die Formel (9'') benutzen. Man repräsentiere jede Planetenbahn durch einen Vektor, der auf die Ebene der Bahn senkrecht steht, und dessen Richtung zu der Umlaufsrichtung des Planeten sich so verhält, wie Fortschreitungsrichtung zu der Drehrichtung bei einer Rechtsschraube. Wenn es einem nur um die geometrische Konfiguration zu tun ist, so kann er alle Vektoren gleich lang annehmen. Wenn es sich um die mechanische Konfiguration handelt, so sollte

[6]) Vgl. Lord Rayleigh, a. a. O., Formeln (57) bis (59).

[7]) Laplace, Théorie analytique des probabilités, Livre II, Chap. II, No. 13.

[8]) Cournot, Théorie des chances et des probabilités, S. 261—271.

man wohl die Länge des Vektors dem Produkt Masse × Flächengeschwindigkeit des Planeten proportional setzen. Man bilde die Resultante R dieser Vektoren. Wie wahrscheinlich ist es, daß Vektoren, die gleich lang sind, wie die eben aufgestellten, aber die ohne Auszeichnung von irgendeiner Richtung von dem Zufall durch den Raum zerstreut worden sind, eine Resultante erzeugen, die nicht kleiner ist als R? Diese Frage könnte man mit Hülfe von Formel (9'') beantworten und ihre Beantwortung würde einen vernünftigen Anhaltspunkt zur Beurteilung der Laplaceschen Fragestellung bieten.

Die Laplacesche Frage ist von ähnlichem Charakter, wie die nach der Ganzzahligkeit der Atomgewichte. In beiden Fällen zeigt sich eine auffällige Abweichung von einer gewissen gleichmäßigen Verteilung, die man a priori erwarten würde. Es soll sofort ausgeführt werden, daß die beiden Probleme auch eine ähnliche Behandlung seitens der Wahrscheinlichkeitsrechnung erfordern.

4. Eine aus der letzten Entwicklung von mehreren physikalischen Fragen sich aufdrängende Fragestellung hat Herr v. Mises[9]) kürzlich so gefaßt: Wann hat man in Beobachtungsergebnissen für eine bestimmte Gruppe von Größen (z. B. für die Atomgewichte der Elemente) eine nur durch „Fehlerstreuung" überdeckte Reihe von ganzzahligen Vielfachen einer Einheit zu erblicken?

Die Fragestellung zerfällt eigentlich in zwei gesonderte Fragen, die man, wie es scheint, mit ganz verschiedenen Methoden behandeln muß. Es kann die fragliche Einheit im voraus gegeben sein. Eine solche Einheit wäre z. B. das Atomgewicht des Hydrogens für die Reihe der Atomgewichte. Es kann aber die Einheit auch nachträglich, aus den Versuchsergebnissen selber ermittelt, bzw. diesen Ergebnissen möglichst gut angepaßt sein. So stellt sich z. B. die Frage bei dem experimentellen Nachweis des elektrischen Elementarquantums. Bei der ersteren Frage (im voraus gegebene Einheit) kann es, genügende prozentuale Genauigkeit der Messungen vorausgesetzt, unerheblich sein, ob die Glieder der Größenreihe durch große oder kleine Multipla der Einheit dargestellt werden. Bei der zweiten Frage (angepaßte Einheit)

[9]) v. Mises, Physik. Zeitschrift, Jahrg. 1919, S. 490—500.

haben kleine ganze Zahlen offenbar bedeutend mehr zu sagen als große.

Die zweite Frage scheint mir mehr Anwendungsmöglichkeiten zu bieten. Herr v. Mises behandelt aber bloß den Fall der im voraus gegebenen Einheit, bei dem wir auch stehen bleiben wollen.[10]) Er versucht, die erste Gauß'sche Ableitung des Fehlergesetzes auf diesen Fall zu übertragen. (Nebenbei bemerkt, diese Ableitung erscheint unsachlich, insbesondere wenn sie mit der Ableitung aus der Zusammenwirkung von Elementarfehlern verglichen wird.) Gauß ging bei der ersten Begründung seiner Fehlertheorie bekanntlich von folgender Annahme aus: Wenn die n-mal wiederholte Messung einer und derselben Größe die Werte $x_1, x_2, \ldots x_n$ ergibt, so steckt hinter diesen Einzelresultaten ein „wahrer Wert" x, der a priori mit gleicher Wahrscheinlichkeit irgend eine Größe haben könnte. Praktisch ist diese Annahme ziemlich indiskutabel, und erkenntnistheoretische Skrupel müssen an diesem Punkt noch nicht beachtet werden. Man bezeichne mit δ_ν den Unterschied von x_ν und dem der Zahl x_ν nächstliegenden Vielfachen der Maßeinheit. Es ist

$$-\frac{1}{2} \leqq \delta_\nu \leqq +\frac{1}{2};$$

die beiden Fälle

$$\delta_\nu = -\frac{1}{2} \text{ und } \delta_\nu = +\frac{1}{2}$$

sind übrigens gleichberechtigt. Herr v. Mises geht bei der Begründung seiner „zyklischen Fehlertheorie" von der Annahme aus, daß wenn n Größen derselben Reihe $x_1, x_2, \ldots x_n$ beobachtet wurden, hinter den Differenzen $\delta_1, \delta_2, \ldots \delta_n$ ein „wahrer Wert" steckt.[11]) Wohl hat man in neuerer Zeit diese Annahme für verschiedene Größenreihen mit einiger Berechtigung gemacht, aber immer nur für den Fall $\delta = 0$. Etwa für $\delta = -0{,}21$ oder überhaupt für irgendeinen Wert $\delta \lesseqgtr 0$ hat man diese Annahme, etwa für Atomgewichte oder Elektrizitätsmengen, bisher sicherlich nie gemacht. Herr v. Mises nimmt aber des weiteren an,

[10]) Eine Behandlung des Falles der angepaßten Einheit habe ich im Winter 1918/19 im Zürcher physikalischen Kolloquium vorgetragen.

[11]) Vgl. v. Mises, a. a. O., S. 493, Zeile 10 v. o.

daß alle Werte δ zwischen $-\frac{1}{2}$ und $+\frac{1}{2}$ a priori gleich wahrscheinlich sind.[12])

Ich wollte nur die Annahmen des Herrn v. Mises in Evidenz setzen und ich lasse dahingestellt, ob es Fälle gibt, in denen man für angebracht halten kann, sie anzunehmen. Ich will jetzt auf viel einfachere und, wie mir scheint, plausiblere Annahmen hinweisen, die ebenfalls eine Behandlung der Frage gestatten, und zwar eine mathematisch viel einfachere Behandlung.

Wenn die Maßeinheit, in der die Glieder $x_1, x_2, \ldots x_n$ der Größenreihe gemessen werden, mit dieser Größenreihe in keinem besonderen Zusammenhang steht, so würde man erwarten, daß an der ersten Dezimalstelle nach dem Komma die Ziffern 0, 1, 2, 3, ... 9 ungefähr gleich häufig vorkommen. Genauer und in anderen Größen ausgedrückt, würde man erwarten, daß die Verteilung der Zahlen $\delta_1, \delta_2, \delta_3, \ldots \delta_n$ im Intervall $-\frac{1}{2}$ bis $+\frac{1}{2}$ einer gleichmäßigen Verteilung nahekommt. Man kann mit Herrn v. Mises auch die n Vektoren

$$(14) \qquad \cos 2\pi\delta_\nu, \sin 2\pi\delta_\nu = \cos 2\pi x_\nu, \sin 2\pi x_\nu$$

betrachten ($\nu = 1, 2, 3, \ldots n$). Das hat den Vorteil, daß in den Ausdruck dieser Vektoren direkt die gemessenen Größen $x_1, x_2, x_3, \ldots x_n$ eintreten. Werden alle Vektoren (14) von einem Punkte aufgetragen, so liegen ihre Endpunkte an einem Kreis vom Radius 1. Daß zwischen der Maßeinheit und der beobachteten Größenreihe kein „besonderer Zusammenhang" besteht, sollte also darin zum Ausdruck kommen, daß die besagten n Endpunkte die verschiedenen Bogen der fraglichen Kreisperipherie ungefähr gleichmäßig bedecken (vgl. die Figuren 2, 3, 6 bei v. Mises, a. a. O.).

Um die Gleichmäßigkeit der Verteilung nicht bloß gefühlsmäßig zu beurteilen, können wir die Größe der Resultante der Vektoren (14) bestimmen. Wir können auch, mit Herrn v. Mises, den Schwerpunkt der an der Kreisperipherie liegenden Endpunkte betrachten. Das kommt auf dasselbe heraus, denn der Abstand

[12]) Vgl. v. Mises, a. a. O., S. 493. Die in seiner Formel (4) auftretende Funktion f (α) wird = konst. gesetzt.

des Schwerpunktes vom Kreismittelpunkt ist der n-te Teil der Länge der Resultante. Je länger die Resultante ist, je mehr der Schwerpunkt vom Kreismittelpunkt entfernt ist, es liegt offenbar eine umso größere Abweichung von der Gleichverteilung vor.

Die Größe der Abweichung könnte man experimentell beurteilen, etwa so: man befestigt einen Zeiger an einer Kreisscheibe, die drehbar um eine Axe koaxial mit einem ruhenden geteilten Kreis montiert ist. Die drehbare Scheibe wird mit starkem Impuls in Bewegung gesetzt, und, wenn sie infolge Reibung wieder zum Stillstand kommt, bezeichnet der Zeiger einen „durch Zufall" hervorgebrachten Punkt an der Peripherie des geteilten Kreises. Man könnte auf diese Weise eine große Anzahl von Serien von n zufällig verteilten Punkten auf der Kreisperipherie bezeichnen. Wir müßten zusehen, wie viel Verteilungen einen mehr, wie viele einen weniger von dem Kreismittelpunkt entfernten Schwerpunkt ergeben.

Die Wahrscheinlichkeitsrechnung enthebt uns der Mühe von solchem Experimentieren. Es sei die Entfernung des Schwerpunktes vom Kreismittelpunkt a. Es handelt sich um die Wahrscheinlichkeit, daß n Vektoren von der Länge 1, deren Richtungen durch den Zufall bestimmt sind, eine Resultante erzeugen, deren Länge a n übersteigt. Diese Wahrscheinlichkeit ergibt sich aus der Formel (9) durch Integration. Da das Resultat bekannt ist [13]) und übrigens auch aus allgemeinen Sätzen [14]) leicht sich erschließen läßt, will ich es ohne Ableitung angeben: die Wahrscheinlichkeit eines a übersteigenden Schwerpunktsabstandes ist angenähert

$$(15) \qquad = \int_{an}^{\infty} \frac{2r}{n} e^{-\frac{r^2}{n}} dr = e^{-a^2 n}.$$

Z. B. untersuchen wir die Frage, wie starke Abweichung die 49 am genauesten bestimmten Atomgewichte von einer Gleichverteilung der Dezimalstellen zeigen, wenn als Einheit der 16te Teil des Atomgewichtes von O genommen wird.[15]) Nach Herrn v. Mises

[13]) Vgl. Kluyver, a. a. O., S. 346; Lord Rayleigh, a. a. O., S. 321, Formel (1).

[14]) Vgl. z. B. v. Laue, Annal. Phys., Bd. 47, 4-te Folge, S. 853—878 (1915).

[15]) Das objektive Interesse einer derartigen Fragestellung mag dahingestellt sein. Aber das Zahlenmaterial des Herrn v. Mises in Tabelle VI,

ist der Schwerpunktsabstand

$$a = 0,4548.$$

Die Wahrscheinlichkeit dafür, daß 49 willkürlich verteilte Punkte auf der Kreisperipherie einen größeren Schwerpunktsabstand ergeben, ist nach Formel (15)

$$= e^{-0,4548^2 \cdot 49} = 3,95 \cdot 10^{-5}$$

Das will sagen, daß wenn wir mit dem kürzlich beschriebenen rouletteähnlichen Apparat sehr oft Serien von 49 Punkten machen, wird ein größerer Schwerpunktsabstand vermutlich nur 4-mal auf 100,000 Fälle vorkommen. Das gibt uns ein Bild von der Seltenheit der tatsächlich beobachteten Verteilung. Ein absolutes Kriterium kann natürlich eine ähnlich berechnete Zahl nie geben. Aber sie gibt uns einen quantitativen Anhaltspunkt und ist, wie man sieht, einer objektiven, experimentellen Interpretation fähig.

Welche objektive Bedeutung hingegen die Zahl haben soll, deren Wert Herr v. Mises als Kriterium der Ganzzahligkeit vorgeschlagen hat,[16]) ist seinen Entwicklungen nicht zu entnehmen.

a. a. O., S. 498, das ich benutze, kann zur Beantwortung einer darüber hinausgehenden Frage nicht herangezogen werden.

[16]) A. a. O., S. 496.

Über eine Aufgabe der Wahrscheinlichkeitsrechnung betreffend die Irrfahrt im Straßennetz.

Von

Georg Pólya in Zürich.

1. Ich beziehe den d-dimensionalen Raum auf ein rechtwinkliges Koordinatensystem. Ich betrachte diejenigen Punkte, deren Koordinaten $x_1, x_2, \ldots, x_d$ sämtlich ganzzahlig sind, und solche Verbindungsgeraden dieser Punkte, die einer der d Koordinatenaxen parallel sind. Die Gesamtheit dieser Geraden bildet das d-dimensionale *Geradennetz*, und die Punkte mit ganzzahligen Koordinaten, die man gewöhnlich als Gitterpunkte bezeichnet, sollen die *Knotenpunkte* des Netzes heißen. In jedem Knotenpunkte kreuzen sich d zueinander rechtwinklige Geraden des Netzes, und jede Gerade wird durch die daraufliegenden Knotenpunkte in gleiche Stücke von der Länge 1 geteilt. Auf dem Geradennetz soll ein Punkt aufs Geratewohl herumfahren. D. h. an jeden neuen Knotenpunkt des Netzes angelangt, soll er sich mit der Wahrscheinlichkeit $\frac{1}{2d}$ für eine der möglichen $2d$ Richtungen entscheiden. Der Bestimmtheit halber wollen wir uns vorstellen, daß der herumwandernde Punkt zur Zeit $t = 0$ im Anfangspunkt des Koordinatensystems seine Irrfahrt beginnt, und daß er sich mit der Geschwindigkeit 1 bewegt. In der Zeit t beschreibt er einen Zickzackweg von der Länge t, in jedem ganzzahligen Zeitpunkt $t = 0, 1, 2, 3, \ldots$ passiert er einen Knotenpunkt und fällt eine vom Zufall geleitete Entscheidung unter $2d$ gleichmöglichen Richtungen.

Für $d = 1$ haben wir eine, in gleiche Segmente geteilte, unbegrenzte Gerade und die geometrische Darstellung des „Wappen-oder-Schrift"-Spiels vor uns. Die Wappenseite einer Münze soll einem Spieler eine Geldeinheit Gewinn einbringen, die Schriftseite einen ebenso großen Verlust; der jeweilige Stand von Gewinn und Verlust soll als positiver bzw. negativer Abstand an einer Geraden von einem festen Ausgangspunkte aus durch eine bewegliche Marke registriert werden. Nach jedem Wurf verschiebt

For comments on this paper [66], see p. 609.

sich die Marke um eine Einheit nach rechts oder nach links; die Hin- und Herpendelung der Marke bei fortgesetztem Spiel ist gerade der eindimensionale Fall der beschriebenen Irrfahrt. Für $d = 2$ haben wir die Irrfahrt eines Spaziergängers in einem regulären quadratischen Straßennetz, für $d = 3$ das angenäherte Bild der Irrfahrt eines Moleküls, das in einem Kristall des regulären Systems diffundiert.

Von den klassischen Aufgaben der Wahrscheinlichkeitsrechnung über Wappen und Schrift, die mit Hilfe des beschriebenen Bildes mehrdimensional verallgemeinert werden können, betrachte ich hauptsächlich diejenige über den „Ruin des Spielers"[1]. Besitzt der Spieler Q Geldeinheiten, so handelt es sich um die Wahrscheinlichkeit, daß er in höchstens n Spielen seinen ganzen Besitz verspielt, oder auf die eindimensionale Irrfahrt bezogen, um die Wahrscheinlichkeit, daß der vom Ausgangspunkt zur Zeit $t = 0$ aufbrechende, auf der Geraden aufs Geratewohl hin- und hergehende Punkt bis zur Zeit $t = n$ mindestens einmal die Stelle mit der Abszisse $-Q$ erreicht. Ich betrachte jetzt die Irrfahrt im d-dimensionalen Geradennetz; es sei gegeben ein Knotenpunkt mit den Koordinaten $a_1, a_2, \ldots, a_d$: es handelt sich jetzt um die Wahrscheinlichkeit, daß der herumirrende Punkt in der Zeitspanne $0 < t \leqq n$ mindestens einmal den gegebenen Knotenpunkt $a_1, a_2, \ldots, a_d$ passiert. Die Wahrscheinlichkeit wächst offenbar mit zunehmendem n. Es erhebt sich die Frage: strebt sie gegen die Sicherheit, wenn n unbegrenzt wächst?

Ja, wenn $d = 1$ oder $d = 2$, *nein*, wenn $d \geqq 3$. Diese Antwort will ich im folgenden begründen. Die Frage ist übrigens nur wenig verschieden von der folgenden: Es brechen zur Zeit $t = 0$ *zwei* Punkte auf, von zwei gegebenen Knotenpunkten; sie irren auf die beschriebene Weise, mit der gleichen Geschwindigkeit 1, aber voneinander unabhängig im d-dimensionalen Geradennetz herum. Es handelt sich um die Wahrscheinlichkeit, daß die beiden sich innerhalb der Zeitspanne $0 < t \leqq n$ begegnen; wird diese Wahrscheinlichkeit mit wachsendem n gegen 1 streben? *Ja* für $d = 1, 2$, *nein* für $d = 3, 4, 5, \ldots$. Für $d = 1$ war dies Resultat, wie gesagt, implizite bekannt. Daß die Punkte in höheren Dimensionen „mehr Platz" haben, um aneinander vorbeizulaufen, ist plausibel. Aber daß der wesentliche Unterschied sich beim Übergang von der Ebene zu dem dreidimensionalen Raum einstellt, schien mir der Mitteilung wert zu sein.

Sämtliche klassischen Aufgaben über wiederholtes Werfen mit einer Münze lassen sich als Aufgaben über den eindimensionalen Fall der beschriebenen Irrfahrt interpretieren und viele darunter gewinnen sehr an

---

[1]) Vgl. z. B. Markoff, Wahrscheinlichkeitsrechnung (Leipzig und Berlin 1912), S. 116—129.

Anschaulichkeit und Verallgemeinerungsfähigkeit bei dieser Interpretation. Ich begnüge mich heute mit der Bearbeitung der erläuterten Fragestellung. Natürlich können sämtliche Aufgaben der Wahrscheinlichkeitsrechnung kinematisch interpretiert und als Aufgaben über irgendeine Art von Irrfahrt gelesen werden. Bei den meisten Problemen, klassischen und modernen, wird die Erfassung der Zusammenhänge, die pädagogische Eindringlichkeit des Vortrages, der Übergang zu den Anwendungen sehr durch die kinematische Auffassung gefördert, soweit ich nach meinen Erfahrungen urteilen kann[2]).

2. Ich betrachte einen Punkt, der zur Zeit $t = 0$ vom Koordinatenanfangspunkt aufbrechend auf die eingangs beschriebene Weise im d-dimensionalen Netz herumirrt. Im Zeitpunkt $t = m$ befindet er sich in einem Knotenpunkt $(m = 0, 1, 2, \ldots)$. Die Wahrscheinlichkeit dafür, daß dieser Knotenpunkt die Koordinaten $x_1, x_2, \ldots, x_d$ haben soll, sei mit $P_m(x_1, x_2, \ldots, x_d)$ bezeichnet. Es ist $P_0(0, 0, \ldots, 0) = 1$ und $P_0(x_1, x_2, \ldots, x_d) = 0$ für jeden von dem Anfangspunkt verschiedenen Knotenpunkt $x_1, x_2, \ldots, x_d$. Bei jedem festen m ist $P_m(x_1, x_2, \ldots, x_d)$ nur für eine endliche Anzahl Knotenpunkte $x_1, x_2, \ldots, x_d$ von Null verschieden. Ich bemerke, daß notwendigerweise

$$(1) \qquad x_1 + x_2 + \ldots + x_d \equiv m \pmod 2, \quad \text{wenn} \quad P_m(x_1, x_2, \ldots, x_d) > 0.$$

Die Summe der d Koordinaten des Knotenpunktes, den der wandernde Punkt passiert, ändert sich nämlich von jedem ganzzahligen Zeitpunkt zum nächstfolgenden um $+1$ oder um -1, also, mod. 2 gerechnet, um $+1$, ebenso wie m; für $m = 0$ ist diese Summe $= 0$; daher ist (1) richtig. — $P_m(x_1, x_2, \ldots, x_d)$ ist eine gerade, symmetrische Funktion der d ganzzahligen Variabeln $x_1, x_2, \ldots, x_d$.

Unter mehreren sich darbietenden Methoden[3]) zur Untersuchung von

[2]) G. Pólya, 1. Anschauliche und elementare Darstellung der Lexisschen Dispersionstheorie, Zeitschrift für schweizerische Statistik und Volkswirtschaft **55** (1919), S. 121—140; 2. Wahrscheinlichkeitstheoretisches über die „Irrfahrt", Mitteilungen der Physikalischen Gesellschaft Zürich **19** (1919), S. 75—86; 3. Anschaulich-experimentelle Herleitung der Gaußschen Fehlerkurve, Zeitschrift f. math. u. naturw. Unterr. **52** (1921), S. 57—65.

[3]) $(2d)^m P_m(x_1, x_2, \ldots, x_d)$ ist die Anzahl sämtlicher Zickzackwege im Netz, die aus m Stücken von der Länge 1 zusammengesetzt vom Punkt $0, 0, \ldots, 0$ zum Punkt $x_1, x_2, \ldots, x_d$ führen. Daher ist

$$(2d)^m P_m(x_1, x_2, \ldots, x_d) = \sum (2d)^{m-1} P_{m-1}(y_1, y_2, \ldots, y_d)$$

die Summe über die $2d$ zu $x_1, x_2, \ldots, x_d$ nächstliegenden Knotenpunkte $y_1, y_2, \ldots, y_d$ erstreckt. Aus dieser Rekursionsformel läßt sich über die relative Größe der Wahr-

$P_m(x_1, x_2, \ldots, x_d)$ wähle ich die klassische, die diese Wahrscheinlichkeiten als Koeffizienten einer erzeugenden Funktion darstellt. $P_m(x_1, x_2, \ldots, x_d)$ ist eindeutig bestimmt durch die in den d Unbestimmten $u_1, u_2, \ldots, u_d$ identische Gleichung

$$(2)\qquad \left(\frac{e^{u_1}+e^{-u_1}+e^{u_2}+e^{-u_2}+\ldots+e^{u_d}+e^{-u_d}}{2d}\right)^m$$

$$= \sum_{x_1=-\infty}^{+\infty} \sum_{x_2=-\infty}^{+\infty} \cdots \sum_{x_d=-\infty}^{+\infty} P_m(x_1, x_2, \ldots, x_d)\, e^{x_1 u_1 + x_2 u_2 + \ldots + x_d u_d}.$$

Man kann, nach der Polynomialformel, die Größen $(2d)^m P_m(x_1, x_2, \ldots, x_d)$ als Summen über Polynomialkoeffizienten aus (2) ausdrücken. Im einfachsten Fall $d = 1$ kommt nur die Binomialformel zur Anwendung; das geläufige Resultat sieht in der jetzigen Bezeichnung so aus:

$$(3)\qquad 2^m P_m(x) = \frac{m!}{\frac{m+x}{2}!\,\frac{m-x}{2}!}.$$

Ich bemerke noch die einfache Formel

$$(4)\qquad 4^{2n} P_{2n}(0,0) = \sum_{\nu=0}^{n} \frac{2n!}{\nu!\,\nu!\,\overline{n-\nu}!\,\overline{n-\nu}!} = \binom{2n}{n}^2.$$

Man setze in (2) $u_1 = i\varphi_1, u_2 = i\varphi_2, \ldots, u_d = i\varphi_d$ und drücke die Koeffizienten $P_m(x_1, x_2, \ldots, x_d)$ auf die übliche Weise durch ein d-faches Integral aus. Ich schreibe die Formeln für gerades und ungerades m getrennt hin:

für $x_1 + x_2 + \ldots + x_d \equiv 0 \pmod 2$

$$(5)\qquad P_{2n}(x_1, x_2, \ldots, x_d) =$$

$$\frac{1}{(2\pi)^d}\int\int\cdots\int\left(\frac{\cos\varphi_1+\cos\varphi_2+\ldots+\cos\varphi_d}{d}\right)^{2n} e^{-ix_1\varphi_1 - ix_2\varphi_2 - \ldots - ix_d\varphi_d} d\varphi_1\, d\varphi_2 \ldots d\varphi_d,$$

---

scheinlichkeiten $P_m(x_1, x_2, \ldots, x_d)$ viel mehr ableiten, als in den nachfolgenden Formeln (8) bis (11′) enthalten ist. Aus der Rekursionsformel sind die folgenden numerischen Werte von $4^m P_m(x_1, x_2)$ auf ersichtliche Weise abgeleitet:

$$1, \qquad \begin{matrix} & 1 & \\ 1 & & 1 \\ & 1 & \end{matrix}, \qquad \begin{matrix} & & 1 & & \\ & 2 & & 2 & \\ 1 & & 4 & & 1 \\ & 2 & & 2 & \\ & & 1 & & \end{matrix}, \qquad \begin{matrix} & & & 1 & & & \\ & & 3 & & 3 & & \\ & 3 & & 9 & & 3 & \\ 1 & & 9 & & 9 & & 1 \\ & 3 & & 9 & & 3 & \\ & & 3 & & 3 & & \\ & & & 1 & & & \end{matrix}.$$

für $x_1 + x_2 + \ldots + x_d \equiv 1 \pmod 2$

$$(6) \qquad P_{2n-1}(x_1, x_2, \ldots, x_d) =$$

$$\frac{1}{(2\pi)^d}\int\int\cdots\int\left(\frac{\cos\varphi_1+\cos\varphi_2+\ldots+\cos\varphi_d}{d}\right)^{2n-1} e^{-ix_1\varphi_1 - ix_2\varphi_2 - \ldots - ix_d\varphi_d} d\varphi_1\, d\varphi_2 \ldots d\varphi_d.$$

Die Integrale sind erstreckt über den d-dimensionalen Würfel

$$(7) \qquad -\frac{\pi}{2} \leqq \varphi_1 \leqq \frac{3\pi}{2}, \quad -\frac{\pi}{2} \leqq \varphi_2 \leqq \frac{3\pi}{2}, \quad \ldots, \quad -\frac{\pi}{2} \leqq \varphi_d \leqq \frac{3\pi}{2}.$$

Man könnte auch irgendeinen andern gleich großen und gleich orientierten Würfel als Integrationsgebiet wählen.

Zerlegt man den Integranden passend in 2 Faktoren, von denen der eine positiv ist, und der andere den absoluten Betrag 1 bzw. $\leqq 1$ hat, so ergeben (5) und (6) bzw.

$$(8) \qquad P_{2n}(x_1, x_2, \ldots, x_d) \leqq P_{2n}(0, 0, \ldots, 0),$$

$$(9) \qquad P_{2n-1}(x_1, x_2, \ldots, x_d) < P_{2n-2}(0, 0, \ldots, 0).$$

Die $2d$ Größen $P_{2n-1}(1, 0, \ldots, 0)$, $P_{2n-1}(-1, 0, \ldots, 0)$, $P_{2n-1}(0, 1, 0, \ldots, 0)$, $\ldots$, $P_{2n-1}(0, \ldots, 0, -1)$ haben denselben Wert, erscheinen jedoch durch (6) etwas verschieden ausgedrückt. Durch Addieren der $2d$ Ausdrücke und Division durch $2d$ erhält man gemäß (5)

$$(10) \qquad P_{2n-1}(1, 0, 0, \ldots, 0) = P_{2n}(0, 0, 0, \ldots, 0).$$

(10) mit (9), bzw. mit (8) und (9) kombiniert ergibt

$$(11) \qquad P_{2n+1}(x_1, x_2, \ldots, x_d) < P_{2n}(0, 0, \ldots, 0) = P_{2n-1}(1, 0, 0, \ldots, 0),$$

$$(11') \qquad P_{2n+2}(x_1, x_2, \ldots, x_d) < P_{2n}(0, 0, \ldots, 0).$$

3. Es ist bei festen $x_1, x_2, \ldots, x_d$

$$(12) \quad \begin{cases} \lim\limits_{n=\infty} n^{\frac{d}{2}} P_{2n}(x_1, x_2, \ldots, x_d) = 2\left(\dfrac{d}{4\pi}\right)^{\frac{d}{2}}, & \text{wenn } x_1 + x_2 + \ldots + x_d \equiv 0 \pmod 2, \\ \lim\limits_{n=\infty} n^{\frac{d}{2}} P_{2n-1}(x_1, x_2, \ldots, x_d) = 2\left(\dfrac{d}{4\pi}\right)^{\frac{d}{2}}, & \text{wenn } x_1 + x_2 + \ldots + x_d \equiv 1 \pmod 2. \end{cases}$$

Ich will nur die Hauptzüge des Beweises andeuten. In dem durch (7) abgegrenzten Integrationsgebiete der Integrale (5), (6) gibt es nur zwei Punkte, nämlich

$$\varphi_1 = 0, \ \varphi_2 = 0, \ \ldots, \ \varphi_d = 0 \quad \text{und} \quad \varphi_1 = \pi, \ \varphi_2 = \pi, \ \ldots, \ \varphi_d = \pi,$$

wo der absolute Wert des Integranden $= 1$ ist.

Man betrachte zwei d-dimensionale Würfel von der Kantenlänge 2α, der eine soll den Mittelpunkt $0, 0, \ldots, 0$, der andere den Mittelpunkt

$\pi, \pi, \ldots, \pi$ haben; sie seien mit $\mathfrak{W}_0$ und $\mathfrak{W}_\pi$ bezeichnet. Aus dem Integrationsgebiet (7) bleibt nach Wegnahme des Innern der beiden Würfel $\mathfrak{W}_0$ und $\mathfrak{W}_\pi$ ein abgeschlossenes Gebiet übrig. In diesem Gebiet hat

$$\left|\frac{\cos\varphi_1 + \cos\varphi_2 + \ldots + \cos\varphi_d}{d}\right|$$

ein bestimmtes Maximum ϱ, $\varrho < 1$, und der von diesem Gebiet herrührende Teil der Integrale (5), (6) ist $< \varrho^{2n}$ bzw. $< \varrho^{2n-1}$. Ich betrachte nun den über $\mathfrak{W}_0$ erstreckten Teil des Integrals (5). Es ist

$$n^{\frac{d}{2}} \iint_{-\alpha}^{+\alpha} \cdots \int \left(\frac{\cos\varphi_1 + \ldots + \cos\varphi_d}{d}\right)^{2n} e^{-ix_1\varphi_1 - \ldots - ix_d\varphi_d}\, d\varphi_1 \ldots d\varphi_d$$

$$= \iint_{-\alpha\sqrt{n}}^{+\alpha\sqrt{n}} \cdots \int \left(\frac{\cos\frac{t_1}{\sqrt{n}} + \ldots + \cos\frac{t_d}{\sqrt{n}}}{d}\right)^{2n} e^{-\frac{ix_1t_1 + \ldots + ix_dt_d}{\sqrt{n}}}\, dt_1 \ldots dt_d$$

$$= \iint_{-\alpha\sqrt{n}}^{+\alpha\sqrt{n}} \cdots \int \left(1 - \frac{t_1^2 + \ldots + t_d^2}{2dn} + \ldots\right)^{2n} \left(1 - \frac{ix_1t_1 + \ldots + ix_dt_d}{\sqrt{n}} + \ldots\right) dt_1 \ldots dt_d$$

$$\sim \iint_{-\infty}^{+\infty} \cdots \int e^{-\frac{t_1^2 + t_2^2 + \ldots + t_d^2}{d}}\, dt_1\, dt_2 \ldots dt_d = (d\pi)^{\frac{d}{2}}.$$

Daraus folgt (12) durch einfaches Einsetzen, wenn man $\lim\limits_{n=\infty} n^{\frac{d}{2}} \varrho^n = 0$ beachtet. Die in der Rechnung gelassene Lücke läßt sich durch geläufige Überlegungen ausfüllen[4]). Übrigens folgt (12) in den Fällen $d = 1, 2$ gemäß (3), (4) einfach aus der Wallisschen Produktformel.

4. Der in dem Anfangspunkte zur Zeit $t = 0$ aufbrechende Punkt kann den gegebenen Knotenpunkt $a_1, a_2, \ldots, a_d$ nur in einem der Zeitpunkte $t = 2, 4, 6, \ldots$ passieren, falls $a_1 + a_2 + \ldots + a_d$ gerade ist, bzw. nur in den Zeitpunkten $t = 1, 3, 5, \ldots$, wenn $a_1 + a_2 + \ldots + a_d$ ungerade. Ich berücksichtige beide Fälle gleichzeitig bei den folgenden Festsetzungen.

p_n heißt die Wahrscheinlichkeit dafür, daß der herumirrende Punkt während der Zeitspanne $2n - 2 < t \leqq 2n$ den Knotenpunkt $a_1, a_2, \ldots, a_d$ passiert.

w_n heißt die Wahrscheinlichkeit dafür, daß der herumirrende Punkt während der Zeitspanne $2n - 2 < t \leqq 2n$ den Knotenpunkt $a_1, a_2, \ldots, a_d$ passiert, *ohne ihn in der Zeitspanne* $0 < t \leqq 2n - 2$ *passiert zu haben.*

[4]) Vgl. z. B. G. Pólya, Berechnung eines bestimmten Integrals, Math. Ann. **74**, S. 204–212, insbesondere S. 211–212.

W_n heißt die Wahrscheinlichkeit dafür, daß der herumirrende Punkt den Knotenpunkt $a_1, a_2, \ldots, a_d$ innerhalb der Zeitspanne $0 < t \leqq 2n$ passiert.

Die Ereignisse, deren Wahrscheinlichkeiten w_m und w_n sind, $m < n$, schließen einander aus. Die Ereignisse, deren Wahrscheinlichkeiten p_m und p_n sind, $m < n$, schließen einander nicht aus.

Ich füge hinzu, daß ich diese Bezeichnungen nur im Falle anwende, wo $|a_1| + |a_2| + \ldots + |a_d| \geqq 1$ ist. Ist der Ausgangspunkt selber der zu passierende Punkt, so gebrauche ich die Buchstaben

$$\pi_n, \quad \omega_n, \quad \Omega_n$$

für dieselben Wahrscheinlichkeiten, die ich für einen vom Ausgangspunkt verschiedenen Punkt mit

$$p_n, \quad w_n, \quad W_n$$

bezeichnet habe.

Es ist mit den unter 1 erklärten Bezeichnungen

$$(13_0) \quad \pi_n = P_{2n}(0, 0, \ldots, 0),$$

$$(13_2) \quad p_n = \begin{cases} P_{2n}(a_1, a_2, \ldots, a_d) \\ P_{2n-1}(a_1, a_2, \ldots, a_d) \end{cases}, \text{ je nachdem } a_1 + a_2 + \ldots + a_d \equiv \begin{cases} 0 \\ 1 \end{cases} \pmod 2.$$

Es ist $p_1 = w_1$ nach Definition. Für genügend große Werte von n ist aber offenbar $p_n > w_n$, nämlich sobald Zickzackwege aus $2n$ (bzw. $2n-1$) Stücken von der Länge 1 im Netz möglich sind, die den Knotenpunkt $a_1, a_2, \ldots, a_d$ sowohl als Endpunkt, wie auch als Zwischenpunkt enthalten. Nach den Sätzen über Addition und Multiplikation der Wahrscheinlichkeiten oder aus der geometrischen Anschauung ergibt sich

$$\begin{aligned} \pi_1 &= \omega_1, & p_1 &= w_1, \\ \pi_2 &= \omega_1^2 + \omega_2, & p_2 &= w_1\omega_1 + w_2, \\ \pi_3 &= \omega_1^3 + 2\omega_1\omega_2 + \omega_3, & p_3 &= w_1\omega_1^2 + w_1\omega_2 + w_2\omega_1 + w_3. \\ &\ldots\ldots & &\ldots\ldots \end{aligned}$$

Mit Hilfe einer Unbestimmten z lassen sich die Spezialfälle in eine einzige Formel konzentrieren

$$\begin{aligned} 1 + \pi_1 z + \pi_2 z^2 + \pi_3 z^3 + \ldots = 1 &+ \omega_1 z + \omega_2 z^2 + \omega_3 z^3 + \ldots \\ &+ (\omega_1 z + \omega_2 z^2 + \omega_3 z^3 + \ldots)^2 \\ &+ (\omega_1 z + \omega_2 z^2 + \omega_3 z^3 + \ldots)^3 \\ &+ \ldots, \end{aligned}$$

$$\begin{aligned} p_1 z + p_2 z^2 + p_3 z^3 + \ldots &= w_1 z + w_2 z^2 + w_3 z^3 + \ldots \\ &+ (w_1 z + w_2 z^2 + \ldots)(\omega_1 z + \omega_2 z^2 + \ldots) \\ &+ (w_1 z + w_2 z^2 + \ldots)(\omega_1 z + \omega_2 z^2 + \ldots)^2 \\ &+ \ldots . \end{aligned}$$

Der Koeffizient von z^n in der 1ten, 2ten, 3ten, ... Zeile rechts gibt die Wahrscheinlichkeit dafür an, daß der herumirrende Punkt in der Zeitstrecke $2n-2 < t \leq 2n$ den Knotenpunkt $a_1, a_2, \ldots, a_d$ das 1te, 2te, 3te, ... Mal passiert. Die rechten Seiten dieser Formeln lassen sich noch etwas anders schreiben

$$1 + \pi_1 z + \pi_2 z^2 + \pi_3 z^3 + \ldots = \frac{1}{1 - \omega_1 z - \omega_2 z^2 - \omega_3 z^3 - \ldots},$$

$$p_1 z + p_2 z^2 + p_3 z^3 + \ldots = \frac{w_1 z + w_2 z^2 + w_3 z^3 + \ldots}{1 - \omega_1 z - \omega_2 z^2 - \omega_3 z^3 + \ldots}.$$

Ich schreibe diese Formeln noch in der Form

$$(14_0) \quad 1 - \omega_1 z - \omega_2 z^2 - \omega_3 z^3 - \ldots = \frac{1}{1 + \pi_1 z + \pi_2 z^2 + \pi_3 z^3 + \ldots},$$

$$(14_2) \quad w_1 z + w_2 z^2 + w_3 z^3 + \ldots = \frac{p_1 z + p_2 z^2 + p_3 z^3 + \ldots}{1 + \pi_1 z + \pi_2 z^2 + \pi_3 z^3 + \ldots}.$$

Die Kette, die $P_n(x_1, x_2, \ldots, x_d)$ mit W_n verbindet, wird geschlossen durch die Formeln

$$(15_0) \quad \Omega_n = \omega_1 + \omega_2 + \ldots + \omega_n,$$

$$(15_2) \quad W_n = w_1 + w_2 + \ldots + w_n,$$

die unmittelbar aus der Definition der darin auftretenden Größen folgen.

Ich will noch die Ungleichung

$$(16) \quad p_{n+1} < \pi_n$$

anführen, die aus (13_0), (13_2), (11), (11′) folgt, und die Grenzgleichungen

$$(17) \quad \lim_{n=\infty} n^{\frac{d}{2}} \pi_n = \lim_{n=\infty} n^{\frac{d}{2}} p_n = 2\left(\frac{d}{4\pi}\right)^{\frac{d}{2}},$$

die sich aus (13_0), (13_2) und (12) ergeben.

5. Gemäß (17) sind die drei Reihen

$$\sum_{n=1}^{\infty} \pi_n, \qquad \sum_{n=1}^{\infty} p_n, \qquad \sum_{n=1}^{\infty} \frac{1}{n^{\frac{d}{2}}}$$

entweder alle drei konvergent oder alle drei divergent. Nun ist die letzte Reihe divergent für $d = 1, 2$ und konvergent für $d = 3, 4, 5, \ldots$. Es folgt somit aus (14_0)

$$1 - \omega_1 - \omega_2 - \omega_3 - \ldots = 0 \qquad \text{für} \quad d = 1, 2$$

$$1 - \omega_1 - \omega_2 - \omega_3 - \ldots = \frac{1}{1 + \pi_1 + \pi_2 + \ldots} > 0 \quad \text{für } d = 3, 4, 5, \ldots$$

nach dem Abelschen Stetigkeitssatz der Potenzreihen. Das besagt nach (15_0)

$$\lim_{n=\infty} \Omega_n = \omega_1 + \omega_2 + \omega_3 + \ldots = 1 \text{ für } d = 1, 2; \quad < 1 \text{ für } d = 3, 4, 5, \ldots.$$

Aus (14_2), (15_2) ergibt sich im Falle der Divergenz, d. h. für $d = 1, 2$

$$\lim_{n=\infty} W_n = w_1 + w_2 + w_3 + \ldots = \lim_{z=1} \frac{p_1 z + p_2 z^2 + p_3 z^3 + \ldots}{1 + \pi_1 z + \pi_2 z^2 + \pi_3 z^3 + \ldots} = \lim_{n=\infty} \frac{p_n}{\pi_n} = 1$$

mit Benutzung von (17), nach einem Satz von Cesàro[5]). Im Falle der Konvergenz ($d = 3, 4, 5, \ldots$) ist

$$\lim_{n=\infty} W_n = w_1 + w_2 + w_3 + \ldots = \frac{p_1 + p_2 + p_3 + \ldots}{1 + \pi_1 + \pi_2 + \ldots} < 1,$$

mit Berücksichtigung von (16). Damit ist die erste eingangs ausgesprochene Behauptung voll bewiesen.

6. Es bleibt noch die Aufgabe über die Begegnung von zwei herumirrenden Punkten zu behandeln. Der eine Punkt soll im Koordinatenanfangspunkt $0, 0, \ldots, 0$, der andere im Knotenpunkt $a_1, a_2, \ldots, a_d$ seine Irrfahrt im Moment $t = 0$ beginnen. Um die Umstände zu präzisieren, unter welchen sich die beiden treffen können, unterscheide ich vier Fälle:

0) $|a_1| + |a_2| + \ldots + |a_d| = 0$, die Ausgangspunkte identisch.

1) $|a_1| + |a_2| + \ldots + |a_d| = 1$, die Ausgangspunkte benachbart.

2) $a_1 + a_2 + \ldots + a_d \equiv 0 \pmod 2$, $\quad |a_1| + |a_2| + \ldots + |a_d| \geqq 2$.

3) $a_1 + a_2 + \ldots + a_d \equiv 1 \pmod 2$, $\quad |a_1| + |a_2| + \ldots + |a_d| \geqq 3$.

Ich bezeichne die Zeitspanne $n - 1 < t \leqq n$ kurz als die „n-te Zeitspanne". Die Koordinaten der beiden herumirrenden Punkte im Moment $t = n - 1$, zu Anfang der n-ten Zeitspanne, seien $x_1', x_2', \ldots, x_d'$ bzw. $x_1'', x_2'', \ldots, x_d''$. Nach der Begründung von Formel (1) ist

$$(18) \qquad x_1' + x_2' + \ldots + x_d' - x_1'' - x_2'' - \ldots - x_d'' \equiv \begin{cases} 0 \\ 1 \end{cases} \pmod 2 \text{ in den Fällen } \begin{cases} 0)\ 2) \\ 1)\ 3) \end{cases}.$$

Wie können die beiden herumirrenden Punkte sich in der n-ten Zeitspanne begegnen? (Begegnen heißt mindestens in einem Zeitpunkt denselben Raumpunkt einnehmen.) In den Fällen 1), 3) muß die Differenz an der linken Seite von (18) $= \pm 1$ sein, d. h. die beweglichen Punkte müssen sich in benachbarten Knotenpunkten befinden; sie begegnen sich dann in der Mitte der dazwischen liegenden Strecke von der Länge 1, sich kreuzend, im Moment $t = n - \frac{1}{2}$. In den Fällen 0), 2) können die beiden wandernden Punkte, gemäß (18), im Moment $t = n - 1$ sich *nicht* in benachbarten Knotenpunkten befinden; sie befinden sich also entweder in demselben Knotenpunkt und reisen von dort zusammen weiter, dies

[5]) Cesàro, Elementares Lehrbuch der algebraischen Analysis. Deutsch von G. Kowalewski (Leipzig 1904), S. 279–280.

ist eine Art von Begegnung; oder sie treffen sich erst am Ende der Zeitspanne, zur Zeit $t = n$, und diese ist die andere mögliche Art von Begegnung. Haben sich die beiden Punkte in der n-ten Zeitspanne begegnet, in welcher gegenseitigen Lage befinden sie sich im Zeitpunkt $t = n$? Entweder in benachbarten Knotenpunkten, in den Fällen 1) und 3), oder in demselben Knotenpunkt, in den Fällen 0) und 2). In den Fällen 0) und 1) stellen also die wandernden Punkte am Ende jeder Zeitspanne, worin sie sich begegneten, ihre ursprüngliche gegenseitige Lage her, die sie zur Zeit $t = 0$ innehatten.

Ich betrachte folgende Wahrscheinlichkeiten:

die Wahrscheinlichkeit, daß die beiden herumirrenden Punkte sich in der n-ten Zeitspanne begegnen; diese Wahrscheinlichkeit sei bezeichnet mit

$$\pi_n, \ \bar{\pi}_n, \ p_n \quad \text{oder} \quad \bar{p}_n,$$

je nachdem der Fall 0), 1), 2) oder 3) vorliegt;

die Wahrscheinlichkeit, daß die beiden herumfahrenden Punkte sich in der n-ten Zeitspanne begegnen, *ohne sich in irgendeiner der vorangehenden $n - 1$ Zeitspannen begegnet zu haben.* Diese Wahrscheinlichkeit sei bezeichnet mit

$$\omega_n, \ \bar{\omega}_n, \ w_n \quad \text{oder} \quad \bar{w}_n,$$

je nachdem der Fall 0), 1), 2) oder 3) vorliegt;

die Wahrscheinlichkeit, daß sich die beiden innerhalb der n ersten Zeitspannen begegnen; diese Wahrscheinlichkeit sei bezeichnet mit

$$\Omega_n, \ \bar{\Omega}_n, \ W_n, \ \bar{W}_n,$$

je nach Fall 0), 1), 2), 3).

Die Wahrscheinlichkeit p_n ist ein Bruch; sein Nenner ist die Anzahl der Kombinationen von je zwei Zickzackwegen von der Länge n, der eine von $0, 0, \ldots, 0$, der andere von $a_1, a_2, \ldots, a_d$ ausgehend, d. h. der Nenner ist $(2d)^n \cdot (2d)^n = (2d)^{2n}$. Der Zähler ist die Anzahl sämtlicher Zickzackwege von der Länge $2n$, die die beiden Punkte $0, 0, \ldots, 0$ und $a_1, a_2, \ldots, a_d$ verbinden. Also ist

$$p_n = P_{2n}(a_1, a_2, \ldots, a_d),$$

d. h. hat genau dieselbe Bedeutung, wie vorher in der Formel (13_2), im Falle, wo $a_1 + a_2 + \cdots + a_d$ gerade ist, der hier allein in Betracht kommt. Überhaupt, die Bezeichnungen π_n, ω_n, Ω_n, p_n, w_n, W_n bezeichnen dieselben Wahrscheinlichkeitsbrüche, wie vorher, und damit ist in den Fällen 0) und 2) die Frage erledigt.

Ich kann mir wohl bei Behandlung der Fälle 1), 3) die Einzelheiten der Begründung ersparen und mich auf die Angabe der wesentlichen

Formeln beschränken, deren Analogie mit den vorangehenden auch in der Numerierung hervorgehoben ist.

$$(13_1) \qquad \bar{\pi}_n = \frac{1}{2d} P_{2n-1}(1, 0, 0, \ldots, 0)$$

$$(13_3) \qquad \bar{p}_n = \frac{1}{2d} P_{2n-1}(a_1, a_2, a_3, \ldots, a_d)$$

$$(14_1) \qquad 1 - \bar{\omega}_1 z - \bar{\omega}_2 z^2 - \bar{\omega}_3 z^3 - \ldots = \frac{1}{1 + \bar{\pi}_1 z + \bar{\pi}_2 z^2 + \ldots}$$

$$(14_3) \qquad \bar{w}_1 z + \bar{w}_2 z^2 + \bar{w}_3 z^3 + \ldots = \frac{\bar{p}_1 z + \bar{p}_2 z^2 + \ldots}{1 + \bar{\pi}_1 z + \bar{\pi}_2 z^2 + \ldots}$$

$$(15_1) \qquad \bar{\Omega}_n = \bar{\omega}_1 + \bar{\omega}_2 + \ldots + \bar{\omega}_n$$

$$(15_3) \qquad \bar{W}_n = \bar{w}_1 + \bar{w}_2 + \ldots + \bar{w}_n$$

$$(16') \qquad \bar{p}_{n+1} < \bar{\pi}_n$$

$$(17') \qquad \lim_{n=\infty} n^{\frac{d}{2}} \bar{\pi}_n = \lim_{n=\infty} n^{\frac{d}{2}} \bar{p}_n = \frac{1}{d} \left(\frac{d}{4\pi}\right)^{\frac{d}{2}}.$$

Aus diesen Formeln kommt man, wie unter 5, zu dem Resultat, daß

$$\lim_{n=\infty} \bar{\Omega}_n = 1, \quad \lim_{n=\infty} \bar{W}_n = 1 \qquad \text{für } d = 1, 2$$

$$\lim_{n=\infty} \bar{\Omega}_n < 1, \quad \lim_{n=\infty} \bar{W}_n < 1 \qquad \text{für } d = 3, 4, 5, \ldots$$

w. z. b. w.

7. Der eingeschlagene Weg eignet sich auch zur numerischen Berechnung der betrachteten Wahrscheinlichkeiten. Ich behandle einen Fall, wo das Resultat besonders einfach ausfällt.

Man kann (15_0) auch so schreiben

$$1 + (1 - \Omega_1) z + (1 - \Omega_2) z^2 + (1 - \Omega_3) z^3 + \ldots = \frac{1 - \omega_1 z - \omega_2 z^2 - \ldots}{1 - z},$$

woraus nach (14_0)

$$(19) \quad 1 + (1 - \Omega_1) z + (1 - \Omega_2) z^2 + \ldots = \frac{1}{(1 - z)(1 + \pi_1 z + \pi_2 z^2 + \ldots)}$$

folgt. Nun ist im Falle $d = 1$ nach (3), (13_0)

$$\pi_n = \frac{1}{2^{2n}} \binom{2n}{n} = \frac{1 \cdot 3 \cdot 5 \ldots 2n-1}{2 \cdot 4 \cdot 6 \ldots 2n} \qquad (d = 1),$$

also

$$1 + \pi_1 z + \pi_2 z^2 + \ldots = \frac{1}{\sqrt{1 - z}} \qquad (d = 1),$$

woraus nach (19)

$$1 + (1 - \Omega_1) z + (1 - \Omega_2) z^2 + \ldots = \frac{1}{\sqrt{1 - z}}$$

folgt. Kurzum, es ergibt sich im Falle $d = 1$ zusammengefaßt

$$1 - \Omega_n = \pi_n = \frac{1 \cdot 3 \cdot 5 \ldots 2n-1}{2 \cdot 4 \cdot 6 \ldots 2n} \sim \frac{1}{\sqrt{\pi n}} \qquad (d = 1).$$

Dies Resultat läßt sich, gemäß der Interpretation unter 1, so lesen: Wenn $2n$ Würfe mit einer Münze n-Mal Wappen und n-Mal Schrift ergeben, so sagt man, daß das Spiel sich mit dem $2n$-ten Wurf „ausgleicht". Daß das Spiel mit dem $2n$-ten Wurf sich ausgleicht, ist ebenso wahrscheinlich (oder unwahrscheinlich), wie das Vorkommnis, daß das Spiel sich während $2n$ Würfen überhaupt nie ausgleicht (weder mit dem 2-ten, noch mit dem 4-ten, ... noch mit dem $2n$-ten Wurf).

Im Falle $d = 2$ ergibt sich aus (4), (13_0), (14_0)

$$1 - \omega_1 z - \omega_2 z^2 - \omega_3 z^3 - \ldots = \left(\frac{2}{\pi} \int_0^1 \frac{du}{\sqrt{(1-u^2)(1-zu^2)}} \right)^{-1}$$

Daß die Koeffizienten $\omega_1, \omega_2, \omega_3, \ldots$ in dieser Entwicklung positiv sind, wäre direkt zu beweisen, und es wäre zu entscheiden, ob sie mit wachsendem n stets abnehmen.

(Eingegangen am 12. 1. 1921.)

Herleitung des Gaußschen Fehlergesetzes aus einer Funktionalgleichung.

Von

Georg Pólya in Zürich.

Das Gaußsche Fehlergesetz besitzt die Eigenschaft, daß es bei linearer Kombination der Fehler erhalten bleibt, sich reproduziert. Das Gaußsche Fehlergesetz kann durch diese Eigenschaft bis zu einem gewissen Grade charakterisiert werden: es ist das einzige Fehlergesetz, das linearen Fehlerkombinationen gegenüber Beharrlichkeit zeigt, wenn ein genügend starkes Verschwinden im Unendlichen gefordert wird. Ich habe hierauf schon vor einigen Jahren hingewiesen[1][2]; ich habe, um zu dem ausgesprochenen Resultat zu gelangen, zwei verschiedene Wege benutzt und einen dritten, weiter führenden Weg angedeutet. Ich glaube heute, da das Interesse der Mathematiker diesen Fragen sich wieder mehr zuzuwenden scheint[3], meine Andeutungen weiter ausführen zu sollen[4]. Die Herleitung des Gaußschen Fehlergesetzes, die ich im folgenden gebe, scheint mir äußerst einfach und anschaulich zu sein; sie könnte m. E. mit Vorteil im Unterricht benutzt werden.

[1] G. Pólya: Über das Gaußsche Fehlergesetz, Astron. Nachr. a) **208** (1919), S. 185–192, b) **209** (1919), S. 111–112.

[2] Vgl. auch G. Förster: Das Fehlergesetz, Ztschr. f. Vermessungswesen **44** (1915), S. 65–72.

[3] P. Lévy: Sur le rôle de la loi de Gauß dans la théorie des erreurs, Comptes Rendus **174** (1922), S. 855–857.

[4] Das Folgende enthält, mit Ausnahme der Nummern 2 und 7, nur in meinen Arbeiten [1] Ausgeführtes oder Angedeutetes. Die Nummern 1, 3, 6 sind meinen damaligen Ausführungen z. T. wörtlich entnommen, für die Funktionalgleichung (16) vgl. a. a. O. [1b], S. 111 Formel (3), für die Methode unter 5 die Andeutung a. a. O. [1a], S. 192. Die unter [6] angeführten Arbeiten von Cauchy sind mir erst seither bekannt geworden. Die Formulierung der Nummern 2 und 7 des Textes ist durch die Arbeit von Herrn P. Lévy [3] beeinflußt worden.

For comments on this paper [74], see p. 610.

Die vorliegende Behandlung setzt die Kenntnis meiner oben zitierten Aufsätze nicht voraus.

1. Jede Funktion $\varphi(x)$, die den Bedingungen

$$\varphi(x) \geqq 0, \tag{1}$$

$$\int_{-\infty}^{+\infty} \varphi(x)\,dx = 1 \tag{2}$$

genügt, soll als ein „Fehlergesetz" bezeichnet werden. Man kann sich vorstellen, daß die Funktion $\varphi(x)$ die Verteilung der Messungsfehler bei einer gewissen Art von Messungen beschreibt, indem die Wahrscheinlichkeit dafür, daß der Fehler der Einzelmessung zwischen beliebige Grenzen x_1 und x_2 fällt, durch das Integral $\int_{x_1}^{x_2} \varphi(x)\,dx$ angegeben wird.

Wenn $\varphi(x)$ ein Fehlergesetz ist, so ist es auch $\varphi\left(\frac{x}{a}\right)\frac{1}{a}$, falls $a > 0$; d. h. $\varphi\left(\frac{x}{a}\right)\frac{1}{a}$ erfüllt die Bedingungen (1), (2). Man kann sich vorstellen, daß $\varphi(x)$ und $\varphi\left(\frac{x}{a}\right)\frac{1}{a}$ die Fehlerverteilung bei zwei Messungen beschreiben, die von ähnlicher Natur, aber von verschiedener Präzision sind. Ich nenne die beiden Fehlergesetze $\varphi(x)$ und $\varphi\left(\frac{x}{a}\right)\frac{1}{a}$ einander *ähnlich.*

Wenn $\varphi(x)$ und $\psi(x)$ Fehlergesetze sind, so ist auch

$$\int_{-\infty}^{+\infty} \varphi(u)\psi(x-u)\,du = \int_{-\infty}^{+\infty} \varphi(x-v)\psi(v)\,dv \tag{3}$$

ein Fehlergesetz; die Konvergenz des Integrals sei vorausgesetzt. Die Funktion (3) erfüllt die Bedingungen (1), (2) (ihr Integral erstreckt von $-\infty$ bis $+\infty$ zerfällt in das Produkt von zwei Integralen, beide $=1$ nach Voraussetzung). Die Bedeutung der Bildung (3) ist diese: wurde eine Größe A m-mal gemessen und eine Größe B n-mal, so kann man die $m+n$ Messungsergebnisse zu $m \cdot n$ angenäherten Bestimmungen der Größe $A+B$ kombinieren. Wenn die Fehler der einzelnen Bestimmungen von A $u_1, u_2, \ldots, u_m$ und die der Bestimmungen von B $v_1, v_2, \ldots, v_n$ sind, so sind die durch Kombination gewonnenen $m \cdot n$ Bestimmungen von $A+B$ mit den Fehlern $u_1+v_1, \ldots, u_1+v_n, \ldots, u_m+v_1, \ldots, u_m+v_n$ behaftet. Wenn die Verteilung der Fehler bei der Messung von A durch das Gesetz $\varphi(x)$ und bei der Messung von durch B durch $\psi(x)$ regiert wird, so wird sie bei der besprochenen mittelbaren Bestimmung von $A+B$ durch das Gesetz (3) beherrscht. Man kann sich wohl so ausdrücken, daß das Fehlergesetz (3) aus den Gesetzen $\varphi(x)$ und $\psi(x)$ durch *lineare Zusammensetzung der Fehler* entsteht.

Wenn zwei einander ähnliche Fehlergesetze $\varphi\left(\frac{x}{a}\right)\frac{1}{a}$ und $\varphi\left(\frac{x}{b}\right)\frac{1}{b}$ linear zusammengesetzt ein drittes, ihnen beiden ähnliches Fehlergesetz $\varphi\left(\frac{x}{c}\right)\frac{1}{c}$ erzeugen, so besteht die Gleichung

$$(4) \qquad \frac{1}{c}\varphi\left(\frac{x}{c}\right) = \frac{1}{ab}\int_{-\infty}^{+\infty}\varphi\left(\frac{u}{a}\right)\varphi\left(\frac{x-u}{b}\right)du.$$

Es ist nicht ohne Bedeutung zu untersuchen, welche Funktionen $\varphi(x)$ die Gleichung (4) erfüllen können. Viele verschiedene physikalische, astronomische, geodätische Messungen, von den verschiedensten Präzisionsgraden, tragen in Hinsicht auf die Verteilung der Messungsfehler dasselbe charakteristische Gepräge. Dies macht verständlich die Bestrebungen, die schon auf Daniel Bernoulli zurückgehen, ein universell gültiges Fehlergesetz aufzufinden. Soll es ein Fehlergesetz $\varphi(x)$ von wahrhaft universellem Charakter geben, so muß es wohl bei *linearer Zusammensetzung der Fehler erhalten bleiben,* d. h. der Gleichung (4) genügen.

2. Eine vollständige Diskussion der Funktionalgleichung (4) steht nicht in meiner Absicht. Ich suche alle Systeme von drei Konstanten a, b, c und einer Funktion $\varphi(x)$ zu bestimmen, die die Gleichung (4) und folgende drei Bedingungen erfüllen:

I. $a > 0, \quad b > 0, \quad c > 0, \quad \varphi(x) \geqq 0, \quad \int_{-\infty}^{+\infty}\varphi(x)dx > 0.$

II. $\int_{-\infty}^{+\infty} x^2\varphi(x)dx$ existiert.

III. $\varphi(x)$ ist in jedem endlichen Intervall beschränkt und im Riemannschen Sinne eigentlich integrabel.

I und II sind schwerwiegende Voraussetzungen, die die Mannigfaltigkeit der Auflösungen wesentlich beengen, wie sich später herausstellen wird (vgl. unter 7). III ist hingegen eine unwesentliche Beschränkung, die nur zur Fernhaltung nebensächlicher Schwierigkeiten dient. Die Bedingungen I, d. h. die Positivität, vorauszusetzen, ist in unserem Falle selbstverständlich. Die Voraussetzung II fordert, daß unser Fehlergesetz endlichen mittleren quadratischen Fehler, kürzer gesagt, endliche Streuung besitzen soll. Vom praktischen Standpunkte aus wäre es unbedenklich, nicht bloß die Existenz von $\int_{-\infty}^{+\infty} x^2\varphi(x)dx$ vorauszusetzen, sondern auch die Existenz von $\int_{-\infty}^{+\infty} x^m\varphi(x)dx$ für beliebig großes m (wie das in meiner früheren Mitteilung geschah l. c. [1a])), da man in der Praxis beliebig hohe

Momente zur feineren Untersuchung der Verteilung heranzuziehen sich für berechtigt hält.

Gesucht wird also das allgemeinste Fehlergesetz mit endlicher Streuung, das bei linearer Zusammensetzung der Fehler beharren kann. Genauer müßte man sagen: das *bei gewissen Konstellationen der Präzision* erhalten bleiben kann; denn es gibt Funktionen $\varphi(x)$, die der Gleichung (4) genügen, wenn a und b in einem bestimmten Verhältnis zueinander stehen, und nicht genügen, wenn das Verhältnis von a zu b ein anderes ist. Diese Bemerkung unterscheidet meinen Standpunkt von dem der Herren G. Förster[2]) und P. Lévy[3]), die von der Funktion $\varphi(x)$ bedeutend mehr fordern, als hier gefordert wird, nämlich im wesentlichen das Bestehen von (4) für unbeschränkt variable positive Parameter a, b, von denen c eine Funktion sein soll.

Es wird sich herausstellen, daß *das Gaußsche Fehlergesetz die einzige Lösung der Funktionalgleichung* (4) *ist, die die Bedingungen* I, II, III *erfüllt, d. h. das einzige Fehlergesetz mit endlicher Streuung, das bei linearer Zusammensetzung der Fehler erhalten bleibt.*

3. Nach Voraussetzung II existiert das Integral

$$\int_{-\infty}^{+\infty} x^m \varphi(x)\,dx = K_m \tag{5}$$

(das m-te Moment) für $m = 0, 1, 2$. Für dieselben Werte von m erhalten wir aus (4)

$$\frac{1}{c}\int_{-\infty}^{+\infty} x^m \varphi\left(\frac{x}{c}\right) dx = \frac{1}{ab}\int_{-\infty}^{+\infty}\int_{-\infty}^{+\infty} (u + x - u)^m \varphi\left(\frac{u}{a}\right)\varphi\left(\frac{x-u}{b}\right) du\,dx$$

$$= \int_{-\infty}^{+\infty}\int_{-\infty}^{+\infty} (u + v)^m \varphi\left(\frac{u}{a}\right)\varphi\left(\frac{v}{b}\right)\frac{du}{a}\frac{dv}{b}.$$

Hieraus folgen durch Zerlegen der Doppelintegrale in die Produkte einfacher mit Verwendung der Bezeichnung (5) für $m = 0, 1, 2$ die drei Gleichungen

$$K_0 = K_0^2, \tag{6}$$

$$c\,K_1 = a\,K_1 K_0 + b\,K_0 K_1, \tag{7}$$

$$c^2 K_2 = a^2 K_2 K_0 + 2ab\,K_1^2 + b^2 K_0 K_2. \tag{8}$$

Aus (6) folgt wegen Voraussetzung I

$$\int_{-\infty}^{+\infty} \varphi(x)\,dx = K_0 = 1. \tag{9}$$

D. h. jede positive Lösung von (4) muß ein Fehlergesetz sein. Die quadratische Form der Veränderlichen X, Y

$$\int_{-\infty}^{+\infty} (X + Yx)^2 \varphi(x) dx = X^2 K_0 + 2XYK_1 + Y^2 K_2$$

ist definit positiv (Voraussetzung I), daher ist

$$K_1^2 < K_0 K_2 = K_2,$$

vgl. (9), und so folgt aus (8), (9)

$$c^2 K_2 < a^2 K_2 + 2ab K_2 + b^2 K_2$$

$$c^2 < (a + b)^2 \tag{10}$$

($a > 0$, $b > 0$, $K_2 > 0$ nach Voraussetzung I). (9), (7) und (10) sind nur verträglich, wenn

$$\int_{-\infty}^{+\infty} x \varphi(x) dx = K_1 = 0. \tag{11}$$

D. h. ein Fehlergesetz, das (4) genügt und II erfüllt, enthält keinen konstanten Fehler. Hieraus folgt weiter nach (8) (9)

$$c^2 = a^2 + b^2. \tag{12}$$

Die Gleichungen (9), (11), (12) sind die Resultate dieser Diskussion. K_2 konnte (der Natur der Sache gemäß) nicht numerisch bestimmt werden, wie K_0, K_1. Nur $K_2 > 0$ steht fest. Ich verändere die Bezeichnung und setze

$$\int_{-\infty}^{+\infty} x^2 \varphi(x) dx = \sigma^2, \tag{13}$$

wo $\sigma > 0$. σ ist die „Streuung".

4. Ich führe die Funktion

$$\Phi(x) = \int_{-\infty}^{+\infty} e^{ixt} \varphi(t) dt \tag{14}$$

ein (x reell). $\Phi(x)$ ist zweimal stetig differenzierbar kraft der Voraussetzung II. Es ist nämlich

$$\Phi'(x) = i \int_{-\infty}^{+\infty} e^{ixt} t \varphi(t) dt, \qquad \Phi''(x) = -\int_{-\infty}^{+\infty} e^{ixt} t^2 \varphi(t) dt.$$

Die Formeln (9), (11), (13) ergeben

$$\Phi(0) = 1, \qquad \Phi'(0) = 0, \qquad \Phi''(0) = -\sigma^2. \tag{15}$$

Aus der Funktionalgleichung (4) folgt

$$\int_{-\infty}^{+\infty} e^{ixt}\varphi\left(\frac{t}{c}\right)\frac{dt}{c} = \frac{1}{ab}\int_{-\infty}^{+\infty}\int_{-\infty}^{+\infty} e^{ix(u+t-u)}\varphi\left(\frac{u}{a}\right)\varphi\left(\frac{t-u}{b}\right)du\,dt$$

$$= \int_{-\infty}^{+\infty}\int_{-\infty}^{+\infty} e^{ixu}\varphi\left(\frac{u}{a}\right)\frac{du}{a}\, e^{ixv}\varphi\left(\frac{v}{b}\right)\frac{dv}{b},$$

d. h. eine Funktionalgleichung für $\Phi(x)$

$$\Phi(cx) = \Phi(ax)\,\Phi(bx). \tag{16}$$

5. Man setze

$$\frac{a}{c} = \alpha, \qquad \frac{b}{c} = \beta.$$

Dann ist gemäß (12)

$$\alpha^2 + \beta^2 = 1. \tag{17}$$

Die Gleichungen (4) (16) verwandeln sich bei ersichtlicher Variablenvertauschung in

$$\varphi(x) = \frac{1}{\alpha\beta}\int_{-\infty}^{+\infty}\varphi\left(\frac{u}{\alpha}\right)\varphi\left(\frac{x-u}{\beta}\right)du, \tag{4'}$$

$$\Phi(x) = \Phi(\alpha x)\,\Phi(\beta x). \tag{16'}$$

Wir haben die Gleichung (4) durch lineare Zusammensetzung zweier ähnlicher Fehlergesetze erhalten (unter Nummer 1). Lesen wir jetzt die Gleichung (4′) in umgekehrter Richtung! (4′) bedeutet, daß der Fehler, dessen Gesetz $\varphi(x)$ ist, in zwei Partialfehler zerlegt werden kann, die beide dem Totalfehler ähnlich sind. Zerlegen wir diese Partialfehler weiter, jeden in zwei ihm ähnliche Partialfehler, und diese wieder! So wird der untersuchte Fehler vom Gesetze $\varphi(x)$ nacheinander in $2, 4, 8, 16, \ldots$ ihm ähnliche Partialfehler zerlegt.

Der Prozeß kann an Gleichung (16′) bequemer verfolgt werden, als an (4′). Man hat

$$\begin{aligned}\Phi(x) &= \Phi(\alpha x)\,\Phi(\beta x)\\ &= \Phi(\alpha^2 x)\,\Phi(\beta\alpha x)\,\Phi(\alpha\beta x)\,\Phi(\beta^2 x)\\ &= \Phi(\alpha^3 x)\,\Phi(\alpha^2\beta x)^3\,\Phi(\alpha\beta^2 x)^3\,\Phi(\beta^3 x)\end{aligned}$$

usw. Allgemein ist

$$\Phi(x) = \Phi(\gamma_{m1}x)\,\Phi(\gamma_{m2}x)\,\Phi(\gamma_{m3}x)\ldots\Phi(\gamma_{mm}x), \tag{18}$$

wo $m = 2^n$ und die m echten Brüche $\gamma_{m1}, \gamma_{m2}, \ldots, \gamma_{mm}$ mit den 2^n Gliedern übereinstimmen, die man bei Ausmultiplizieren des Produktes von n gleichen Faktoren

$$(\alpha+\beta)(\alpha+\beta)\ldots(\alpha+\beta)$$

erhält. Insbesondere ist

$$(19) \qquad \gamma_{m1}^2 + \gamma_{m2}^2 + \ldots + \gamma_{mm}^2 = (\alpha^2 + \beta^2)^m = 1$$

gemäß (17). Ferner, wenn $\alpha \geqq \beta$ vorausgesetzt wird, ist

$$\gamma_{m\mu} \leqq \alpha^n \quad \text{für} \quad \mu = 1, 2, 3, \ldots, m.$$

Bezeichnen wir das Maximum der Zahlen $\gamma_{m1}, \gamma_{m2}, \ldots, \gamma_{mm}$ mit Γ_m, so ist also

$$(20) \qquad \lim_{m=\infty} \Gamma_m = 0.$$

$\Phi(x)$ ist stetig und $\Phi(0) = 1$. Daher kann man in einer gewissen Umgebung des Punktes $x = 0$

$$(21) \qquad \lg \Phi(x) = u(x) + i\, v(x)$$

setzen, wo $v(0) = 0$, $u(x), v(x)$ stetig. Es folgt weiter aus (15) und aus der Stetigkeit von $\Phi'(x)$, $\Phi''(x)$, daß $u'(x), u''(x), v'(x), v''(x)$ in der betrachteten Umgebung auch stetig sind, und daß

$$(22) \qquad u(0) = v(0) = u'(0) = v'(0) = 0,$$

$$(23) \qquad u''(0) = -\sigma^2, \qquad v''(0) = 0.$$

Betrachten wir einen beliebigen aber festen Wert x. Dann fällt $x\Gamma_m$ für genügend großes m in die Umgebung des Nullpunktes, worin (21) gültig ist, kraft (20). Für derartige m folgt aus (18), (21), (22)

$$(24) \qquad \lg \Phi(x) = \sum_{\mu=1}^{m} (u(\gamma_{m\mu}\, x) + i\, v(\gamma_{m\mu}\, x))$$

$$= \frac{x^2}{2} \sum_{\mu=1}^{m} \gamma_{m\mu}^2 \{u''(\Theta_m \gamma_{m\mu}\, x) + i\, v''(\Theta_m' \gamma_{m\mu}\, x)\},$$

wo $0 < \Theta_m < 1$, $0 < \Theta_m' < 1$. Die rechte Seite von (24) hat, wie die linke, unverändert denselben Wert bei wachsendem m. Wenn aber m unendlich wächst, so streben alle $2m$ Größen $\Theta_m \gamma_{m\mu}\, x$, $\Theta_m' \gamma_{m\mu}\, x$ gleichmäßig nach 0, kraft (20). Man erkennt aus der Stetigkeit von $u''(x)$, $v''(x)$ und aus (19), (23), daß der fragliche Wert

$$\lg \Phi(x) = \frac{x^2}{2} (u''(0) + i\, v''(0)) = -\frac{\sigma^2 x^2}{2}$$

ist. D. h. es ist für jeden reellen Wert von x (vgl. (14))

$$(25) \qquad \int_{-\infty}^{+\infty} e^{ixt} \varphi(t)\, dt = \Phi(x) = e^{-\frac{\sigma^2 x^2}{2}} = \frac{1}{\sqrt{2\pi}\sigma} \int_{-\infty}^{+\infty} e^{ixt - \frac{t^2}{2\sigma^2}} dt.$$

6. Es besteht somit identisch in x

$$\int_{-\infty}^{+\infty} e^{ixt}\left(\varphi(t) - \frac{1}{\sqrt{2\pi}\,\sigma} e^{-\frac{t^2}{2\sigma^2}}\right) dt = 0.$$

Hieraus folgt kraft Voraussetzungen II, III auf Grund allgemeiner Überlegungen (vgl. unter Nr. 8), daß in jedem *Stetigkeitspunkt x von $\varphi(x)$*

$$\varphi(x) = \frac{1}{\sqrt{2\pi}\,\sigma} e^{-\frac{x^2}{2\sigma^2}} \tag{26}$$

ist. Ich will daraus weiter folgern, mit Hilfe der Funktionalgleichung (4), daß (26) in *jedem* Punkt x ohne Ausnahme gültig ist.

Die Stetigkeitspunkte einer im Riemannschen Sinne integrablen Funktion liegen überall dicht.

Wenn zwei in Riemannschem Sinne integrable Funktionen in jedem Stetigkeitspunkt übereinstimmen, so stimmt das Integral ihrer Quadrate (z. B.) über jedes Intervall überein. Die Gleichung (26) ist schon in solchem Umfang nachgewiesen, daß die Existenz des uneigentlichen Integrals

$$\int_{-\infty}^{+\infty} \varphi(x)^2\, dx \tag{27}$$

gesichert ist. Ich behaupte: *jede* Auflösung $\varphi(x)$ der Funktionalgleichung (4), für welche (27) existiert, ist stetig. (Hierin ist das ausnahmslose Bestehen von (26) enthalten.) Es ist nämlich

$$\left(\int_A^\infty \varphi\left(\frac{u}{a}\right)\varphi\left(\frac{x+h-u}{b}\right) du\right)^2 < \int_A^\infty \varphi\left(\frac{u}{a}\right)^2 du \int_A^\infty \varphi\left(\frac{x+h-u}{b}\right)^2 du \tag{28}$$

$$= ab\int_{A/a}^{+\infty} \varphi(t)^2\, dt \int_{-\infty}^{x+h-A/b} \varphi(t)^2\, dt.$$

Die rechte Seite von (28) wird, unabhängig von x und h, bloß durch die Wahl von einem genügend großen A beliebig klein. So kann man die Untersuchung der Differenz $\varphi\left(\frac{x+h}{c}\right) - \varphi\left(\frac{x}{c}\right)$ gemäß (4) auf die des Integrals

$$\int_{-A}^{+A} \varphi\left(\frac{u}{a}\right)\left\{\varphi\left(\frac{x+h-u}{b}\right) - \varphi\left(\frac{x-u}{b}\right)\right\} du$$

zurückführen. Daß aber dies Integral durch geeignete Wahl von h beliebig klein wird, ist eine Folge der Riemannschen Integrabilitätsbedingung, wie man leicht sieht, wenn man das Intervall $-A$, $+A$ in Teile von der Länge h teilt.

7. Die Funktionalgleichung (4) hat unendlich viele Auflösungen außer dem Gaußschen Fehlergesetz. Bewiesen wurde doch nur dies: keine Auflösung kann gleichzeitig beiden Bedingungen I und II (ausgesprochen unter 2) genügen, außer dem Gaußschen Fehlergesetz.

Es gibt positive, von dem Gaußschen Fehlergesetz verschiedene Lösungen von (4); sie können natürlich keine endliche Streuung, d. h. kein konvergentes quadratisches Moment $\int_{-\infty}^{+\infty} x^2 \varphi(x)\, dx$ besitzen.

Es sei $0 < \alpha < 1$, $0 < \beta < 1$, die positive Zahl N so beschaffen, daß

$$\alpha^N + \beta^N = 1 \tag{29}$$

und die Logarithmen von α und β seien kommensurabel, d. h.

$$-\lg \alpha = \omega m, \qquad -\lg \beta = \omega n, \tag{30}$$

wo m, n rationale ganze Zahlen. Bedeutet $\psi(x)$ irgendeine periodische Funktion mit der Periode ω, $\psi(x + \omega) = \psi(x)$, so ist

$$\Phi(x) = e^{-|x|^N \psi(\lg|x|)}, \tag{31}$$

wie das Einsetzen zeigt, eine Lösung von (16′), und folglich, wenn das Integral konvergiert,

$$\varphi(x) = \frac{1}{2\pi} \int_{-\infty}^{+\infty} \Phi(t)\, e^{-ixt} dt = \frac{1}{\pi} \int_0^{\infty} \Phi(t) \cos xt\, dt \tag{32}$$

eine Lösung von (4′). Zum Beweis löse man (14) in bezug auf $\varphi(x)$ nach dem Fourierschen Integralsatz auf.

Insbesondere sei N, ω, $\psi(x)$ gegeben, es sei $0 < N < 1$, und $\psi'(x)$, $\psi''(x)$ sollen existieren und stetig sein. Dann kann man die positive Zahl ε stets so klein wählen, daß die Funktion

$$\Phi(x) = e^{-|x|^N (1 + \varepsilon \psi(\lg|x|))}, \tag{33}$$

die, wie (31), eine Auflösung von (16′) ergibt, die Eigenschaften

$$\Phi(x) > 0, \qquad \Phi'(x) < 0, \qquad \Phi''(x) > 0 \tag{34}$$

für $x > 0$ besitzt (leicht zu sehen) und (32) konvergiert. Sind aber die Eigenschaften (34) vorhanden, so stellt das Integral rechts in (32) eine positive Funktion dar[5]).

Es gibt von dem Gaußschen Fehlergesetz verschiedene Lösungen von (4) *mit konvergentem* $\int_{-\infty}^{+\infty} x^2 \varphi(x) dx$. Schon Cauchy[6]) hat im Zu-

[5]) Vgl. G. Pólya: Über die Nullstellen gewisser ganzer Funktionen, Math. Zeitschrift 2 (1918), S. 352—383, vgl. S. 378, VII.

[6]) Vgl. Comptes Rendus 37 (1853), S. 202—206 und passim.

sammenhang mit der Fehlertheorie die in den Formeln (31), (32) als Spezialfall enthaltene Funktion

$$(35) \qquad \varphi(x) = \frac{1}{\pi}\int_0^\infty e^{-t^N} \cos x t \, dt$$

betrachtet. Für $N = 2$ stellt (35) das **Gaußsche** Fehlergesetz dar, vgl. (25), für $N \gtrless 2$ eine davon verschiedene Lösung der Funktionalgleichung (4).

Nun kann man, etwa durch Umformung mittels partieller Integration, leicht feststellen, daß $\varphi(x) x^{N+1}$ beschränkt bleibt, wenn $\varphi(x)$ durch (35) definiert ist. Ist also $N > 2$, so konvergiert (13) und folglich nimmt $\varphi(x)$ auch negative Werte an[7]), welcher Umstand von Cauchy[6]) nicht berücksichtigt wurde.

Die Funktion (35) hat übrigens die in anderer Terminologie schon von Cauchy erkannte Eigenschaft, daß sie die Funktionalgleichung (4) für *beliebige* positive a, b, c erfüllt, zwischen denen die Relation

$$a^N + b^N = c^N$$

besteht; vgl. a. a. O.[6]) z. B. S. 272, Formeln (11), (12), (13). P. Lévy[3]) hat gefunden, daß die Funktion (35) für $N \leqq 2$ stets positiv ist; wenn das Bestehen von (4) in einem weiteren Umfange, d. h. für alle positive Werte a, b, c, zwischen denen nur eine Relation besteht, gefordert wird, so stellt nach Lévy (35), $0 < N \leqq 2$ genommen, die allgemeinste positive Lösung dar. Das eben besprochene Beispiel (33) zeigt, daß die hier behandelte Aufgabe (a, b, c konstant) von der von P. Lévy behandelten (a, b, c variable Parameter) sich wesentlich unterscheidet.

8. Der Nachweis der Formel (26), ausgehend von (25), kann auf folgenden Hilfssatz gestützt werden:

Wenn (I) *das Integral* $\int_{-\infty}^{+\infty} |f(t)| \, dt$ *konvergiert und*

(II) $\int_{-\infty}^{+\infty} f(t) e^{ixt} dt = 0$ *identisch in* x *gilt,*

so ist $\int_\alpha^\beta f(t) \, dt = 0$ *für beliebige* α, β.

Da dieser Hilfssatz, trotz seiner Einfachheit, in der Literatur nirgendwo explizite hervorgehoben zu sein scheint, führe ich den Beweis aus. Es sei l so gewählt, daß

$$\alpha < \beta < \alpha + l.$$

[7]) Vgl. F. Bernstein: Über das Fourierintegral usw., Math. Ann. 79 (1919), S. 265—268.

Ich definiere eine periodische Funktion $\psi(t)$ folgendermaßen:

$$\psi(t) = \begin{cases} 1 & \text{für} \quad \alpha < t < \beta, \\ 0 & \text{für} \quad \beta < t < \alpha + l, \end{cases}$$

$$\psi(t + l) + \psi(t),$$

$$\lim_{\varepsilon=0} (\psi(t + \varepsilon) + \psi(t - \varepsilon)) = 2\psi(t).$$

Man entwickle $\psi(t)$ in eine Fourierreihe nach $\cos\frac{2\pi t}{l}$, $\sin\frac{2\pi t}{l}$, ..., $\cos\frac{2\pi n t}{l}$, $\sin\frac{2\pi n t}{l}$, ... Man bezeichne mit $\psi_n(t)$ das arithmetische Mittel der ersten n Partialsummen der Fourierreihe von $\psi(t)$. Gemäß Voraussetzung (II) ist

$$\int_{-\infty}^{+\infty} f(t)\, \psi_n(t)\, dt = 0.$$

Nach Fejér ist

$$0 < \psi_n(t) < 1.$$

Hieraus folgt, gemäß Voraussetzung (I),

$$\int_{-\infty}^{+\infty} f(t)\, \psi(t)\, dt = \lim_{n=\infty} \int_{-\infty}^{+\infty} f(t)\, \psi_n(t)\, dt = 0,$$

welche Gleichung sich so schreiben läßt:

$$\int_{\alpha}^{\beta} f(t)\, dt + \int_{\alpha+l}^{\beta+l} f(t)\, dt + \int_{\alpha+2l}^{\beta+2l} f(t)\, dt + \ldots + \int_{\alpha-l}^{\beta-l} f(t)\, dt + \int_{\alpha-2l}^{\beta-2l} f(t)\, dt + \ldots = 0.$$

Hieraus folgt für $\lim l = \infty$, unter nochmaliger Heranziehung der Voraussetzung (I),

$$\int_{\alpha}^{\beta} f(t)\, dt = 0,$$

w. z. b. w.

(Eingegangen am 9. August 1922.)

Anhang.

Eine für alle reellen Werte von x definierte reelle Funktion $f(x)$, die nie abnimmt und die Eigenschaften

$$\lim_{x=-\infty} f(x) = 0, \qquad \lim_{x=+\infty} f(x) = 1$$

besitzt, heißt eine Verteilungsfunktion. Ich habe vor einiger Zeit[8]) darauf

[8]) Pólya, G.: Über den zentralen Grenzwertsatz der Wahrscheinlichkeitsrechnung und das Momentproblem, Math. Ztschr. 8 (1920), S. 171–181, Satz III.

hingewiesen, daß die Konvergenzbetrachtungen der Wahrscheinlichkeitsrechnung mit Vorteil auf folgenden Satz gegründet werden können:

A. *Die Funktionen $f_1(x)$, $f_2(x)$, $f_3(x)$, ... seien Verteilungsfunktionen und es existiere eine positive Größe a derart, daß die uneigentlichen Stieltjesschen Integrale*

$$\int_{-\infty}^{+\infty} e^{xt}\,df_n(t) \qquad (n = 1, 2, 3, \ldots)$$

für $-a \leqq x \leqq a$ sämtlich konvergieren. Es sei für dieselben Werte von x

$$\lim_{n=\infty} \int_{-\infty}^{+\infty} e^{xt}\,df_n(t) = \int_{-\infty}^{+\infty} e^{xt}\,df(t),$$

wo $f(t)$ eine stetige Verteilungsfunktion bedeutet. Dann gilt gleichmäßig für alle Werte von x

$$\lim_{n=\infty} f_n(x) = f(x).$$

In einem Nachtrag[9]) zu seiner unter [3]) zitierten Note verwendet Herr P. Lévy an Stelle des Satzes A den folgenden:

B. *Die Funktionen $f_1(x)$, $f_2(x)$, $f_3(x)$, ... seien Verteilungsfunktionen und es sei gleichmäßig in bezug auf die reelle Variable x in jedem endlichen Intervalle*

$$\lim_{n=\infty} \int_{-\infty}^{+\infty} e^{ixt}\,df_n(t) = \int_{-\infty}^{+\infty} e^{ixt}\,df(t),$$

wo $f(t)$ eine Verteilungsfunktion bedeutet. Dann gilt an jeder Stetigkeitsstelle x von $f(x)$

$$\lim_{n=\infty} f_n(x) = f(x).$$

Es sei hier ein Beweis für den Satz B mitgeteilt, der dem Beweis des Hilfssatzes unter 8 sehr nahe verwandt ist. Man beweist leicht die Formel

$$\int_{-\infty}^{+\infty} \frac{\sin \eta x \cdot \sin (h+\eta) x \cdot e^{ixy}\,dx}{\pi \eta x^2} = D(y) = \begin{cases} 1 & \text{für } 0 \leqq y \leqq h, \\ 1 - \frac{y-h}{2\eta} & \text{für } h \leqq y \leqq h + 2\eta, \\ 0 & \text{für } y \geqq h + 2\eta, \end{cases}$$

$$D(-y) = D(y), \qquad (h > 0,\ \eta > 0).$$

Es sei

$$\int_{-\infty}^{+\infty} e^{ixt}\,df_n(t) = \Phi_n(x), \qquad \int_{-\infty}^{+\infty} e^{ixt}\,df(t) = \Phi(x)$$

[9]) Lévy, P.: Sur la détermination des lois de probabilités par leurs fonctions caractéristiques, C. R. **175** (1922, 2), S. 854–856 (13. Nov.).

gesetzt. Die Funktionen $\Phi_n(x)$, $\Phi(x)$ sind stetig. Aus $|\Phi_n(x)| \leqq 1$, $|\Phi(x)| \leqq 1$ und der Voraussetzung des Satzes B folgt für reelles s, $\eta > 0$, $h > 0$

$$\lim_{n=\infty} \int_{-\infty}^{+\infty} \frac{\sin \eta x \cdot \sin (h+\eta) x \cdot e^{-isx} \Phi_n(x)\, dx}{\pi \eta x^2} = \int_{-\infty}^{+\infty} \frac{\sin \eta x \cdot \sin (h+\eta) x \cdot e^{-isx} \Phi(x)\, dx}{\pi \eta x^2}$$

$$= \int_{-\infty}^{+\infty} \int_{-\infty}^{+\infty} \frac{\sin \eta x \cdot \sin (h+\eta) x \cdot e^{ix(t-s)}\, dx \cdot df(t)}{\pi \eta x^2} = \int_{-\infty}^{+\infty} D(t-s)\, df(t)$$

wegen der absoluten Konvergenz der auftretenden Integrale; d. h. es gilt

$$\lim_{n=\infty} \int_{-\infty}^{+\infty} D(t-s)\, df_n(t) = \int_{-\infty}^{+\infty} D(t-s)\, df(t).$$

Mit Rücksicht auf den „dachförmigen“ Wertverlauf von $D(t-s)$ ergibt dies

$$\underline{\lim}_{n=\infty} (f_n(s+h+2\eta-0) - f_n(s-h-2\eta+0)) \geqq f(s+h+0) - f(s-h-0),$$

$$\overline{\lim}_{n=\infty} (f_n(s+h+0) - f_n(s-h-0)) \leqq f(s+h+2\eta-0) - f(s-h-2\eta+0)$$

für $s \gtreqless 0$, $h > 0$, $\eta > 0$, s, h, η beliebig. Hieraus folgert man für zwei beliebige Stetigkeitsstellen x_1, x_2 von $f(x)$

$$\lim_{n=\infty} (f_n(x_1) - f_n(x_2)) = f(x_1) - f(x_2),$$

woraus, da es sich um Verteilungsfunktionen handelt, Satz B folgt.

(Eingegangen am 27. November 1922.)

Über die Statistik verketteter Vorgänge.

Von **F. EGGENBERGER** und **G. PÓLYA** in Zürich.

In den meisten Anwendungen der Wahrscheinlichkeitsrechnung, sei es in der physikalischen, biologischen oder sozialen Statistik, werden nur »unabhängige« Ereignisse betrachtet. Die n Einzelfälle einer statistischen Serie heißen von einander »unabhängig«, wenn die Chancen bei einem jeden unter ihnen von dem Ausfall der übrigen $n-1$ unbeeinflußt bleiben. Wir können z. B. die sämtlichen Geburten innerhalb Deutschlands während eines Kalendermonats zu einer Serie zusammenfassen und bei jeder Geburt registrieren, ob das neugeborene Kind Knabe oder Mädchen ist. In dieser Beziehung sind die einzelnen Geburten von einander unabhängig, mindestens gibt das vorliegende Zahlenmaterial keine Veranlassung anzunehmen, daß etwa die Chancen einer Knabengeburt in der zweiten Hälfte des Monats durch den Ausfall der Knabenquote in der ersten Hälfte irgendwie beeinflußt wären — was die meisten Leser auch ohne statistische Untersuchung glauben werden. Wir können aber auch sämtliche Personen zu einer statistischen Serie zusammenfassen, die innerhalb Deutschlands während eines Kalendermonats einen Eisenbahnzug besteigen, und bei jedem Reisenden registrieren, ob er infolge Eisenbahnunfalls während der Fahrt gestorben ist. Die einzelnen Ereignisse dieser Serie sind voneinander nicht unabhängig. Denn die Leben der Insassen desselben Zuges sind in hohem Maße »solidarisch«: Der Tod einer Person infolge Eisenbahnunfalls muß als eine außerordentliche Verschlechterung der Chancen aller Mitreisenden angesehen werden.

Die theoretische Behandlung nicht unabhängiger Ereignisse wäre wohl für alle Anwendungsgebiete der Wahrscheinlichkeitsrechnung sehr wichtig, ist aber tatsächlich sehr schwierig. Es sind außerordentlich viele verschiedene Strukturen von gegenseitiger Abhängigkeit denkbar; von diesen ist eine auszuwählen, die erstens die Struktur der Beobachtungsserien annähernd richtig wiedergibt und die zweitens der Rechnung so weit zugänglich ist, daß sie bis zu numerischen Ergebnissen verfolgt werden kann.

In der vorliegenden Abhandlung wird eine Art der Wahrscheinlichkeitsverkettung untersucht, die z. B. die Struktur der Epidemiesterblichkeit, der gewerblichen und Verkehrsunfälle im großen Ganzen zutreffend darstellt, jedenfalls viel zutreffender, als die Annahme der unabhängigen Wahrscheinlichkeiten. Einige numerische Stichproben, von denen eine im folgenden mitgeteilt wird, sprechen sehr für diese Ansicht. Die untersuchte Art der Wahrscheinlichkeitsverkettung — man könnte sie kurz als »Chancenvermehrung durch Erfolg« bezeichnen — ist sicher auch nicht unähnlich derjenigen, die die einzelnen Individuen einer Pflanzenart auf die verschiedenen Stellen einer einheitlichen, natürlichen Vegetationsdecke verteilt. Die letzten Abschnitte unserer Arbeit sind einer durch diese Bemerkung veranlaßten allgemeinen Untersuchung über die statistische Verteilung von Punktgesamtheiten im Raume gewidmet. Solche Verteilungen haben für die Physik (radioaktiver Zerfall, Brownsche Bewegung) ein gewisses Interesse. — Vom mathematischen Gesichtspunkte aus kommt man zwangsläufig auf die zu betrachtende Aufgabe, wenn man die beiden einfachsten und ältesten Aufgaben der Wahrscheinlichkeitsrechnung, wiederholte Ziehungen aus einer Urne mit und ohne Zurücklegung der Kugeln, auf »gleiche Benennung« bringen will.

Die theoretischen Ueberlegungen stammen von dem zweitgenannten, die praktische Durchführung der Anwendungen von dem erstgenannten Verfasser.

1. Die Struktur der Wahrscheinlichkeitsverkettung. Wir betrachten eine geordnete Folge von Größen $x_1, x_2, \ldots x_n, \ldots$, die dem Zufall unterworfen sind [1]). Wenn die Chancen, von denen der Ausfall von x_n abhängt, im voraus feststehen, unbeeinflußt von dem Ausfall aller übrigen, so heißen $x_1, x_2, \ldots x_n, \ldots$ voneinander unabhängig. Wenn die Chancen von x_{n+1} durch den Ausfall von x_n besimmt sind ($n \geqq 1$), so haben wir eine einfache Kette von Größen vor uns nach der Terminologie von Markoff, dem eine sehr weitgehende Theorie dieses einfachsten Falles wahrscheinlichkeitstheoretischer Abhängigkeit zu verdanken ist [2]). Der nächst einfachste Fall wäre der, daß die Chancen von x_{n+1} von dem Gesamtresultat der vorangehenden Zufälle, d. h. von dem Ausfall des Wertes der Summe $x_1 + x_2 + \ldots + x_n$ bestimmt sind. Eine allgemeine Theorie dieser Art von Abhängigkeit besitzt man leider noch nicht; ein Spezialfall soll hier behandelt und zunächst durch das Urnenschema erläutert werden.

In einer Urne befinden sich zu Beginn des Spieles R rote und S schwarze, insgesamt $R + S = N$ Kugeln. Man zieht aus der Urne eine Kugel, und man legt an Stelle der gezogenen Kugel $1 + \Delta$ Kugeln derselben Farbe in die Urne. Nun zieht man wieder eine Kugel und wiederholt die gleiche Operation. Nach der n. Ziehung befinden sich also in der Urne $N + \Delta n$ Kugeln. Sind in den ersten n Zügen $\boldsymbol{r}$ rote und $\boldsymbol{s}$ schwarze ($\boldsymbol{r} + \boldsymbol{s} = n$) Kugeln gezogen worden, so befinden sich in der Urne $R + \boldsymbol{r}\Delta$ rote und $S + \boldsymbol{s}\Delta$ schwarze Kugeln, und die Wahrscheinlichkeiten, beim $(n+1)$. Zug eine rote beziehungsweise eine schwarze Kugel zu ziehen, sind:

$$\frac{R + \boldsymbol{r}\Delta}{N + n\Delta} = \frac{\varrho + \boldsymbol{r}\delta}{1 + n\delta} \text{ bezw. } \frac{S + \boldsymbol{s}\Delta}{N + n\Delta} = \frac{\sigma + \boldsymbol{s}\delta}{1 + n\delta} \quad \ldots \ldots \quad (1),$$

wenn zur Abkürzung

$$\frac{R}{N} = \varrho, \quad \frac{S}{N} = \sigma, \quad \frac{\Delta}{N} = \delta \quad \ldots \ldots \ldots \quad (2)$$

gesetzt wird. Für $\Delta = 0$ haben wir die geläufige Aufgabe der zurückgelegten, für $\Delta = -1$ die der nicht zurückgelegten Kugeln.

Wir können uns abstrakter so ausdrücken: die vom Zufall abhängigen Größen $x_1, x_2, \ldots x_n, \ldots$ sind nur zweier Werte fähig: des Wertes 1 und des Wertes 0. Die Wahrscheinlichkeit dafür, daß $x_1 = 1$ ausfällt (roter Zug), sei ϱ, die Wahrscheinlichkeit für $x_1 = 0$ (schwarzer Zug) sei σ, $\varrho + \sigma = 1$. Es seien

$$\frac{\varrho + (x_1 + x_2 + \ldots + x_n)\delta}{1 + n\delta} \text{ bezw. } \frac{\sigma + (n - x_1 - x_2 - \ldots - x_n)\delta}{1 + n\delta} \quad \ldots \quad (3)$$

die Wahrscheinlichkeiten dafür, daß

$$\boldsymbol{x}_{n+1} = 1 \text{ bezw. } \boldsymbol{x}_{n+1} = 0$$

ausfällt. Setzt man

$$x_1 + x_2 + \ldots + x_n = \boldsymbol{r}, \quad \boldsymbol{s} = n - \boldsymbol{r} \quad \ldots \ldots \quad (4),$$

so sind die Formeln (1) und (3) identisch. Ist $\delta > 0$, so hat man Chancenvermehrung durch Erfolg und Chancenverminderung durch Mißerfolg, im Falle $\delta < 0$ steht es umgekehrt. Es sind also im Falle $\delta > 0$ sowohl Erfolg wie Mißerfolg »ansteckend«; $\delta = 0$ ergibt den klassischen, einfachsten Fall unabhängiger Ereignisse. Im Falle $\delta \geqq 0$ kann die Reihe der Größen $x_1, x_2 \ldots$ unbegrenzt fortgesetzt werden, im Falle $\delta < 0$ nur so lange, als $1 + n\delta > 0$ ist.

2. Berechnung der Wahrscheinlichkeiten und der Erwartungen. Wie groß ist die Wahrscheinlichkeit dafür, daß $x_1 + x_2 + \ldots + x_n = r$ ausfällt? (für r kommen die Werte $0, 1, 2 \ldots n$ in Betracht). Mit anderen Worten: Wie groß ist die Wahrscheinlichkeit, unter den angegebenen Bedingungen aus der Urne in n Zügen r rote und $s = n - r$ schwarze Kugeln zu ziehen? Die Wahrscheinlichkeit dafür, daß

$$\boldsymbol{x}_1 = 1, \ \boldsymbol{x}_2 = 1, \ldots \boldsymbol{x}_r = 1, \ \boldsymbol{x}_{r+1} = 0, \ldots \boldsymbol{x}_{r+s} = 0$$

ausfällt, ist nach dem Multiplikationssatz der Wahrscheinlichkeiten

$$= \frac{\varrho}{1} \frac{\varrho + \delta}{1 + \delta} \frac{\varrho + 2\delta}{1 + 2\delta} \cdots \frac{\varrho + (r-1)\delta}{1 + (r-1)\delta} \frac{\sigma}{1 + r\delta} \frac{\sigma + \delta}{1 + (r+1)\delta} \cdots \frac{\sigma + (s-1)\delta}{1 + (n-1)\delta} \quad \ldots \quad (5).$$

Die Wahrscheinlichkeit dafür, daß r bestimmte unter den $\boldsymbol{x}_1, \boldsymbol{x}_2, \ldots \boldsymbol{x}_n$ den Wert 1 und die übrigen s den Wert 0 erhalten, ist wieder durch (5) gegeben; denn wenn man

---

[1]) Italienisch kann man an Stelle von »vom Zufall abhängige Größe« etwas glücklicher »variabile casuale« sagen. Vergl. G. Castelnuovo, Calcolo delle probabilità (Milano-Roma-Napoli 1919), S. 30. Im folgenden sind vom Zufall abhängige Größen durch fetten Druck hervorgehoben.

[2]) Vergl. A. A. Markoff, Wahrscheinlichkeitsrechnung. (Leipzig-Berlin 1912), S. 272 bis 311.

den entsprechenden Produktausdruck nach (3) bildet, so erhält man wieder n Brüche, deren Nenner ebenso lauten wie die von (5), während die Zähler nur in ihrer Reihenfolge vertauscht sind. Die Berechnung kommt somit lediglich auf eine Permutation der Faktoren im Zähler (nicht im Nenner!) hinaus; aus n Elementen kann man r auf $\binom{n}{r}$ Arten herausheben, daher ist die gesuchte Wahrscheinlichkeit

$$p_{r,s} = \frac{n!}{r!\,s!}\,\frac{\varrho(\varrho+\delta)(\varrho+2\delta)\ldots(\varrho+(r-1)\delta)\quad\sigma\quad(\sigma+\delta)\ldots\ldots(\sigma+(s-1)\delta)}{1(1+\delta)(1+2\delta)\ldots(1+(r-1)\delta)(1+r\delta)(1+(r+1)\delta)\ldots\ldots(1+(n-1)\delta)} \quad . \quad (6).$$

Wir berechnen jetzt die mathematische Erwartung von $\boldsymbol{r}(\boldsymbol{r}-1)(\boldsymbol{r}-2)\ldots(\boldsymbol{r}-k+1)$. Die zu berechnende Größe bezeichne[1]) man mit $\langle \boldsymbol{r}(\boldsymbol{r}-1)(\boldsymbol{r}-2)\ldots(\boldsymbol{r}-k+1)\rangle$. Es ist gemäß (6)

$$\langle \boldsymbol{r}(\boldsymbol{r}-1)(\boldsymbol{r}-2)\ldots(\boldsymbol{r}-k+1)\rangle = \sum_{r=0}^{n} r(r-1)(r-2)\ldots(r-k+1)\,p_{r,n-r}$$

$$= \frac{\displaystyle\sum_{r+s=n}^{0\ldots n} r(r-1)\ldots(r-k+1)\,\frac{1}{r!}\,\frac{\varrho}{\delta}\left(\frac{\varrho}{\delta}+1\right)\ldots\left(\frac{\varrho}{\delta}+r-1\right)\frac{1}{s!}\,\frac{\sigma}{\delta}\left(\frac{\sigma}{\delta}+1\right)\ldots\left(\frac{\sigma}{\delta}+s-1\right)}{\displaystyle\frac{1}{n!}\,\frac{1}{\delta}\left(\frac{1}{\delta}+1\right)\left(\frac{1}{\delta}+2\right)\cdots\left(\frac{1}{\delta}+n-1\right)}.$$

In der Summe im Zähler ist also $r = 0, 1, 2, \ldots n$, $s = r - n$ zu setzen. Der Zähler ist der Koeffizient von z^n in dem Produkt der beiden Reihen

$$\sum_{r=0}^{\infty} r(r-1)\ldots(r-k+1)\,\frac{\frac{\varrho}{\delta}\left(\frac{\varrho}{\delta}+1\right)\ldots\left(\frac{\varrho}{\delta}+r-1\right)}{r!}\,z^r\sum_{s=0}^{\infty}\frac{\frac{\sigma}{\delta}\left(\frac{\sigma}{\delta}+1\right)\ldots\left(\frac{\sigma}{\delta}+s-1\right)}{s!}\,z^s$$

$$= \left(z^k\frac{d^k}{dz^k}(1-z)^{-\varrho/\delta}\right)(1-z)^{-\sigma/\delta} = z^k\,\frac{\varrho}{\delta}\left(\frac{\varrho}{\delta}+1\right)\ldots\left(\frac{\varrho}{\delta}+k-1\right)(1-z)^{-\varrho/\delta-k}\,(1-z)^{-\sigma/\delta}$$

$$= \frac{\varrho}{\delta}\left(\frac{\varrho}{\delta}+1\right)\ldots\left(\frac{\varrho}{\delta}+k-1\right)z^k(1-z)^{-1/\delta-k}$$

$$= \frac{\varrho}{\delta}\left(\frac{\varrho}{\delta}+1\right)\ldots\left(\frac{\varrho}{\delta}+k-1\right)\sum_{n=k}^{\infty}\frac{\left(\frac{1}{\delta}+k\right)\left(\frac{1}{\delta}+k+1\right)\ldots\left(\frac{1}{\delta}+k+n-k-1\right)}{(n-k)!}\,z^n.$$

Es ist also

$$\langle \boldsymbol{r}(\boldsymbol{r}-1)\ldots(\boldsymbol{r}-k+1)\rangle = \frac{\frac{\varrho}{\delta}\left(\frac{\varrho}{\delta}+1\right)\ldots\left(\frac{\varrho}{\delta}+k-1\right)\left(\frac{1}{\delta}+k\right)\left(\frac{1}{\delta}+k+1\right)\ldots\left(\frac{1}{\delta}+n-1\right)\frac{1}{(n-\boldsymbol{k})}}{\frac{1}{\delta}\left(\frac{1}{\delta}+1\right)\ldots\left(\frac{1}{\delta}+n-1\right)\frac{1}{n!}}$$

$$\langle \boldsymbol{r}(\boldsymbol{r}-1)\ldots(\boldsymbol{r}-k+1)\rangle = \frac{\varrho(\varrho+\delta)(\varrho+2\delta)\ldots(\varrho+\delta(k-1))}{1(1+\delta)(1+2\delta)\ldots(1+\delta(k-1))}\,n(n-1)(n-2)\ldots(n-\boldsymbol{k}+1) \quad (7).$$

Man kann (7) auch durch andere, mehr kombinatorische Betrachtungen gewinnen. Speziell folgen aus (7) für $k = 1{,}2$ der Erwartungswert von $\boldsymbol{r}$ und das Quadrat der mittleren Abweichung dieser Erwartung:

$$\langle \boldsymbol{r}\rangle = \varrho n \quad \ldots\ldots\ldots\ldots \quad (8)$$

$$\langle(\boldsymbol{r}-\langle\boldsymbol{r}\rangle)^2\rangle = \langle\boldsymbol{r}^2\rangle - \langle\boldsymbol{r}\rangle^2 = \langle\boldsymbol{r}(\boldsymbol{r}-1)\rangle + \langle\boldsymbol{r}\rangle - \langle\boldsymbol{r}\rangle^2$$

$$= \frac{\varrho(\varrho+\delta)}{1(1+\delta)}\,n(n-1) + n\varrho - n^2\varrho^2 = n\varrho(1-\varrho)\,\frac{1+n\delta}{1+\delta} \quad \ldots\ldots \quad (9).$$

Für $\delta = 0$, bezw. für $\delta = -\frac{1}{N}$, $\varrho = \frac{R}{N}$, $\sigma = \frac{S}{N}$, vergl. (2), erhält man hieraus die wohlbekannten klassischen Resultate, was zur Kontrolle dienen mag.

3. Der Grenzfall seltener Ereignisse. Wir wenden uns zu Verhältnissen, die vorliegen, wenn die Anzahl der beobachteten Fälle n sehr groß, aber ϱ so klein, d. h. das Merkmal von der Wahrscheinlichkeit ϱ so selten ist, daß die erwartungsmäßige Anzahl $\langle \boldsymbol{r}\rangle = \varrho n$ nur gering ist. Man denke sich z. B., daß n die Anzahl der Personen ist, die innerhalb Monatsfrist eine Eisenbahnfahrt antreten, und ϱ die Wahrscheinlichkeit dafür, daß die angetretene Fahrt mit tödlichem Unfall endet. Man setze

$$n\varrho = h, \qquad n\delta = d > 0 \quad \ldots\ldots\ldots\ldots \quad (10).$$

[1]) Die Erwartung (mathematische Hoffnung, Durchschnittswert) einer vom Zufall abhängigen Größe $\boldsymbol{x}$ soll stets mit $\langle\boldsymbol{x}\rangle$ bezeichnet werden, mit spitzen Klammern $\langle\ \rangle$, deren Gebrauch für diese Bezeichnung reserviert wird.

und nehme h und d mäßig, n sehr groß an, oder, in sachgemäßer mathematischer Abstraktion, h und d fest und n gegen ∞ konvergierend. Wir berechnen zuerst den Grenzwert der Wahrscheinlichkeit $p_{0,n}$. Es ist gemäß (6)

$$p_{0,n} = \frac{\sigma(\sigma+\delta)(\sigma+2\delta)\dots(\sigma+(n-1)\delta)}{1(1+\delta)(1+2\delta)\dots(1+(n-1)\delta)} = \left(1-\frac{\varrho}{1}\right)\left(1-\frac{\varrho}{1+\delta}\right)\left(1-\frac{\varrho}{1+2\delta}\right)\dots\left(1-\frac{\varrho}{1+(n-1)\delta}\right).$$

Setzt man hierin gemäß (10)

$$\varrho = \frac{h}{n}, \quad \sigma = 1-\frac{h}{n}, \quad \delta = \frac{d}{n} \quad \dots\dots\dots \quad (11),$$

so ergibt sich

$$p_{0,n} = \left(1-\frac{h}{n}\right)\left(1-\frac{h}{n+d}\right)\dots\left(1-\frac{h}{n+(n-1)d}\right)$$

$$\lg p_{0,n} = -\left(\frac{h}{n}+\frac{h}{n+d}+\dots+\frac{h}{n+(n-1)d}\right) - {}^1/_2\left(\left(\frac{h}{n}\right)^2+\dots+\left(\frac{h}{n+(n-1)d}\right)^2\right)\dots$$

$$\lg p_{0,n} = -\frac{h}{d}\left(\frac{d}{n}+\frac{d}{n}\frac{1}{1+\frac{d}{n}}+\dots+\frac{d}{n}\frac{1}{1+(n-1)\frac{d}{n}}\right) - R_n \quad \dots \quad (12).$$

Der Rest R_n wird für $n=\infty$ unendlich klein; R_n ist von der Ordnung ${}^1/_n$, wie man sich leicht überzeugt. Der Klammerausdruck rechts in (12) ist als eine Summe von n Rechtecken mit der Basis ${}^d/_n$ aufzufassen; wenn sie Seite an Seite auf der Abszissenachse so aufgestellt werden, daß ihre Grundlinien die Strecke zwischen den Abszissen 0 und d ausfüllen, so liegen die linken oberen Ecken auf der Kurve $y=\frac{1}{1+x}$. Daher ist

$$\lim_{n=\infty} \lg p_{0,n} = -\frac{h}{d}\lim_{n=\infty}\sum_{\nu=1}^{n}\frac{d}{n}\frac{1}{1+\frac{(\nu-1)d}{n}} = -\frac{h}{d}\int_0^d\frac{dx}{1+x} = -\frac{h}{d}\lg(1+d).$$

$$\lim_{n=\infty} p_{0,n} = (1+d)^{-h/d} = P_0 \quad \dots\dots\dots \quad (13).$$

Es folgt aus (6), (11)

$$p_{r,n-r} = p_{0,n}\frac{n(n-1)(n-2)\dots(n-r+1)}{1.\,2.\,3.\dots r}\frac{\varrho}{\sigma+(n-1)\delta}\frac{\varrho+\delta}{\sigma+(n-2)\delta}\dots\frac{\varrho+(r-1)\delta}{\sigma+(n-r)\delta}$$

$$= p_{0,n}\frac{1\left(1-\frac{1}{n}\right)\left(1-\frac{2}{n}\right)\dots\left(1-\frac{r-1}{n}\right)h(h+d)\dots(h+(r-1)d)}{r!\left(1+d-\frac{h+d}{n}\right)\left(1+d-\frac{h+2d}{n}\right)\dots\left(1+d-\frac{h+(r-1)d}{n}\right)}.$$

Diese Formel ergibt für festes r in Verbindung mit (13)

$$\lim_{n=\infty} p_{r,n-r} = (1+d)^{-h/d}\frac{1}{r!}\frac{h}{1+d}\frac{h+d}{1+d}\dots\frac{h+(r-1)d}{1+d}$$

$$= \frac{1}{r!}h(h+d)(h+2d)\dots(h+(r-1)d)(1+d)^{-h/d-r} = P_r \quad \dots \quad (14).$$

Zur Kontrolle der Formel (14) berechnen wir die Summe der Grenzwahrscheinlichkeiten $P_0, P_1, P_2, \dots P_n, \dots$ Es ist

$$\sum_{r=0}^{\infty} P_r = (1+d)^{-h/d}\sum_{r=0}^{\infty}\frac{\frac{h}{d}\left(\frac{h}{d}+1\right)\dots\left(\frac{h}{d}+r-1\right)}{1.\,2.\dots r}\left(\frac{d}{1+d}\right)^r = (1+d)^{-h/d}\left(1-\frac{d}{1+d}\right)^{-h/d} = 1.$$

Zur weiteren Kontrolle von (14) berechnen wir die Erwartung

$$\langle \boldsymbol{r}(\boldsymbol{r}-1)\dots(\boldsymbol{r}-k+1)\rangle = \sum_{r=0}^{\infty} r(r-1)\dots(r-k+1)P_r$$

$$= (1+d)^{-h/d}\left[x^k\frac{d^k}{dx^k}\sum_{r=0}^{\infty}\frac{\frac{h}{d}\left(\frac{h}{d}+1\right)\dots\left(\frac{h}{d}+r-1\right)}{1.\,2.\,3.\dots r}x^r\right]_{x=d(1+d)^{-1}}$$

$$= (1+d)^{-h/d}\left(\frac{d}{1+d}\right)^k\frac{h}{d}\left(\frac{h}{d}+1\right)\dots\left(\frac{h}{d}+k-1\right)\left(1-\frac{d}{1+d}\right)^{-h/d-k}$$

$$\langle \boldsymbol{r}(\boldsymbol{r}-1)\dots(\boldsymbol{r}-k+1)\rangle = h(h+d)(h+2d)\dots(h+(k-1)d) \quad (15).$$

Dasselbe Resultat hätten wir auch aus (7) durch direkten Grenzübergang erhalten können. Insbesondere gewinnen wir für die Erwartung $\langle \boldsymbol{r}\rangle$ und für das Quadrat der mittleren Abweichung davon, entweder aus (15) oder durch Grenzübergang aus (8), (9) die Werte:

$$\langle \boldsymbol{r} \rangle = h \quad \ldots \ldots \ldots \ldots (16).$$

$$\langle (\boldsymbol{r} - h)^2 \rangle = h\,(1 + d) \quad \ldots \ldots \ldots \ldots (17).$$

Wir haben bisher den Fall $d > 0$, d. h. den Fall der Chancenvermehrung durch Erfolg vor Augen gehabt. Es wird für $d = 0$

$$\lim_{d=0} P_0 = \lim_{d=0} (1 + d)^{-h/d} = e^{-h} = P_0^*$$

und allgemein, vergl. (14),

$$\lim_{d=0} P_r = \frac{h^r e^{-h}}{r!} = P_r^* \quad \ldots \ldots \ldots \ldots (18).$$

Die abgeleiteten Formeln schließen also für $d = 0$ den wohlbekannten Fall der unabhängigen seltenen Ereignisse ein, der von Poisson endeckt und von L. v. Bortkiewicz in seiner Bedeutung für die Statistik erkannt worden ist[1]).

4. Anwendung. Die durch die Formel (14) gegebenen Wahrscheinlichkeiten $P_0, P_1, P_2, \ldots P_r, \ldots$ entspringen, kurz zusammengefaßt, folgender wahrscheinlichkeitstheoretischer Struktur: das Beobachtungsmaterial ist sehr groß, das untersuchte Merkmal ist sehr selten, und die einzelnen beobachteten Fälle hängen derart zusammen, daß je stärker in dem einen Teil des Beobachtungsmaterials das Merkmal vertreten ist, um so stärker es auch in dem übrigen Teil zu erwarten ist. Die beobachteten Fälle seien etwa die Sterbefälle in einem bestimmten Land innerhalb eines Monats, das untersuchte besondere Merkmal das Ableben infolge einer seltenen epidemischen Krankheit, wie Pocken oder Cholera. Der Umstand, daß in der ersten Hälfte des Monats besonders viel Pockenfälle zur Registrierung gelangen, präjudiziert die zweite Monatshälfte in demselben Sinne. Eisenbahnunfälle oder gewerbliche Unfälle, z. B. infolge Explosion, greifen, statistisch gesprochen, ähnlich um sich wie eine ansteckende Krankheit, indem sie im allgemeinen mehrere Personen dahinraffen. Es ist zu erwarten, daß die statistischen Zahlen derartiger Erscheinungen mit dem Verlauf der Wahrscheinlichkeiten $P_0, P_1, P_2, \ldots P_r, \ldots$ qualitativ übereinstimmen.

Nun zur quantitativen Prüfung! Nehmen wir etwa die Todesfälle an Pocken in der Schweiz während der Jahre 1877/1900, d. h. während 288 Monaten, vergl. Zahlentafel 1, S. 285. Es fanden insgesamt 1584 solche Todesfälle statt, also durchschnittlich 5,5 im Monat. Setzen wir

$$h = 5{,}5 \quad \ldots \ldots \ldots \ldots (19),$$

so können wir die Wahrscheinlichkeiten $P_0^*, P_1^*, \ldots$ nach Formel (18) berechnen ($P_0^*, P_1^*, \ldots P_r^*, \ldots$ entsprechen unabhängigen seltenen Ereignissen). $288\,P_r^*$ ist die erwartungsmäßige (theoretische) Zahl derjenigen Monate unter den 288 beobachteten, in denen genau r Todesfälle stattfinden sollen, vergl. Spalte III der Zahlentafel 1; die tatsächliche Zahl dieser Monate befindet sich in Spalte II der Zahlentafel 1. In Spalte VI der Zahlentafel 1 befinden sich die Zahlen $288\,(P_0^* + P_1^* + \ldots + P_r^*) = 288 \sum_{\rho=0}^{r} P_\rho^*$, gegenübergestellt den entsprechenden beobachteten Zahlen in Spalte V; im Durchschnitt der Spalte V mit der Zeile r (wo $r = 0, 1, 2, \ldots$) steht also die Anzahl derjenigen Monate unter den beobachteten 288, in denen nicht mehr als r Todesfälle der fraglichen Art sich ereigneten. Die Nichtübereinstimmung der Theorie, die die Unabhängigkeit der Einzelfälle annimmt und zu den Wahrscheinlichkeiten $P_0^*, P_1^*, \ldots P_r^*, \ldots$ führt, mit den vorliegenden Tatsachen, geht entweder aus dem Vergleich der Spalten II und III oder aus dem der Spalten V und VI, oder endlich noch aus folgendem hervor: es müßte, wenn die Ereignisse unabhängig sind, das Quadrat der mittleren Abweichung h betragen (vergl. Formel (17), für $d = 0$; $h = 5{,}5$ in unserem Fall). Multiplizieren wir $(r - 5{,}5)^2$ mit der Anzahl derjenigen Monate, in denen genau r Todesfälle sich ereigneten (vergl. Spalte II, Zeile r), summieren von $r = 0$ bis $r = 60$ und dividieren die erhaltene Summe durch 287, d. h. Gesamtzahl der Monate minus 1, so erhalten wir 83,5888, also bedeutend mehr als 5,5.

---

[1]) L. v. Bortkiewicz, Das Gesetz der kleinen Zahlen (Leipzig, 1898). In der Bezeichnung folgen wir R. v. Mises, diese Zeitschrift, 1, S. 121 bis 124.

Um die Theorie der Chancenvermehrung durch Erfolg an dem vorliegenden Fall zu kontrollieren, bestimmen wir, veranlaßt durch Formel (17), d aus der Gleichung

$$h(1 + d) = 83{,}5888$$

(die Berechnung dieser Zahl 83,5888 wurde eben auseinandergesetzt). Man erhält

$$d = 14{,}20 \quad . \quad . \quad . \quad . \quad . \quad . \quad . \quad . \quad . \quad . \quad . \quad (20).$$

Vergleich zwischen Theorie und Beobachtung in der Schweizer Pockenfall-Statistik.

(Die Ordinate zur Abszisse x stellt die Anzahl der Monate dar, in denen die Zahl der Todesfälle weniger als x oder x beträgt.)

Mit den Zahlenwerten (19) (20) berechnen wir die Wahrscheinlichkeiten P_0, P_1, $P_2, \ldots$ gemäß Formel (14). Die Gegenüberstellung der Spalten II und IV und noch mehr die der Spalten V und VII der Zahlentafel 1 ergibt eine auf den ersten Anblick ganz befriedigende quantitative Uebereinstimmung der theoretischen erwartungsmäßigen Anzahlen IV, VII mit den entsprechenden beobachteten Zahlen II, V.

Natürlich könnte man das Resultat, daß mit den P_r bessere Uebereinstimmung erzielt wurde als mit den P_r^*, auch dem Umstand zuschreiben, daß die P_r^* nur einen anpassungsfähigen Parameter, nämlich h, während die P_r zwei solche enthalten, nämlich h und d. Wir neigen aber der Ansicht zu, daß die bessere Uebereinstimmung nicht bloß von diesem äußerlichen Umstand, sondern vielmehr davon herrührt, daß das wahrscheinlichkeitstheoretische Bild mit der Wirklichkeit viel besser übereinstimmt, wenn Chancenvermehrung durch Erfolg, als wenn Unabhängigkeit der Fälle angenommen wird. Die Prüfung der Theorie an anderem statistischen Material fiel zum Teil noch günstiger aus. Die Einzelheiten wird der erstgenannte Verfasser an anderer Stelle veröffentlichen.

5. Gleichmäßige und stabile Verteilung einer Punktgesamtheit im Raume. Ob der Raum, um den es sich handelt, ein-, zwei-, oder dreidimensonal ist, macht nur einen unerheblichen Unterschied für die nachfolgende Betrachtung aus. Sprechen wir, der Bestimmtheit halber, etwa von dem zweidimensionalen Fall, d. h. die Punkte seien in einer Ebene verteilt.

Es sei vorgelegt ein ebenes Flächenstück F vom Flächeninhalt f. Daß ein Punkt P auf die Fläche F gestreut wird, darunter verstehe man folgendes: es sei F' irgend ein Teilstück von F von dem Flächeninhalt f'; die Wahrscheinlichkeit dafür, daß der Punkt P auf dem Teilstück F' liegt, ist gleich $\frac{f'}{f}$. Es ist jetzt klar, was darunter zu verstehen ist, daß mehrere Punkte voneinander unabhängig auf F gestreut sind. Sind $r + \nu$ Punkte voneinander unabhängig auf F gestreut, so ist die Wahrscheinlichkeit dafür, daß von den $r + \nu$ Punkten r Punkte auf das Teilstück F' und ν Punkte außerhalb des Teilstückes F' fallen, gleich

$$\binom{r+\nu}{\nu} \left(\frac{f'}{f}\right)^r \left(1 - \frac{f'}{f}\right)^\nu \quad . \quad . \quad . \quad . \quad . \quad . \quad . \quad . \quad . \quad (21).$$

Zahlentafel 1.

Die Todesfälle an Pocken in der Schweiz in den Jahren 1877/1900.

I	II	III	IV	V	VI	VII	VIII	IX
Zahl der Todesfälle	Zahl der Monate			Summenzahlen			Abweichung zwischen V	
	tatsächlich	nach Gl. (18)	nach Gl. (14)	zu Spalte II	zu Spalte III	zu Spalte IV	und VI	und VII
0	100	1,2	100,4	100	1,2	100,4	— 98,8	0,4
1	39	6,5	36,3	139	7,7	136,7	—131,3	— 2,3
2	28	17,8	23,5	167	25,5	160,2	—141,5	— 6,8
3	26	32,6	17,5	193	58,1	177,7	—134,9	—15,3
4	13	44,9	13,8	206	103,0	191,5	—103,0	—14,5
5	6	49,4	11,3	212	152,4	202,8	— 59,6	— 9,2
6	11	45,2	9,5	223	197,6	212,3	— 25,4	—10,7
7	5	35,5	8,1	228	233,1	220,4	5,1	— 7,6
8	5	24,5	7,0	233	257,6	227,4	24,6	— 5,6
9	6	15,0	6,1	239	272,6	233,5	33,6	— 5,5
10	1	8,2	5,3	240	280,8	238,8	40,8	— 1,2
11	6	4,1	4,7	246	284,9	243,5	38,9	— 2,5
12	2	1,9	4,2	248	286,8	247,7	38,8	— 0,3
13	2	0,8	3,7	250	287,6	251,4	37,6	1,4
14	3	0,3	3,3	253	287,9	254,7	34,9	1,7
15	3	0,1	3,0	256	288,0	257,7	32,0	1,7
16	—	—	2,7	256	288,0	260,4	32,0	4,4
17	—	—	2,4	256	288,0	262,8	32,0	6,8
18	4	—	2,2	260	288,0	265,0	28,0	5,0
19	1	—	2,0	261	288,0	267,0	27,0	6,0
20	2	—	1,8	263	288,0	268,8	25,0	5,8
21	4	—	1,6	267	288,0	270,4	21,0	3,4
22	1	—	1,5	268	288,0	271,9	20,0	3,9
23	3	—	1,3	271	288,0	273,2	17,0	2,2
24	—	—	1,2	271	288,0	274,4	17,0	3,4
25	2	—	1,1	273	288,0	275,5	15,0	2,5
26	1	—	1,0	274	288,0	276,5	14,0	2,5
27	1	—	0,9	275	288,0	277,4	13,0	2,4
28	1	—	0,8	276	288,0	278,2	12,0	2,2
29	—	—	0,8	276	288,0	279,0	12,0	3,0
30	3	—	0,7	279	288,0	279,7	9,0	0,7
31	—	—	0,6	279	288,0	280,3	9,0	1,3
32	1	—	0,6	280	288,0	280,9	8,0	0,9
33	—	—	0,5	280	288,0	281,4	8,0	1,4
34	1	—	0,5	281	288,0	281,9	7,0	0,9
35	1	—	0,5	282	288,0	282,4	6,0	0,4
36	—	—	0,4	282	288,0	282,8	6,0	0,8
37	—	—	0,4	282	288,0	283,2	6,0	1,2
38	1	—	0,4	283	288,0	283,6	5,0	0,6
39	—	—	0,3	283	288,0	283,9	5,0	0,9
40	—	—	0,3	283	288,0	284,2	5,0	1,2
41	—	—	0,3	283	288,0	284,5	5,0	1,5
42	—	—	0,3	283	288,0	284,8	5,0	1,8
43	1	—	0,2	284	288,0	285,0	4,0	1,0
44	1	—	0,2	285	288,0	285,2	3,0	0,2
45	—	—	0,2	285	288,0	285,4	3,0	0,4
46	—	—	0,2	285	288,0	285,6	3,0	0,6
47	—	—	0,2	285	288,0	285,8	3,0	0,8
48	—	—	0,2	285	288,0	286,0	3,0	1,0
49	—	—	0,1	285	288,0	286,1	3,0	1,1
50	—	—	0,1	285	288,0	286,2	3,0	1,2
51	—	—	0,1	285	288,0	286,3	3,0	1,3
52	—	—	0,1	285	288,0	286,4	3,0	1,4
53	—	—	0,1	285	288,0	286,5	3,0	1,5
54	2	—	0,1	287	288,0	286,6	1,0	— 0,4

I	II	III	IV	V	VI	VII	VIII	VIII
Zahl der Todesfälle	Zahl der Monate			Summenzahlen			Abweichung zwischen V	
	tatsächlich	nach Gl. (18)	nach Gl. (14)	zu Spalte II	zu Spalte III	zu Spalte IV	und VI	und VII
55	—	—	0,1	287	288,0	286,7	1,0	−0,3
56	—	—	0,1	287	288,0	286,8	1,0	−0,2
57	—	—	0,1	287	288,0	286,9	1,0	−0,1
58	—	—	0,1	287	288,0	287,0	1,0	—
59	—	—	0,1	287	288,0	287,1	1,0	0,1
60	1	—	0,1	288	288,0	287,2	—	−0,8
61	—	—	0,1	288	288,0	287,3	—	−0,7
62	—	—	0,1	288	288,0	287,4	—	−0,6

I: Anzahl der Todesfälle in einem Monat $= r$. II: Anzahl der Monate, in denen effektiv r Todesfälle aufgetreten $= M_r$. III: Anzahl der Monate mit r Todesfällen, theoretisch, bei Annahme der Unabhängigkeit $= 288\, P_r^*$. IV: Anzahl der Monate mit r Todesfällen, theoretisch, bei Annahme der Chancenvermehrung durch Erfolg $= 288\, P_r$. V: $\sum_{\nu=0}^{r} M_\nu$. VI: $288 \sum_{\nu=0}^{r} P_\nu^*$. VII: $288 \sum_{\nu=0}^{r} P_\nu$. VIII: $\sum_{\nu=0}^{r} (288\, P_\nu^* - M_\nu)$, Abweichung von VI und V. IX: $\sum_{\nu=0}^{r} (288\, P_\nu - M_\nu)$, Abweichung von VII und V.

Um die Verteilung einer Punktgesamtheit in einer Ebene wahrscheinlichkeitstheoretisch zu charakterisieren, muß man die Wahrscheinlichkeit $W(r, F)$ dafür angeben, daß innerhalb eines Flächenstückes F genau r Punkte der Gesamtheit sich befinden (r, F beliebig). Nehmen wir an, daß die Verteilung gleichmäßig ist, d. h. daß $W(r, F)$ nicht von der Lage und auch nicht von der Form, sondern bloß von dem Flächeninhalt f des Flächenstückes abhängt, $W(r, F) = W_r(f)$. Um eine gleichmäßige Verteilung von Punkten in der Ebene zu charakterisieren, muß man also die Wahrscheinlichkeiten

$$W_0(f),\ W_1(f),\ W_2(f), \ldots\ W_r(f), \ldots \qquad (22)$$

angeben. Die Funktionen (22) unterliegen der Bedingung

$$W_r(f) \geqq 0 \text{ für } r = 0, 1, 2, 3, \ldots;\ f > 0 \qquad (\mathrm{I}).$$

$$W_0(f) + W_1(f) + W_2(f) + \ldots + W_r(f) + \ldots = 1 \qquad (\mathrm{II}).$$

Die Verteilung einer Punktgesamtheit soll im wahrscheinlichkeitstheoretischen Sinne stabil heißen, wenn rein zufällige Störungen daran nichts Wesentliches ändern können. Genauer gesagt: Die Stabilität der Verteilung einer Punktgesamtheit besteht darin, daß an dem statistischen Gesamtbild nichts geändert wird, wenn die in irgend einem Flächenstück F befindlichen Punkte der Gesamtheit aus F herausgenommen und voneinander unabhängig auf F zurückgestreut werden.

Außerhalb F ändert die Herausnahme und Zurückstreuung der in F gelegenen Punkte offenbar nichts; wir müssen also bloß zusehen, was hierdurch an irgend einem Teilstück F' und F geändert wird. Es soll die Verteilung von vornherein als gleichmäßig angenommen und durch die Angabe der Wahrscheinlichkeiten (22) festgelegt werden, die (I) und (II) genügen. Die Flächeninhalte von F und F' sollen wie oben mit f und f' bezeichnet werden.

Vor Herausnahme der Punkte aus F war die Wahrscheinlichkeit dafür, daß in F' genau r Punkte liegen, $= W_r(f')$.

Damit nach Herausnahme und Zurückstreuung genau r Punkte in F' liegen sollen, müssen von vornherein $r + \nu$ Punkte in F vorhanden gewesen sein, $\nu \geqq 0$. Die Wahrscheinlichkeit dafür, daß $r + \nu$ Punkte in F gewesen sind, ist $W_{r+\nu}(f)$; die Wahrscheinlichkeit dafür, daß aus diesen $r + \nu$ bei der Zurückstreuung genau r auf F' fallen, ist durch (21) angegeben. Es kann $\nu = 0, 1, 2, 3, \ldots$ sein; daher ist die Wahrscheinlichkeit dafür, daß nach Zurückstreuung genau r Punkte in f' liegen

$$= \sum_{\nu=0}^{\infty} W_{r+\nu}(f) \binom{r+\nu}{\nu} \left(\frac{f'}{f}\right)^r \left(1 - \frac{f'}{f}\right)^\nu .$$

Somit ist die Stabilität der durch die Wahrscheinlichkeiten (22) festgelegten Verteilung durch die Gleichung

$$W_r(f') = \sum_{\nu=0}^{\infty} W_{r+\nu}(f) \binom{r+\nu}{\nu} \left(\frac{f'}{f}\right)^r \left(1-\frac{f'}{f}\right)^\nu \quad . \quad . \quad . \quad . \quad . \quad \text{(III)}$$

$$\text{für } 0 < f' \leqq f, \; r = 0, 1, 2, 3, \ldots$$

ausgedrückt.

Um die den Bedingungen (I), (II), (III) genügenden Funktionen (22) aufzusuchen, setzt man

$$W_0(f) + W_1(f)z + W_2(f)z^2 + \ldots = \Phi(f, z) \quad . \quad . \quad . \quad . \quad . \quad (23).$$

Die Reihe (23) hat positive Koeffizienten, vergl. (I), und konvergiert für $z = 1$, vergl. (II), also überhaupt für $f > 0$, $|z| \leqq 1$; z ist als komplexe Variable aufgefaßt. Man multipliziere (III) mit z^r und summiere über $r = 0, 1, 2, \ldots$; es ergibt sich

$$\sum_{r=0}^{\infty} W_r(f') z^r = \sum_{r=0}^{\infty} \sum_{\nu=0}^{\infty} z^r \, W_{r+\nu}(f) \binom{r+\nu}{\nu} \left(\frac{f'}{f}\right)^r \left(1-\frac{f'}{f}\right)^\nu \quad . \quad . \quad . \quad (24).$$

Man setze zur Abkürzung

$$\frac{f'}{f} = x, \qquad 0 < x \leqq 1 \quad . \quad . \quad . \quad . \quad . \quad . \quad . \quad . \quad . \quad . \quad (25).$$

Es ergibt sich aus (24)

$$\Phi(fx, z) = \sum_{r=0}^{\infty} \sum_{\nu=0}^{\infty} \frac{(r+\nu)(r+\nu-1)\ldots(r+1)}{\nu!} W_{\nu+r}(f)(zx)^r (1-x)^\nu$$

$$= \sum_{\nu=0}^{\infty} \frac{(1-x)^\nu}{\nu!} \sum_{r=0}^{\infty} W_{\nu+r}(f)(r+\nu)(r+\nu-1)\ldots(r+1)(zx)^r = \sum_{\nu=0}^{\infty} \frac{(1-x)^\nu}{\nu!} \Phi^{(\nu)}(f, zx),$$

gemäß (23), $\Phi^{(\nu)}(x, y) = \dfrac{\partial^\nu \Phi}{\partial y^\nu}$ gesetzt. Es folgt also

$$\Phi(fx, z) = \Phi(f, zx + 1 - x). \quad . \quad . \quad . \quad . \quad . \quad . \quad . \quad (26).$$

Man setze $\qquad \Phi(1, u+1) = \Psi(u).$

An Stelle der Variabeln f, x, z setze man entweder $1, f, z$ oder $f, \frac{1}{f}, 1 + (z-1)f$; die erste Wahl ist für $f \leqq 1$, die zweite für $f \geqq 1$ angebracht, in Anbetracht der Ungleichung unter (25). Man erhält in beiden Fällen

$$\Phi(f, z) = \Psi(fz - f) \quad . \quad . \quad . \quad . \quad . \quad . \quad . \quad . \quad . \quad . \quad (27).$$

Für $\Phi(f, z)$ die Potenzreihenentwicklung (23) in (27) eingesetzt folgt nach der Maclaurinschen Formel

$$\sum_{r=0}^{\infty} W_r(f) z^r = \sum_{r=0}^{\infty} \frac{\Psi^{(r)}(-f) f^r}{r!} z^r \quad . \quad . \quad . \quad . \quad . \quad . \quad . \quad (28)$$

und durch Koeffizientenvergleichung

$$W_r(f) = \frac{\Psi^{(r)}(-f) f^r}{r!} \; (r = 0, 1, 2, \ldots) \quad . \quad . \quad . \quad . \quad . \quad . \quad . \quad (29).$$

Aus der Gültigkeit der Potenzreihenentwicklung (28) für den Wertbereich $f > 0$, $|z| \leqq 1$ und aus den Bedingungen (I) (II) kommen wir schließlich zu folgendem Resultat: Die Wahrscheinlichkeiten (22) sind, wenn die durch sie definierte Verteilung der Punktgesamtheit stabil sein soll, durch die Gleichung (29) gegeben, wobei $\Psi(u)$ eine in der Halbebene $\Re(u) < 0$ analytische Funktion bedeutet, deren sämtlich Derivierten für reelle negative Werte von u reell und positiv sind; es ist ferner $\lim_{u=0} \Psi(u) = 1$, wenn u von der linken Halbebene dem Punkt 0 zustrebt.

$\Psi'(u)$ nimmt, wenn u durch negative Werte hindurch gegen 0 strebt, stets zu, da $\Psi''(u) > 0$ für $u < 0$.

Es sei

$$\lim_{u=0} \Psi'(u) = D \quad \ldots\ldots\ldots\ldots \quad (30)$$

endlich; dann ist $D > 0$ und es gilt gemäß (29)

$$\sum_{r=0}^{\infty} r\, W_r(f) = \sum_{r=1}^{\infty} \frac{r f^r \psi^{(r)}(-f)}{r!} = f \sum_{m=0}^{\infty} \frac{f^m \psi^{(1+m)}(-f)}{m!} = f\, \Psi'(0) = f D.$$

D ist die durchschnittliche Anzahl der Punkte der Gesamtheit pro Flächeneinheit, d. h., kurz gesagt, die Dichte der Punktgesamtheit.

6. Unabhängigkeit der Teilgesamtheiten. Daß die einzelnen Teile der Punktgesamtheit voneinander unabhängig sind, bedeutet, daß die Chancen der Verteilung an jedem Flächenstück unbeeinflußt von dem Ausfall der Verteilung an den übrigen Flächenstücken sind. Nehmen wir die Verteilung als gleichmäßig an, festgelegt durch die Wahrscheinlichkeiten (22). Betrachten wir zwei Flächenstücke F_1 und F_2, von dem Flächeninhalt f_1 bezw. f_2, die zusammen eine Fläche F ausmachen vom Flächeninhalt $f_1 + f_2 = f$. Sind die einzelnen Teile der Punktgesamtheit voneinander unabhängig, so bleibt die Wahrscheinlichkeit dafür, daß an f_2 genau n Punkte sich befinden, gleich $W_n(f_2)$, unabhängig davon, ob an der Nachbarfläche f_1 0 oder 1 oder 2 oder 3 ... Punkte sich befinden. Folglich ist die Wahrscheinlichkeit dafür, daß an f_1 sich m und an f_2 sich n Punkte befinden, gleich $W_m(f_1)\, W_n(f_2)$, und die Wahrscheinlichkeit dafür, daß auf f sich insgesamt r Punkte befinden,

$$W_0(f_1)\, W_r(f_2) + W_1(f_1)\, W_{r-1}(f_2) + \ldots W_r(f_1)\, W_0(f_2) = W_r(f_1 + f_2) \quad (31).$$

Hieraus folgt für die unter (23) definierte Funktion $\Phi(f, z)$ die Beziehung

$$\Phi(f_1 + f_2, z) = \Phi(f_1, z)\, \Phi(f_2, z) \quad \ldots\ldots\ldots \quad (32).$$

Wenn irgendwelche Teilgesamtheiten voneinander unabhängig sind, so können f_1, f_2 beliebig gewählt werden. Das Bestehen von (32) für alle Wertepaare f_1, f_2, wo $f_1 > 0, f_2 > 0$, zieht bekanntlich die Gleichung

$$\Phi(f, z) = e^{\varphi(z) f} \quad \ldots\ldots\ldots\ldots \quad (33)$$

nach sich, wo $\varphi(z)$ eine gewisse Funktion von z ist. Soll noch die Verteilung stabil, also $\Phi(f, z)$ von der Form (27) sein, und auch (30) bestehen, so ist

$$\Psi(u) = e^{Du} \quad \ldots\ldots\ldots\ldots \quad (34),$$

$$\Phi(f, z) = e^{D(z-1)f}.$$

Es ergibt sich aus (34), (29)

$$W_r(f) = \frac{(Df)^r e^{-D}}{r!} \quad \ldots\ldots\ldots\ldots \quad (35).$$

Die Funktion (34) genügt den am Ende von Abschnitt 5 ausgesprochenen Bedingungen. Die Formel (35) geht aus dem Ausdruck von P_r^* unter (18) hervor, wenn man darin

$$h = Df \quad \ldots\ldots\ldots\ldots \quad (36)$$

setzt. Man weiß, daß das zu (35) analoge Gesetz für eine bezw. drei Dimensionen die Verteilung der radioaktiven Zerfallserscheinungen in der Zeit bezw. die der in Brownscher Bewegung befindlichen Teilchen in dem Raum regelt.

7. Verteilung bei Chancenvermehrung durch Erfolg. Es sei ein Beispiel angeführt, worin das Verteilungsgesetz sicherlich nicht (35) sein kann. Zur Vertiefung der Begriffe der Pflanzengeographie haben die Botaniker[1]) statistische Aufnahmen folgender Art unternommen: An einer einheitlichen natürlichen Vegetationsdecke werden quadratische Flächen von gleichem Flächeninhalt f abgegrenzt. Innerhalb jedes Quadrates werden sämtliche darin vorkommenden Pflanzenarten bestimmt. Als Resultat der statistischen Aufnahme wird angegeben, wieviel Quadrate insgesamt untersucht, welche Arten gefunden worden sind, und in wieviel Quadraten jede Art vorgekommen ist. Dividiert man die letztgenannte Zahl durch die Gesamtzahl der Quadrate, so erhält man einen Annäherungswert der Wahrscheinlichkeit, in einer Fläche vom Inhalt f mindestens ein Individuum der Art anzutreffen. Diese Wahrscheinlichkeit sei mit H bezeichnet. Es wird dieser Versuch mit verschiedenen Quadratinhalten f ausgeführt, wobei H offenbar

[1]) G. E. Du Rietz, Zur methodologischen Grundlage der modernen Pflanzensoziologie, Dissertation, Upsala 1921.

mit wachsendem f zunehmen muß. Die folgende Zahlentafel 2 bezieht sich auf eine bestimmte Art und Vegetation[1]); sie enthält in der zweiten Zeile die empirischen Werte von H für 7 verschiedene Flächengrößen f, die in der ersten Zeile in m^2 angegeben sind. Die Zähler und Nenner der Brüche für H sind die beobachteten Zahlen selber.

Zahlentafel 2.

I. f in m^2	0,0001	0,0004	0,0025	0,01	0,04	0,25	1
II. H	$\frac{6}{1000}$	$\frac{19}{1250}$	$\frac{55}{1040}$	$\frac{203}{1300}$	$\frac{121}{300}$	$\frac{194}{210}$	$\frac{232}{240}$
III. D	60,18	38,29	21,73	16,98	12,91	10,30	3,40

Gemäß (35) ist die Wahrscheinlichkeit dafür, daß an einem Flächenstück vom Inhalt f kein Punkt der Gesamtheit sich findet, $= e^{-Df}$, und folglich die Wahrscheinlichkeit dafür, daß darin mindestens ein Individuum der Gesamtheit anzutreffen ist, $=$

$$1 - e^{-Df} = H \quad . \; . \; . \; . \; . \; . \; . \; . \; . \; . \quad (37).$$

Berechnet man D gemäß (37) aus den in Zahlentafel 2 zusammengefaßten 7 Beobachtungen, so erhält man die in der Zeile III der Zahlentafel 2 befindlichen 7 Werte. Diese sind nicht nur sehr stark unter sich verschieden (sie sollten einander gleich sein), sondern zeigen einen unverkennbaren Gang, eine systematische Abweichung. Man ersieht daraus, daß in der vorliegenden Beobachtungsreihe H tatsächlich langsamer mit f anwächst, als es nach der Formel (37) anwachsen sollte.

Daß das Verteilungsgesetz (35), das bei mannigfachen physikalischen Untersuchungen sich so ausgezeichnet bewährt hat, in diesem Falle versagt, ist nach dem Vorangehenden leicht erklärlich. Die in Abschnitt 6 hervorgehobene Voraussetzung der Unabhängigkeit der einzelnen Teile trifft hier nicht zu; daß die Wahrscheinlichkeit dafür, auf der Fläche F eine gegebene Anzahl Individuen zu finden, ganz die gleiche ist, ob an der Nachbarfläche F viele oder keine Individuen der gleichen Art sich finden, ist hier offenbar falsch. Vielmehr sind neben reich mit der Art bewachsener Flecken leichter benachbarte zu finden, in denen ebenfalls Individuen der Art vorhanden sind, als neben den von der Art total verlassenen Flecken: die benachbarten Flächenstücke werden gewissermaßen »angesteckt«.

Die Funktion

$$\Psi(u) = (1 - \alpha u)^{-D/\alpha} \quad . \; . \; . \; . \; . \; . \; . \; . \; . \quad (38)$$

genügt den in Abschnitt 6 ausgesprochenen Bedingungen ($\alpha > 0$); somit ist die durch die die Wahrscheinlichkeiten

$$W_r(f) = \frac{f^r \Psi^{(r)}(-f)}{r!} = \frac{f^r D(D+\alpha)(D+2\alpha)\ldots(D+(r-1)\alpha)}{r!}(1+\alpha f)^{-D/\alpha - r} \qquad (39)$$

festgelegte Verteilung eine stabile im Sinne von Abschnitt 6. Setzt man, wie vorher unter (36),

$$fD = h \text{ und } f\alpha = d,$$

so geht Formel (39) in den Ausdruck von P_r unter (14) über. Es ist anzunehmen, daß das Verteilungsgesetz (39), da der Struktur besser entsprechend, besser auf die angeführte botanische Statistik passen wird, als das klassisch gewordene Verteilungsgesetz (35), das übrigens der Grenzfall von (39) für $\alpha = 0$ ist. An Stelle von (37) tritt jetzt die Formel

$$H = 1 - (1 + \alpha f)^{-D/\alpha}$$

und hierin nimmt H langsamer mit f zu, als in (37).

Eine quantitative Kontrolle, die sehr viel Vorsicht und Mühe erfordert, ist im Gange. Zur Erläuterung des Hauptgedankens dieser Untersuchung ist das Beispiel wohl auch vor der Ausführung dieser Kontrolle geeignet gewesen.

[1]) Cladonia coccifera in Zahlentafel 23, G. E. Du Rietz a. a. O. [1]) Seite 166.

CALCUL DES PROBABILITÉS. — *Sur l'interprétation de certaines courbes de fréquence.* Note de MM. **F. Eggenberger** et **G. Pólya.**

Nous considérons le schéma d'urnes suivant, dont nous avons déjà donné des applications statistiques ailleurs ([1]). Une urne contient originalement N boules dont $N\rho$ sont rouges et $N\sigma$ sont noires; $\rho + \sigma = 1$, nous supposons $0 < \rho \leqq \sigma$. Nous faisons de l'urne n tirages successifs, en remplaçant, après chaque tirage, la boule tirée par $1 + N\delta$ boules de la même couleur. Les cas $\delta = 0$ (boule remise) et $N\delta = -1$ (boule non remise) sont classiques. Si δ est positif, le nombre des boules augmente après chaque tirage et chaque succès obtenu favorise les chances des succès à obtenir, le succès est « contagieux ». Si δ est négatif, le nombre des boules diminue et chaque succès obtenu gâte les chances de succès ultérieures. Soit r le nombre des boules rouges tirées pendant les n tirages; r peut prendre les valeurs $0, 1, 2, \ldots, n$. En portant les $n + 1$ probabilités correspondantes comme ordonnées équidistantes dans un système rectangulaire, nous obtenons une distribution (une « courbe ») de probabilités dépendant de 3 paramètres ρ, δ, n. Notre but est d'examiner les formes limites résultant de cette distribution, quand n, le nombre des tirages, tend vers ∞. Il y a différentes formes limites, la courbe normale (de Gauss) n'étant que la plus connue, puisque ρ et δ peuvent varier différemment avec n. Nous parlerons d'événements *rares* ou d'événements *usuels* selon que ρ tend vers 0 ou garde une valeur positive invariable et nous dirons qu'il y a contagion *faible* ou *forte* selon que δ tend vers 0 ou reste constant pendant le passage à la limite. Voici les cas que nous avons trouvés :

I. ρ constant, $\delta = 0$, événements usuels indépendants. Distribution limite continue, c'est la courbe normale. (Loi des grands nombres.)

II. $n\rho = h$ constant, $\delta = 0$, événements rares indépendants. Distribution limite discontinue. (Loi des petits nombres.)

III. ρ constant, $n\delta = d$ constant, événements usuels avec faible contagion. Distribution limite continue, c'est la courbe normale, mais la dispersion diffère de la normale, le signe de la différence étant celui de d.

([1]) *Zeitschrift f. angewandte Mathematik u. Mechanik*, 3, 1923, p. 279-289; F. Eggenberger, *Thèse*, Zurich, 1924.

For comments on this paper [112], see p. 610.

IV. $n\rho = h$ et $n\delta = d$ sont des constantes positives, événements rares avec faible contagion. Distribution limite discontinue, différente de II.

V. ρ et δ sont des constantes positives. Événements usuels avec forte contagion. Distribution limite continue; en posant $\rho = \alpha\delta$, $\sigma = \beta\delta$, $r \sim xn$, la densité de la probabilité au point x est

$$\frac{\Gamma(\alpha+\beta)}{\Gamma(\alpha)\Gamma(\beta)} x^{\alpha-1}(1-x)^{\beta-1}$$

VI. $\rho \to 0$, $\delta \to 0$, $n\rho^2 \to \infty$, $n\delta^2 \to \infty$, $\rho\delta^{-1} = \alpha$ est une constante positive, événements « presque rares » avec contagion « presque faible ». Distribution limite continue; en posant $r \sim xn\delta$, la densité de la probabilité au point x est

$$\frac{1}{\Gamma(\alpha)} x^{\alpha-1} e^{-x}.$$

Les cas limites I et II sont classiques et remontent à De Moivre; on les attribue d'habitude respectivement à Laplace et à Poisson. III remonte essentiellement à Laplace et à Cournot. Pour III et IV, voir nos publications citées. Les distributions limites continues rencontrées sous I, III, V, VI ont été déjà envisagées par Pearson ([1]) ensemble avec d'autres courbes de fréquence. Mais il y a deux remarques à faire :

1° Notre déduction donne une *interprétation possible* (il n'y a pas d'interprétations nécessaires) aux différentes formes I-VI et aux valeurs de leurs paramètres. Elle permet par exemple de comprendre pourquoi les fréquences rencontrées aux épidémies rares (comme la petite vérole est de nos jours) sont bien représentables par IV et celles des dommages causés par les incendies par V.

2° Nous avons prouvé que les autres courbes de fréquence de Pearson, non rencontrées ici, *ne peuvent pas être cas limites du schéma d'urnes considéré*. Nous ignorons de quelle interprétation elles pourraient être susceptibles.

([1]) *Philosophical Transactions*, 186, 1895, p. 343-414.

KLEINE MITTEILUNGEN

Eine Wahrscheinlichkeitsaufgabe in der Kundenwerbung. Das Werbeverfahren, um das es sich hier handelt, ist wohl bekannt aus Ankündigungen folgender Art: »Jede Packung unserer Ware enthält zwei verschiedene Blumenbilder; die volle Kollektion umfaßt 72 verschiedene Blumenbilder; wer eine volle Kollektion sammelt und einsendet, erhält kostenlos eine Prämie.« Der Verkäufer, der solche Reklame macht, muß sich vernünftigerweise die Frage vorlegen: Wie groß ist die Durchschnittszahl der verkauften Packungen pro Prämie? Die Antwort hängt von der Weiterverfolgung einer klassischen Aufgabe der Wahrscheinlichkeitsrechnung ab, wenn man folgende Voraussetzungen macht:

1. Die Blumenbilder werden auf die Pakete »zufallsartig« verteilt, d. h. jede der möglichen $\binom{72}{2}$ Paare von Bildern hat die gleiche Wahrscheinlichkeit.
2. Jeder Käufer kauft die Packungen und sammelt die Bilder solange, bis er eine Prämie erhält, und zwar sammelt er ausschließlich aus Paketen, die er selbst kauft.

In Wirklichkeit werden diese Voraussetzungen natürlich durchbrochen: Die Käufer tauschen ihre Bilder aus oder sie werfen sie fort, der Verkäufer kann ein Bild vorenthalten usw. Wie man sieht, kann die Nichterfüllung der Voraussetzungen sowohl die eine, wie die andere Partei begünstigen und eben deshalb scheint mir die Berechnung der Durchschnittszahl unter den besagten Voraussetzungen mindestens als erste Orientierung einen gewissen Wert zu haben. Ich will die Berechnung in folgendem allgemeinen Fall durchführen: Die volle Kollektion enthält n verschiedene Bilder (anstatt 72) und der Käufer erhält in jedem Paket m verschiedene (anstatt 2). Gesucht ist $H = H_{n,m}$ die durchschnittliche Anzahl der Pakete zu m Bildern, die der Käufer kaufen muß, um alle n verschiedene Bilder zu erhalten.

Wohlbekannt[1] ist die Wahrscheinlichkeit W_k dafür, daß der Käufer in k Paketen sämtliche n Bilder vorfindet:

$$W_k = 1 - \binom{n}{1} v_1^k + \binom{n}{2} v_2^k - \ldots + \\ + (-1)^n v_n^k \quad \ldots \quad (1),$$

[1] Vergl. z. B. A. A. **Markoff**, Wahrscheinlichkeitsrechnung, Leipzig und Berlin 1912, S. 101 bis 108, insbesondere die Frage 5 auf S. 102 und deren Beantwortung S. 105. Die Buchstaben n, m, k haben hier dieselbe Bedeutung wie bei **Markoff**.

wobei

$$v_i = \frac{(n-i)(n-i-1)\ldots(n-i-m+1)}{n \quad (n-1) \quad \ldots \quad n-m+1)}.$$

Die Wahrscheinlichkeit dafür, daß der Käufer, der seine Pakete sukzessive kauft, seine Kollektion von n Bildern mit dem $k$ten Paket abschließt, ist offenbar $W_k - W_{k-1}$. Daher ist die gesuchte Durchschnittszahl

$$H = 1\,W_1 + 2\,(W_2 - W_1) + 3\,(W_3 - W_2) + \ldots \quad (2).$$

Um diesen Ausdruck zu vereinfachen, definiere ich W_0 mittels Formel (1), worin $v_i^0 = 1$ gesetzt sei, selbst dann, wenn $v_i = 0$ ist. Dann ist $W_0 = 0$ und aus (2) folgt

$$H = \sum_{k=1}^{\infty} k\,(W_k - W_{k-1}) = \sum_{k=1}^{\infty} k\,[(W_k - 1) - (W_{k-1} - 1)]$$
$$= -(W_0 - 1) - (W_1 - 1) - (W_2 - 1) - \ldots \quad (3).$$
$$= \binom{n}{1}\frac{1}{1-v_1} - \binom{n}{2}\frac{1}{1-v_2} + \ldots - (-1)^n \frac{1}{1-v_n}$$

Im Uebergang zur zweiten Zeile wurde

$$\lim_{k\to\infty} k\,(W_k - 1) = 0$$

und im Uebergang zur dritten die Summenformel der geometrischen Reihe berücksichtigt. Ich setze ferner

$$\frac{1}{1-v_x} = \frac{1}{1-\left(1-\frac{x}{n}\right)\left(1-\frac{x}{n-1}\right)\ldots\left(1-\frac{x}{n-m+1}\right)}$$
$$= \frac{1}{ax - bx^2 + \ldots} = \frac{1}{ax} + f(x) \quad \ldots\ldots \quad (4),$$

wobei a, b verschiedene symmetrische Funktionen derselben m Größen sind,

$$a = \frac{1}{n} + \frac{1}{n-1} + \ldots + \frac{1}{n-m+1} \quad (5),$$

$$b = \frac{1}{n(n-1)} + \frac{1}{n(n-2)} + \ldots +$$
$$+ \frac{1}{(n-m+2)(n-m+1)} \quad \ldots\ldots \quad (6).$$

Mit diesen Bezeichnungen findet man

$$f(0) = \frac{b}{a^2} \quad \ldots\ldots\ldots \quad (7),$$

$$H = \frac{1}{a}\left[\binom{n}{1} - \binom{n}{2}\frac{1}{2} + \binom{n}{3}\frac{1}{3} - \ldots\right.$$
$$\left. + (-1)^{n-1}\binom{n}{n}\frac{1}{n}\right] + f(0) + \left[-f(0) +\right.$$
$$\left. + \binom{n}{1} f(1) - \ldots + (-1)^{n-1} f(n)\right] \quad \ldots \quad (8).$$

Berücksichtigt man, daß die erste eckige Klammer rechts in (8)

$$= \int_0^1 \frac{1-(1-x)^n}{x}\,dx = \int_0^1 \frac{1-t^n}{1-t}\,dt =$$

$$= \int_0^1 (1 + t + \ldots + t^{n-1})\,dt$$

ist, so erhält man mit der üblichen Bezeichnung der Differenzenrechnung

$$H_{n,m} = \frac{1}{a}\left(1 + \frac{1}{2} + \frac{1}{3} + \ldots + \frac{1}{n}\right) + \\ + f(0) - (-1)^n \Delta^n f(0) \ldots \quad (9).$$

Ich hebe die beiden Spezialfälle $m = 1, 2$ hervor:

$$H_{n,1} = n\left(1 + \frac{1}{2} + \frac{1}{3} + \ldots + \frac{1}{n}\right) \quad (10),$$

$$H_{n,2} = \frac{n(n-1)}{2n-1}\left[\left(1 + \frac{1}{2} + \ldots + \frac{1}{n}\right) + \\ + \frac{1}{2n-1}\left(1 - \frac{(-1)^n}{\binom{2n-2}{n}}\right)\right] \quad (11).$$

Man kann sich überzeugen, indem man

$$\frac{1}{x\,a} + f(x) \quad \text{durch} \quad \frac{1}{1-\left(1-\frac{x}{n}\right)^m}$$

approximativ ersetzt, daß $\Delta^n f(0)$ bei festem m und unendlich wachsendem n gegen 0 strebt. Indem man noch die bekannte Formel

$$1 + \frac{1}{2} + \ldots + \frac{1}{n} = \log n + \gamma + \frac{1}{2n} + \ldots \quad (12)$$

heranzieht, wobei $\gamma = 0{,}5772\ldots$ die Euler-sche Konstante ist, erhält man leicht aus (9), (7), (6), (5)

$$H_{n,m} = \left(\frac{n+{}^1/_2}{m} - \frac{1}{2}\right)(\log n + \gamma) + {}^1/_2 + \varepsilon_n \quad (13)$$

mit $\varepsilon_n \longrightarrow 0$ für $n \longrightarrow \infty$ bei festem m.

Für das eingangs erwähnte Beispiel findet man aus (11) und (12) oder auf Grund von (13), worin ε_n Null gesetzt wird,

$$H_{72,2} = 174{,}0.$$

Der Kunde wird also durchschnittlich 174 Packungen mit je 2 Bildern kaufen müssen, um einmal die Prämie zu erwerben.

Auf Grund von (13) findet sich ferner[1])

$$H_{90,5} = 89{,}9.$$

Zürich. G. Pólya. 18

[1]) Vergl. mit **Markoff** a. a. O. S. 108 und die hiesige asymptotische Formel (13) mit der dortigen für k auf S. 107.

Sur quelques points de la théorie des probabilités

PAR

G. PÓLYA

Les pages qui suivent reproduisent, abstraction faite de quelques altérations, les Leçons que j'ai eu l'honneur de faire à l'Institut Henri Poincaré en mars 1929. Je diviserai ici les matières en deux chapitres. Dans le premier, il s'agit d'une propriété caractéristique de la loi de Gauss et dans le second de quelques autres lois de fréquence. Ces dernières ressemblent à la loi de Gauss en ce qu'elles résultent, elles aussi , de la superposition d'un très grand nombre de petits effets fortuits, mais elles diffèrent de la loi de Gauss en ce que les effets fortuits dont elles résultent ne sont pas indépendants. Dans le premier chapitre, je donnerai les démonstrations en détail. Dans le second je m'efforcerai surtout de présenter les problèmes d'une manière intuitive et, quant aux démonstrations, je me bornerai quelquefois à une indication de la marche à suivre.

Qu'il me soit permis d'exprimer ici tous mes remerciements à la direction de l'Institut Henri Poincaré et en particulier à M. Emile Borel de l'honneur de leur invitation qui m'a permis d'exposer mes remarques devant un auditoire d'élite.

For comments on this paper [121], see p. 610.

I. — Sur une propriété caractéristique de la loi de Gauss

I

Envisageons des mesures pour lesquelles la probabilité d'une erreur ne dépend que de la valeur numérique de l'erreur. Désignons par $\varphi(x)$ la loi d'erreurs ; c'est-à-dire que la probabilité qu'une erreur tombe entre les limites a et b est donnée par

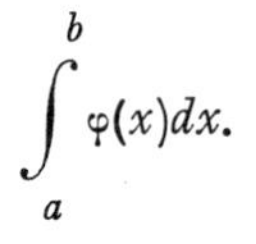

$$\int_a^b \varphi(x)dx.$$

Supposons que n observations indépendantes d'une grandeur physique dont la « vraie valeur » est l ont donné les valeurs

$$l_1, l_2, l_3, \cdots l_n.$$

Les erreurs commises sont $l - l_1$, $l - l_2$, ... $l - l_n$ et la probabilité de les avoir rencontrées ensemble est proportionnelle à

$$\varphi(l - l_1)\,\varphi(l - l_2) \cdots \varphi(l - l_n).$$

En réalité on ne connait pas l et nous devons trouver une valeur plausible de l en connaissant les valeurs l_1, l_2, ... l_n fournies par l'observation et en supposant connue la loi d'erreurs $\varphi(x)$. Il est naturel de prendre comme point de départ la distribution de probabilités dont la densité au point x est proportionnelle à

$$\varphi(x - l_1)\,\varphi(x - l_2) \cdots \varphi(x - l_n). \tag{1}$$

J'admets que nous étions d'accord jusqu'ici. Mais maintenant il s'agit de nous décider entre plusieurs chemins possibles.

a) On peut choisir comme valeur plausible de la grandeur mesurée *la valeur la plus probable*, c'est-à-dire la valeur $x = l'$ qui rend (1) maximum. C'est le choix fait par Gauss.

b) On peut aussi choisir *la valeur probable*, c'est-à-dire la valeur l'' déterminée par l'équation

$$\int_{-\infty}^{+\infty} (x - l'')\,\varphi(x - l_1)\,\varphi(x - l_2) \cdots \varphi(x - l_n)dx = 0.$$

C'est ce que BERTRAND a fait remarquer (1) en critiquant le choix de GAUSS.

c) On pourrait choisir aussi la *valeur médiane*, c'est-à-dire la valeur l''' déterminée par

$$\int_{-\infty}^{l'''} \varphi(x - l_1) \cdots \varphi(x - l_n)dx = \int_{l'''}^{+\infty} \varphi(x - l_1) \cdots \varphi(x - l_n)dx.$$

On pourrait encore choisir les abscisses d'autres points remarquables de la fonction (1), mais arrêtons-nous ici.

POINCARÉ, en critiquant la critique de BERTRAND, a remarqué que les deux chemins *a)* et *b)* mènent au même but, si la loi d'erreurs $\varphi(x)$ est celle de GAUSS (2). C'est une propriété très commode de la loi de GAUSS : elle nous épargne une hésitation pénible. On est ainsi amené à se demander *quelle est la loi d'erreurs la plus générale qui donne*

$$l' = l'',$$

$l_1, l_2, \ldots l_n$ *étant quelconques* ?

Voilà la question à laquelle je tâcherai de répondre dans ce qui suit (3).

II

Nous demandons de la loi d'erreurs qu'elle nous fournisse le même résultat par le chemin *a)* et par le chemin *b)*, quels que soient les nombres donnés $l_1, l_2, \ldots l_n$. C'est une chose bien compliquée, tâchons d'en démêler les postulats essentiels.

Tout d'abord, la méthode *a)* doit être applicable. Nous posons donc comme premier postulat :

(I) *Etant donnés des nombres réels quelconques $l_1, l_2, \ldots l_n$, la fonction* (1) *atteint son maximum pour une seule valeur de* $\boldsymbol{x}$.

Considérons maintenant np mesures

$$l_1, l_1, \cdots l_1 ; l_2, l_2, \cdots l_2 ; \cdots l_n, l_n, \cdots l_n$$

où chacune des valeurs $l_1, l_2, \ldots l_n$ est répétée p fois. En cherchant la

(1) J. BERTRAND, Calcul des probabilités, 2e éd. (Paris, 1907). Voir p. 171-172.

(2) H. POINCARÉ, Calcul des probabilités, 2e éd. (Paris, 1912). Voir p. 237-240 et aussi p. 176 et les suivantes.

(3) La réponse est formulée au no VI. J'ai communiqué le résultat au Congrès international de Bologne, le 5 septembre 1928. Voir les Actes de ce Congrès.

valeur plausible pour cette combinaison de mesures, il faut d'après la méthode *a*) chercher le maximum du produit (1) élevé à la *p-me* puissance. La situation de ce maximum *ne dépend pas de p*. Donc le résultat fourni par la méthode *b*) doit être, lui aussi, indépendant de p ; prenons cela comme second postulat :

(II) *Etant donnés des nombres réels quelconques* $l_1, l_2, \ldots l_n$, *l'équation*

$$(2) \qquad \int_{-\infty}^{+\infty} (x - l)\,[\varphi(x - l_1)\,\varphi(x - l_2) \cdots \varphi(x - l_n)]^p dx = 0$$

donne la même valeur pour l *quel que soit l'entier positif* p.

J'ajoute encore les hypothèses supplémentaires que voici :

(I′) *L'abcisse du maximum de* $\varphi(x)$ *divise l'axe des* x *en deux parties* : *dans chacune d'elles* $\varphi(x)$ *est monotone.*

(III) *La fonction* $\varphi(x)$ *possède une dérivée seconde continue,* $\varphi(x) > 0$ *et l'intégrale* $\int_{-\infty}^{+\infty} x\varphi(x)dx$ *existe.*

Le postulat que $\varphi(x)$ ne possède qu'un seul maximum absolu est contenu en (I), comme cas particulier ; (I′) demande encore que $\varphi(x)$ ne possède qu'un seul maximum *relatif*. (III) demande en somme une certaine régularité de $\varphi(x)$. Il est bien possible que les postulats (I′) et (III) puissent être remplacés par d'autres moins restrictifs sans nuire au résultat final tandis que (I) et (II) me paraissent essentiels.

Notre but est de chercher la fonction $\varphi(x)$ la plus générale satisfaisant à (I), (I′), (II) et (III).

III

J'arrive à deux lemmes dont nous aurons besoin plus tard.

Lemme A. — *Supposons que* $f(x)$ *et* $g(x)$ *soient des fonctions continues, que* $g(\xi) > 0$ *et que* $f(x)$ *atteigne son maximum au point* ξ *et nulle part ailleurs, que* $f(x) \geqq 0$ *et* $f(x)$ *tende vers* 0 *pour* $x \to \pm\infty$ *et enfin que l'intégrale*

$$\int_{-\infty}^{+\infty} |g(x)|\, f(x)dx$$

soit convergente. Alors

$$\lim_{n \to \infty} \sqrt[n]{\int_{-\infty}^{+\infty} g(x)\, f(x)^n dx} = f(\xi).$$

Ce qui est essentiel dans ce lemme est bien connu. Les hypothèses entraînent l'existence de trois nombres positifs ε, α et β, $\alpha < \beta$, tels que

$$f(x) < f(\xi) - 2\varepsilon \quad \text{pour} \quad |x - \xi| > \beta,$$
$$g(x) > 0 \quad \text{pour} \quad |x - \xi| < \beta,$$
$$f(x) > f(\xi) - \varepsilon \quad \text{pour} \quad |x - \xi| < \alpha.$$

On déduit le lemme A de l'inégalité double

$$(f(\xi) - \varepsilon)^n \int_{\xi-\alpha}^{\xi+\alpha} g(x)dx - (f(\xi) - 2\varepsilon)^{n-1} \left(\int_{-\infty}^{\xi-\beta} + \int_{\xi+\beta}^{+\infty} \right) |g(x)|\, f(x)dx$$
$$\leqq \int_{-\infty}^{+\infty} g(x)\, f(x)^n dx \leqq f(\xi)^{n-1} \int_{-\infty}^{+\infty} |g(x)|\, f(x)dx.$$

Lemme B. — Admettons que la fonction $f(x)$ est continue, que $0 < f(x) < f(\xi)$ pour $(x - \xi)^2 > 0$ et que $f(x)$ est croissante pour $x < \xi$ et décroissante pour $x > \xi$. Alors on peut conclure de

$$\int_{-\infty}^{+\infty} x f(x)^p dx = 0 \qquad \textit{pour} \qquad p = 1, 2, 3, \cdots \tag{3}$$

que $f(x)$ est une fonction paire.

Avant de commencer la démonstration observons que de la seule hypothèse (3) on ne peut pas conclure que $f(-x) = f(x)$ comme le montre l'exemple de la fonction $f(x)$ qui est égale à 1 dans les trois intervalles $(-8, -5)$, $(1, 4)$ et $(5, 7)$ et égale à 0 partout ailleurs : elle satisfait à (3) sans être paire.

L'hypothèse faite sur la forme de la courbe $y = f(x)$ et l'existence de l'intégrale mentionnée dans (3) ($p = 1$ suffit ici) entraînent $f(x) \to 0$ pour $x \to \pm\infty$.

Si l'abscisse ξ mentionnée dans le lemme B n'était pas o, on pourrait déduire du lemme A que le premier membre de (3) a le signe de ξ pour n suffisamment grand, ce qui contredirait l'hypothèse. Donc $\xi = 0$, le maximum de $f(x)$ est $f(0)$.

Soient donnés les nombres y et ε,

$$0 < \varepsilon < y < f(0). \tag{4}$$

Déterminons la fonction $\Psi(t) = \Psi(t\,;\, y, \varepsilon)$ en posant

$$t\,\Psi(t; y, \varepsilon) = \begin{cases} 0 & \text{pour} \quad 0 \leqq t \leqq y - \varepsilon \\ 1 & \text{pour} \quad y \leqq t \leqq f(0) \end{cases}$$

et en supposant que $t\Psi(t)$ est linéaire pour $y - \varepsilon \leqq t \leqq y$. D'après le théorème de WEIERSTRASS sur l'approximation des fonctions continues on peut déterminer des polynomes $\mathfrak{P}_1(t)$, $\mathfrak{P}_2(t)$, ...

$$\mathfrak{P}_n(t) = a_{n1} + a_{n2}t + a_{n3}t^2 + \cdots + a_{nn}t^{n-1}$$

tels qu'on ait uniformément pour $0 \leqq t \leqq f(0)$.

$$\lim_{n \to \infty} \mathfrak{P}_n(t) = \Psi(t). \tag{5}$$

En utilisant l'hypothèse (3) pour $p = 1, 2, \ldots n$ on obtient

$$\int_{-\infty}^{+\infty} xf(x)\, \mathfrak{P}_n\big(f(x)\big)dx \tag{6}$$

$$= \int_{-\infty}^{+\infty} x \left\{ a_{n1}f(x) + a_{n2}f(x)^2 + \cdots + a_{nn}f(x)^n \right\} dx = 0.$$

Les polynomes $\mathfrak{P}_n(t)$ étant uniformément bornés pour $0 \leqq t \leqq f(0)$, l'intégrale (6) a une majorante de la forme

$$\int_{-\infty}^{+\infty} |\, x \,|\, f(x)\; l\; dx, \tag{7}$$

où l est une constante positive. On conclut ainsi de (5) et de (6) que

$$\int_{-\infty}^{+\infty} xf(x)\; \Psi(f(x)\,;\, y, \varepsilon)dx = 0. \tag{8}$$

— 6 —

Cette dernière intégrale est encore majorée par (7) (avec $l = 1$) si on y fait tendre ε vers o. Désignons par x_1 la plus petite et par x_2 la plus grande racine de l'équation

$$f(x) = y.$$

Ces racines existent d'après (4) et puisque la fonction continue $f(x)$ tend vers o quand $x \to \pm \infty$; on voit aussi que

$$x_1 < 0 < x_2. \tag{9}$$

D'après l'hypothèse faite sur la forme de la courbe $y = f(x)$

$$f(x) \geqq y \qquad \text{pour} \qquad x_1 \leqq x \leqq x_2$$

et $f(x) < y$ si x est extérieur à l'intervalle (x_1, x_2). On obtient donc

$$0 = \lim_{\varepsilon \to 0} \int_{-\infty}^{+\infty} x f(x) \, \Psi(f(x)\,; y, \varepsilon) dx = \int_{x_1}^{x_2} x \cdot 1 \cdot dx = x_2^2 - x_1^2.$$

Tenant compte de (9), nous avons

$$x_1 = - x_2$$

et puisque c'est vrai pour un y quelconque entre o et $f(0)$ la fonction $f(x)$ est paire.

IV

Le lemme B étant démontré, retournons à la recherche des fonctions $\varphi(x)$ satisfaisant aux postulats (I), (I'), (II) et (III).

Observons qu'une substitution linéaire opérée sur x est sans influence sur les postulats (I)-(III). En changeant x en $x + a$, où a est une constante facile à déterminer, on peut donc supposer que

$$\int_{-\infty}^{+\infty} x \varphi(x) dx = 0. \tag{10}$$

D'après l'hypothèse fondamentale (II), on conclut de (10) que

$$\int_{-\infty}^{+\infty} x \varphi(x)^p dx = 0 \qquad \text{pour} \qquad p = 1, 2, 3, \cdots$$

Ces équations, en nombre infini, entraînent en vertu du lemme B — dont les autres conditions sont remplies d'après (I') et (III) — que $\varphi(x)$ est paire

$$\varphi(-x) = \varphi(x). \tag{11}$$

Soit donné un nombre c quelconque. Observons qu'en vertu de (11) la fonction

$$\begin{aligned}\varphi(x-c)\,\varphi(x+c) &= \varphi(-x+c)\,\varphi(-x-c)\\ &= \varphi(-x-c)\,\varphi(-x+c)\end{aligned} \tag{12}$$

est paire. Elle n'atteint son maximum qu'une fois, d'après l'hypothèse fondamentale (I), elle doit donc l'atteindre au point $x = 0$. On a ainsi, en faisant usage encore une fois de (11)

$$\varphi(c-x)\,\varphi(c+x) < \varphi(c)^2 \qquad \text{pour} \qquad x^2 > 0. \tag{13}$$

En posant

$$c - x = x_1, \qquad c + x = x_2$$

$$\log \varphi(x) = \Psi(x) \tag{14}$$

et en observant que x et c étant arbitraires x_1 et x_2 le sont aussi nous pouvons exprimer (13) par

$$\frac{\Psi(x_1) + \Psi(x_2)}{2} < \Psi\left(\frac{x_1 + x_2}{2}\right) \qquad \text{pour} \qquad x_1 \neq x_2. \tag{15}$$

(15) exprime que la courbe $y = \Psi(x)$ est partout *concave vue d'en bas.*

Nous obtenons de (15) que, pour $x_1 \neq x_2$,

$$\frac{1}{2}\left\{\sum_{v=1}^{n} \Psi(x_1 - l_v) + \sum_{v=1}^{n} \Psi(x_2 - l_v)\right\} < \sum_{v=1}^{n} \Psi\left(\frac{x_1 + x_2}{2} - l_v\right)$$

ce qui exprime que la courbe

$$y = \Psi(x - l_1) + \Psi(x - l_2) + \cdots + \Psi(x - l_n), \tag{16}$$

elle aussi, est partout concave vue d'en bas. En particulier, nous obtenons ainsi, que cette courbe est *croissante à gauche et décroissante à droite de son maximum unique.* Observons que nous savons maintenant davantage que nous n'avons postulé au commencement en posant (I). Nous savons maintenant assez de l'allure de la fonction (1) pour rendre applicable le lemme B à l'équation (2) valable pour $p = 1, 2, 3, \ldots$ Nous obtenons que la fonction (1) est une fonction paire de $(x - l)$.

En somme, nous avons obtenu la propriété suivante des fonctions $\varphi(x)$ satisfaisant aux postulats (I), (I'), (II) et (III) : *Etant donnés des nombres réels quelconques* $l_1, l_2, \ldots l_n$ *il existe un nombre* l, *tel que* $\varphi(x - l_1)\ \varphi(x - l_2) \ldots \varphi(x - l_n)$ *soit une fonction paire de* $(x - l)$ *et une fonction décroissante de* $(x - l)^2$.

Si une loi d'erreurs $\varphi(x)$ jouit de cette propriété et $l_1, l_2, \ldots l_n$ sont des mesures, elle fournit évidemment la même valeur avec les deux méthodes *a*) et *b*) expliquées au nº 1 : la courbe $y = \varphi(x - l_1) \ldots \varphi(x - l_n)$ est symétrique par rapport à l'axe vertical $x = l$ qui contient aussi bien son maximum unique que son centre de gravité. Maintenant nous pouvons être assurés que les postulats (I), (II), (I') et (III) embrassent toute la question du nº 1, ce qui n'était pas évident *à priori.*

Il y a plus. Une loi d'erreurs $\varphi(x)$ jouissant de la dite propriété de symétrie fournira la même valeur aussi avec la méthode *c*) ou avec toute autre méthode raisonnable.

Les déductions suivantes qui sont encore nécessaires pour déterminer la forme des fonctions $\varphi(x)$ cherchées s'appuyeront sur la propriété de symétrie que nous venons d'établir.

V

Jusqu'ici nous n'avons pas fait usage de la première partie de l'hypothèse (III) concernant les dérivées de $\varphi(x)$. Il serait désirable de continuer le raisonnement sans faire appel à ces dérivées ; cela conviendrait mieux au caractère approximatif de la théorie des probabilités qu'on ne devrait pas perdre des yeux en faisant des déductions, comme M. Borel a si justement fait remarquer. Toutefois nous ferons usage des dérivées de $\varphi(x)$ dans ce qui suit, parce que c'est plus commode.

Occupons-nous de la fonction

$$\Psi(x) = \log \varphi(x).$$

En vertu des hypothèses réunies sous (III), $\Psi'(x)$ et $\Psi''(x)$ existent et sont continues. L'inégalité (15) entraîne, comme on voit facilement, que $\Psi'(x)$ est une fonction décroissante au sens stricte, le cas où $\Psi'(x)$

est constante dans un intervalle est exclu comme le signe d'égalité dans (15). On conclut de (11), (14) que

$$\Psi'(-x) = -\Psi'(x) \tag{17}$$

et puis, $\Psi'(x)$ étant strictement monotone,

$$\Psi'(x) < 0 \qquad \text{pour} \qquad x > 0. \tag{18}$$

Soient donnés un nombre positif y et un entier m supérieur à 1. Considérons la fonction de x

$$\Psi'(-y) + m\Psi'(x) = h(x).$$

En vertu de (17) et de (18)

$$h(0) = \Psi'(-y) > 0, \qquad h(y) = (m-1)\Psi'(y) < 0.$$

Donc il existe un η

$$0 < \eta < y$$

tel que $h(\eta) = 0$; donc

$$\Psi'(-y) + m\Psi'(\eta) = 0. \tag{19}$$

C'est-à-dire que la dérivée de la fonction de x

$$\varphi(x-y)\,\varphi(x+\eta)^m \tag{20}$$

s'annule pour $x = 0$. Mais puisque $\Psi'(x)$ est strictement monotone, la dérivée de (20) ne peut s'annuler qu'une fois. L'abscisse $x = 0$ est donc pour la fonction (20) l'abscisse de symétrie dont l'existence a été établie au nº IV, la fonction (20) est paire. On a donc en faisant usage de (11)

$$\begin{aligned} \varphi(x-y)\,\varphi(x+\eta)^m &= \varphi(-x-y)\,\varphi(-x+\eta)^m \\ &= \varphi(x+y)\,\varphi(x-\eta)^m. \end{aligned} \tag{21}$$

En éliminant m entre (19) et (21) et en utilisant (17) on obtient

$$\frac{\Psi'(y)}{\Psi'(\eta)} \log \frac{\varphi(x+\eta)}{\varphi(x-\eta)} = \log \frac{\varphi(x+y)}{\varphi(x-y)}$$

ce qu'on peut écrire

$$2\Psi'(y)\,\frac{\Psi(x+\eta)-\Psi(x-\eta)}{2\eta} = [\Psi(x+y)-\Psi(x-y)]\,\frac{\Psi'(\eta)}{\eta}. \tag{22}$$

Regardons y comme constante et faisons tendre l'entier m vers ∞.

On conclut de (19) d'abord que $\Psi'(\eta) \to 0$, puis, $\Psi'(x)$ étant strictement monotone, que $\eta \to 0$. En définitive (22) nous fournit pour $m \to \infty$

$$2\Psi'(x)\,\Psi'(y) = [\Psi(x+y) - \Psi(x-y)]\Psi''(0). \tag{23}$$

En différentiant (23) par rapport à x et à y nous obtenons

$$2\Psi''(x)\,\Psi''(y) = [\Psi''(x+y) + \Psi''(x-y)]\Psi''(0). \tag{24}$$

Observons que $\Psi''(0) = 0$ est exclu par (23) puisque $\Psi'(x)$ ne s'annule pas identiquement. En posant

$$\frac{\Psi''(x)}{\Psi''(0)} = f(x) \tag{25}$$

nous obtenons finalement

$$2f(x)\,f(y) = f(x+y) + f(x-y). \tag{26}$$

C'est une des équations fonctionnelles classiques traitées par CAUCHY [4]. Observons qu'en vertu de l'hypothèse (III) la fonction $f(x)$ donnée par (25) est continue ; elle est paire, voir (17), et se réduit à 1 pour $x = 0$. Dans ces conditions la solution ne peut avoir d'après CAUCHY qu'une des trois formes suivantes :

$$\frac{\Psi''(x)}{\Psi''(0)} = f(x) = \begin{cases} 1 \\ \cosh bx = \frac{1}{2}(e^{bx} + e^{-bx}) \\ \cos bx \end{cases} \tag{27}$$

b étant une certaine constante positive. La troisième forme, $\cos bx$ est exclue par (17) et (18), la première n'est qu'un cas limite de la seconde, pour $b \to 0$. En observant que $\Psi''(0)$ doit être négative et $\Psi'(x)$ impaire, voir (17), (18), on obtient par deux intégrations

$$\Psi(x) = \frac{c}{b^2}[1 - \cosh(bx)] + \log d, \tag{28}$$

ce qui contient comme cas limite $(b \to 0)$

$$\Psi(x) = -\frac{cx^2}{2} + \log d\,; \tag{28*}$$

(4) A. L. CAUCHY, Cours d'Analyse de l'Ecole Royale Polytechnique (Paris 1821). Voir p. 114-122.

b, c, d sont des constantes positives. En appliquant la transformation opérée au commencement du nº IV dans la direction inverse on trouve la forme définitive de $\varphi(x)$.

VI

Voici le résultat :

Chaque fonction $\varphi(x)$ satisfaisant aux postulats (I), (I′), (II) *et* (III) *est nécessairement d'une des deux formes suivantes*

$$\varphi(x) = de^{cb^{-2}[1 - \cosh b(x - a)]} \tag{29}$$

$$\varphi(x) = de^{-\frac{c(x-a)^2}{2}} \tag{29*}$$

b, c, d étant des constantes positives et a une constante réelle quelconque; (29*) *est le cas limite de* (29) *pour $b \to 0$.*

On peut ajouter qu'inversement *a, b, c étant donnés, $b > 0$, $c > 0$, a quelconque, on peut déterminer d de manière que $\varphi(x)$, donnée par* (29) *ou* (29*) *soit une loi d'erreur. Cette loi d'erreur fournira la même valeur pour la grandeur mesurée avec les trois méthodes a), b), c) expliquées au nº* I, *quelles que soient les mesures.*

En effet, $\varphi(x)$ étant positive, pour qu'elle puisse être admise comme loi d'erreur elle doit encore satisfaire à la condition

$$\int_{-\infty}^{+\infty} \varphi(x)dx = 1$$

ce qui n'exige qu'un choix convenable de d.

Puis, $l_1, l_2, \dots l_n$ étant donnés, l'équation en l

$$\sinh b(l - l_1) + \sinh b(l - l_2) + \cdots + \sinh b(l - l_n) = 0 \tag{30}$$

aura une unique racine réelle, vu que la fonction

$$\sinh x = \frac{e^x - e^{-x}}{2}$$

est strictement monotone et varie de $-\infty$ à $+\infty$ avec x. (On peut même dire que la racine l sera comprise entre le plus petit et le plus grand des nombres $l_1, l_2, \ldots l_n$.) $\Psi(x)$ étant donnée par (28) — je prends, ce qui est sans importance, $a = 0$ dans (29) — on a, en vertu de (30)

$$\sum_{v=1}^{n} \Psi(x - l_v) - n(cb^{-2} + \log d)$$

$$= - cb^{-2} \sum_{v=1}^{n} [\cosh b(x - l) \cosh b(l - l_v) + \sinh b(x - l) \sinh b(l - l_v)]$$

$$= - cb^{-2} \cosh b(x - l) \sum_{v=1}^{n} \cosh b(l - l_v).$$

C'est bien une fonction paire de $(x - l)$ et une fonction décroissante de $(x - l)^2$.

On peut vérifier encore plus facilement que la fonction (29*) possède la même propriété de symétrie ; dans ce cas-là, même

$$\varphi\big(a_1(x - l_1)\big)\, \varphi\big(a_2(x - l_2)\big) \cdots \varphi\big(a_n(x - l_n)\big)$$

est une fonction paire de $(x - l^*)$; $a_1, a_2, \ldots a_n, l_1, l_2, \ldots l_n$ étant quelconques et l^* étant choisi convenablement. (Cette propriété caractérise d'ailleurs complètement (29*) puisqu'elle ne convient pas à (29) ; cela a une certaine importance quand on envisage des mesures qui n'ont pas toutes la même précision.)

En somme nous avons complètement déterminé les lois d'erreur qui mènent au même résultat avec les deux méthodes *a*) et *b*). Elles forment la famille de courbes (29) à 3 paramètres, contenant la courbe de Gauss (29*) qui ne dépend que de 2 paramètres. En supposant (10) c'est-à-dire qu'il n'y ait pas d'erreur constante, on obtient $a = 0$, donc le nombre des paramètres se réduit d'une unité.

VII

Je vais ajouter quelques remarques sur la loi d'erreurs cyclique, dont la notion est due à M. von Mises [5]. Je n'ai pas à examiner ici si cette loi est applicable ou non au problème certainement passionnant de la « Ganzzahligkeit » (problème des valeurs entières tirées de l'observation) que son auteur a en vue ; je m'occuperai d'elle comme

(5) Physikalische Zeitschrift (1919), p. 490-500.

d'une notion mathématique apte à éclaircir par analogie les questions correspondantes sur la loi d'erreurs ordinaire.

Admettons qu'en mesurant des angles la probabilité d'une erreur ne dépend que de sa valeur numérique. (Les « angles » sont des valeurs réelles quelconques envisagées mod. 2π.) Comme loi d'erreurs cyclique je désignerai une fonction $\varphi(x)$ telle que la probabilité qu'une erreur tombe entre les limites α et β est

$$\int_{\alpha}^{\beta} \varphi(x)dx \qquad (\alpha < \beta \leqq \alpha + 2\pi).$$

On doit avoir

$$\varphi(x + 2\pi) = \varphi(x), \qquad \varphi(x) \geqq 0, \qquad \int_{0}^{2\pi} \varphi(x)dx = 1. \tag{31}$$

Si n observations indépendantes d'un angle dont la vraie valeur est λ ont donné les mesures $\lambda_1, \lambda_2, \ldots \lambda_n$, la probabilité de les avoir rencontrées ensemble est proportionnelle à

$$\varphi(\lambda - \lambda_1)\, \varphi(\lambda - \lambda_2) \cdots \varphi(\lambda - \lambda_n).$$

Si on ne connait pas la vraie valeur de l'angle mesuré, seulement les mesures $\lambda_1, \lambda_2, \ldots \lambda_n$ fournies par l'observation et la loi d'erreurs $\varphi(x)$, on peut se proposer de former une conjecture plausible sur la vraie valeur. Mais ici surgit une nouvelle difficulté, inhérente au nouveau problème. Il y a évidemment des cas où on ne peut pas former une conjecture raisonnable, comme par exemple lorsque λ_1, $\lambda_2, \ldots \lambda_n$ désignent les directions de n rayons d'un cercle qui sont dirigés vers les sommets d'un polygone régulier de n côtés inscrit au cercle. Il faut éviter de demander trop. Bornons-nous au cas où *les mesures couvrent moins qu'un demi-cercle,* donc où on a

$$\lambda_1 \leqq \lambda_2 \leqq \cdots \leqq \lambda_n < \lambda_1 + \pi. \tag{32}$$

Nous n'exigeons des méthodes suivantes un résultat déterminé que dans le cas (32).

Il est naturel d'envisager la distribution de probabilités sur le cercle unité dont la densité au point x est

$$\varphi(x - \lambda_1)\, \varphi(x - \lambda_2) \cdots \varphi(x - \lambda_n). \tag{33}$$

(Le rayon passant par le « point x » forme l'angle x avec une direction donnée). On peut proposer deux méthodes.

a) On prend comme valeur plausible de l'angle cherché la valeur qui rend (33) maximum. C'est la méthode proposée par M. von Mises, analogue à celle de Gauss.

b) On cherche le centre de gravité d'une masse, répartie le long du cercle unité dont la densité au point x est (33) et on détermine l'angle cherché par le rayon qui passe par ce centre de gravité. Cela revient à prendre comme valeur plausible de l'angle cherché celle des deux valeurs λ satisfaisant à l'équation

$$\int_0^{2\pi} \sin(x - \lambda)\, \varphi(x - \lambda_1)\, \varphi(x - \lambda_2) \cdots \varphi(x - \lambda_n) dx = 0$$

qui est située dans le *plus petit* des deux arcs déterminés par λ_1 et λ_n ; n'oublions pas que nous avons supposé (32). Cette méthode n'était pas proposée par M. von Mises mais est suggérée par ses considérations.

Nous avons un problème analogue à celui du n° I si nous cherchons les *lois d'erreurs cycliques pour lesquelles les méthodes a) et b) mènent nécessairement au même résultat*. Il sera suffisant d'esquisser la marche générale du raisonnement.

Comme au n° II, nous pouvons détacher les 2 postulats suivants :

(I). Quels que soient $\lambda_1, \lambda_2, \ldots \lambda_n$ satisfaisant à (32), la fonction (33) n'a qu'un maximum absolu entre 0 et 2π.

(II). Quels que soient $\lambda_1, \lambda_2, \ldots \lambda_n$, satisfaisant à (32), la solution de l'équation en λ

$$\int_0^{2\pi} \sin(x - \lambda)\, [\varphi(x - \lambda_1)\, \varphi(x - \lambda_2) \cdots \varphi(x - \lambda_n)]^p dx = 0$$

est indépendante de p, $p = 1, 2, 3, \ldots$

Pour pouvoir appliquer les méthodes des n°s III-V j'ai dû en outre faire les hypothèses supplémentaires suivantes :

(I''). La fonction (33) n'admet qu'un maximum *relatif* entre 0 et 2π, c'est-à-dire qu'elle est monotone entre son minimum et son maximum, les deux étant univoquement déterminés mod. 2π.

(III). Les dérivées $\varphi'(x)$ et $\varphi''(x)$ existent et sont continues : $\varphi(x) > 0$.

Avec des modifications faciles, les raisonnements des nos III-V mènent à l'équation fonctionnelle (26) dont il faudra maintenant prendre la troisième solution, inutilisable pour le problème précédent (voir (27)). Plus précisément, vu le postulat (I) et la périodicité exigée par (31), il faudra la prendre avec $b = 1$. D'où on obtient la loi d'erreurs cyclique

$$\varphi(x) = de^{c \cos x} \tag{34}$$

C'est la loi qui a été déduite par M. VON MISES *l. c.* d'un postulat différent, analogue au postulat dont GAUSS a déduit sa loi. Il me paraît intéressant que cette loi cyclique (34) conserve avec la loi de GAUSS une analogie aussi au point de vue de la comparaison des méthodes *a*) et *b*).

Beaucoup plus loin l'analogie n'ira pas, me semble-t-il. En cherchant une loi d'erreurs cyclique qui provient de la superposition d'une multitude de petites erreurs indépendantes, on doit arriver à la loi de GAUSS « enroulée autour du cercle » ; c'est la loi

$$\varphi(x) = \frac{1}{\sqrt{2\pi c}} \sum_{n=-\infty}^{+\infty} e^{-\frac{(x - 2n\pi)^2}{2c}}$$

représentée, ce qui est assez curieux, par une série théta.

II. — Sur quelques courbes de fréquence résultant de la superposition d'effets fortuits interdépendants

I

La situation privilégiée de la courbe de GAUSS dans la statistique mathématique s'explique par deux raisons, l'une expérimentale et l'autre théorique. L'expérience nous montre que, dans des domaines très divers, il y a des courbes statistiques qui, avec une approximation raisonnable, peuvent être assimilées à la courbe de GAUSS. La théorie nous apprend que c'est la courbe de GAUSS qui doit résulter de la superposition d'un très grand nombre de petits effets fortuits indépendants. La constatation théorique élucide le fait expérimental ; plusieurs grandeurs dont la statistique nous est familière, comme les erreurs d'observation, les dimensions des organes des êtres vivants, etc., subissent des modifications dues à l'action d'une multitude de petites causes incontrôlables qu'on peut raisonnablement considérer comme « dues au hasard ».

Mais dans tous les domaines d'application on rencontre aussi des courbes statistiques qui s'écartent considérablement de la courbe de GAUSS et une tâche très importante de la théorie est de chercher d'autres courbes théoriques, auxquelles les courbes expérimentales pourraient être raisonnablement assimilées. Ce problème paraît, par sa nature, indéterminé. On connaît les travaux de PEARSON, BRUNS, CHARLIER, KAPTEYN et d'autres qui en présentent des solutions très différentes, chaque solution généralisant la courbe de GAUSS dans une autre direction.

Il me paraît qu'il ne faut pas considérer ce problème d'une manière formelle et chercher des familles de courbes quelconques qui se déduisent de la courbe de GAUSS par une opération analytique quelconque ou partagent avec la courbe de GAUSS une propriété analytique quelconque. Ce qu'il faudrait élargir c'est la base théorique de la courbe de GAUSS et c'est le chemin suivant qui semble se présenter le plus naturellement. Gardons la conception fondamentale que la courbe théorique cherchée résulte de la sommation d'un très grand nombre d'effets dûs au hasard, mais *abandonnons l'hypothèse supplémentaire* que ces effets sont *indépendants*. Le problème mathématique qui s'impose de cette façon peut être formulé ainsi : étudier les lois limites provenant de la somme d'un grand nombre de variables aléatoires interdépendantes.

C'est ce problème vaste, trop vaste peut-être, que j'entreprendrai d'éclaircir par quelques exemples choisis avec soin. Ils nous feront entrevoir quelques conclusions générales et nous mèneront à quelques lois limites de fréquences, qui ne seront pas simplement des formules commodes pour l'interpolation, mais des formules susceptibles d'interprétation.

II

Considérons une suite de variables aléatoires (6)

$$\mathbf{x}_1, \mathbf{x}_2, \mathbf{x}_3, \cdots \mathbf{x}_n, \mathbf{x}_{n+1}, \cdots$$

et concevons-les comme réalisées par des expériences successives,

(6) Les variables aléatoires seront désignées par des caractères gras.

x_1 faisant le commencement et x_{n+1} venant après x_n. Le cas général d'interdépendance consiste en ceci que *les chances de* x_{n+1} *sont déterminées par l'ensemble des valeurs que les expériences précédentes ont attribuées à* $x_1, x_2, \ldots x_n$.

Un cas particulier important est celui où les chances de x_{n+1} ne dépendent que de la somme $x_1 + x_2 + \cdots + x_n$, deux combinaisons $x_1, x_2, \ldots x_n$ de même somme donnant les mêmes chances pour x_{n+1}. Dans ce cas-ci je parlerai d'*influence globale.*

Un autre cas particulier important est celui où les chances de x_{n+1} ne dépendent que de x_n, deux combinaisons $x_1, x_2, \ldots x_n$ avec la même valeur de x_n donnant les mêmes chances pour x_{n+1}. Dans ce cas-là je parlerai de l'*influence du prédécesseur.* Ce cas a été introduit par A. MARKOFF qui en a fait une étude approfondie sous le nom d'*épreuves liées en chaîne* (7).

On dit que les variables aléatoires $x_1, x_2, \ldots x_n, x_{n+1}, \ldots$ sont *indépendantes,* si les chances de x_{n+1} ne dépendent pas du tout du résultat des épreuves précédentes, deux combinaisons quelconques $x_1, x_2, \ldots x_n$ donnant les mêmes chances pour x_{n+1}.

L'interdépendance des variables aléatoires quelconques $x_1, x_2, \ldots x_n, x_{n+1}, \ldots$ consiste en ceci que les chances de x_n sont modifiées si on fixe les valeurs d'autres variables $x_j, x_k, \ldots x_p, x_q, \ldots$ qui peuvent en partie précéder x_n et en partie la suivre. La distinction faite entre influence générale, influence globale, influence du prédécesseur et indépendance a été basée sur la considération des chances de x_{n+1} quand toutes les variables précédentes $x_1, x_2, \ldots x_n$ sont fixées et aucune des variables suivantes $x_{n+1}, x_{n+2}, \ldots$ ne l'est. Il est encore important de considérer les chances de x_n lorsqu'aucune variable n'est fixée, ni x_1, ni $x_2, \ldots$ ni $x_{n+1}, \ldots$, les chances de x_n « avant la première épreuve » que je nommerai les chances *à priori* de x_n. (Une confusion avec la signification demi-philosophique du terme « probabilité *à priori* » me semble facile à éviter.) Si les variables aléatoires $x_1, x_2, x_3, \ldots$ sont indépendantes, les chances de x_n après la fixation des valeurs d'autres variables quelconques $x_j, x_k, \ldots x_p, x_q, \ldots$ sont égales à ses chances *à priori.*

(7) A. A. MARKOFF : *a*) Wahrscheinlichkeitsrechnung (Leipzig-Berlin, 1912), p. 272-298 ; *b*) Supplément à la 3e édition russe de l'ouvrage précité ; traduction française parue séparément (St.-Pétersbourg, 1913), p. 44-66.

Je dirai que la suite $x_1, x_2, \ldots x_n, \ldots$ est *homogène* si les chances *à priori* de toutes les variables sont les mêmes.

Les variables $x_1, x_2, \ldots x_n, \ldots$ peuvent varier d'une manière continue ou discontinue, elles peuvent aussi être des vecteurs dans un espace d'un nombre quelconque de dimensions.

Nous avons le cas le plus simple, lorsque chaque épreuve ne présente qu'une alternative, c'est-à-dire lorsque x_n n'est susceptible que de deux valeurs différentes, disons de 0 et de 1 ($n = 1, 2, 3, \ldots$). Dans ce cas je parlerai d'épreuves ou de variables *alternatives*.

Le cas le plus simple, le plus classique et aussi le plus important, est celui où les épreuves sont à la fois alternatives, homogènes et indépendantes. Chaque épreuve devant présenter une alternative, chacune la même alternative, avec des chances indépendantes du résultat des autres, l'épreuve en question peut être représentée par un tirage d'une urne qui ne contient que deux espèces de boules, disons rouges et noires, l'urne présentant à tous les tirages la même composition. Il s'agit donc de tirages réitérés d'une urne dont on maintient la composition constante, en remettant chaque fois la boule tirée. La suite de tirages ne dépend que d'un paramètre, de la probabilité de tirer rouge de l'urne en question que nous désignerons par p. C'est le schéma d'urnes le plus classique à propos duquel Jacques Bernoulli a trouvé son théorème et de Moivre a rencontré la loi de fréquences qu'on nomme généralement la loi de Gauss.

C'est le schéma d'urne que je veux modifier essentiellement, mais aussi simplement que possible. Je considérerai des épreuves alternatives, homogènes mais non-indépendantes et je fixerai le degré d'interdépendance par un seul paramètre, qui s'ajoutera au paramètre p, probabilité *à priori* de tirer rouge, la même pour toutes les épreuves. On pourrait ajouter ce second paramètre d'une infinité de manières, mais je ne considérerai que deux structures d'interdépendance, essentiellement différentes : je prendrai un exemple de l'influence globale et un autre de l'influence du prédécesseur.

III

Un phénomène familier où il s'agit d'une influence globale (avec des à peu près inévitables en statistique) est le progrès d'une épidémie. Nous jugeons les chances d'éviter l'épidémie surtout d'après le *chiffre total* des cas de maladie ou de mort. Le fait élémentaire dans le progrès d'une épidémie est la production des germes ; celui qui tombe malade produit de nouveaux germes, en nombre beaucoup supérieur et augmente par cela les chances de son entourage de tomber malade. En réduisant ce fait à son expression la plus simple et en y ajoutant une certaine symétrie, propice au traitement mathématique, nous sommes amenés au schéma d'urnes suivant :

Une urne contient originalement N boules, dont R sont rouges et S noires, $R + S = N$. Nous faisons de l'urne des tirages successifs en ajoutant à l'urne, après chaque tirage, à la place de la boule tirée $1 + \Delta$ boules *de la même couleur*. Si Δ est positif, le nombre des boules augmente après chaque tirage, chaque succès obtenu favorise les chances des succès à obtenir, chaque insuccès gâte encore les chances des épreuves suivantes, le succès ainsi que l'insuccès sont *contagieux*. Ajouter un nombre négatif signifie enlever ; donc si Δ est négatif, le nombre des boules diminue au cours des tirages, chaque succès obtenu diminue les chances de succès ultérieurs ; mais aussi les insuccès sont de la même nature et chaque coup tend à amener un revirement de fortune. Si $\Delta = 0$, les épreuves sont indépendantes ; c'est le cas classique de la boule remise. Le cas $\Delta = -1$, celui de la boule non-remise est aussi classique.

Associons aux tirages successifs les variables aléatoires $x_1, x_2, x_3, \ldots$ le premier tirage correspondant à x_1, le second à x_2, etc. Soit $x_n = 1$ si le tirage correspondant fait sortir une boule rouge et soit $x_n = 0$ s'il fait sortir une noire.

Après n tirages l'urne contiendra un nombre total de $N + n\Delta$ boules, dont $R + (x_1 + x_2 + \cdots + x_n)\Delta$ rouges. La probabilité de tirer une boule rouge au $(n + 1)$-*me* tirage est donc

$$\frac{R + (x_1 + x_2 + \cdots + x_n)\Delta}{N + n\Delta} = \frac{\rho + (x_1 + x_2 + \cdots + x_n)\delta}{1 + n\delta}. \tag{1}$$

Je pose ici comme dans ce qui suit

$$\rho = \frac{R}{N}, \qquad \sigma = \frac{S}{N} = 1 - \rho, \qquad \delta = \frac{\Delta}{N}. \tag{2}$$

(1) est la probabilité de l'équation $x_{n+1} = 1$. Elle ne dépend que de la somme $x_1 + x_2 + \cdots + x_n$ des variables aléatoires précédentes ; c'est bien le cas de l'influence globale.

La probabilité (1) contient deux paramètres, ρ et δ ; ρ est la probabilité *à priori* de l'équation $x_1 = 1$, δ exprime par son signe la direction et par sa valeur absolue l'intensité de l'interdépendance. On peut attribuer à ρ une valeur quelconque de l'intervalle $0 < \rho < 1$. Etant donné ρ, si la série comprend n tirages, δ doit satisfaire à la condition

$$\rho + (n-1)\delta \geqq 0; \tag{3}$$

le premier membre est le numérateur de la probabilité d'avoir $x_n = 1$ après $x_1 = x_2 = \cdots = x_{n-1} = 1$. La condition (3) est l'unique à laquelle δ doit satisfaire pourvu que $\rho \leqq \sigma$.

La structure d'interdépendance que je viens d'expliquer et qui peut être caractérisée soit par le schéma d'urnes considéré, soit par la formule (1), sera nommée brièvement la structure de la « contagion » (8).

IV

Le cas le plus simple de l'influence du prédécesseur est représenté par le schéma d'urnes suivant.

Pour faire une série de tirages, on dispose de trois urnes, $\mathfrak{U}_1$, $\mathfrak{U}_\rho$, $\mathfrak{U}_\sigma$ chacune contenant des boules rouges et noires. De l'urne $\mathfrak{U}_1$ on ne fait qu'un tirage, le premier de la série. Si la boule sortie au ***n-me*** tirage était rouge, le $(n+1)$-***me*** tirage se fera de $\mathfrak{U}_\rho$, si elle était noire, il se fera de $\mathfrak{U}_\sigma$. On maintient constante la composition de $\mathfrak{U}_\rho$ ainsi que celle de $\mathfrak{U}_\sigma$ en remettant chaque fois la boule puisée. Les probabilités sont données par le tableau suivant :

urne	$\mathfrak{U}_1$	$\mathfrak{U}_\rho$	$\mathfrak{U}_\sigma$
probabilité de boule rouge	ρ_1	ρ_ρ	ρ_σ
probabilité de boule noire	σ_1	σ_ρ	σ_σ.

Donc ρ_ρ est la probabilité du « rouge après rouge », σ_ρ du « noir après rouge », etc. On a

$$\rho_1 + \sigma_1 = 1, \qquad \rho_\rho + \sigma_\rho = 1, \qquad \rho_\sigma + \sigma_\sigma = 1. \tag{4}$$

(8) Voir F. EGGENBERGER et G. PÓLYA : *a*) Zeitschrift f. angewandte Mathematik u. Mechanik, t. III (1923), p. 279-289 ; *b*) Comptes-rendus, t. 187 (1928), p. 870-872 ; F. EGGENBERGER, Thèse, Zurich, 1924 ; A. A. MARKOFF, Bulletin de l'Académie Imp. des Sciences, Pétrograd (1917) p. 177-186 (M. Serge BERNSTEIN a eu l'amabilité de me signaler cet ouvrage écrit en russe). Essentiellement la même structure de probabilité a été envisagée par Léon BRILLOUIN en connection avec un problème de la théorie des quanta. Annales de Physique, t. 7 (1927), p. 315-331.

Associons aux tirages successifs les variables aléatoires $x_1, x_2, x_3, \ldots$ de la même manière qu'au n° III. La probabilité que la boule sortie au $(n + 1)$-*me* tirage soit rouge ou, ce qui est la même chose, la probabilité d'avoir $x_{n+1} = 1$ est donnée par

(5)
$$\rho_\sigma + (\rho_\rho - \rho_\sigma)x_n = \rho_\sigma + \tau x_n$$

où j'ai posé

(6)
$$\tau = \rho_\rho - \rho_\sigma = \sigma_\sigma - \sigma_\rho = \begin{vmatrix} \rho_\rho & \sigma_\rho \\ \rho_\sigma & \sigma_\sigma \end{vmatrix}$$

La probabilité (5) ne dépend que de x_n ; c'est bien le cas de l'influence du prédécesseur.

Si τ est positif, la structure des tirages favorise la *ressemblance* de chaque épreuve à la précédente ; elle favorise la *dissemblance* si τ est négatif. Dans le premier cas, la valeur absolue de τ exprime la force de la « tradition », dans le second la force de l' « opposition ».

Un exemple aussi simple qu'ingénieux de cette structure d'interdépendance est due à MARKOFF lui-même [9]. Il est familier à tout le monde : c'est un texte quelconque dans lequel les lettres, consonnes et voyelles, se suivent. Entendons par ρ_ρ, ρ_σ, σ_ρ, σ_σ les quatre probabilités suivantes déterminées expérimentalement par dénombrement direct : « consonne après consonne », « consonne après voyelle », « voyelle après consonne », « voyelle après voyelle ». Nous aurons un τ négatif, donc le cas de la dissemblance et le schéma d'urnes expliqué correspondra approximativement aux faits observables [10]. On pourrait penser que le cas de τ positif, celui de la ressemblance, se trouve réalisé dans une longue lignée de descendants successifs. Les dispositions sont transmises de père en fils ; les influences ancestrales de prédécesseurs très éloignés peuvent se faire sentir, mais seulement indirectement, par l'intermédiaire du *prédécesseur immédiat* [11]. Quoiqu'il en soit, simplement pour avoir une expression brève, je parlerai du cas discuté des épreuves liées en chaîne, caractérisée par (5), comme de la structure de l' « hérédité ».

(9) Voir l. c. 7) b) p. 56-66.

(10) Mais seulement approximativement : la $(n - 1)$-*me* lettre semble exercer sur la $(n + 1)$-*me* une influence *directe* non négligeable bien que moins forte que celle qu'elle exerce indirectement par l'intermédiaire de la n-*me* ; et il y a encore la $(n - 2)$-*me* lettre, etc. Voir les résultats expérimentaux de MARKOFF *l. c.*

(11) Cette idée a été émise, sous une forme plus précise par Serge BERNSTEIN, Mathematische Annalen, t. 97 (1926), p. 1-59, voir p. 40-41.

V

Je vais calculer quelques espérances mathématiques, utiles à l'étude de la structure de la « contagion ». Ce calcul sera des plus simples si nous nous appuyons sur le fait suivant :

La structure de la « contagion » est homogène, c'est-à-dire que toutes les variables aléatoires $x_1, x_2, \ldots x_n, \ldots$ *ont les mêmes probabilités à priori. Outre cela, l'interdépendance entre deux variables quelconques* x_k *et* x_l *est la même.*

Cela est plausible puisque la probabilité (1) est une fonction symétrique des variables qui précèdent x_{n+1}, mais cela ne va pas de soi. Le résultat énoncé contient une propriété importante de la structure de la contagion qui sera démontrée sous une forme un peu plus générale au nº VII et dont je ferai usage dès maintenant.

Valeur probable de x_n. L'espérance mathématique de x_n pour n quelconque est la même que celle de x_1, à cause de l'homogénéité. x_1 ne prend que deux valeurs, 1 et 0, avec la probabilité ρ et σ respectivement ; on a donc [12]

$$\text{(7)} \qquad \mathrm{E}x_n = \mathrm{E}x_1 = \rho \cdot 1 + \sigma \cdot 0 = \rho.$$

Ecart de x_n. Le carré de l'écart moyen quadratique de x_n est, lui aussi, indépendant de n. On a

$$\text{(8)} \qquad \mathrm{E}(x_n - \rho)^2 = \mathrm{E}(x_1 - \rho)^2 = \rho(1 - \rho)^2 + \sigma(0 - \rho)^2 = \rho\sigma.$$

Coefficient de corrélation de x_k *et* x_l. Il suffit de calculer, d'après le principe avancé, le coefficient de corrélation de x_1 et de x_2, celui de x_k et x_l étant le même. Commençons par calculer la probabilité d'avoir les deux équations simultanées

$$x_1 = 1, \qquad x_2 = 1,$$

c'est-à-dire que les deux premiers tirages donnent rouge. La probabilité d'avoir $x_1 = 1$ est ρ. Etant donné $x_1 = 1$, la probabilité d'avoir $x_2 = 1$ est, d'après (1), $\frac{\rho + \delta}{1 + \delta}$. La probabilité cherchée est la probabilité composée

$$\rho \cdot \frac{\rho + \delta}{1 + \delta}.$$

(12) E désigne l'espérance mathématique.

En calculant de la même manière encore trois probabilités analogues, on obtient la table de corrélation de x_1 et de x_2

$x_2 \backslash x_1$	1	0
1	$\frac{\rho(\rho+\delta)}{1+\delta}$	$\frac{\rho\sigma}{1+\delta}$
0	$\frac{\sigma\rho}{1+\delta}$	$\frac{\sigma(\sigma+\delta)}{1+\delta}$

Observons en passant que cette table est symétrique par rapport à sa diagonale principale, donc x_2 *dépend de la même manière de* x_1 *que* x_1 *de* x_2. En l'utilisant on trouve

$$(9)\quad E(x_1-\rho)(x_2-\rho)=\frac{\rho(\rho+\delta)}{1+\delta}(1-\rho)(1-\rho)+\frac{\rho\sigma}{1+\delta}(0-\rho)(1-\rho)+\cdots$$
$$=\frac{\rho\sigma\delta}{1+\delta}=E(x_k-\rho)(x_l-\rho).$$

Le coefficient de corrélation entre x_k et x_l est, en vertu de (8) et de (9),

$$(10)\qquad \frac{E(x_k-\rho)(x_l-\rho)}{\sqrt{E(x_k-\rho)^2\,E(x_l-\rho)^2}}=\frac{\delta}{1+\delta};$$

il a le signe de δ et il croît avec δ, s'approchant de l'unité quand δ est positif et très grand, c'est-à-dire lorsque la contagion est forte.

Valeur probable de $r=x_1+x_2+\cdots+x_n$. — La variable aléatoire r est le nombre, sujet au hasard, des boules rouges sorties aux n premiers tirages. Sa valeur probable est

$$(11)\qquad Er=Ex_1+Ex_2+\cdots+Ex_n=n\rho$$

en vertu de (7).

Ecart de r. — On obtient son carré, en utilisant (8) et (9)

$$(12)\qquad E(r-n\rho)^2=E(x_1-\rho+x_2-\rho+\cdots+x_n-\rho)^2$$
$$=nE(x_1-\rho)^2+n(n-1)\,E(x_1-\rho)(x_2-\rho)$$
$$=n\rho\sigma\left(1+\frac{(n-1)\delta}{1+\delta}\right).$$

Coefficient de dispersion. — On obtient le carré de ce coefficient (qui sera comme d'usage, désigné par Q) en divisant $E(r-n\rho)^2$ par $n\rho\sigma$, ce qui serait la valeur de (12) si x_1, x_2, ... x_n étaient indépendants. Donc

$$Q^2 = \frac{1 + n\delta}{1 + \delta}. \tag{13}$$

On a $Q > 1$ ou $Q < 1$ selon que $\delta > 0$ ou $\delta < 0$. C'est-à-dire que la dispersion est hypernormale ou hyponormale selon que les chances augmentent ou diminuent avec le succès. Cela se comprend.

VI

La structure de l' « hérédité », telle qu'elle a été définie au nº IV, n'est pas nécessairement homogène. Désignons par ρ_k la probabilité *à priori* (voir nº II) d'avoir $x_k = 1$ et par σ_k celle d'avoir $x_k = 0$. On a

$$\rho_k + \sigma_k = 1. \tag{14}$$

Cherchons la relation entre ρ_k et ρ_{k+1}.

Que la boule tirée au $(k+1)$-*me* tirage soit rouge peut arriver de deux manières : elle est sortie de $\mathfrak{U}_\rho$ ou de $\mathfrak{U}_\sigma$ selon que la boule précédente a été rouge ou noire. La probabilité totale est donc

$$\rho_{k+1} = \rho_k \rho_\rho + \sigma_k \rho_\sigma$$

ou, utilisant (6) et (14)

$$\rho_{k+1} = \tau \rho_k + \rho_\sigma. \tag{15}$$

Déterminons ρ par

$$\rho = \tau\rho + \rho_\sigma. \tag{16}$$

On aura

$$\rho_{k+1} - \rho = \tau(\rho_k - \rho)$$

et, en répétant le raisonnement,

$$\rho_{k+m} - \rho = \tau^m(\rho_k - \rho). \tag{17}$$

En posant $k = 1$ dans (17) on voit qu'en supposant

$$\rho_1 = \rho, \qquad \sigma_1 = 1 - \rho \tag{18}$$

on obtient $\rho_1 = \rho_2 = \rho_3 = \cdots = \rho$ c'est-à-dire que la série des variables aléatoires $x_1, x_2, x_3, \ldots$ est *homogène.*

A partir d'ici, j'introduis la nouvelle hypothèse (18) comme partie essentielle de la définition de « l'hérédité » dont la structure devient par cela homogène. Observons encore, que d'après la définition complétée, cette structure ne dépend que de deux paramètres, ρ et τ. En effet en posant

$$\sigma = 1 - \rho \tag{19}$$

on tire de (4), (6), (16) et (19)

$$\begin{cases} \rho_\rho = \rho + \tau\sigma, & \sigma_\rho = \sigma - \tau\sigma, \\ \rho_\sigma = \rho - \tau\rho, & \sigma_\sigma = \sigma + \tau\rho. \end{cases} \tag{20}$$

En vertu de (18), (19), (20), la composition des trois urnes $\mathfrak{U}_1, \mathfrak{U}_\rho, \mathfrak{U}_\sigma$, est exprimée par ρ et τ. On peut choisir ρ dans l'intervalle $0 < \rho < 1$. Etant donné ρ, τ doit être tel que ρ_ρ, ρ_σ, σ_ρ, σ_σ, données par (20), soient comprises entre 0 et 1. Si l'on suppose $\rho \leqq \sigma$ il est nécessaire (et aussi suffisant) que

$$-1 \leqq -\frac{\rho}{1-\rho} < \tau < 1. \tag{21}$$

Calculons encore la probabilité d'avoir les deux équations simultanées

$$x_k = 1, \qquad x_{k+m} = 1$$

c'est-à-dire que le k-*me* et le $(k + m)$-*me* tirage donnent rouge les deux. La probabilité d'avoir $x_k = 1$ est ρ. Etant donné $x_k = 1$, on obtient la probabilité d'avoir $x_{k+m} = 1$ comme le ρ_{k+m} de la formule (17) à condition d'y mettre $\rho_k = 1$. La probabilité cherchée est la probabilité composée

$$\rho(\rho + \tau^m\sigma).$$

En calculant de la même manière encore trois probabilités analogues, on obtient la table de corrélation de x_k et de x_{k+m} :

x_{k+m} \ x_k	1	0
1	$\rho(\rho + \tau^m\sigma)$	$\sigma(\rho - \tau^m\rho)$
0	$\rho(\sigma - \tau^m\sigma)$	$\sigma(\sigma + \tau^m\rho)$

Observons que cette table étant symétrique par rapport à sa diagonale principale, la variable x_k *est liée de la même manière à* x_{k+m} *que* x_{k+m} *l'est à* x_k. Observons encore que les probabilités qui y sont contenues ne dépendent que de m, valeur absolue de la différence des indices k et $k + m$.

En résumé :

La structure de l'« hérédité » est homogène, c'est-à-dire que toutes les variables aléatoires $x_1, x_2, \cdots x_n, \cdots$ *ont les mêmes probabilités à priori. L'interdépendance entre deux variables quelconques* x_k *et* x_l *ne dépend que de leur distance* $|k - l|$.

Nous pouvons maintenant calculer tout comme au nº V, les espérances mathématiques les plus essentielles à l'étude de la structure de l'hérédité.

Valeur probable de x_n. A cause de l'homogénéité

$$\text{E}x_n = \text{E}x_1 = \rho \cdot 1 + \sigma \cdot 0 = \rho. \tag{22}$$

Ecart de x_n. Le carré de cet écart est

$$\text{E}(x_n - \rho)^2 = \text{E}(x_1 - \rho)^2 = \rho\sigma. \tag{23}$$

Coefficient de corrélation de x_k *et* x_{k+m}. La table de corrélation trouvée ci-dessus donne

$$\text{E}(x_k - \rho)(x_{k+m} - \rho) = \rho\sigma\tau^m. \tag{24}$$

On obtient de (23) et (24) le coefficient de corrélation

$$\frac{\text{E}(x_k - \rho)(x_{k+m} - \rho)^2}{\sqrt{\text{E}(x_k - \rho)^2\, \text{E}(x_{k+m} - \rho)^2}} = \tau^m. \tag{25}$$

Il est positif dans le cas de la ressemblance ($\tau > 0$) ; dans le cas de la dissemblance, il est négatif pour $m = 1$ et son signe alterne quand m parcourt successivement les nombres $1, 2, 3, \cdots$; dans les deux cas sa valeur absolue diminue si $|\tau|$ diminue ou si m augmente. Tout cela se comprend, si l'on envisage l'exemple des voyelles et des consonnes ou celui des descendants successifs, fils, petit-fils, arrière petit-fils, etc.

Valeur probable de $r = x_1 + x_2 + \cdots + x_n$. — C'est le nombre moyen des boules rouges sorties en n tirages. C'est $\text{E}r = n\rho$.

Ecart de r. — On obtient pour son carré, en utilisant (23) et (24)

$$\begin{aligned} \text{E}(r - n\rho)^2 &= \text{E}(x_1 - \rho + x_2 - \rho + \cdots x_n - \rho)^2 \\ &= n\text{E}(x_1 - \rho)^2 + 2(n-1)\,\text{E}(x_1 - \rho)(x_2 - \rho) + \cdots + 2\text{E}(x_1 - \rho)(x_n - \rho) \\ &= n\rho\sigma + 2(n-1)\rho\sigma\tau + 2(n-2)\rho\sigma\tau^2 + \cdots + 2\rho\sigma\tau^{n-1}. \end{aligned} \tag{26}$$

Coefficient de dispersion. On a

$$(27)\quad Q^2 = \frac{E(r - n\rho)^2}{n\rho\sigma} = 1 + \frac{2}{n}\left[(n-1)\tau + (n-2)\tau^2 + (n-3)\tau^3 + \cdots + \tau^{n-1}\right]$$

$$= \frac{1+\tau}{1-\tau} - 2\tau\,\frac{1-\tau^n}{n(1-\tau)^2}.$$

On voit, encore mieux par la première des deux expressions (27), que la dispersion est hypernormale ($Q > 1$) s'il y a « tradition » ($\tau > 0$) et hyponormale ($Q < 1$) s'il y a « opposition » ($\tau < 0$).

VII

Retournons à la structure de la « contagion » pour démontrer la proposition avancée au début du nº V.

Calculons pour commencer la probabilité q_r d'avoir

$$(28)\quad x_1 = x_2 = \cdots = x_r = 1, \qquad x_{r+1} = x_{r+2} = \cdots = x_n = 0$$

c'est à dire la probabilité que parmi n tirages successifs les r premiers donnent rouge et les s derniers noir, où

$$r + s = n.$$

q_r est une probabilité composée dont on trouve les r premiers facteurs en mettant $n = 0, 1, 2, \ldots r - 1$ dans (1) et en donnant les justes valeurs à x_1, x_2, ... ; on trouve les s derniers facteurs en soustrayant la valeur fournie par (1) de l'unité. La probabilité cherchée est donc

$$(29)\quad q_r = \frac{\rho(\rho+\delta)(\rho+2\delta)\cdots(\rho+(r-1)\delta)\,\sigma\,(\sigma+\delta)\cdots(\sigma+(s-1)\delta)}{1(1+\delta)(1+2\delta)\cdots(1+(r-1)\delta)(1+r\delta)(1+(r+1)\delta)\cdots(1+(n-1)\delta)}.$$

La probabilité que parmi les $n = r + s$ variables aléatoires

$$x_1, x_2, x_3, \cdots x_n$$

r déterminées soient égales à 1 et les autres s à 0, est également q_r, quel que soit l'ordre prescrit pour les 1 et les 0, parce que la probabilité en question est composée de n facteurs dont les dénominateurs sont les mêmes que de ceux qui composent q_r et les numérateurs ne sont changés qu'en ordre.

Introduisons n indéterminées (variables ordinaires) $z_1, z_2, \ldots z_n$ et calculons l'espérance mathématique

$$(30) \qquad \mathrm{E} z_1^{x_1} z_2^{x_2} z_3^{x_3} \cdots z_n^{x_n}.$$

Le terme $z_1 z_2 \ldots z_r$ sera multiplié par la probabilité d'avoir les équations simultanées (28), donc par q_r. Mais un terme quelconque $z_{i_1}\, z_{i_2} \ldots z_{i_r}$, produit de r facteurs différents, sera également multiplié par q_r. La somme de tous les termes analogues est la *r-me* fonction symétrique élémentaire

$$z_1 z_2 \cdots z_r + z_1 z_2 \cdots z_{r-1} z_{r+1} + \cdots + z_{n-r+1} \cdots z_{n-1} z_n = \mathrm{Z}_r.$$

Donc

$$(31) \quad \mathrm{E} z_1^{x_1} z_2^{x_2} \cdots z_n^{x_n} = q_0 + q_1 \mathrm{Z}_1 + q_2 \mathrm{Z}_2 + \cdots + q_n \mathrm{Z}_n = \mathfrak{L}(z_1, z_2, z_3, \cdots z_n)$$

où $\mathfrak{L}(z_1, z_2, \ldots z_n)$ est un polynome symétrique de n variables.

La connaissance de $\mathfrak{L}(z_1, z_2, \ldots z_n)$ suffit pour répondre à une question de probabilité quelconque concernant $\boldsymbol{x}_1, \boldsymbol{x}_2, \ldots \boldsymbol{x}_n$. Par exemple la probabilité d'avoir $\boldsymbol{x}_k = 1$ est donnée par

$$\mathrm{E}\boldsymbol{x}_k = \left(\frac{\partial \mathfrak{L}(z_1, z_2, \cdots z_n)}{\partial z_k}\right)_{z_1 = z_2 = \cdots = z_n = 1},$$

celle d'avoir $\boldsymbol{x}_k = 1$ et $\boldsymbol{x}_l = 1$ par

$$\mathrm{E}\boldsymbol{x}_k \boldsymbol{x}_l = \left(\frac{\partial^2 \mathfrak{L}(z_1, z_2, \cdots z_n)}{\partial z_k \partial z_l}\right)_{z_1 = z_2 = \cdots = z_n = 1}$$

etc. Mais $\mathfrak{L}(z_1. z_2, \ldots z_n)$ est *symétrique* en $z_1, z_2, \ldots z_n$. Par conséquent *toutes les probabilités qui dépendent de* $\boldsymbol{x}_1, \boldsymbol{x}_2, \ldots \boldsymbol{x}_n$ *sont parfaitement symétriques par rapport à ces* n *variables aléatoires.* Cela contient la proposition à démontrer et davantage ; par exemple l'interdépendance entre trois variables quelconques $\boldsymbol{x}_k$, $\boldsymbol{x}_l$ et $\boldsymbol{x}_m$ est la même, quels que soient les indices, etc.

Les calculs faits nous seront utiles encore pour d'autres questions. Par exemple la probabilité $p_{r,s}$ d'obtenir r fois rouge et s fois noir sur $n = r + s$ tirages dans un ordre quelconque ou d'avoir, ce qui est la même chose, $\boldsymbol{r} = \boldsymbol{x}_1 + \boldsymbol{x}_2 + \cdots + \boldsymbol{x}_n = r$, est évidemment

$$(32) \quad p_{r,s} = \binom{n}{r} q_r = \binom{r+s}{r} \frac{\rho(\rho+\delta)\cdots(\rho+(r-1)\delta)\ \sigma(\sigma+\delta)\cdots(\sigma+(s-1)\delta)}{1(1+\delta)\cdots(1+(n-1)\delta)}.$$

En mettant $z_1 = z_2 = \cdots = z_n = e^z$ dans (31) on obtient la fonction caractéristique de la somme $r = x_1 + x_2 + \cdots + x_n$, c'est-à-dire la fonction

$$(33)\quad \varphi_n(z) = \mathrm{E}e^{rz} = \mathrm{E}e^{(x_1+x_2+\cdots+x_n)z} = \sum_{r=0}^{n} q_r \binom{n}{r} e^{rz} = \sum_{r=0}^{n} p_{r,n-r}e^{rz}$$

$$= \frac{\Gamma\left(\frac{1}{\delta}\right)}{\Gamma\left(\frac{\rho}{\delta}\right)\Gamma\left(\frac{\sigma}{\delta}\right)} \int_0^1 x^{\frac{\rho}{\delta}-1}(1-x)^{\frac{\sigma}{\delta}-1}[xe^z + (1-x)]^n dx.$$

La dernière expression de $\varphi_n(z)$ s'obtient à partir de (32) à l'aide de l'expression classique de l'intégrale eulérienne B par des transformations faciles que je n'explique pas ici.

VIII

Nous devons encore connaître la fonction caractéristique de $r = x_1 + x_2 + \cdots + x_n$ pour la structure de l'« hérédité ». Pour gagner du temps, je cite ici sans démonstration la formule suivante de Markoff [13] : Si $p_{r,s}$ désigne la probabilité de tirer rouge r fois et noir s fois sur $n = r + s$ tirages ou, ce qui est la même chose, d'avoir $r = r$ on a

$$(34)\quad \sum_{r=0}^{\infty}\sum_{s=0}^{\infty} p_{r,s}u^r v^s = \frac{1 - \tau(\sigma u + \rho v)}{1 - (\rho + \sigma\tau)u - (\sigma + \rho\tau)v + \tau uv} = \mathcal{F}(u, v).$$

La fonction caractéristique cherchée est

$$(35)\qquad \mathrm{E}e^{rz} = \sum_{r=0}^{n} p_{r,n-r}e^{rz} = \frac{1}{2\pi i}\oint \frac{\mathcal{F}(e^z w, w)}{w^{n+1}}\, dw,$$

la ligne d'intégration dans le plan de la variable complexe w étant un cercle parcouru dans le sens positif dont le centre est $w = 0$ et le rayon aussi petit que, z étant donné, la fonction analytique $\mathcal{F}(e^z w, w)$ de w soit régulière à l'intérieur et sur le cercle. Cette forme n'est pas très explicite, mais tout à fait suffisante pour les passages à la limite dont on aura besoin.

13) Voir l. c. 7) b), p. 49, formule (10). On peut déduire de cette formule le cas limite traité par Markoff ; pour une méthode simple, voir l'indication qui sera donnée à la fin du nº IX.

IX

Rapprochons maintenant les deux structures d'interdépendance, celle de la « contagion » et celle de l' « hérédité » que nous avons traitées séparément jusqu'ici.

Considérons pour les deux structures la loi de la variable aléatoire $\boldsymbol{r}$, donc la probabilité $p_{r,n-r}$ d'obtenir exactement r fois rouge sur n tirages, $r = 0, 1, 2, \cdots n$. Cette probabilité est déterminée par la fonction génératrice respective, (33) ou (35), même déterminée explicitement par (32) pour la première des deux structures. En portant les $n + 1$ probabilités

$$(36) \qquad p_{0,n}, \quad p_{1,n-1}, \quad p_{2,n-2}, \cdots \quad p_{n,0}$$

comme ordonnées équidistantes dans un système rectangulaire, nous obtenons une distribution (une « courbe ») de probabilités ; elle dépend de 3 paramètres dans les deux cas, de ρ, δ, n, respectivement de ρ, τ, n. Comme en statistique nous n'attribuons de valeur qu'aux observations portant sur un grand nombre d'individus, il est naturel de chercher les formes limites résultant de cette distribution, quand n, le nombre des tirages, tend vers ∞. Il y a différentes formes limites, la courbe de Gauss n'étant que la plus connue, puisque ρ et δ comme ρ et τ peuvent varier différemment avec n.

On peut classifier les formes limites de deux points de vue différents : d'abord d'après l'ordre de grandeur de ρ, c'est-à-dire d'après la fréquence de l'événement considéré, puis d'après l'ordre de grandeur de δ respectivement de τ, c'est-à-dire d'après le degré d'interdépendance entre les événements individuels.

Concernant la fréquence, je considère deux cas.

a) Je parle d'événements *usuels* si ρ garde une valeur invariable (entre 0 et 1, limites exclues) lorsque n tend vers l'infini. Dans ce cas $n\rho$, la valeur probable des tirages rouges, tend vers ∞.

b) Je parle d'événements *rares* si la valeur probable $n\rho$ garde une valeur positive invariable quand $n \to \infty$. Dans ce cas ρ tend vers zéro.

Je distinguerai trois degrés d'interdépendance. C'est Q, le coefficient de dispersion qui sera la base essentielle de la classification.

1) Les événements *indépendants* sont caractérisés par $\delta = 0$, respectivement $\tau = 0$. Dans ce cas le coefficient de dispersion Q est égal à

l'unité et, pour les deux structures envisagées, la réciproque est vraie : $Q = 1$ implique $\delta = 0$, respectivement $\tau = 0$ en vertu de (13) et de (27).

2) Je parle de *contagion faible* si δ tend vers zéro, de manière que $n\delta$ garde une valeur invariable (différente de 0 et supérieure à -1) et de *faible ressemblance* si τ garde une valeur invariable ($\tau \neq 0$, $-1 < \tau < 1$) quand $n \to \infty$. Dans ces deux cas *d'interdépendance faible* Q tend vers une limite finie positive et différente de 1.

3) Je parle de *contagion forte* si δ garde une valeur positive invariable et de *forte ressemblance* si τ tend vers 1 de manière que $n(1 - \tau)$ garde une valeur positive invariable quand $n \to \infty$. Dans ces deux cas *d'interdépendance forte* $\frac{Q^2}{n}$ tend vers une limite positive finie.

Les trois degrés d'interdépendance ont été distingués d'après l'allure de Q, brièvement

$$1)\ Q = 1 \qquad 2)\ Q \text{ fini} \qquad 3)\ \frac{Q}{\sqrt{n}} \text{ fini.}$$

Nous aurions pu aussi les distinguer d'après l'allure du coefficient de corrélation entre x_1 et x_n, les deux tirages *les plus éloignés* ; c'est $\frac{\delta}{1 + \delta}$ respectivement τ^{n-1}. Nous avons dans les trois cas respectivement

$$1)\ \frac{\delta}{1+\delta} = 0 \qquad 2)\ \frac{\delta}{1+\delta} \to 0 \qquad 3)\ \frac{\delta}{1+\delta} \text{ fini}$$
$$\tau^{n-1} = 0 \qquad \tau^{n-1} \to 0 \qquad \tau^{n-1} \text{ fini}$$

(en admettant $n(1 - \tau) = \lambda$, on a $\tau^{n-1} \to e^{-\lambda}$).

La manière qui est la plus commode au point de vue du calcul, de caractériser les cas 1), 2), 3) ainsi que *a*) et *b*) est celle adoptée dans leur définition. C'est d'assigner à un des paramètres ρ, δ ou τ ou à une combinaison simple d'un paramètre avec n une valeur constante quand $n \to \infty$. Je réunis ces constantes, caractéristiques des cas respectifs, avec la notation dont je me servirai plus tard, dans la tabelle suivante :

$$\begin{array}{lll} & a)\ \rho & b)\ n\rho = h \\ 1)\ \delta = 0 & 2)\ n\delta = d & 3)\ \quad \delta \\ \quad \tau = 0 & \quad \tau & n(1 - \tau) = \lambda. \end{array}$$

Observons à propos de *a*) et *b*) qu'il aurait été inutile d'introduire un cas auquel $\rho \to 1$ puisque l'on peut supposer $\rho \leqq \sigma$. Observons à propos du cas 3) que $Q \to \infty$ implique $Q^2 > 1$ donc $\delta > 0$, $\tau > 0$. Observons encore qu'on pourrait introduire un quatrième degré d'interdépendance, celui de l'interdépendance « ultraforte » caractérisé par

$$4)\ \delta = +\infty \qquad \tau = 1$$

ou par ce que le coefficient de corrélation $\frac{\delta}{1+\delta}$ respectivement τ^{n-1} est exactement 1. Ce cas est instructif comme terme de comparaison mais sans intérêt en lui-même : Le premier excepté, les coups sont forcés. Chaque tirage à partir du second suit nécessairement son prédécesseur, de manière que la probabilité d'avoir $r = 0$ est σ, celle d'avoir $r = n$ est ρ, tandis que celle d'avoir une valeur intermédiaire quelconque est 0.

D'après ce qui a été dit, il sera clair, ce qu'il faut entendre par le cas 1*a*) par exemple. C'est le cas où les conditions 1) et *a*) sont réunies, le cas d'événements usuels indépendants (ρ est fixé, $\delta = 0$, respectivement $\tau = 0$), le cas classique de BERNOULLI menant à la loi normale de GAUSS.

Le cas 3*b*) c'est-à-dire le cas d'événements rares à interdépendance forte est celui où

$$\rho = \frac{h}{n}, \qquad \tau = 1 - \frac{\lambda}{n}$$

h, λ, δ sont des constantes positives. Dans ce cas on trouve facilement la distribution limite en envisageant $p_{0,n}$, la probabilité d'avoir $r = 0$ c'est-à-dire de ne tirer que des boules noires pendant les n premiers tirages. Pour la structure de la « contagion » on a d'après (32)

$$\begin{aligned} p_{0,n} &= \frac{\sigma(\sigma+\delta)\cdots(\sigma+(n-1)\delta)}{1(1+\delta)\cdots(1+(n-1)\delta)} \\ &= \left(1-\frac{h}{n}\right)\left(1-\frac{h}{n(1+\delta)}\right)\cdots\left(1-\frac{h}{n[1+(n-1)\delta]}\right) \\ &> 1-\frac{h}{n}\left(1+\frac{1}{1+\delta}+\frac{1}{1+2\delta}+\cdots+\frac{1}{1+(n-1)\delta}\right) \to 1, \end{aligned}$$

pour celle de l'« hérédité » on trouve

$$\begin{aligned} p_{0,n} &= \sigma\, \sigma_\sigma^{\,n-1} = (1-\rho)\,(1-\rho(1-\tau))^{n-1} \\ &= \left(1-\frac{h}{n}\right)\left(1-\frac{h\lambda}{n^2}\right)^{n-1} \to 1. \end{aligned}$$

Donc la distribution limite est la même pour les deux structures et peu intéressante comme distribution de probabilité : $\boldsymbol{r} = 0$ a la probabilité 1 et toutes les autres valeurs de $\boldsymbol{r}$ la probabilité 0. Donc le résultat est le même que si tous les tirages donnaient forcément noir dès le commencement.

Pour les autres cas la distribution limite est plus intéressante mais moins facile à calculer. Prenons par exemple le cas $3a$), le cas d'événements usuels à contagion forte, si nous nous bornons à la première des deux structures. Dans ce cas ρ et δ sont des constantes, $0 < \rho < 1$, $\delta > 0$. Introduisons la nouvelle variable aléatoire $\boldsymbol{x} = \frac{\boldsymbol{r}}{n}$ qui prend la valeur $\frac{r}{n}$ avec la même probabilité que $\boldsymbol{r}$ la valeur r. Sa fonction caractéristique est donc, d'après (33)

$$\mathrm{E}e^{\boldsymbol{x}z} = \mathrm{E}e^{\frac{\boldsymbol{r}}{n}z} = \varphi_n\left(\frac{z}{n}\right) = \frac{\Gamma\left(\frac{1}{\delta}\right)}{\Gamma\left(\frac{\rho}{\delta}\right)\Gamma\left(\frac{\sigma}{\delta}\right)} \int_0^1 x^{\frac{\rho}{\delta}-1} (1-x)^{\frac{\sigma}{\delta}-1} \left[xe^{\frac{z}{n}} + (1-x)\right]^n dx.$$

En observant que

$$\left[xe^{\frac{z}{n}} + (1-x)\right]^n = \left[1 + \frac{xz}{n} + \frac{xz^2}{2n^2} + \cdots\right]^n \to e^{xz}$$

pour $n \to \infty$ on trouve la limite de la fonction caractéristique. On en déduit [14] que la distribution des probabilités de la variable aléatoire $\boldsymbol{x} = \frac{\boldsymbol{r}}{n}$ devient continue à la limite, la densité de probabilité au point $\boldsymbol{x} = x$ étant

$$\frac{\Gamma\left(\frac{1}{\delta}\right)}{\Gamma\left(\frac{\rho}{\delta}\right)\Gamma\left(\frac{\sigma}{\delta}\right)} x^{\frac{\rho}{\delta}-1} (1-x)^{\frac{\sigma}{\delta}-1}. \tag{37}$$

C'est de cette manière, en partant des fonctions génératrices (33) et (35) qu'on peut calculer les distributions limites pour les deux

(14) Dans ce cas comme dans tous ceux qui figurent dans ces leçons, le théorème que j'ai donné sur la limite de la fonction caractéristique (Mathematische Zeitschrift, t. VIII (1920), p. 171-181) et le théorème analogue que M. Paul Lévy a donné un peu plus tard (Comptes-rendus, t. 175 (1922) p. 854-856) sont également applicables.

structures dans tous les cas qu'on va énumérer au n° suivant. L'exemple que j'ai traité est un des plus simples ; en particulier le calcul de (35) exige un choix judicieux de la ligne d'intégration. Mais je n'ai pas le temps de m'arrêter aux détails de ces calculs.

X

Les distributions de probabilités que nous allons considérer, résultent toutes de la loi de distribution de la variable aléatoire $\boldsymbol{r}$. On se rappelle que $\boldsymbol{r}$ prend les valeurs

$$0, \quad 1, \quad 2, \cdots n$$

avec les probabilités respectives

$$p_{0,n}, \quad p_{1,n-1}, \quad p_{2,n-2}, \cdots p_{n,0}$$

et que $\boldsymbol{r}$ n'est autre chose que le nombre des boules rouges sorties aux n premiers tirages, le schéma d'urne pouvant être celui de la « contagion » ou celui de l' « hérédité ». Quelquefois nous devrons introduire une nouvelle variable aléatoire $\boldsymbol{x} = a\boldsymbol{r} + b$, transformée linéaire de $\boldsymbol{r}$ avec des coefficients a, b qui dépendent de n ; $\boldsymbol{x}$ sera à la limite une variable aléatoire continue, c'est-à-dire qu'elle prendra toutes les valeurs d'un certain intervalle ; mais la loi de probabilité de $\boldsymbol{x}$ peut être discontinue. Quelquefois nous appellerons $\boldsymbol{r}$ la variable de la loi limite. Mais alors $\boldsymbol{r}$ pourra prendre des valeurs entières non-négatives quelconques

$$0, \quad 1, \quad 2, \cdots m, \cdots$$

avec des probabilités qui seront désignées par

$$p_0, \quad p_1, \quad p_2, \cdots p_m, \cdots$$

de manière qu'on ait

$$p_m = \lim_{n \to \infty} p_{m,n-m}.$$

Nous allons considérer 9 différents passages à la limite. Ce sont les cas 1*a*) 1*b*) 2*a*) 2*b*) 3*a*) expliqués au n° précédent, le cas *t*) ou cas de *transition* qui sera expliqué plus loin et les cas 3*b*) 4*a*) et 4*b*), triviaux en eux-mêmes mais instructifs pour la comparaison [15].

1*a*) *Evénements usuels indépendants.* p constante, $0 < p < 1$, $\delta = \tau = 0$, les deux structures envisagées coïncident dans le cas particulier commun de l'indépendance. En posant

$$(38) \qquad \boldsymbol{x} = \frac{\boldsymbol{r} - np}{\sqrt{np\sigma}}.$$

$\boldsymbol{x}$ prendra à la limite toutes les valeurs de l'intervalle $-\infty$, $+\infty$. La densité de la probabilité au point $\boldsymbol{x} = x$ est

$$\frac{1}{\sqrt{2\pi}} e^{-\frac{x^2}{2}}.$$

C'est la courbe normale ou de GAUSS. Ce résultat classique, la « Loi des grands nombres » est dû à DE MOIVRE.

1*b*) *Evénements rares indépendants.* La valeur probable $np = h$ est constante, $\delta = \tau = 0$, c'est encore le cas d'indépendance, cas particulier commun aux deux structures. La probabilité p_m d'avoir $\boldsymbol{r} = m$ à la limite est donnée comme coefficient de la fonction génératrice

$$(39) \qquad \begin{aligned} \mathrm{E}z^{\boldsymbol{r}} &= p_0 + p_1 z + \cdots + p_m z^m + \cdots \\ &= e^{-h} + \frac{e^{-h}h}{1!} z + \cdots + \frac{e^{-h}h^m}{1!} z^m + \cdots = e^{h(z-1)}. \end{aligned}$$

Ce résultat est encore classique, c'est la « Loi des petits nombres » due à POISSON.

2*a*) *Evénements usuels à interdépendance faible.* p constante, $0 < p < 1$, $n\delta = d$ constante, τ constante, $p + d \geqq 0$ à cause de (3) et les quatre expressions (20) sont positives. En introduisant $\boldsymbol{x}$ par (38), $\boldsymbol{x}$ varie à la limite de $-\infty$ à $+\infty$. La densité de probabilité au point $\boldsymbol{x} = x$ est

$$\frac{1}{\sqrt{2\pi}\,\mu} e^{-\frac{x^2}{2\mu^2}};$$

$$\mu^2 = 1 + d \qquad \text{ou} \qquad \mu^2 = \frac{1 + \tau}{1 - \tau}$$

(15) Les cas 1*a*) 1*b*) sont classiques, ainsi qu'un cas particulier de 2*a*) (celui de la boule non remise). Pour les autres cas limites non triviaux voir : α) Structure de la « contagion » : tous les cas chez MARKOFF *l. c.* 8) et EGGENBERGER et PÓLYA *l. c.* 8) *a*) et *b*). Les courbes limites continues 3*a*) et *t*) furent rencontrées déjà avant par PEARSON ; voir n° XI. β) Structure de l' « hérédité » : 2*a*) MARKOFF *l. c.* 7) *a*) *b*) ; 2*b*) A. AEPPLI, Thèse, Zurich 1924 ; 3*a*) et *t*) ont été indiqués la première fois, à ma connaissance, dans ces leçons.

selon qu'il s'agit de « contagion » ou d'« hérédité ». C'est la courbe de GAUSS, comme au cas 1a), mais la dispersion diffère de la normale, le signe de la différence étant celui de d ou de τ, selon la structure.

2b) *Evénements rares à interdépendance faible.* $n\rho = h$, $n\delta = d$ et τ sont des constantes positives, $\tau < 1$. ($d < 0$ est exclu par (3), $\tau < 0$ par (21).) La probabilité p_m d'avoir $\boldsymbol{r} = m$ à la limite est donnée par

$$(40) \qquad \mathrm{E}z^{\boldsymbol{r}} = p_0 + p_1 z + \cdots + p_m z^m + \cdots = (1 - (z-1)d)^{-\frac{h}{d}}$$

s'il s'agit de « contagion » et par

$$(41) \qquad \mathrm{E}z^{\boldsymbol{r}} = p_0 + p_1 z + \cdots + p_m z^m + \cdots = e^{\frac{h(1-\tau)(z-1)}{(1-\tau z)}}$$

s'il s'agit d'« hérédité ».

3a) *Evénements usuels à interdépendance forte.* ρ, δ, $n(1-\tau) = \lambda$ sont des constantes positives, $0 < \rho < 1$. On introduit la variable

$$(42) \qquad \boldsymbol{x} = \frac{\boldsymbol{r}}{n}$$

qui prendra à la limite toutes les valeurs de l'intervalle $0 \leqq x \leqq 1$.

Pour la structure de la contagion on a une distribution limite continue ; nous avons calculé auparavant sa densité au point $\boldsymbol{x} = x$, voir (37).

Pour la structure de l'« hérédité » on a une distribution limite en partie continue, en partie discontinue. Les valeurs extrêmes

$$x = 0, \qquad x = 1$$

ont des probabilités finies, respectivement

$$\sigma e^{-\rho\lambda}, \qquad \rho e^{-\sigma\lambda},$$

les valeurs intermédiaires n'ont que des probabilités infiniment petites, la densité de la probabilité étant une fonction continue possédant toutes les dérivées. On déduit ces propriétés d'une discussion appropriée de la fonction caractéristique

$$\mathrm{E}e^{\boldsymbol{x}z} = e^{\frac{1}{2}(z-\lambda)}\left[\cosh\left(\frac{1}{2}\Delta\right) + (\lambda + (2\rho - 1)z)\,\frac{\sinh\left(\frac{1}{2}\Delta\right)}{\Delta}\right]$$

où

$$\Delta = \sqrt{z^2 + 2(2\rho - 1)\lambda z + \lambda^2}$$

et, comme d'usage,

$$2 \cosh x = e^x + e^{-x}, \qquad 2 \sinh x = e^x - e^{-x}.$$

Je note encore ici le carré de l'écart de $\boldsymbol{x}$ (16).

$$\mathrm{E}(\boldsymbol{x} - \rho)^2 = \frac{2\rho\sigma}{\lambda^2}(e^{-\lambda} - 1 + \lambda).$$

3*b*) *Evénements rares à interdépendance forte.* $n\rho$, δ, $n(1 - \tau) = \lambda$ sont des constantes positives. Le cas a été traité à la fin du nº IX. La distribution limite peut être conçue de deux manières. On peut prendre $\boldsymbol{r}$ comme variable ; alors à la limite la probabilité d'avoir $\boldsymbol{r} = 0$ est 1 et celle d'avoir $\boldsymbol{r} = m$ est 0 si $m > 0$. Ou bien en posant $\boldsymbol{x} = a\boldsymbol{r}$, $\boldsymbol{x}$ variera d'une manière continue dans un intervalle fini ou infini, dont l'extrémité gauche est le point $\boldsymbol{x} = 0$; ce point aura la probabilité 1, tous les autres points ensemble la probabilité 0.

4*a*) *Evénements usuels à interdépendance ultraforte.* ρ constante, $0 < \rho < 1$, $\delta = +\infty$ et $\tau = 1$, les coups sont forcés à partir du second ; les deux structures coïncident tout à fait dans ce cas particulier. $\boldsymbol{x}$ étant défini par (42), la probabilité d'avoir $\boldsymbol{x} = 0$ est σ, celle d'avoir $\boldsymbol{x} = 1$ est ρ et celle d'avoir $0 < \boldsymbol{x} < 1$ est 0.

4*b*) *Evénements rares à interdépendance ultraforte.* $\rho = 0$, $\delta = +\infty$, $\tau = 1$, les coups sont forcés à partir du premier. Comme distribution limite c'est la même chose que 3*b*).

t) *Cas de transition.* Dans ce cas

$$n^{\Theta}\rho, \qquad n^{\Theta}\delta, \qquad n^{1-\Theta}(1 - \tau)$$

sont des constantes positives; Θ est une fraction constante, $0 < \Theta < \frac{1}{2}$ (17).

Ce cas est, aussi bien au point de vue de la fréquence qu'au point de vue de l'interdépendance, la transition entre les cas 3*a*) et 2*b*) comme on le voit du tableau suivant qui montre les puissances de n auxquelles $n\rho$ et Q^2 sont proportionnels.

$n\rho$:	$a)n$	$t)n^{1-\Theta}$	$b)n^0$
Q^2 :	$3)n$	$t)n^{1-\Theta}$	$2)n^0$.

(16) Pour une connexion possible de cette formule avec des questions de physique voir G. J. TAYLOR, Diffusion by continuous movements, Proceedings of the London M. S. 2e série, t. XX (1921), p. 196-210, en particulier p. 198-201.

(17) On peut arriver à la même loi limite sous des conditions un peu moins restrictives.

Posons

$$\frac{\rho}{\delta} = \rho n(1 - \tau) = \alpha,$$

$$\frac{r}{n\delta} = (1 - \tau)\, r = x.$$

Pour les deux structures, x variera à la limite continuement de 0 à ∞.

Pour la structure de la contagion, on a une distribution limite continue ; sa densité au point x est

$$\frac{1}{\Gamma(\alpha)} x^{\alpha - 1} e^{-x}.$$

Pour la structure de l'hérédité, on a une distribution limite en partie continue, en partie discontinue. La probabilité d'avoir $x = 0$ est finie, $= e^{-\alpha}$. Les valeurs positives de x n'ont qu'une probabilité infiniment petite, la densité de probabilité au point x étant

$$e^{-\alpha - x} \frac{\sqrt{\alpha}\, \mathfrak{J}_1(2i\sqrt{\alpha x})}{i\sqrt{x}} = e^{-\alpha - x} \sum_0^{\infty} \frac{\alpha^{n+1} x^n}{(n+1)!\, n!}$$

où $\mathfrak{J}_1(x)$ désigne la fonction de BESSEL d'indice 1.

Je termine cette énumération par une tabelle et un diagramme que voici.

Cas	Limites	p	$\mathfrak{L}$
1a	$-\infty, \infty$	0	2
1b	—	1	—
2a	$-\infty, \infty$	1	2
2b	—	2	—
3a	0, 1	2	4
(3b)	—	0	—
(4a)	0, 1	1	3
(4b)	—	0	—
t	$0, \infty$	1	3

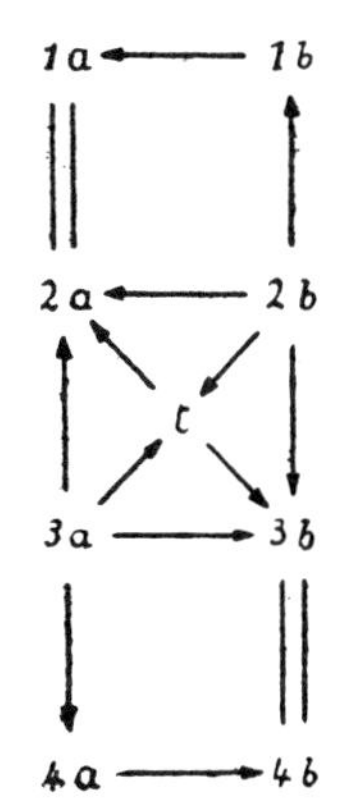

Figure 1.

La première colonne de la table contient le nom du cas limite. Il faut se rappeler que 1, 2, 3, 4 y désignent des degrés croissants d'interdépendance, a les événements usuels, b les rares. Les cas triviaux sont entre parenthèses. La seconde colonne donne des limites de la variation de la variable aléatoire, si cette variation est continue ; un trait horizontal désigne les cas où cette variable ne prend que les valeurs 0, 1, 2, 3, ... ; les cas 3*b*) et 4*b*) sont traités ici comme discontinus. La 3-me colonne donne p, le nombre des paramètres de la distribution sous sa forme considérée dans l'énumération, et la 4-me colonne, pour les distributions à variable continue, le nombre total $\mathfrak{P}$ des paramètres qu'on peut y introduire en faisant usage d'une transformation linéaire arbitraire.

Dans le diagramme toutes les distributions, aussi les discontinues, sont considérées comme admettant une transformation linéaire arbitraire de la variable aléatoire. Alors la différence entre 1*a*) et 2*a*) disparaît ; c'est pour cela qu'ils sont réunis par un signe = (mis verticalement) de même que 4*b*) et 3*b*). La flèche allant de 2*b*) à 1*b*) indique que 1*b*) est cas limite de 2*b*). En effet, en faisant $d \to 0$ dans (40) ou en mettant $\tau = 0$ dans (41) on obtient les deux fois (39). Inversement, la distribution 2*b*) qui contient 2 paramètres ne peut pas être cas limite de 1*b*) qui n'en contient qu'un. Les autres flèches ont une signification analogue. Le cas 3*b*) est considéré ici comme continu. Il est à remarquer que la courbe de GAUSS, 1*a*) ou 2*a*), est cas limite de 1*b*) 2*b*) *t*) et 3*a*), donc de toutes les autres distributions non triviales. Qu'on observe aussi la situation de cas *t*), intermédiaire entre 3*a*) et 2*b*) mais, d'une autre manière, aussi entre 3*a*) et 2*a*).

C'est l'analogie des deux structures de la « contagion » et de « l'hérédité » qui me paraît le plus remarquable en tout ceci. Elle est tellement complète qu'en construisant la table et le diagramme, il était superflu de séparer les structures.

XI

Les résultats énumérés au n° précédent ouvrent la voie à d'autres recherches. Je dois me borner à quelques indications.

1. L'énumération des cas limites est-elle *complète* ? Je ne saurais donner une réponse définitive ([18]). J'esquisserai une réponse partielle

(18) En tous cas il manque le cas où la variable aléatoire X étant déterminée par (42), $X = \rho$ a la probabilité 1 à la limite. Ce cas limite, trivial en soi-même, peut être atteint d'une manière intéressante, par exemple lorsqu'il y a une « opposition extrême » dans la structure de l' « hérédité » :

$$\rho = \sigma = \frac{1}{2}, \qquad \tau = -1, \qquad Q^2 = \frac{1 - (-1)^n}{2n} \to 0.$$

en me servant d'une modification de la méthode par laquelle M. Karl PEARSON a obtenu primitivement les distributions qui proviennent ici, aux cas 3*a*) et *t*), de la structure de la « contagion ». Pour cette structure, on obtient de (32), en écrivant pour abréger p_r à la place de $p_{r,n-r}$,

$$\frac{p_{r+1} - p_r}{p_{r+1}} = -\frac{(1 - 2\delta)(r + 1) - (n + 1)(\rho - \delta)}{(r\delta + \rho)(n - r)}, \tag{43}$$

$$\frac{p_r - p_{r-1}}{p_{r-1}} = -\frac{(1 - 2\delta)r - (n + 1)(\rho - \delta)}{r(n\delta + \sigma - r\delta)}. \tag{44}$$

Si nous considérons r comme variable, le dénominateur de la fraction dans le second membre est un polynome de second degré dont les racines sont réelles :

$$r = -\frac{\rho}{\delta}, \qquad n \qquad \text{pour (43)},$$

$$r = 0, \qquad n + \frac{\sigma}{\delta} \qquad \text{pour (44)}.$$

Le domaine de variabilité de la variable aléatoire r est compris entre 0, première racine pour (44) et n, seconde racine pour (43).

Une transformation linéaire $x = ar + b$ changera (43) et (44) en équations analogues avec des propriétés correspondantes des racines. Admettons que dans un cas limite où la variable aléatoire est x, il y ait une densité de probabilité $y = \varphi(x)$ qui est une fonction dérivable de x ; admettons en outre que la convergence vers le cas limite soit « suffisamment bonne ». Alors (43) et (44) *coïncideront* à la limite dans une même équation de la forme

$$\frac{1}{y}\frac{dy}{dx} = \frac{a_0 + x}{b_0 + b_1 x + b_2 x^2} \tag{45}$$

où *le dénominateur* $b_0 + b_1 x + b_2 x^2$ *n'a pas de racines imaginaires.* Observons que le degré du dénominateur peut s'abaisser à la limite si l'une ou l'autre des racines devient infinie. On voit que *le domaine de variation de* x *est compris entre les deux racines, entre* ∞ (*ou* $-\infty$) *et l'unique racine ou enfin entre* $-\infty$ *et* $+\infty$ *selon que le degré du dénominateur est* 2, 1, *ou* 0.

Faisant abstraction d'une transformation linéaire, on peut admettre que le dénominateur du second membre de (45) est $x(1 - x)$ ou x ou 1.

Ces trois cas figurent effectivement dans l'énumération du nº X. On obtient en partant de (43) ou de (44)

$$\frac{1}{y}\frac{dy}{dx} = \left(\frac{\rho}{\delta} - 1\right)\frac{1}{x} + \left(\frac{\sigma}{\delta} - 1\right)\frac{1}{x - 1} \qquad \text{au cas } 3a)$$

$$\frac{1}{y}\frac{dy}{dx} = -1 + \frac{\alpha - 1}{x} \qquad \text{au cas } t)$$

$$\frac{1}{y}\frac{dy}{dx} = -\frac{x}{1 + d} \qquad \text{au cas } 2a).$$

Les racines de $b_0 + b_1x + b_2x^2$ étant supposées réelles, une discussion facile des intégrales y de l'équation (45) montre que, abstraction faite toujours d'une transformation linéaire, ces trois cas $3a)$ $t)$ $2a)$ sont les seuls où $\int y dx$ converge entre les limites admissibles (racines et $\pm\infty$ comme spécifié ci-dessus).

D'après cela, en tant qu'il s'agit des distributions limites *continues* de la structure de la « contagion », notre énumération est complète.

2. Comme il a été dit, les considérations précédentes ne sont qu'une modification de la première déduction que M. PEARSON a donnée de ses courbes de fréquence bien connues provenant de (45) ([19]).

Je n'ai pas à discuter ici, bien entendu, l'intérêt des applications que M. PEARSON et son école ont faites de ces courbes. Tout ce que je dirai se rapportera à la première introduction citée, entre laquelle et le présent traitement, il convient de signaler les différences suivantes:

(*a*) Je considère ici (43) et (44) à la place du rapport $\frac{2(p_{r+1} - p_r)}{p_{r+1} + p_r}$ considéré par M. PEARSON.

(*b*) Le point de départ est ici le schéma d'urnes de la « contagion », schéma plus général que celui de la boule non-remise dont s'est servi M. PEARSON.

(*c*) Les cas considérés ici sont des cas limites ; pour chacun d'eux j'ai indiqué soigneusement de quelle manière il faut varier les paramètres du schéma initial pour y arriver et quelle est la signification du passage à la limite pour la structure des probabilités. Les cas considérés par M. PEARSON proviennent de l'équation (45), bien sûr, mais ils ne proviennent pas pour cela d'une structure de probabilités, puisque M. PEARSON fait varier les paramètres d'une façon

(19) Philosophical Transactions, t. 186 (1895), p. 343-414.

quelconque, sans se soucier, comme d'ailleurs il le dit explicitement lui-même, si ses formules restent ou ne restent pas susceptibles d'interprétation dans les termes du problème initial.

La dernière remarque explique pourquoi nous n'avons pas obtenu ici toutes les courbes de M. PEARSON bien que nous soyons partis d'un schéma d'urnes plus général [20].

3. Notre déduction donne à chacune des courbes limites obtenues une signification, la rattache à une structure d'interdépendance qu'on pourra, avec une approximation plus ou moins grande, reconnaître au matériel statistique fourni par l'observation.

Un exemple suffira pour montrer le genre d'application que j'ai en vue. Envisageons la statistique d'une épidémie rare, comme la petite vérole ou le choléra le sont de nos jours. Les individus observés sont les habitants d'un pays. On enregistre les cas mortels par suite de l'épidémie par mois. A la fin d'une certaine période on aura constaté M_0 mois sans cas mortels, M_1 avec exactement 1, ... M_r avec exactement r cas mortels. Il s'agit de donner une expression théorique à laquelle la suite

$$M_0, M_1, M_2. \cdots M_r, \cdots \tag{46}$$

pourra être assimilée.

Observons d'abord que l'épidémie est *rare*. Donc il est naturel d'examiner si la suite (46) est porportionnelle ou non à la suite des probabilités

$$p_0, p_1, p_2. \cdots p_r, \cdots \tag{47}$$

données par une des formules (39) (40) (41) relatives aux événements rares (cas 1*b*) et 2*b*)).

Observons ensuite que les cas d'épidémie ne semblent pas être indépendants : un mois avec beaucoup de cas est un mauvais présage pour le suivant. Cela élimine à peu près *à priori* la formule (39) du cas 1*b*) d'événements rares indépendants.

Reste à décider entre les deux formules (40) et (41) du cas 2*b*) ; la première provient de la structure de la « contagion », la seconde de celle de l'« hérédité ». Dans la première structure l'influence mutuelle mesurée par le coefficient de corrélation est la même entre deux indi-

(20) Que les autres courbes de M. PEARSON ne sont pas cas limites du schéma d'urnes de la contagion, a été montré encore d'une autre manière, plus rigoureuse par M. EGGENBERGER.

vidus quelconques de la population, dans la seconde l'influence mutuelle décroît rapidement avec la distance croissante des individus (supposés rangés en série linéaire). On dirait que la réalité est quelque part entre les deux structures. Si l'on envisage les schéma d'urnes, c'est la première structure qui semble être plus près de la réalité (voir le commencement du n° III).

Les calculs numériques exécutés [21] montrent que (39) (indépendance) est décidément en désaccord avec les faits; (41) (« hérédité ») donne une approximation meilleure et (40) (« contagion ») va encore mieux. S'il s'agit de la statistique de cas mortels par suite de certains accidents industriels, l'indépendance est encore en désaccord, et les deux structures de la « contagion » et de l'« hérédité » fournissent des approximations à peu près égales.

4. Il y a des explications plausibles, il n'y en a pas d'obligatoires, au moins pas en statistique. Un exemple frappant de ce principe est donné par la structure de la « contagion » au cas 3*a*) ; si $\rho = \sigma = \delta = \frac{1}{2}$, la densité de probabilité correspondante, donnée par (37) devient égale à 1 pour $0 < x < 1$, c'est-à-dire que la distribution de probabilités devient uniforme dans l'intervalle 0,1. Personne n'a trouvé nécessaire d'expliquer une répartition uniforme de probabilité par quelque chose d'autre, mais nous voyons qu'elle *peut* être expliquée par une structure compliquée d'interdépendance. Sans doute elle pourrait être expliquée encore d'une infinité d'autres manières [22].

Voici un autre exemple. Si on rencontrait des séries d'événements alternatifs et homogènes montrant une dispersion anormale, mais réparties d'après la loi de GAUSS, la statistique correspondrait à notre cas 2*a*). On pourrait l'expliquer tout aussi bien en supposant une structure de « contagion » qu'une structure d'« hérédité », bien que ces structures soient différentes; mais elles mènent, dans le cas 2*a*), à la même répartition des fréquences.

5. Les deux structures envisagées, celle de la « contagion » et celle de l'« hérédité » sont différentes, mais leurs cas limites montrent un parallélisme remarquable, comme on a vu aux n°s IX et X. Dans

(21) Pour les calculs avec (39) et (40) voir EGGENBERGER *l. c.* 8). Les calculs concernant (41) ne sont pas encore publiés.

(22) Des remarques analogues s'appliquent au cas $\sigma = \rho = \delta$, n fini, plus intéressant encore à certains égards.

quels cas ce parallélisme va-t-il, malgré la différence des structures, jusqu'à la coïncidence des lois limites ?

Il faut écarter ici le cas de l'indépendance ainsi que celui de l'interdépendance ultraforte, donc les cas

1*a*) 1*b*) 4*a*) 4*b*)

parce que dans ces cas particuliers communs les deux structures ne sont pas effectivement différentes. Elles sont effectivement différentes mais donnent la même loi limite dans les cas

2*a*) 3*b*)

et donnent des lois limites différentes dans les cas

3*a*) *t*) 2*b*)

Laissons encore de côté le cas 3*b*), trivial et pas trop différent de 4*b*). Alors le cas 2*a*) reste le seul cas où la même loi limite a pu s'imposer aux deux structures, malgré leur différence effective, et cette loi limite commune est la loi de GAUSS.

Ce fait me semble symptomatique ; il nous fait entrevoir que la loi de GAUSS jouit d'une situation exceptionnelle non seulement dans la théorie des probabilités indépendantes, mais aussi dans celle des interdépendantes. En effet, en poursuivant les recherches de MARKOFF, M. Serge BERNSTEIN a réussi à montrer dans un travail très important(23) que c'est la loi de GAUSS qui doit résulter de la superposition d'un grand nombre d'événements interdépendants, pourvu que l'interdépendance soit suffisamment « faible ». (Je n'ai énoncé qu'une des conditions et d'une manière assez vague.)

Du résultat de M. BERNSTEIN on ne peut pas conclure qu'en dehors de la loi de GAUSS il n'y a pas d'autres lois qui puissent s'imposer en même temps à des structures d'interdépendance très différentes. On ne peut pas conclure cela des exemples traités dans ce travail non plus, mais c'est ce qui est rendu plausible par tout ce qui a été dit. Il serait important de préciser ces remarques et de trouver quelque propriété de la loi de GAUSS qui caractérise sa place dans la théorie des probabilités interdépendantes comme elle a été caractérisée dans celle des indépendantes. Ce problème est encore bien obscur ; toutefois j'ai tenu à le signaler avant de terminer ces leçons.

(23) *l. c.*, 11).

G. Pólya (Zürich - Svizzera)

UEBER EINE EIGENSCHAFT DES GAUSSSCHEN FEHLERGESETZES

Es seien $l_1, l_2,...., l_n$ die durch n unabhängige gleichartige Messungen gelieferten Werte einer physikalischen Grösse, deren « wahrer Wert » l ist. Die Messungsfehler sind also $l-l_1, l-l_2,...., l-l_n$ und die Wahrscheinlichkeit für ihr Zusammentreffen ist $\varphi(l-l_1)\varphi(l-l_2)....\varphi(l-l_n)$ proportional, falls die Wahrscheinlichkeitsdichte der Fehlerverteilung $\varphi(x)$ ist. Nun ist uns l unbekannt, und wir sollen über l, in Kenntnis der Messungsresultate $l_1, l_2,...., l_n$ und des Fehlergesetzes $\varphi(x)$, eine Konjektur machen. Es ist natürlich von der Wahrscheinlichkeitsverteilung auszugehen, deren Dichte

$$\varphi(x-l_1)\varphi(x-l_2)....\varphi(x-l_n) \tag{1}$$

proportional ist. Es sind die folgenden beiden Wege die nächstliegenden:

a) Man nimmt den « wahrscheinlichsten Wert », d. h. denjenigen Wert $x=l'$, für welchen (1) ihren grössten Wert erreicht (Gauss);

b) Man nimmt den « wahrscheinlichen Wert », d. h. die Schwerpunktsabscisse l'' der Verteilung (1), eindeutig bestimmt durch die Gleichung

$$\int_{-\infty}^{+\infty}(x-l'')\varphi(x-l_1)\varphi(x-l_2)....\varphi(x-l_n)dx=0.$$

Poincaré, indem er Anregungen von J. Bertrand nachging, bemerkte gelegentlich (*Calcul des probabilités*, 2e éd., S. 237-240, vgl. auch S. 176 ff.), dass bei dem Gaussschen Fehlergesetz stets $l'=l''$ ausfällt. Ich frage nun: *Welches ist das allgemeinste Fehlergesetz, das für alle möglichen Kombinationen beliebig vieler Messresultate* $l_1, l_2,...., l_n$ *stets* $l'=l''$ *ergibt?*

Es wird also von $\varphi(x)$ insbesondere verlangt:

I. Das Produkt (1) soll seinen grössten Wert bei beliebig gegebenen $l_1, l_2,...., l_n$ nur für einen einzigen Wert von x erreichen.

II. Die Gleichung

$$\int_{-\infty}^{+\infty}(x-l)\{\varphi(x-l_1)\varphi(x-l_2)....\varphi(x-l_n)\}^p dx=0$$

soll bei beliebig gegebenen $l_1, l_2,...., l_n$ für $p=1, 2, 3,....$ stets demselben Wert l liefern.

Wir kommen zu II, wenn wir bemerken, dass bei den np Messresultaten

$$l_1,\ l_1,\ldots,\ l_1;\quad l_2,\ l_2,\ldots,\ l_2;\ldots;\quad l_n,\ l_n,\ldots,\ l_n$$

(jede Zahl tritt p Mal auf) die Methode a) offenbar für $p=1, 2, 3,\ldots$ stets dasselbe Resultat liefert: Das soll also auch die Methode b) tun.

Ich mache ferner einige Annahmen, die sich vielleicht bei genauerer Untersuchung zum Teil als überflüssig erweisen werden.

I′. Durch die Stelle des Maximums von $\varphi(x)$ (vgl. I) wird die Abscissenachse in zwei Teile geteilt; $\varphi(x)$ sei in beiden Teilen monoton.

III. Es sei $\varphi(x)$ zweimal stetig differenzierbar, $\varphi(x)>0$, und es existiere das Integral

$$\int_{-\infty}^{\infty} |x|\, \varphi(x) dx.$$

Eine Funktion $\varphi(x)$, die diesen Postulaten I, I′, II, III genügt, ist notwendigerweise entweder von der Form

$$Ae^{-\frac{1}{2}B\left(e^{Cx+D}+e^{-Cx-D}\right)}=Ae^{-B\cosh(Cx+D)} \tag{2}$$

oder von der Form

$$Ae^{-(Cx+D)^2} \tag{3}$$

Dass bei diesen Funktionen die Methoden a) und b) tatsächlich dasselbe Ergebnis liefern, ist sofort zu sehn. (3) ist ein Grenzfall von (2); zwischen den 4 Parametern in (2) besteht eine Relation, weil die Gesamtwahrscheinlichkeit $=1$ ist, und ein Parameter ist unwesentlich (Verschiebung). Die sachgemäss modifizierten Postulate zeichnen unter allen möglichen « zyklischen » Fehlergesetzen die VON MISESsche eindeutig aus.

Zwei Aufgaben aus der Wahrscheinlichkeitsrechnung.

Von

G. PÓLYA (Zürich).

(Als Manuskript eingegangen am 18. April 1935.)

Die beiden nachfolgenden Aufgaben habe ich als Übungsstoff zu meinen Vorlesungen über Wahrscheinlichkeitsrechnung schon vor längerer Zeit vorbereitet. Als Übungsstoff scheinen sie mir recht geeignet zu sein; sie knüpfen ungezwungen an das alltäglich Beobachtbare an und führen durch einfache Überlegungen zu einer einfachen Antwort.

Die erste Aufgabe betrifft die Zurückwerfung des Lichtes durch eine zufallsartig gewellte Oberfläche; ein abendlicher Spaziergang am beleuchteten Seeufer führt uns ungezwungen zu dieser Aufgabe.

Die zweite Aufgabe betrifft die Entfernungen zwischen zufallsartig verteilten Punkten. Die Betrachtung von irgendwelchen mehr oder weniger „zufallsartig" ausgestreuten Objekten (z. B. von den helleren Fixsternen am Abendhimmel oder von den Pflanzen gleicher Art in einer Vegetationsdecke) führt uns ungezwungen zu dieser Aufgabe.

Ich war überrascht zu finden, dass diese naheliegenden und einfach lösbaren Aufgaben wenig bekannt sind (ob sie überhaupt bekannt sind oder nicht, entzieht sich meiner Kenntnis). Es schien mir eine Mitteilung an dieser, Naturwissenschaftlern aller Fächer zugänglichen Stelle nicht unangebracht zu sein.

I. Über Spiegelung in einer zufallsartig gewellten Oberfläche.

1. Das Bild eines leuchtenden Punktes in einem leicht bewegten Wasserspiegel ist nicht ein einzelner ruhender Punkt, sondern es wird das vom leuchtenden Objekt ausgehende Licht von mehreren Stellen zugleich und von immer anderen und anderen Stellen re-

flektiert. Der zeitliche Mittelwert der von einer bestimmten Stelle der Oberfläche zum Beobachter gesandten Lichtmenge variiert mit der Stelle, ist eine Funktion des Ortes in der spiegelnden Fläche. Diejenigen Stellen, welche mehr Licht zurückwerfen als ein gewisser Schwellenwert, werden vom Beobachter als heller Fleck wahrgenommen. Die Berandung von diesem Fleck ist, in zeitlichem Mittelwert genommen, eine Niveaulinie der besagten Ortsfunktion.

Um die mittlere reflektierte Lichtmenge als Funktion der Stelle der Reflexion zu berechnen, müsste man das Wahrscheinlichkeitsgesetz kennen, nach welchem die verschiedenen Neigungen an der gewellten Oberfläche verteilt sind. Ich nehme an, dass die Wahrscheinlichkeit für eine bestimmte Stellung der Tangentialebene in einem Punkt der zufallsartig gewellten spiegelnden Fläche nur von der Neigung der Tagentialebene zum Horizontalen abhängt, und zwar dass diese Wahrscheinlichkeit mit wachsender Neigung abnimmt. Anders gesagt, ich will annehmen, dass grosse Abweichungen vom Horizontalen seltener sind, als kleine. Ich will ferner die Beeinflussung der Intensität des reflektierten Lichtes durch die Abstände und durch die Grösse des Reflexionswinkels vernachlässigen; diese Vernachlässigung ist bei kleinen Neigungen und für eine kleine Umgebung der am intensivsten wahrnehmbaren Stelle, (worauf es ja hauptsächlich ankommt) wohl zulässig. Dann kommt die Aufgabe, die Linien gleicher Helligkeit (d. h. die Niveaulinien der mittleren reflektierten Lichtmenge) zu bestimmen, auf eine einfache Aufgabe der analytischen Geometrie hinaus, die folgendermassen lautet:

Gegeben ist eine Ebene E und zwei auf derselben Seite der Ebene liegenden Punkte p und P. In einem variablen Punkt R der Ebene E wird ein kleiner Spiegel so angebracht, dass er einen vom Punkt p ausgehenden Lichtstrahl nach P zurückwirft. Den spitzen Winkel zwischen dem Spiegel in R und der Ebene E bezeichne man mit γ; es hängt γ von R ab, $\gamma = \gamma(R)$. Gesucht sind die Kurven, entlang welcher $\gamma(R)$ konstant ist.

2. Die Horizontalebene E sei die (x, y)-Ebene eines rechtwinkligen räumlichen (x, y, z)-Koordinatensystems. Als x-Achse sei gewählt die Horizontalprojektion der Verbindungsgeraden der beiden oberhalb der Ebene E befindlichen Punkte p und P, als Anfangspunkt des Koordinatensystems derjenige Punkt O, worin das Licht durch die Ebene E selbst von p nach P zurückgeworfen

wird, so dass dem Punkt O der Wert $\gamma = 0$ entspricht. Die Koordinaten der Punkte

$$p, \qquad R, \qquad P$$

seien der Reihe nach

$$(-a, 0, h), \qquad (x, y, 0), \qquad (A, 0, H).$$

a, h, A, H sind positiv, und es ist

$$\frac{a}{h} = \frac{A}{H} = tg\, r; \tag{1}$$

r ist der Reflexionswinkel im Punkte O.

Die Normale des im Punkte R angebrachten Spiegels ergibt sich als die Resultante von zwei, von R nach p und P gezogenen Einheitsvektoren; sie hat die Komponenten

$$\frac{-a-x}{w} + \frac{A-x}{W}, \qquad -\frac{y}{w} - \frac{y}{W}, \qquad \frac{h}{w} + \frac{H}{W}, \tag{2}$$

wobei zur Abkürzung

$$w = \sqrt{(a+x)^2 + y^2 + h^2}, \qquad W = \sqrt{(A-x)^2 + y^2 + H^2} \tag{3}$$

gesetzt wurde; w und W sind positiv. Der dritte Richtungscosinus des Vektors (2) ist

$$cos\, \gamma = \frac{\frac{h}{w} + \frac{H}{W}}{\sqrt{\left[\frac{A}{W} - \frac{a}{w} - x\left(\frac{1}{w} + \frac{1}{W}\right)\right]^2 + y^2\left(\frac{1}{w} + \frac{1}{W}\right)^2 + \left(\frac{h}{w} + \frac{H}{W}\right)^2}},$$

also ist

$$tg^2\, \gamma = \frac{y^2 (w+W)^2 + [x(w+W) - A\,w + a\,W]^2}{(H\,w + h\,W)^2}. \tag{4}$$

Für ein beliebiges festes γ ist (4) die Gleichung einer Niveaukurve der Ortsfunktion $\gamma\,(R)$, also, unter den gemachten Annahmen und Vernachlässigungen, die Gleichung einer Kurve gleicher Helligkeit für einen in P befindlichen Beobachter bei Beleuchtung der zufallsartig gewellten (x, y) - Ebene von p aus. Die hellste Beleuchtung entspricht dem Wert $\gamma = 0$, also dem Punkt $x = 0$, $y = 0$. Die Entwicklung der rechten Seite von (4) nach wachsenden Potenzen von x und y ergibt

$$tg^2\, \gamma = \left(\frac{h+H}{2\,h\,H} cos^2\, r\right)^2 \left(x^2 + \frac{y^2}{cos^4\, r}\right) + \ldots; \tag{5}$$

die nichtangeschriebenen Glieder sind von dritter oder höherer Ordnung.

Gemäss (5) sind die Kurven gleicher Helligkeit in der Nachbarschaft des bestbeleuchteten Punktes homothetische Ellipsen, deren grosse Achse in der Horizontalprojektion der direkten Blickrichtung des Beobachters auf das leuchtende Objekt liegt. Die grosse Achse verhält sich zur kleinen wie 1 zu $\cos^2 r$, wobei r den Reflexionswinkel im hellsten Punkte bedeutet. Diese Ellipsen sind selbst bei kleineren Werten von r recht lang gestreckt.

II. Über Entfernungen zwischen zufallsartig verteilten Punkten.

1. Der Begriff von einem zufallsartig verteilten Punktschwarm wird uns durch Beobachtungen in den verschiedensten Gebieten nahegelegt. Als zufallsartig verteilte Punkte erscheinen uns im Dreidimensionalen die Schneeflocken oder die Kolloidteilchen in einer Suspension, im Zweidimensionalen die ersten Regentropfen eines Gewitters auf dem Strassenbelag, in einer Dimension die radioaktiven Zerfalle in der Zeit, auf der Kugelfläche die sphärischen Positionen der N hellsten Fixsterne (wenn N nicht zu gross), usw.

Einem zufallsartig verteilten Punktschwarm will ich hier definitorisch die folgenden Eigenschaften zuschreiben:

[1] Die Wahrscheinlichkeit dafür, dass ein bestimmter einzelner Punkt des Schwarmes sich in einem bestimmten Gebiet befinde, ist der Ausdehnung des Gebietes proportional.

[2] Die einzelnen Punkte des Schwarmes sind voneinander (im Sinne der Wahrscheinlichkeitsrechnung) unabhängig.

Die eingangs erwähnten Punktschwärme erwecken den Eindruck, in dem definierten Sinne zufallsartig verteilt zu sein (und dieser Eindruck ist ja für einige durch genauere Beobachtungen weitgehend bestätigt worden). Die Pflanzen in einer spärlich und einförmig bewachsenen Wüste (ich denke an die Mohave-Wüste in Kalifornien) scheinen hingegen von der zufallsartigen Verteilung (wie oben definiert) in einem bestimmten Sinne abzuweichen: Die Bedingung [2] scheint nicht erfüllt zu sein, die Situation jeder Pflanze scheint von der ihrer Nachbarpflanzen beeinflusst zu sein.

Vielleicht kann einmal bei genauerer Untersuchung dieser Verhältnisse die Lösung der folgenden Aufgaben einen Dienst leisten.

I. Gegeben ist die Raumdichte δ eines im q-dimensionalen Raum zufallsartig verteilten Punktschwarmes. Gesucht ist der mittlere Abstand A_n eines Punktes von seinem n-tnächsten Nachbarpunkt.

II. Auf der Kugelfläche sind $N+1$ Punkte zufallsartig verteilt. Gesucht ist der mittlere Winkelabstand Θ_n eines Punktes von seinem n-tnächsten Nachbarpunkt.

Als Antwort auf Aufgabe I finde ich für die Gerade oder die eindimensionale Zeit, kurzum für $q = 1$

$$A_n = \frac{n}{2\delta}. \tag{1}$$

Dieses Resultat ist nahezu selbstverständlich. Nicht so selbstverständlich ist aber das Resultat für ebene Punktschwärme, d. h. für $q = 2$,

$$A_n = \frac{1}{2\sqrt{\delta}}\left(1 + \frac{1}{2} + \frac{1.3}{2.4} + \frac{1.3.5}{2.4.6} + \cdots + \frac{1.3\ldots(2n-3)}{2.4\ldots(2n-2)}\right) \tag{2}$$

oder für räumliche Punktschwärme, $q = 3$,

$$A_n = \frac{1}{\sqrt[3]{\delta}}\sqrt[3]{\frac{3}{4\pi}}\,\Gamma\left(\frac{4}{3}\right)\left(1 + \frac{1}{3} + \frac{1.4}{3.6} + \frac{1.4.7}{3.6.9} + \cdots + \frac{1.4\ldots 3n-5}{3.6\ldots 3n-3}\right). \tag{3}$$

Nehmen wir z. B. $q = 2$ und $n = 1, 2, 3$; gemäss Formel (2) hat ein Punkt eines in der Ebene zufallsartig verteilten Schwarmes von seinem nächsten Nachbarn, von seinem zweitnächsten Nachbarn und von seinem drittnächsten Nachbarn Abstände, die in Mittel bzw.

$$A_1 = \frac{0{,}5}{\sqrt{\delta}}, \qquad A_2 = \frac{0{,}75}{\sqrt{\delta}}, \qquad A_3 = \frac{0{,}9375}{\sqrt{\delta}}$$

betragen.

In der sphärischen Aufgabe II erhält man[1])

$$\Theta_n = \pi\frac{1.3\ldots(2N-1)}{2.4\ldots 2N}\left(1 + \frac{1}{2}\cdot\frac{2N}{2N-1} + \frac{1.3}{2.4}\cdot\frac{2N(2N-2)}{(2N-1)(2N-3)} + \right.$$
$$\left. + \cdots + \frac{1.3\ldots(2n-3)}{2.4\ldots(2n-2)}\cdot\frac{2N\ldots(2N-2n+4)}{(2N-1)\ldots(2N-2n+3)}\right) \tag{4}$$

(in Bogenmass ausgedrückt).

2. Wir beschäftigen uns mit Aufgabe I. Ein bestimmter Punkt O des Schwarmes darf als fest gegeben (als Koordinatenanfangspunkt) betrachtet werden; die anderen werden unabhängig (sowohl von O wie auch voneinander unabhängig) im Raume ausgestreut. Bekannt-

[1]) Vgl. G. Pólya, Zur Statistik der sphärischen Verteilung der Fixsterne, Astronomische Nachrichten CCVIII (1919) S. 175—180, wo Θ_1 und A_1 (für $q = 3$) berechnet, und Θ_1 statistisch belegt wird.

lich ist [2]) $V\delta$ die durchschnittliche Anzahl der im Raum ausgestreuten Punkte in einem gegebenen Gebiet von Volumen V, und es ist

$$(5) \qquad P_r = \frac{(V\delta)^r e^{-V\delta}}{r!}$$

die Wahrscheinlichkeit im Volumen V genau r der ausgestreuten Punkte anzutreffen. — Ich stelle die folgende Definition auf:

W_x^{x+h} ist die Wahrscheinlichkeit dafür, dass der n-te Nachbar des Punktes O von O eine zwischen x und $x + h$ gelegene Entfernung hat. (Man soll den Punkt O mit allen in den Raum gestreuten Punkten verbinden und die Verbindungsstrecken nach wachsender Grösse ordnen: der n-ten in der Reihe der so geordneten Verbindungsstrecken entspricht der n-te Nachbar.) Aus dieser Definition folgt (x, h sind positiv!)

$$(6) \qquad W_x^{\infty} = W_x^{x+h} + W_{x+h}^{\infty}.$$

Es bleibt somit zu berechnen übrig

W_x^{∞}, also die Wahrscheinlichkeit dafür, dass der n-te Nachbar von O ausserhalb der Kugel vom Radius x und Mittelpunkt O liegt. Der n-te Nachbar wird dann und nur dann ausserhalb dieser Kugel liegen, wenn innerhalb dieser Kugel weniger als n ausgestreute Punkte liegen: entweder keiner, oder einer, oder zwei, ... oder höchstens $n - 1$ von den ausgestreuten Punkten. Somit ist

$$(7) \qquad W_x^{\infty} = P_o + P_1 + P_2 + \cdots + P_{n-1},$$

wobei unter dem V der Formel (5) das Volumen der besagten Kugel zu verstehen ist; somit ist

$$(8) \qquad V = K_q x^q;$$

K_q ist das „Volumen" der q-dimensionalen Einheitskugel; d. h. K_q ist eine Länge für $q = 1$, eine Fläche für $q = 2$ und nur für $q = 3$ ein eigentliches Volumen. Es ist

$$(9) \qquad K_1 = 2, \qquad K_2 = \pi, \qquad K_3 = \frac{4\pi}{3}.$$

$w(x)$ sei die Wahrscheinlichkeitsdichte für die Entfernung des n-ten Nachbarn des Punktes O von O. Es ergibt sich

$$(10) \qquad w(x) = \lim_{h \to o} \frac{W_x^{x+h}}{h} = -\lim_{h \to o} \frac{W_{x+h}^{\infty} - W_x^{\infty}}{h} = -\frac{d W_x^{\infty}}{dx}$$

unter Benutzung von (6).

[2]) Vgl. z. B. G. Pólya, Wahrscheinlichkeitsrechnung, Fehlerausgleichung, Statistik, in Abderhalden's Handbuch der biologischen Arbeitsmethoden, Abt. V, Teil 2, S. 669—758, insbesonder S. 705—707.

A_n, wie in Aufgabe I definiert, ist die mathematische Erwartung der vom Zufall abhängigen Länge x, deren Wahrscheinlichkeitsdichte durch (10) gegeben ist. Somit ergibt sich

$$(11)\quad A_n = \int_0^\infty x\, w(x)\, dx = -\int_0^\infty x\, d\, W_x^\infty = \int_0^\infty W_x^\infty\, dx$$

$$= \int_0^\infty \sum_{r=0}^{n-1} P_r\, dx = \int_0^\infty \sum_{r=0}^{n-1} \frac{(K_q x^q \delta)^r}{r!}\, e^{-K_q x^q \delta} \cdot dx$$

$$= \frac{1}{q\,(K_q\,\delta)^{1/q}} \sum_{r=0}^{n-1} \frac{1}{r!} \int_0^\infty y^{r+\frac{1}{q}-1}\, e^{-y}\, dy$$

$$= \frac{1}{q\,(K_q\,\delta)^{1/q}} \sum_{r=0}^{n-1} \frac{1}{r!}\, \Gamma\left(r+\frac{1}{q}\right)$$

$$= \frac{1}{(K_q\,\delta)^{1/q}}\, \Gamma\left(1+\frac{1}{q}\right) \sum_{r=0}^{n-1} \frac{1}{r!}\, \frac{1}{q}\left(\frac{1}{q}+1\right) \cdots \left(\frac{1}{q}+r-1\right)$$

unter sukzessiver Benutzung von (10), (7), (5), (8); zum Schluss wurde die Definition und die einfachste Eigenschaft der Γ-Funktion herangezogen. Setzt man in (11) nacheinander $q = 1, 2, 3$ und beachtet man (9), so erhält man (1), (2), (3).

3. Die gegebene Herleitung der Formeln (1), (2), (3) kann auf mehrere Arten variiert werden. Man erhält aus (10), (7), (5), (8) durch leichte Rechnung

$$(12)\qquad w(x)\, dx = P_{n-1} \cdot \delta\, d\, K_q\, x^q .$$

Diese Formel besagt: Die Wahrscheinlichkeit dafür, dass die Entfernung des n-ten Nachbarn des Punktes O von O zwischen x und $x + dx$ fällt, ist ein Produkt von zwei Faktoren; der erste Faktor ist die Wahrscheinlichkeit, in der Kugel vom Mittelpunkt O und Radius x genau $n-1$ hineingestreute Punkt anzutreffen; der zweite Faktor ist die erwartungsmässige Anzahl der ausgestreuten Punkte in einer die besagte Kugel umgebenden Schicht von Dicke dx. Man kann die so gedeutete Formel (12) direkt herleiten (durch Grenzübergang) und damit einen anderen Beweis für das Resultat von (11) geben.

4. Die Herleitung von (4) gestaltet sich der von (1), (2), (3) ganz analog; ich hebe die Analogie durch die Numerierung der Formeln hervor und ich gebe nur wenige Einzelheiten (vgl. auch a. a. O. [1]).

Einen Punkt von den $1 + N$ erwähnten betrachte ich als fest gegeben, etwa als den „Nordpol" der Kugel.

K sei die Gesamtheit derjenigen Punkte der Kugel, deren Winkelabstand vom Nordpol nicht mehr als ϑ beträgt; K ist eine Kugelkalotte, deren Fläche, dividiert durch die Gesamtfläche der Kugel

$$\frac{1 - \cos\vartheta}{2} = \sin^2\frac{\vartheta}{2}$$

beträgt; dies ist die Wahrscheinlichkeit dafür, dass ein bestimmter von den N ausgestreuten Punkten auf K falle (gemäss Nr. 1, Bedingung [1]).

Die Wahrscheinlichkeit, dafür, dass von den N ausgestreuten Punkten r auf K, die übrigen $N - r$ ausserhalb K fallen, ist (gemäss einer üblichen Rechnung)

$$(5') \qquad P_r = \binom{N}{r}\left(\sin\frac{\vartheta}{2}\right)^{2r}\left(\cos\frac{\vartheta}{2}\right)^{2N-2r}.$$

W_ϑ^π sei die Wahrscheinlichkeit dafür, dass der n-te Nachbar des Nordpols ausserhalb K fällt. Nach den Überlegungen der Nr. 2 ist [vgl. die Herleitung der Formel (7)]

$$(7') \qquad W_\vartheta^\pi = P_o + P_1 + P_2 + \cdots + P_{n-1}$$

und es ergibt sich

$$(11') \qquad \Theta_n = -\int_o^\pi \vartheta \, dW_\vartheta^\pi = \int_o^\pi W_\vartheta^\pi d\vartheta$$

$$= \int_o^\pi \sum_{r=o}^{n-1} \binom{N}{r}\left(\sin\frac{\vartheta}{2}\right)^{2r}\left(\cos\frac{\vartheta}{2}\right)^{2N-2r} d\vartheta$$

$$= \sum_{r=o}^{n-1} \frac{\Gamma\left(r + \frac{1}{2}\right)\Gamma\left(N - r + \frac{1}{2}\right)}{r!\,(N - r)!}$$

mit Benutzung des Bekannten B-Integrals. Aus (11') folgt dann (4). Die der Formel (12) entsprechende lautet hier

$$(12') \qquad -dW_x^\pi = \binom{N-1}{n-1}\left(\sin\frac{\vartheta}{2}\right)^{2n-2}\left(\cos\frac{\vartheta}{2}\right)^{2N-2n} N\,d\sin^2\frac{\vartheta}{2}.$$

Der erste Faktor geht aus (5') hervor, wenn darin N durch $N - 1$ und r durch $n - 1$ ersetzt wird. Man kann (12') auch leicht direkt einsehen und so das Resultat (11') gewinnen.

II

SUR LA PROMENADE AU HASARD DANS UN RÉSEAU DE RUES

par G. POLYA
(Zürich)

Cette conférence s'adresse plutôt à un public portant un intérêt général au Calcul des Probabilités qu'aux spécialistes de ce domaine. Elle est divisée en trois parties : la première rappellera quelques détails familiers et élémentaires sur le jeu de pile ou face, les deux autres traiteront des problèmes moins familiers qui s'y rattachent. Que le lecteur un peu expert pardonne l'insistance de la première partie sur certaines choses bien connues ; elles sont présentées de manière à bien préparer les raisonnements des parties qui suivent. Quelques notes succinctes ajoutées à la fin donnent des détails plus techniques.

I. — SUR LE JEU DE PILE OU FACE

Nous nous occupons d'une pièce de monnaie, « théorique », dont les deux côtés, « pile » et « face », sont également probables, chacun ayant la probabilité $\frac{1}{2}$. En jetant la pièce plusieurs fois de suite, nous amenons une certaine succession de « pile » et de « face » comme par exemple :

PFFPFFPFFPP... (P = pile ; F = face).

Pour nous faire une image plus vive d'une pareille succession aléatoire de P et de F, nous la représenterons cinématiquement par des mouvements. Plus exactement, nous nous servirons de deux représentations cinématiques distinctes.

Promenade au hasard en une dimension. — Imaginons une longue rue droite, allant de l'ouest à l'est, découpée en parties égales par des rues transversales. Un promeneur (qui se trouve

For comments on this paper [155], see p. 611.

évidemment dans un état un peu extraordinaire) flâne dans cette rue en se laissant diriger par une pièce de monnaie. Il commence sa promenade à un carrefour donné de la rue, désigné par O (voir fig. 1) ; il jette sa pièce et il va vers l'est si elle montre pile, il va par contre vers l'ouest, si elle montre face. Il continue à marcher jusqu'au prochain carrefour, où il recommence le même jeu : il jette sa pièce et va vers l'est ou vers l'ouest, selon que la pièce montre P ou F. Choisissant à chaque coin de rue sa direction sui-

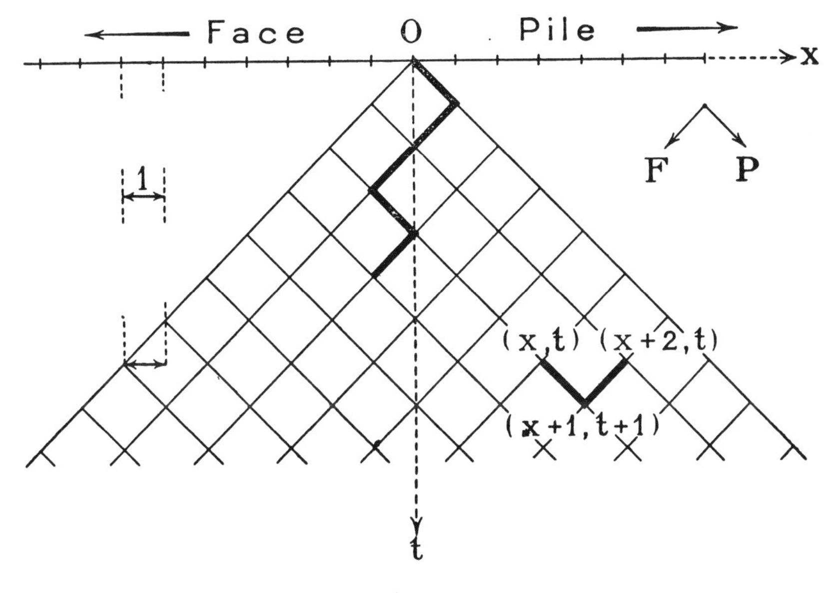

Fig. 1.

vant les caprices de sa pièce de monnaie, le promeneur exécutera des oscillations fantaisistes le long de la rue ; nous admettons qu'il va d'une vitesse constante et qu'il ne dépense qu'un temps négligeable à prendre sa décision ou à se retourner aux carrefours ; nous prenons comme unité de longueur la distance entre deux carrefours voisins et comme unité de temps le temps qui s'écoule entre deux décisions successives du promeneur (de manière que sa vitesse soit aussi égale à 1). C'est le mouvement ainsi précisé que nous appellerons « promenade au hasard en une dimension ».

Promenade semi-dirigée en deux dimensions. — Imaginons un réseau de rues à mailles exactement carrées dont les rues s'étendent du nord-ouest au sud-est et du nord-est au sud-ouest (voir la fig. 1). Un promeneur, partant d'un carrefour donné O de ce réseau, a l'intention d'aller vers le sud, mais les deux directions, sud-est et sud-ouest, lui étant indifférentes, il se décide entre elles à l'aide d'une pièce de monnaie : il prend une rue vers le sud-est ou vers le sud-ouest selon que sa pièce amène pile ou face. Si la succession de ses coups commence par PFFPF, sa promenade commencera par le chemin en zig-zag partant de O et composé de 5 segments égaux qui est marqué en trait fort sur la fig. 1. Nous admettons comme auparavant que les décisions et les changements de direction du promeneur sont instantanés, que sa vitesse est uniforme et que c'est l'unité du temps qui s'écoule entre deux décisions successives ; comme unité de longueur, nous prenons la demi-diagonale d'une maille du réseau. C'est le mouvement ainsi précisé que nous appellerons « promenade semi-dirigée en deux dimensions ». Nous voyons que la promenade au hasard en une dimension n'est autre que la projection orthogonale de la promenade semi-dirigée en deux dimensions, les lignes de projection étant verticales dans la fig. 1.

Énoncé du problème. — A propos du jeu de pile ou face le calcul des probabilités a posé (et résolu depuis bien longtemps) le problème simple suivant : « Quelle est la probabilité d'amener pile p fois et face f fois en jetant la pièce $p + f$ fois ? ».

Dans cet énoncé, p et f sont deux entiers donnés d'avance. Au lieu de donner p et f, nous pouvons donner, puisque cela revient au même, les nombres t et x

$$t = p + f \qquad \text{et} \qquad x = p - f.$$

t signifie le nombre *total* des coups envisagés ou bien, d'après notre choix d'unités, le *temps* que le promeneur met à exécuter sa marche déterminée par t jets de la pièce. x signifie le nombre d'unités dont le promeneur *avance vers l'est* si ses t coups amènent p fois pile et f fois face. Nous pouvons donc, en utilisant t et x à la place de p et f, énoncer ainsi notre problème : « Quelle est la probabilité que la promenade au hasard en une dimension amène le promeneur au point d'abcisse x au bout du temps t ? »

En introduisant dans notre réseau de rues un système de coordonnées avec l'origine en O, un axe des x dirigé vers l'est et un axe des t dirigé vers le sud (voir fig. 1), nous pouvons énoncer notre problème encore de la manière suivante : « Quelle est la probabilité qu'en faisant sa promenade semi-dirigée en deux dimensions, le promeneur passe par le carrefour de coordonnées (x, t) ? ».

Solution du problème. — Pour résoudre notre problème, suivons les préceptes classiques de Laplace en en faisant dépendre la solution d'une équation aux différences partielles finies.

Un premier pas, peu important en apparence, consiste à considérer la probabilité cherchée, c'est-à-dire la probabilité de passer par le point (x, t), comme une *fonction de ce point* ; désignons-la donc par $f(x, t)$.

Cherchons maintenant des relations entre les valeurs voisines de la fonction $f(x, t)$. Par définition, $f(x + 1, t + 1)$ désigne la probabilité que le promeneur, dans sa promenade semi-dirigée en deux dimensions, passe par le carrefour $(x + 1, t + 1)$. Mais (voir fig. 1) le promeneur ne peut arriver au point $(x + 1, t + 1)$ que de deux manières : en venant du nord-ouest, du carrefour (x, t), ou en venant du nord-est, du carrefour $(x + 2, t)$. Ces deux manières étant bien distinctes, la probabilité $f(x + 1, t + 1)$ est la somme des deux probabilités suivantes : la probabilité d'arriver à $(x + 1, t + 1)$ en passant par (x, t) et la probabilité d'y arriver en passant par $(x + 2, t)$.

Évaluons le premier terme de cette somme. La probabilité de passer par (x, t) est, par définition, $f(x, t)$ et la probabilité de continuer de (x, t) vers $(x + 1, t + 1)$ est la probabilité de jeter pile, donc $\frac{1}{2}$. Arriver à $(x + 1, t + 1)$ en passant par (x, t) est donc une probabilité composée, égale à $f(x, t)\cdot\frac{1}{2}$. En évaluant de la même manière l'autre terme de la somme qui constitue $f(x + 1, t + 1)$, nous obtenons

$$f(x + 1, t + 1) = f(x, t)\frac{1}{2} + f(x + 2, t)\frac{1}{2}. \tag{1}$$

Les deux termes du second membre correspondent donc aux deux segments obliques dessinés en traits forts dans la fig. 1, qui aboutissent au point $(x + 1, t + 1)$.

L'équation (1) est une équation aux différences partielles finies, linéaire, homogène, à coefficients constants, du second ordre. Pour isoler parmi ses solutions celle qui convient à notre problème, il faut poser certaines conditions aux limites. Observons ici que la probabilité du promeneur de toucher le point (0,0) est 1, puisqu'il commence sa promenace à ce carrefour. Sa probabilité de passer par le point (1,1) est la même que celle de jeter pile, donc $\frac{1}{2}$. Sa probabilité de passer par le point (2,2) est la même que celle de jeter pile deux fois de suite, donc $\frac{1}{2} \cdot \frac{1}{2}$. On voit en général que la probabilité est

$$1, \qquad \frac{1}{2}, \qquad \frac{1}{4}, \cdots \qquad \frac{1}{2^n}, \cdots$$

pour passer par les points

$$(0, 0), \quad \begin{matrix} (1, 1), & (2, 2), \cdots & (n, n), \cdots \\ (-1, 1), & (-2, 2), \cdots & (-n, n), \cdots \end{matrix}$$

La probabilité, valeur de la fonction $f(x, t)$, est ainsi donnée sur la moitié inférieure des deux bissectrices des axes x et t. Cette condition aux limites, jointe à l'équation aux différences (1), achève la déteımination de $f(x, t)$ [1].

Valeur asymptotique de la probabilité. — Le problème de déterminer la valeur approchée de $f(x, t)$ pour les grandes valeurs de t a été attaqué par Jacques Bernoulli et résolu la première fois par de Moivre. Aucun autre problème aussi simple et concret n'a joué un rôle aussi important dans l'histoire du calcul des probabilités. On connaît aujourd'hui beaucoup de méthodes pour les résoudre ; celle que nous suivrons ici n'est que *heuristique*, mais elle nous ouvrira une perspective intéressante.

Notre méthode s'appuiera d'un côté sur l'intuition physique et de l'autre sur un calcul formel.

La promenade au hasard en une dimension a, en effet, une signification physique ; elle est l'*image schématique du mouvement d'une molécule.*

D'après les idées de la théorie cinétique, nous imaginons qu'une molécule traverse l'espace en suivant une trajectoire en zig-zag. Les points anguleux de cette trajectoire, dus aux changements brusques de vitesse de la molécule, proviennent des chocs avec les autres molécules. Nous considérons ces chocs et les changements de vitesse qui s'ensuivent comme *régis par le hasard.* Projetons le mouvement de la molécule sur une droite ; sur cette droite, tantôt le point de projection avancera, tantôt il reculera, en exécutant des oscillations aléatoires, le hasard changeant sa vitesse brusquement à certains moments. Simplifions un peu ; admettons que le point qui se meut sur la droite ne puisse avoir que deux vitesses différentes, de grandeur égale, mais de signes opposés et également probables ; admettons encore que le choix aléatoire entre ces deux vitesses se fasse à des moments équidistants ; et nous voici arrivés à la promenade au hasard en une dimension.

Pour donner une signification physique à cette promenade, il nous faut distinguer une certaine direction. Prenons donc un tube droit, horizontal, mince et long, qui contient de l'eau. Mettons au centre de ce tube une goutte de la solution très condensée d'un sel. Les molécules de ce sel, en se heurtant entre elles et surtout en se heurtant contre les molécules de l'eau, se disperseront le long du tube ; que remarquerons-nous, en effet, en observant la diffusion, c'est-à-dire les changements de la concentration du sel ? La projection du mouvement moléculaire sur l'axe du tube, projection que nous pouvons considérer comme la promenade en une dimension dont nous nous occupons. Désignons par x la distance du centre (comptée avec signe) d'une section transversale du tube, et par t le temps qui s'est écoulé depuis que nous avons mis le sel au centre du tube. Alors la question que nous traitons : « Quelle est la probabilité que la promenade au hasard en une dimension amène le promeneur au point d'abscisse x au bout du temps t ? » se traduit ainsi : « Quelle est la condensation du sel au point d'abscisse x au bout du temps t ? »

Mais il faut encore remarquer une chose. La distance que la molécule parcourt entre deux chocs successifs ainsi que le temps qu'elle met à la parcourir sont *très petits en comparaison de l'échelle de nos observations*. Cela veut dire que les unités de longueur et de temps que nous avons choisies pour décrire la promenade au hasard en une dimension sont très petites en comparaison de x et de t, ou, en d'autres mots, que x et t sont très grands. Le problème physique de la diffusion correspondra donc au problème du calcul des probabilités si x et t sont grands ; il fournira une *solution asymptotique pour les grandes valeurs de x et de t.*

Mais le phénomène de la diffusion d'un sel dissous dans l'eau est gouverné, tout comme le phénomène de la diffusion de la chaleur, par une équation différentielle. Quelle relation peut-il y avoir entre cette équation et l'équation aux différences finies (1) que nous avons trouvée auparavant ?

C'est ainsi que nous sommes amenés à la seconde partie de notre raisonnement, au calcul formel. Nous mettons l'équation (1) sous la forme

$$f(x + 1, \mathbf{t + 1}) - f(x + 1, \mathbf{t}) = \frac{1}{2}[f(\mathbf{x + 2}, t) - 2f(\mathbf{x + 1}, t) + f(\mathbf{x}, t)],$$

où nous voyons apparaître (les caractères gras servent à le faire remarquer) une première différence par rapport à t dans le premier membre et une seconde différence par rapport à x dans le second membre. Mais, comme nous l'avons dit, nous considérons x et t comme très grands en comparaison avec l'unité. Passons donc *des différences finies aux dérivées* ; nous obtenons

$$\frac{\partial f}{\partial t} = \frac{1}{2}\frac{\partial^2 f}{\partial x^2}. \tag{1'}$$

C'est bien l'équation différentielle de la diffusion. Elle a une infinité de solutions, mais on peut isoler par des conditions aux limites appropriées celle qui convient à notre cas. On obtient — je n'entre pas ici dans les détails —

$$f = \frac{1}{\sqrt{2\pi t}} e^{-\frac{x^2}{2t}}.$$

C'est bien l'évaluation asymptotique, trouvée par de Moivre, de la probabilité en question.

Remarques sur la méthode. — La méthode suivie n'était que heuristique, bien sûr, mais elle a eu l'avantage de nous conduire rapidement à l'équation différentielle (1') qui joue un rôle central dans la théorie des probabilités. Ce rôle, soupçonné depuis longtemps, a été mis en pleine lumière par M. Kolmogoroff et son école, dont les recherches sur ces sujets constituent, à mon avis, le progrès le plus marqué du calcul des probabilités de ces derniers temps [2].

La méthode heuristique suivie se basait sur deux choses : Sur la représentation cinématique d'une question de probabilité et sur le passage formel d'une équation aux différences finies à une équation différentielle [3]. L'image cinématique est si riche en suggestions heureuses qu'elle nous aide à éviter les écueils d'un passage formel des différences aux différentielles.

La méthode heuristique suivie se révélera comme un de ces raisonnements rudimentaires mais vigoureux qui, comme de jeunes arbres, se laissent facilement transplanter dans d'autres terrains. Nous allons l'appliquer à deux problèmes un peu moins connus que celui du jeu de pile ou face, à un problème sérieux et à un problème curieux.

II. — SUR LE CHARRIAGE DES PIERRES PAR LE COURANT

Le transport du matériel solide par les rivières présente un problème sérieux aux ingénieurs. Le physicien ne s'en occupe pas ; ce sont peut-être les conditions expérimentales qui ne lui paraissent pas suffisamment bien définies, ou bien tout le problème lui semble trop éloigné des théories centrales de la physique. Mais l'ingénieur doit s'en occuper. Le Laboratoire d'essais hydrauliques attaché à l'École polytechnique fédérale de Zürich a entrepris, sous la direction de M. Meyer-Peter, une série de recherches importantes sur le problème du charriage du matériel solide par le courant.

Le problème est très complexe. C'est un cas où l'on fait bien d'appliquer un des préceptes classiques de Descartes : « Diviser la difficulté examinée en autant de parcelles qu'il se pourra et qu'il sera requis pour les mieux résoudre ». Nous laisserons de côté des parties du problème qui sont peut-être plus importantes pour la pratique immédiate et nous en choisirons une parcelle qui est accessible aux méthodes du calcul des probabilités.

Le problème expérimental. — Nous pouvons nous rappeler encore un autre de ces bons conseils de Descartes : « Conduire par ordre nos pensées, en commençant par les objets les plus simples et les plus aisés à connaître ». N'attaquons donc pas tout de suite les conditions complexes présentées par les rivières dans la nature, mais commençons par l'étude d'une rivière *artificiellement simplifiée* : Une rivière à lit rectiligne, à écoulement stationnaire, charriant une grenaille de diamètre à peu près uniforme, qui présente tout le long de son cours les mêmes conditions hydrauliques, la même coupe transversale rectangulaire, la même pente, la même vitesse et la même profondeur de l'eau. Dans les canaux d'essai du laboratoire de Zürich, on peut réaliser un fragment d'une pareille rivière simplifiée avec une approximation raisonnable. On peut y étudier expérimentalement le mouvement d'une pierre charriée par l'eau en faisant l'expérience suivante que nous nommerons l'*expérience des pierres rouges* : A un endroit et à un instant donnés, on jette dans le canal d'essai — dans la rivière simplifiée — quelques centaines de pierres coloriées ; on laisse ensuite couler l'eau dans les mêmes conditions encore quelques minutes, puis on arrête le courant et on constate dans le canal mis à sec la position des pierres coloriées ; on note combien il y a de pierres coloriées qui ont fait un chemin ne dépassant pas 1 mètre, combien il y en a qui ont fait un chemin entre 1 et 2 mètres, entre 2 et 3, entre 3 et 4 mètres, etc. On constate ainsi expérimentalement la répartition statistique, on dresse la courbe de fréquence des chemins parcourus par les pierres coloriées pendant un temps donné.

Quelle est l'équation théorique de la courbe de fréquence des chemins parcourus ? — C'est la question à laquelle nous sommes conduits par l'expérience des pierres rouges.

La réponse théorique. Le problème soulevé a été résolu par M. Albert Einstein junior ; nous allons esquisser sa théorie aussi simple qu'ingénieuse ([4]).

En regardant dans un moment de loisir le fond d'un ruisseau clair, nous avons l'impression que les cailloux qui le constituent sont tous au repos. On peut étudier le mouvement du fond au laboratoire dans un canal d'essai, on peut aussi le filmer. (Un film tourné au Laboratoire d'essais hydrauliques de Zürich a été présenté au colloque de Genève.) Au fond de la rivière artificielle, qui coule dans le canal d'essais, nous voyons bien quelques cailloux qui, soulevés brusquement par le courant, roulent ou sautent une certaine distance, mais nous avons l'impression que ce n'est qu'une petite partie des cailloux qui est en mouvement à la fois et qu'à un instant donné quelconque la plupart des cailloux sont en repos. Si nous admettons que tous les cailloux, soumis au même régime, se comportent statistiquement de la même manière, nous pouvons conclure qu'un caillou quelconque est généralement au repos et ne passe en mouvement qu'une petite partie de son temps.

C'est à cet endroit que M. Einstein simplifie le problème avec succès ; il néglige tout à fait le peu de temps que les pierres mettent à rouler ou à sauter et suppose que les mouvements des pierres charriées par le courant sont brusques, *instantanés*, qu'ils se font littéralement « en un rien de temps ». D'après cette supposition de M. Einstein, l'histoire d'une pierre au fond d'une rivière n'est qu'une alternance continuelle de deux états : du repos et du mouvement brusque. Quand la pierre est en repos, elle avance dans le temps sans avancer dans l'espace et quand elle est en mouvement brusque, elle avance dans l'espace sans avancer dans le temps.

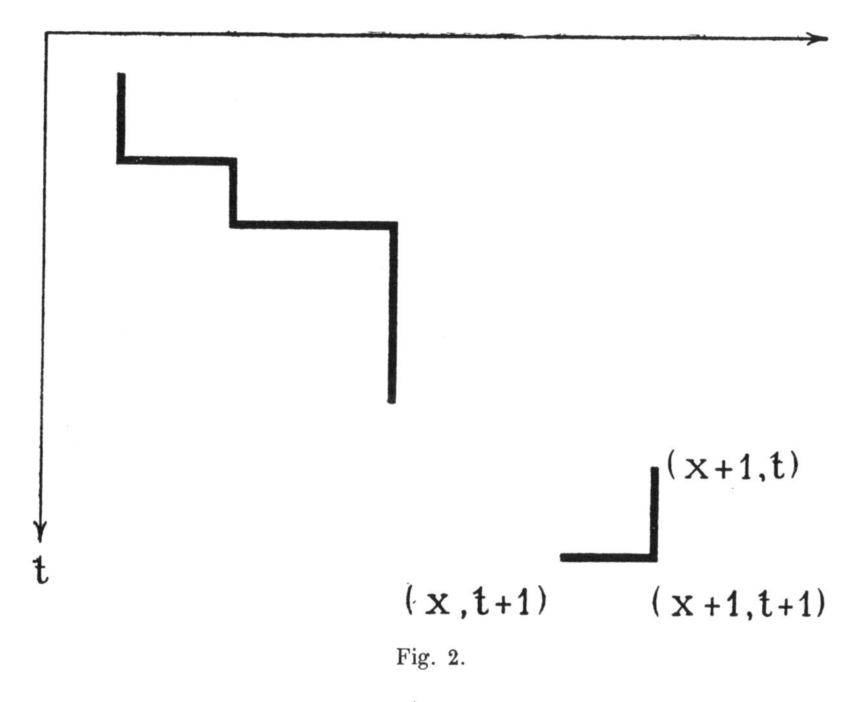

Fig. 2.

L'alternance des deux états est irrégulière, elle peut être *attribuée au hasard* : C'est le hasard, disons-nous, qui interrompt le repos de la pierre, c'est le hasard qui arrête son mouvement brusque.

Désignons par t le temps et par x la distance horizontale mesurée en aval le long de la rivière ; j'admets qu'elle coule de gauche à droite. Dans un système de coordonnées x et t (l'axe des t étant dirigé vers le bas, voir la fig. 2), l'histoire de la pierre considérée est représentée par une ligne en zigzag ; les parties verticales de la ligne brisée représentent les périodes de repos et les parties horizontales les sauts brusques de la pierre ; c'est le hasard qui détermine la longueur des parties rectilignes, en interrompant le repos ou en arrêtant le saut.

Comparons la ligne en zigzag de la fig. 2 que nous venons d'obtenir, représentation graphique de l'histoire d'une pierre au fond de la rivière, à la ligne en zigzag de la fig. 1, le chemin parcouru pendant la promenade semi-dirigée en deux dimensions, représentation graphique du jeu de pile ou face. Observons l'analogie des deux lignes : C'est le hasard qui en détermine la longueur des parties rectilignes. Observons aussi la différence : Dans le cas du jeu de pile ou face, la distribution des longueurs des parties rectilignes est discontinue, la longueur des parties rectilignes étant nécessairement un multiple entier de la distance entre deux carrefours voisins. Dans le cas du charriage des pierres, la distribution des longueurs doit être évidemment continue.

Quelle est la structure de probabilité dans le cas du charriage des pierres ? D'après l'idée de M. Einstein, elle est aussi analogue que possible à la structure de probabilité dans le jeu de pile ou face, l'analogie n'étant limitée que par la différence évidente entre la distribution discontinue en nombres entiers et la distribution continue en nombres quelconques. Mais nous connaissons les probabilités pour la promenade semi-dirigée en deux dimensions ; en particulier, nous avons vu, en discutant les conditions aux limites qui complètent l'équation (1), que la probabilité de faire un chemin rectiligne de direction donnée (sud-est ou sud-ouest) qui arrive jusqu'au n-ième carrefour est 2^{-n}. En analogie évidente avec ce fait, M. Einstein admet, en choisissant convenablement les unités de temps et de longueur, les hypothèses suivantes :

La probabilité que la durée du repos de la pierre tombe entre t et $t + dt$ est $e^{-t}dt$.

La probabilité que la longueur du saut (mouvement brusque) de la pierre tombe entre x et $x + dx$ et $e^{-x}dx$.

Ces hypothèses faites, la structure de probabilité du charriage des pierres par le courant est déterminée et, avec cela, toutes les probabilités concernant la situation des pierres deviennent calculables ([5]). M. Einstein a calculé la courbe de distribution théorique que nous avons demandé à connaître à la fin de la section précédente. Nous ne le suivons pas dans ses calculs ; remarquons seulement, que le résultat théorique auquel il arrive est, comme il l'a montré, en accord raisonnable avec les données fournies par l'expérience des pierres rouges.

L'équation du charriage. Réfléchissons un moment sur la théorie de M. Einstein ; comparons-la à la théorie de la diffusion.

On peut édifier la théorie de la diffusion de deux manières différentes, en se plaçant au point de vue « microscopique » ou au point de vue « macroscopique ». En se plaçant au premier de ces points de vue, on commence par étudier le mouvement d'une molécule, puis on arrive à comprendre, moyennant des considérations de probabilité, le mouvement des quantités de matière observables qui contiennent un très grand nombre de molécules. Au point de vue « macroscopique », on ne se soucie pas des détails du mouvement moléculaire, mais on tâche de décrire le mouvement des quantités observables de matière par une équation différentielle qu'on établit moyennant des hypothèses plausibles et qu'on soumet, après coup, au contrôle de l'expérience.

Le point de vue auquel M. Einstein s'est placé dans sa théorie du charriage du gravier par le courant est évidemment analogue au point de vue « microscopique » dans la théorie de la diffusion. On peut se placer à un point de vue en quelque sorte « macroscopique » et tâcher de décrire le transport du matériel solide par une rivière simplifiée à l'aide d'une équation différentielle, en considérant des grandes masses consistant en un grand nombre de pierres et en faisant des hypothèses convenables. Naturellement, il faut vérifier après coup que l'équation différentielle trouvée, qu'on peut nommer « équation de charriage », conduit aux mêmes conséquences que la théorie de M. Einstein ([6]).

On peut passer de différentes manières de la théorie de M. Einstein à l'équation du charriage ([7]). Réfléchissant bien, nous remarquons que nous avons fait nous-même le passage analogue dans la théorie de la diffusion. En effet, l'équation aux différences finies (1) exprime la structure de probabilités de la promenace au hasard en une dimension, donc la théorie cinétique, la théorie « microscopique » de la diffusion (une théorie bien schématisée et simplifiée, il est vrai). Par contre, l'équation (1'), l'équation différentielle de la diffusion, n'est que l'expression condensée de la théorie « macroscopique » de ce phénomène. Dans le cas de la diffusion, le passage de la théorie « microscopique » à la théorie « macroscopique » n'était qu'un passage des différences finies aux dérivées. Comment est-ce dans le cas du charriage des pierres, cas bien analogue à d'autres égards ?

Pour examiner cette question, considérons la promenade semi-dirigée en deux dimensions dans le plan x, t, plan de la fig. 2. Couvrons donc ce plan par un réseau de rues à mailles carrées, c'est-à-dire par deux familles de droites parallèles et équidistantes, les unes horizontales, les autres verticales ; nous les choisirons de manière que les carrefours, c'est-à-dire les points d'intersection soient les points aux coordonnées entières. Désignons par $f(x,t)$ la probabilité que le promeneur, faisant sa promenade semi-dirigée en deux dimensions, passe par le carrefour (x, t). Le même raisonnement qui nous a conduits à l'équation (1), nous conduit maintenant à une autre équation aux différences partielles finies, puisque la situation des axes de coordonnées dans le réseau est différente. Nous obtenons l'équation

$$f(x+1, t+1) = f(x+1, t)\frac{1}{2} + f(x, t+1)\frac{1}{2}\,; \tag{2}$$

les deux termes du second membre correspondent aux deux possibilités du promeneur d'arriver au point $(x + 1, t + 1)$, le premier terme à la direction verticale, le second à la direction horizontale (voir fig. 2).

Qu'exprime l'équation (2) ? La structure de probabilités dans le jeu de pile ou face. Quelle est la structure de probabilités dans le charriage des pierres par la rivière ? D'après les idées de M. Einstein, aussi voisine que possible de la structure exprimée par (2), l'unique différence étant que l'une des structures est discontinue, l'autre continue. Donc le passage de l'une à l'autre pourrait bien être *un passage des différences finies aux dérivées.* Transformons (2) de manière à faire apparaître des différences partielles finies convenables :

$$\begin{aligned}&[f(x+1, t+1) - f(x+1, t) - f(x, t+1) + f(x, t)]\\ &\qquad + [f(x+1, t+1) - f(x, t+1)] + [f(x, t+1) - f(x, t)] = 0.\end{aligned}$$

et passons aux dérivées partielles correspondantes :

$$\frac{\partial^2 f}{\partial x \partial t} + \frac{\partial f}{\partial x} + \frac{\partial f}{\partial t} = 0. \tag{2'}$$

Voici l'équation du charriage des pierres par le courant qui est, comme d'autres raisonnements moins heuristiques mais plus longs le montrent également, équivalente à la théorie de M. Einstein et qui, par conséquent peut être considérée comme vérifiée à un degré raisonnable par l'expérience des pierres rouges ([8]).

III. — SUR LA PROMENADE AU HASARD EN PLUSIEURS DIMENSIONS

Une promenade dans les rues d'une ville inconnue peut nous suggérer des problèmes de probabilité curieux. Il peut nous arriver de passer près de notre hôtel quand nous ne le cherchons pas et de ne pas le retrouver quand nous le cherchons. Nous pouvons rencontrer ou manquer un ami qui se promène dans la même ville. Quelquefois nous retombons continuellement sur les mêmes endroits et d'autres fois nous avons l'impression de voir à chaque tournant quelque chose de nouveau. Quelle est la probabilité d'un passage, d'une rencontre, d'un nouvel endroit ?

Naturellement, nous simplifions le problème. Nous considérons un réseau *illimité* de rues tout à fait régulier, à mailles carrées [9]. Nous admettons que les quatre directions entre lesquelles le promeneur doit choisir à chaque carrefour soient également probables, donc que chacune ait la probabilité $\frac{1}{4}$. Nous imaginons que le promeneur se décide aux carrefours instantanément et qu'il marche à une vitesse constante ; nous choisissons sa vitesse comme unité de la vitesse et la distance de deux carrefours voisins comme unité de la distance. C'est ce que je veux nommer « promenade au hasard en deux dimensions ». (Ne pas confondre avec la promenade semi-dirigée !). On voit maintenant ce qu'il faut entendre par « promenade au hasard en trois dimensions » ; c'est un mouvement aléatoire le long des arêtes d'un réseau spatial cubique ; le point mobile — une molécule d'une substance en diffusion qui se disperse dans un milieu cristallin du système régulier, si vous voulez — choisit à chaque « carrefour spatial » une des 6 directions possibles, dont chacune a la probabilité $\frac{1}{6}$. Étant mathématiciens, nous n'éprouvons même pas de difficulté à parler de la « promenade au hasard en n dimensions » et à y formuler les problèmes du passage, de la rencontre et de la nouveauté. Formulons-les tout de même en deux dimensions ; il est naturel de penser que l'extension de 2 à n ne peut pas être difficile en pareille matière.

Le problème du passage. — En partant d'un carrefour donné P et en se promenant au hasard dans un réseau de rues (en deux dimensions), pendant le temps t, on a une certaine probabilité de passer par un autre carrefour donné O. Cette probabilité ne peut évidemment qu'augmenter quand t, la durée de la promenade, augmente ; *tend-elle vers* 1 *lorsque* t *augmente indéfiniment* ?

C'est le problème que je nommerai le « problème du passage ». Tâchons de nous le représenter bien clairement, bien intuitivement ; observons que t, d'après notre choix d'unités, est aussi la distance totale que le promeneur couvre pendant sa promenade, chaque segment étant compté aussi souvent que le promeneur y passe de fois ; quand le temps se prolonge la distance couverte se prolonge également et la probabilité du promeneur d'avoir passé au moins une fois par le carrefour donné O ne peut qu'augmenter : *tendra-t-elle vers la certitude lorsque la promenade se prolonge indéfiniment* ?

Cette question est si près des choses que nous voyons journellement que nous pensons pouvoir en deviner la réponse.

Le problème de la rencontre. — Imaginons deux promeneurs qui, partant au même instant de deux carrefours différents de notre réseau illimité de rues, y poursuivent leur promenade au hasard avec la même vitesse et pendant le même temps t; il y a une certaine probabilité qu'ils se rencontrent pendant ce temps, probabilité qui ne peut évidemment qu'augmenter quand t augmente ; *tendra-t-elle vers la certitude lorsque* t *augmente indéfiniment* ?

C'est là le problème que je désignerai comme « problème de la rencontre ». (Il ne s'agit donc pas du problème classique du marquis de Montmort relatif aux permutations.) On peut deviner et on peut aussi démontrer que le problème du passage et le problème de la rencontre sont équivalents, c'est-à-dire que la réponse, qu'elle soit affirmative ou négative, est en tous cas la même aux deux questions.

Le problème de la nouveauté. — Si t est un nombre entier, le promeneur, faisant sa promenade au hasard en deux dimensions, doit arriver au bout du temps t à un carrefour ; il y a une certaine probabilité que ce carrefour soit nouveau, c'est-à-dire que le promeneur le rencontre pour la première fois depuis le commencement de sa promenade. Cette probabilité diminue lorsque t augmente ; *tendra-t-elle vers zéro lorsque* t *augmente indéfiniment* ?

C'est là le « problème de la nouveauté ». On peut démontrer

assez facilement que le sort de ce problème est lié à celui des deux précédents ; nos trois questions, relatives au « passage », à la « rencontre » et à la « nouveauté » ont la même réponse. Mais cette réponse, est-elle oui ou est-elle non ?

Une solution heuristique. — Puisqu'il s'agit de questions assez intuitives, il est naturel d'essayer d'en deviner la réponse. Mais voici une observation de nature à nous mettre en garde contre les dangers d'un jugement précipité : Les mêmes problèmes du passage, de la rencontre et de la nouveauté peuvent être posés, comme en deux, en une, en trois ou en un nombre quelconque de dimensions et il est possible que la réponse *dépende du nombre des dimensions*. En effet, deux amis qui se promènent dans un réseau de rues à deux dimensions ont évidemment plus de possibilités de se manquer que s'ils se promenaient dans la même rue et, en général, les chances de se manquer, les chances de ne pas passer par un point désigné, les chances de tomber sur quelque chose de nouveau doivent augmenter avec le nombre des dimensions.

Concentrons-nous sur le problème du passage en deux dimensions. Mettons les carrefours dans les points à coordonnées entières d'un système cartésien dont O, le point par lequel il s'agit de passer, est l'origine. Nommons x et y les coordonnées du point P où le promeneur commence sa promenade. La probabilité du promeneur d'avoir passé le point O pendant le temps t augmente avec t, donc elle tend vers une limite. Nous devons décider, si cette limite est égale ou inférieure à 1 ; elle est en tous les cas déterminée par la situation du point P, donc elle est une fonction de x et de y ; désignons-la par $f(x, y)$. Nous pouvons concevoir $f(x,y)$ comme la probabilité du promeneur d'atteindre O en partant du point (x, y) et en errant un temps illimité dans le réseau illimité. En considétant les 4 carrefours voisins de (x, y), nous obtenons, de la même manière que les équations (1) et (2), l'équation

$$(3)\quad f(x, y) = \frac{1}{4}f(x-1, y) + \frac{1}{4}f(x+1, y) + \frac{1}{4}f(x, y-1) + \frac{1}{4}f(x, y+1).$$

Cette équation est valable en chaque carrefour, c'est-à-dire en chaque point (x, y) à coordonnées entières, *excepté peut-être au point* (0,0), c'est-à-dire à l'origine ; pour qu'elle soit aussi valable aux 4 carrefours voisins de l'origine, nous devons mettre

$$f(0, 0) = 1.$$

On obtient une équation analogue à (3) pour un nombre quelconque de dimensions. L'équation pour 1 dimension est particulièrement simple ; elle exprime que la probabilité-limite dont il s'agit est une fonction linéaire du nombre entier x pour $x \geqq 0$, et une fonction linéaire pour $x \leqq 0$, les deux fonctions linéaires ayant la valeur commune 1 au point $x = 0$. Mais une fonction, linéaire pour $x \geqq 0$, dont la valeur reste constamment comprise entre 0 et 1, est nécessairement une *constante*; la valeur est 1 à l'origine comme nous venons de le dire ; donc la *probabilité-limite est égale à l'unité pour tout x*, et ainsi le « problème du passage » est résolu pour *une* dimension par l'affirmatif.

En deux ou plusieurs dimensions, la question est plus difficile, l'équation (3) et ses analogues pour plusieurs variables étant d'une nature plus compliquée.

L'équation (3) est une équation aux différences partielles finies. Quelle est l'équation analogue aux *dérivées* partielles ? En mettant (3) sous la forme

$$[f(x+1,y)-2f(x,y)+f(x-1,y)]+[f(x,y+1)-2f(x,y)+f(x,y-1)]=0$$

nous voyons que l'équation analogue est celle de Laplace

$$\frac{\partial^2 f}{\partial x^2} + \frac{\partial^2 f}{\partial y^2} = 0. \tag{3'}$$

Et quel est le problème concernant l'équation de Laplace qui correspond à celui que nous devrions résoudre pour l'équation (3) ? Eh bien, le suivant : *Une fonction $f(x, y)$ est définie, continue, positive et satisfait à l'équation de Laplace en chaque point du plan, excepté peut-être au point* (0,0) ; *une telle fonction, est-elle nécessairement une constante* ? On peut démontrer facilement, à l'aide de la théorie des fonctions analytiques, que la réponse est *oui*. Mais en trois dimensions, la réponse à la question analogue serait *non* ; si r désigne la distance de l'origine à un point variable, la fonction $\frac{1}{r}$ est définie, continue, positive et satisfait à l'équation de Laplace en chaque point de l'espace, excepté au point (0,0,0) ; mais elle n'est pas une constante.

L'analogie des équations (3) et (3') et celle des équations correspondantes en plusieurs dimensions nous fait prévoir le fait suivant : La probabilité du passage et celle de la rencontre tendent vers 1, la probabilité de la nouveauté tend vers 0 *lorsque le nombre des dimensions est* 1 *ou* 2 ; ces trois probabilités tendent vers des limites positives et inférieures à l'unité *lorsque le nombre des dimensions est* 3 *ou supérieur à* 3. — On peut effectivement démontrer cette affirmation suggérée par l'analogie ([10]).

J'ai essayé de montrer que le jeu de pile ou face, ce jouet préféré du calcul des probabilités à la vieille mode, est encore de quelque intérêt, qu'il est encore capable d'inspirer des nouveaux problèmes sérieux ou curieux. L'instrument mathématique utilisé était un passage heuristique d'une équation aux différences partielles finies à une équation aux dérivées partielles. Ce passage nous a réussi trois fois, nous menant à trois équations homogènes, linéaires, à coefficients constants et du second ordre, dont l'une est de type parabolique, l'autre de type hyperbolique et la troisième de type elliptique.

NOTES

([1]) Je passe sous silence la détermination explicite classique de la probabilité que le lecteur moins expert trouvera dans un manuel quelconque, par exemple dans un traité élémentaire du conférencier : Wahrscheinlichkeitsrechnung, Fehlerausgleichung, Statistik (Abderhalden, Handbuch der biologischen Arbeitsmethoden, Abt. V 2, Lieferung 165).

([2]) Voir surtout le bel exposé de A. Khintchine, Asymptotische Gesetze der Wahrscheinlichkeitsrechnung, Ergebnisse der Mathematik und ihrer Grenzgeibete, II 4 (1933).

([3]) Le passage de l'équation aux différences finies à l'équation différentielle lorsque la largeur des mailles du réseau devient infiniment petite est un problème classique, traité par de nombreux auteurs (mais un peu différent du passage traité ici). En connexion avec la représentation cinématique des problèmes de probabilités, ce passage a été l'objet des recherches de R. Courant et de ses élèves ; voir surtout son travail fait en collaboration avec K. Friedrichs et H. Lewy, Ueber die partiellen Differenzgleichungen der mathematischen Physik, Math. Annalen, vol. 100 (1928) p. 32-74.

([4]) La Thèse de M. Hans Albert Einstein, Der Geschiebetrieb als Wahrscheinlichkeitsproblem, a paru dans une Mitteilung der Versuchsanstalt für Wasserbau an der Eidg. Technischen Hochschule, Zürich 1937.

([5]) Il faut ajouter à la phrase du texte : *si* l'on donne encore les *probabilités initiales*. En effet, on peut donner ces probabilités de plusieurs manières ; par exemple, on peut donner, avec probabilité 1, l'état des pierres à l'instant $t = 0$, cet état initial pouvant être le repos ou le mouvement brusque. Ces deux conditions initiales extrêmes, les plus simples en effet, ont été envisagées par M. Einstein qui les a appliquées à deux questions expérimentales différentes, la première à l' « expérience des pierres rouges », la seconde à la théorie d'un instrument (Geschiebefänger) qui mesure le charriage dans une rivière naturelle. Sous certaines conditions initiales appropriées, la structure imaginée par M. EINSTEIN devient le cas particulier de certaines structures plus générales de probabilité que d'autres auteurs ont considérées en vue d'autres applications ou « in abstracto ». Il faut mentionner ici d'abord la « théorie collective du risque » de Lundberg [voir H. CRAMÉR, On the mathematical theory of risk, Försäkringsaktiebolaget Skandias Festkrift 1930, spécialement Part III], puis les « processus stochastiques discontinus généraux » dans la terminologie de Khintchine [voir l. c. (2), p. 23-24 et les travaux cités là de DE FINETTI et de KOLMOGOROFF], enfin la théorie générale de W. FELLER, Zur Theorie der stochastischen Prozesse, Math. Annalen, vol. 113 (1936), p. 113-160. Je suis redevable de ces citations à MM. CRAMÉR et FELLER.

(6) G. PÓLYA, Zur Kinematik der Geschiebebewegung, le fascicule « Mitteilung der Versuchsanstalt... » cité dans l'annotation (4).

(7) Voir l. c. (6) et K. H. GROSSMANN, Theoretische Betrachtungen zum Geschiebetrieb, Schweizer Bauzeitung, vol. 110 (1937) p. 170-173. Le texte donne une troisième méthode et M. W. Feller m'en a indiqué une quatrième qui est la plus systématique ; elle se base sur une équation intégro-différentielle générale établie par M. FELLER, l. c. (5).

(8) Observons que l'équation (2') exprime la structure imaginée par M. EINSTEIN en tant qu'elle a été expliquée dans le texte, donc sans les probabilités initiales mentionnées au début de l'annotation (5), ces dernières étant exprimées par des conditions initiales (ou conditions aux limites) qu'il faut ajouter à l'équation (2') pour en déterminer une solution particulière.

(9) Les problèmes concernant le réseau limité sont d'un caractère différent, voir (11).

(10) Pour les problèmes du passage et de la rencontre, voir G. PÓLYA, Über eine Aufgabe der Wahrscheinlichkeitsrechnung betreffend die Irrfahrt im Strassennetz, Math. Annalen, vol. 84 (1921), p. 149-160. Avec les notations de ce travail, d désigne le nombre des dimensions du réseau ; ω_n désigne la probabilité de passer à l'instant $t = 2n$ par le point de départ, sans y avoir passé pendant l'intervalle de temps $0 < t < 2n$. Nommons ν_n la probabilité de la « nouveauté », c'est-à-dire la probabilité que le promeneur passe à l'instant $t = n$ par un carrefour (d — dimensionnel !) qu'il n'a jamais touché pendant l'intervalle $0 < t < n$; désignons par m l'entier déterminé par les inégalités $\frac{n}{2} - 1 \leqq m < \frac{n}{2}$; alors nous avons évidemment

$$\nu_n = 1 - (\omega_1 + \omega_2 + \cdots + \omega_m).$$

Mais $\omega_1 + \omega_2 + \cdots + \omega_m$ est la probabilité de retourner au point de départ pendant l'intervalle $0 < t \leqq 2m$; donc elle tend, d'après les résultats l. c., vers 1 ou vers une limite finie inférieure à 1 selon que $d \leqq 2$ ou $d \geqq 3$. En poursuivant les calculs l. c. on trouve les valeurs asymptotiques suivantes :

$$\nu_n \sim \sqrt{\frac{2}{\pi n}} \qquad \text{lorsque} \qquad d = 1,$$

$$\nu_n \sim \frac{\pi}{\log n} \qquad \text{lorsque} \qquad d = 2.$$

(11) Voici un problème « curieux » qui est dans la direction des recherches de M. COURANT, l. c. (3), direction un peu différente de celle du travail précédent,

l. c. [10] : Imaginons une ville V à rues régulières, entourée de parcs et de champs ; c'est-à-dire imaginons une partie limitée V du réseau à 2 dimensions, dont la ligne frontière est composée de deux espèces différentes d'arcs, des arcs P et des arcs C. Un promeneur part d'un certain carrefour donné (x, y) et poursuit sa promenade au hasard en deux dimensions jusqu'à ce qu'il sort de la ville V ; il finit donc sa promenade soit en arrivant dans un parc, soit dans un champ (en franchissant soit un arc P, soit un arc C de la frontière). Quelle est la probabilité $f(x, y)$ que le promeneur sorte de la ville en entrant dans un *parc* (par un arc P) ?

$f(x, y)$ satisfait à l'équation aux différences partielles finies (3) en chaque carrefour de V et aux conditions aux limites suivantes : $f(x, y) = 1$ sur la partie P et $f(x, y) = 0$ sur la partie C de la frontière de V. En faisant tendre la largeur des mailles vers 0, nous arrivons à une fonction harmonique $f(x, y)$ dans le domaine V qui devient 1 sur les arcs P et s'annule sur les arcs C. Cette fonction $f(x, y)$ a été nommée par M. Rolf Nevanlinna la *mesure harmonique des arcs* P *au point* (x, y) *par rapport au domaine* V ; voir son Traité, Eindeutige analytische Funktionen (Berlin, 1936), p. 26.

Imaginons que la ville grandit en n'absorbant que des champs, c'est-à-dire que la frontière ne change pas le long des arcs P et est refoulée quelque part le long de C ; alors évidemment la probabilité $f(x, y)$ *augmente* ; si la ville grandissait en n'absorbant que des parcs, la probabilité $f(x, y)$ *diminuerait*. En constatant ceci, nous avons rendu intuitives des propriétés de la mesure harmonique qui sont importantes dans la théorie des fonctions.

HEURISTIC REASONING AND THE THEORY OF PROBABILITY*

G. PÓLYA, Brown University

1. Introduction. Heuristic reasoning is encountered in all fields, theoretical or practical. Rigorous, precise, properly so-called logical reasoning is found in its pure form only in mathematics. To compare these two types of reasoning, it is advantageous to consider first their uses in mathematics.

The properly so-called logical type of reasoning appears generally by itself on the pages of mathematical treatises; the heuristic reasoning which in general guided the invention of the logical reasoning is omitted. The rigorous demonstration establishes the truth, the rigorous refutation establishes the falsity of the theorem under consideration. Heuristic reasoning cannot demonstrate the truth or the falsity of a theorem; it can only augment or diminish our confidence in a theorem which is still only a conjecture neither proved nor disproved. The correct proof is definitive, it establishes irrefutably the truth of the theorem—once for all. An heuristic proof is provisional; the one I find today increases my confidence which may be shaken tomorrow by another heuristic proof and definitely shattered the following day by the rigorous refutation of the theorem under consideration; nevertheless, the heuristic proof which I find today may be completely "correct," completely reasonable, in the sense that it yields the best that can be obtained in the light of the actual state of my knowledge.

There is something impersonal about precise reasoning; everyone does it in essentially the same way, in the "proper" way, and I am inclined to agree with

* This paper was first written in French, in August 1939, but the publication has been prevented by the war. For the English translation of the paper in its present shape, I am indebted to the kind help of M. R. Demers. The paper was presented at the Stanford University Symposium August 11, 1941 and its contents will be incorporated into a book the author is writing on the solution of mathematical problems.

For comments on this paper [163], see p. 611.

Descartes* that "the deduction, or the immediate inference of one thing from another may well be omitted if one fails to observe it, but it cannot be done wrongly—not even by the crudest intellect." In any case, the impersonal characteristics of precise reasoning can be the subject of a study of mathematical order, of logic. It seems to me that heuristic reasoning likewise has something impersonal about it, something which everyone does in the same way, and in what follows, I will present a very modest mathematical study of some of the impersonal characteristics of heuristic reasoning.

I will use some formulas from the theory of probability to express clearly the essence of some simple heuristic conclusions frequently encountered. This goal can be attained if we agree on a convention when using these formulas. That one of the aims of the theory of probability is the formulation of heuristic conclusions or the "perfection of the art of reliably appraising conjectures," has been stated and restated many times since Jacques Bernoulli. But the simple convention which can bring us nearer to this goal and which I will formulate in section 5 has never to my knowledge been clearly indicated before.

Sections 2 and 3 of this paper present some preliminary remarks on two subjects which will later be brought together: the theory of probability and the solution of problems. Section 4 introduces historical evidence. The three following sections, 5, 6, and 7, contain the principal part: the first presents the fundamental convention, and the next two apply it to certain heuristic reasonings. Section 7 touches upon inductive reasoning. The last paragraph, 8, advances some general theses.

I was led to the considerations which follow by some reflections on the psychology and logic of research.† I owe much to a conversation which I had the pleasure of having with Bruno de Finetti.‡

2. Some views on the rôle of the theory of probability. Probability and plausibility. Two different points of view may be assumed to explain the fundamental notions of the theory of probability: the "objective" point of view, and the "subjective" point of view. Let us recall briefly these two points of view.

From the objective point of view, we are especially concerned with *frequencies*. The frequency of an event is a fraction whose denominator is the total number of cases observed in a certain investigation, and the numerator is the number of those cases in which the event in question occurred. For example, if we count 1300 boys out of 2500 registered births, the resulting frequency of the birth of a boy is $1300/2500 = 0.52$. From the objective view-point, the aim of the

* Oeuvres de Descartes, edited by Adam and Tannery, vol. 10, 1908, p. 365. See also the new edition (text and translation) of Descartes's Regulae ad directionem ingenii, by G. Le Roy, Paris, p. 13.

† See two papers by the author, having the same title: Wie sucht man die Lösung mathematischer Aufgaben?, Zeitschrift für mathemat. und naturwissensch. Unterricht, vol. 63, 1932, pp. 159–169 and Acta Psychologica, vol. 4, 1938, pp. 113–170.

‡ See B. de Finetti, Compte rendu critique du Colloque de Genève sur la théorie des probabilités, Actualités scientifiques et industrielles, Nr. 766, pp. 27–28.

theory of probability is the *prediction of observable frequencies* based on suitable hypotheses, or on already observed frequencies.

From the subjective view-point, the aim of the theory of probability is *to measure the degree of belief*. It is customary to add that we deal with reasonable beliefs, and that, if they are reasonable, our beliefs change with the state of our knowledge.

From the objective view-point, probabilities are merely idealized frequencies. The adherents of this point of view tell us that in order not to lose contact with reality we must consider all the probabilities which occur in any theoretical consideration as replaceable by concrete numerical frequencies obtained from observations. On the other hand, from the subjective point of view, each probability is to be considered as the measure of a degree of belief.

I will not elaborate further on these two points of view, but I will make a proposition on terminology. To distinguish more clearly these two points of view, let us agree to reserve the word *probability* for an idealized frequency, and the word *plausibility* for the measure of a degree of belief. Thus we are led to speak of probability only from the objective point of view, and of plausibility only from the subjective point of view.

I certainly do not want to discuss here the respective merits of these two view-points; however, it is impossible to ignore the fact that all the applications of the theory of probability, so numerous today, which arrive in a reasonable way at numerical values for the probabilities concerned are all made from the objective view-point. Is the subjective view-point without concrete and palpable applications? I believe not, and it is precisely in the solution of problems, and in particular, in the solution of determinate mathematical problems, that I propose to discover such applications.

3. Remarks on the solution of problems. Degrees of proximity and degrees of belief. One often hears it said by those who are habitually solving problems—mathematical problems, chess problems, or cross-word puzzles—that the search for the solution was directed by a kind of feeling. Each important step of the research, each turn of the way leading to the solution is accompanied by a change of feeling. This feeling for the problem may be infinitely modulated, but it is convenient to distinguish two components: the degree of proximity and the degree of belief.

If a person is occupied with a problem of the type to which he is accustomed —in chess, cross-words, or mathematics—he soon adopts some attitude: "Now this problem means something to me—I like it—I have something here," he will think, or perhaps just the opposite: "This problem conveys nothing to me—I don't like it—I don't see anything in it." These locutions like many others express the intensity of the echo aroused in us by the problem, or the degree of our hope of solving it, or more briefly yet, the *degree of proximity* to the solution.

But there is more. Let us consider the mathematical problem of proving or disproving a given theorem (such as the theorem of Pythagoras, or Fermat's last theorem, or the famous Riemann hypothesis). Which course will we pursue? Will we begin by trying to prove the theorem, or will we first try to disprove it? That depends on the degree of our belief in the proposed theorem; we try to establish the truth or the falsity of the theorem according to which seems to us the more or less likely. The degree of belief will change after each essential observation we succeed in noting about the given theorem. If some one perseveres for hours, days, or even years trying to prove a theorem, then necessarily he must have a very high *degree of belief* in the theorem.

There is no doubt that it is very important for the investigator to distinguish degrees of proximity and to distinguish degrees of belief. It seems to me that an essential part of scientific talent consists in a particularly intense reaction, a particularly lively sensitiveness to degrees of proximity and belief.

There is something intimately personal in our evaluation of the degrees of proximity and of belief. An observation which gives me the impression of being a prodigious step towards the solution of a problem leaves my neighbor completely cold—naturally, our experiences and temperaments are different. Nevertheless, there are certain impersonal traits in the evaluation of degrees of belief; let us hear the testimony of a great mathematician on this subject.

4. An example of inductive research in a mathematical subject. The totality of the processes by which the natural sciences establish their laws is often called induction. We cannot discuss here the nature of induction, but it seems to me indubitable that an essential part of the inductive method consists in the examination of a general law by its particular consequences. This inductive method is readily employed not only in the natural sciences but also in mathematical research, and sometimes, with certain scientists and in certain branches of science, this method assumes an empirical and heuristic character which deserves our attention.

Empirical researches and heuristic arguments are rarely mentioned in the printed works of mathematicians. But there are some exceptions. On the occasion of a still celebrated piece of research, Euler devoted a whole memoir to the exposition of the heuristic motives for his belief in the truth of a theorem which he was unable to prove. This memoir which is entitled *Découverte d'une loi tout extraordinaire des nombres par rapport à la somme de leurs diviseurs** should be read in its entirety by those who would understand either the notion of probability, the inductive processes, or the psychology of research.

In what follows I will give a schematic extract of Euler's memoir. The theorem investigated by Euler is remarkable in several respects and even today it is of great mathematical interest. However, we are not concerned here with the mathematical content of this theorem, but with the reasons which induced Euler to believe in the theorem when it was still unproved. I will ignore here the mathematical content of the theorem; I will designate it by T; I will speak of theorem T and I will speak of other theorems having certain logical relations with theo-

* Leonhardi Euleri Opera Omnia, ser. 1, vol. 2, 1915. See pp. 241–253.

rem T in the same way, *i.e.*, by ignoring their concrete contents and designating them by appropriate letters. I will give Euler's text as much as is possible, word for word. But since I am setting aside the concrete content of his research, and since I am only interested in the nature of some of his reasons, I must change some of his words, replace certain mathematical propositions by abstract descriptions, and alter slightly the order of presentation of the selected portions of Euler's text. The necessary references will be indicated by footnotes and the italics will be reserved for those phrases which are not due to Euler.

SCHEMATIC EXTRACT OF EULER'S MEMOIR

Theorem T is of such a nature that we can be assured of its truth without giving it a perfect demonstration. Nevertheless, I will present evidence for it of such a character that it might be regarded as almost equivalent to a rigorous demonstration.†

Theorem T includes an infinite number of particular cases: $C_1, C_2, C_3, \cdots$. *Conversely, the infinite set of these particular cases* $C_1, C_2, C_3, \cdots$ *is equivalent to theorem T. We can find out by a simple calculation whether* C_1 *is true or not. Another simple calculation determines whether* C_2 *is true or not, and similarly for* C_3, *and so on. I have made these calculations and I find that* $C_1, C_2, C_3, \cdots, C_{40}$ *are all true.* It suffices to undertake *these calculations* and to continue *them* as far as is deemed proper to become convinced of the truth of this sequence *continued indefinitely.* But I have no other evidence for this, except a long induction which I have carried out so far that I cannot in any way doubt the law of which $C_1, C_2, \cdots$ *are the particular cases.* I have long searched in vain for a rigorous demonstration of *theorem T*, and I have proposed the same question to some of my friends with whose ability in these matters I am familiar but all have agreed with me on the truth of *theorem T* without being able to unearth any clue of a demonstration. Thus it will be a known truth, but not yet demonstrated; for each of us can convince himself of this truth by the *actual calculation of the cases* $C_1, C_2, C_3, \cdots$ as far as he may wish; and it seems impossible that the law which has been discovered to hold for 20 terms, for example, would not be observed in the terms that follow.‡

Having thus discovered the truth of *theorem T* even though it has not been possible to demonstrate it, all the conclusions which may be deduced from it will be of the same nature, that is, true but not demonstrated. Or, if one of these conclusions could be demonstrated, one could reciprocally obtain a clue to the

† Euler, *loc. cit.*, p. 242, lines 1–4. In fact these lines are concerned with theorem T^* (see the first footnote p. 455), but T^* is equivalent to T. By T I mean the theorem which in modern notation reads as follows:

$$\prod_{m=1}^{\infty}(1 - x^m) = \sum_{m=-\infty}^{+\infty}(-1)^m x^{(3m^2+m)/2}.$$

By C_n, I mean the assertion that the coefficient of x^n is the same in both members of the equation above.

‡ Euler, *loc. cit.*, p. 249, line 5 to p. 250, line 4.

demonstration of *theorem T*; and it was with this in mind that I maneuvered *theorem T* in many ways and so discovered among others *theorem* T^* whose truth must be as certain as that of *theorem T*.†

Theorems T and T^* *are equivalent; they are both true or both false; they stand or fall together. Like T, theorem* T^* *includes an infinity of particular cases* $C_1^*, C_2^*, C_3^*, \cdots$, *and this sequence of particular cases is equivalent to theorem* T^*. *Here again, a simple calculation shows whether* C_1^* *is true or not. Similarly, it is possible to determine whether* C_2^* *is true or not, and so on.* It is not difficult to apply *theorem* T^* to any given particular case, and so become convinced of its truth by as many examples as one may wish to develop. And since I must admit that I am not in a position to give it a rigorous demonstration, I will justify it by a sufficiently large number of examples, by $C_1^*, C_2^*, \cdots, C_{20}^*$. I think these examples are sufficient to discourage anyone from imagining that it is by pure chance that my rule is in agreement with the truth.‡

If one still doubts that the law is precisely that one which I have indicated, I will give some examples with larger numbers. *By examination, I find that* C_{101}^* *and* C_{301}^* *are true, and so I find that theorem* T^* *is valid even for these cases which are far removed from those which I examined earlier.*§ These examples which I have just developed undoubtedly will dispel any qualms which we might have had about the truth of *theorems T and* T^*.‖

Few mathematicians have made "inductive" researches comparable in extent and importance to those of Euler. Few mathematicians, I am inclined to believe, have reflected as seriously as Euler has on the signification and justification of their inductive processes.¶ To my knowledge, no mathematician has ever described his inductive methods with such charm and candor as Euler has done in the memoir from which I have just given a schematic extract.

But every mathematician with some experience uses readily and effectively the same method that Euler used which is basically the following: To examine a theorem T, we deduce from it some easily verifiable consequences $C_1, C_2, C_3, \cdots$. If one of these consequences is found to be false, theorem T is refuted and the question is decided. But if all the consequences $C_1, C_2, C_3, \cdots$ happen to be

† Euler, *loc. cit.*, p. 250, lines 5–14. By T^* I mean the general recurrence formula for the sum of the divisors, discovered by Euler, and which is the main object of the memoir. By C_n^* I understand the particular case of this formula which expresses the sum of the divisors of n in terms of the analogous sums for $n-1, n-2, \cdots$.

‡ Euler, *loc. cit.*, p. 246, lines 1–5, and p. 247, lines 1–2.

§ Euler, *loc. cit.*, p. 247, line 3 and the following lines. Here our schematization does not completely convey an important nuance in the inductive reasoning of Euler.

‖ Euler, *loc. cit.*, p. 248, lines 12–13. I add some dates: Theorem T was discovered by Euler in 1740, theorem T^* in 1747, and a proof of theorem T (implying one for T^*) in 1750. See Euler, *loc. cit.*, the following footnotes by the editor: 3) on p. XVIII, 1) on p. 191, 2) on p. XXIII, and 1) on p. 390. Besides the passages mentioned, the following pages in volume 2 of the Opera deal with the same topic: pp. 191–193, 280–284, 373–398.

¶ See, *e.g.*, Euler, *loc. cit.*, pp. 459–492, and especially the "summarium," pp. 459–460.

valid, we are led after a more or less lengthy sequence of verifications to an "inductive" conviction of the validity of theorem T. We attain a degree of belief so strong that it seems superfluous to make any ulterior verifications. The slight increase in our confidence in the theorem which could result from the confirmation of the next consequence is not worth the time and effort which this verification would necessitate. And thus the mathematician arrives at that point where the physicist must always stop. He ceases to doubt the theorem actively since the possibilities of verification appear, at least for the moment, to be exhausted.

Moreover, it is remarkable how few tries will sometimes suffice to convince us of theorems of a complicated nature. The reader will perhaps be astonished to read the following passage due to Descartes: "In order to show by enumeration that the area of a circle is greater than that of any other figure of the same perimeter, we do not need to make a general investigation of all the possible figures, but it suffices to prove it for a few particular figures whence we can conclude the same thing, by induction, for all the other figures."†

The modern scientist is more cautious, but still follows, without necessarily having read it, the advice of Descartes. The eminent physicist Lord Rayleigh calculates numerically the fundamental frequencies of ten membranes of different shapes but of equal area and subject to the same physical conditions. He finds that the circular membrane has the lowest fundamental frequency and leaves the conclusion to the reader.‡ The fact that such a conclusion may be left to the reader proves that there must be something impersonal about the conclusion.

5. Application of the theory of probability. Fundamental convention. Is the degree of belief which the scientist has in a theorem he is investigating amenable to a calculus? A calculus has been applied often and with success to probabilities, a probability being interpreted as a frequency drawn from statistical observation. But is it possible to apply this same calculus to plausibilities, by interpreting plausibility as a degree of belief, the belief which the investigator has in the theorem which he is examining?

There is a basic difficulty. It has never been possible to give in a reasonable way a determinate numerical fraction which would measure the chance for the validity of a determinate theorem under scrutiny—be it a mathematical, physical, or theological theorem. It appears impossible to give a numerical value to the degree of confidence which Euler must have had in his "theorem T" after having verified the first forty particular cases $C_1, C_2, \cdots, C_{40}$. It seems fantastic or puerile to try to determine, to a given number of decimal places, the plausibility of the Riemann hypothesis in 1939 or the plausibility of the newtonian law of gravitation in 1900.

The impossible must not be attempted. This impossibility of attaching a determinate numerical value to a plausibility with which an investigator may be concerned seems to me to be so fundamental that in my opinion there is but one

† See Descartes, Oeuvres, *loc. cit.*, p. 390, and G. Le Roy, p. 65.

‡ Lord Rayleigh, The Theory of Sound, vol. 1, 1877, p. 289.

course: to formulate this impossibility as a principle, and taboo the assignment of numerical values to plausibilities. I recall that physicists formulated the principle of the impossibility of perpetual motion with remarkably fruitful results.

These considerations indicate that we must make a mathematical distinction between probability and plausibility. A *probability* is measured by a *determinate number* between 0 and 1. To a *plausibility*, we will make correspond an *indeterminate number* or a *variable* whose domain is the open interval (0, 1). Apart from this difference, the calculus of plausibilities obeys the same rules as the calculus of probabilities.

Thus we intend to subject plausibilities to algebraic manipulation, but we are forbidden to assign numerical values to plausibilities. Will a theory so restrained be fruitful? We will see; let us try. *A priori* I see no disadvantage. A plausibility characterizes a degree of belief. Must degrees of belief be measured by determinate numbers? It is not the "absolute" degree of his belief which is important for the investigator (or for the psychological understanding of his attitudes) but the increase or decrease of his belief which results from a new discovery, the change in belief during the investigation. Thus, *a priori*, I see no objection to the method which I will explain.

We wish to express by formulas certain characteristics of an heuristic argument. This reasoning, let us suppose, occurs in the investigation of certain theorems, say T, U, V, $\cdots$. All these theorems are clearly stated but, at least at the beginning of the inquiry, are not demonstrated. At each stage of our research we attach a certain plausibility to these theorems. The plausibility attached to theorem T at the inception of the investigation will be designated by $p(T)$. As the research progresses, we obtain certain results concerning this theorem, the logical situation changes and the plausibility of T may change with it. The plausibility of T, originally designated by $p(T)$, will be designated by $p_1(T)$ after the first change but before the second change in the logical situation; by $p_2(T)$ after the second change but before the third change in the situation; and so on. If successive changes have no effect on the plausibility of a certain theorem U, then $p(U)=p_1(U)=p_2(U)=\cdots$; in this case, the plausibility of U will always be designated simply by $p(U)$, its original designation. It may happen that at a certain stage theorem V is refuted; from then on the plausibility of V will be replaced by 0, and analogously, the plausibility of a theorem will replaced by 1 as soon as that theorem is proved.

All the plausibilities, $p(T)$, $p_1(T)$, $p_2(T)$, $\cdots$, $p(U)$, $p_1(U)$, $\cdots$, $p(V)$, $\cdots$, are to be considered as variables which have a common domain: the open interval (0, 1). Thus $p(T)$ is not a number, but only a variable. This variable can vary in the open interval (0, 1); it is capable of a determinate variation, an increase or a decrease; it can tend to 0 or to 1, either end-point of its domain; but no numerical value can replace it, with the possible exceptions of 0 and 1.

The theory of probability furnishes relations involving $p(T)$, $p_1(T)$, $\cdots$, $p(U)$, $\cdots$; thus all the variables cannot be independent. If these relations yield certain inequalities between these variables, or certain connections between their limits or their variations, these results can be interpreted as impersonal heuristic conclusions.

It is not worth while to discuss at length these generalities, before examining the applications.* Only the applications can show us whether or not our anticipations of the theory make sense, and whether or not they conform, at least to a first approximation, to observable psychological reality.

6. First example of the application of the theory of probability. Conclusion to be drawn from the refutation of a hypothesis. From here on, I assume that the notation and the simplest rules of the theory of probability are known to the reader.† We will solve the following problem.

Someone is trying to decide whether or not theorem T is true. He notes that T is a consequence of a theorem H. Later he succeeds in proving that theorem H is false. How does this refutation affect the plausibility of T?

It is desirable that the reader place himself in the position of the person who is trying "to decide T" (I shall use this abbreviation instead of the longer locution "to decide whether theorem T is true or false"). This problem shows a typical situation which arises often in mathematical research.‡

Our original aim is to decide T, the given theorem. We do not know whether T is true or false; precisely, we are trying to ascertain whether it is true or not.

We hit upon the auxiliary theorem H. We do not know whether H is true or false, but we do know with certitude that T follows from H. We now have an indubitable logical connection, soundly established, between the still undecided, doubtful theorems T and H.

We change tack. Instead of continuing with T, the given theorem, we concentrate our efforts on H, the auxiliary theorem. In practice, when does this happen? When we become tired of T, when H seems to be "nearer" than T, when we see a certain plausibility for H, and especially when H seems to be a "hypothesis which gives a deeper insight into the situation," when we think we recognize in H "the real reason" for T. Of course, the original theorem T could be correct even if the hypothesis H, introduced in the course of the investigation, were false; but we become attached to the investigation of H with greater tenacity

* Our discussion was in other respects incomplete; the treatment of "conditional" plausibilities of the form $p(T/U)$, which must also be considered as variables, was not mentioned.

† Notation: $p(ABC)$ is the plausibility that theorems A, B, and C are true simultaneously (analogous notation for any number of theorems); $p(\bar{A})$ is the plausibility that A is false; $p(A/B)$ is the plausibility of A "posito B," *i.e.*, under the hypothesis that B is true. Theorems on "mutually exclusive events" and on "compound events": $p(AB)+p(A\bar{B})=p(A)$ and $p(AB)=p(A)p(B/A)$, respectively.

‡ In fact, we are here concerned with one of the three most important ways of introducing an auxiliary theorem H ("Hilfssatz"), to facilitate the decision of the proposed theorem T:

(1) T is equivalent to H (symbolically, $T \rightleftarrows H$);

(2) T is a consequence of H ($H \rightarrow T$);

(3) T implies H ($T \rightarrow H$).

Here we are considering case (2). Case (3) will be considered in paragraph 7, but with a slightly different notation.

if it seems to us unlikely that theorem T should be true without hypothesis H being true also, that is, if in H we see the real, profound reason for theorem T.

In the proposed problem, there are two different plausibilities of T, the plausibility of T at two different phases of the inquiry. We will designate by $p(T)$ the plausibility of T *before* H was disproved, and by $p_1(T)$ the plausibility of T *after* H was disproved.

Before deciding H, we must distinguish two possible cases. In the first case, the hypothesis H is true; in the second, H is false, and hypothesis $\overline{H}$, the negation of H, is true. By the theorem on the probabilities of mutually exclusive events, we have

$$p(T) = p(TH) + p(T\overline{H}),$$

and by the theorem on compound events,

$$p(T\overline{H}) = p(\overline{H})p(T/\overline{H}) = [1 - p(H)]p(T/\overline{H}),$$
$$p(TH) = p(H)p(T/H) = p(H),$$

since T follows from H, so that T is certain if H is true and thus $p(T/H) = 1$. By combining the preceding formulas, we obtain

$$p(T) = p(T/\overline{H}) + p(H)[1 - p(T/\overline{H})],$$

or

$$p(T) = p(T/\overline{H}) + p(H)p(\overline{T}/\overline{H}).$$

After deciding H, we replace $p(T)$ by $p_1(T)$ and $p(H)$ by 0, since we know now that H is false. We find that

$$p_1(T) = p(T/\overline{H}).$$

By combining the expressions for $p(T)$ and $p_1(T)$, we obtain

$$\boxed{p(T) - p_1(T) = p(H)p(\overline{T}/\overline{H}).}$$

This formula answers precisely and completely the given problem. Let us be sure we fully understand it.

The right-hand member being the product of two plausibilities, is positive. Therefore the left-hand member of this equation is also positive; it expresses the diminution of the plausibility of T following the refutation of H.

The first factor on the right is the plausibility we attached to H before its refutation. The second factor on the right is the plausibility that T be false with hypothesis $\overline{H}$, the negation of H.* The right member, product of two plausibili-

* It is known that H implies T (or $H \rightarrow T$). If T were equivalent to H ($T \rightleftarrows H$), then the plausibility $p(\overline{T}/\overline{H})$ should be replaced by 1. It might be said that $p(\overline{T}/\overline{H})$ expresses how much stronger the connection between T and H is in our heuristic evaluation than it is in the logical implication $H \rightarrow T$; otherwise stated, it expresses the "nearness" of our heuristic bond between T and H to the more stringent logical bond $T \rightleftarrows H$. See cases (1) and (2) mentioned in the preceding footnote.

ties, increases as its factors increase.

We can thus state the result obtained as follows:

Our confidence in a theorem we are investigating can only diminish when a hypothesis, from which the given theorem can be deduced, is refuted.

The decrease in our confidence following the refutation of this hypothesis depends on two plausibilities:

the plausibility of the hypothesis before it was refuted, and

the plausibility of the impossibility of proving the given theorem by supposing the hypothesis opposite to the one which has just been refuted.

The stronger these two plausibilities are, the more serious is the decrease of our confidence.

But all this is evident; it is nothing else but common sense, you will say, as soon as you have grasped the situation to which this rule applies. In fact, let us go to the extreme cases.

When the hypothesis H, which in the end proved to be false, seemed very plausible ($p(H)\to 1$) and to be the true reason behind the theorem in question, in such a way that this theorem seemed very likely indemonstrable with the contrary hypothesis ($p(\overline{T}/\overline{H})\to 1$), then the refutation of hypothesis H is a hard blow to our confidence in the theorem under consideration.

On the other hand, if the hypothesis H which was exploded had been very implausible from the beginning ($p(H)\to 0$) and if the contrary hypothesis had not seemed particularly unfavorable for our theorem (no particular supposition for $p(\overline{T}/\overline{H})$), then our loss of confidence would have been slight.

Note that in the preceding discussion no numerical values were attributed to the plausibilities which arose. We considered $p(H)$ and $p(\overline{T}/\overline{H})$ as independent variables. To find the appropriate heuristic conclusions we considered these variables to be increasing or decreasing, tending to 1 or to 0. This conforms to the fundamental convention as stated.

7. Continuation of the applications of the theory of probabilities. On inductive reasoning. The following is a simpler problem but analogous to the one which we have just considered.

We are trying to decide whether theorem T is true or false. We note that theorem C is a consequence of T. Later we succeed in proving that theorem C is correct. What is the change in the plausibility of T?

Here is the situation. Our original goal is to decide T, the given theorem. We find an auxiliary theorem C. We do not know if either T or C is true or false, but we know with certainty that C follows from T. We change tack and, tired of T, we try to decide C. If we succeed in refuting C, we shall also refute T. But we succeed in proving C. This gives us no definite, purely logical conclusion about T—but will there be a change in the plausibility of T? Call $p(T)$ the plausibility of T *before* the demonstration of C, and $p_1(T)$ the plausibility of T *after* the demonstration.

Since C is a necessary logical consequence of T, we have $p(T)=p(TC)$, and so, from the law on the probabilities of compound events,

$$p(T) = p(C)p(T/C).$$

After having proved C, we replace $p(T)$ by $p_1(T)$ and $p(C)$ by 1. Thus $p_1(T)=p(T/C)$, and

$$\boxed{\frac{p_1(T)}{p(T)} = \frac{1}{p(C)}.}$$

This formula gives us immediately the following rule:

Our confidence in a theorem can only increase when a consequence of the theorem is confirmed.

The growth of our confidence will vary inversely as the plausibility of the consequence before its confirmation.

But everyone thinks in this way. It is the implausible, the surprising consequence whose confirmation adds the most to our faith in a general law from which the consequence was inferred.

Let us go further in this direction and consider a sequence of consequences instead of one. We are led to the following problem, from whose solution we can learn something about inductive methods.

We are trying to decide theorem T. We derive a sequence of consequences from T, say $C_1, C_2, C_3, \cdots$. We succeed in verifying C_1, then C_2, then C_3, and so on. What will be the effect of these successive verifications on the plausibility of theorem T?

Let us introduce a suitable notation. Designate by $p(T)$ the plausibility of theorem T before the start of the verifications; by $p_1(T)$ the plausibility of T after the verification of C_1, but before the verification of C_2; and in general, by $p_n(T)$ the plausibility of theorem T after the first n consequences, $C_1, C_2, \cdots, C_n$, of T have been proved, but before C_{n+1}, the next consequence, is verified, $(n=1, 2, 3, \cdots)$. The problem is to examine the transition from $p_{n-1}(T)$ to $p_n(T)$.

Since $C_1, C_2, \cdots$ are necessary consequences of theorem T, we have

$$p(T) = p(TC_1C_2 \cdots C_n),$$

and so, from the theorem on compound probabilities,

$$p(T) = p(C_1C_2 \cdots C_n)p(T/C_1C_2 \cdots C_n).$$

After it is known that $C_1, C_2, \cdots, C_n$ are all true, the left member of the preceding equation should be replaced by $p_n(T)$ and the first factor on the right by 1. Thus we have

$$p_n(T) = p(T/C_1C_2 \cdots C_n),$$

and, consequently,

$$p(T) = p(C_1C_2 \cdots C_n)p_n(T).$$

We transform this formula in two different ways: first, by replacing n by $n-1$, and secondly, by using once more the theorem on compound probabilities:

$$p(T) = p(C_1C_2 \cdots C_{n-1})p_{n-1}(T),$$
$$p(T) = p(C_1C_2 \cdots C_{n-1})p(C_n/C_1C_2 \cdots C_{n-1})p_n(T).$$

By comparing these last two formulas, we obtain*

$$\boxed{\frac{p_n(T)}{p_{n-1}(T)} = \frac{1}{p(C_n/C_1C_2 \cdots C_{n-1})}.}$$

Here is the formula which will give us precise and penetrating information on inductive reasoning. This formula shows that the quotient of the two plausibilities which interest us (plausibility of T before and after the verification of consequence C_n of T) depends on the relation of C_n to the consequences $C_1, C_2, \cdots, C_{n-1}$ verified before C_n. To consider the different cases which may arise, we will decrease the plausibility $p(C_n/C_1 \cdots C_{n-1})$ from 1 to 0.

To arrive at a clear discussion of our formula, it is advantageous to distinguish two cases. If C_n is a logical consequence of the preceding $C_1, C_2, \cdots, C_{n-1}$ taken together, we will say that C_n is *not* a *new* consequence of T; otherwise we will say that C_n is a *new* consequence.

If C_n is not a new consequence of T, the plausibility $p(C_n/C_1 \cdots C_{n-1})$ must be replaced by 1. In this case, and only in this case, $p_n(T)$ is equal to $p_{n-1}(T)$. This is clear: C_n following logically from $C_1, C_2, \cdots, C_{n-1}$ is already verified once $C_1, C_2, C_3, \cdots, C_{n-1}$ are verified; any further verification of C_n does not change the logical situation, and so does not affect the plausibility of T.

If C_n is a new consequence, the denominator of the right-hand member of our formula is less than 1 and so $p_n(T)$ is greater than $p_{n-1}(T)$. The plausibility of a theorem can only increase as a new consequence is confirmed.

In other words, each new consequence furnishes, by its confirmation, inductive evidence (augmentation of confidence) for the theorem that is being examined by its consequences. But the strength of this evidence may vary. Let us see what our formula has to say about this.

If the confirmation of the new consequence C_n has become very plausible through the verification of the preceding consequences $C_1, C_2, \cdots, C_{n-1}$ ($p(C_n/C_1C_2 \cdots C_{n-1}) \to 1$), then $p_n(T)$ is only slightly greater than $p_{n-1}(T)$, our

* This formula is found in J. M. Keynes, A treatise on probability, London, 1921, p. 235. The following is different from Keynes' discussion.

confidence in theorem T has increased only slightly by the confirmation of C_n; the inductive evidence is weak.

If, on the other hand, the confirmation of the new consequence has not become plausible through the verifications of the preceding consequences ($p(C_n/C_1 \cdots C_{n-1}) \to 0$), then our confidence in the theorem is greatly bolstered by this confirmation; the inductive evidence is strong.

Definitively, our formula has given us the following general rule:

Our confidence in a theorem can only increase as a new consequence of the theorem is established.

The increase in our confidence brought about by a new confirmation, or, if we wish, the inductive evidence furnished by this new confirmation, will vary inversely as the plausibility of the new consequence appraised in the light of the previously verified consequences.

We can give this rule another formulation which is preferable in certain respects. Note that

$$p(C_n/C_1C_2 \cdots C_{n-1}) + p(\overline{C}_n/C_1 \cdots C_{n-1}) = 1,$$

and write our formula as follows:

$$p_n(T)/p_{n-1}(T) = 1/[1 - p(\overline{C}_n/C_1 \cdots C_{n-1})].$$

Here $p(\overline{C}_n/C_1 \cdots C_{n-1})$ is the plausibility that C_n is false, based on the consequences verified up to this point. But if C_n is false, this will be borne out by its examination, and so theorem T will be refuted also, since C_n is one of its consequences. Thus, as $p(\overline{C}_n/C_1 \cdots C_{n-1})$, the plausibility of the refutation of T by the examination of C_n, increases, the left member of our equation increases. This we can state as follows:

That consequence which, on the basis of the preceding verifications, stands the best chance of refuting the given theorem will disclose the strongest inductive evidence if it is confirmed in spite of the forebodings.

But this is obvious. If a theorem succeeds in escaping unscathed from a situation presenting many pitfalls, it will be esteemed in proportion to the risk involved.

Let us now place ourselves in the position of the physicist or the mathematician who is examining a given theorem T by its consequences. To decide whether T is true or false, he notes some of its consequences and examines these.

If one consequence is discovered false, the theorem is refuted. In this respect all the consequences of the theorem are on a par.

If one of the examined consequences is found true, the plausibility of the given theorem is boosted. But in this respect the consequences of the theorem are not all equivalent; the verification of one consequence may produce a greater change of confidence, furnish stronger inductive evidence than that of another.

On what does the strength of inductive evidence depend? The two rules we have just stated give the same answer to this question, but in two different forms.

On the one hand, the examination of a new consequence supplies strong inductive evidence when this consequence has not been made plausible by the consequences examined previously. In practice, this will be the case when this consequence has no immediate relation with the old ones, when it is removed from the preceding, when this new consequence is not only new, but of a new kind.

On the other hand, the examination of a new consequence introduces strong inductive evidence when it has a good chance of compromising the theorem. In practice, this will be the case when the examination touches upon a new aspect of the theorem, an aspect of the theorem which had not been previously considered.

But this is common sense. The prestige of the newtonian law of gravitation, based primarily on the motion of the planets, was immensely enhanced as successive verifications involved new phenomena: the movements of the comets, the tides, *etc.* Our confidence in a physical law depends in general more on the variety than on the multiplicity of its verifications. If we reread Euler's text, we shall see that there again, it was the consequences of a new kind which brought the most important evidence with which Euler convinced himself and hoped to convince the reader also.

8. Conclusions. I do not know if the ideas which have been presented have won the assent of the reader, but if they are not completely without foundation, they justify to a certain point the following theses:

1. *Impersonal heuristic conclusions exist.*

In fact, in what precedes we have seen several examples of such conclusions, of which the simplest are the following two:

The plausibility of a theorem can only increase when a consequence of the theorem is confirmed.

The plausibility of a theorem can only decrease when a hypothesis of which the given theorem is a consequence is refuted.

These conclusions differ from a syllogism, as an heuristic argument in general necessarily differs from a properly so-called logical argument. In contrast to a syllogism, they yield no definitive results, they deal only with degrees of confidence which are by their very nature of a transitory and provisional character. However, apart from this, these conclusions seem to me to be as impersonal and inevitable as a syllogism.

2. *The formulas of the theory of probability, taken qualitatively, are suitable for the presentation of impersonal heuristic conclusions.*

I insist on the clause to the effect that these formulas must be taken qualitatively, and in support of this thesis I refer to the examples already cited.

3. *The formulas of the theory of probability, taken qualitatively, are suitable to describe one component in the evolution of our feeling in the course of a research: the variation in the degree of belief.*

This thesis differs from the preceding thesis in that it is psychological while its predecessor is epistemological. I advance this psychological thesis with considerable reservation; I believe it deserves examination, but I am not sure to what extent it is correct.

4. *The calculus of probabilities is capable of a concrete interpretation from the subjective point of view. In fact, the preceding application gives such an interpretation. It must be added, however, that the interpretation given here is incomplete.*

The application given in the preceding paragraphs is incomplete since the magnitudes considered are variables for which no determinate numbers may be substituted; it must also be noted that the application is limited to the simplest formulas. The objective interpretation of the theory of probability, as the theory of frequencies, is in my opinion much more complete since here it is possible to arrive at numerical values. In advancing this thesis I am taking an intermediate position between the "objectivists" and the "subjectivists," but here I renounce any long defense of this position.

EXACT FORMULAS IN THE SEQUENTIAL ANALYSIS OF ATTRIBUTES

BY
GEORGE PÓLYA

THIS PAPER reproduces, except for small changes, a talk given on April 9, 1946, in the Seminar of the Statistical Laboratory of the Department of Mathematics of the University of California, Berkeley. My talk was suggested by the preceding report of Miss E. L. Scott in the same seminar on the same subject. I am much indebted to Miss Scott for various suggestions and for the first numerical application of the following formulas; to Mrs. Julia Robinson for the more extended computations, of which a first account follows this paper; and to Professor Neyman for his hospitality and for his support of the computational work.

There is no need of commenting on the importance of the general idea of sequential tests of statistical hypotheses, or on the application of this idea to inspection plans for sampling attributes. (See [3], especially pp. 159–164, and [1], especially Sec. 2.) Wald found remarkable approximate formulas for the probability of accepting the lot and the average sample size necessary for a decision. (See [3] (5.11) and (5.13) or the equivalent [1] (2.301); and [3] (5.14) or the equivalent [1] (2.501).) The question about the degree of this approximation seems to remain open.

The aim of the following simple developments is to show that exact formulas can be obtained whenever the "slope" s is a rational number, and that these formulas are accessible to numerical computation with a reasonable amount of labor in certain cases (when neither the denominator of s, nor the sum $h_1 + h_2$ is large). I shall present the necessary developments without supposing any special preliminary knowledge. I shall concentrate on making clear the method of computation and refrain from comments on various perspectives, other applications, and possible generalizations.

It may be worth observing that in one case Wald's formulas are not only approximate, but *exact: when* $s = 1/2$, *and* $2h_1$ *and* $2h_2$ *are integers*. In this case, however, the problem is not new, but coincides with the traditional problem of the "duration of play" (or "la ruine du joueur"). This remark was the origin of the following developments, which use traditional tools of the calculus of probability.

1. **Geometric language.**[1] In the following, the word *point* refers only to points of the plane whose rectangular coördinates x and y are non-negative integers. The points $(x + 1, y)$ and $(x, y + 1)$ *follow immediately* the point (x,y). The point $(x + 1, y)$ follows (x,y) in the x-direction, $(x, y + 1)$ follows (x,y) in the y-direction. The points (x_0,y_0), (x_1,y_1), (x_2,y_2), $\cdots$, (x_l,y_l) constitute a *path* if $(x_{\lambda+1}, y_{\lambda+1})$ follows immediately (x_λ,y_λ), for $\lambda = 0, 1, 2, \cdots, l - 1$. This path passes through the points (x_1,y_1), (x_2,y_2), $\cdots$, (x_{l-1}, y_{l-1}), its initial point is (x_0,y_0), its end point (x_l,y_l), and its length l.

[1] The following terminology is similar to, but in various points different from, that adopted in [2].

For comments on this paper [175], see p. 612.

We are given three positive numbers, h_1, h_2, and s. We suppose that $s < 1$. The points (x,y) satisfying the inequality

$$-h_1 + s(x + y) < x < h_2 + s(x + y) \tag{1.1}$$

constitute the *strip* S. We consider only the case in which any point (x,y) of S can be attained as end point of a path which starts from (0,0) and *passes only through points of* S. Let $K(x,y)$ denote the number of all different paths of this kind. Our first object is to compute the number $K(x,y)$. In order to do so, however, we need a little more geometric preparation.

We say that a point belongs to the *active boundary* of S if it does not belong to S but is followed immediately by a point of S. We say that a point belongs to the *passive boundary* of S if it does not belong to S but *follows* immediately a point of S. We write AB and PB for active and passive boundary, respectively. The passive boundary consists of two parts, the *passive boundary in the* x-*direction* and the *passive boundary in the* y-*direction*, written shortly PBX and PBY, respectively. A point of PBX follows a certain point of S in the x-direction, a point of PBY follows a certain point of S in the y-direction. We have in each case a different inequality:

$$x \geqq h_2 + s(x + y) \quad \text{if} \quad (x,y) \quad \text{in} \quad PBX \tag{1.2}$$

$$x \leqq -h_1 + s(x + y) \quad \text{if} \quad (x,y) \quad \text{in} \quad PBY \tag{1.3}$$

Therefore, PBX and PBY have no common points, but their union, the whole passive boundary, may have common points with the active boundary.

In what follows, we restrict ourselves to the case in which s *is a rational number*. In this case, there are two positive integers, a and b, without common divisor, such that

$$\frac{s}{1 - s} = \frac{a}{b} \tag{1.4}$$

therefore

$$s = \frac{a}{a + b}, \qquad 1 - s = \frac{b}{a + b} \tag{1.5}$$

and we can rewrite (1.1) in the form

$$-(a + b)h_1 < bx - ay < (a + b)h_2 \, . \tag{1.6}$$

Since a, b, x, y are integers, the condition expressed by (1.6) does not change at all if we *replace* $(a + b)h_1$ *by the next greater integer*. We shall do so, and we shall treat $(a + b)h_2$ similarly. If $(a + b)h_2$ was an integer from the outset, it remains unchanged, and the same holds for $(a + b)h_1$. Thus, in what follows, h_1 and h_2 denote rational numbers ($(a + b)h_1$ and $(a + b)h_2$ integers) unless the contrary is explicitly stated.

If the point (x,y) satisfies the inequality (1.6), the point $(x + a, y + b)$ satisfies it too. Therefore, if s is rational, the strip S can be decomposed into an infinity of *segments* $S_0, S_1, S_2, \cdots$ without common points

$$S = S_0 + S_1 + S_2 + S_3 + \cdots \tag{1.7}$$

so that $S_1, S_2, S_3, \cdots$ are congruent. More explicitly: If (x,y) ranges over the points of S_n, the point $(x + a, y + b)$ describes S_{n+1} $(n = 1, 2, 3, \cdots)$. The whole strip S appears in (1.7) as decomposed into an infinite periodic part, $S_1 + S_2 + S_3 + \cdots$, and an initial nonperiodic part, S_0.

Let us consider the example in which

$$s = \frac{1}{4}, \quad h_1 = \frac{3}{2}, \quad h_2 = \frac{3}{2}. \tag{1.8}$$

We have therefore

$$a = 1, \qquad b = 3, \qquad s = \frac{1}{1+3}. \tag{1.9}$$

This example is illustrated by figures 1, 2, and 3. In these figures, the x-axis points downward and the y-axis to the right.[2] The points of the strip S appear in figure 1 as corners of an assemblage of squares. In figure 2, the number $K(x,y)$ marks the

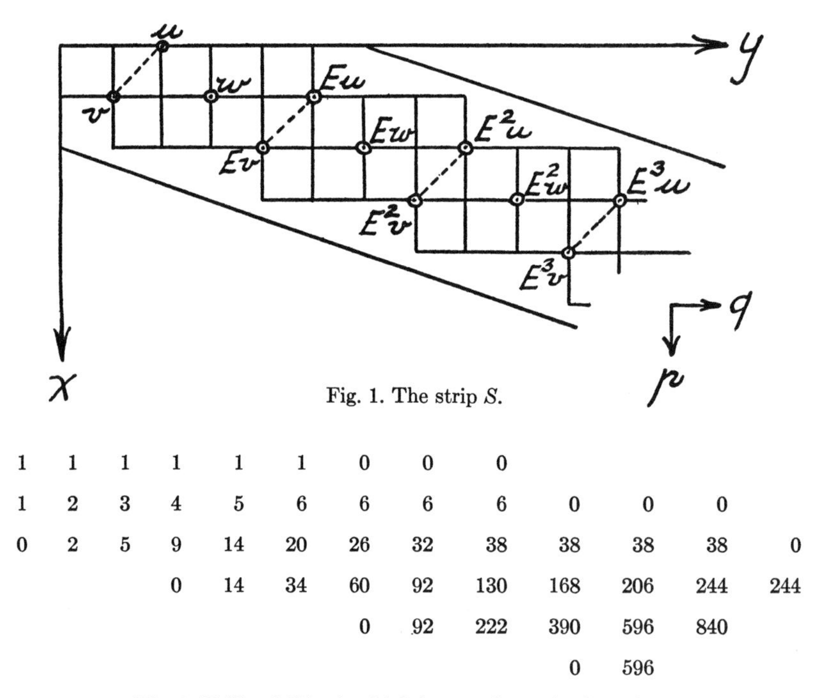

Fig. 1. The strip S.

1	1	1	1	1	1	0	0	0				
1	2	3	4	5	6	6	6	6	0	0	0	
0	2	5	9	14	20	26	32	38	38	38	38	0
			0	14	34	60	92	130	168	206	244	244
						0	92	222	390	596	840	
									0	596		

Fig. 2. Table of $K(x,y)$, which is 0 on the active boundary.

[2] This is convenient in numerical computation; the numbers $K(x,y)$ are arranged as the binomial coefficients usually are in Pascal's triangle. As a mnemotechnic rule we may remember: defectives go down, right items to the right.

place of the point (x,y) and 0 a point of the active boundary. In figure 3, the points of the passive boundary are marked with little circles. A point of PBX is connected with the point of S that it follows by a stroke parallel to the x-axis, and the points of PBY are similarly related to the y-axis. Figure 1 shows the segments S_0, S_1, $S_2, \cdots$ separated by dotted lines; S_0 contains three points; $S_1, S_2, S_3, \cdots$ contain eleven points each.

In computing $K(x,y)$ and solving our other problems, we shall discuss the special example characterized by (1.8) and illustrated by figures 1, 2, and 3, but we shall discuss it so that the general idea becomes clearly visible.

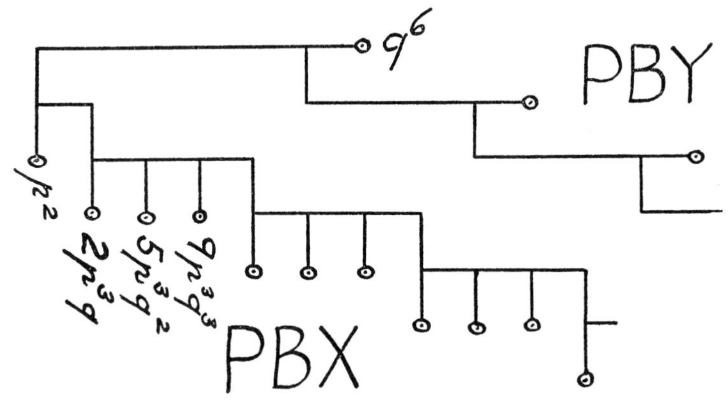

Fig. 3. The passive boundary.

2. **Computing K(x,y).** If all three points (x,y), $(x - 1,y)$ and $(x,y - 1)$ belong to S, then obviously

$$K(x,y) = K(x - 1,y) + K(x,y - 1)\,. \tag{2.1}$$

In order to give more generality to (2.1), we *extend the definition of* K(x,y) *to the active boundary of* S (but disregard the passive boundary). We set

$$K(x,y) = 0 \quad \text{if} \quad (x,y) \quad \text{in} \quad AB\,. \tag{2.2}$$

Obviously

$$K(x,y) = 1 \quad \text{if} \quad (x,y) \quad \text{in} \quad S \quad \text{and} \quad xy = 0\,; \tag{2.3}$$

the latter condition means that (x,y) lies on one of the coördinate axes. Now (2.1) holds generally for any point of S not mentioned under (2.3). In fact, (2.1) constitutes a partial difference equation for $K(x,y)$ which we have to solve under the boundary conditions (2.2) and (2.3). There is no difficulty (except boredom) in computing $K(x,y)$ in any given part of S, for instance in the initial segment S_0 (see fig. 2). We wish to discover, however, some general feature in the distribution of the values $K(x,y)$.

We consider a point (x,y) of S not contained in S_0. We use the symbol E of the calculus of finite differences to denote the displacement carrying (x,y) into $(x + a, y + b)$, and so we set

$$E\,K(x,y) = K(x + a, y + b)\,. \tag{2.4}$$

Observe that the points (x,y) and $(x + a, y + b)$ are correspondingly placed in their respective segments. This remark is essential.

In the case of figure 1, we set

$$u = K(0,2), \qquad v = K(1,1)\,.$$

As $a = 1$ and $b = 3$, we obtain

$$\begin{array}{ll} E\,u = K(1,5)\,, & E\,v = K(2,4)\,, \\ E^2u = K(2,8)\,, & E^2v = K(3,7)\,, \\ \quad\cdots & \quad\cdots \end{array}$$

Starting from the values u and v, using the difference equation (2.1) with the condition (2.2), and proceeding step by step, we can derive the values $K(x,y)$ in all points of S_1, and finally the values $E\,u$ and $E\,v$, as is visible from the following table:

$$\begin{array}{ccccc} & u & u & u & u \\ v & u + v & 2u + v & 3u + v & 4u + v = E\,u \\ v & u + 2v & 3u + 3v & 6u + 4v = E\,v & \end{array}$$

(In numerical computation, it is more advantageous to consider two tables containing merely numbers instead of the preceding one that contains also the letters u and v. Setting first $u = 1$, $v = 0$ and then $u = 0$, $v = 1$, we have the tables

$$\begin{array}{ccccc} & 1 & 1 & 1 & 1 \\ 0 & 1 & 2 & 3 & \mathbf{4} \\ 0 & 1 & 3 & \mathbf{6} & \end{array}$$

$$\begin{array}{ccccc} & 0 & 0 & 0 & 0 \\ 1 & 1 & 1 & 1 & \mathbf{1} \\ 1 & 2 & 3 & \mathbf{4} & \end{array}$$

Observe that these tables are, in fact, sections of Pascal's triangle and contain only binomial coefficients.)

Let us emphasize the result

$$\begin{array}{l} E\,u = 4u + v \\ E\,v = 6u + 4v \end{array} \tag{2.5}$$

(The numerical coefficients are obtainable from the numerical tables; see the entries in **heavy print.**)

The points in which $K(x,y)$ takes the values u and v, respectively, belong to the segment S_1, and they are *exactly so located* in S_1 as those points are in S_2 in which $K(x,y)$ takes the values $E\,u$ and $E\,v$, or as the points are in S_3 in which $K(x,y)$ takes E^2u and E^2v. Therefore, we can derive E^2u and E^2v in exactly the same manner from $E\,u$ and $E\,v$ as we have derived these latter from u and v in (2.5). Therefore, along with (2.5), we also have

$$\begin{aligned} E^2u &= 4\,E\,u + E\,v \\ E^2v &= 6\,E\,u + 4\,E\,v\,. \end{aligned} \tag{2.6}$$

Observe that we could have obtained (2.6) from (2.5) by a formal operation, multiplying (2.5) by E from the left-hand side.

By operating formally, as usual in the calculus of finite differences, we obtain from (2.5)

$$\begin{aligned} (4 - E)u + {} & \quad v && = 0 \\ 6u \quad & + (4 - E)v && = 0\,. \end{aligned} \tag{2.7}$$

Hence, eliminating first v and then u (by multiplying the equations with suitable minors of the determinant and adding) we obtain

$$\begin{vmatrix} 4 - E & 1 \\ 6 & 4 - E \end{vmatrix} u = 0\,, \qquad \begin{vmatrix} 4 - E & 1 \\ 6 & 4 - E \end{vmatrix} v = 0\,. \tag{2.8}$$

By evaluating the determinant, we can write these equations also in the form

$$E^2u - 8\,E\,u + 10\,u = 0, \qquad E^2v - 8\,E\,v + 10\,v = 0\,. \tag{2.9}$$

Let us now consider any value w taken by $K(x,y)$ in a point of S outside S_0. This value w depends on u and v (is a certain homogeneous linear expression in u and v) and $E\,w$ *depends in the same way* on $E\,u$ and $E\,v$. For instance, in figure 1,

$$\begin{aligned} w &= K(1,3) \\ w &= 2u + v \\ E\,w &= 2E\,u + E\,v \\ E^2w &= 2E^2u + E^2v \\ &\cdots \end{aligned}$$

Thus, a suitable linear combination of the equations (2.9) yields

$$E^2w - 8\,E\,w + 10\,w = 0\,. \tag{2.10}$$

This means, written more explicitly, that

$$K(x + 2, y + 6) - 8\,K(x + 1, y + 3) + 10\,K(x,y) = 0\,. \tag{2:11}$$

There is no particular virtue in the example chosen, and our reasoning remains valid provided that s is rational. *Being given three positive numbers,* h_1, h_2, *and* s, *where* s *is rational and less than* 1, *a recursive relation of the form*

$$c_0K(x+ra, y+rb) + c_1K(x+(r-1)a, y+(r-1)b) + \cdots + c_rK(x,y) = 0 \tag{2.12}$$

can be found. The numbers r, c_0, c_1, c_2, $\cdots$, c_r *are integers,* $r \geqq 1$, $c_0 = 1$, *and depend only on* h_1, h_2, *and* s. *The equation* (2.12) *holds in any point* (x,y) *of* S *that does not belong to* S_0.

In our example the order of the recursion $r = 2$, and there are $r = 2$ points on the "bottleneck" in figure 1, marked by a slanting dotted line. Also this relation extends to the general case.

3. **A problem about random walk.** In the present section (in opposition to the foregoing section) we *extend the definition of* K(x,y) *to the passive boundary of* S (but disregard the active boundary). A point (x,y) of the passive boundary can be attained by a path that starts in (0,0), passes only through points of the strip S and ends in (x,y). The number of different paths of this kind is denoted by $K(x,y)$. Therefore

$$K(x,y) = K(x-1,y) \quad \text{if} \quad (x,y) \quad \text{in} \quad PBX\,, \tag{3.1}$$

$$K(x,y) = K(x,y-1) \quad \text{if} \quad (x,y) \quad \text{in} \quad PBY\,. \tag{3.2}$$

We consider the lines

$$x = m, \qquad y = n$$

$m = 0, 1, 2, 3, \cdots$; we call them "streets" and their intersections "corners." These streets divide the positive quarterplane into equal squares or "blocks." A hiker starts from the corner (0,0) and walks either in the positive x-direction (southward in fig. 1) or in the positive y-direction (eastward in fig. 1). The probability that, at any corner, he chooses the x-direction (south) is p, and that he chooses the y-direction (east) is q. Therefore

$$p + q = 1\,. \tag{3.3}$$

If, however, the hiker once leaves the strip S, he ceases to walk at random, and never returns to S; at any rate, we are no more interested in him.

The probability that the hiker attains the point (x,y), belonging to S or to its passive boundary, is $K(x,y)p^xq^y$. (These probabilities are marked in figure 3 for a few boundary points.)

The probability that the hiker attains the passive boundary in the x-direction (leaves the strip S in fig. 1 marching southward) is

$$\sum_{(x,y) \text{ in } PBX} K(x,y)p^xq^y\,, \tag{3.4}$$

The probability that he leaves S in the other direction (westward) is

$$(3.5) \qquad \sum_{(x,y) \text{ in } PBY} K(x,y)p^x q^q .$$

The expected value of the length of his walk from (0,0) to the boundary point through which he leaves S is

$$(3.6) \qquad \bar{n} = \sum_{(x,y) \text{ in } PB} (x + y)K(x,y)p^x q^y .$$

More generally, we may consider the expected value of the k-th power of the just mentioned random length,

$$(3.7) \qquad \overline{n^k} = \sum_{(x,y) \text{ in } PB} (x + y)^k K(x,y)p^x q^y .$$

Using the numbers of figure 2, we may write down a few terms of these series, and there is no difficulty in principle in extending the table given in figure 2 or in writing down any desired number of terms. In possession of the results of the foregoing section, however, we can do more, namely *sum* the series in question. In fact, we set, using the numbers occurring in the recursion formula (2.12),

$$(3.8) \qquad 1 + c_1 p^a q^b + c_2 p^{2a} q^{2b} + \cdots c_r p^{ra} q^{rb} = R$$

and obtain

$$(3.9) \qquad \sum_{(x,y) \text{ in } PBX} K(x,y)p^x q^y = \frac{P}{R}$$

$$(3.10) \qquad \sum_{(x,y) \text{ in } PBY} K(x,y)p^x q^y = \frac{Q}{R}$$

where P *and* Q *are polynomials in* p *and* q.

It will suffice to show how these results are obtained in our example, characterized by (1.8). The particular cases of the foregoing formulas which refer to our example will bear the same number as the corresponding general formula but will be distinguished by an added "ex."

Thus, we obtain from figures 2 and 3

$$(3.5 \text{ ex}) \qquad \sum_{(x,y) \text{ in } PBY} K(x,y)p^x q^y$$

$$= q^6 + 6pq^9 + 38p^2q^{12} + \cdots$$

$$= \sum_{m=0}^{\infty} K(m,3m + 6)p^m q^{3m+6} .$$

According to (2.11), $r = 2$ and

$$(3.8 \text{ ex}) \qquad R = 1 - 8pq^3 + 10p^2q^6 .$$

We multiply (3.5 ex) by (3.8 ex), use (2.11), and obtain:

$$R\sum_{(x,y)\text{ in }PBY} K(x,y)p^x q^y$$

$$= q^6 - 8pq^3 \cdot q^6 + 6pq^9$$

$$+ \sum_{m=2}^{\infty} [K(m,3m+6) - 8K(m-1,3m+3) + 10K(m-2,3m)]p^m q^{3m+6}$$

$$= q^6 - 2pq^9$$

$$= Q$$

which proves (3.10) for our example. We prove (3.9) in a similar manner. We group the terms on the lower side of figure 3 so that power series in pq^3 appear:

$$\text{(3.4 ex)} \qquad \sum_{(x,y)\text{ in }PBX} K(x,y)p^x q^y$$

$$= p^2$$

$$+ p^3q(2 + 14pq^3 + 92(pq^3)^2 + 596(pq^3)^3 + \cdots)$$

$$+ p^3q^2(5 + 34pq^3 + 222(pq^3)^2 + \cdots)$$

$$+ p^3q^3(9 + 60pq^3 + 390(pq^3)^2 + \cdots)$$

The recursive formula (2.11) holds between any three consecutive coefficients of these power series. Thus, we obtain by multiplying (3.4 ex) by (3.8 ex)

$$R\sum_{(x,y)\text{ in }PBX} K(x,y)p^x q^y$$

$$= p^2(1 - 8pq^3 + 10p^2q^6)$$

$$+ p^3q(2 - 2pq^3)$$

$$+ p^3q^2(5 - 6pq^3)$$

$$+ p^3q^3(9 - 12pq^3)$$

$$= P$$

a polynomial in p and q, which proves (3.9) in our case.

It remains to calculate the expected value (3.6) or more generally (3.7). We change our standpoint for a moment: We disregard the equation (3.3) and regard p and q as independent variables. The series on the left-hand side of (3.9) and (3.10) remain convergent for sufficiently small values of p and q. Observe that R, defined by

(3.8), is a polynomial in p and q. The calculation that we have just carried through in our example shows that the formulas (3.9) and (3.10) remain valid, P and Q being well-defined polynomials in p and q. It follows that

$$\sum_{(x,y) \text{ in } PB} K(x,y)p^x q^y = \frac{P+Q}{R}. \tag{3.11}$$

The right-hand side is a rational function of the independent variables p and q which takes the value 1 if the condition (3.3) is fulfilled.[3]

Yet we regard p and q still as independent and consider the differential operation

$$D = p\frac{\partial}{\partial p} + q\frac{\partial}{\partial q}. \tag{3.12}$$

If α and β denote constants and U and V functions of p and q,

$$Dp^\alpha q^\beta = (\alpha + \beta)p^\alpha q^\beta$$

$$D(\alpha U + \beta V) = \alpha DU + \beta DV, \qquad DUV = UDV + VDU, \tag{3.13}$$

$$D\frac{U}{V} = \frac{VDU - UDV}{V^2}.$$

Thus we obtain from (3.11)

$$\sum_{(x,y) \text{ in } PB} (x+y)^k K(x,y)p^x q^y = D^k \frac{P+Q}{R}. \tag{3.14}$$

If, *after* differentiation, we reintroduce the condition (3.3), we obtain from (3.7) $\overline{n^k}$ as a rational function of p. Observing that the right-hand side of (3.11) is $= 1$ if (3.3) holds, we obtain in particular

$$\begin{aligned} \bar{n} &= \frac{DP + DQ - DR}{R}, \\ &= \frac{1}{R}\frac{\partial}{\partial p}(P + Q - R) \\ &= \frac{1}{R}\frac{\partial}{\partial q}(P + Q - R) \end{aligned} \tag{3.15}$$

where, after differentiation, the relation (3.3) must be taken into account.[4]

[3] This must, of course, be proved. See **[3]** p. 134 or **[2]** p. 14.

[4] A summary of the present paper was presented to the Paris Academy on June 17, 1946, under the title: Sur une généralisation d'un problème élémentaire classique, importante dans l'inspection des produits industriels. See Comptes Rendus, vol. 222 (1946) pp. 1422–1424. [Added in proof, January 27, 1948.]

Stanford University

REFERENCES

[1] Statistical Research Group, Columbia University, Sequential Analysis of Statistical Data: Applications. New York, 1945.

[2] M. A. Girshick, Frederick Mosteller, and L. J. Savage, Unbiased Estimates for Certain Binomial Sampling Problems and Applications, Annals of Mathematical Statistics, Vol. XVII, No. 1, March, 1946, pp. 13–23.

[3] A. Wald, Sequential Tests of Statistical Hypotheses, Annals of Mathematical Statistics, Vol. XVI, 1945, p. 117–186.

REMARKS ON COMPUTING THE PROBABILITY INTEGRAL IN ONE AND TWO DIMENSIONS

G. PÓLYA

STANFORD UNIVERSITY

Introduction

In the first part of the present paper the probability integral in one dimension is considered. This first part may be regarded as an illustration of the principle that "no problem whatever is solved completely." In fact, the problem of computing the total area under the Gaussian curve was solved by Laplace or, even before him, under a slightly different form, by Euler, and this solution has been presented since under various forms. In the present paper there are offered two different solutions of the same problem, and an inequality, derived from Laplace's solution, all of which seem to be new and are certainly very little known.

In the second part of the paper the probability integral in two dimensions is considered. In this part, which had its origin in a practical problem, formulas and inequalities which appear to be useful in computing volumes under the normal probability surface are presented.

We use the following notation:

$$g(x) = (2\pi)^{-1/2} e^{-x^2/2}, \tag{1}$$

$$G(x) = \int_0^x g(t)dt, \tag{2}$$

$$\begin{aligned} L &= L(a,a';b,b';r) \\ &= \int_a^b \int_{a'}^{b'} [2\pi(1-r^2)]^{-1/2} g\{[(x^2 - 2rxx' + x'^2)/(1-r^2)]^{1/2}\} dx'dx, \end{aligned} \tag{3}$$

$$M = M(h,k;r) = L(h,k;+\infty,+\infty;r). \tag{4}$$

The symbols $g(x)$ and $G(x)$ should remind us of "Gauss." The limits a,b in L correspond to x, and a',b' to x'. The quantity M is represented by an integral of the type

$$\int_h^\infty \int_k^\infty .$$

I. The Probability Integral in One Dimension

1. An inequality

We try to see something new in the most usual method of evaluating the total area under the Gaussian curve. Following that method, we consider

$$2G(a) = \int_{-a}^{a} (2\pi)^{-1/2} e^{-x^2/2} dx = \int_{-a}^{a} (2\pi)^{-1/2} e^{-y^2/2} dy ,$$

where a is any positive quantity. Therefore

$$2\pi[2G(a)]^2 = \int_{-a}^{a}\int_{-a}^{a} e^{-(x^2+y^2)/2} dxdy . \tag{1.1}$$

The integral (1.1) is extended over a square with area $4a^2$. Generalizing (1.1), we consider the integral

$$\iint_R e^{-(x^2+y^2)/2} dxdy , \tag{1.2}$$

where R is any region the area of which is $4a^2$. Specializing R, we consider a circular region, with center at the origin, of which the area is $4a^2$. We call this region R_0; its boundary has the equation

$$\pi(x^2 + y^2) = 4a^2 . \tag{1.3}$$

The circle (1.3) is a closed level line of the integrand of (1.2). Let us vary R, subject only to the condition that its area remains constant, equal to $4a^2$. Then the integral (1.2) varies; we say that it attains its maximum when $R = R_0$.

In fact, the contribution of the common part of the two regions R_0 and R to

$$\iint_{R_0} e^{-(x^2+y^2)/2} dx\, dy - \iint_R e^{-(x^2+y^2)/2} dx\, dy \tag{1.4}$$

is zero. Therefore it is sufficient to extend the first integral under (1.4) over that portion of R_0 which is not contained in R, and the second integral over that portion of R which is not contained in R_0. The areas of the two considered partial regions are equal, but in the former, which is inside the circle (1.3), the values of the integrand are greater than in the latter, which is outside (1.3). Hence the difference (1.4) is positive (unless R_0 coincides with R), which is the fact we wished to prove.[1]

The domain of integration in (1.1) is a special region R. Hence we infer that

$$2\pi[2G(a)]^2 < \iint_{R_0} e^{-(x^2+y^2)/2} dx\, dy = \int_0^{2\pi}\int_0^{2a\pi^{-1/2}} e^{-r^2/2} r\, dr\, d\varphi$$
$$= 2\pi(1 - e^{-2a^2/\pi}).$$

We note the result, writing x for a; for $x > 0$

$$2G(x) < (1 - e^{-2x^2/\pi})^{1/2}. \tag{1.5}$$

[1] This kind of argument is well known because of the importance given it in the work of J. Neyman and E. S. Pearson.

We can of course extend the foregoing argument from 2 to n dimensions. We note just the result: If we define

$$a_n = 2\pi^{-1/2}[\Gamma\{(n/2) + 1\}]^{1/n}, \tag{1.6}$$

then we have

$$G(x) < a_n^{-1}(2\pi)^{-1/2}\left[n\int_0^{a_n x} t^{n-1}e^{-t^2/2}\,dt\right]^{1/n} \tag{1.7}$$

for $n = 2, 3, \cdots$ and $x > 0$. Our (1.5) is the special case $n = 2$.

2. Other proofs of the inequality

We shall use (in the present section only) the symbol $H(x)$ defined by the equation

$$2H(x) = (1 - e^{-2x^2/\pi})^{1/2}. \tag{2.1}$$

With this abbreviation, we can write the inequality (1.5) in the concise form

$$G(x) < H(x). \tag{2.2}$$

Comparing the sides of this inequality in various manners, we find that *all three functions*

$$H(x) - G(x), \qquad H^2(x) - G^2(x), \qquad H(x)/G(x) \tag{2.3}$$

behave in the same way in the interval $0 < x < \infty$. *They first increase, reach a unique maximum, then decrease, and, as* $x \to \infty$, *each tends toward the same value that it takes at the point* $x = 0$.

The value taken at the two extremities of the interval $(0, \infty)$ is zero for the first two functions (2.3) and one for the last function. Therefore the proposition just stated involves that

$$H(x) - G(x) > 0, \qquad H^2(x) - G^2(x) > 0, \qquad H(x)/G(x) > 1 \tag{2.4}$$

for $x > 0$. Thus we obtain three different proofs of the inequality (2.2), that is, of (1.5).

As x approaches infinity, both $G(x)$ and $H(x)$ tend to the same value 1/2. Moreover, we have the expansions into powers of x

$$G(x) = (2\pi)^{-1/2}x\left[1 - \frac{x^2}{6} + \cdots\right],$$

$$H(x) = (2\pi)^{-1/2}x\left[1 - \frac{x^2}{2\pi} + \cdots\right]$$

which show that $H(x)$ is greater than $G(x)$ for small positive values of x. Both functions take the value zero at the point $x = 0$, and their quotient takes the value one there.

These remarks prove a certain part of the proposition stated. We have still to show, however, that the derivatives of the three functions (2.3) behave in the same way in the interval $x > 0$: they change sign only once, *each derivative has just one positive root which is simple.*

Since it would take up too much space to discuss all three cases, we shall restrict ourselves to the last function, which is the most instructive. The equation

$$[H(x)/G(x)]' = 0$$

can be written in the form

$$\frac{\pi}{2x}\left(e^{2x^2/\pi} - 1\right) - e^{x^2/2}\int_0^x e^{-t^2/2}\,dt = 0\,. \tag{2.5}$$

We need the expansion of the left-hand side into powers of x. We consider, therefore, the function

$$y = e^{x^2/2}\int_0^x e^{-t^2/2}\,dt \tag{2.6}$$

and observe that it vanishes at the point $x = 0$ and satisfies the differential equation

$$y' = xy + 1\,. \tag{2.7}$$

We expand the solution of this equation into powers of x by the usual method, taking into account the initial condition that $y = 0$ as $x = 0$. Thus we obtain the elegant series

$$e^{x^2/2}\int_0^x e^{-t^2/2}\,dt = \frac{x}{1} + \frac{x^3}{1.3} + \frac{x^5}{1.3.5} + \frac{x^7}{1.3.5.7} + \cdots\,. \tag{2.8}$$

Now we can write (2.5), expanding the left-hand side, in the form

$$\sum_{n=2}^{\infty}\left[\frac{1}{1.2.3\cdots n}\left(\frac{2}{\pi}\right)^{n-1} - \frac{1}{1.3.5\cdots(2n-1)}\right]x^{2n-1} = 0\,. \tag{2.9}$$

In this expansion we say that the coefficient of x^3 is negative and the other coefficients, those of $x^5, x^7, \cdots$, are positive. For the first two coefficients (those of x^3 and x^5) this assertion may be verified by computation. For the other coefficients we use mathematical induction. If we know that

$$\frac{1.3.5\cdots(2n-1)}{1.2.3\cdots n}\left(\frac{2}{\pi}\right)^{n-1} > 1$$

and $n \geqq 3$, we can infer that

$$\frac{1.3\cdots(2n-1)\,(2n+1)}{1.2\cdots n\,(n+1)}\left(\frac{2}{\pi}\right)^{n} > \frac{2n+1}{n+1}\,\frac{2}{\pi} \geqq \frac{7}{4}\,\frac{2}{\pi} > 1\,.$$

Dividing the left-hand side of (2.9) by x^5, we obtain a series of the form

$$-\frac{a}{x^2} + a_0 + a_1x^2 + a_2x^4 + \cdots, \tag{2.10}$$

where all the numbers $a, a_0, a_1, a_2, \cdots$ are positive. Now, obviously, a series of the form (2.8) represents a steadily increasing function, varying from $-\infty$ to ∞ as x increases from zero to infinity. Such a function takes the value zero just once, and so we have proved our assertion.[2]

3. An approximation to the probability integral

On the basis of the proposition proved in the foregoing section, the usual tables allow a quick evaluation of the unique maximum of $H(x)/G(x)$. Thus we find that the following remark may be made concerning (1.5): If we take the right-hand side of this inequality as an approximation to $2G(x)$, the error committed is less than one per cent (even less than 0.71 per cent) of the quantity approximated.

4. A derivation of the total area

We may rewrite (2.8) in the form

$$\int_0^x e^{-t^2/2}\,dt = \frac{\dfrac{x}{1} + \dfrac{x^3}{1.3} + \cdots + \dfrac{x^{2n-1}}{1.3.5\cdots(2n-1)} + \cdots}{1 + \dfrac{x^2}{2} + \dfrac{x^4}{2.4} + \cdots + \dfrac{x^{2n}}{2.4.6\cdots 2n} + \cdots}. \tag{4.1}$$

For any positive value of x, there is, in each series on the right-hand side, a term whose absolute value is maximum. Being given x, we locate the maximum term by examining the quotient of the general term and of the foregoing term, which is

$$\frac{x^2}{2n-1} \quad \text{and} \quad \frac{x^2}{2n}$$

in the numerator and in the denominator, respectively. We examine especially the place where this quotient passes the value one, and we find the following: When

$$\sqrt{2n} < x < \sqrt{2n+1}, \tag{4.2}$$

the maximum term in the numerator is the one containing x^{2n-1}, and the maximum term in the denominator is the one containing x^{2n}. Now we can foresee heuristically, and confirm afterward by rigorous argument, that *the quotient of the series differs from the quotient of the maximum terms only by a quantity*

[2] We have proved here, in fact, a simple case of an extension of Descartes' rule of signs. See G. Pólya and G. Szegö, *Aufgaben und Lehrsätze aus der Analysis* (1925), vol. 2, p. 43, problems 38 and 40.

tending to zero when x *tends to infinity*. Thus, connecting x and n by (4.2), we obtain from (4.1) that

$$\lim_{x\to\infty}\int_0^x e^{-t^2/2}\,dt = \lim_{x\to\infty}\frac{\dfrac{x^{2n-1}}{1.3.5\cdots(2n-1)}}{\dfrac{x^{2n}}{2.4.6\cdots 2n}} \tag{4.3}$$

$$= \lim_{n\to\infty}\frac{2.4.6\cdots 2n}{1.3.5\cdots(2n-1)}\,\frac{1}{(2n)^{1/2}} = \left(\frac{\pi}{2}\right)^{1/2}.$$

The last equation is based on Wallis' formula. We have found a new derivation of the total area under the probability curve.

The heuristic reasoning suggested above is as follows: In each series, the terms "close" to the maximum term differ but little from it, and the terms which are "far" from it are relatively small so that they contribute only a negligible amount to the sum of the series. Thus the proportion of the maximum terms tends to become the proportion of the series. This heuristic reasoning contains a certain germ from which the rigorous proof can be evolved.[3]

The value of the probability integral can be derived from Wallis' formula in various ways, all rather different from the foregoing.[4]

5. Another derivation of the total area

Many definite integrals can be evaluated by means of the calculus of residues, but the one expressing the total area under the normal curve is not so evaluated in the usual textbooks.[5] We shall see, however, that such an evaluation is possible.[6]

We work now in the complex z-plane. We call P the parallelogram with vertices

$$R + iR, \qquad -R - iR, \qquad -R + 1 - iR, \qquad R + 1 + iR;$$

R is positive (and large). The center of P is at the point $z = 1/2$, two sides of P are horizontal and of length one, the other two sides pass through the points $z = 0$ and $z = 1$, and the side passing through the origin bisects the angle between the coördiante axes. We take the integral

$$\oint e^{\pi i z^2}\tan \pi z \cdot dz \tag{5.1}$$

counterclockwise around the boundary of P. The integrand has just one

[3] The rigorous proof follows, as a special case, from G. Pólya and G. Szegö, *op. cit.*, vol. 2, p. 12, problem 72 (with $\beta = 1$, $b = 1/2$, $k = 1/2$).

[4] See especially T. J. Stieltjes, *Œuvres complètes*, vol. 2, pp. 263–264.

[5] See G. N. Watson, *Complex Integration and Cauchy's Theorem*, Cambridge Tracts No. 15 (1914), p. 79.

[6] This will not surprise anyone who is familiar with the evaluation of the Gaussian sums, important in the theory of numbers, by means of complex integration. The argument used there yields, as will be shown here, the desired definite integral, if used in the opposite direction in an appropriate special case.

singular point inside P, a simple pole at the point $z = 1/2$, the center of P, and the residue at this pole is

$$(5.2) \qquad \frac{e^{\pi i/4} \cdot 1}{-\pi}.$$

Thus we know the value of (5.1). We let R tend to infinity. Then the contribution of the two horizontal sides becomes negligible, and (5.1) goes over into two integrals, extended along infinite parallel straight lines. We can transform the integral along the right-hand line by a change of the variable of integration, and so we finally obtain

$$\int_{-(1+i)\infty}^{(1+i)\infty} [e^{\pi i(z+1)^2} - e^{\pi i z^2}] \tan \pi z \cdot dz = 2\pi i e^{\pi i/4}/(-\pi).$$

The integral is extended along the first bisector of the coördinate axes. Hence we obtain, transforming the integrand,

$$(5.3) \qquad 2e^{\pi i/4}/i = \int_{-(1+i)\infty}^{(1+i)\infty} (-e^{\pi i z^2 + 2\pi i z} - e^{\pi i z^2}) \frac{e^{2\pi i z} - 1}{e^{2\pi i z} + 1} \frac{dz}{i}$$

$$= (1/i) \int_{-(1+i)\infty}^{(1+i)\infty} e^{\pi i z^2} (1 - e^{2\pi i z}) dz$$

$$= (1/i) \left[\int_{-(1+i)\infty}^{(1+i)\infty} e^{\pi i z^2} dz + \int_{-(1+i)\infty}^{(1+i)\infty} e^{\pi i (z+1)^2} dz \right]$$

$$= (1/i) \left[\int_{-(1+i)\infty}^{(1+i)\infty} e^{\pi i z^2} dz + \int_{1-(1+i)\infty}^{1+(1+i)\infty} e^{\pi i z^2} dz \right]$$

$$= (2/i) \int_{-(1+i)\infty}^{(1+i)\infty} e^{\pi i z^2} dz.$$

The step before the last one was a change of the variable of integration; it involves shifting the line of integration by a unit length westward. The last step shifts back this line of integration until it coincides with the first bisector of the axes. This step is justified by Cauchy's theorem and involves, if considered in detail, integration around the parallelogram P and shifting the horizontal sides of P to infinity, as before.

Finally we change the variable of integration in the last integral under (5.3), setting

$$z = e^{\pi i/4} t.$$

Then t is real, and we obtain

$$2e^{\pi i/4}/i = (2e^{\pi i/4}/i) \int_{-\infty}^{\infty} e^{-\pi t^2} dt.$$

This equation yields, after a trivial transformation, the total area under the normal curve.

II. The Probability Integral in Two Dimensions

6. Results

We consider now the volume under the normal bivariate surface and over a rectangle whose sides are parallel to the axes. The numerical value of this volume, denoted by $L(a,a'; b,b'; r)$ in the introduction under (3), is often needed in practical applications of statistics. The computation of L is easily reduced to that of $M(h,k; r)$, defined under (4), and there exist well-known tables for M (*Tables for Statisticians and Biometricians*, Part II). These tables, however, demand a rather unsatisfactory interpolation, and therefore it may be advantageous to use numerical integration or some other kind of approximate formulas instead of, or conjointly with, the tables. Various results helpful in such work have been obtained recently in connection with a practical problem.[7] Three of them will be stated here: a double inequality, an approximate formula, and an enveloping series. The proofs of these results will be given in the last three sections.

a) A double inequality.—We suppose that

$$0 < r < 1 , \qquad rh - k > 0 . \tag{6.1}$$

Under these conditions

$$M(h,k;r) < \frac{1}{2} - G(h) , \tag{6.2}$$

$$M(h,k;r) > \frac{1}{2} - G(h) - \frac{1-r^2}{rh-k} g(k) \left[\frac{1}{2} - G\left(\frac{h-rk}{(1-r^2)^{1/2}}\right)\right]. \tag{6.3}$$

The abbreviations g, G, and M are defined in the introduction under (1), (2), and (4). The right-hand side of the rather obvious inequality (6.2) is the limit toward which the left-hand side tends when h and r are constant and k approaches $-\infty$; or when h and k are constant and r approaches one. This follows from (6.3).

b) An approximate formula.—We assume that $a < b$, $a' < b'$, and that r differs but little from one. We define nine new quantities α, α', β, β', γ, γ', δ, δ', and ρ by the equations

$$\rho = \left(\frac{1-r}{1+r}\right)^{1/2}, \tag{6.4}$$

$$\alpha,\ \beta,\ \gamma,\ \delta = \frac{a+a'}{[2(1+r)]^{1/2}},\ \frac{b+b'}{[2(1+r)]^{1/2}},\ \frac{b+a'}{[2(1+r)]^{1/2}},\ \frac{a+b'}{[2(1+r)]^{1/2}}, \tag{6.5}$$

$$\alpha',\ \beta',\ \gamma',\ \delta' = \frac{-a+a'}{[2(1-r)]^{1/2}},\ \frac{-b+b'}{[2(1-r)]^{1/2}},\ \frac{-b+a'}{[2(1-r)]^{1/2}},\ \frac{-a+b'}{[2(1-r)]^{1/2}}. \tag{6.6}$$

---

[7] In connection with the same project, tables have been computed in the Statistical Laboratory, University of California, by Leo A. Aroian, E. Fix, and Madeline Johnsen. It is hoped that they will be published in the near future.

It is understood that in (6.5) and (6.6) the first quantity on the left-hand side is equal to the first one on the right-hand side, the second on the left to the second on the right, and so on. With these abbreviations, we have the approximate formula:

$$(6.7)\quad \begin{aligned} L(a,a';b,b';r) \sim & [G(\beta) - G(\alpha)][G(\delta') - G(\gamma')] \\ & + \rho g(\alpha)[g(\gamma') - 2g(\alpha') + g(\delta') + \alpha'\{G(\gamma') - 2G(\alpha') + G(\delta')\}] \\ & + \rho g(\beta)[g(\gamma') - 2g(\beta') + g(\delta') + \beta'\{G(\gamma') - 2G(\beta') + G(\delta')\}] . \end{aligned}$$

This approximation must be used with caution, but it turned out to be especially useful in the particular case in which

$$a = a', \qquad b = b'.$$

These relations involve

$$\gamma = \delta = \frac{\alpha + \beta}{2}, \qquad \alpha' = \beta' = 0, \qquad \gamma' = -\delta'$$

and (6.7) takes the much simpler form

$$(6.8)\quad \begin{aligned} L(a,a;b,b;r) \sim & \, 2[G(\beta) - G(\alpha)]G(\delta') \\ & - 2\rho[g(\alpha) + g(\beta)][g(0) - g(\delta')] . \end{aligned}$$

c) An enveloping series.—If an infinite series

$$(6.9)\quad a_0 - a_1 + a_2 - a_3 + \cdots$$

and a number A are so related that

$$(6.10)\quad A < a_0, \qquad A > a_0 - a_1, \qquad A < a_0 - a_1 + a_2, \cdots,$$

then we say that the series (6.9) *envelopes* A, and we write

$$(6.11)\quad A \propto a_0 - a_1 + a_2 - a_3 + \cdots .$$

Thus the specific use of the symbol $\propto$ in (6.11) expresses an infinite system of inequalities, the inequalities (6.10), which we could also express by saying that A is contained between any two consecutive partial sums of the series (6.9). An enveloping series may be divergent; if it is convergent the enveloped number is its sum.[8]

There is a well-known divergent enveloping series connected with the probability integral in one dimension:

$$(6.12)\quad \int_x^\infty g(t)\,dt \propto g(x)\left[\frac{1}{x} - \frac{1}{x^3} + \frac{1 \cdot 3}{x^5} - \frac{1 \cdot 3 \cdot 5}{x^7} + \cdots\right];$$

x is assumed to be positive. It may be deserving of some interest that there is a series of similar nature connected with the probability integral in two dimen-

[8] For terminology and examples, see G. Pólya and G. Szegö, *op. cit.*, vol. 1, pp. 26–29.

sions. We consider, following C. Nicholson,[9] $V(h,k)$, the volume under the normal bivariate surface with $r = 0$ and over a right triangle with vertices $(0,0)$, $(h,0)$, (h,k):

$$V(h,k) = \int_0^h \int_0^{kx/h} g(x)g(y)dy\,dx\,. \tag{6.13}$$

We assume that

$$0 < h < k \tag{6.14}$$

and define $R(h,k)$ and l by the equations

$$V(h,k) = \frac{1}{2}G(h) - \frac{1}{2\pi}\arctan\frac{h}{k} + R(h,k)\,, \tag{6.15}$$

$$h^2 + k^2 = l^2\,, \qquad l > 0\,, \tag{6.16}$$

and obtain a divergent enveloping series for $R(h,k)$:

$$\begin{aligned} R(h,k) \propto \frac{h}{k}\frac{1}{2\pi l^2}e^{-l^2/2}\Big[1 &- \left(\frac{1}{k^2} + \frac{2}{l^2}\right) + \left(\frac{1\cdot 3}{k^4} + \frac{1\cdot 4}{k^2l^2} + \frac{2\cdot 4}{l^4}\right) \\ &- \left(\frac{1\cdot 3\cdot 5}{k^6} + \frac{1\cdot 3\cdot 6}{k^4l^2} + \frac{1\cdot 4\cdot 6}{k^2l^4} + \frac{2\cdot 4\cdot 6}{l^6}\right) + \cdots\Big]. \end{aligned} \tag{6.17}$$

The general term of the series in brackets is of the dimension $-2n$ in k and l (or in h and k) and is itself a sum of $n + 1$ terms:

$$(-1)^n \sum_{\nu=0}^{n} \frac{1}{k^2}\frac{3}{k^2}\cdots\frac{2\nu-1}{k^2}\frac{2\nu+2}{l^2}\cdots\frac{2n-2}{l^2}\frac{2n}{l^2}\,. \tag{6.18}$$

7. Proof of the double inequality

In order to evaluate the double integrals L or M, defined by formulas (3) and (4) of the introduction, we transform the quadratic in x and x' into a sum of two squares by an appropriate substitution. There are various ways of doing so, and we first choose

$$y = \frac{x' - rx}{(1 - r^2)^{1/2}}\,, \qquad dy = \frac{dx'}{(1 - r^2)^{1/2}}\,, \tag{7.1}$$

which leads to

$$\begin{aligned} M(h,k;r) &= \int_h^\infty g(x)\int_{\frac{k-rx}{(1-r^2)^{1/2}}}^\infty g(y)dy\,dx = \int_h^\infty g(x)\left[\frac{1}{2} - G\left(\frac{k-rx}{(1-r^2)^{1/2}}\right)\right]dx \\ &= \int_h^\infty g(x)\left[1 - \left\{\frac{1}{2} - G\left(\frac{rx-k}{(1-r^2)^{1/2}}\right)\right\}\right]dx = \frac{1}{2} - G(h) - Q\,, \end{aligned} \tag{7.2}$$

[9] *Biometrika*, vol. 33 (1943), pp. 59–72.

where

$$Q = \int_h^\infty g(x)\left\{\frac{1}{2} - G\left(\frac{rx-k}{(1-r^2)^{1/2}}\right)\right\} dx. \tag{7.3}$$

We used

$$G(-x) = -G(x)$$

which follows immediately from definition (2).

The integrand in (7.3) is visibly positive. Hence, and from (7.2), we deduce (6.2). In order to prove (6.3) also, we now seek an upper bound for Q.

We take into account the fact that the first term of the asymptotic series (6.12) is greater than the enveloped quantity on the left-hand side, and use conditions (6.1). We thus obtain from (7.3)

$$\begin{aligned} Q &< \int_h^\infty g(x)\,\frac{(1-r^2)^{1/2}}{rx-k}\,g\left(\frac{rx-k}{(1-r^2)^{1/2}}\right) dx \\ &< \frac{(1-r^2)^{1/2}}{rh-k}\int_h^\infty g(x)\,g\left(\frac{rx-k}{(1-r^2)^{1/2}}\right) dx \\ &= \frac{(1-r^2)^{1/2}}{rh-k}\int_h^\infty g\left(\frac{x-rk}{(1-r^2)^{1/2}}\right) g(k)\,dx \\ &= \frac{1-r^2}{rh-k}\left[\frac{1}{2} - G\left(\frac{h-rk}{(1-r^2)^{1/2}}\right)\right] g(k), \end{aligned} \tag{7.4}$$

which proves (6.3).

8. The expansion underlying the approximate formula

We now transform the quadratic in x and x' into a sum of two squares by a substitution different from the one used at the beginning of the foregoing section 7. For x and x' we write u and v respectively, and then we put

$$x = \frac{u+v}{[2(1+r)]^{1/2}}, \qquad y = \frac{-u+v}{[2(1-r)]^{1/2}}, \tag{8.1}$$

which implies

$$\frac{\partial(x,y)}{\partial(u,v)} = [1-r^2]^{-1/2}.$$

The integral (3), extended over a rectangle, is changed into one extended over a parallelogram P with vertices (α,α'), (β,β'), (γ,γ'), and (δ,δ'); compare figure 1, drawn in the u,v-plane, with figure 2, in the x,y-plane, and observe that the four angles marked there are all equal. See also (6.5) and (6.6). Thus

$$L = \iint_P g(x)\,g(y)\,dx\,dy. \tag{8.2}$$

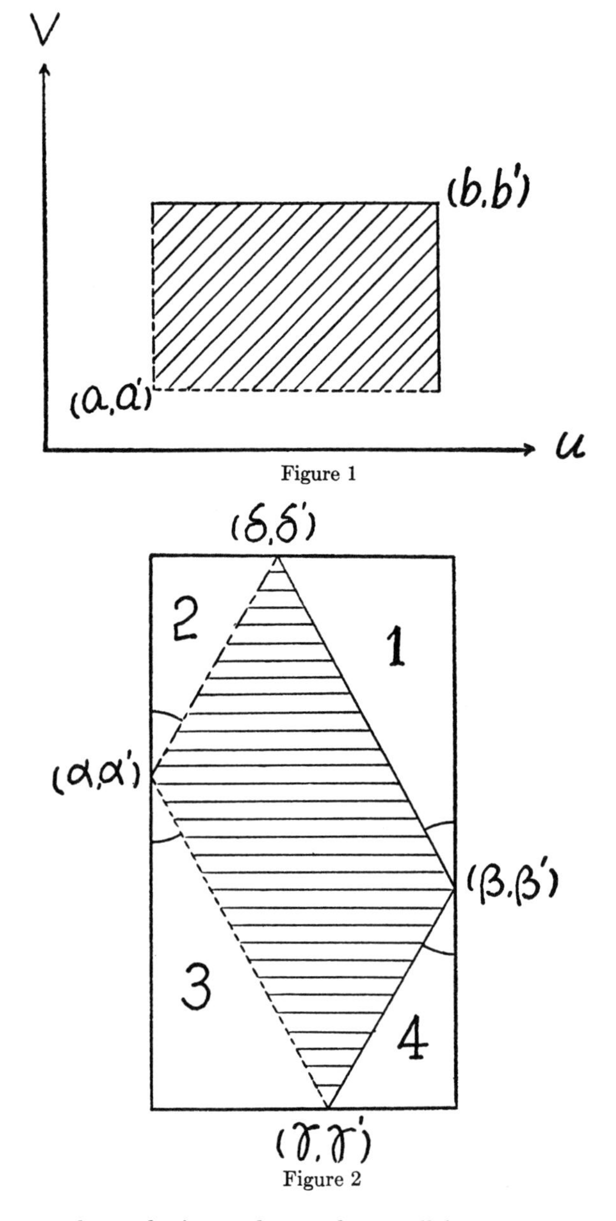

Figure 1

Figure 2

In order to evaluate the integral over the parallelogram P, we calculate the integral over the rectangle which contains P, as shown in figure 2, and subtract from it four integrals, denoted by Δ_1, Δ_2, Δ_3, and Δ_4, extended over the four triangles 1, 2, 3, and 4 shown in figure 2. That is,

$$L = \int_{\alpha}^{\beta}\int_{\gamma'}^{\delta'} g(x)\, g(y)\, dy\, dx - \Delta_1 - \Delta_2 - \Delta_3 - \Delta_4, \tag{8.3}$$

where

$$\Delta_2 = \int_{\alpha'}^{\delta'} g(y) \int_0^{\rho(y-\alpha')} g(\alpha + t)\, dt\, dy, \qquad \Delta_1 = \int_{\beta'}^{\delta'} g(y) \int_0^{\rho(y-\beta')} g(\beta - t)\, dt\, dy,$$

$$\Delta_3 = \int_{\gamma'}^{\alpha'} g(y) \int_0^{\rho(\alpha'-y)} g(\alpha + t)\, dt\, dy, \qquad \Delta_4 = \int_{\gamma'}^{\beta'} g(y) \int_0^{\rho(\beta'-y)} g(\beta - t)\, dt\, dy.$$

We have disposed here the four integrals Δ as the corresponding four triangles are disposed in figure 2. We put

$$x = \alpha + t \quad \text{in } \Delta_2 \text{ and } \Delta_3, \qquad x = \beta - t \quad \text{in } \Delta_1 \text{ and } \Delta_4.$$

We obtain finally, expanding the integrands of the four integrals Δ into powers of ρ (which is a small quantity when r is nearly one),

$$\begin{aligned}
(8.4)\quad L(a,a';b,b';r) = {} & [G(\beta) - G(\alpha)][G(\delta') - G(\gamma')] \\
& - \sum_{n=0}^{\infty} \frac{g^{(n)}(\alpha)\, \rho^{n+1}}{(n+1)!} \int_{\alpha'}^{\delta'} (y - \alpha')^{n+1} g(y)\, dy \\
& - \sum_{n=0}^{\infty} \frac{(-1)^n g^{(n)}(\beta)\, \rho^{n+1}}{(n+1)!} \int_{\beta'}^{\delta'} (y - \beta')^{n+1} g(y)\, dy \\
& - \sum_{n=0}^{\infty} \frac{g^{(n)}(\alpha)\, \rho^{n+1}}{(n+1)!} \int_{\gamma'}^{\alpha'} (\alpha' - y)^{n+1} g(y)\, dy \\
& - \sum_{n=0}^{\infty} \frac{(-1)^n g^{(n)}(\beta)\, \rho^{n+1}}{(n+1)!} \int_{\gamma'}^{\beta'} (\beta' - y)^{n+1} g(y)\, dy.
\end{aligned}$$

Retaining just the initial term, which corresponds to $n = 0$, of each of the four series, we obtain the approximate formula (6.7).

It is possible to estimate the remainders of the four series arising in (8.4) and, especially, the error of the approximate formula (6.7). The simplest estimate, however, is much too high for the purpose of computing. Roughly speaking, the approximate formula has not much chance to be good unless a differs but little from a' and b from b', but the simple (6.8) is particularly good. In practice, it is preferable to judge the goodness of approximation for a certain range of the parameters a,a', b,b' and r by comparing values given by (6.7) or (6.8) with values easily obtainable from the tables.

It may be mentioned that an expansion analogous to (8.4) and approximate formulas analogous to (6.7) and (6.8) can be obtained for M.

9. A lemma on enveloping series

In deriving the enveloping series (6.17) we meet with a certain situation which is much better understood when it is considered in full generality. Therefore we begin by explaining a general result.

LEMMA. *If*

$$a \propto b_1 - b_2 + b_3 - \cdots \tag{9.1}$$

and, for k $= 1, 2, 3, \cdots,$

$$b_k \propto c_{k1} - c_{k2} + c_{k3} - \cdots \tag{9.2}$$

then

$$a \propto c_{11} - (c_{12} + c_{21}) + (c_{13} + c_{22} + c_{31}) - \cdots. \tag{9.3}$$

The conclusion of our lemma asserts that a is enveloped by a series whose nth term is represented by

$$(-1)^{n-1}(c_{1n} + c_{2,n-1} + c_{3,n-2} + \cdots + c_{n1}).$$

The result can be restated without symbols: *If a number is enveloped by a series each term of which is enveloped by a series, then the resulting double series can be rearranged into another enveloping series for the same number by grouping terms in lines perpendicular to the main diagonal.*

In order to prove this lemma we have to make use of all the inequalities involved by the hypotheses (9.1) and (9.2), and the only difficulty is to group these inequalities suitably. There are two kinds of inequalities to prove: a must be shown to be less than certain partial sums of the series on the right-hand side of (9.3), and to be greater than certain other partial sums. It will suffice to consider the first kind of inequalities. Therefore we assume that n is *odd*, and derive from hypothesis (9.2) the following inequalities:

$$\begin{array}{ll} b_1 < & c_{11} - c_{12} + c_{13} - \cdots + c_{1n} \\ b_2 > & \qquad c_{21} - c_{22} + \cdots - c_{2,n-1} \\ b_3 < & \qquad\qquad c_{31} - \cdots + c_{3,n-2} \\ \cdot & \cdot \quad \cdot \quad \cdot \quad \cdot \quad \cdot \quad \cdot \quad \cdot \quad \cdot \\ b_n < & \qquad\qquad\qquad\qquad c_{n1}. \end{array}$$

Multiply the second, fourth, sixth, $\cdots$ line by -1, add all these lines, and take into account the hypothesis (9.1). We obtain

$$\begin{aligned} a &< b_1 - b_2 + b_3 - \cdots + b_n \\ &< c_{11} - (c_{12} + c_{21}) \\ &\qquad + (c_{13} + c_{22} + c_{31}) \\ &\qquad - \cdot \cdot \cdot \cdot \cdot \cdot \cdot \\ &\qquad \cdot \cdot \cdot \cdot \cdot \cdot \cdot \\ &\qquad + (c_{1n} + c_{2,n-1} + c_{3,n-2} + \cdots + c_{n1}), \end{aligned}$$

and this proves our point. The case of even n can be treated similarly.

COROLLARY 1. *If*

$$A \propto a_1 - a_2 + a_3 - a_4 + \cdots \tag{9.4}$$

$$B \propto b_1 - b_2 + b_3 - b_4 + \cdots \tag{9.5}$$

and, moreover, $a_1 > 0$ *and* $B > 0$, *then*

$$(9.6)\qquad AB \propto a_1b_1 - (a_1b_2 + a_2b_1) + (a_1b_3 + a_2b_2 + a_3b_1) + \cdots.$$

It should be observed that the hypothesis (9.4) implies that $a_2, a_3, a_4, \cdots$ are positive; but we must postulate separately the positivity of a_1. The corollary is immediate. In fact, it follows directly from the hypothesis that

$$(9.7)\qquad AB \propto a_1B - a_2B + a_3B - \cdots$$

and that

$$(9.8)\qquad a_kB \propto a_kb_1 - a_kb_2 + a_kb_3 - \cdots,$$

and so the hypotheses of the lemma are satisfied; (9.7) and (9.8) must be compared to (9.1) and (9.2), respectively.

COROLLARY 2. *If each of the positive quantities* A, B, $\cdots$ K, *and* L *is enveloped by a series, the product* AB $\cdots$ KL *is enveloped by the Cauchy product of these series.*

This proposition is slightly more general than a proposition recently obtained by J. V. Uspensky[10] and is derived by repeated application of corollary 1. We mention these corollaries because of their independent interest, but we shall not use them. We shall, however, use essentially the lemma in investigating the volume $V(h,k)$ defined by (6.13).

We dissect the first quadrant of the x,y-plane by producing the sides of the triangle over which the integral defining $V(h,k)$ is extended. We obtain

$$(9.9)\qquad V(h,k) = \left(\int_0^h\int_0^\infty - \int_0^\infty\int_{kx/h}^\infty + \int_h^\infty\int_{kx/h}^\infty\right) g(x)\,g(y)\,dy\,dx$$

$$= \frac{1}{2}G(h) - \frac{1}{2\pi}\arctan\frac{h}{k} + R(h,k)\,;$$

in computing the middle integral we used transformation to polar coördinates in a well-known fashion. Thus

$$(9.10)\qquad R(h,k) = \int_h^\infty g(x)\int_{kx/h}^\infty g(y)\,dy\,dx\,.$$

Now, by (6.12),

$$(9.11)\qquad \int_{kx/h}^\infty g(y)\,dy \propto g(kx/h)\sum_{n=0}^{\infty}(-1)^n\,1.3.5\cdots(2n-1)\,(kx/h)^{-2n-1}\,.$$

[10] See *Mathematicae Notae*, vol. 4 (1944), pp. 1–10, especially pp. 2–4.

Observe that, with the abbreviation (6.16),

$$g(x)\, g(kx/h) = (2\pi)^{-1} e^{-x^2 l^2/(2h^2)} . \tag{9.12}$$

By (9.10), (9.11), and (9.12),

$$R(h,k) \propto (2\pi)^{-1} \sum_{n=0}^{\infty} (-1)^n 1.3.5 \cdots (2n-1)(h/k)^{2n+1} \int_h^{\infty} x^{-2n-1} e^{-x^2 l^2/(2h^2)} dx , \tag{9.13}$$

or

$$R(h,k) \propto h/(2\pi l) \sum_{n=0}^{\infty} (-1)^n\, 1.3.5 \cdots (2n-1)\, (l/k)^{2n+1} I_{2n+1}(l) . \tag{9.14}$$

We introduce the abbreviation

$$I_m(x) = \int_x^{\infty} t^{-m}\, e^{-t^2/2}\, dt . \tag{9.15}$$

Integrating by parts, we easily obtain

$$I_m(x) = x^{-m-1}\, e^{-x^2/2} - (m+1)\, I_{m+2}(x) , \tag{9.16}$$

and repeating this we obtain the (divergent) enveloping series

$$I_m(x) \propto e^{-x^2/2} [x^{-m-1} - (m+1) x^{-m-3} + (m+1)(m+3) x^{-m-5} - \cdots] . \tag{9.17}$$

Therefore

$$\begin{aligned} 1.3.5. \cdots (2n-1)\, (l/k)^{2n+1}\, I_{2n+1}(l) \\ \propto (kl)^{-1}\, e^{-l^2/2} \Big[\frac{1.3 \cdots (2n-1)}{k^{2n}} - \frac{1.3 \cdots (2n-1)(2n+2)}{k^{2n} l^2} \\ + \frac{1.3 \cdots (2n-1)\,(2n+2)\,(2n+4)}{k^{2n} l^4} - \cdots \Big] . \end{aligned} \tag{9.18}$$

Thus $R(h,k)$ is enveloped by the series (9.14), each term of which is enveloped, as (9.18) shows, by a series. Applying our lemma, we obtain (6.17).[11]

[11] [Added November 19, 1945.] After this paper was written, a discussion with Miss Madeline Johnsen led to recognizing that the series (6.17) coincides essentially with one considered by W. F. Sheppard, "On the calculation of the double integral expressing normal correlation," *Trans. Cambridge Philos. Soc.*, vol. 19 (1904), pp. 23–68; see p. 37, formula (68). It can be observed, however, that: (*a*) the series appears here in a simpler form; and (*b*) Sheppard does not even mention the property proved here, that the series is enveloping. Miss Johnsen proves this property in a quite different way in her dissertation "Approximate evaluation of double probability integrals" deposited in the Library of Stanford University. See *Abstract of Dissertations, Stanford University*, vol. 21 (1945–46), pp. 113–116.

REMARKS ON CHARACTERISTIC FUNCTIONS

G. PÓLYA

STANFORD UNIVERSITY

Introduction

This short paper consists of two parts which have little in common except that in both we discuss characteristic functions of one-dimensional probability distributions. In the first part we consider characteristic functions of a certain special type whose principal merit lies in the fact that it is easily recognizable. In the second part we deal with finite distributions (contained in a certain finite interval) and with finitely different distributions (coinciding outside a certain finite interval).

The notation follows that of Cramér's well-known tract.[1] A distribution function is denoted by a capital letter, as $F(x)$, and the corresponding characteristic function by the corresponding small letter, as $f(t)$. Thus

$$f(t) = \int_{-\infty}^{\infty} e^{itx}\, dF(x)\,. \tag{1}$$

$F(x)$ is real-valued, never decreasing; $F(-\infty) = 0$; $F(\infty) = 1$. Therefore

$$f(0) = 1\,. \tag{2}$$

Moreover $f(t)$ is continuous for all real values of t and has the properties

$$|f(t)| \leqq 1\,, \tag{3}$$

$$f(-t) = \overline{f(t)}\,, \tag{4}$$

that is, $f(-t)$ and $f(t)$ are conjugate complex.

I. A Simple Type of Characteristic Functions

1. A Sufficient Condition for Characteristic Functions

We are given a function, defined for all real values of t; is it the characteristic function of some probability distribution? This question is often important but not often easy to answer. The properties mentioned in the introduction [relations (2), (3), (4), and continuity] constitute simple *necessary* conditions that a given function $f(t)$ should be characteristic. Yet these conditions, taken together, are far from being sufficient. *Necessary and sufficient*

[1] Cramér **[3]**. Boldface numbers in brackets refer to references at the end of the paper (see p. 123).

For comments on this paper [180], see p. 612.

conditions have been given,[2] but they are not readily applicable, in which they are similar to any perfectly general necessary and sufficient condition for the convergence of a series. In theorem 1 below we state a simple *sufficient* condition.

THEOREM 1. *A function* f(t), *defined for all real values of the variable* t, *has the following properties:*

$$\text{f(t) is real-valued and continuous,} \tag{1.1}$$

$$f(0) = 1\,, \tag{1.2}$$

$$\lim_{t\to\infty} f(t) = 0\,, \tag{1.3}$$

$$f(-t) = f(t)\,, \tag{1.4}$$

$$\text{f(t) is convex for t} > 0.^{3} \tag{1.5}$$

Such a function f(t) *is a characteristic function corresponding to a continuous distribution function* F(x) *whose derivative* F′(x), *the probability density, exists, is an even function, and is continuous everywhere except possibly at the point* x = 0.

The essential point of the proof is to show that

$$\frac{1}{2\pi}\int_{-\infty}^{\infty} e^{-itx} f(t)dt = \frac{1}{\pi}\int_{0}^{\infty} f(t)\cos xt\,dt \tag{1.6}$$

is *never negative* for $x > 0$. For, under the given conditions (1.3), (1.4), and (1.5), the integral (1.6) visibly converges for any real x different from zero and represents an even function which we may call $F'(x)$. We obtain, then, by Fourier's theorem,

$$f(t) = \int_{-\infty}^{\infty} e^{itx} F'(x)dx\,, \tag{1.7}$$

which proves (1). The rest is easy, *if* we know that $F'(x) \geqq 0$.

In order to show the essential point, let us observe that $f'(t)$, defined as the *right-hand* derivative of the convex function $f(t)$, exists and never decreases when $t > 0$. (We could have considered just as well the left-hand derivative.) It follows from (1.3) that $f'(t)$ tends to zero as $t \to \infty$ and $f'(t) \leqq 0$ for $t > 0$. We define

$$\varphi(t) = -f'(t)\,; \tag{1.8}$$

[2] The origin of these criteria is Toeplitz's discovery of inequalities, characterizing positive periodical functions, for the Fourier coefficients. By analogy, the positivity of a function defined for all real values of the variables is characterized by inequalities for the Fourier transform; this observation is due to Mathias [**8**]. For the complete statement of the criteria see Bochner [**1**], p. 76, and [**2**], pp. 408–409; also Khintchine [**6**].

[3] The formal definition of convex functions and the proofs for their intuitive properties used in the sequel are given by Hardy *et al.* [**5**], pp. 70–72 and pp. 91–96.

$\varphi(t)$ is non-negative and never increasing for $t > 0$, and tends to 0 as $t \to \infty$. Integrating by parts and using (1.3), we obtain that

(1.9)

$$x\int_0^\infty f(t)\cos xt\,dt = -\int_0^\infty f'(t)\sin xt\,dt = \int_0^\infty \varphi(t)\sin xt\,dt$$

$$= \int_0^{\pi/x}\left[\varphi(t) - \varphi\left(t+\frac{\pi}{x}\right) + \varphi\left(t+\frac{2\pi}{x}\right) - \varphi\left(t+\frac{3\pi}{x}\right) + \cdots\right]\sin xt\,dt \geqq 0$$

if $x > 0$. In fact, the series under the last integral sign is alternating, and its terms decrease steadily in absolute value, by the properties of $\varphi(t)$ just mentioned. Thus $F'(x)$, represented by (1.6), is never negative by (1.9), and theorem 1 is proved.[4]

2. Remarks

I. If a function possesses the properties stated in the hypothesis of theorem 1, its graph is symmetrical with respect to the y-axis. The right-hand half of this graph is convex from below, falls steadily, and approaches the x-axis, which is its asymptote. These properties of the curve are immediately visible in many simple cases, as, for example,

$$f(t) = e^{-|t|}, \tag{2.1}$$

$$f(t) = 1/(1 + |t|), \tag{2.2}$$

$$f(t) = \begin{cases} 1 - |t| & \text{when} \quad |t| \leqq 1, \\ 0 & \text{when} \quad |t| \geqq 1. \end{cases} \tag{2.3}$$

Therefore these functions are characteristic functions.

II. If two characteristic functions are identical, the corresponding probability distributions are also identical. We may call this well-known proposition the *uniqueness theorem* in the theory of characteristic functions.[5] Could we improve the uniqueness theorem by weakening its hypothesis? Yes, in a trivial way. If two characteristic functions take the same values in a set of points everywhere dense in the infinite interval $t > 0$, the corresponding probability distributions are necessarily equal. In fact, it follows from continuity and (4) that the characteristic functions considered are identical. Yet no further weakening of the condition is possible. If the set of points in which two characteristic functions are supposed to coincide is not everywhere dense in $t > 0$,

[4] Compare the present author's paper [**11**], p. 378, theorem VII. The present theorem 1 is not formally stated there, or in his later paper [**12**], p. 104, but has been in fact proved and even applied in establishing an essential point.

[5] See, for example, Cramér [**3**], p. 27, last lines. The present author is not aware of any explicit statement of the uniqueness theorem or of a completely proved application of it to probability prior to that given in his paper [**12**], p. 105. This, however, appears to have been forgotten, just as have the remarks in the same paper on pages 106–108.

the functions may be actually different. In fact, take any function of the special type described in theorem 1 whose derivative $f'(x)$ is continuous and strictly increasing for $t > 0$, for instance, the function (2.1) or (2.2) [but not (2.3)]. Replace an arbitrary small arc of the right-hand half of the curve by its chord and change the left-hand half symmetrically. By theorem 1, the graph so obtained, containing two rectilineal stretches, still represents a characteristic function, differing from the former only in two symmetrical, arbitrarily small intervals, and belonging to a different probability distribution.[6]

III. We take for the moment, from now on till the end of the present section, the notation $f(t)$ as defined by (2.3). Let $f_1(t)$ and $f_2(t)$ denote two different characteristic functions which, however, take the same values in the interval $-1 \leqq t \leqq 1$. The existence of such functions has just been shown in the preceding paragraph. Then

$$f_1(t)f(t) = f_2(t)f(t) \tag{2.4}$$

for all real values of t. In going back to the corresponding probability distributions, we obtain two *different* distributions [derived from $f_1(t)$ and $f_2(t)$] which, combined with the same third [derived from $f(t)$], give the same convolution. Or in other terms, knowing the distribution of the sum of two random variables and also the distribution of one of these variables, we may be unable to determine the distribution of the other, for the good reason that it is utterly indeterminate.[7]

II. Characterizing Finite, and Finitely Different, Probability Distributions

3. Finite Distributions

If the distribution function $F(x)$ satisfies the condition

$$F(x) \begin{cases} = 0 & \text{for} \quad x < -h' \\ > 0 & \text{for} \quad x > -h' \\ < 1 & \text{for} \quad x < h \\ = 1 & \text{for} \quad x > h \end{cases} \tag{3.1}$$

we say that the probability distribution is *finite*, contained in the finite interval $-h' \leqq x \leqq h$ but in no smaller interval. The numbers h and h' must satisfy the inequality

$$-h' \leqq h\,, \tag{3.2}$$

[6] This remark shows that in Cramér [3] theorem 11, p. 29, is erroneous. See also page 121 of the same work, and Lévy [7], p. 49. This error has been recognized before. The first counter-example appears to be due to Gnedenko [4].

[7] Observed by Khintchine [6], in connection with the example given by Gnedenko [4]; see also Lévy [7], p. 190. As mentioned before (footnote 4), the reasoning given in [12], p. 104, can be regarded as another application of theorem 1.

but any one of them can be negative. We wish to call h, for the moment, the *right extremity* of the distribution described by $F(x)$, and denote it briefly thus: rext $[F]$. Similarly $-h'$ is to be denoted by lext $[F]$.

THEOREM 2. *A necessary and sufficient condition that a probability distribution should be finite is that the definition of the characteristic function* f(t) *can be extended to complex values of the variable and this extension shows that* f(t) *is an entire function of exponential type. Moreover, if the distribution function is denoted by* F(x),

$$\overline{\lim_{r\to+\infty}}\, r^{-1}\log|f(-ir)| = \text{rext}\,[F]\,, \qquad -\overline{\lim_{r\to+\infty}}\, r^{-1}\log|f(ir)| = \text{lext}\,[F]. \tag{3.3}$$

The proof of this theorem consists of two parts. First we start from $F(x)$ and work toward $f(t)$. Then we start from $f(t)$ and work toward $F(x)$. The first part is easier and will give us an opportunity to recall the definitions of some function-theoretic concepts involved in the statement of theorem 2.

I. We are given a distribution function $F(x)$ satisfying (3.1). Thus

$$h = \text{rext}\,[F]\,, \qquad -h' = \text{lext}\,[F]\,. \tag{3.4}$$

We define $f(t)$ by (1) which, by virtue of (3.4), reduces to

$$f(t) = \int_{-h'}^{h} e^{itx}\, dF(x)\,. \tag{3.5}$$

This integral exists and represents a function analytic for all complex values of t, that is, an *entire* function. Let k denote the larger of the numbers $|h|$ and $|h'|$. It follows easily from (3.5) that

$$|f(t)| \leqq Ke^{k|t|} \tag{3.6}$$

for all complex values of t where K, as k, is a positive constant; an entire function satisfying such an inequality is termed *of exponential type.* (In fact, in our case, K could be chosen as 1.)

Let r denote a positive number. Then, by (3.5),

$$f(-ir) = \int_{-h'}^{h} e^{rx} dF(x) \leqq e^{rh}\int_{-h'}^{h} dF(x) = e^{rh}\,. \tag{3.7}$$

Hence, and from (3.4), we obtain that

$$\overline{\lim_{r\to\infty}}\, r^{-1}\log|f(-ir)| \leqq \text{rext}\,[F]\,. \tag{3.8}$$

II. Now we are given an entire function of exponential type $f(t)$. Ignoring (3.4), we now define h and h' by

$$h = \overline{\lim_{r\to+\infty}}\, r^{-1}\log|f(-ir)|\,, \qquad h' = \overline{\lim_{r\to\infty}}\, r^{-1}\log|f(ir)|\,. \tag{3.9}$$

We know that $f(t)$ is a characteristic function, linked to a certain distribution function $F(x)$ by (1). We wish to determine the variation of $F(x)$ in an interval (x_1, x_2) where

$$h < h + \epsilon = x_1 - \epsilon < x_1 < x_2 ; \tag{3.10}$$

$2\epsilon = x_1 - h$ is a positive quantity. We assume that x_1 and x_2 are points of continuity for $F(x)$.

Let r denote a positive number. Then, by (1),

$$f(-ir) = \int_{-\infty}^{\infty} e^{rx} dF(x) \geqq \int_{x_1}^{x_2} e^{rx} dF(x) \geqq e^{rx_1}[F(x_2) - F(x_1)] . \tag{3.11}$$

It follows from (3.9) and from (3.10) that, for sufficiently large r,

$$|f(-ir)| < e^{(h+\epsilon)r} = e^{(x_1-\epsilon)r} \tag{3.12}$$

Comparing (3.11) and (3.12), we find that

$$e^{-\epsilon r} \geqq F(x_2) - F(x_1) \geqq 0 \tag{3.13}$$

for a fixed positive ϵ and arbitrarily large r. The left-hand side can be made arbitrarily small by choosing r sufficiently large, and therefore

$$F(x_2) - F(x_1) = 0 . \tag{3.14}$$

Thus the variation of $F(x)$ in any interval to the right of h is zero. Recalling the definition of "rext," and that h was defined by (3.9), we can state our result in the form

$$\text{rext}\,[F] \leqq \overline{\lim_{r\to\infty}}\, r^{-1} \log |f(-ir)| . \tag{3.15}$$

Comparing (3.8) and (3.15), we obtain the first equation of (3.3). The second can be derived similarly, and so we have proved theorem 2.

4. Finitely Different Distributions

If two distribution functions $F_1(x)$ and $F_2(x)$ are such that their difference vanishes outside a finite interval, we may call the two corresponding probability distributions "finitely different." After the foregoing section, we may suspect that the distributions corresponding to the functions $F_1(x)$ and $F_2(x)$ are finitely different if, and only if, the difference of the respective characteristic functions, $f_1(x) - f_2(x)$, is an entire function of exponential type. This is in fact true, although the proof is much more difficult than that given for theorem 2. Even a little more is true, namely the following:

THEOREM 3. *The function* G(x) *is defined and of bounded variation in the interval* $(-\infty, \infty)$. *The necessary and sufficient condition that* G(x) *should be constant outside a finite interval is that*

$$g(t) = \int_{-\infty}^{\infty} e^{itx} dG(x) \tag{4.1}$$

should be an entire function of exponential type. If (−h′, h) *is the smallest interval outside of which* G(x) *is constant, then*

$$\overline{\lim_{r\to\infty}} \, r^{-1} \log |g(-ir)| = h, \qquad \overline{\lim_{r\to\infty}} \, r^{-1} \log |g(ir)| = h'. \tag{4.2}$$

The phrase "$G(x)$ constant outside $(-h', h)$" means that there are two constants, C and C', such that

$$G(x) = C \quad \text{for} \quad x > h, \qquad G(x) = C' \quad \text{for} \quad x < -h'. \tag{4.3}$$

We see that theorem 2 is contained in theorem 3. This latter is an extension of an important theorem of Paley and Wiener.[8] In fact, the simple proof for the Paley-Wiener theorem given by Plancherel and the present author[9] can be modified so that it yields also theorem 3.

Indeed, the proof of theorem 3 consists of two parts. The first part, which starts from $G(x)$ and works toward $g(t)$, is scarcely different from the corresponding part of the proof as given in section 3, and can be omitted. We concentrate on the more difficult second part that starts from $g(t)$.

We are given an entire function of exponential type, $g(t)$. The numbers h and h' are defined by (4.2). We know that the function $G(x)$ is of bounded variation in $(-\infty, \infty)$. We have to ascertain the behavior of $G(x)$ outside $(-h', h)$.

We know[10] that

$$G(x_2) - G(x_1) = \lim_{r\to\infty} \int_{-r}^{r} \frac{e^{-ix_1 t} - e^{-ix_2 t}}{2\pi i t} g(t) dt \tag{4.4}$$

if x_1 and x_2 are any two points of continuity of $G(x)$. (In fact, the formula remains valid, and is scarcely harder to prove, even in points of discontinuity, provided that

$$G(x) = \frac{1}{2} [G(x-0) + G(x+0)], \tag{4.5}$$

but the weaker fact quoted is enough here.) We wish to evaluate the right-hand side of (4.4), assuming (3.10) and (4.2) and that $g(t)$ is entire and of exponential type.

[8] See [**9**], pp. 12–13.
[9] See [**10**], pp. 246–248.
[10] See Cramér [**3**], p. 28.

We define $f(t)$ by

$$(e^{-ix_1t} - e^{-ix_2t})g(t) = f(t)e^{-i\epsilon t}. \tag{4.6}$$

By (3.10), this is equivalent to

$$f(t) = g(t)e^{-i(h+\epsilon)t}(1 - e^{-i(x_2-x_1)t}). \tag{4.7}$$

Let us observe certain properties of $f(t)$.

(i) Since $g(t)$ is an entire function of exponential type, the same is true of $f(t)$, by (4.7).

(ii) By (4.1), $g(t)$ remains bounded for real t. The same is true of $f(t)$, by (4.7).

(iii) By (4.7)

$$f(-ir) = g(-ir)e^{-(h+\epsilon)r}(1 - e^{-(x_2-x_1)r}).$$

The right-hand side remains bounded when the positive variable r tends to infinity, by virtue of the first condition (4.2) and the last inequality (3.10).

(iv) As a well-known function-theoretic argument shows,[11] the results (i), (ii), and (iii) imply that $f(t)$ is bounded in the lower halfplane:

$$|f(t)| \leqq C \qquad \text{when} \qquad t = re^{-i\varphi}, \qquad 0 \leqq \varphi \leqq \pi. \tag{4.8}$$

Using (4.6), we write (4.4) in the form

$$2\pi i[G(x_2) - G(x_1)] = \lim_{r\to\infty} \int_{-r}^{r} f(t)e^{-i\epsilon t}t^{-1}dt. \tag{4.9}$$

The integrand on the right-hand side is an entire function $[f(0) = 0$ by (4.7)$]$. We deform the originally straight path of integration into a *half circle*, with center zero and radius r, located in the lower halfplane where (4.8) holds. Therefore

$$\left| \int_{-r}^{r} f(t)e^{-i\epsilon t}t^{-1}dt \right| \leqq C \int_{0}^{\pi} e^{-\epsilon r \sin\varphi}\, d\varphi. \tag{4.10}$$

The right-hand side of (4.10) obviously approaches zero when r tends to infinity. Remembering that we have supposed (3.10), we see from (4.9) and (4.10) that

$$G(x_1) = G(x_2) \qquad \text{when} \qquad x_2 > x_1 > h. \tag{4.11}$$

In other words, $G(x)$ is constant for $x > h$, and we could show by a similar argument that it is also constant for $x < -h'$. Thus we have completed the proof of theorem 3.

[11] See, for example, Pólya and Szegö, [13], vol. 1, p. 149, Nr. 330.

REFERENCES

1. Bochner, S. *Vorlesungen über Fouriersche Integrale*. Leipzig, 1932.
2. ———. "Monotone Funktionen, Stieltjessche Integrale und harmonische Analyse," *Math. Annalen*, vol. 108 (1933), pp. 378–410.
3. Cramér, Harald. *Random Variables and Probability Distributions*. Cambridge, 1937.
4. Gnedenko, B. "Sur les fonctions caractéristiques," *Bull. Math. Univ. Moscou*, Sériè internationale, Sec. A, vol. 1 (1937), pp. 16–17.
5. Hardy, G. H., J. E. Littlewood, and G. Pólya. *Inequalities*. Cambridge, 1934.
6. Khintchine, A. "Zur Kennzeichnung der charakteristischen Funktionen," *Bull. Math. Univ. Moscou*, Sériè internationale, Sec. A, vol. 1 (1937), pp. 1–3.
7. Levy, Paul. *Théorie de l'addition des variables aléatoires*, Paris, 1937.
8. Mathias, M. "Über positive Fourier-Integrale," *Math. Zeitschrift*, vol. 16 (1923), pp. 103–125.
9. Paley, Raymond E. A. C., and Norbert Wiener. *Fourier Transforms in the Complex Domain*. New York, 1934.
10. Plancherel, M., and G. Pólya. "Fonctions entières et intégrales de Fourier multiples," *Commentarii Mathematici Helvetici*, vol. 9, pp. 224–248.
11. Pólya, G. "Über die Nullstellen gewisser ganzer Funktoinen," *Math. Zeitschrift*, vol. 2 (1918), pp. 352–383.
12. ———. "Herleitung des Gauss'schen Fehergesetzes aus einer Funktionalgleichung," *ibid.*, vol. 18 (1923), pp. 96–108.
13. Pólya, G., and G. Szegö. *Aufgaben und Lehrsätze aus der Analysis*. Berlin, 1925.

PROBABILITIES IN PROOFREADING

GEORGE PÓLYA

Two proofreaders, $\mathscr{A}$ and $\mathscr{B}$, read, independently of each other, the proofsheets of the same book. As they finished, A misprints were noticed by $\mathscr{A}$, B misprints by $\mathscr{B}$, C misprints by both, and so, as the result of their joint effort, $A + B - C$ misprints were noticed and corrected. We wish to estimate the number of those misprints that remained unnoticed and uncorrected.

Let M denote the number of all misprints, noticed or unnoticed, in the proofsheets examined, p the probability that proofreader $\mathscr{A}$ notices any given misprint, and q the analogous probability for $\mathscr{B}$. It is an essential assumption that these two probabilities are independent. Hence the expected number of misprints that may be noticed

	by $\mathscr{A}$,	by $\mathscr{B}$,	by both
is:	Mp,	Mq,	Mpq,

respectively.

In order to arrive at the desired estimate we assume that the expected numbers are approximately equal to the numbers actually found, in symbols

$$Mp \sim A, \qquad Mq \sim B, \qquad Mpq \sim C$$

and so

$$M = \frac{Mp \cdot Mq}{Mpq} \sim \frac{AB}{C}.$$

Hence the number of misprints that remained unnoticed is

$$= M - (A + B - C) \sim \frac{AB}{C} - (A + B - C) = \frac{(A - C)(B - C)}{C}.$$

This is the desired estimate.

DEPARTMENT OF MATHEMATICS, STANFORD UNIVERSITY, STANFORD, CA 94305.

Reprints of Papers in Combinatorics

Über die „doppelt-periodischen" Lösungen des n-Damen-Problems.

Von **G. Pólya** in Zürich.

1. Man denke sich das Brett von n^2 Feldern so auf den positiven Quadranten eines rechtwinkligen Koordinatensystems gelegt, daß die Ränder den Koordinatenachsen parallel liegen und die Mittelpunkte aller Felder ganzzahlige, und zwar möglichst kleine, Koordinaten erhalten. In dieser Forderung der Ganzzahligkeit aller Mittelpunktskoordinaten liegt bereits, daß die Seite des quadratischen Brettfeldes entweder selbst als Längeneinheit dient oder aber ein Vielfaches dieser ist; da aber die Koordinaten aller Feldmittelpunkte möglichst kleine ganze Zahlen sein sollen, so kann nur das Erstere statthaben. Unter diesen Festsetzungen haben dann die nächstgelegenen Brettränder von den ihnen parallelen Koordinatenachsen den Abstand $\frac{1}{2}$, und, wenn wir unter x und y die Koordinaten des Mittelpunktes irgendeines Brettfeldes verstehen, so sind dies stets Zahlen aus der Reihe $1, 2, 3, \ldots n$. Das Problem der n Damen verlangt [1]) nun die Ermittlung von n solchen Feldern, deren Mittelpunktskoordinaten

$$(x_1, y_1), (x_2, y_2), (x_3, y_3), \ldots (x_n, y_n),$$

den folgenden $2n(n-1)$ Ungleichungen genügen:

$$(1) \quad x_\mu \gtrless x_\nu, \quad y_\mu \gtrless y_\nu, \quad x_\mu - x_\nu \gtrless y_\mu - y_\nu, \quad x_\mu - x_\nu \gtrless -(y_\mu - y_\nu)$$

für $\mu \gtrless \nu$.

Ich nenne eine Lösung nun „doppelt-periodisch", wenn nicht nur diese Ungleichungen (1), sondern auch die viel mehr fordernden Inkongruenzen

$$(2) \quad x_\mu \not\equiv x_\nu, \quad y_\mu \not\equiv y_\nu, \quad x_\mu - x_\nu \not\equiv y_\mu - y_\nu, \quad x_\mu - x_\nu \not\equiv -(y_\mu - y_\nu)$$

mod. n erfüllt sind. Die so gearteten Lösungen haben nämlich eine merkwürdige geometrische Bedeutung [2]): Man denke sich nicht nur das Gebiet unseres Brettes, sondern die ganze Ebene mit einem Netz quadratischer Felder der gleichen Größe überzogen und denke sich ferner die

---

1) Vgl. Bd. I, Kap. IX, besonders S. 213/214 u. 244.
2) Vgl. Bd. I, S. 234—240, insbesondere Fig. 17.

For comments on this paper [44], see p. 613.

soeben angegebene Lösung nach beiden Richtungen hin periodisch wiederholt, d. h. man denke sich zugleich mit einem Felde (x_μ, y_μ) auch alle diejenigen Felder (x'_μ, y'_μ) mit Damen besetzt, für die

$$x'_\mu \equiv x_\mu, \quad y'_\mu \equiv y_\mu$$

(mod. n) ist. Das auf diese Weise mit Figuren belegte „unendliche Brett" hat alsdann, infolge der Inkongruenzen (2), folgende Eigenschaft: Grenzt man von dem unendlichen Brett irgendwo ein endliches quadratisches Brett von n^2 Feldern, die Ränder parallel den Koordinatenachsen, ab, so befinden sich auf dem so abgegrenzten Brett genau n Damen, die sich gegenseitig nicht schlagen können, die also eine Lösung des n-Damen-Problems darstellen.

Hiernach bedarf die Bezeichnung „doppelt-periodisch" keiner weiteren Erläuterung.

Mit Rücksicht auf diese Bedeutung unserer besonderen Art von Lösungen ist es von Vorteil, unter $x_1, \ldots x_\mu, \ldots x_n, y_1, \ldots y_\mu, \ldots y_n$ nicht bestimmte Zahlen, sondern bestimmte Restsysteme mod. n zu verstehen. Entsprechend werde ich den Index μ nicht immer gerade die Zahlen 1, 2, 3, ... n, sondern irgendein vollständiges Restsystem mod. n durchlaufen lassen, indem ich folgende Festsetzung treffe: wenn $\mu' \equiv \mu$, so ist auch $x_{\mu'} \equiv x_\mu$, $y_{\mu'} \equiv y_\mu$ mod. n.

Die Betrachtung der doppelt-periodischen Lösungen mod. n führt zu einer sehr anschaulichen und reizvollen Interpretation vieler einfacher, aber wichtiger Sätze der Zahlentheorie. Ich glaube daher, es könnte für angehende Studierende der Mathematik von einem gewissen Nutzen sein, die folgenden Auseinandersetzungen an einem Halmabrett oder auf einer karierten Schiefertafel durch Aufstellung oder Zeichnung sich eingehend klar zu machen.

2. Der Inhalt der Inkongruenzen (2) kann so ausgesprochen werden: Jede der vier folgenden Zahlenreihen

$$\begin{array}{lllll} & x_1, & x_2, & x_3, & \ldots x_n \\ (3) & y_1, & y_2, & y_3, & \ldots y_n \\ & x_1+y_1, & x_2+y_2, & x_3+y_3, & \ldots x_n+y_n \\ & x_1-y_1, & x_2-y_2, & x_3-y_3, & \ldots x_n-y_n \end{array}$$

soll ein vollständiges Restsystem mod. n repräsentieren. Aus dieser Bedingung kann man den Satz ableiten:

Doppelt-periodische Lösungen des n-Damen-Problems gibt es dann und nur dann, wenn n weder durch 2 noch durch 3 teilbar ist.

Ich werde zuerst folgendes beweisen:

Ist n gerade und repräsentieren beide Zahlenreihen

$$x_1, x_2, x_3, \ldots x_n$$
$$y_1, y_2, y_3, \ldots y_n$$

vollständige Restsysteme mod. n, so können die n Zahlen

$$(4)\qquad x_1 + y_1,\ x_2 + y_2,\ x_3 + y_3,\ \cdots x_n + y_n$$

kein vollständiges Restsystem mod. n bilden.

In der Tat ist

$$(5)\qquad 1 + 2 + 3 + 4 + \cdots + n = \frac{n(n+1)}{2} \equiv \frac{n}{2}\ (\text{mod.}\ n),$$

und daher muß auch

$$\sum_{\mu=1}^{n} x_\mu \equiv \frac{n}{2}, \quad \sum_{\mu=1}^{n} y_\mu \equiv \frac{n}{2}$$

mod. n sein. Daraus folgt aber

$$\sum_{\mu=1}^{n} (x_\mu + y_\mu) \equiv 0,$$

was nach (5) unmöglich wäre, wenn die Zahlen (4) ein vollständiges Restsystem mod. n bildeten. — Dieser Beweis rührt von Euler her.[1])

Ist n teilbar durch 3, so können nicht alle vier Systeme (3) vollständige Restsysteme mod. n sein.

In der Tat ist

$$1^2 + 2^2 + 3^2 + \cdots + n^2 = \frac{n(n+1)(2n+1)}{6},$$

also
$$2(1^2 + 2^2 + 3^2 + \cdots + n^2) \equiv \frac{n}{3}\ (\text{mod.}\ n).$$

Wären nun alle vier Systeme (3) vollständige Restsysteme, so müßten folgende Kongruenzen stattfinden:

$$2\sum_{\mu=1}^{n} (x_\mu + y_\mu)^2 \equiv \frac{n}{3}, \quad 2\sum_{\mu=1}^{n} (x_\mu - y_\mu)^2 \equiv \frac{n}{3}$$

$$4\sum_{\mu=1}^{n} x_\mu^2 \equiv 2\frac{n}{3}, \quad 4\sum_{\mu=1}^{n} y_\mu^2 \equiv 2\frac{n}{3}.$$

Addiert man die ersten beiden Kongruenzen und subtrahiert man davon die beiden letzten, so zeigt sich deutlich die Unverträglichkeit der Annahmen; denn es kommt heraus:

$$0 \equiv -2\frac{n}{3}\ (\text{mod.}\ n).$$

Diesen Beweis verdanke ich Herrn Professor Hurwitz.[2])

1) Euler, Commentationes arithmeticae, Bd. II, S. 309. Vgl. die Übungsaufgabe 1417 in Nouvelles Annales des Mathématiques, Bd. I, 3te Folge (1882), S. 384 von Herrn Hurwitz, deren Lösung auf die eben dargelegte Bemerkung zurückgeführt werden kann.

2) Es besteht der allgemeinere Satz: Ist p der kleinste Primteiler von n, so gibt es zwar solche vollständige Restsysteme x_μ, y_μ, daß

Es bleibt noch zu zeigen, daß es andererseits doppelt-periodische Lösungen stets gibt, wenn n weder durch 2 noch durch 3 teilbar ist. In diesem Falle lassen sich immer ganze Zahlen r von der Art angeben, daß die drei Zahlen $r-1$, r und $r+1$ zu n relativ prim sind; z. B. kann man $r=2$ oder $r=3$ annehmen. Wählt man einen beliebigen festen Wert a, und setzt man

$$x_\mu \equiv \mu, \quad y_\mu \equiv a + \mu r,$$

so nehmen die vier Systeme (3) die Form

$$\begin{array}{ccccc} 1, & 2, & 3, & \ldots & n \\ a+r, & a+2r, & a+3r, & \ldots & a+nr \\ a+r+1, & a+2(r+1), & a+3(r+1), & \ldots & a+n(r+1) \\ -a-(r-1), & -a-2(r-1), & -a-3(r-1), & \ldots & -a-n(r-1) \end{array}$$

an. Alle vier Systeme bilden also arithmetische Reihen, deren Differenzen, nämlich bzw. 1, r, $r+1$, $-(r-1)$, zu n teilerfremd sind. Es wird genügen, etwa von der zweiten Reihe zu zeigen, daß die n darin enthaltenen Zahlen mod. n inkongruent sind. Wäre nämlich

$$a + r\mu \equiv a + r\nu \pmod{n},$$

so folgte

$$r(\mu - \nu) \equiv 0 \pmod{n}$$

$$\mu - \nu \equiv 0 \pmod{n}.$$

In der Reihe gibt es aber nicht zwei voneinander verschiedene Glieder $a+r\mu$ und $a+r\nu$, für welche $\mu \equiv \nu$ wäre. — Diese doppelt-periodischen Lösungen sind schon in Bd. I nach Lucas gegeben worden.[1])

3. Es wäre nun irrtümlich zu glauben, daß alle doppelt-periodischen Lösungen eine solche einfache Anordnung nach einer arithmetischen Reihe zeigen müssen. Beispielsweise ist die folgende Lösung für $n=13$:

$$\left.\begin{array}{l} x \equiv 1,\ 2,\ 3,\ 4,\ 5,\ 6,\ 7,\ 8,\ 9,\ 10,\ 11,\ 12,\ 13 \\ y \equiv 1,\ 7,\ 11,\ 3,\ 8,\ 13,\ 5,\ 10,\ 2,\ 6,\ 12,\ 9,\ 4 \end{array}\right\} \pmod{13},$$

wie man sich leicht durch die Bildung der Systeme (3) überzeugt, doppelt-periodisch, ohne daß jedoch die Koordinatenwerte nach einer arithmetischen Reihe fortschreiten.

Dabei möchte ich noch besonders hervorheben, daß 13 eine Primzahl ist. Wenn n nämlich eine zusammengesetzte (zu 2 und 3 teilerfremde) Zahl ist, so kann man eine große Anzahl doppelt-periodischer Lösungen angeben, die nicht nach einfachen arithmetischen Reihen fortschreiten, wie ich sofort erläutern will.

$x_\mu + y_\mu$, $x_\mu + 2y_\mu$, $\ldots$ $x_\mu + (p-2)y_\mu$ ebenfalls vollständige Restsysteme sind, aber keine solchen, daß überdies auch noch $x_\mu + (p-1)y_\mu$ ein vollständiges Restsystem ist ($\mu = 1, 2, \ldots n$).

1) Siehe dort S. 247—248. Vgl. auch Euler, a. a. O. S. 320—325.

Zu dem Ende betrachte ich jetzt an Stelle unseres sonstigen Brettes von n^2 Feldern ein solches von $(mn)^2$ Feldern, wo weder m noch n durch 2 oder durch 3 teilbar sein sollen. Es seien r und s so gewählt, daß

$$r-1,\ r,\ r+1 \text{ teilerfremd zu } m$$

und $$s-1,\ s,\ s+1 \text{ teilerfremd zu } n$$

ist. Es seien ferner a und

$$s_1,\ s_2,\ s_3,\ \ldots\ s_n$$

bestimmte Zahlen von der Art, daß

$$s_\nu \equiv a + s\nu \pmod{n} \tag{6}$$

wird. Ich definiere ferner:

$$s_{\nu'} = s_\nu, \quad \text{falls} \quad \nu' \equiv \nu \pmod{n}. \tag{7}$$

Endlich sei noch eine Zahl b beliebig, aber fest gewählt.

Ich setze nun

$$x_{n\mu+\nu} \equiv n\mu + \nu \pmod{mn}, \quad y_{n\mu+\nu} \equiv nr\mu + s_\nu + b \pmod{mn}$$

und behaupte, daß $(x_{n\mu+\nu}, y_{n\mu+\nu})$ eine doppelt-periodische Lösung des Problems der mn Damen ergibt, wenn μ ein bestimmtes vollständiges Restsystem mod. m und ν ein ebensolches mod. n durchläuft.

In der Tat erhält man auf diese Weise mn Restepaare

$$(x_{n\mu+\nu}, y_{n\mu+\nu}),$$

und es ist nur zu zeigen, daß die den Systemen (3) analogen vier Systeme, deren jedes jetzt mn Glieder enthält, vollständige Restsysteme mod. mn bilden. Letzteres ergibt sich beispielsweise für das zweite System so: Ist

$$y_{n\mu'+\nu'} \equiv y_{n\mu+\nu} \pmod{mn} \tag{8}$$

oder, was dasselbe,

$$nr\mu' + s_{\nu'} + b \equiv nr\mu + s_\nu + b \pmod{mn}, \tag{9}$$

so folgt daraus

$$s_{\nu'} \equiv s_\nu \pmod{n},$$

also nach (6)

$$s\nu' \equiv s\nu \pmod{n}$$

$$\nu' \equiv \nu \pmod{n}. \tag{10}$$

Dann ist aber nach (7)

$$s_{\nu'} = s_\nu,$$

und, wenn man dies in (9) einsetzt, so erhält man:

$$nr\mu' \equiv nr\mu \pmod{mn}$$

$$r\mu' \equiv r\mu \pmod{m}$$

$$\mu' \equiv \mu \pmod{m}. \tag{11}$$

Das Ergebnis der Analyse ist mithin: Die Kongruenz (8) kann nur unter den beiden Bedingungen (10) und (11) bestehen, w. z. b. w.

Die Konstruktion, deren Richtigkeit soeben bewiesen wurde, mag auch durch ein Beispiel erläutert werden. Die kleinsten Zahlen, die hier, als weder durch 2 noch durch 3 teilbar, in Betracht kommen, sind: $m = 5$, $n = 5$. Ich wähle ferner

$$r = 3 \qquad s = 2$$
$$b = 5 \qquad a = 2\,.$$

Dann ist

$$s_\nu \equiv 2 + 2\nu \pmod{5},$$

aber dadurch sind die s_ν noch nicht völlig festgelegt. Ich darf daher für ein erstes Beispiel (Fig. 1)

$$s_1 = 4, \quad s_2 = 6, \quad s_3 = 8, \quad s_4 = 10, \quad s_5 = 12$$

und für ein zweites (Fig. 2)

$$s_1 = 4, \quad s_2 = 1, \quad s_3 = 3, \quad s_4 = 5, \quad s_5 = 2$$

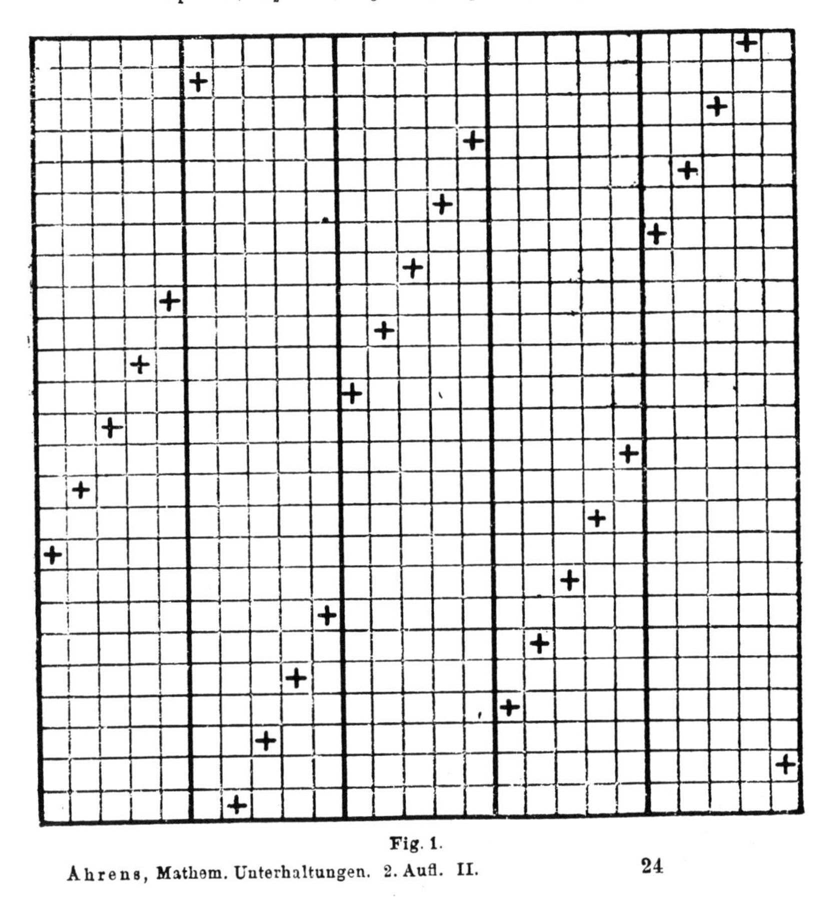

Fig. 1.

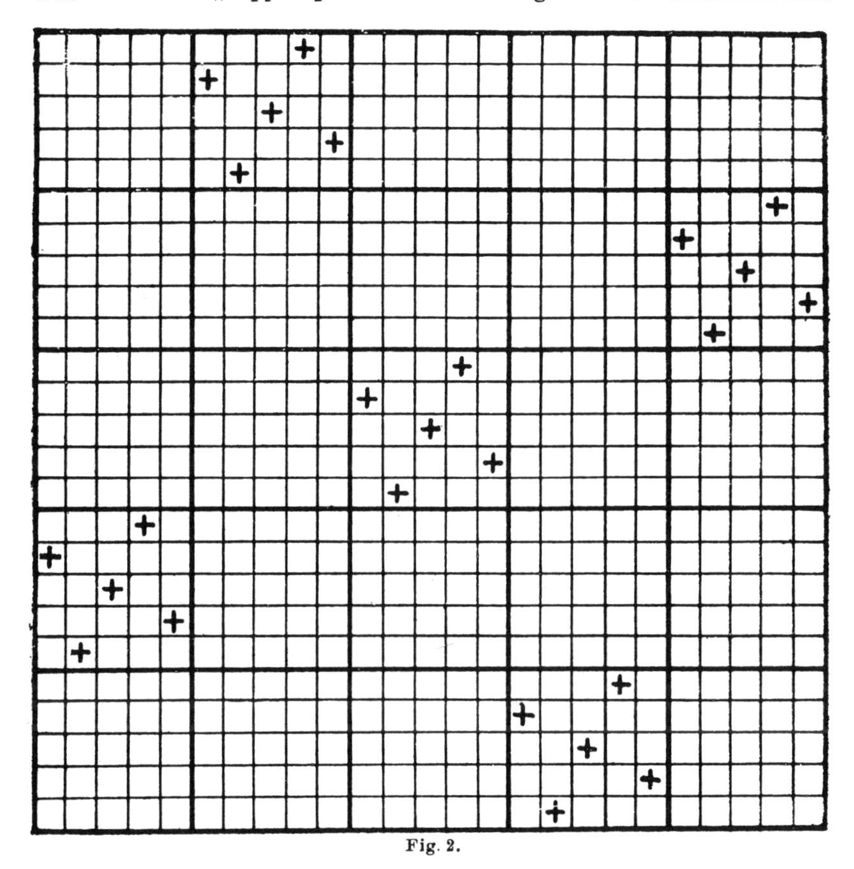

Fig. 2.

wählen. Grenzt man vom unendlichen Brett ein quadratisches Brett von 25^2 Feldern durch die Ungleichungen

$$1 \leqq x_{5\mu+\nu} \leqq 25, \qquad 1 \leqq y_{5\mu+\nu} \leqq 25$$

ab, so erhält man Fig. 1 und Fig. 2. — Offenbar kann man für Zahlen, die aus 3 oder mehr Faktoren zusammengesetzt sind, noch mehr zusammengesetzte Aufstellungen finden.

4. In Bd. I ist eine ausführliche Besprechung den „doppelt-symmetrischen" Lösungen [1]) gewidmet, d. h. denjenigen Lösungen, die bei einer Drehung des Brettes um einen rechten Winkel in sich selbst übergehen. Wie dort gezeigt wurde, ist zur Existenz solcher Lösungen erforderlich, daß n von der Form $4m$ oder von der Form $4m+1$ ist.

Es ist wohl nicht ohne Interesse, zu untersuchen [2]), ob es doppelt-

1) Siehe S. 221—224 und S. 249—258.

2) Vgl. Encyklopädie d. math. Wissensch. Bd. I 2, S. 1083 in dem Referat über Mathematische Spiele von W. Ahrens.

symmetrische Lösungen auch für größeres n gibt. Ich werde folgendes zeigen:

Ist nicht nur die Zahl n selbst, sondern sind auch alle ihre Primfaktoren von der Form $4m+1$, *so hat das Problem der* n *Damen Lösungen, die zugleich doppelt-symmetrisch und doppelt-periodisch sind.*

Sind alle Primfaktoren von n von der Form $4m+1$, so gibt es bekanntlich[1]) Zahlen r von der Eigenschaft, daß

$$r^2 \equiv -1 \pmod{n}. \tag{12}$$

Wie man sieht, ist r notwendig teilerfremd zu n. Aus

$$(r-1)(r+1) \equiv r^2 - 1 \equiv -2 \pmod{n}$$

geht ferner hervor, daß auch $r-1$ und $r+1$ zu n teilerfremd sind. Ich setze nun

$$x_\nu \equiv \nu, \quad y_\nu \equiv r\nu \pmod{n}. \tag{13}$$

Wenn ν ein vollständiges Restsystem mod. n durchläuft, so stellt (13), wie unter 2 dargelegt wurde, eine doppelt-periodische Lösung des n-Damen-Problems dar.

Zugleich mit ν durchläuft auch $r\nu$ ein vollständiges Restsystem mod. n. Nach (12) und (13) ist

$$x_{r\nu} \equiv r\nu \equiv y_\nu, \quad y_{r\nu} \equiv r^2\nu \equiv -x_\nu \pmod{n}.$$

Das bedeutet aber, daß bei einer Drehung um 90° im Uhrzeigersinne die zu (x_ν, y_ν) kongruenten Punkte in die Punkte übergehn, die zu $(x_{r\nu}, y_{r\nu})$ kongruent sind, d. h. daß bei einer solchen Drehung des ganzen unendlichen Brettes die doppelt-periodische Lösung (13) in sich selbst übergeht. Grenzt man von dem unendlichen Brett durch die Ungleichungen

$$-\frac{n-1}{2} \leq x_\nu \leq \frac{n-1}{2}, \qquad -\frac{n-1}{2} \leq y_\nu \leq \frac{n-1}{2}$$

ein endliches Brett von n^2 Feldern, mit dem Punkte (0, 0) als Mittelpunkt, ab, so gehn die darauf befindlichen n Figuren durch die besagte Drehung in sich über, w. z. b. w.

Der Leser findet die eben gefundene Lösung für $n=5$ und für $n=13$ im Bd. I figürlich dargestellt: Fig. 7, S. 216 resp. Fig. 23, S. 258. An diesen Aufstellungen ist folgendes zu beobachten: Es gibt 4 Königinnen, die von der im Mittelpunkte (0, 0) des Brettes stehenden Königin möglichst kleinen Abstand haben. Sind a und b die beiden Koordinaten des Feldes, das von irgendeiner dieser 4 Königinnen besetzt ist, so ist

$$n = a^2 + b^2, \tag{14}$$

---

1) Vgl. etwa Dirichlet-Dedekind, Zahlentheorie, 4te Auflage, S. 90—91.

wo die beiden Zahlen a und b untereinander und zu n teilerfremd sind. Ähnliches Verhalten ist in den nächsten Fällen $n = 17, 25$ zu beobachten, und dies dient dazu, diese zierlichen Aufstellungen möglichst rasch zu finden.

Das hier Beobachtete ist nun allgemein gültig. Um dies einzusehen und um überhaupt die zahlentheoretische Bedeutung dieser Aufstellungen zu erkennen, sind freilich etwas eingehendere Kenntnisse nötig.[1])

Die Kongruenz (12) ist gleichbedeutend mit einer Gleichung

$$r^2 = -1 + mn,$$

worin m eine ganze Zahl bedeutet. Die quadratische Form

$$nx^2 + 2rxy + my^2$$

hat die Determinante $r^2 - mn = -1$, und muß folglich mit der einzigen reduzierten Form $x^2 + y^2$ von der Determinante -1 äquivalent sein. Das bedeutet, daß es 4 Zahlen a, b, α, β von der Art gibt, daß

$$a\beta - b\alpha = 1 \tag{15}$$

$$(ax + \alpha y)^2 + (bx + \beta y)^2 = nx^2 + 2rxy + my^2. \tag{16}$$

Durch Vergleich der Koeffizienten in (16) erhält man

$$a^2 + b^2 = n$$
$$a\alpha + b\beta = r$$

und diese beiden letzten Gleichungen ergeben, mit (15) kombiniert:

$$\begin{aligned} ar &= a^2\alpha + ba\beta \\ &= a^2\alpha + b(b\alpha + 1) \\ &= n\alpha + b \\ ar &\equiv b \pmod{n}. \end{aligned}$$

Also ergibt die Lösung (13) für $\nu \equiv a$, $x_a \equiv a$, $y_a \equiv ra \equiv b$ wirklich eine Zerlegung von der Art (14).

Betrachtet man unser unendliches Brett als die komplexe Zahlenebene, so sind die Mittelpunkte der verschiedenen Felder die Gaußschen ganzen Zahlen.[2]) Beachtet man, daß zugleich mit ν auch $a\nu$ ein vollständiges Restsystem mod. n durchläuft, so kann unsere Lösung auch in der Form

$$\begin{aligned} x_{a\nu} + iy_{a\nu} &\equiv a\nu(1 + ir) \pmod{n} \\ &\equiv \nu(a + ib) \pmod{(a+ib)(a-ib)} \\ &\equiv 0 \pmod{a + ib} \end{aligned} \tag{13'}$$

dargestellt werden. Die Lösung (13) wird also erhalten, wenn alle diejenigen Felder des unendlichen Brettes mit Figuren belegt werden, deren

---

1) Vgl. etwa Dirichlet-Dedekind a. a. O. S. 164—166.
2) Vgl. etwa Dirichlet-Dedekind a. a. O. S. 434 ff.

Mittelpunkte komplexe Vielfache der Gaußschen ganzen Zahl $a+bi$ sind, wo a und b teilerfremd sind und $(a+bi)(a-bi)=n$ ist. Dieses Punktsystem ist in lauter Quadraten von der Fläche $n=a^2+b^2$ angeordnet, und so erhellt, daß das an den Beispielen $n=5, 13, 17, 25$ beobachtete Verhalten allgemein zutrifft.

5. Das Vorangehende gibt zu verschiedenen Bemerkungen Anlaß, die auch die nicht-doppelt-periodischen Lösungen des n-Damen-Problems betreffen. Ich will mich hierbei jedoch kurz fassen, weil diese Bemerkungen kein zahlentheoretisches Interesse darbieten, zu keinem abschließenden Resultat führten und auch darum, weil eine ausführliche Darstellung zu langwierig ausfallen würde.

Die Fig. 2 legt uns die Lösung folgender Aufgabe nahe:

Aus einer beliebigen Lösung des m-Königinnen-Problems und aus einer doppelt-periodischen Lösung des n-Königinnen-Problems eine Lösung des mn-Königinnen-Problems zu konstruieren. — Die Konstruktion wird folgendermaßen ausgeführt: Man teile jedes Feld des Brettes von m^2 Feldern in n^2 gleiche Quadrate. War das betreffende Feld am Brett von m^2 Feldern unbelegt, so bleiben alle n^2 daraus entstandenen Felder ebenfalls unbelegt; war jenes hingegen belegt, so stellt man auf die n^2 daraus entstandenen Felder die gegebene doppelt-periodische Lösung des n-Königinnen-Problems auf, so daß letztere auf dem entstandenen Brett von mn Horizontal- und Vertikalreihen genau m-mal aufgestellt wird. Daß die so verteilten mn Königinnen keinen Turmangriff aufeinander ausüben können, ist klar. Daß sie auch keinen Läuferangriff vollführen, kann man so einsehen: Verschiebt man zugleich die n zusammengehörigen Königinnen, die aus der Belegung eines und desselben Feldes auf dem Brett von m Reihen stammen, in einer Diagonalrichtung um n oder $2n$ oder $3n$ ... Felder, so kann zwar die verschobene doppelt-periodische Lösung für n neben eine andere doppelt-periodische Lösung gelangen, aber nie damit zusammenfallen, da wir doch von einer richtigen Lösung des m-Damen-Problems ausgegangen sind. Nun folgt leicht aus dem Begriff der doppelt-periodischen Lösung (vgl. unter 1), daß die $2n$ Königinnen, die an zwei angrenzenden Brettern von n^2 Feldern genau nach derselben doppelt-periodischen Lösung aufgestellt sind, einander als Läufer nicht angreifen können (wohl werden je zwei auf verschiedenen Brettern stehende Königinnen sich aus der Entfernung n als Türme angreifen). Wenn sich aber die Königinnen nach einer solchen Verschiebung um n oder $2n$ oder $3n$ ... Felder in der Diagonalrichtung noch immer nicht als Läufer angreifen können, so konnten sie das vor der Verschiebung um so weniger, w. z. b. w.

Die Drehung des unendlichen Brettes, die wir unter 4 betrachteten, gibt zu folgender Bemerkung Anlaß: Werden aus der Lösung (13) $n-1$ Figuren durch die Ungleichungen

$$(17) \qquad 1 \leqq x_\nu \leqq n-1\,, \quad 1 \leqq y_\nu \leqq n-1$$

isoliert, so bilden sie eine Lösung für das Brett von $(n-1)^2$ Feldern. Wird dann die Figur an dem Feld (0, 0) hinzugefügt, so bilden sie noch immer eine Lösung und zwar natürlich auf einem Brett von n^2 Feldern. Die Lösung (17) ist identisch mit der Lösung

$$(18) \qquad -n+1 \leqq x_\nu \leqq -1\,, \quad 1 \leqq y_\nu \leqq n-1\,,$$

da doch das unendliche Brett doppelt-periodisch besetzt wurde. Durch die Drehung des unendlichen Brettes um einen rechten Winkel im Uhrzeigersinne kommen aber die $n-1$ Figuren (18) mit denen in (17) zur Deckung. Man kann also, in veränderter Bezeichnung, folgendes aussagen:

Sind alle Primfaktoren von $n+1$ von der Form $4m+1$, so hat das n-Königinnen-Problem sicherlich doppelt-symmetrische Lösungen.

Als Beispiel diene die besonders einfache Aufstellung für $n = 16$ in Bd. I.

Die unter 4 angegebene Konstruktion liefert für den Fall $n = 9$ keine doppelt-symmetrische Lösung. Denn die Zahl $9 = 3 \cdot 3$ ist zwar von der Form $4m+1$, jedoch ist sie nicht aus Primfaktoren von derselben Form zusammengesetzt. Aus demselben Grunde gibt die eben dargelegte Methode für $n = 8 = 9 - 1$ keine doppelt-symmetrische Lösung. Dies erklärt gewissermaßen die in Kap. IX erwähnte Tatsache, daß es für $n = 8$ und $n = 9$ überhaupt keine doppelt-symmetrischen Lösungen gibt.

Über die Analogie der Kristallsymmetrie in der Ebene.

Von

G. Pólya in Zürich.

Mit regulär verteilten Punktsystemen, regulären Planteilungen usw., kurzum mit der Analogie der Kristallsymmetrie in der Ebene, haben sich mehrere Verfasser beschäftigt. Meines Wissens sind aber zwei naheliegende Punkte von einigem Interesse nicht berührt worden:

1. Die Einteilung der Symmetrien von dem gruppentheoretischen Standpunkt aus, auf den die Untersuchungen von Schönflies und Ihr Lehrbuch sich stellen.

2. Die Bedeutung dieser Symmetrien für Kunstgeschichte und Kunstgewerbe; es handelt sich nämlich dabei eigentlich um die Symmetrie periodisch in der Ebene ausgebreiteter Ornamente, wie solche als Stoff- und Tapetenmuster, Parkettierungen usw. jedermann geläufig sind.

Man kann die Symmetrie von einem in der Zeichenebene ausgebreiteten »Tapetenmuster« auf zwei Arten auffassen. Man betrachtet entweder:

1. Bewegungen der Zeichenebene in sich selbst und Spiegelungen auf dazu senkrechten Spiegel- und Gleitspiegelebenen (»undurchsichtige« Zeichenebene),
2. Bewegungen der Zeichenebene im Raume (»durchsichtige« Zeichenebene),

nämlich solche Bewegungen bzw. Spiegelungen, die das Tapetenmuster mit sich selbst zur Deckung bringen. Die erste Auffassung ist vielleicht in vielen Hinsichten natürlicher; ich schließe mich wegen einiger Bequemlichkeiten der zweiten an.

For comments on this paper [82], see p. 614.

Die Deckbewegungen des Tapetenmusters können also viererlei sein: 1. Translation parallel zur Zeichenebene. 2. Drehung um eine zur Zeichenebene senkrechte Achse, die dieselbe im Drehzentrum durchstößt. 3. Umklappung (Drehung um 180°) um eine in der Zeichenebene liegende Klappachse. 4. Schraubung mit einem rotativen Teil von 180° um eine in der Zeichenebene gelegene Gleitachse.

Die Gesamtheit der Deckbewegungen des Tapetenmusters bildet seine Gruppe. Sämtliche in der Gruppe enthaltenen Translationen sind durch zwei unabhängige, d. h. nicht parallele Translationen erzeugt: hierin besteht kein Unterschied zwischen den Gruppen. Die geometrische Form des durch die Translationen erzeugten Gitters kann jedoch verschieden sein: die Gittermasche kann ein allgemeines Parallelogramm, Rechteck, Rhombus, Quadrat oder aus zwei gleichseitigen Dreiecken vereinigt sein; nach diesem Einteilungsgrund gibt es also fünf Typen von Mustern.

Wenn wir auf den rotativen Teil der Deckbewegungen achten, finden wir Unterschiede zwischen den Gruppen. Die Drehzentra können bekanntlich nur 2-, 3-, 4- oder 6-zählig sein; sie können sich ferner mit Umklappungen kombinieren; so finden wir nach dem besagten Einteilungsgrund zehn Klassen (die den 32 Kristallklassen entsprechen). Ich bezeichne sie mit

$$\begin{matrix} C_1, & C_2, & C_3, & C_4, & C_6, \\ D_1, & D_2, & D_3, & D_4, & D_6. \end{matrix}$$

C_1 bedeutet, daß nur Translationen vorkommen, D_1 bedeutet eine einzige Umklappung; für $n \geqq 2$ bedeutet C_n die zyklische, D_n die Diedergruppe mit einer zur Zeichenebene senkrechten n-zähligen Achse.

Man kann endlich als Einteilungsgrund die Struktur der Gruppen wählen. Hierbei spielt also nur die Art und Zusammenhang der Symmetrieelemente eine Rolle; die metrische Spezialisierung der Translationsuntergruppe (auf einen der fünf Gittertypen) kommt nur insofern in Betracht, als dieselbe durch die übrigen Symmetrieelemente mitbedingt ist.

Ich fand, daß nur 17 Gruppen von verschiedener Struktur in der Ebene existieren.

In jeder der Klassen C_1, C_2, C_3, C_4, C_6 ist nur je eine Gruppe enthalten.

Zur Klasse D_1 gehören 3 Gruppen:

$D_1 kk$: Gittermasche Rechteck, nur Klappachsen;
$D_1 gg$: » » » Gleitachsen;
$D_1 kg$: » Rhombus, abwechselnd Klapp- und Gleitachsen.

Zur Klasse D_2 gehören 4 Gruppen:

a) Mit rechteckiger Gittermasche:

D_2kkkk: beiden Rechteckseiten parallel nur Klappachsen;
D_2gggg: » » » » Gleitachsen;
D_2kkgg: Klappachsen der einen, Gleitachsen der anderen Rechteckseite parallel.

b) Mit Rhombus als Gittermasche:

D_2kgkg: Beiden Rhombusdiagonalen parallel abwechselnd Klapp- und Gleitachsen.

Zur Klasse D_4 gehören 2 Gruppen:

$D_4{}^*$: Durch alle 4-zähligen Drehzentra Klappachsen;
$D_4{}^0$: » keine » » »

Zur Klasse D_3 gehören 2 Gruppen:

$D_3{}^*$: Durch sämtliche 3-zähligen Drehzentra Klappachsen;
$D_3{}^0$: » $\frac{1}{3}$ der » » »

Zur Klasse D_6 gehört nur 1 Gruppe.

Zusammenfassend: $5+3+4+2+2+1=17$ Gruppen in der Ebene.

Vergleichen wir die Resultate mit den entsprechenden im Raum:

	Ebene	Raum
Gitter	5	14
Klassen	10	32
Gruppen	17	230

Den Beweis für die Vollständigkeit der Aufzählung zu erbringen ist für den Kenner der Schoenfliesschen Untersuchungen und Ihres Lehrbuchs bloß eine Übungsaufgabe. Ich setze meinen Beweis nicht hierher, da er mir nicht genügend abgerundet erscheint.

Ich gebe 17 Ornamentenmuster zur Erläuterung der 17 Gruppen. Für 4 Gruppen, nämlich für D_2kkkk, $D_4{}^*$, $D_3{}^*$, D_6 ist die Begrenzung des Fundamentalbereiches, weil aus lauter Klappachsen bestehend, eindeutig bestimmt. Die Figuren für die übrigen 13 Gruppen stellen eigentlich die Zerlegung der Ebene in Fundamentalbereiche dar, nur sind, um leidliche Muster zu erzielen, einige Grenzlinien weggelassen. Die so entstandenen Figuren sind Einteilungen der Ebene in lauter kongruente Teile; die einzelnen Teile sind nun nicht immer Fundamentalbereiche, sondern Vereinigungen mehrerer Fundamentalbereiche, zeigen aber dafür besondere Symmetrie. Z. B. ist der einzelne Flächenteil in der Darstellung von C_n aus n Fundamentalbereichen zusammengesetzt, die um ein n-zähliges Drehzentrum herum in zyklischer Anordnung liegen, $n = 1, 2, 3, 4, 6$. In der Darstellung von D_2kkgg sind sogar unendlich

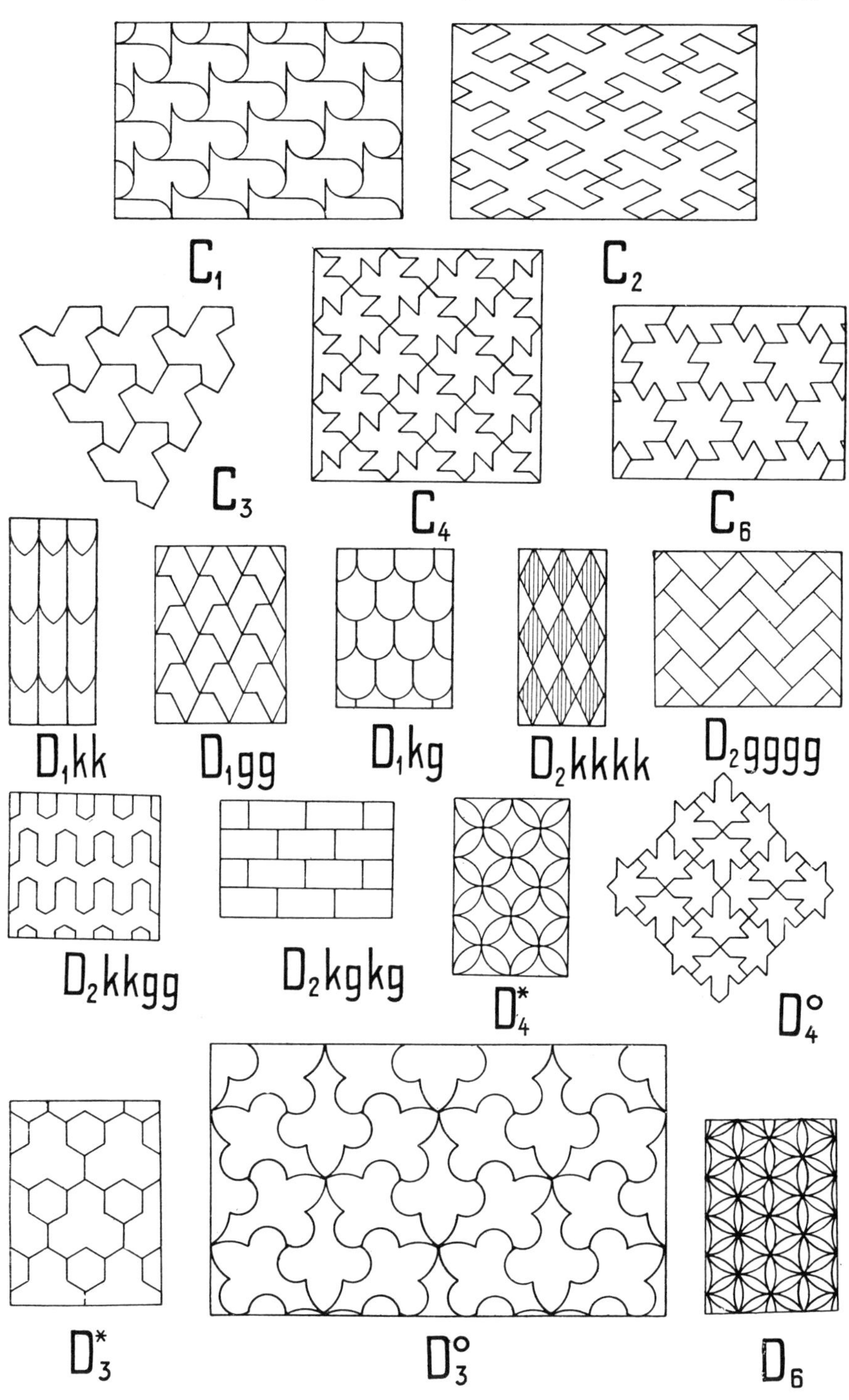
C_1
C_2
C_3
C_4
C_6
D_1kk
D_1gg
D_1kg
D_2kkkk
D_2gggg
D_2kkgg
D_2kgkg
D_4^*
D_4°
D_3^*
D_3°
D_6

viele Fundamentalbereiche zu einem Band vereinigt usw. Die Figuren für C_1, C_3, C_4, D_1gg sind ad hoc erfunden. Um auf alltägliche Beispiele hinzuweisen sind D_1kg, D_2kgkg, D_2gggg durch das gewöhnlichste Ziegelstein-, Backstein- bzw. Parkettengefüge illustriert. Die übrigen Figuren sind Schemata überlieferter Ornamente, verschiedenen kunstgeschichtlichen Ursprungs.

Übrigens liefert das Studium der Ornamente auch andere mathematische Probleme. Eine besonders einfache Aufgabe ist die folgende: es sind alle verschiedenen Strukturen der Symmetrie einer Bordüre (Band, Fries) aufzuzählen; es gibt deren sieben. Daß das mathematische Studium der Ornamente auch vom künstlerischen Gesichtspunkte aus etwas Interesse hat, will ich anderswo erörtern.

ANALYSE COMBINATOIRE. — *Un problème combinatoire général sur les groupes de permutations et le calcul du nombre des isomères des composés organiques.* Note (1) de M. **Georges Pólya**, présentée par M. Gaston Julia.

J'énoncerai mon problème en langage concret et sous une forme légèrement spécialisée.

1. On donne des figures différentes entre elles Φ, Φ^*, Φ^{**}, ... Ces figures contiennent trois espèces d'objets, des *rouges*, des *bleus* et des *blancs*. Le nombre des figures contenant k rouges, l bleus et m blancs est a_{klm}. On pose

$$\Sigma a_{klm} x^k y^l z^m = f(x, y, z),$$

$$f(x, y, z) = f_1, \qquad f(x^2, y^2, z^2) = f_2, \qquad f(x^3, y^3, z^3) = f_3, \qquad \ldots.$$

2. On donne p points déterminés dans l'espace et un groupe $\mathcal{H}$ d'ordre h permutant ces points. Soit $H_{j_1 j_2 \ldots j_p}$ le nombre des permutations de $\mathcal{H}$ laissant j_1 points à leur place et opérant j_2 transpositions, j_3 cycles d'ordre 3, j_4 cycles d'ordre 4, etc. Ces permutations seront appelées du *type* $[j_1, j_2, \ldots, j_p]$; naturellement $1j_1 + 2j_2 + \ldots + pj_p = p$.

3. En plaçant p figures parmi Φ, Φ^*, Φ^{**}, ... aux p points on obtient une *configuration* $(\Phi_1, \Phi_2, \ldots, \Phi_p)$; les figures peuvent être répétées, c'est-à-dire la même figure peut apparaître à plusieurs points de la même

(1) Séance du 2 décembre 1935.

For comments on this paper [145], see p. 614.

configuration. Deux configurations $(\Phi_1, \Phi_2, \ldots, \Phi_p)$ et $(\Phi'_1, \Phi'_2, \ldots, \Phi'_p)$ sont identiques si $\Phi_1 = \Phi'_1, \Phi_2 = \Phi'_2, \ldots, \Phi_p = \Phi'_p$, et elles sont appelées *équivalentes* mod $\mathcal{H}$ s'il existe une permutation

$$S_i = \begin{pmatrix} 1 & 2 & \ldots & p \\ i_1 & i_2 & \ldots & i_p \end{pmatrix} \tag{1}$$

du groupe $\mathcal{H}$ telle que $\Phi_{i_1} = \Phi'_1, \Phi_{i_2} = \Phi'_2, \ldots, \Phi_{i_p} = \Phi'_p$.

4. On cherche le *nombre* A_{klm} *des configurations non-équivalentes* mod $\mathcal{H}$ *qui contiennent k rouges, l bleus et m blancs*. Nous allons trouver la fonction génératrice

$$\Sigma A_{klm} x^k y^l z^m = \mathcal{F}(x, y, z).$$

5. On dit que la configuration $(\Phi_1, \Phi_2, \ldots, \Phi_p)$ *admet* la permutation (1) si $\Phi_1 = \Phi_{i_1}, \Phi_2 = \Phi_{i_2}, \ldots, \Phi_p = \Phi_{i_p}$. Appelons $A_{klm}(S_i)$ le nombre de configurations admettant S_i et contenant k rouges, l bleus et m blancs. Si le type de S_i est $[j_1, j_2, \ldots, j_p]$ on voit facilement (ce n'est que le procédé classique d'Euler) que

$$\Sigma A_{klm}(S_i) x^k y^l z^m = f_1^{j_1} f_2^{j_2} \ldots f_p^{j_p}. \tag{2}$$

6. Les permutations de $\mathcal{H}$ admises par une configuration déterminée C forment un sous-groupe $\mathcal{G}$ d'ordre g. Le nombre des configurations différentes entre elles, mais équivalentes à C, est h/g et chacune de ces configurations admet un sous-groupe, dont l'ordre est g. Chacune de ces h/g configurations contient les mêmes nombres k, l, m de rouges, de bleus et de blancs, et chacune est comptée dans g termes de la somme

$$A_{klm}(S_1) + A_{klm}(S_2) + \ldots + A_{klm}(S_h).$$

Ainsi dans cette somme la famille des configurations équivalentes à C (mod $\mathcal{H}$) est comptée $g\, h/g = h$ fois, c'est-à-dire on a

$$A_{klm}(S_1) + A_{klm}(S_2) + \ldots + A_{klm}(S_h) = h A_{klm}. \tag{3}$$

On tire de (2) et de (3), la somme étant étendue aux types $[j_1, j_2, \ldots, j_p]$,

$$\mathcal{F}(x, y, z) = \frac{1}{h} \Sigma H_{j_1 j_2 \ldots j_p} f_1^{j_1} f_2^{j_2} \ldots f_p^{j_p}. \tag{4}$$

7. La formule (4) a un très grand nombre d'applications à l'étude des symétries, en particulier au calcul du nombre des isomères, dont je parlerai ailleurs. Ici je me borne à un seul exemple. Les *figures* sont les radicaux $-C_nH_{2n+1}$, $n = 0$ compris, les objets sont les atomes C (il n'y a

qu'une espèce d'objets), a_n est le nombre des alcools $C_nH_{2n+1}OH$ isomères (sans tenir compte de la stéréoisomérie). On a donc

$$f(x) = 1 + x + x^2 + 2x^3 + 4x^4 + 8x^5 + 17x^6 + \ldots.$$

Je prends $p = 6$ points, sommets d'un hexagone régulier, $\mathcal{H}$ est le groupe des $h = 12$ rotations de l'hexagone. Le coefficient de x^n dans le développement

$$\frac{1}{12}[f^6 + 4f_2^3 + 3f_1^2 f_2^2 + 2f_3^2 + 2f_6]$$
$$= 1 + x + 4x^2 + 8x^3 + 22x^4 + 51x^5 + 136x^6 + \ldots$$

est le nombre des dérivés isomères $C_{6+n}H_{6+2n}$ du benzène.

GÉOMÉTRIE ALGÉBRIQUE. — *Sur les involutions du second ordre appartenant à certaines variétés algébriques à trois dimensions.* Note de M. **Lucien Godeaux**, présentée par M. Élie Cartan.

Soit V une variété algébrique à trois dimensions contenant un système linéaire $|F|$ de surfaces F qui soit son propre adjoint. V possède des surfaces canonique et pluricanoniques d'ordre zéro, ses genre géométrique et plurigenres sont égaux à l'unité et tout système linéaire de surfaces de V est son propre adjoint. Supposons que V contienne une involution I_2 d'ordre deux, n'ayant qu'un nombre fini ou simplement infini de points unis. Il est possible de construire sur V un système linéaire complet $|F|$, simple, dépourvu de points-base, de dimension aussi grande qu'on le veut, transformé en lui-même par l'involution et possédant les propriétés suivantes : $|F|$ contient deux systèmes linéaires partiels, $|F_1|$, $|F_2|$, composés au moyen de I_2; $|F_1|$ est dépourvu de points-base; $|F_2|$ a comme points-base les points unis de I_2.

Désignons par Ω une variété image de l'involution I_2. Aux surfaces F_1, F_2 correspondent sur Ω des surfaces Φ_1, Φ_2 formant des systèmes complets, linéaires, $|\Phi_1|$, $|\Phi_2|$. Si l'on désigne par A la surface équivalente, au point de vue des transformations birationnelles, aux points de diramation de Ω, on a

$$2\Phi_1 \equiv 2\Phi_2 + A.$$

Aux courbes canoniques des surfaces Φ_1, Φ_2 correspondent des courbes canoniques des surfaces F_1, F_2 respectivement; par conséquent, les adjoints des systèmes $|\Phi_1|$, $|\Phi_2|$ sont, dans un certain ordre, ces systèmes eux-mêmes. Examinons les trois cas qui peuvent se présenter.

a. L'involution I_2 est dépourvue de points unis. Soient r_1, $r_2 \leq r_1$ les dimensions des systèmes $|\Phi_1|$, $|\Phi_2|$. Sur une surface F_2, le système canonique comprend deux systèmes linéaires composés au moyen de I_2 : l'un est découpé par les surfaces F_1 et a la dimension r_1; l'autre, découpé par les surfaces F_2, a la dimension $r_2 - 1 < r_1$. C'est ce dernier système qui est le transformé du système canonique de Φ_2 (voir notre Note dans les *Bull. de l'Acad. roy. de Belgique*, 1932, p. 672). Par suite $|\Phi_2|$ est son propre adjoint et il en est de même de $|\Phi_1|$. On a $r_1 = r_2$ et la variété Ω possède des surfaces canonique et pluricanoniques d'ordre zéro.

b. L'involution I_2 possède un nombre fini, non nul, de points unis. Aux courbes canoniques d'une surface Φ_2 correspondent sur la surface F_2 homologue, des courbes canoniques ne passant pas par les points unis de I_2, c'est-à-dire les courbes canoniques découpées par les surfaces F_1. L'adjoint de $|\Phi_2|$ est donc le système $|\Phi_1|$ et l'adjoint de $|\Phi_1|$ le système $|\Phi_2|$. Par conséquent, les systèmes $|\Phi_1|$, $|\Phi_2|$ sont leurs propres bi-adjoints. La variété Ω ne possède pas de surfaces canonique ou $(2i+1)$-canoniques, mais elle possède des surfaces $2i$-canoniques d'ordre zéro.

c. L'involution I_2 possède une courbe unie. A une courbe canonique d'une surface Φ_2 correspond, sur la surface F_2 homologue, une courbe qui, augmentée de la courbe unie de l'involution, donne une courbe canonique. Par conséquent $|\Phi_2|$ est son propre adjoint et il en est de même de $|\Phi_1|$. La variété Ω possède des surfaces canonique et pluricanoniques d'ordre zéro.

ASTROPHYSIQUE. — *Méthode nouvelle pour l'étude de l'absorption de la lumière dans l'espace interstellaire.* Note [1] de MM. **Daniel Barbier** et **Victor Maitre**, présentée par M. Ernest Esclangon

1. Les excès de couleur des étoiles B ont été attribués par van de Kamp [2] à une absorption de la lumière par diffusion dans une couche localisée au voisinage du plan galactique. *A priori*, ils pourraient aussi bien provenir d'un effet de magnitude absolue. Cette dernière hypothèse a été rejetée car le coefficient de corrélation est plus grand entre les excès de couleur et

---

(1) Séance du 2 décembre 1935.

(2) *Astronomical Journal*, 40, 1930, p. 145.

4. Tabelle der Isomerenzahlen für die einfacheren Derivate einiger cyclischen Stammkörper

von G. Pólya.

(10. XII. 35.)

Berechnung. Die Tabelle I ist nicht durch Herumprobieren auf der Figur, sondern aus algebraischen Formeln gewonnen worden, mit deren Hilfe die Isomerenzahlen auch für andere Stammkörper und weitere Derivate mit verhältnismässig geringer Mühe berechnet werden könnten. Die Aufstellung und der Gebrauch dieser Formeln wird in einer gleichzeitig in der Zeitschrift für Kristallographie erscheinenden Publikation des Verfassers erklärt. Auf diese Publikation hinzuweisen, ist der Hauptzweck der vorliegenden Mitteilung.

Tabelle I.

	Benzol	Naphtalin	Anthracen	Phenanthren	Thiophen
X	1	2	3	5	2
X_2	3	10	15	25	4
XY	3	14	23	45	6
X_3	3	14	32	60	2
X_2Y	6	42	92	180	6
XYZ	10	84	180	360	12
X_4	3	22	60	110	1
X_3Y	6	70	212	420	2
X_2Y_2	11	114	330	640	4
X_2YZ	16	210	632	1260	6
C_1H_2	1	2	3	5	2
C_2H_4	4	12	18	30	6
C_3H_6	8	32	61	115	12
C_4H_8	22	110	225	425	31
C_5H_{10}	51	310	716	1396	72
C_6H_{12}	136	920	2272	4440	178

Vorbemerkung. Die Tabelle gibt die Anzahl der theoretisch möglichen Strukturisomeren. Die Stereoisomerie wurde in die Rechnung nicht einbezogen.

Stammkörper. Der Berechnung wurden zugrundegelegt die Strukturformeln folgender fünf Stammkörper:

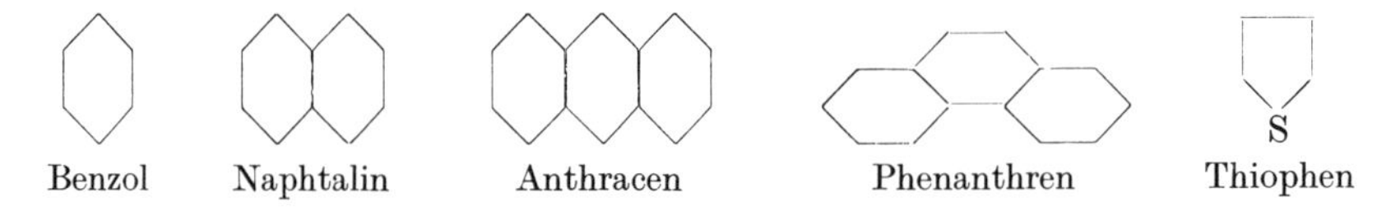

Benzol Naphtalin Anthracen Phenanthren Thiophen

Die Isomerenzahlen für die Derivate des Thiophens gelten natürlich auch für die entsprechenden Derivate des Furans. Ebenso sind die Isomerenzahlen für entsprechende Naphtalinderivate und Anthrachinonderivate dieselben. Es ist weniger selbstverständlich, aber es ist aus der Figur ersichtlich (oder aus der Formel beweisbar), dass die Isomerenzahlen für entsprechende Derivate des Anthracens und des Pyrens die gleichen sind[1]). — Jedem Stammkörper entspricht eine Kolonne der Tabelle.

[1]) Die ersten 10 Isomerenzahlen für die Derivate des Anthracens sind ferner auch für die entsprechenden Derivate des Diphenyls gültig, wenn bei letzteren die Stereoisomerie mitberücksichtigt wird (Querstellung der Benzolringe). In den Zahlen sind bzw. 0, 3, 4, 8, 28, 60, 18, 76, 127, 256 spiegelbildliche Paare inbegriffen.

Derivate. Es handelt sich nur um Derivate, welche aus dem Stammkörper durch Substitution von H– durch einwertige Radikale hervorgehen. Für entsprechende Derivate der verschiedenen Stammkörper stehen die Isomerenzahlen in derselben Zeile.

Die ersten zehn Zeilen sind beliebigen einwertigen Radikalen X, Y, Z gewidmet. Korrekterweise darf man diese Isomerenzahlen nur dann gebrauchen, wenn die drei Radikale X, Y, Z, wie ich mich ausdrücken will, voneinander unabhängig sind. Z. B. sind $-Cl$, $-Br$, $-OH$, $-NH_2$, $-NO_2$, $-SO_3H$ alle voneinander unabhängig. Hingegen sind $-CH_3$ und $-C_2H_5$ voneinander nicht unabhängig: Die Substitution von zwei $-CH_3$ führt zu derselben Molekularformel, wie die von einem $-C_2H_5$. (Die allgemeine Definition ist: Die drei Radikale X, Y, Z sind voneinander unabhängig zu nennen, wenn die Zufügung von $X_a Y_b Z_c$ zu einem gegebenen Stammkörper nie dieselbe Molekularformel ergibt, wie die Zufügung von $X_h Y_k Z_l$, abgesehen vom selbstverständlichen Ausnahmefall, in welchem $a = h$, $b = k$, $c = l$.)

Die sechs letzten Zeilen der Tabelle betreffen die Alkylderivate. Die die Zeile charakterisierende Anfangsstelle gibt die Anzahl der bei der Substitution zugeführten C und H an. (Z. B. werden sowohl bei der Substitution von drei $-CH_3$ wie bei der von einem $-CH_3$ und einem $-C_2H_5$, wie auch bei der von einem $-C_3H_7$ der Molekel C_3H_6 zugeführt.)

Beispiele. (1) Kolonne „Benzol" und Zeile „C_2H_4" ergeben 4; in dieser Anzahl sind die drei Xylole und das Äthylbenzol enthalten.

(2) Gesucht ist die Anzahl der isomeren Naphtalinderivate von der Form $C_{10}H_2X_4Y_2$. Wie man leicht sieht, ist die Anzahl dieselbe, wie für die Derivate $C_{10}H_4X_2Y_2$, also, gemäss Tabelle, 114. Dies ist auch die Anzahl der möglichen Anthrachinonderivate $C_{14}O_2H_4X_2Y_2$.

Für ausgedehnte Tabellen über die Isomerenzahlen aliphatischer Verbindungen sei hingewiesen auf die Publikationen von *Henze* und *Blair*[1]).

Für mannigfache Hilfe bei Anlage und Kontrolle der Tabelle danke ich hier gerne meinem Neffen ing. chem. *J. Pólya*.

Zürich, Eidg. Techn. Hochschule.

[1]) Am. Soc. **53**, 3042, 3077 (1931); **55**, 252, 680 (1933); **56**, 157 (1934).

Algebraische Berechnung der Anzahl der Isomeren einiger organischer Verbindungen.

Von G. Pólya in Zürich.

Zusammenfassung.

Es kann die Anzahl der möglichen Strukturisomeren für gewisse Stoffe z. B. für die Derivate des Benzols, des Naphthalins und anderer ähnlicher Grundstoffe durch algebraische Rechnung ermittelt werden. Der prinzipielle Vorteil dieses Verfahrens ist, daß die chemische Theorie ohne Probieren, auf zwangsläufigem rechnerischen Wege zur Aufstellung der Anzahl der möglichen Strukturisomeren führt; nebenbei sind noch die Formeln bei einiger Gewandtheit auch zur Ausrechnung größerer Anzahlen oder Aufstellung von Tabellen brauchbar. Das zentrale Element der Rechnung ist die Symmetrieformel des Grundstoffs; sie ist leicht und durchaus anschaulich aufzustellen, sie kondensiert zu einem bloßen algebraischen Ausdruck die Vertauschungsmöglichkeiten, welche die chemische Theorie zwischen den substitutionsfähigen Stellen des Moleküls annimmt. Die Herleitung der Isomerenzahlen bei Angabe der chemischen Substituenten geschieht durch algebraische Substitution eines entsprechenden Ausdrucks in die Symmetrieformel des Grundstoffs. Die Arbeit erläutert an mehreren Beispielen die Aufstellung und den Gebrauch der Symmetrieformeln und gegen Schluß, in Nr. 7, auch ihre allgemeine Fassung, unter tunlichster Vermeidung der Voraussetzung spezieller mathematischer Kenntnisse. Einige weitere Anwendungen, welche zum Teil die Stereoisomerie betreffen, werden in Nr. 8 skizziert. Im anschließenden Tabellenteil werden zuerst die Isomerenzahlen für die einfachsten organischen Verbindungen zusammengestellt, dann die wichtigsten Formeln aufgezählt, welche aus dem zentralen Ansatz dieser Arbeit bisher gewonnen worden sind.

Vorbemerkung.

Ich werde die im folgenden aufzustellenden Formeln hier nicht beweisen. Die Beweise, welche nicht ganz naheliegend sind, sollen in einer Zeitschrift veröffentlicht werden, welche den Mathematikern leichter zugänglich ist[1]). Ich werde die Formeln nur mit einigen Erläuterungen begleiten, und insbesondere werde ich ihren Gebrauch zur numerischen Rechnung in Regeln fassen. Ich werde jedoch mit Zahlenbeispielen sparsam umgehen, da ich den Raum dieser Zeitschrift nicht über Gebühr beanspruchen möchte. Nur soweit habe ich die Beispiele ausgeführt, daß sich jeder, der sich dafür interessiert, mit wenig Mühe den Inhalt der Formeln an geläufigen Materien klarmachen kann. Vielleicht wird man bei genügender Vertiefung den Zusammenhang dieser algebraischen Formeln mit den chemischen Strukturen bemerkenswert finden.

1. Die Symmetrieformel des Benzols. Ich nehme als feststehend an, daß die sechs H-Atome des Benzols, welche durch einwertige Radikale

1) Eine vorläufige Mitteilung, welche den Beweis der wesentlichsten Formel (der Formel (21) dieser Mitteilung) enthält, erschien in den Pariser Comptes Rendus **201** (1935) 1167—1169. Eine Ankündigung dieser Arbeit erscheint gleichzeitig in den Helvetica Chimica Acta.

For comments on this paper [147], see p. 615.

substituiert werden können, die Symmetrie eines starren, regelmäßigen Sechsecks besitzen. Das Sechseck kann mittels 12 verschiedener Bewegungen mit sich selbst zur Deckung gebracht werden. Diese 12 Deckoperationen sind zunächst Drehungen um eine zur Ebene des Sechsecks senkrechte sechszählige Achse (Hexagyre), ferner Umklappungen um $3 + 3 = 6$ in der Ebene des Sechsecks liegende zweizählige Achsen (Digyren), schließlich ist unbedingt mitzurechnen als Deckoperation die »Ruhe«, wobei jeder Punkt des Sechsecks mit sich selbst zur Deckung kommt. Nun ist wesentlich, darauf zu achten, wie die 6 zur Substitution einwertiger Radikale geeigneten Stellen, die Ecken des Sechsecks, sich bei den Deckoperationen vertauschen.

Eine Ecke, welche bei der Deckoperation am Platz bleibt, d. h. mit sich selbst zur Deckung kommt, bildet einen Zyklus von der Ordnung 1.

Zwei Ecken, welche bei der Deckoperation miteinander vertauscht werden, bilden zusammen einen Zyklus von der Ordnung 2.

Drei Ecken A, B, C, welche »in der Runde« miteinander vertauscht werden, nämlich so, daß nach Vollbringung der Deckoperation A den Platz von B, B den von C, und C den Platz von A einnimmt, bilden zusammen einen Zyklus von der Ordnung 3.

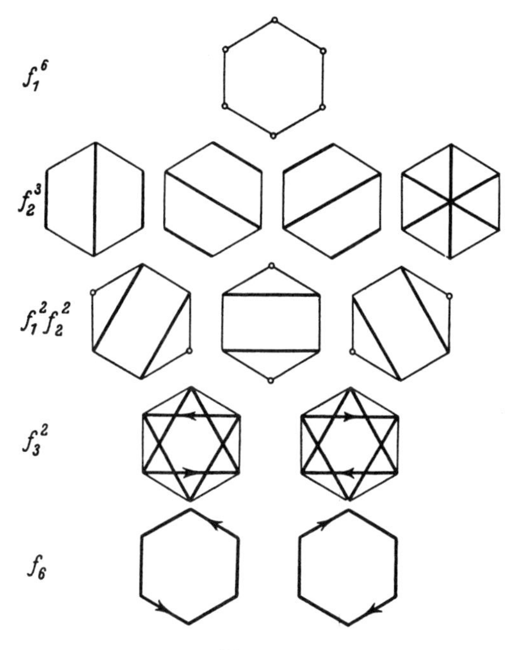

Fig. 1.

So kann man weiter Zyklen von der Ordnung 4, 5, ... und von einer beliebigen Ordnung m definieren. Bei den Deckoperationen des Benzols (des Sechsecks) kommen nur Zyklen von den Ordnungen 1, 2, 3 und 6 vor. Es bezeichne im folgenden

f_1 einen Zyklus erster Ordnung,
f_2 » » zweiter »
f_3 » » dritter »
usw.

Wir wollen jetzt die zwölf Deckoperationen des Sechsecks so klassifizieren, daß Operationen, welche die 6 Eckpunkte auf ähnliche Art vertauschen, d. h. von jeder Zyklusart die gleiche Anzahl aufweisen, in die gleiche Klasse zusammengefaßt werden. Die beistehende Fig. 1 faßt die 12 Deckoperationen auf fünf Zeilen in fünf Klassen zusammen. Die Zyklen 1. Ordnung sind durch ein Kreischen, das die am Platz bleibende Ecke bedeckt, bezeichnet, die Zyklen 2. Ordnung sind durch eine stark ausgezogene Verbindungslinie, die von der 3. Ordnung durch ein mit Umlaufsinn versehenes Dreieck, die von der 6. Ordnung durch ein Sechseck hervorgehoben. Jede Klasse wird durch ein Symbol charakterisiert: Das Symbol des Zyklus wird mit einem Exponenten versehen, der die Anzahl der Zyklen der betreffenden Art in der Deckoperation angibt, und wenn es verschiedenerlei Zyklen gibt, werden diese Potenzen miteinander multipliziert. So heißt f_2^3: drei Zyklen zweiter Ordnung, und $f_1^2 f_2^2$: zwei Zyklen erster und ebensoviele zweiter Ordnung.

Wenn man nun das Potenzprodukt, das die Klasse charakterisiert, mit der Anzahl der Deckoperationen in der Klasse multipliziert, die so erhaltenen Glieder addiert, und zum Schluß die entstandene Summe durch die Anzahl der Deckoperationen dividiert, so entsteht die Symmetrieformel des Benzols

$$\frac{f_1^6 + 4f_2^3 + 3f_1^2f_2^2 + 2f_3^2 + 2f_6}{12}. \tag{1}$$

2. Symmetrieformeln im allgemeinen. Wenn der Leser die erläuterte Entstehung der Formel (1) aufmerksam verfolgt hat, so wird er in jeder Einzelheit der Formel eine anschauliche Bedeutung erkennen. Formel (1) ist sozusagen nur eine algebraische Zusammenfassung der Vertauschungsmöglichkeiten der 6 substitutionsfähigen Stellen des Benzolmoleküls. Auf ähnliche Art können die Vertauschungsmöglichkeiten der substitutionsfähigen Stellen auch für andere Stoffe in eine Formel kondensiert werden. Die Beschreibung war im Falle des Benzols so ausführlich, daß in den nachfolgenden Fällen kurze Hinweise genügen dürften.

Das Naphthalinmolekül besitzt 8 substitutionsfähige H-Atome und läßt 4 Deckoperationen zu: Außer der Ruhe oder Selbstdeckung noch 3 Drehungen von 180° um 3 aufeinander senkrecht stehenden Digyren. Die Ruhe läßt jedes H-Atom auf seinem Platz, d. h. sie veranlaßt 8 Zyklen von der Ordnung 1; das Symbol ist f_1^8. Jede Digyre tauscht die 8 Atome paarweise aus, d. h. es gibt 4 Zyklen von der Ordnung 2; das Symbol ist f_2^4. Die Symmetrieformel des Naphthalins lautet

$$\frac{f_1^8 + 3f_2^4}{4}. \tag{2}$$

27*

Das Anthrazenmolekül [molecule diagram] hat dieselben Deckoperationen wie das Naphthalinmolekül, nämlich 3 Digyren, es hat aber zwei substitutionsfähige H-Stellen mehr, nämlich 10. Die Symmetrieformel ist (eine der Digyren vertauscht die Ecken anders als die beiden anderen)

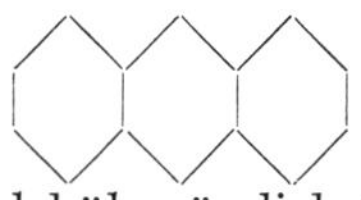

$$\frac{f_1^{10} + f_1^2 f_2^4 + 2f_2^5}{4}. \tag{3}$$

Das Molekül des Pyrens [molecule diagram] hat zwar eine andere Form als das des Anthrazens, aber genau so viel substitutionsfähige H-Stellen und die gleichen Deckoperationen. Man überzeugt sich leicht, daß auch diesem Stoff die gleiche Symmetrieformel (3) zukommt.

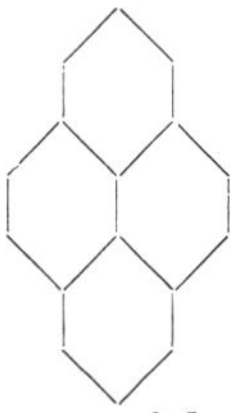

Die Symmetrieformel von Phenanthren (10 substitutionsfähige H, eine Digyre) lautet so:

$$\frac{f_1^{10} + f_2^5}{2}. \tag{4}$$

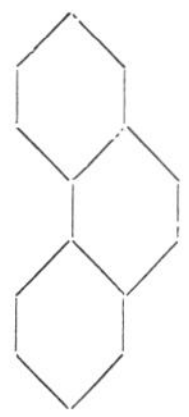

Die Symmetrieformel von Thiophen (4 substitutionsfähige H, eine Digyre) ist so:

$$\frac{f_1^4 + f_2^2}{2}. \tag{5}$$

S

Natürlich ist (5) auch die Symmetrieformel des Furans, und auch die des Pyrrols, insofern als von den Substitutionen des mit N verbundenen H-Atoms in der letzten Verbindung abgesehen wird.

Wer sich die kleine Mühe nimmt, den Zusammenhang der Formeln (1), (2), (3), (4), (5) mit den Vertauschungsmöglichkeiten der substitutionsfähigen H-Stellen in dem betreffenden Molekül sich klar zu machen, der wird keine Schwierigkeit haben, ähnliche Formeln für weitere Stoffe hinzuschreiben. In irgendeiner analogen Formel setzt sich der Zähler aus Gliedern von der Gestalt

$$\text{konst. } f_a^\alpha f_b^\beta f_c^\gamma$$

zusammen, wobei $a\alpha + b\beta + c\gamma$ in jedem Glied denselben Wert hat, nämlich die Gesamtanzahl der substitutionsfähigen Stellen bedeutet.

3. Berechnung der Anzahl der isomeren Derivate aus der Symmetrieformel des Grundstoffes. Um die Anzahl bestimmter strukturisomerer Derivate eines gegebenen Grundstoffes aus der Symmetrieformel des Grundstoffes zu berechnen, muß man in diese Formel für f eine bestimmte, sofort näher zu erklärende Funktion einsetzen, welche je nach der Natur der Derivate von einer Veränderlichen x, oder von zwei Veränderlichen x und y, oder von dreien x, y, z oder von noch mehreren abhängt: eine Funktion $f(x)$ oder $f(x, y)$ oder $f(x, y, z)$ usw., je nach dem Fall. Wenn $f(x)$ eingesetzt wird, so setze man

$$f_1 = f(x), \quad f_2 = f(x^2), \quad f_3 = f(x^3), \quad \ldots$$

Wenn $f(x, y)$ eingesetzt wird, so setze man

$$f_1 = f(x, y), \quad f_2 = f(x^2, y^2), \quad f_3 = f(x^3, y^3), \quad \ldots$$

und so ähnlich bei beliebig viel Veränderlichen.

1. Regel. Wird in die Symmetrieformel des Grundstoffs $1 + x$ für f eingesetzt, und dann nach Potenzen von x entwickelt, so ergibt der Koeffizient von x^n die Anzahl derjenigen isomeren Derivate, welche aus dem Grundstoff entstehen beim Ersetzen von n H-Atomen durch dasselbe einwertige Radikal X.

Nehmen wir das Beispiel, das am schnellsten ausgerechnet ist: Wird in die Symmetrieformel (5) des Thiophens $1 + x$ für f eingesetzt, d. h.

$$f_1 = 1 + x, \qquad f_2 = 1 + x^2$$

gesetzt, so erhält man

$$\frac{(1+x)^4 + (1+x^2)^2}{2} = \frac{1 + 4x + 6x^2 + 4x^3 + x^4 + 1 + 2x^2 + x^4}{2}$$
$$= 1 + 2x + 4x^2 + 2x^3 + x^4.$$

Jeder Koeffizient in der letzten Zeile gibt die Anzahl möglicher Isomeren gewisser Derivate des Thiophens an.

Der Koeffizient 2 von $2x$ ist die Anzahl der Isomeren bei Substitution eines H-Atoms.

Der Koeffizient 4 von $4x^2$ ist die Anzahl der möglichen Isomeren bei Substitution von zwei H-Atomen durch dasselbe einwertige Radikal usw.

Man wird sich die Bedeutung der Formel am besten merken, wenn man unter jedes Glied die Figuren der durch den Koeffizienten abgezählten Isomeren hinzeichnet:

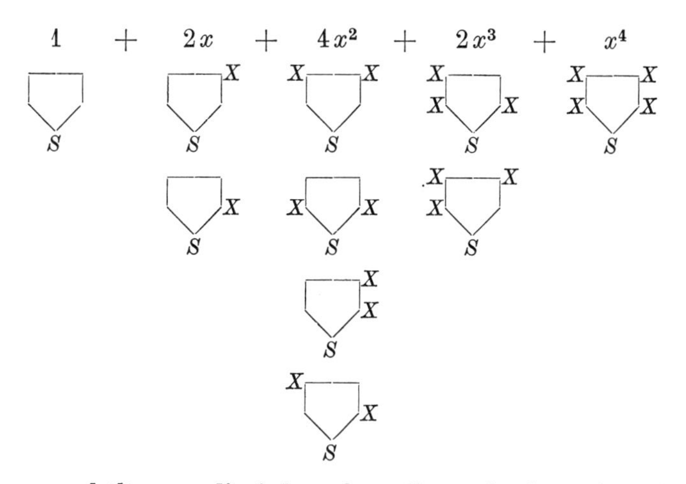

Ebenso erhält man die jedem Organiker geläufigen Anzahlen der Benzolderivate mit lauter gleichen einwertigen Substituenten aus der Formel (1) durch Einsetzung von $1 + x$ für f und Ordnen nach Potenzen von x (ich überlasse dem Leser die Zwischenrechnung)[1]:

$$\frac{(1+x)^6 + 4(1+x^2)^3 + 3(1+x)^2(1+x^2)^2 + 2(1+x^3)^2 + 2(1+x^6)}{12} \tag{6}$$
$$= 1 + x + 3x^2 + 3x^3 + 3x^4 + x^5 + x^6.$$

Z. B. ist der Koeffizient 3 von $3x^2$ die Anzahl der drei klassischen Stellungen bei zwei Substituenten: der Ortho-, Meta- und Parastellung. Der Leser kann sich durch Durchführung ähnlicher Rechnungen an den übrigen Symmetrieformeln von der Richtigkeit der 1. Regel überzeugen[1]).

2. Regel. Wird in die Symmetrieformel des Grundstoffs $1 + x + y$ für f eingesetzt und dann nach Potenzen von x und y entwickelt, so ergibt der Koeffizient von $x^k y^l$ die Anzahl derjenigen isomeren Derivate, welche aus dem Grundstoff

1) Bei Durchführung längerer Rechnungen empfiehlt es sich »tabellarisch« zu rechnen. Ich gebe hier die Tabelle für die Durchführung der eben dem Leser überlassenen Zwischenrechnung (isomere Benzolderivate):

	1	x	x^2	x^3	x^4	x^5	x^6
f_1^6	1	6	15	20	15	6	1
$4f_2^3$	4		12		12		4
$3f_1^2 f_2^2$	3	6	9	12	9	6	3
$2f_3^2$	2			4			2
$2f_6$	2						2
	12	12	36	36	36	12	12
	1	1	3	3	3	1	1

entstehen beim Ersetzen von k H-Atomen durch k gleiche einwertige Radikale X und von l weiteren H-Atomen durch l untereinander gleiche, aber von X verschiedene, einwertige Radikale Y.

Wählen wir z. B. Naphthalin als Grundstoff. Wir müssen dann in Formel (2) $1 + x + y$ für f einsetzen, also

$$f_1 = 1 + x + y, \qquad f_2 = 1 + x^2 + y^2$$

setzen. Eine mechanische Zwischenrechnung ergibt die Entwicklung

$$\frac{(1 + x + y)^8 + 3(1 + x^2 + y^2)^4}{4} = 1 + 2x + 10x^2 + 14xy + 14x^3 + 42x^2y + 22x^4 + 70x^3y + 114x^2y^2 + 140x^3y^2 + \ldots;$$

es sind nicht alle Glieder angeschrieben, man kann jedoch die fehlenden aus den hingeschriebenen leicht ableiten. Jedes Glied hat eine bestimmte Bedeutung. So bedeutet z. B. das Glied $10x^2$, daß 10 isomere disubstituierte Naphthalinderivate bei zwei gleichen Substituenten möglich sind; das Glied $140x^3y^2$ sieht 140 Isomeren für ein Derivat von der Form $C_{10}H_3X_3Y_2$ vor, wobei X und Y voneinander verschiedene einwertige Radikale bedeuten.

3. Regel. Wird in die Symmetrieformel des Grundstoffes, dessen chemische Formel C_nH_p lauten möge, $1 + x + y + z$ für f eingesetzt und dann nach Potenzen von x, y und z entwickelt, so ergibt der Koeffizient von $x^k y^l z^m$ die Anzahl der isomeren Derivate von der Gestalt

$$C_nH_{p-k-l-m}X_kY_lZ_m,$$

wobei X, Y, Z drei voneinander verschiedene einwertige Radikale bedeuten. Ähnliche Bedeutung hat die Einsetzung von $1 + x + y + z + u$ in die Symmetrieformel bei Substituieren von viererlei einwertigen Radikalen in den Grundstoff. U. s. w.

Durch die vorangehenden Regeln kann man viele rechnerische Aufgaben über Strukturisomere lösen, jedoch nicht alle. Die wichtigste noch ausstehende Frage ist wohl die Frage nach den Isomerien der Alkylderivate. Wenn X das Methylradikal $-CH_3$ und Y das Äthylradikal $-C_2H_5$ bedeutet, so sind das disubstituierte Derivat mit X_2 und das monosubstituierte mit Y zueinander isomer. Diese Komplikation wurde bei den vorangehenden Regeln natürlich noch nicht berücksichtigt; es wurde bisher stillschweigend angenommen, daß X und Y voneinander unabhängig sind, d. h. daß irgendeine Kombination X_kY_l von irgendeiner anderen $X_p Y_q$ in der molekularen Zusammensetzung verschieden ist, ausgenommen natürlich den selbstverständlichen Ausnahmefall, wo $k = p$, $l = q$. Jedoch können die Symmetrieformeln bei richtiger Behandlung auch die Anzahlen der Alkylderivate erzeugen, wie die folgende Regel zeigt.

4. Regel. Wenn man die Anzahl derjenigen isomeren Alkylderivate eines bestimmten Grundstoffs zu finden wünscht, welche bei Ersetzung von H-Atomen durch Alkylradikale entstehen, und zwar so entstehen, daß $C_n H_{2n}$ zum Molekül hinzutritt, so setze man in die Symmetrieformel des Grundstoffs die Reihe

$$r(x) = 1 + x + x^2 + 2x^3 + 4x^4 + 8x^5 + 17x^6 + \dots \tag{7}$$

für f ein und entwickle nach Potenzen von x. Der Koeffizient von x^n liefert die gewünschte Zahl der Isomeren.

Die Bedeutung der Reihe (7) kann man sich aus folgender Zusammenstellung merken:

$$\begin{array}{ccccccccc} 1 & + & x & + & x^2 & + & 2x^3 & + & 4x^4 + \dots \\ -H & & -CH_3 & & -C_2H_5 & & -C_3H_7 & & -C_4H_9. \end{array}$$

Allgemein zeigt in der Reihe (7) der Koeffizient von x^n die Anzahl der isomeren Alkylradikale $-C_n H_{2n+1}$ an; z. B. soll das Glied $8x^5$ an die 8 verschiedenen strukturisomeren Amylalkohole erinnern.

Setzt man für f die Reihe (7), also

$$f_1 = 1 + x + x^2 + 2x^3 + 4x^4 + \dots,$$
$$f_2 = 1 + x^2 + x^4 + 2x^6 + 4x^8 + \dots$$

usw. in die Symmetrieformel (1) des Benzols ein, so findet man nach längerer, aber ganz mechanischer Rechnung (tabellarische Durchführung vorteilhaft!) die Reihe

$$1 + x + 4x^2 + 8x^3 + 22x^4 + 51x^5 + 136x^6 + \dots \tag{8}$$

In dieser Reihe ist allgemein der Koeffizient von x^n die Anzahl der homologen Benzolkohlenwasserstoffe von der Molekularformel $C_{6+n} H_{6+2n}$; z. B. sind in dem Koeffizienten 4 des Gliedes $4x^2$ die drei Xylole und das Äthylbenzol aufgezählt. Das Glied $136x^6$ zeigt an, daß 136 zueinander isomere Alkylderivate des Benzols von der Molekularformel $C_{12}H_{18}$ zu erwarten sind usw.

Ähnlich entspricht auch in anderen Fällen die algebraische Substitution der Reihe (7) in die Symmetrieformel des Grundstoffs der chemischen Substitution von Alkylradikalen in den Grundstoff.

4. Symmetrieformeln für die extremen Symmetriefälle. Bei den Symmetrieformeln handelt es sich um die Vertauschungsmöglichkeiten von p Stellen eines Moleküls, welche mit demselben Radikal (in allen vorangehenden Beispielen H—) besetzt sind, und auf welchen das Radikal substituierbar ist. Es sind dabei zwei extreme Fälle zu beachten.

Die Symmetrie ist möglichst niedrig oder möglichst arm zu nennen, wenn alle p Stellen verschiedenartig sind, so daß keine eigentlichen Vertauschungen möglich sind. In diesem Falle ist die Ruhe, d. h. die Selbstdeckung die einzige Deckoperation; alle p Stellen bleiben dabei an ihrem Platz, sie bilden p Zyklen 1. Ordnung. Das Symbol dieser Deckoperation ist

$$f_1^p, \tag{9}$$

und dies ist die Symmetrieformel für die niedrigste Symmetrie von p Stellen.

Die Symmetrie ist möglichst hoch oder möglichst reich zu nennen, wenn die p Stellen auf alle möglichen Arten vertauscht werden können. Es lassen sich p Dinge bekanntlich auf

$$1.\ 2.\ 3\ \ldots\ p = p!$$

Arten vertauschen; somit ist die höchste Symmetrie von p Stellen dadurch charakterisiert, daß $p!$ Deckoperationen vorhanden sind. Es wäre leicht, die Symmetrieformel für diesen Fall auf Grund von Kenntnissen, die dem Mathematiker geläufig sind, für allgemeines p hinzuschreiben. Ich ziehe es vor, mich auf die Fälle $p = 2, 3, 4$ zu beschränken und die Behandlung dieser Fälle auf die geometrische Anschauung zu stützen.

Fall $p = 2$. Man hat sich zwei Punkte auf den beiden Enden einer Strecke vorzustellen. Die Anzahl der Deckoperationen ist $2! = 2$. Die eine Deckoperation ist die Ruhe; beide Punkte bleiben am Platz, das Symbol ist f_1^2. Die andere Deckoperation ist die Umwendung der Strecke; die beiden Punkte werden ausgetauscht, das Symbol dieses Zyklus 2. Ordnung ist f_2. Die Symmetrieformel ist

$$(f_1^2 + f_2)/2. \tag{10}$$

Fall $p = 3$. Man hat sich 3 Punkte in den 3 Ecken eines regelmäßigen Dreiecks vorzustellen. Die $3! = 6$ Deckoperationen sind:

Ruhe, alle 3 Eckpunkte bleiben fest. Das Symbol ist f_1^3.

Drei Umklappungen um die drei Höhen des Dreiecks (Digyren). Eine Ecke bleibt fest, die beiden anderen werden ausgetauscht. Symbol: $f_1 f_2$.

Zwei Drehungen, nach links und rechts, von 120° um das Lot zur Dreiecksebene durch den Mittelpunkt (Trigyre). Ecken zyklisch vertauscht: f_3.

Die zusammenfassende Symmetrieformel ist

$$(f_1^3 + 3f_1f_2 + 2f_3)/6. \tag{11}$$

Fall $p = 4$. Man hat sich 4 Punkte in den 4 Ecken eines regulären Tetraeders vorzustellen. Von den $4! = 24$ Deckoperationen sind nur die Hälfte eigentliche Bewegungen, die andere Hälfte sind Spiegelungen bzw. Drehspiegelungen. Wir zählen alle 24 auf:

Ruhe, die 4 Ecken fest: f_1^4.

Um jede der 4 Höhen 2 Drehungen (nach links und rechts), insgesamt 8 Drehungen von 120° (Trigyren). Die Ecke, von der die Höhe ausgeht, bleibt fest, die 3 anderen werden zyklisch vertauscht: f_1f_3.

Es gibt 3 Verbindungslinien von Mittelpunkten von je zwei Gegenkanten; sie bilden 3 aufeinander senkrechte Digyren. Jede der drei 180°-Drehungen tauscht die 4 Ecken des Tetraeders paarweise aus: f_2^2.

Die Ebene durch eine Kante und durch die Mitte der Gegenkante ist eine Spiegelebene; es gibt 6 solche Ebenen. Die Spiegelung läßt 2 Ecken fest, vertauscht die anderen zwei: $f_1^2f_2$.

Jede der 3 aufeinander senkrechten Achsen, welche vorher als Digyren benutzt wurden, liefert noch 2 Drehspiegelungen: Drehung um 90°, dann Spiegelung in der zur Achse senkrechten Ebene durchs Tetraederzentrum führt das Tetraeder in sich selbst über. Die 4 Ecken vertauschen sich dabei zyklisch. (Man achte auf den geschlossenen Linienzug, den die 4 nicht durch die Achse gehenden Kanten bilden!) Symbol: f_4.

Alle diese Vertauschungsmöglichkeiten sind zusammengefaßt in der Symmetrieformel

$$(f_1^4 + 8f_1f_3 + 3f_2^2 + 6f_1^2f_2 + 6f_4)/24. \tag{12}$$

5. Alkylradikale. Wenn man von der Reihe (7) das Anfangsglied abtrennt, so bleibt die Reihe

$$r(x) - 1 = x + x^2 + 2x^3 + 4x^4 + 8x^5 + \ldots = g(x) \tag{13}$$

zurück. Das Anfangsglied 1 stellte, wie in Nr. 3 besprochen, das Radikal H— dar; nach dessen Abtrennung bleibt die Reihe (13) zurück, welche die Alkylradikale, oder was auf dasselbe herauskommt, die Alkohole (der Grenzkohlenwasserstoffe) abzählt, derart, daß der Koeffizient von x^n die Anzahl der verschiedenen strukturisomeren Radikale $-C_nH_{2n+1}$ oder, was dasselbe ist, die Anzahl der $C_nH_{2n+1}OH$ angibt.

Die Einsetzung der Reihe (13) in eine Symmetrieformel hat eine etwas andere Bedeutung als die der um das Glied 1 größeren Reihe (7): Die Einsetzung der Reihe (13) bedeutet, daß sämtliche substitutionsfähigen H-Atome des Grundstoffes durch Alkylradikale ersetzt werden.

(Hingegen mußten bei der in der 4. Regel besprochenen Einsetzung von (7) nicht notwendigerweise alle substitutionsfähigen Stellen durch Alkylradikale besetzt werden, sondern es durften etwelche H-Atome zurückbleiben — Einfluß des Gliedes 1!)

Die Reihe (13) zählt alle isomeren Alkohole in ihrer Gesamtheit ab. Es ist nun bemerkenswert, daß man aus der Gesamtheit der Alkohole ihre drei speziellen Arten, die primären, die sekundären und die tertiären Alkohole gewissermaßen herleiten kann.

Bei den primären Alkoholen ist dies klar. Einen primären Alkohol kann man sich (wenn nicht experimentell, so doch schematisch) so entstanden denken, daß eine bestimmte H-Stelle des Methylalkohols als substitutionsfähig angesehen und darauf ein Alkylradikal gesetzt wird. Die Anzahl der primären $C_nH_{2n+1}OH$ ist also ebensogroß wie die Anzahl aller $C_{n-1}H_{2n-1}OH$. Daher ist die Reihe, welche die primären Alkohole ebenso abzählt, wie (13) alle Alkohole:

$$x^2 + x^3 + 2x^4 + 4x^5 + \ldots = xg(x). \tag{14}$$

Der Faktor x bedeutet: zu $C_{n-1}H_{2n-1}OH$ tritt noch ein weiteres C hinzu.

Die sekundären Alkohole entstehen (können als entstanden gedacht werden), wenn zwei H-Stellen des Methylalkohols als substitutionsfähig angesehen werden. Nun sind diese beiden Stellen vollkommen symmetrisch, ihre Symmetrieformel ist (10). Die abzählende Reihe [in analogem Sinn wie (13) und (14)] erhält man, indem man in (10)

$$f_1 = g(x), \qquad f_2 = g(x^2)$$

setzt und, um das Hinzutreten eines weiteren C-Atoms zu berücksichtigen, den Faktor x hinzufügt:

$$x\frac{g(x)^2 + g(x^2)}{2}. \tag{15}$$

Die tertiären Alkohole entstehen, wenn alle drei H-Stellen des Methylalkohols als substitutionsfähig angesehen und auf alle drei Alkylradikale gesetzt werden. Nun sind diese drei Stellen vollkommen symmetrisch, ihre Symmetrieformel ist (11). Die abzählende Reihe [in analogem Sinn wie (13), (14) und (15)] erhält man, wenn man in (11)

$$f_1 = g(x), \qquad f_2 = g(x^2), \qquad f_3 = g(x^3)$$

setzt, und, um das Hinzutreten eines weiteren C-Atoms zu berücksichtigen, den Faktor x hinzufügt:

$$x\frac{g(x)^3 + 3g(x)g(x^2) + 2g(x^3)}{6}. \tag{16}$$

Die Formel (14) zählt die primären, (15) zählt die sekundären, (16) die tertiären Alkohole ab. Sie enthalten zusammen alle Alkohole, mit einer Ausnahme: Der Methylalkohol kann genau genommen weder als primär noch als sekundär noch als tertiär gelten. Der Methylalkohol wird durch das einzige Glied x abgezählt (der Exponent ist 1: ein Kohlenstoffatom!). Fügt man also x und (14), (15), (16) durch Addition zusammen, so erhält man sämtliche, durch (13) abgezählten Alkohole: Daher das Resultat

$$g(x) = x + xg(x) + x\frac{g(x)^2 + g(x^2)}{2} + x\frac{g(x)^3 + 3g(x)g(x^2) + 2g(x^3)}{6}. \quad (17)$$

Es mag sein, daß die vorangehende Herleitung der Formel (17) jedem Leser Mühe machen wird: dem Chemiker, weil er in der mathematischen, und dem Mathematiker, weil er in der chemischen Ausdrucksweise ungeübt ist. Jedoch ist die Formel (17) an und für sich vollkommen anschaulich: sie drückt nur aus, daß der Methylalkohol, die primären, die sekundären und die tertiären Alkohole zusammen alle Alkohole ausmachen, und daß diejenigen H von $CH_3 \cdot OH$, welche in H_3 zusammengefaßt sind, sich vollkommen symmetrisch verhalten.

Die Formel (17) enthält nun das Gesetz, gemäß welchem die Anzahl der strukturisomeren $C_nH_{2n+1}OH$ von der Anzahl n der enthaltenen Kohlenstoffatome abhängt. In der Tat: Bezeichnen wir mit T_n die Anzahl der strukturisomeren $C_nH_{2n+1}OH$; T_n bedeutet die totale Anzahl der Alkohole mit n Kohlenstoffen, d. h. primäre, sekundäre und tertiäre zusammen[1]). Es ist also $T_1 = 1$, $T_2 = 1$, $T_3 = 2$, $T_4 = 4$ usw.; es ist T_n genau der Koeffizient von x^n in der Reihe (13), so daß wir diese auch als

$$g(x) = T_1x + T_2x^2 + T_3x^3 + \dots \quad (13^*)$$

schreiben können. Nehmen wir nun die Zahlen $T_1, T_2, T_3, \dots$ als vorderhand unbekannt an (die Anzahl T_n ist uns ja bei größeren Werten von n tatsächlich unbekannt). Wir können nun die Zahlen $T_1, T_2, T_3, \dots$ aus der Formel (17) bestimmen.

Setzen wir nämlich (13*) in (17) ein, und entwickeln wir die rechte Seite nach wachsenden Potenzen von x. Man erhält nach vollkommen mechanischer Ausrechnung

$$T_1x + T_2x^2 + T_3x^3 + T_4x^4 + \dots$$
$$= x + T_1x^2 + \left(T_2 + \frac{T_1^2 + T_1}{2}\right)x^3 + \left(T_3 + T_2T_1 + \frac{T_1^3 + 3T_1^2 + 2T_1}{6}\right)x^4 + \dots$$

1) Ich übernehme die Bezeichnung T_n von H. B. Henze und C. M. Blair, um dem Leser zu erleichtern, den Zusammenhang zu finden zwischen dem hier Gesagten und den Arbeiten dieser Autoren im J. Amer. chem. Soc. **53** (1931) 3042—3046, 3077—3085; **55** (1933) 252—253, 680—686; **56** (1934) 157.

In dieser Gleichung muß jede Potenz von x links und rechts denselben Koeffizienten haben. Setzen wir die Koeffizienten von x links und rechts einander gleich, und ebenso für x^2, x^3, x^4, ... Wir erhalten

$$\begin{aligned}
T_1 &= 1, \\
T_2 &= T_1, \\
T_3 &= T_2 + (T_1^2 + T_1)/2, \\
T_4 &= T_3 + T_2 T_1 + (T_1^3 + 3T_1^2 + 2T_1)/6, \\
&\ldots\ldots
\end{aligned}$$

Die erste dieser Gleichungen ergibt T_1. Die zweite ergibt, unter Berücksichtigung des gefundenen Wertes von T_1, den Wert von T_2, die dritte ergibt T_3, wenn wir die vorher ermittelten T_1, T_2 heranziehen, und ganz allgemein erhalten wir T_n rekursiv, d. h. auf $T_1, T_2, \ldots T_{n-1}$ zurückgreifend.

Ich gehe auf die numerischen Einzelheiten nicht ein; denn soweit die numerische Ausrechnung in Frage kommt, fällt die hier gegebene Methode zur Ausrechnung der Anzahl T_n der isomeren $C_nH_{2n+1}OH$ vollständig mit der Methode zusammen, welche Henze und Blair sehr klar und korrekt durchgeführt haben[1]). Die Formel (17), welche das Gesetz der Rekursion in konzentriertester Form enthält, hat gewisse Vorteile (vgl. Nr. 8).

6. Vorschlag einer neuen Bezeichnung zur Übersicht über die isomeren Derivate eines Grundstoffs. Man kann aus dem bisher Besprochenen den Eindruck gewinnen, daß die Symmetrieformeln mit der Struktur der betrachteten organischen Verbindungen etwas Wesentliches zu tun haben: An und für sich stellen sie die Vertauschungsmöglichkeiten der substitutionsfähigen Stellen des Moleküls in konzentrierter Form dar, und das Einsetzen bestimmter Ausdrücke in die Symmetrieformel entspricht dem Einsetzen bestimmter Substituenten in den Grundstoff so gut, daß durch mechanische Rechnung die Anzahl der Isomeren herauskommt. Man kann nun die hierzu notwendigen Rechenregeln, welche in Nr. 3 erklärt wurden, durch ein Bezeichnungssystem ersetzen, welches sich den üblichen chemischen Bezeichnungen gut anschließt und von den üblichen mathematischen Bezeichnungen nur eine kleine Konzession verlangt.

Ich erläutere die neue Bezeichnung am Beispiel der Benzolderivate. Setzen wir in die Formel (6)

$$x = X/H$$

1) Vgl. Fußnote auf der vorhergehenden Seite. Von den numerischen Resultaten von Henze und Blair kann ich insbesondere die Isomerenzahlen für $C_{13}H_{27}OH$, $C_{14}H_{30}$ und $C_{16}H_{34}$ bestätigen.

und multiplizieren wir beide Seiten mit C^6H^6. Es entsteht die Formel (die algebraische Identität)

$$\frac{\left(1+\frac{X}{H}\right)^6+4\left(1+\frac{X^2}{H^2}\right)^3+3\left(1+\frac{X}{H}\right)^2\left(1+\frac{X^2}{H^2}\right)^2+2\left(1+\frac{X^3}{H^3}\right)^2+2\left(1+\frac{X^6}{H^6}\right)}{12}C^6H^6$$

$$=C^6H^6+C^6H^5X+3C^6H^4X^2+3C^6H^3X^3+3C^6H^2X^4+C^6HX^5+C^6X^6.$$

Diese Gestalt ist nicht zufriedenstellend: die linke Seite ist unübersichtlich, die rechte Seite widerstrebt den Gewohnheiten des Chemikers. Stellen wir also auf der linken Seite die übersichtliche Symmetrieformel (1) wieder her, deuten wir die Einsetzung von

$$f = 1 + x = 1 + \frac{X}{H}$$

nur an, und verlangen wir von dem Mathematiker die (ihm nicht schwer fallende, ja gewohnte) Konzession, die Exponenten herunterzuziehen, aus C^6H^6 das Symbol C_6H_6 zu machen. So entsteht die Formel

$$\underbrace{\frac{f_1^6 + 4f_2^3 + 3f_1^2f_2^2 + 2f_3^2 + 2f_6}{12}}_{f = 1 + X/H} C_6H_6 =$$

$$= C_6H_6 + C_6H_5X + 3C_6H_4X_2 + 3C_6H_3X_3 + 3C_6H_2X_4 + C_6HX_5 + C_6X_6.$$

Diese Formel, glaube ich, enthält in vollständiger und nachprüfbarer Weise alles, was man von ihr verlangen kann.

Sie enthält links:

Die Bezeichnung des Grundstoffes C_6H_6.

Die Bezeichnung des substituierten Bestandteils H im Nenner, die des Substituenten X (beliebiges einwertiges Radikal) im Zähler des einzusetzenden charakteristischen Ausdrucks

$$f = 1 + (X/H).$$

Die Symmetrieformel (1), welche, in konzentrierter Form, nur angibt, welche Vertauschungen der substitutionsfähigen Stellen die chemische Theorie zuläßt.

Sie enthält rechts:

Die Aufzählung der Substitutionsprodukte, jedes mit der ihm zukommenden Anzahl der Strukturisomeren.

Die Formel — dies ist die Hauptsache — ist **ableitbar** oder **nachprüfbar**: Es genügt für f den Ausdruck einzusetzen, die Indizes wieder in die Höhe zu ziehen (aus $C_6H_2X_4$ wieder $C^6H^2X^4$ zu machen), und es **entsteht eine algebraische Identität.**

Man setze in der Reihe (8)

$$x = CH^2 = CH^3/H$$

und schreibe sich die Gleichung auf, aus der sie durch Anwendung der 4. Regel entsprungen ist; durch analoge Umformung erhält man

$$\underbrace{\frac{f_1^6 + 4f_2^3 + 3f_1^2f_2^2 + 2f_3^2 + 2f_6}{12}}_{f = 1 + \frac{CH_3}{H} + \frac{C_2H_5}{H} + \frac{2C_3H_7}{H} + \frac{4C_4H_9}{H} + \cdots} C_6H_6 =$$

$$= C_6H_6 + C_7H_8 + 4C_8H_{10} + 8C_9H_{12} + 22C_{10}H_{14} + \cdots.$$

Die linke Seite stellt die Ersetzung von H durch die Alkylradikale $-CH_3$, $-C_2H_5$, ... in dem Benzol dar, dessen Symmetrie in Erinnerung gerufen wird, die rechte Seite zählt die Produkte der Ersetzung, jedes mit seiner Isomerenanzahl auf, und die ganze Formel ist eine, nur durch die Stellung der Exponenten maskierte, algebraische Identität.

7. Allgemeine Fassung der mit den Symmetrieformeln lösbaren Aufgaben. Es wurden bisher die Symmetrien der substitutionsfähigen Stellen gewisser organischer Stoffe betrachtet. Will man aber die Betrachtung auf andere Symmetrien ausdehnen, etwa auf Symmetrien, welche die anorganische Chemie oder die Kristallographie darbietet, so empfiehlt es sich, den mathematischen Zusammenhang, der hinter den bisherigen Beispielen steckt, in den Vordergrund zu stellen und allgemein zu formulieren. Bei dieser allgemeinen Formulierung muß man aber einige mathematische Begriffe gebrauchen, welche nicht zu den ersten Elementen gehören und um deren explizite Erwähnung wir bisher herumgekommen sind, allerdings etwas auf Kosten der Kürze.

Ich will also die allgemeine mathematische Aufgabe formulieren, von deren Lösung wir schon wiederholt Gebrauch gemacht haben. Ich lasse an einer Stelle eine unwesentliche Spezialisierung eintreten: ich spreche von drei Sorten von Gegenständen, anstatt von einer beliebigen Anzahl n von Sorten zu sprechen. Ich gebrauche eine möglichst konkrete, räumliche Gegenstände heranziehende Einkleidung, und lege die Daten der Aufgabe in drei Etappen dar.

(I) Gegeben ist eine Reihe von Figuren. Diese Figuren enthalten drei Sorten von Gegenständen, sagen wir rote, blaue und gelbe Kugeln. Wenn aber die Reihe der Figuren gegeben ist, so ist mitgegeben die Anzahl derjenigen Figuren, die genau k rote, l blaue und m gelbe Kugeln enthalten; diese Anzahl sei mit a_{klm} bezeichnet.

(II) Gegeben sind p bestimmte Punkte im Raum. Gegeben ist ferner eine Permutationsgruppe $\mathfrak{H}$, welche h Deckoperationen (Permutationen) umfaßt, d. h. das System der p Punkte auf h verschiedene Weisen miteinander zur Deckung bringt. Wenn aber die Permutationsgruppe $\mathfrak{H}$ gegeben ist, so ist mitgegeben die Anzahl derjenigen Deckoperationen, welche die p Punkte auf folgende besondere Art permutieren: j_1 Punkte bleiben am Platze, $2j_2$ Punkte, zu j_2 Paaren geordnet, werden paarweise vertauscht, $3j_3$ Punkte, in j_3 Zyklen angeordnet, werden zyklisch zu dritt vertauscht, $4j_4$ Punkte, in j_4 Zyklen angeordnet, werden zyklisch zu vieren vertauscht usw.; die Anzahl solcher Deckoperationen sei mit $H_{j_1 j_2 j_3 \ldots j_p}$ bezeichnet. Natürlich muß zwischen den Anzahlen $j_1, j_2, j_3, \ldots$ der Zyklen verschiedener Ordnungen, da ja insgesamt p Punkte da sind, der Zusammenhang

$$1j_1 + 2j_2 + 3j_3 + \ldots + pj_p = p \tag{18}$$

bestehen. Wird die Summe über alle mit (18) verträglichen Systeme $j_1, j_2, \ldots$ erstreckt, so ist natürlich

$$\Sigma H_{j_1 j_2 j_3 \ldots j_p} = h. \tag{19}$$

(III) Wenn wir p Figuren aus der unter (I) erwähnten Reihe in den p unter (II) genannten Punkten aufstellen, so entsteht eine Konfiguration. Es ist gestattet, was ausdrücklich hervorgehoben sei, die Figuren zu wiederholen, d. h. dieselbe Figur auch in mehreren, eventuell auch in allen Punkten derselben Konfiguration aufzustellen. Zwei Konfigurationen sind natürlich nur dann als gleich zu betrachten, wenn an jeder Stelle, Punkt für Punkt, dieselben Figuren aufgestellt sind. Es können aber auch zwei verschiedene Konfigurationen in bezug auf die Gruppe $\mathfrak{H}$ gleichwertig sein, nämlich dann, und nur dann, wenn es in der Gruppe $\mathfrak{H}$ eine Deckoperation gibt, welche die beiden Konfigurationen miteinander zur Deckung bringt.

(IV) Man lenke die Aufmerksamkeit auf diejenigen Konfigurationen, welche gegebene Anzahlen von den dreierlei Kugeln enthalten, sagen wir k rote, l blaue und m gelbe; man vernachlässige den Unterschied von solchen, die in bezug auf die Gruppe $\mathfrak{H}$ gleichwertig sind und man suche die Gesamtzahl der in bezug auf $\mathfrak{H}$ ungleichwertigen Konfigurationen mit Kugelinhalt k, l, m. Die gesuchte Zahl sei mit A_{klm} bezeichnet.

Der Lösung geht eine Zusammenfassung des Gegebenen wie auch des Gesuchten zu algebraischen Gebilden, deren Besprechung folgt, voran.

(I′) Man faßt die mit der Angabe der Figurenreihe mitgegebenen Anzahlen a_{klm} zu einer Reihe zusammen, die nach wachsenden Potenzen von drei Veränderlichen x, y, z zu ordnen ist:

$$\begin{aligned} f(x, y, z) &= \sum a_{klm} x^k y^l z^m \\ &= a_{000} + a_{100}x + a_{010}y + a_{001}z + a_{200}x^2 + a_{110}xy + \dots . \end{aligned}$$

In dieser Reihe sind die Veränderlichen den Kugelsorten zugeordnet: x den roten, y den blauen, z den gelben Kugeln. Jeder Koeffizient gibt die Anzahl der verschiedenen Figuren mit spezifiziertem Kugelinhalt an; wie groß der Inhalt an Kugeln jeder Sorte sei, wird durch den Exponenten der betreffenden Variablen spezifiziert. Die Reihe zählt also die Figuren nach ihrem Inhalt ab; man könnte sie die abzählende Potenzreihe der Figuren nennen. Die Funktion $f(x, y, z)$, welche entwickelt die abzählende Potenzreihe erzeugt, nennt man die erzeugende Funktion der Figuren.

(II′) Man faßt die mit der Angabe der Gruppe $\mathfrak{H}$ mitgegebenen Anzahlen $H_{j_1 j_2 \dots j_p}$ zu einem algebraischen Gebilde zusammen:

$$\frac{1}{h} \sum H_{j_1 j_2 \dots j_p} f_1^{j_1} f_2^{j_2} \dots f_p^{j_p}; \tag{20}$$

die Summation ist [wie früher in (19)] über alle mit (18) verträglichen Systeme $j_1, j_2, \dots$ zu erstrecken. Es ist (20) die an vielen speziellen Beispielen vorgeführte Symmetrieformel der Permutationsgruppe $\mathfrak{H}$.

(IV′) Genau so, wie unter (I′) die gegebenen Anzahlen a_{klm} der Figuren zur erzeugenden Funktion $f(x, y, z)$ zusammengefaßt wurden, werden jetzt die gesuchten Anzahlen A_{klm} der in bezug auf $\mathfrak{H}$ ungleichwertigen Konfigurationen zur erzeugenden Funktion

$$\begin{aligned} F(x, y, z) &= \sum A_{klm} x^k y^l z^m \\ &= A_{000} + A_{100}x + A_{010}y + A_{001}z + A_{200}x^2 + A_{110}xy + \dots \end{aligned}$$

zusammengefaßt.

Wenn es uns gelingt, die erzeugende Funktion $F(x, y, z)$ der in bezug auf $\mathfrak{H}$ ungleichwertigen Konfigurationen zu finden, dann erhalten wir, mittels der Entwicklung von $F(x, y, z)$, alle gesuchten Anzahlen mit einem Schlag. Nun besteht die allgemeine Regel: Die erzeugende Funktion $F(x, y, z)$ der in bezug auf $\mathfrak{H}$ ungleichwertigen Konfigurationen entsteht aus der Symmetrieformel, wenn in dieselbe die erzeugende Funktion $f(x, y, z)$ der gegebenen Figuren eingesetzt wird. Das Einsetzen von $f(x, y, z)$ ist wie in Nr. 3 erläutert vorzunehmen. Es besteht die mit der formulierten Regel gleichbedeutende Formel

$$F(x, y, z) = \frac{1}{h} \sum H_{j_1 j_2 \ldots j_p} f(x, y, z)^{j_1} f(x^2, y^2, z^2)^{j_2} \ldots f(x^p, y^p, z^p)^{j_p}. \tag{21}$$

Man überzeuge sich, daß die gegebene allgemeine Regel die in Nr. 3 besprochenen speziellen Regeln umfaßt.

(I″) Die »Figuren« der allgemeinen Aufgabe bedeuten in den behandelten chemischen Fragen die zu substituierenden Radikale.

Im Falle der 4. Regel sind die »Figuren« die Alkylradikale, zu welchen allerdings noch das Radikal H— hinzuzunehmen ist. Es gibt nur eine Sorte von »Kugeln«, die C-Atome. In der erzeugenden Funktion der »Figuren«

$$f(x) = 1 + x + x^2 + 2x^3 + 4x^4 + 8x^5 + \ldots$$

gibt der Koeffizient von x^n die Anzahl derjenigen Alkylradikale (»Figuren«) an, deren Inhalt an Kohlenstoffatomen (an »roten Kugeln«) durch den Exponenten von x^n spezifiziert wird.

Im Falle der 3. Regel gibt es drei Sorten von »Kugeln«: die dreierlei einwertigen Radikale X, Y, Z. Die hieraus gebildeten »Figuren« sind sehr einfach: Je eines dieser Radikale bildet, für sich genommen, eine »Figur«, und es kommt eine vierte »Figur« hinzu, die »leer« von allen drei Sorten X, Y, Z ist: das Radikal H— (das ja auch die substitutionsfähige Stelle einnehmen kann). Die erzeugende Funktion dieser 4 »Figuren« ist

$$f(x, y, z) = 1 + x + y + z.$$

(II″) Die p Punkte sind die p ursprünglich mit H-Atomen besetzten Stellen der Strukturformel des Grundstoffes, auf welchen Substituenten eingesetzt werden können. Die h Deckoperationen der Gruppe $\mathfrak{H}$ sind Drehungen, welche die p substitutionsfähigen Stellen untereinander permutieren. Für das Benzol ist $p = 6$, $h = 12$, für das Naphthalin $p = 8$, $h = 4$, usw.

(III″) Durch Einsetzen von p Radikalen aus dem in (I″) aufgezählten Vorrat auf die p substitutionsfähigen Stellen entsteht eine »Konfiguration« von Radikalen. Zwei in der Zeichnung als verschieden erscheinende Konfigurationen können jedoch physikalisch gleichwertig sein, nämlich dann, wenn sie durch eine Drehung der Figur, d. h. durch eine Permutation der Gruppe $\mathfrak{H}$, miteinander zur Deckung gebracht werden können. Also sind zwei Konfigurationen dann und nur dann als physikalisch gleichwertig zu betrachten, wenn sie, genau im Sinne der Erläuterung unter (III), in bezug auf die Gruppe $\mathfrak{H}$ gleichwertig sind.

(IV'') Die Gesamtanzahl der in bezug auf $\mathfrak{H}$ ungleichwertigen Konfigurationen mit gegebenem Inhalt an Kugeln zu suchen, kommt also auf dasselbe hinaus, wie die physikalisch verschiedenen Derivate mit gegebener Molekularformel, also die Anzahl gewisser Isomere zu suchen.

8. Einige besondere Fragen. Am Ende dieser Ausführungen sollen noch einige ziemlich heterogene spezielle Fragen rasch berührt werden.

1. Um die in der allgemeinen Fassung der Nr. 7 vorkommende Gruppe $\mathfrak{H}$ zu beschreiben, muß man die zugelassenen Deckoperationen angeben, es genügt nicht, bloß die Lage der p Punkte im Raume zu kennen. Hierzu ein Beispiel: Die $p = 6$ Punkte seien die Ecken eines geraden Prismas mit einem gleichseitigen Dreieck als Grundfläche. Wenn $\mathfrak{H}$ aus allen Drehungen besteht, welche das Prisma in sich selbst überführen, so ist $h = 6$ und die Symmetrieformel

$$(f_1^6 + 3f_2^3 + 2f_3^2)/6.$$

Wenn hingegen $\mathfrak{H}$ aus allen Drehungen und Spiegelungen besteht, welche das Prisma zuläßt, so ist $h = 12$ und die Symmetrieformel stimmt vollständig überein mit der Symmetrieformel (1) des Benzolsechsecks. Die Ladenburgsche Prismenformel und die Kékulésche Sechseckformel des Benzols liefern also dieselben Zahlen für die isomeren Derivate, wenn man mit dem Prisma alle Drehungen und Spiegelungen vornimmt, jedoch liefern sie nicht dieselben Zahlen, sobald das Prisma nur bewegt, nicht aber in sich selbst gespiegelt werden darf. Dieser Punkt wäre bei .der Diskussion der Benzolkonstitution zu beachten.

Ein zweites Beispiel zu derselben Distinktion liefert die Anordnung von 6 substitutionsfähigen Stellen in den Ecken des Oktaeders, welche Anordnung ja bei den Wernerschen Koordinationsvorstellungen eine Rolle spielt. Sind nur Bewegungen des Oktaeders zugelassen, so ist $h = 24$ und die Symmetrieformel lautet:

$$(f_1^6 + 8f_3^2 + 3f_1^2 f_2^2 + 6f_2^3 + 6f_1^2 f_4)/24.$$

Sind hingegen Bewegungen und Spiegelungen zugelassen, so ist $h = 48$ und die Symmetrieformel wird

$$(f_1^6 + 8f_3^2 + 9f_1^2 f_2^2 + 7f_2^3 + 6f_1^2 f_4 + 8f_6 + 3f_2 f_1^4 + 6f_2 f_4)/48.$$

2. Ausgehend von der abzählenden Potenzreihe $g(x)$ [vgl. (13)] der isomeren Alkylradikale, oder was auf dasselbe herauskommt, der (gesättigten) Alkohole, kann man die abzählenden Potenzreihen verschiedener aliphatischer Verbindungen verhältnismäßig einfach aufstellen. Gemeint ist damit, wie in Nr. 7, eine Potenzreihe, worin der Koeffizient von x^n die Anzahl der betreffenden Isomere mit n Kohlenstoffatomen angibt.

Z. B. ist die erzeugende Funktion der abzählenden Potenzreihe für die isomeren Karbonsäureester[1]) $R'COOR$

$$x\big(1 + g(x)\big)\, g(x),$$

für die isomeren Ketone R_1COR_2

$$x\frac{g(x)^2 + g(x^2)}{2},$$

für die isomeren Verbindungen von der Art $X^{IV}\, R_1\, R_2\, R_3\, R_4$, wobei X^{IV} ein bestimmtes vierwertiges Radikal mit 4 symmetrischen Valenzen bedeutet (z. B. für Bleitetralkyle):

$$[g(x)^4 + 8g(x)g(x^3) + 3g(x^2)^2 + 6g(x)^2g(x^2) + 6g(x^4)]/24$$

usw. Unter Beachtung dieser und ähnlicher Formeln könnte man die oben erwähnten numerischen Rechnungen von Henze und Blair benutzen, um Tabellen für die Anzahl der isomeren Alkylderivate des Benzols und anderer Stoffe (vgl. Nr. 2) bis zu großen C-Anzahlen aufzustellen; man könnte dies sogar mit verhältnismäßig wenig Mühe tun. Tabellen mit großen C-Zahlen sind aber wohl mehr eine Kuriosität. Das Kuriose ist das rasche Anwachsen der Isomerenzahlen. Hierüber kann man aber auch, ohne die Tabellen anzulegen, auf Grund der Gleichung (17) folgendes aussagen: Um die Anzahl der isomeren C_nH_{2n+2} anzuschreiben, braucht man, sobald n genügend groß ist, mindestens $n/3$ Ziffern, und dasselbe gilt für die homologen Alkohole $C_nH_{2n+1}OH$, ferner die Benzolderivate $C_{6+n}\, H_{6+2n}$ usw.

Das hier Angedeutete wird systematisch behandelt in der nachfolgenden Zahlentabelle I und Formeltabelle IV.

3. Wie schon betont, ist in den vorangehenden Rechnungen nur die Strukturisomerie, nicht die Stereoisomerie berücksichtigt. Die Berücksichtigung der Stereoisomerie bringt keine prinzipielle Schwierigkeit mit sich. Hier will ich zunächst folgendes, mehr kuriose Resultat mitteilen. Die Anzahl der voneinander verschiedenen asymmetrischen Kohlenstoffatome, welche sich in allen strukturisomeren Paraffinen C_nH_{2n+2} zusammen befinden, ist der Koeffizient von x^n in der Entwicklung der Funktion

$$x\frac{g(x)^4 + 8g(x)g(x)^3 + 3g(x^2)^2 - 6g(x)^2g(x^2) - 6g(x^4)}{24} + x\frac{g(x)^3 - 3g(x)\,g(x^2) + 2g(x^3)}{6}.$$

Hierbei ist, wie bisher, $g(x)$ der Formel (13) zu entnehmen.

---

1) R' und R bedeuten Alkylradikale $-C_nH_{2n+1}$, jedoch R' mit und R ohne Einschluß des Falls $n = 0$, d. h. von $H-$. Weiter unten bedeuten R_1, R_2 wie auch R_3, R_4 Alkylradikale, ohne Einschluß von H.

4. Die Schwierigkeiten, welche die Einbeziehung der Stereoisomerie in die Rechnung bietet, sind nicht so sehr mathematischer Natur, sondern rühren wohl mehr davon her, daß die theoretischen Vorstellungen über Stereoisomerie mannigfacher und zum Teil weniger gefestigt sind als die über Strukturisomerie.

Um auf gewisse Berechnungsmöglichkeiten hinzuweisen, betrachte ich den etwas speziellen Fall des Diphenyls, $(C_6H_5)_2$. Eine zur Diskussion stehende Theorie nimmt die Querstellung der beiden Benzolringe an (zur Erklärung optischer Aktivität, infolge Behinderung der Drehungsmöglichkeit durch ausgedehnte Substituenten). Die Hypothese der Querstellung kommt darauf hinaus, dem Diphenylmolekül die Symmetrie von zwei gleichen, regelmäßigen, starren und starr verbundenen Sechsecken zuzuschreiben, deren Ebenen sich rechtwinklig schneiden, und zwar so, daß jedes Sechseck durch die Verlängerung der Ebene des andern Sechsecks entlang einer Diagonale geschnitten wird. Die Symmetrieformel der beiden so gekoppelten Sechsecke kann man (vgl. unter 1.) auf zwei Arten aufstellen: Erstens unter Zugrundelegung von Drehungen, zweitens unter Zugrundelegung von Drehungen und Spiegelungen. Im ersten Fall ist die Symmetrieformel identisch mit der Symmetrieformel (3) des Anthrazens, im zweiten Fall ist sie

$$\frac{f_1^{10} + f_1^2 f_2^4 + 2f_2^5 + 2f_1^6 f_2^2 + 2f_4^2 f_2}{8}. \tag{22}$$

Will man unter der Hypothese der Querstellung, bei Angabe bestimmter Substituenten die Anzahl der möglichen Paare optischer Antipoden berechnen, so berechne man die Anzahl der Isomeren nach beiden Formeln (3) und (22); die Differenz der so erhaltenen Isomerenzahlen ergibt die Anzahl der Antipodenpaare. Auf diese Berechnungsmöglichkeit wollte ich hinweisen.

5. Das Wesentlichste, was ich über die Berechnung von Stereoisomerenzahlen mitzuteilen habe, ist die Lösung von zwei Aufgaben, welche die Alkohole $C_nH_{2n+1}OH$ betreffen.

Die erste Aufgabe lautet so: Wie groß ist die Anzahl derjenigen theoretisch möglichen strukturisomeren Alkohole $C_nH_{2n+1}OH$, welche genau α asymmetrische Kohlenstoffatome enthalten?

Nennen wir die gesuchte Anzahl $T_n^{(\alpha)}$. (Um den Anschluß an die in Nr. 5 eingeführte Bezeichnung T_n herzustellen, bemerke man, daß

$$T_n^{(0)} + T_n^{(1)} + T_n^{(2)} + \ldots = T_n$$

ist.) Zur Berechnung der Anzahl $T_n^{(\alpha)}$ ist die erzeugende Funktion

$$Q(x,y) = \sum_{n=0}^{\infty} \sum_{\alpha=0}^{\infty} T_n^{(\alpha)} x^n y^\alpha \tag{23}$$

zu betrachten. Diese erzeugende Funktion genügt der Gleichung

$$Q(x,y) = 1 + xQ(x,y)\,Q(x^2,y^2) + xy\,[Q(x,y)^3 - 3Q(x,y)\,Q(x^2,y^2) + 2Q(x^3,y^3)]/6 \tag{24}$$

Die zweite Aufgabe lautet so: Wie groß ist die Gesamtzahl der theoretisch möglichen **stereoisomeren** Alkohole $C_nH_{2n+1}OH$?

Bekanntlich gibt eine Verbindung mit α asymmetrischen Kohlenstoffatomen im allgemeinen zu 2^α Stereoisomeren Anlaß, jedoch muß diese Anzahl in Ausnahmefällen, bei »gegenseitiger Kompensation der Asymmetrien«, durch eine kleinere ersetzt werden. Demnach ist die gesuchte Anzahl entweder gleich

$$T_n^{(0)} + 2\,T_n^{(1)} + 4\,T_n^{(2)} + 8\,T_n^{(3)} + \ldots$$

oder kleiner, je nachdem die Kompensation der Asymmetrien bei allen $C_nH_{2n+1}OH$ ausbleibt oder bei einigen eintritt.

Zur genauen Lösung der gestellten Aufgabe betrachte man die erzeugende Funktion $s(x)$, d. h. die Funktion, in deren Entwicklung der Koeffizient von x^n die Gesamtzahl der stereoisomeren $C_nH_{2n+1}OH$ ist. Diese erzeugende Funktion genügt der Gleichung

$$s(x) = 1 + x\,[s(x)^3 + 2s(x^3)]/3\,. \tag{25}$$

Die Gleichungen (24) und (25) gestatten, die gesuchten Anzahlen rekursive zu berechnen; einige numerische Angaben sind in Tabelle II zu finden. Hier erwähne ich einige Folgerungen der Gleichungen (24) und (25): Wenn man die Reihe der Alkohole $C_nH_{2n+1}OH$ bei CH_3OH angefangen zu immer größeren Kohlenstoffzahlen fortschreitend durchläuft, so tritt ein asymmetrisches Kohlenstoffatom das erstemal bei C_4H_9OH auf, 2 asymmetrische Kohlenstoffatome treten zuerst bei $C_6H_{13}OH$, 3 bei $C_8H_{17}OH$ auf, allgemein treten α asymmetrische Kohlenstoffatome zuerst bei $C_{2\alpha+2}H_{4\alpha+5}OH$ auf, und zwar gibt es nur eine einzige Struktur bei dieser Kohlenstoffzahl $n = 2\alpha + 2$, welche α asymmetrische C besitzt. — Die Kompensation von Asymmetrien (die Erniedrigung der Zahl 2^α) tritt zuerst bei $C_{13}H_{27}OH$ auf, und zwar nur bei einer einzigen Struktur von dieser Form.

Tabellenteil[1]).

Tabelle I. Anzahl der Strukturisomeren für homologe Reihen und Alkylderivate.

n	1	2	3	4	5	6	
C_nH_{2n+2}	1	1	1	2	3	5	Paraffine
$C_nH_{2n+1}X$	1	1	2	4	8	17	Alkyle
$C_nH_{2n}XY$	1	2	5	12	31	80	Disubstituierte
$C_nH_{2n}X_2$	1	2	4	9	21	52	Paraffine
$C_nH_{2n-1}XYZ$	1	4	13	42	131	402	Trisubstituierte
$C_nH_{2n-1}X_2Y$	1	3	9	27	81	240	Paraffine
$C_nH_{2n-1}X_3$	1	2	5	14	39	109	
$X^{II}C_nH_{2n+2}$	1	2	3	7	14	32	Valenzen von X^{II} (X^{III}, X^{IV}) gleichartig, an Alkyle (monosubst. Alkyl) gebunden.
$X^{III}C_nH_{2n+3}$	1	2	4	8	17	39	
$X^{IV}C_nH_{2n+4}$	1	2	4	9	18	42	
$X^{II}C_nH_{2n+1}Y$	2	4	10	25	64	166	
$Y^{II}C_nH_{2n+2}$	2	3	6	13	28	62	Val. Y^{II} ungleich, an Alkyle gebunden.
$C_{n+6}H_{2n+6}$	1	4	8	22	51	136	Benzol-Homologen
$C_{n+10}H_{2n+8}$	2	12	32	110	310	920	Naphthalin- »
$C_{n+14}H_{2n+10}$	3	18	61	225	716	2272	Anthrazen- »
$C_{n+14}H_{2n+10}$	5	30	115	425	1396	4440	Phenanthren- »
$SC_{n+4}H_{2n+4}$	2	6	12	31	72	178	Thiophen- »

Erläuterungen zu Tabelle I. Zu den Alkylen $—C_nH_{2n+1}$ wird im folgenden auch der Fall $n = 0$, d. h. das Radikal $—H$ mit hinzugerechnet, um formale Gleichmäßigkeit zu erzielen.

X, Y, Z bedeuten einwertige Radikale; jedes substituiert in den hier berücksichtigten Verbindungen ein $—H$ und ist an ein C des Stammkörpers gebunden. Es sind X, Y, Z als voneinander unabhängig angenommen (vgl. Nr. 3, Bemerkung nach Regel 3). Übliche Beispiele für solche Radikale sind $—OH$, $—Cl$, $—Br$, $—NH_2$, $—NO_2$, $—SO_3H$.

X^{II} und Y^{II} bedeuten zweiwertige Radikale, deren beide Valenzen an Alkyle gebunden sind (bzw. in der Verbindung $X^{II}C_nH_{2n+1}Y$, die eine Valenz an ein monosubstituiertes Alkyl). Der Unterschied ist der, daß die beiden Valenzen von X^{II} gleichartig, während die von Y^{II} ungleichartig sind. Beispiele von X^{II} (Valenzen gleichartig) sind: $—O—$ in einem Äther, $=CO$ in einem Keton. Ein Beispiel für Y^{II} (Valenzen ungleichartig) ist $—\underset{\underset{O}{\|}}{C}—O—$ in einem Karbonsäureester.

X^{III} bedeutet ein dreiwertiges, X^{IV} ein vierwertiges Radikal; sämtliche Valenzen von X^{III} wie die von X^{IV} sind an Alkyle gebunden. Es wird angenommen, daß alle drei Valenzen von X^{III} (alle vier von X^{IV}) völlig gleichartig sind (sie haben höchste Symmetrie in der Ausdrucksweise der Nr. 4). Beispiel für X^{III} ist $\equiv N^{III}$ in den Aminen.

1) Für Mitarbeit am Tabellenteil danke ich hier meinem Neffen ing. chem. J. Pólya.

n ist die Ordnungszahl der Zahlenspalten; es variiert n von 1 bis 6. Die chemische Bedeutung von n ändert sich von Zeile zu Zeile, sie ist der am Anfang der Zeile stehenden, für die Zeile charakteristischen Formel zu entnehmen. Manchmal bedeutet n die Anzahl aller Kohlenstoffatome, manchmal bedeutet es die Anzahl gewisser besonderer Kohlenstoffatome: In der Zeile $C_n H_{2n+2}$ (Paraffine) ist n die Anzahl aller C, in der Zeile $C_{n+6} H_{2n+6}$ (Benzolderivate) ist n die Anzahl der nicht in dem Benzolring befindlichen C; in der Zeile $C_n H_{2n+1} X$ ist n die Anzahl aller C, wenn $X = OH$ (Alkohole), hingegen ist n um 1 kleiner als die Anzahl aller C, wenn $X = COOH$ (Säuren).

Bei den disubstituierten Paraffinen, $C_n H_{2n} XY$ und $C_n H_{2n} X_2$, können die beiden Substituenten sowohl an dasselbe C wie an zwei verschiedene C gebunden sein, beide Fälle sind mitgerechnet. Bei den trisubstituierten Paraffinen $C_n H_{2n-1} XYZ$, $C_n H_{2n-1} X_2 Y$ und $C_n H_{2n-1} X_3$ können die Substituenten auf ein, auf zwei oder auf drei Kohlenstoffatome verteilt sein, alle drei Fälle sind mitgerechnet.

Bei den Alkylderivaten $X^{II} C_n H_{2n+2}$, $X^{III} C_n H_{2n+3}$, $X^{IV} C_n H_{2n+4}$, $Y^{II} C_n H_{2n+2}$ sind alle Valenzen der Radikale $=X^{II}$, $\equiv X^{III}$, $\equiv X^{IV}$, $=Y^{II}$ durch Alkyle gesättigt, wobei, wie schon eingangs erwähnt, sowohl $-H$ wie die eigentlichen Alkyle $-CH_3$, $-C_2H_5$, ... mitgerechnet sind.

In der Zeile $X^{II} C_n H_{2n+1} Y$ ist von den beiden gleichartigen Valenzen von $=X^{II}$ die eine an eines der Radikale $-H$, $-CH_3$, $-C_2H_5$, ..., die andere an eines der Radikale $-Y$, $-CH_2Y$, $-C_2H_4Y$, ... gebunden; alle diese Fälle sind mitgerechnet.

Der Tabelle I sind die Isomerenzahlen einer großen Mannigfaltigkeit von Verbindungen zu entnehmen, wozu allerdings etwas Überlegung, insbesondere eine geeignete Deutung der unbestimmt gelassenen Radikale X, Y, Z, X^{II}, Y^{II}, X^{III}, X^{IV} und hie und da die Kombination mehrerer Zeilen erforderlich ist. Ich bespreche nur die wichtigsten Typen gesättigter aliphatischer Verbindungen.

Alkohole (einwertige). Aus Zeile $C_n H_{2n+1} X$ für $X = OH$.

Äther. Zeile $X^{II} C_n H_{2n+2}$ ergibt für $X^{II} = -O-$ Äther und Alkohole zusammen, mit Rücksicht darauf, daß die Besetzung der Valenzen von $-O-$ mit $-H$ zulässig ist. Man subtrahiert also aus den Zahlen der Zeile $X^{II} C_n H_{2n+2}$ die entsprechenden Zahlen der Zeile $C_n H_{2n+1} X$ mit $X = OH$. Z. B. ergibt sich die Anzahl der isomeren Äther von der Formel $C_4 H_{10} O$ zu $7 - 4 = 3$.

Aldehyde. Aus Zeile $C_n H_{2n+1} X$ für $X = -COH$.

Ketone. Differenz entsprechender Zahlen der Zeile $X^{II} C_n H_{2n+2}$ mit $X^{II} = {=}CO$ und der Zeile $C_n H_{2n+1} X$ mit $X = -COH$. (Überlegung wie für Äther.)

Karbonsäuren. Aus Zeile $C_n H_{2n+1} X$ mit $X = COOH$.

Karbonsäureester. Differenz entsprechender Zahlen der Zeile $Y^{II} C_n H_{2n+2}$ mit $Y^{II} = -COO-$ und der Zeile $C_n H_{2n+1} X$ mit $X = -COOH$. (Überlegung, wie bei Äther und Ketonen; $Y^{II} C_n H_{2n+2}$ ist heranzuziehen, nicht etwa $X^{II} C_n H_{2n+2}$, weil die beiden Valenzen von $-COO-$ ungleichartig sind!)

Glykole (zweiwertige Alkohole). In der Zeile $C_n H_{2n} X_2$ sind sowohl die Fälle mitgerechnet, in welchen beide X an dasselbe C, wie auch die Fälle, in welchen die zwei X an verschiedene C gebunden sind. Nur die letzteren kommen für die Glykole in Frage, mit $X = OH$. Die Anzahl der ersteren Fälle (beide X an dasselbe C) sind der Zeile $X^{II} C_n H_{2n+2}$ zu entnehmen, mit $X^{II} = {=}C(OH)_2$ (oder, was auf dasselbe hinausläuft, aber chemisch mehr Sinn hat, mit $X^{II} = {=}CO$). In Zeile $C_n H_{2n} X_2$ mit $X = OH$ ist n die Anzahl aller C, in Zeile $X^{II} C_n H_{2n+2}$ mit $X^{II} = C(OH)_2$ ist n um eins kleiner als die Anzahl aller C: Man erhält die Anzahl der Glykole, wenn man aus den Zahlen der ersterwähnten Zeile nicht die entsprechenden, sondern die davon links gelegenen Zahlen der zweiterwähnten Zeile subtrahiert. Z. B. ergibt sich die Anzahl der isomeren Glykole von der Formel $C_5H_{12}O_2$ zu $21 - 7 = 14$.

Dreiwertige Alkohole. Aus Zeile $C_nH_{2n-1}X_3$ für $X = OH$ und aus Zeile $X^{II}C_nH_{2n+1}Y$ für $X^{II} = C(OH)_2$ und $Y = OH$ durch Differenzbildung, wobei die Zahlen in der zweiten Reihe eine Stelle links von den Zahlen der ersten Reihe zu nehmen sind. (Wie bei den Glykolen.)

Die bisher nichtberücksichtigten Zeilen ergeben die Isomerenzahlen für andere, wohl weniger wichtige Verbindungen. Z. B. ergeben sich die Isomerenzahlen aus Zeile $C_nH_{2n}XY$ mit $X = COOH$ und $Y = OH$ für die Monooxykarbonsäuren, aus der Differenz der Zeilen $X^{IV}C_nH_{2n+4}$ und $X^{III}C_nH_{2n+3}$ für die Bleitetralkyle usw.

Die fünf letzten Zeilen betreffen die Homologen (Alkylderivate) von fünf zyklischen Stammkörpern. Z. B. enthält die Anzahl 4 in Zeile $C_{n+6}H_{2n+6}$ und Spalte $n = 2$ das Äthylbenzol und die drei Xylole. Auch einige dieser Zeilen sind mehrfacher Interpretation fähig. Daß die Derivate von Anthrazen und Pyren die gleiche Isomerenzahlen haben, geht aus Nr. 2 hervor, da ja die beiden Moleküle dieselbe Symmetrieformel (3) besitzen. (Über Anthrazen und Diphenyl vgl. Nr. 8, unter 4.) Es ist noch leichter zu sehen, daß die entsprechenden Derivate von Furan und Thiophen die gleichen Isomerenzahlen haben, und dasselbe Verhältnis besteht zwischen Anthrachinon und Naphthalin.

Es sei noch hingewiesen auf die Tabellen von Henze und Blair, a. a. O., welche 8 von den 17 Zeilen der Tabelle I sofort bis zu $n = 20$ weiterzuführen gestatten und auch die Weiterführung der übrigen Zeilen erleichtern, wenn man die Formeln der Tabelle IV berücksichtigt.

Tabelle II. Anzahl der strukturisomeren $C_nH_{2n+1}OH$ mit einer gegebenen Zahl von asymmetrischen C-Atomen.

n	1	2	3	4	5	6	7	8	9
0 asymmetrische C	1	1	2	3	5	8	14	23	39
1 » »	—	—	—	1	3	8	20	46	102
2 » »	—	—	—	—	—	1	5	19	63
3 » »	—	—	—	—	—	—	—	1	7
Strukturisomere	1	1	2	4	8	17	39	89	211
Stereoisomere	1	1	2	5	11	28	74	199	551

Erläuterungen zu Tabelle II. Die Bedeutung der Tabelle geht aus einem Beispiel hervor: Die Spalte $n = 6$ gibt an, daß es unter den Alkoholen $C_6H_{13}OH$ 8 Strukturisomere gibt, welche kein asymmetrisches Kohlenstoffatom enthalten, 8 Strukturisomere, welche 1 asymmetrisches C-Atom enthalten, und 1 Strukturisomer, welches 2 asymmetrische C-Atome enthält. Die Gesamtzahl der Strukturisomeren ist

$$8 + 8 + 1 = 17,$$

die Gesamtzahl der Stereoisomeren ist

$$1 \times 8 + 2 \times 8 + 4 \times 1 = 28,$$

d. h. bei keinem der 17 verschiedenen Strukturisomere tritt eine Kompensation der Asymmetrien ein. (Die Gesamtanzahl der strukturisomeren Alkohole ist, bis $n = 6$, auch in Tabelle I, Zeile $C_nH_{2n+1}X$ angegeben.)

Tabelle III. Anzahl der Strukturisomeren für die Substitutionsprodukte einiger zyklischer Stammkörper.

	Benzol	Naphthalin	Anthracen	Phenanthren	Thiophen
X	1	2	3	5	2
X_2	3	10	15	25	4
XY	3	14	23	45	6
X_3	3	14	32	60	2
X_2Y	6	42	92	180	6
XYZ	10	84	180	360	12
X_4	3	22	60	110	1
X_3Y	6	70	212	420	2
X_2Y_2	11	114	330	640	4
X_2YZ	16	210	632	1260	6

Erläuterungen zu Tabelle III. Mit X, Y, Z werden einwertige Radikale bezeichnet, wie es im Anschluß an Tabelle I ausführlich erläutert wurde. — Beispiel für die Bedeutung der Tabelle: Zeile X_3Y und Spalte Naphthalin kreuzen sich in der Zahl 70; es ist 70 die Anzahl der isomeren Naphthalinderivate von der Formel $C_{10}H_4X_3Y$; auch die Naphthalinderivate $C_{10}H_3X_4Y$ und $C_{10}HX_4Y_3$ haben natürlich dieselbe Anzahl von Isomeren. — Einige Kolonnen lassen noch eine andere Interpretation zu; vgl. die Erläuterungen zu den letzten Zeilen der Tabelle I. — Die Berechnung von mehreren in der Tabelle III auftretenden Zahlen wurde in Nr. 3 ausführlich besprochen.

Tabelle IV. Erzeugende Funktionen der Isomerenzahlen der Tabelle I.

$C_nH_{2n+1}X$	$r = 1 + x(r^3 + 3rr_2 + 2r_3)/6$	(7), (13), (17)
$C_nH_{2n}XY$	$\dfrac{1}{1-xR}$	
$C_nH_{2n}X_2$	$\dfrac{1}{2}\left[\dfrac{1}{1-xR} + \dfrac{1+xR}{1-x^2R_2}\right]$	
$C_nH_{2n-1}XYZ$	$\dfrac{xr}{(1-xR)^3}$	
$C_nH_{2n-1}X_2Y$	$\dfrac{xr}{1-xR}\dfrac{1}{2}\left[\dfrac{1}{(1-xR)^2} + \dfrac{1}{1-x^2R_2}\right]$	
$C_nH_{2n-1}X_3$	$\dfrac{xr}{6}\left[\dfrac{1}{(1-xR)^3} + \dfrac{3}{(1-xR)(1-x^2R_2)} + \dfrac{2}{1-x^3R_3}\right]$	
$X^{II}C_nH_{2n+2}$	$(r^2 + r_2)/2 = R$	(10)
$X^{III}C_nH_{2n+3}$	$(r^3 + 3rr_2 + 2r_3)/6$	(11)
$X^{IV}C_nH_{2n+4}$	$(r^4 + 8rr_3 + 3r_2^2 + 6r^2r_2 + 6r_4)/24$	(12)
$X^{II}C_nH_{2n+1}Y$	$\dfrac{r}{1-xR}$	
$Y^{II}C_nH_{2n+2}$	r^2	(9)
$C_{n+6}H_{2n+6}$	$(r^3 + 4r_2^3 + 3r^2r_2^2 + 2r_3^2 + 2r_6)/12$	(1), (8)
$C_{n+10}H_{2n+8}$	$(r^8 + 3r_2^4)/4$	(2)
$C_{n+14}H_{2n+10}$ (Anthr.)	$(r^{10} + r^2r_2^4 + 2r_2^5)/4$	(3)
$C_{n+14}H_{2n+10}$ (Phenan.)	$(r^{10} + r_2^5)/2$	(4)
$SC_{n+4}H_{2n+4}$	$(r^4 + r_2^2)/2$	(5)

Tabelle V. Erzeugende Funktionen für die in Tabelle II gegebenen Isomerenzahlen der $C_nH_{2n+1}OH$.

Kein asymmetrisches C

$$q = \frac{1}{1 - xq_2} = \cfrac{1}{1 - \cfrac{x}{1 - \cfrac{x^2}{1 - \cfrac{x^4}{1 - \cfrac{x^8}{1 - }}}}} \qquad = Q(x, 0)$$

1 asymmetrisches C

$$q^{\mathrm{I}} = xq\,[q^3 - 3qq_2 + 2q_3]/6;$$

2 asymmetrische C

$$q^{\mathrm{II}} = xq\,[2qq_2^{\mathrm{I}} + (q^2 - q_2)\,q^{\mathrm{I}}]/2;$$

3 asymmetrische C

$$q^{\mathrm{III}} = xq[2q^{\mathrm{I}}q_2^{\mathrm{I}} + (q^2 - q_2)\,q^{\mathrm{II}} + ((q^{\mathrm{I}})^2 - q_2^{\mathrm{I}})q]/2;$$

Strukturisomere insgesamt

$$r = q + q^{\mathrm{I}} + q^{\mathrm{II}} + q^{\mathrm{III}} + \dots \qquad = Q(x, 1);$$

Stereoisomere insgesamt

$$s = 1 + x[s^3 + 2s_3]/3.$$

Bemerkungen zu den Tabellen IV und V. Das Wort Tabelle wird im folgenden mit T. abgekürzt.

Die drei wichtigsten in T. IV und T. V angeführten Funktionen sind $q(x)$, $r(x)$, $s(x)$. Jede ist durch eine Funktionalgleichung charakterisiert, nämlich

$$q(x) = 1 + xq(x)q(x^2),$$
$$r(x) = 1 + x\frac{r(x)^3 + 3r(x)r(x^2) + 2r(x^3)}{6},$$
$$s(x) = 1 + x\frac{s(x)^3 + 2s(x^3)}{3}.$$

Die Gleichung für $q(x) = Q(x, 0)$ ergibt sich aus (24) für $y = 0$. Die Gleichung für $r(x) = 1 + g(x) = Q(x, 1)$ ist mit der in Nr. 5 hergeleiteten Gleichung (17) gleichbedeutend und ergibt sich auch aus (24) für $y = 1$. Alle drei Funktionen $q(x)$, $r(x)$, $s(x)$ haben mit den Isomerien der Alkohole $C_nH_{2n+1}OH$ zu tun. Der Koeffizient von x^n in der Entwicklung nach wachsenden Potenzen von x bedeutet

in $q(x)$ die Anzahl derjenigen strukturisomeren $C_nH_{2n+1}OH$, welche kein asymmetrisches Kohlenstoffatom enthalten;
in $r(x)$ die Gesamtanzahl der strukturisomeren $C_nH_{2n+1}OH$;
in $s(x)$ die Gesamtanzahl der stereoisomeren $C_nH_{2n+1}OH$.

In allen drei Fällen ist HOH, als Fall $n = 0$, mit hinzugerechnet, was die Formeln wesentlich vereinfacht. Es sind also $q(x)$, $r(x)$, $s(x)$ erzeugende Funktionen: $q(x)$ für die erste Zeile der T. II, $r(x)$ für die zweite Zeile der T. I und zugleich für die vorletzte Zeile der T. II, $s(x)$ für die letzte Zeile der T. II.

In den T. IV und V wird zur Abkürzung

$$q(x) = q, \qquad r(x) = r, \qquad s(x) = s$$

und überhaupt für eine beliebige Funktion $f(x)$

$$f(x) = f, \qquad f(x^2) = f_2, \qquad f(x^3) = f_3, \ldots$$

gesetzt, so daß z. B. r_6 als $r(x^6)$, s_3 als $s(x^3)$, q_2^{I} als $q^{\mathrm{I}}(x^2)$ zu lesen ist. Ferner wird die Abkürzung

$$R = R(x) = [r(x)^2 + r(x^2)]/2$$

in T. IV verwendet, und die Funktionen $q^{\mathrm{I}}(x)$, $q^{\mathrm{II}}(x)$, $q^{\mathrm{III}}(x)$ in T. V definiert. Diese letzteren sind mit der in den Formeln (23), (24) auftretenden Funktion $Q(x, y)$ durch die Reihenentwicklung

$$Q(x, y) = q(x) + q^{\mathrm{I}}(x)y + q^{\mathrm{II}}(x)y^2 + q^{\mathrm{III}}(x)y^3 + \ldots$$

verbunden.

T. IV gibt die erzeugenden Funktionen für alle Zeilen der T. I an, mit Ausnahme der ersten Zeile (Paraffine): Zuerst wird die für die betreffende Zeile der T. I charakteristische chemische Formel angeführt, dann die mathematische Form der erzeugenden Funktion angegeben, von deren Potenzreihenentwicklung die betreffende Zeile der T. I die Koeffizienten von x, x^2, x^3, x^4, x^5, x^6 enthält, schließlich die Nummern derjenigen Formeln des Textteils zitiert, welche mit der vorliegenden Formel näher verbunden sind. (Um den Anschluß an die Formeln des Textteils, insbesondere zu denen der Nr. 8 zu finden, ist $r(x) = 1 + g(x)$ zu beachten.) T. V gibt die erzeugenden Funktionen für alle Zeilen der T. II an, ohne Ausnahme.

Sämtliche Funktionen der T. IV sind durch r ausgedrückt, nämlich rational durch x, $r(x)$, $r(x^2)$, $r(x^3)$, $r(x^4)$, $r(x^6)$. Dies kann man dazu benutzen, die Isomerenzahlen der T. I von r ausgehend zeilenweise, als Entwicklungskoeffizienten der betreffenden erzeugenden Funktion, durch die 4 elementaren Rechenoperationen mit Potenzreihen zu berechnen. Merkwürdig ist, daß die erzeugende Funktion der ersten Zeile der T. I, der Paraffine, nicht durch eine ähnlich einfache Relation mit der Funktion $r(x)$ verbunden zu sein scheint. Aber auch die Zahlen dieser Zeile, also die Anzahlen der strukturisomeren Paraffine kann man aus den Entwicklungskoeffizienten von $r(x)$ durch eine gleichmäßige Vorschrift ableiten, wie es bei Henze und Blair a. a. O. erklärt ist. (Eine mathematische Erörterung dieser interessanten Vorschrift sowie die Berechnung der Stereoisomeren der C_nH_{2n+2} behalte ich mir für eine spätere Publikation vor.)

Die für die T. II wesentlichen, in T. V angeführten erzeugenden Funktionen $q(x)$, $q^{\mathrm{I}}(x)$, $q^{\mathrm{II}}(x)$, $q^{\mathrm{III}}(x)$, ... kann man rekursive aufeinander zurückführen (die ersten Formeln sind in T. V angeführt) und schließlich rational und ganz durch x, $q(x)$, $q(x^2)$, $q(x^3)$, ... ausdrücken. Die Berechnung der Isomerenzahlen der T. II hängt also schließlich von den Entwicklungskoeffizienten von $q(x)$ ab, mit Ausnahme der letzten Zeile, d. h. von den Entwicklungskoeffizienten der Funktion $s(x)$.

Die Entwicklungskoeffizienten von $q(x)$, $r(x)$, $s(x)$ bestimmt man rekursive aus den am Anfang dieser Bemerkungen zusammengestellten Funktionalgleichungen, wie das für $r(x) = 1 + g(x)$ in Nr. 5 näher erörtert wurde.

Hiermit habe ich Rechenschaft abgelegt von der befolgten Berechnungsmethode der Zahlen in T. I und T. II und zugleich näher erörtert, wie man diese Tafeln, auf Grund der Formeln in T. IV und T. V, ohne Schwierigkeit bis zu beliebig großen Werten von n fortsetzen kann. Ich möchte noch einige funktionentheoretische Bemerkungen anschließen.

Gemeinsame Eigenschaften der drei Funktionen $q(x)$, $r(x)$, $s(x)$ sind: Die Potenzreihenentwicklung um den Punkt $x = 0$ ist durch die Funktionalgleichung eindeutig bestimmt (dies wurde schon gesagt), sie hat einen nichtverschwindenden Konvergenzradius, der < 1 ist, und besitzt auf dem Konvergenzkreis nur einen singulären Punkt, der auf der positiven reellen Achse liegt. Dieser dem Nullpunkt nächstgelegene singuläre Punkt ist — hierin gehen die Funktionen auseinander — für $q(x)$ ein Pol erster Ordnung, hingegen für $r(x)$ und $s(x)$ ein algebraischer Verzweigungspunkt erster Ordnung. Der Charakter dieses zu $x = 0$ nächstgelegenen singulären Punktes gestattet uns, das asymptotische Verhalten der Koeffizientenfolgen aller in T. IV und T. V angegebenen erzeugenden Funktionen zu ermitteln, d. h. mit einer gewissen Annäherung vorauszusagen, wie groß die Isomerenzahlen sein werden, welche man durch Verlängerung der Zeilen von T. I und T. II erhalten kann. — Ferner kann man aus der Funktionalgleichung feststellen, daß $q(x)$ im Innern des Einheitskreises meromorph ist, daselbst unendlich viele Pole besitzt, und den Einheitskreis zur natürlichen Grenze hat. Die Funktionen $r(x)$ und $s(x)$ sind im Innern des Einheitskreises algebroid; ich habe noch nicht entscheiden können, ob man sie über den Einheitskreis hinaus fortsetzen kann oder nicht.

Eingegangen den 4. Dezember 1935.

ANALYSE COMBINATOIRE. — *Sur le nombre des isomères de certains composés chimiques.* Note de M. **Georges Pólya**, présentée par M. Émile Borel.

1. Je considère les équations fonctionnelles

$$q(x) = 1 + xq(x)q(x^2),$$

$$r(x) = 1 + \frac{x[r(x)^3 + 3r(x)r(x^2) + 2r(x^3)]}{6},$$

$$s(x) = 1 + \frac{x[s(x)^3 + 2s(x^3)]}{3},$$

$$t(x) = x\exp\left(\frac{t(x)}{1} + \frac{t(x^2)}{2} + \frac{t(x^3)}{3} + \ldots\right);$$

j'ai posé, comme d'usage, $e^{\mu} = \exp(\mu)$. Ces quatre équations ont certaines propriétés communes : il existe une série entière procédant suivant les puissances de x et une seule qui satisfait à l'équation; cette série possède un rayon de convergence différent de O et, sur son cercle de convergence, un seul point singulier; ce point singulier est situé sur l'axe réel positif et il

For comments on this paper [148], see p. 618.

est (ici l'une des équations s'écarte des autres) un pôle simple pour $q(x)$ et un point critique algébrique échangeant deux déterminations pour $r(x)$, $s(x)$, $t(x)$. Ici, comme dans ce qui suit, c'est l'élément de fonction de centre O satisfaisant à l'équation qui est désigné respectivement par $q(x)$, $r(x)$, $s(x)$, $t(x)$ et son rayon de convergence par k, ρ, σ, τ. On trouve que $1 > k > \rho > \sigma > 0$, $\rho > \tau > 0$.

La série entière $t(x)$ a été introduite par A. Cayley [1], qui a donné une interprétation combinatoire remarquable de son $n^{\text{ième}}$ coefficient (nombre des *root-trees* de n nœuds); la forme de l'équation donnée ici, ainsi que les propriétés fonctionnelles mentionnées, sont, je crois, nouvelles. Dans les trois séries $q(x)$, $r(x)$, $s(x)$ le coefficient de x^n a une signification combinatoire relative aux alcools isomères de la formule moléculaire $C^nH^{2n+1}OH$ comme j'ai déjà dit ailleurs [2]; ce coefficient désigne : en $s(x)$ le nombre des $C^nH^{2n+1}OH$ stéréoisomères; en $r(x)$ le nombre des $C^nH^{2n+1}OH$ isomères, sans tenir compte de la stéréoisomérie; en $q(x)$ le nombre de ceux des $C^nH^{2n+1}OH$ isomères qui ne contiennent aucun carbone asymétrique.

On a souvent remarqué la rapidité avec laquelle, dans les séries homologues, le nombre des isomères augmente avec le nombre des atomes C. Ce qui précède permet de préciser ces remarques et de donner des expressions asymptotiques pour le nombre de certains isomères. En indiquant quelques-unes de ces expressions je ferai usage de la locution abrégée suivante : si la fraction A_n/B_n a pour $n \to \infty$ une limite finie et positive, je dirai que A_n est *asymptotiquement proportionnel* à B_n et je nommerai la valeur de la limite le *facteur de proportionnalité*.

2. Sans tenir compte de la stéréoisomérie on a les résultats suivants :

I. Le nombre des paraffines C^nH^{2n+2} isomères et asymptotiquement proportionnel à $\rho^{-n}n^{-5/2}$.

II. Le nombre des alcools $C^nH^{2n+1}OH$ isomères est asymptotiquement proportionnel à $\rho^{-n}n^{-3/2}$.

III. Le nombre des hydrocarbures isomères de la formule $C^nH^{n+2-2\gamma}$ est asymptotiquement proportionnel a $\rho^{-n}n^{(3\gamma-5)/2}$. Pour $\gamma = 1$ on a le facteur de proportionnalité simple $1/4$ et pour $\gamma = 0$ le résultat I.

IV. Soient $X_1, X_2, \ldots, X_\delta$ des radicaux monovalents différents entre eux. Le nombre des isomères de la formule $C^nH^{2n+2-\delta}X_1, X_2, \ldots, X_\delta$ (paraffines δ fois substituées) est asymptotiquement proportionnel à $\rho^{-n}n^{(2\delta-5)/2}$.

---

(1) *Coll. Mathematical Papers*, **3**, p. 242-246.

(2) *Zeitschrift für Kristallographie* (A), **93**, 1936, p. 415-443.

C'est le résultat I pour $\delta = 0$ et II pour $\delta = 1$. Le facteur de proportionnalité a, excepté peut-être le cas $\delta = 0$, la valeur $\mathcal{L}\lambda^{\delta}$ où $\mathcal{L}$ et λ sont des nombres fixes.

V. Le nombre des dérivés isomères du benzène de la formule $C^{6+n}H^{6+2n}$ est asymptotiquement proportionnel au nombre des alcools isomères de la formule $C^nH^{2n+1}OH$, le facteur de proportionnalité étant

$$[r(\rho)^5 + r(\rho)r(\rho)^2]/2.$$

L'allure du nombre des isomères est semblable dans la série homologue issue du naphtalène, dans celle issue de l'anthracène, etc.

3. J'ajoute les résultats suivants où il s'agit de la stéréoisomérie :

VI. Le nombre des paraffines C^nH^{2n+2} stéréoisomères est asymptotiquement proportionnel à $\sigma^{-n}n^{-5/2}$.

VII. Le nombre des alcools $C^nH^{2n+1}OH$ stéréoisomères est asymptotiquement proportionnel à $\sigma^{-n}n^{-3/2}$.

VIII. Le nombre des paraffines C^nH^{2n+2} isomères sans carbone asymétrique est asymptotiquement proportionnel au nombre des alcools $C^nH^{2n+1}OH$ isomères sans carbone asymétrique, le facteur de proportionnalité étant $1/2$, et les deux nombres sont asymptotiquement proportionnels à K^{-n}.

Über das Anwachsen der Isomerenzahlen in den homologen Reihen der organischen Chemie.

Von

G. PÓLYA (Zürich).

(Als Manuskript eingegangen am 30. Juni 1936.)

Die Frage, der die folgenden Zeilen gewidmet sind, geht sowohl den Chemiker wie den Mathematiker etwas an. Dass ihr Interesse für den Chemiker nicht gerade «brennend» ist, liegt ja auf der Hand, aber sie mag ein ganz wenig zur allgemeinen Übersicht über die Mannigfaltigkeit der organisch-chemischen Verbindungen beitragen. Für den Mathematiker ist die Frage reizvoll, als eine geometrisch-kombinatorische Frage, deren Lösung zwar versteckt, aber mit den modernen mathematischen Hilfsmitteln sicher erreichbar liegt. Als eine Grenzfrage von zwei Gebieten, die sich nicht allzu häufig berühren, ist sie vielleicht nicht ganz ungeeignet, um an dieser, Naturwissenschaftlern aller Fächer zugänglichen Stelle erörtert zu werden.

Die nachfolgende Skizze meiner auf den Gegenstand gerichteten Untersuchungen zerfällt in vier Abschnitte, von welchen nur der vierte sich direkt an den Mathematiker wendet. Der erste bringt allgemeine Erörterungen, der zweite erläutert die Frage im ausschlaggebenden Spezialfall der gesättigten aliphatischen Alkohole an einer Zahlentabelle, der dritte erklärt den allgemeinen Fall, zu welchem der Speziallfall der Alkohole den Schlüssel bietet.

I.

Es ist an jeder in der organischen Chemie auftretenden homologen Reihe zu beobachten, dass die Anzahl der Isomeren bei wachsendem Kohlenstoffgehalt des Moleküls zunimmt. Was ist das «Gesetz» dieser Zunahme?

For comments on this paper [149], see p. 619.

Man kann diese Frage auf sehr verschiedene Arten auffassen und angreifen. Man kann die Frage auf eine bestimmte homologe Reihe beschränken, z. B. auf die Reihe der Paraffine, oder mehrere homologe Reihen zugleich in Betracht ziehen, oder auch, ganz allgemein, den Verlauf in einer beliebigen homologen Reihe zu verstehen suchen. Man kann das Gesetz durch eine Tabelle zum Ausdruck bringen oder durch eine mathematische Formel. Aber auch die Formel kann auf sehr verschiedene Arten aufgefasst werden: Sie kann eine Rekursionsformel sein oder die Abhängigkeit der Isomerenzahl vom Kohlenstoffgehalt direkt zum Ausdruck bringen; sie kann eine genaue Formel, eine Näherungsformel oder eine Grenzwertformel sein. U. s. w. Fast alle diese Auffassungen sind schon in der Literatur vertreten worden; ich will hier nur die wichtigsten Etappen nennen.

Die ersten ausgedehnteren Tabellen für Isomerenzahlen hat CAYLEY berechnet (der, beiläufig bemerkt, vielleicht der bedeutendste englische Mathematiker des neunzehnten Jahrhunderts war). Seine Tabelle für die Paraffine $C_n H_{2n+2}$ wurde in 1875, die für die Alkohole $C_n H_{2n+1} OH$ in 1877 veröffentlicht[1]; beide Tabellen gehen bis $n = 13$, aber die letzten Zahlen enthalten kleine Rechenfehler. In diesen Tabellen ist, wie im Zeitpunkt ihrer Veröffentlichung nicht anders sein konnte, nur die Strukturisomerie berücksichtigt, nicht die Stereoisomerie.

Die CAYLEY'schen Rechnungen wurden häufig kommentiert; die Zahlen über die Paraffine sind in die meisten Lehrbücher der organischen Chemie aufgenommen worden und ihr rasches Anwachsen vermerkt. Ausser der Berichtigung der Rechenfehler und eine geringe Weiterführung der Tabellen erfolgte aber lange Zeit hindurch kein wesentlicher Beitrag zur Frage; mehrere Versuche, die Anzahl der strukturisomeren Paraffine $C_n H_{2n+2}$ durch eine genaue Formel als Funktion von n auszudrücken, sind als völlig fehlgeschlagen zu bezeichnen.

Ein wesentlicher Fortschritt erfolgte erst vor wenigen Jahren durch die amerikanischen Chemiker BLAIR und HENZE[2]). Sie haben

[1]) A. CAYLEY, Collected Mathematical Papers (Cambridge, 1889—1897). Vgl. Bd. IX, S. 427—460 und S. 544—545.

[2]) CHARLES M. BLAIR und HENRY R. HENZE, mehrere Arbeiten in Journal of the American Chemical Society; a) LIII (1931) S. 3042—3046; b) LIII (1931) S. 3077—3085; c) LIV (1932) S. 1098—1106; d) LIV (1932) S. 1538 bis 1545; e) LV (1933) S. 680—686; f) LVI (1934) S. 157. Ferner in derselben Zeitschrift: g) die besagten Autoren mit D. C. COFFMAN LV (1933) S. 252—253; h) D. C. COFFMAN LV (1933) S. 695—698; i) DOUGLAS PERRY LIV (1932) S. 2918 bis 2920.

nicht nur die von CAYLEY begonnenen Tabellen der Isomerenzahlen zu viel grösserem Umfang weitergeführt, sondern auch andere Klassen organischer Verbindungen und auch die Stereoisomerie in die Berechnung eingezogen. Ihre mathematischen Methoden sind durchaus elementar, aber gar nicht trivial, und treffen den Kern der Frage. Sie gründen die Berechnung der Isomerenzahlen für die Alkohole $C_n H_{2n+1} OH$ auf eine Rekursionsformel. D.h. an einem Beispiel erläutert: Um die Anzahl der isomeren $C_{13} H_{27} OH$ zu berechnen, müssen die 12 vorangehenden analogen Anzahlen für die isomeren $CH_3 OH$, $C_2 H_5 OH$, ... $C_{12} H_{25} OH$ schon vorher berechnet sein, und die Rekursionsformel drückt die zu berechnende Anzahl für $C_{13} H_{27} OH$ durch die 12 vorangehenden, vorberechneten, analogen Anzahlen aus.

So eine Rekursionsformel bestimmt die Zahlenreihe vollständig und bietet alles, was zur numerischen Berechnung der Tabelle bis zu einer gegebenen Grenze notwendig ist. Sie erlaubt aber nicht ohne weiteres eine Voraussage darüber, wie die Tabelle über die erreichte Grenze hinaus weiterlaufen wird. Andererseits gibt das durch BLAIR und HENZE zusammengetragene Zahlenmaterial zu Beobachtungen Anlass über die Geschwindigkeit des Anwachsens der Isomerenzahlen, es gibt Anlass zu Vergleichen zwischen dem Verlauf der Isomerenzahlen und dem Wertverlauf bekannter Funktionen, es legt nahe das Aufstellen einer empirischen Näherungsformel[3]).

Ausgehend von allgemeineren Überlegungen über Isomerenzahlen [4]) ist es mir gelungen, eine Formel aufzustellen, die mehr

[3]) Ein erster Ansatz befindet sich bei PERRY a. a. O. [2i]) S. 2920: "As in the case of the alcohols, the numbers of structurally isomeric hydrocarbons also form an approximate geometric progression". Dies würde auf eine Formel $A \varrho^{-n}$ hinauslaufen, mit möglicherweise verschiedenen A und ϱ in den beiden Fällen; vgl. unten (1), (5).

[4]) G. PÓLYA: a) Zeitschrift f. Kristallographie (A) LXXXXIII (1936) S. 415 bis 443; b) Helvetica Chimica Acta XIX (1936) S. 22—24; c) Comptes Rendus, Académie des Sciences, Paris CCI (1935) S. 1167—1169; d) dieselbe Zeitschrift CCII (1936) S. 1554—1556. Erst nach Erscheinen dieser Arbeiten sind mir durch die Freundlichkeit von einem der Herren Verfasser bekannt geworden die interessanten Untersuchungen von A. C. LUNN und J. K. SENIOR, Journal of Physical Chemistry XXXIII (1929) S. 1027—1079, mit welchen sich meine Untersuchungen in einem gemeinsamen Teilgebiet überschneiden. Da dieses Teilgebiet das hier zu Besprechende nicht direkt berührt, will ich mich hier auf die ausdrückliche Feststellung des früheren Datums der Untersuchungen von LUNN und SENIOR beschränken.

und weniger bietet als eine empirische Näherungsformel: eine Grenzwertformel. Diese Grenzwertformel kann durchaus streng (wenn auch durchaus nicht elementar) bewiesen werden; insoweit ist sie irgendeiner empirischen Formel überlegen. Andererseits verspricht sie nur für $n \to \infty$ vollständige Genauigkeit; es könnte sehr gut passieren, dass die Grenzwertformel im Rahmen einer vorliegenden Tabelle irgendeiner empirischen Näherungsformel unterlegen wäre. Die bisher unternommenen numerischen Stichproben scheinen zwar darauf hinzudeuten, dass die Grenzwertformel schon für die ersten Isomerenzahlen eine ganz annehmbare Näherung bieten wird. Übrigens kann der Leser sich hierüber im nächsten Abschnitt an einem Beispiel überzeugen.

II.

Die Anzahl der strukturisomeren $C_n H_{2n+1} OH$ ist angenähert von der Form

$$A\,\varrho^{-n}\,n^{-3/2}, \tag{1}$$

in dem Sinne, dass der Prozentualfehler für unendlich wachsendes n unendlich klein wird.

Die Zahlen A und ϱ sind durch ihre analytische Bedeutung zwar vollständig festgelegt (vgl. Abschnitt IV), aber ihre numerische Berechnung ist schwierig; ich konnte bisher mit Sicherheit nur feststellen, dass

$$0{,}35 < \varrho < 0{,}36. \tag{2}$$

Lassen wir aber die Frage der numerischen Werte von A und ϱ einstweilen bei Seite, und machen wir uns vorerst den Sinn der ausgesprochenen Behauptung möglichst klar. Um Formeln schreiben zu können, bezeichnen wir die Anzahl der strukturisomeren Alkohole $C_n H_{2n+1} OH$ mit R_n. Mit dieser Bezeichnung[5]) ist die ausgesprochene Behauptung mit der Grenzwertformel

$$\lim_{n \to \infty} \frac{R_n}{A\,\varrho^{-n}\,n^{-3/2}} = 1 \tag{3}$$

[5]) Dieselbe Anzahl wurde von Blair und Henze a.a.O. [2a]) und im Anschluss daran auch von mir in [3a]) mit T_n bezeichnet; die Änderung der Bezeichnung ist einer z. Z. vorbereiteten Publikation angepasst.

gleichbedeutend, oder, nach Logarithmieren (mit dekadischen Logarithmen), mit der Formel

$$(4) \qquad \lim_{n \to \infty} \left[Log\,(n^{3/2} R_n) - \left(n\, Log\, \frac{1}{\varrho} + Log\, A \right) \right] = 0 .$$

Genau genommen, ist so eine Grenzwertformel an keiner Tabelle kontrollierbar: Sie besagt ja nur, dass die Abweichung vom Grenzwert mit wachsendem n nach und nach kleiner als jede angebbare Schranke wird; bei welchem Zahlenwert von n jedoch das Herabsinken unter eine numerisch angegebene Schranke beginnt, darüber schweigt sich die Grenzwertformel aus; es könnte sehr leicht passieren, dass dieses Herabsinken ausserhalb der Grenzen der Tabelle fällt, auch wenn unsere Tabelle recht umfangreich ist. Was wir an einer Tabelle prüfen können, ist eigentlich etwas anderes, nämlich *ob die Grenzwertformel sich als Näherungsformel innerhalb der Tabellengrenzen bewährt oder nicht*. In diesem Sinne ist also das Folgende zu verstehen.

Die kompliziert aussehende Formel (4) hat folgenden Vorteil: Wir können sie prüfen, ohne die Zahlenwerte A und ϱ im voraus genau zu kennen. Die Formel (4) bedeutet nämlich geometrisch dies: *Wird zu jeder ganzzahligen Abscisse n die Grösse $Log\,(n^{3/2} R_n)$ als Ordinate aufgetragen, so nähern sich die erhaltenen Punkte für unendlich wachsendes n einer festen Geraden.* (Nämlich der Geraden, deren Gleichung

$$y = x\, Log\, \frac{1}{\varrho} + Log\, A$$

ist.) Dies wäre an einer Figur geometrisch ersichtlich; insbesondere könnte man prüfen, ob die Differenzen von zwei sukzessiven Ordinaten $Log\,(n^{3/2} R_n)$ sich einem festen Wert (dem Wert $Log\, \varrho^{-1}$) nähern, wie sie es der Grenzwertformel gemäss tun sollten.

Wenn man die geschilderte Konstruktion mit den von Cayley, Blair, Henze und Perry berechneten Zahlen[6]), die in der 2-ten Kolonne der Tabelle I (s. S. 248) stehen, durchführt, so erhält man eine Punktreihe, welche auf einer Zeichnung vom üblichen Format vom vierten oder fünften Punkte an vollständig geradlinig zu verlaufen scheint. Ich bringe die Zeichnung nicht, sondern nur die Zahlenreihe der Ordinaten $Log\,(n^{3/2} R_n)$ in der 3-ten und die

[6]) A. a. O. [1]), [2a]), [2i]).

Differenzen zweier sukzessiven Ordinaten in der 4-ten Kolonne der Tabelle I. Diese letzte Kolonne veranschaulicht das «Streben nach einem Grenzwert»: Nach einigem Hin- und Herschwanken erreicht zuerst die erste, dann die zweite und die dritte, dann die vierte Dezimale einen stabilen Wert, von dem sie nicht mehr abweicht.

Tabelle I.

n	R_n = Anzahl der strukturisomeren $C_n H_{2n+1} OH$	Log $(n^{3/2} R_n)$	Differenzen
	1	0,000 000	
	1	0,451 545	0,451 545
	2	1,016 712	0,565 167
	4	1,505 150	0,488 438
5	8	1,951 545	0,446 395
	17	2,397 676	0,446 131
	39	2,858 712	0,461 036
	89	3,304 025	0,445 313
	211	3,755 646	0,451 621
10	507	4,205 008	0,449 362
	1 238	4,654 810	0,449 802
	3 057	5,104 067	0,449 257
	7 639	5,553 952	0,449 885
	19 241	6,003 420	0,449 468
15	48 865	6,453 135	0,449 715
	124 906	6,902 763	0,449 628
	321 198	7,352 446	0,449 683
	830 219	7,802 101	0,449 655
	2 156 010	8,251 781	0,449 680
20	5 622 109	8,701 444	0,449 663
	14 715 813	9,151 113	0,449 669
	38 649 152	9,600 774	0,449 661
	101 821 927	10,050 433	0,449 659
	269 010 485	10,500 086	0,449 653
25	712 566 567	10,949 735	0,449 649
	1 891 933 344	11,399 379	0,449 644
	5 034 704 828	11,849 020	0,449 641
	13 425 117 806	12,298 655	0,449 635
	35 866 550 869	12,748 287	0,449 632
30	95 991 365 288	13,197 914	0,449 627

Würde tatsächlich, bis ins Unendliche, kein späteres Abweichen von den innerhalb der Tabelle stabilisierten Dezimalen stattfinden (was durch die Tabelle zwar wahrscheinlich gemacht aber keineswegs garantiert wird), so wäre

$$Log(\varrho^{-1}) = 0{,}4496\ldots,$$

also

$$0{,}35514 < \varrho < 0{,}35523,$$

was den auf ganz verschiedene Art ermittelten Schranken in (2) zumindest nicht widerspricht.

III.

Die Anzahl der strukturisomeren Benzolhomologen von der Molekularformel $C_{6+n}H_{6+2n}$ ist angenähert von der Form (1), wobei die Konstante ϱ denselben Wert hat, wie für die Alkohole $C_nH_{2n+1}OH$, jedoch die Konstante A einen verschiedenen Wert. Auch die Anzahl der strukturisomeren Naphtalinhomologen von der Molekularformel $C_{10+n}H_{8+2n}$ hat dieselbe angenäherte Formel (1), und das gleiche gilt für die homologe Reihe eines beliebigen Stammkörpers, wobei der Wert der Konstanten A von einer homologen Reihe zur andern sich ändert, aber die Konstante ϱ stets denselben Wert beibehält. Die einzige homologe Reihe, die eine Ausnahme bildet, ist die Reihe der Paraffine; die angenäherte Formel für die Anzahl der strukturell verschiedenen isomeren C_nH_{2n+2} ist

$$\alpha\,\varrho^{-n}\,n^{-5/2}. \tag{5}$$

In dieser Behauptung ist «angenäherte Formel» in dem Sinne einer Grenzwertformel zu verstehen, wie es im Abschnitt II ausführlich auseinandergesetzt wurde. Die Formel (1) bildet also eine Art Universalgesetz für die Zunahme der Isomerenzahl mit dem Kohlenstoffgehalt; sie ist zwar nur eine Näherungsformel, aber es scheint mir ausgeschlossen, dass eine genaue Formel von der gleichen Universalität gefunden werden kann.

Das Behauptete kann nur durch mathematische Beweisführung begründet werden (die wesentlichsten Punkte sind im Abschnitt IV erörtert), aber man kann es durch folgende Überlegung einigermassen plausibel machen: Die strukturell verschiedenen Alkohole von der Molekularformel $C_n H_{2n+1} OH$ und die strukturell verschiedenen Alkylradikale von der Formel $-C_n H_{2n+1}$ sind genau gleich zahlreich. Nun entsteht die homologe Reihe eines beliebigen Stammkörpers durch Substituieren von Alkylradikalen an Stelle gewisser H-Atome des Stammkörpers; daher ist einigermassen verständlich, dass die Anzahl der isomeren Homologen der Anzahl der isomeren Alkylradikale proportional anwächst. Das allen homologen Reihen Gemeinsame kommt in dem Faktor $\varrho^{-n} n^{-3/2}$ der Formel (1) zum Ausdruck, die Individualität der einzelnen Stammkörper in dem Faktor A.

Die Paraffine nehmen eine Sonderstellung ein. Ein Alkohol von der Formel $C_n H_{2n+1} OH$ entsteht aus dem entsprechenden Paraffin von der Formel $C_n H_{2n+2}$ durch Substituieren eines $-H$ durch ein $-OH$. Nun stehen n verschiedene C-Atome zur Auswahl da, um das $-OH$ aufzunehmen; befinden sie sich alle in verschiedenartiger Situation im Molekül, so entstehen aus dem einem Paraffin n verschiedene Alkohole, befinden sie sich alle in gleichartiger Situation, so entsteht nur ein Alkohol. Die Formeln (1) und (5) zeigen, dass angenähert $A \varrho^{-n} n^{-3/2}$ Alkohole auf $\alpha \varrho^{-n} n^{-5/2}$ Paraffine entfallen, also im Durchschnitt

$$\frac{A \varrho^{-n} n^{-3/2}}{\alpha \varrho^{-n} n^{-5/2}} = \frac{A}{\alpha} n$$

Alkohole auf ein Paraffin. Für die n C-Atome des Paraffinmoleküls $C_n H_{2n+2}$ gibt es somit (im Durchschnitt und angenähert gesprochen) $A \alpha^{-1} n$ verschiedenartige Situationen, ein fester Prozentsatz der im voraus ersichtlichen grösstmöglichen Anzahl der Situationen n. Von diesem Gesichtspunkte aus betrachtet erscheint der Unterschied um einen Faktor n zwischen den beiden Formeln (1) und (5) als plausibel.

Näherungsformeln von demselben Charakter wie (1) und (5) gelten für andere Körperklassen; ich erwähne als Beispiel: Die Anzahl der isomeren, strukturell verschiedenen Cycloparaffine von der Molekularformel $C_n H_{2n}$ ist angenähert

$$\frac{\varrho^{-n}}{4n}.$$

Auch bei der Berücksichtigung der Stereoisomerie lassen sich Näherungsformeln von demselben Charakter aufstellen, mit dem einen Unterschied, dass bei Heranziehen der Stereoisomerie die für die Strukturisomerie der homologen Reihen charakteristische Zahl ϱ durch eine kleinere Zahl σ ersetzt werden muss,

$$0{,}30 < \sigma < 0{,}31\,,$$

wobei ϱ^{-1} durch das grössere σ^{-1} ersetzt wird[7]).

IV.

Ich füge den mathematischen Beweis für die am Anfang des Abschnittes II aufgestellte Behauptung bei; auch ein Teil der Behauptung am Anfang des Abschnittes III soll bewiesen werden. Ich wähle nicht den aussichtsreichsten, sondern den kürzesten Weg, auch halte ich die Darstellung in den späteren Teilen, die ohnehin eingehendere mathematische Kenntnisse erfordern, etwas knapp. Eine umfassendere Darstellung gedenke ich in einer für Mathematiker bestimmten Zeitschrift mitzuteilen.

1. ***Rekursionsformel.*** Es bezeichnet R_n die Anzahl der strukturell verschiedenen Alkylradikale $-C_nH_{2n+1}$. Den äussersten Fall $n = 0$ ziehe ich mit in Betracht: Es gibt nur ein Radikal $-H$, daher ist $R_o = 1$.

Nun sei $n \geqq 1$. Ich bemerke, dass R_n auch die Anzahl der strukturell verschiedenen Alkohole $C_nH_{2n+1}OH$ ist, und dass ein solcher Alkohol aus dem Methylalkohol CH_3OH dadurch entsteht, dass die drei in H_3 zusammengefassten H durch drei Alkylradikale

$$(6) \qquad -C_jH_{2j+1}, \qquad -C_kH_{2k+1}, \qquad -C_lH_{2l+1},$$

ersetzt werden, wobei

$$(7) \qquad j+k+l = n-1, \qquad j \geqq 0, \quad k \geqq 0, \quad l \geqq 0.$$

Es sind drei Fälle zu unterscheiden:

a) Die drei Zahlen j, k, l sind voneinander verschieden; man kann annehmen, dass $j < k < l$. Die Kombination der drei Radikale (6) kann auf

$$R_j\, R_k\, R_l$$

verschiedene Arten gewählt werden.

[7]) Vgl. die bestimmtere Formulierung a. a. O. [4d]).

b) Es gibt unter den drei Zahlen j, k, l nur zwei verschiedene; man kann annehmen, dass $j \neq k$, $k = l$. Die Kombination (6) kann auf

$$R_j \frac{R_k (R_k + 1)}{1 \cdot 2}$$

Arten gewählt werden.

c) Es ist $j = k = l$. Die Kombination (6) kann auf

$$\frac{R_j (R_j + 1)(R_j + 2)}{1 \cdot 2 \cdot 3}$$

Arten gewählt werden.

Hiemit sind alle Möglichkeiten, die Kombination (6) zu wählen, d. h. aus CH_3OH durch Substitution von (6) an Stelle der drei $-H$ ein $C_n H_{2n+1} OH$ zu erhalten, erschöpft. Also ist, den Fällen a) b) c) entsprechend, R_n eine Summe von drei Gliedern:

$$R_n = \frac{R_j (R_j + 1)(R_j + 2)}{1 \cdot 2 \cdot 3} + \sum_{j \neq k} R_j \frac{R_k (R_k + 1)}{1 \cdot 2} + \sum_{j<k<l} R_j R_k R_l. \tag{8}$$

Das erste Glied rechts in (8) tritt nur dann auf, wenn $n-1$ durch 3 teilbar ist und

$$3j = n - 1. \tag{9}$$

Die erste Summe rechts in (8) ist auf solche Werte j, k, für welche

$$j \neq k, \qquad j + 2k = n - 1, \tag{10}$$

und die zweite Summe auf solche Werte j, k, l erstreckt, für welche ausser $j < k < l$ noch (7) gilt.

Die Rekursionsformel (8) unterscheidet sich von der Rekursionsformel von Henze und Blair [8]) nur darin, dass diese Autoren die Fälle, in denen eine oder zwei von den Zahlen j, k, l verschwinden, separat behandeln und dadurch zur Unterscheidung von weiteren Unterfällen gezwungen sind.

2. ***Funktionalgleichung.*** Ich betrachte die Potenzreihe

$$r(x) = R_0 + R_1 x + R_2 x^2 + \cdots + R_n x^n + \cdots \tag{11}$$

und behaupte, dass sie der Funktionalgleichung

[8]) A. a. O. [2a]).

$$(12) \qquad r(x) = 1 + x\,\frac{r(x)^3 + 3\,r(x)\,r(x^2) + 2\,r(x^3)}{6}$$

genügt. Die eigentliche Quelle dieser Gleichung kann man nicht so rasch angeben [9], aber man kann die Gleichung ganz kurz beweisen, oder, besser gesagt, verifizieren, u. zw. durch folgende Rechnung: Es ist, gemäss (11),

$$r(x)^3 = \sum_j R_j^3 x^{3j} + 3 \sum_{j \neq k} R_j R_k^2 x^{j+2k} + 6 \sum_{j<k<l} R_j R_k R_l x^{j+k+l}$$

$$3\,r(x)\,r(x^2) = 3 \sum_j R_j^3 x^{3j} + 3 \sum_{j \neq k} R_j R_k x^{j+2k},$$

$$2\,r(x^3) = 2 \sum_j R_j x^{3j},$$

woraus durch Addition und Multiplikation mit $x/6$ folgt

$$x\,\frac{r(x)^3 + 3\,r(x)\,r(x^2) + 2\,r(x^3)}{6} = \sum_j \frac{R_j^3 + 3\,R_j^2 + 2\,R_j}{6}\,x^{3j+1} + \sum_{j \neq k} R_j\,\frac{R_k^2 + R_k}{2}\,x^{j+2k+1} + \sum_{j<k<l} R_j R_k R_l\,x^{j+k+l+1}$$

Indem man dies mit der Rekursionsformel (8) vergleicht [auch die für deren drei Glieder geltenden Bedingungen (9), (10) und (7) sind zu beachten], erkennt man, dass die Rekursionsformel, die für $n = 1, 2, 3, \ldots$ gilt, und die Anfangsbedingung $R_o = 1$ zusammen äquivalent mit der Funktionalgleichung (12) sind.

Aus der Rekursionsformel mit $R_o = 1$, also aus der damit gleichbedeutenden Funktionalgleichung (12) kann man ohne Mühe auch formal folgern (nach der Bedeutung ist es ja klar), dass die Zahlen $R_o, R_1, R_2, \ldots$ positiv ganz sind und eine nichtabnehmende Folge bilden.

3. ***Konvergenz der Potenzreihe.*** Zum Vergleich mit der Funktionalgleichung (12) betrachte man die beiden Gleichungen

$$(13) \qquad f(x) = 1 + \frac{x\,f(x)^3}{6},$$

$$(14) \qquad F(x) = 1 + x\,F(x)^3.$$

[9]) Vgl. a. a. O. 4a), 4c).

Jede dieser Gleichungen kann durch eine nach wachsenden Potenzen von x geordnete, durch die Gleichung vollständig bestimmte Potenzreihe befriedigt werden, ebenso wie (12) durch (11) befriedigt wird. Man sieht ohne Schwierigkeit, dass die der Gleichung (13) genügende Potenzreihe durch $r(x)$ und dass $r(x)$ durch die Potenzreihe majoriert wird, welche (14) genügt. Hieraus folgt: Der Konvergenzradius der Potenzreihe (11) ist enthalten zwischen den Konvergenzradien der beiden Potenzreihen, welche (13) bzw. (14) befriedigen. Nun sind aber (13) und (14) algebraische Gleichungen dritten Grades für die unbekannten Funktionen $f(x)$ bzw. $F(x)$. Man kann die Konvergenzradien dieser Reihen auf zwei Arten berechnen: Entweder aus der expliciten Form der Reihenentwicklung (sie ist ein Spezialfall der klassischen LAMBERT'schen Reihe), oder aus der Überlegung, dass der auf dem Konvergenzkreis gelegene singuläre Punkt ein Verzweigungspunkt, also eine Wurzel der Gleichungsdiskriminante sein muss. Auf beiden Wegen erhält man übereinstimmende Werte und hieraus für den Konvergenzradius von $r(x)$, den wir von nun an mit ϱ bezeichnen wollen, die Ungleichung

$$\frac{4}{27} \leqq \varrho \leqq \frac{8}{9}. \tag{15}$$

4. ***Analytisches Verhalten auf dem Konvergenzrand.*** Es ist $r(x)$ ausnahmslos regulär in der Kreisfläche

$$|x| < \varrho$$

aber nicht mehr auf deren Rand. Die Funktion $r(x^2)$ ist für $|x^2| < \varrho$, also in der Kreisfläche

$$|x| < \varrho^{1/2} \tag{16}$$

und die Funktion $r(x^3)$ für $|x^3| < \varrho$, also in der Kreisfläche

$$|x| < \varrho^{1/3},$$

regulär. Da $\varrho < 1$, vgl. (15), ist

$$\varrho < \varrho^{1/2} < \varrho^{1/3},$$

und die Situation ist die: In der Kreisfläche (16), welche den Konvergenzkreis der Potenzreihe (11) im Innern enthält, sind die Koeffizienten der Gleichung dritten Grades

$$y = 1 + x\,\frac{y^3 + 3\,y\,r(x^2) + 2\,r(x^3)}{6}, \tag{17}$$

der die Funktion

$$y = r(x) \tag{18}$$

laut (12) genügt, ausnahmslos regulär.

Irgend ein singulärer Punkt von $r(x)$ auf dem Konvergenzrande $|x| = \varrho$ muss also ein Verzweigungspunkt sein, entsprechend einer mehrfachen Wurzel der Gleichung (17) in y, u. zw. muss in einem solchen Punkt, da der Koeffizient von y^3 nicht verschwindet (es ist ja $|x| = \varrho > 0$ auf dem Konvergenzrand), die Funktion $r(x)$ stetig bleiben. Für die singulären Punkte x auf dem Konvergenzrand erhält man somit, indem man (17) nach y partiell deriviert, die Bedingung

$$1 = x \frac{3y^2 + 3r(x^2)}{6}$$

und vermöge (18)

$$x \frac{r(x)^2 + r(x^2)}{2} = 1. \tag{19}$$

Da die Koeffizienten der Potenzreihe (11) positiv sind, ist der Punkt $x = \varrho$ des Konvergenzkreises sicherlich singulär, und genügt somit der Gleichung (19), also ist

$$\varrho \frac{r(\varrho)^2 + r(\varrho^2)}{2} = 1. \tag{20}$$

Da die Koeffizienten der Potenzreihe (11) positiv sind und die dargestellte Funktion $r(x)$ im Punkte $x = \varrho$ beschränkt bleibt, folgt weiter, nach einer geläufigen Überlegung, dass die Potenzreihe noch im Punkte $x = \varrho$ konvergent, also auf dem ganzen Konvergenzrand $|x| = \varrho$ absolut konvergent bleibt. Daher ist auch die linke Seite der Gleichung (19) durch eine auf dem Kreis $|x| = \varrho$ absolut konvergente Reihe dargestellt, deren Koeffizienten (abgesehen vom absoluten Glied) sämtlich positiv sind.

Aber eine solche Reihe nimmt in dem Punkt $x = \varrho$ einen entschieden grösseren Wert an als in irgendeinem anderen Punkte des Kreises $|x| = \varrho$. Somit ist, mit Rücksicht auf (20), der absolute Wert der linken Seite von (19) in jedem von $x = \varrho$ verschiedenen Punkte des Konvergenzkreises dem Betrage nach < 1, die Gleichung (19) ist, ausser für $x = \varrho$, nirgends auf dem Konvergenzkreis erfüllt, der Punkt $x = \varrho$ ist der einzige singuläre Punkt von $r(x)$ auf dem Konvergenzkreis.

Den Beweis dieser entscheidenden Tatsache wollte ich ausführlicher darstellen. Es ist nun leicht festzustellen, dass $r(x)$ in der Umgebung des singulären Punktes (Verzweigungspunktes) $x = \varrho$ in eine Potenzreihe nach wachsenden Potenzen von $\sqrt{x - \varrho}$ entwickelbar ist, die so beginnt:

$$r(x) = a - b \sqrt{1 - \frac{x}{\varrho}} + \cdots . \tag{21}$$

Hierin bedeuten a und b positive Zahlen; es ist

$$a = r(\varrho) \tag{22}$$

$$b = \sqrt{2 \frac{r(\varrho) - 1 + r(\varrho)\, r'(\varrho^2)\, \varrho^3 + r(\varrho^3)\, \varrho^4}{\varrho\, r(\varrho)}} . \tag{23}$$

5. ***Die Grenzwertformel für die Anzahl der strukturisomeren $C_n H_{2n+1} OH$.*** Da die Funktion $r(x)$ auf ihrem Konvergenzkreise vom Radius ϱ den einzigen singulären Punkt $x = \varrho$ besitzt und um diesen Punkt eine Reihenentwicklung nach positiven Potenzen von $\sqrt{x - \varrho}$, die wie in (21) angegeben beginnt, besteht für den allgemeinen Koeffizienten R_n ihrer Potenzreihe (11), auf Grund wohlbekannter Sätze [10]) die Grenzwertformel

$$R_n \sim \frac{b}{2\sqrt{\pi}}\, \varrho^{-n}\, n^{-3/2} ,$$

die mit (3) gleichbedeutend ist, wenn wir A den Wert

$$A = \frac{b}{2\sqrt{\pi}} \tag{24}$$

zuschreiben. Die Gleichungen (23) und (24) bestimmen den Wert von A vollkommen, aber nicht gerade auf eine zur numerischen Rechnung bequeme Weise. Die mit der Strukturisomerie innerhalb der homologen Reihen so wesentlich verbundene Konstante ϱ ist also der Konvergenzradius der Potenzreihe (11), Lösung der Funktionalgleichung (12).

6. ***Die Grenzwertformel für die Anzahl der strukturisomeren $C_{6+n} H_{6+2n}$.*** Die Anzahl der hier betrachteten struk-

[10]) Vgl. z. B. R. JUNGEN, Commentarii mathematici Helvetici III (1931) S. 266—306, Théorème A, S. 269 und Théorème 1, S. 275.

turisomeren Benzolhomologen ist[11]) der Koeffizient von x^n in der Reihenentwicklung der Funktion

$$\frac{r(x)^6 + 4\,r(x^2)^3 + 3\,r(x)^2\,r(x^2)^2 + 2\,r(x^3)^2 + 2\,r(x^6)}{12} \tag{25}$$

um den Nullpunkt. Der Konvergenzradius dieser Reihe ist ϱ, wie der von (11), der einzige singuläre Punkt am Konvergenzkreis ist $x = \varrho$, wie für $r(x)$, und um $x = \varrho$ herum kann (25), wie $r(x)$, in eine nach wachsenden Potenzen von $\sqrt{x - \varrho}$ fortschreitende Reihe entwickelt werden, die so beginnt:

$$a' - b'\sqrt{1 - \frac{x}{\varrho}} + \cdots;$$

hierbei ist

$$\frac{b'}{b} = \frac{r(\varrho)^5 + r(\varrho)\,r(\varrho^2)^2}{2}. \tag{26}$$

Als Koeffizient von x^n in der Reihenentwicklung der Funktion (25) deren einzige Singularität am Konvergenzkreise eben erörtert wurde, ergibt sich die Anzahl der strukturisomeren Benzolhomologen von der Molekularformel $C_{6+n}H_{6+2n}$ angenähert (asymptotisch gleich) zu

$$\frac{b'}{2\sqrt{\pi}}\,\varrho^{-n}\,n^{-3/2}.$$

Diese angenäherte Formel unterscheidet sich von der die isomeren $C_n H_{2n+1} OH$ betreffenden analogen Formel nur um den Faktor (26).

Die Rechnung verläuft für einen beliebigen Stammkörper ebenso wie für das Benzol.

7. ***Ausblick.*** Die im Vorangehenden erläuterten Schritte sind ganz analog auszuführen, wenn es sich um Stereoisomerie und nicht um Strukturisomerie handelt. An Stelle der Funktion $r(x)$ tritt eine andere $s(x)$, deren Funktionalgleichung ich schon früher angegeben habe[12]).

---

[11]) Vgl. a. a. O. [4a]), S. 422, den Text um Formel (8), und für einen knappen Beweis der benötigten Regel a. a. O. [4c]).

[12]) A. a. O. [4a]), S. 441. Vgl. auch [4d]).

Die Behandlung des Falles der isomeren Cycloparaffine, der am Schluss des Abschnittes III erwähnt wurde, und von analogen Fällen bedarf einer Abänderung in der kombinatorischen Überlegung, aber kaum in den funktionentheoretischen Schlüssen.

Hingegen tritt bei dem Beweis der angegebenen Formel (5) für die Anzahl der strukturisomeren Paraffine ein andersartiger Gedankengang auf: Die Formel ist auf das Resultat (3) zu gründen und bedarf keiner neuen funktionentheoretischen Überlegung, wohl aber einiger Kunstgriffe aus der Analysis der reellen Grössen.

KOMBINATORISCHE ANZAHLBESTIMMUNGEN FÜR GRUPPEN, GRAPHEN UND CHEMISCHE VERBINDUNGEN.

Von

G. PÓLYA

in Zürich.

Einleitung.

1. Die Entwicklungen dieser Arbeit setzen Untersuchungen von Cayley fort. Cayley hat wiederholt kombinatorische Aufgaben behandelt, deren Zweck ist, die Anzahl gewisser »Bäume» zu bestimmen.[1] Einige seiner Aufgaben sind einer chemischen Interpretation fähig: Die Anzahl der betreffenden »Bäume» ist gleich der Anzahl gewisser (theoretisch möglicher) isomerer chemischer Verbindungen.

Die ausgedehnten numerischen Rechnungen Cayleys wurden von mehreren Autoren, insbesondere von Chemikern nachgeprüft und zum Teil berichtigt. Einen eigentlichen Fortschritt brachten meines Erachtens erst die Publikationen von zwei amerikanischen Chemikern, von Henze und Blair, die nicht nur die numerischen Rechnungen Cayley's um ein gutes Stück weiter führten, sondern auch die Methode verbesserten und weitere Klassen von Verbindungen in die Berechnung einbezogen.[2] Ohne unmittelbaren Zusammenhang mit den Cayleyschen Fragen wurde andererseits erkannt, durch Lunn und Senior[3], dass gewisse Isomerenzahlen in enger Beziehung zu den Permutationsgruppen stehen.

In der vorliegenden Arbeit werde ich die Cayleysche Fragestellung in ver-

---

[1] Cayley **1—8**. Die fettgedruckten Ziffern hinter Namen in Kapitälschrift verweisen auf die kurze Literaturzusammenstellung S. 253 welche nur die am häufigsten zitierten, mit dem Hauptinhalt der Arbeit näher zusammenhängenden Schriften enthält. Weitere Literaturangaben findet der Leser im Buche von D. König **1** ferner bei A. Sainte-Laguë, Mémorial des sciences mathématiques, fasc. 18.

[2] Blair u. Henze, **1—6**.

[3] Lunn u. Senior, **1**.

For comments on this paper [152], see p. 621.

schiedenen Hinsichten erweitern, ihre Beziehungen zur Theorie der Permutationsgruppen und zu gewissen Funktionalgleichungen darlegen und bis zur asymptotischen Berechnung der betreffenden Anzahlen verfolgen. Die Resultate sind in den nachfolgenden vier Kapiteln enthalten, über deren Inhalt die weiteren Nummern der Einleitung näher berichten. Von der Untersuchung, die ich hier ausführlich darstelle, habe ich einige Ergebnisse schon früher skizziert.[1]

2. Über Permutationsgruppen habe ich eine kombinatorische Aufgabe vorzulegen, die sich durch ihre Allgemeinheit und durch die Einfachheit ihrer Lösung empfiehlt. Um die nahe Verwandschaft dieser Aufgabe mit den ersten Elementen der Kombinatorik deutlich vor die Augen zu führen, lege ich sie hier an einem ganz konkreten Beispiel vor.

Gegeben sind 6 Kugeln von drei verschiedenen Farben, 3 rote, 2 blaue, 1 gelbe; Kugeln gleicher Farbe sind als ununterscheidbar anzusehen. Auf wie viele Arten kann man diese 6 Kugeln auf die 6 Ecken eines frei im Raume beweglichen Oktaeders verteilen? (Verteilen heisst: jeder Ecke eine Kugel zuordnen.)

Wenn das Oktaeder im Raume so fixiert wäre, dass durch seine Lage die 6 Eckpunkte als *individuell verschieden* charakterisiert wären, etwa als obere und untere, hintere und vordere, linke und rechte Ecke, so wäre die Antwort, wie aus den ersten Elementen bekannt

$$\frac{6!}{3!\ 2!\ 1!} = 60.$$

Der springende Punkt der Aufgabe ist aber der, dass die Ecken weder individualisiert, noch vollständig ununterscheidbar sind, sondern dass solche und nur solche Positionen unter den erwähnten 60 als nicht verschieden gelten, welche durch Drehungen des Oktaeders ineinander überführbar sind.

Zur Antwort auf die aufgeworfene Frage muss man die Permutationen, welche die 24 Drehungen der Oktaedergruppe zwischen den Oktaederecken veranlassen, genau ins Auge fassen. Wir zerlegen diese Permutationen in Zyklen und wir ordnen jedem Zyklus von gegebener Ordnung eine Unbestimmte zu: Einem Zyklus 1-ter Ordnung (einer durch die Drehung unverrückten Ecke) sei f_1, einem Zyklus 2-ter Ordnung (einer Transposition) sei f_2, einem Zyklus 3-ter Ordnung f_3 zugeordnet u.s.w. Einer Permutation, welche in ein Produkt elementenfremder Zyklen zerlegt ist, sei das Produkt derjenigen Unbestimmten zuge-

[1] PÓLYA, 1—5.

ordnet, welche den einzelnen Zyklen entsprechen. Somit werden folgende Produkte den einzelnen Drehungen des Oktaeders zugeordnet:

f_1^6 der »Ruhe», welche die »identische Permutation» der 6 Ecken, also 6 Zyklen 1-ter Ordnung bewirkt;

$f_1^2 f_4$ einer 90°-Drehung um eine Diagonale;

$f_1^2 f_2^2$ einer 180°-Drehung um eine Diagonale;

f_2^3 einer 180°-Drehung um die Verbindungslinie der Mittelpunkte zweier gegenüberliegenden Kanten;

f_3^2 einer 120°-Drehung um die Verbindungslinie der Mittelpunkte zweier gegenüberliegenden Seitenflächen.

Man bemerke, dass diese 5 Typen bzw. durch

$$1, \quad 6, \quad 3, \quad 6, \quad 8$$

Drehungen in der Gesamtgruppe vertreten sind. Man nehme das arithmetische Mittel der 24 Produkte, die den 24 Drehungen zugeordnet sind; das entstehende Polynom der Unbestimmten f_1, f_2, f_3, f_4,

$$\frac{f_1^6 + 6 f_1^2 f_4 + 3 f_1^2 f_2^2 + 6 f_2^3 + 8 f_3^2}{24}$$

nenne ich den *Zyklenzeiger* der Permutationsgruppe, welche die Oktaedergruppe zwischen den 6 Oktaederecken veranlasst.

Die Lösung der vorgelegten kombinatorischen Aufgabe wird durch folgende Vorschrift gegeben: *Man setze in dem Zyklenzeiger*

$$f_1 = x + y + z, \qquad f_2 = x^2 + y^2 + z^2, \qquad f_3 = x^3 + y^3 + z^3,$$
$$f_4 = x^4 + y^4 + z^4$$

und entwickle den so entstehenden Ausdruck nach Potenzen von x, y, z; der Koeffizient von $x^3 y^2 z$ in dieser Entwicklung ist die gewünschte Anzahl. Sie ist 3, welche Zahl man auch an der Figur leicht feststellt. Man bemerke noch, dass der vorher zum Vergleich herangezogene, zur elementarsten Kombinatorik gehörige Fall, in welchem die 6 Ecken als individuell verschieden betrachtet wurden, unter dieselbe Vorschrift fällt: Denn sind die Ecken individuell verschieden, so lassen sie nur die identische Permutation zu, d. h. die aus einer einzigen Operation bestehende Permutationsgruppe vom Grade 6, deren Zyklenzeiger f_1^6 ist, und die Zahl

$$\frac{6!}{3!\,2!\,1!}$$

ist eben der Koeffizient von $x^3 y^2 z$ in der Entwicklung von $(x + y + z)^6$.

Kapitel I erörtert den durch das vorangehende Beispiel nahegebrachten allgemeinen Begriff von »Konfigurationen, welche inbezug auf eine Permutationsgruppe äquivalent sind», begründet die ausgesprochene Vorschrift in ihrer allgemeinen Fassung und bringt verschiedene anschliessende Beziehungen kurz zur Sprache.

3. Als »Baum» bezeichnet man, nach Cayley, ein geometrisch-kombinatorisches Gebilde, das aus »Punkten» und »Strecken» zusammengesetzt ist; jede Strecke verbindet zwei Punkte, in einem Punkte treffen sich eine beliebige Anzahl von Strecken; das ganze Gebilde ist zusammenhängend, u. zw. wird der Zusammenhang bei einer gegebenen Anzahl von Punkten durch möglichst wenig Strecken bewerkstelligt: daher übertrifft die Anzahl der Punkte die der Strecken genau um eine Einheit und es sind im Gebilde keine geschlossenen Wege möglich.

Man unterscheidet einkantige, zweikantige, dreikantige . . . Punkte des Baumes, je nach der Anzahl der Strecken, welche im betreffenden Punkte sich begegnen; ein einkantiger Punkt wird auch »Endpunkt» des Baumes genannt.

Man kann einen beliebigen Endpunkt des Baumes auszeichnen und als »Wurzelpunkt» bezeichnen; einen Baum, an welchem ein Wurzelpunkt bezeichnet ist, nenne man einen »Setzbaum»; die von dem Wurzelpunkt verschiedenen Punkte eines Setzbaumes heissen »Knotenpunkte». Wird am Baum kein Wurzelpunkt ausgezeichnet, also alle Punkte als gleichartig betrachtet, so nennt man den Baum, im Gegensatz zu den Setzbäumen, einen »freien» Baum.

Vom topologischen Standpunkte aus werden zwei Bäume, welche in ihren Zusammenhangsverhältnissen übereinstimmen, als nicht verschieden betrachtet; die genaue Fassung dieser Definition (und einiger ähnlichen, weniger bekannten Definitionen) wird in Nr. 34—35 besprochen. Es bedeutet im folgenden

τ_n die Anzahl der topologisch verschiedenen freien Bäume mit n Punkten;

T_n die Anzahl der topologisch verschiedenen Setzbäume mit n Knotenpunkten.

Die Bestimmung der Anzahlen τ_n und T_n hat schon Cayley in bemerkenswerter Weise gefördert. Die Definition von τ_n ist einfacher als die von T_n, da ja der Begriff des »freien» Baumes eine Komponente weniger enthält als der des »Setzbaumes»; hingegen stellte sich heraus, dass vom analytischen Standpunkte aus T_n einfacher als τ_n ist: Man kann τ_n in durchsichtiger Weise erst dann berechnen, wenn T_n schon bekannt ist. Zur Berechnung von T_n stellte Cayley die merkwürdige Gleichung

$$(1) \qquad T_1 x + T_2 x^2 + T_3 x^3 + \cdots + T_n x^n + \cdots$$
$$= x(1-x)^{-T_1}(1-x^2)^{-T_2}(1-x^3)^{-T_3} \ldots (1-x^n)^{-T_n} \ldots$$

auf, die als Potenzreihenidentität inbezug auf x aufzufassen ist und durch Koeffizientenvergleichung die rekursive Bestimmung der Zahlen T_1, T_2, T_3, ... gestattet. Es ist, wie man es aus der Gleichung (1) und durch anschauliches Probieren mit Figuren übereinstimmend findet,

$$T_1 = 1, \quad T_2 = 1, \quad T_3 = 2, \quad T_4 = 4, \quad T_5 = 9, \ldots;$$

vgl. die Zusammenstellung der Anfangsglieder der Reihe (1) mit den abgezählten Setzbäumen in Fig. 1, in welcher die Wurzelpunkte doppelt ausgezeichnet sind: zu unterst gezeichnet und durch einen Pfeil bezeichnet, während die Knotenpunkte durch kleine Kreise bezeichnet sind.

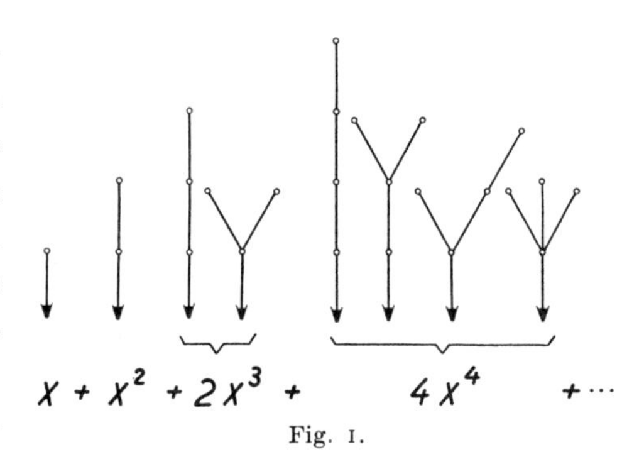

Fig. 1.

Wenn man die erzeugende Funktion

$$(2) \qquad t(x) = T_1 x + T_2 x^2 + T_3 x^3 + \cdots + T_n x^n + \cdots$$

der topologischen Setzbäume einführt, kann man die Cayleysche Gleichung (1) als eine Funktionalgleichung für $t(x)$ auffassen, welche man in den beiden folgenden äquivalenten Gestalten

$$(1') \qquad t(x) = x e^{\frac{t(x)}{1} + \frac{t(x^2)}{2} + \frac{t(x^3)}{3} + \cdots}$$

$$(1'') \qquad t(x) = x\left[1 + \frac{t(x)}{1!} + \frac{t(x)^2 + t(x^2)}{2!} + \frac{t(x)^3 + 3\,t(x)\,t(x^2) + 2\,t(x^3)}{3!} + \cdots\right]$$

schreiben kann. Beide Fassungen haben ihre Vorzüge: Es dient die Formel (1') als Ausgangspunkt zur asymptotischen Berechnung von T_n und τ_n, und die Formel (1'') als Ausgangspunkt zu Verallgemeinerungen. (Im allgemeinen Glied der Reihe rechts in (1'') kann man nämlich den Zyklenzeiger der symmetrischen Gruppe von n Elementen erkennen.)

Man kann nun beliebig viele zu T_n und τ_n analoge Anzahlen berechnen, wenn man die Cayleysche Gleichung (1) in der neuen Gestalt (1'') zum Vorbild nimmt und die darin enthaltenen gruppentheoretischen Andeutungen richtig auffasst.

Es seien hier zunächst nur zwei Anzahlen genannt, welche im folgenden behandelt werden. Es bezeichne

ϱ_n die Anzahl solcher topologisch verschiedenen freien Bäume, welche nur einkantige und vierkantige Punkte, u.zw. genau n vierkantige Punkte enthalten;

R_n die Anzahl solcher topologisch verschiedenen Setzbäume, welche nur einkantige und vierkantige Punkte, u.zw. genau n vierkantige Punkte enthalten.

Die Definition der Zahlen ϱ_n und R_n ist vom rein geometrisch-kombinatorischen Gesichtspunkte aus gesehen etwas gekünstelt; immerhin verhalten sie sich zueinander analog wie τ_n und T_n: Es ist ϱ_n aus R_n, und R_n als Koeffizient in der Potenzreihenentwicklung der erzeugenden Funktion

$$r(x) = R_0 + R_1 x + R_2 x^2 + \cdots + R_n x^n + \cdots \tag{3}$$

zu bestimmen, welche der Funktionalgleichung

$$r(x) = 1 + x \frac{r(x)^3 + 3\, r(x)\, r(x^2) + 2\, r(x^3)}{6} \tag{4}$$

genügt.

4. Es ist die chemische Bedeutung, und nicht die rein geometrisch-kombinatorische, welche die eingehende Betrachtung der Anzahlen ϱ_n und R_n rechtfertigt.

Ein in der Anzahl ϱ_n inbegriffener Baum, der neben n vierkantigen nur noch einkantige Punkte besitzt, enthält von der letzteren Art von Punkten notwendigerweise $2n+2$, also insgesamt $3n+2$ Punkte; vgl. Nr. 36. Wenn die n vierkantigen Punkte vierwertige C-Atome und die $2n+2$ einkantigen Punkte einwertige H-Atome vertreten, wird aus dem Baum die Strukturformel eines Paraffins, d. h. einer chemischen Verbindung von der Molekularformel $C_n H_{2n+2}$, u.zw. entsprechen topologisch verschiedene Bäume mit den besagten Punktzahlen n und $2n+2$ strukturell verschiedenen aber gleichzusammengesetzten, isomeren Paraffinen von der besagten Formel $C_n H_{2n+2}$. Es bedeutet also

ϱ_n die Anzahl der strukturisomeren Paraffine von der Molekularformel $C_n H_{2n+2}$. Ähnlicherweise ist

R_n die Anzahl der strukturisomeren Alkohole von der Molekularformel

$C_n H_{2n+1} O H$; als »Wurzelpunkt» wird hierbei derjenige Endpunkt des Baumes bezeichnet, welcher das Radikal $- O H$ darstellt (die übrigen $2n + 1$ Endpunkte stellen je ein H dar).

Die chemische Bedeutung der geometrisch-kombinatorischen Anzahlen ϱ_n und R_n macht uns darauf aufmerksam, dass die Begriffe der organischen Chemie zu vielen analogen Anzahlen Anlass geben, die ebenfalls rein geometrisch-kombinatorisch definiert und durch analoge Überlegungen berechnet werden können. Ich zähle die wichtigsten Anzahlen hier in chemischer Terminologie auf; die kombinatorische Definition erfordert Vorsicht und eine längere Auseinandersetzung (vgl. Nr. 33—36). Es bezeichne im folgenden:

σ_n die Anzahl der *stereoisomeren* Paraffine von der Molekularformel $C_n H_{2n+2}$;

S_n die Anzahl der *stereoisomeren* Alkohole von der Molekularformel $C_n H_{2n+1} O H$;

$\varkappa_n$ die Anzahl der strukturisomeren Paraffine von der Molekularformel $C_n H_{2n+2}$ *ohne asymmetrische Kohlenstoffatome;*

Q_n die Anzahl der strukturisomeren Alkohole von der Molekularformel $C_n H_{2n+1} O H$ *ohne asymmetrische Kohlenstoffatome.*

Es stellt sich heraus, dass auch diese Anzahlenpaare σ_n und S_n, $\varkappa_n$ und Q_n sich ähnlich berechnen lassen wie die vorangehenden τ_n und T_n, ϱ_n und R_n: Man kann σ_n auf S_n, $\varkappa_n$ auf Q_n zurückführen, und die Anzahlen S_n, Q_n ergeben sich als Koeffizienten der bezüglichen erzeugenden Funktion

$$s(x) = S_0 + S_1 x + S_2 x^2 + \cdots + S_n x^n + \cdots, \tag{5}$$

$$q(x) = Q_0 + Q_1 x + Q_2 x^2 + \cdots + Q_n x^n + \cdots \tag{6}$$

aus der bezüglichen Funktionalgleichung

$$s(x) = 1 + x \frac{s(x)^3 + 2 s(x^3)}{3}, \tag{7}$$

$$q(x) = 1 + x q(x) q(x^2). \tag{8}$$

Die einfachste analytische Natur unter den Funktionen $q(x)$, $r(x)$, $s(x)$, $t(x)$ hat $q(x)$, deren Funktionalgleichung (8) mit der bemerkenswerten Kettenbruchentwicklung

$$q(x) = \cfrac{1}{1 - \cfrac{x}{1 - \cfrac{x^2}{1 - \cfrac{x^4}{1 - \cfrac{x^8}{1 - \cfrac{x^{16}}{1 - \cdots}}}}}} \tag{8'}$$

gleichbedeutend ist.

Die Kapitel II und III enthalten den Beweis der ausgesprochenen Behauptungen über die Anzahlen Q_n, R_n, S_n, T_n, $\varkappa_n$, ϱ_n, σ_n, τ_n und die Behandlung einiger weiteren geometrisch-kombinatorischen bzw. chemisch-kombinatorischen Anzahlen.

5. Es wurde häufig hervorgehoben, dass die Anzahl der Isomeren in den homologen Reihen rasch zunimmt, wenn die Anzahl der C-Atome anwächst. Auf Grund des Vorangehenden kann man diese Bemerkungen wesentlich präzisieren und asymptotische Ausdrücke für die Isomerenzahlen angeben. Dass wir auf dem eingeschlagenen Weg bis zur asymptotischen Berechnung gelangen, scheint mir am deutlichsten zu zeigen, dass wir uns auf dem rechten Wege befinden.

Die kombinatorische Definition ergibt teils unmittelbar, teils durch eine leichte Überlegung (vgl. Nr. 36—37) die Ungleichungen

$$1 \leqq \varkappa_n \leqq \varrho_n \leqq \sigma_n, \qquad \varrho_n \leqq \tau_n, \tag{9}$$

$$1 \leqq Q_n \leqq R_n \leqq S_n, \qquad R_n \leqq T_n, \tag{10}$$

$$\varrho_n \leqq R_n \leqq n\,\varrho_n, \quad \sigma_n \leqq S_n \leqq n\,\sigma_n, \quad \tau_n \leqq T_n \leqq n\,\tau_n. \tag{11}$$

Durch weniger naheliegende kombinatorische Betrachtungen (Nr. 41, 43, 45) erhält man weiter

$$S_n \leqq \frac{1}{n}\binom{3n}{n-1}, \quad \frac{n^{n-1}}{n!} \leqq T_n \leqq \frac{1}{n}\binom{2n-2}{n-1}. \tag{12}$$

Man bezeichne die Konvergenzradien der vier Reihen $q(x)$, $r(x)$, $s(x)$, $t(x)$ (in dieser Reihenfolge) mit $\varkappa$, ϱ, σ, τ. Die Ungleichungen (10) und (12) ergeben beim Grenzübergang Ungleichungen zwischen $\varkappa$, ϱ, σ, τ, jedoch entschieden weniger als die bei geeigneter Behandlung der Funktionalgleichungen (1'), (4), (7), (8) sich ergebenden Beziehungen

(13) $$1 > \varkappa > \varrho > \sigma, \qquad \varrho > \tau,$$

(14) $$\sigma > \frac{4}{27}, \qquad \frac{1}{e} > \tau > \frac{1}{4}.$$

Die Bestimmung der Konvergenzradien $\varkappa$, ϱ, σ, τ ist der erste Schritt zur asymptotischen Berechnung der entsprechenden kombinatorischen Anzahlen. Man gelangt weiter, indem man das funktionentheoretische Verhalten der vier Potenzreihen $q(x)$, $r(x)$, $s(x)$, $t(x)$ an der Konvergenzgrenze feststellt. Jede besitzt auf ihrem Konvergenzkreis nur einen einzigen singulären Punkt, der auf der positiven reellen Achse liegt, u.zw. ist dieser singuläre Punkt für $q(x)$ ein Pol erster Ordnung, hingegen für $r(x)$, $s(x)$, $t(x)$ ein algebraischer Verzweigungspunkt erster Ordnung, u.zw. ein solcher, in dessen Umgebung die Funktion beschränkt bleibt. Hieraus kann man das asymptotische Verhalten von Q_n, R_n, S_n, T_n leicht feststellen.

Zur Formulierung der Resultate bediene ich mich der folgenden Sprechweise: Wenn

$$\lim_{n \to \infty} \frac{A_n}{B_n} = C$$

und C eine positive Zahl ist ($0 < C < \infty$ unter Ausschluss der Grenzen!), so schreibe ich

(15) $$A_n \approx B_n$$

und gebrauche die Redewendung, die mit (15) gleichbedeutend sein soll: *A_n ist asymptotisch proportional zu B_n*; den Grenzwert C werde ich dabei *Proportionalitätsfaktor* nennen. Die Beziehung der »asymptotischen Gleichheit«

$$A_n \sim B_n$$

besagt also mehr als (15), nämlich erstens, dass (15) stattfindet, und zweitens, dass der Proportionalitätsfaktor 1 ist.

Was man auf dem angedeuteten funktionentheoretischen Wege erhält, lässt sich mit der eben definierten Abkürzung so aussprechen:

(16) $$Q_n \approx \varkappa^{-n}, \quad R_n \approx \varrho^{-n} n^{-\frac{3}{2}}, \quad S_n \approx \sigma^{-n} n^{-\frac{3}{2}}, \quad T_n \approx \tau^{-n} n^{-\frac{3}{2}},$$

woraus man weiter berechnen kann, dass

(17) $\qquad \varkappa_n \approx \varkappa^{-n}, \quad \varrho_n \approx \varrho^{-n} n^{-\frac{5}{2}}, \quad \sigma_n \approx \sigma^{-n} n^{-\frac{5}{2}}, \quad \tau_n \approx \tau^{-n} n^{-\frac{5}{2}}.$

Ich hebe noch hervor, als besonders einfach, die Beziehung

(18) $$Q_n \sim 2\,\varkappa_n.$$

Das Interesse dieser Resultate wird vielleicht mehr ins Auge fallen, wenn einige Verallgemeinerungen der R_n und ϱ_n betreffenden asymptotischen Formeln in chemischer Terminologie ausgesprochen werden.

Die Anzahl der strukturisomeren Kohlenwasserstoffe von der Formel $C_n H_{2n+2-2\mu}$ *ist asymptotisch proportional zu* $\varrho^{-n} n^{(3\mu-5)/2}$. Für $\mu = 0$ ist dies das Resultat für die Paraffine, also für ϱ_n. Für $\mu = 1$ ist der Proportionalitätsfaktor sehr einfach, nämlich $1/4$.

Es seien $X', X'', X''', \ldots X^{(l)}$ *voneinander verschiedene einwertige Radikale. Die Anzahl der strukturisomeren Stoffe von der Formel* $C_n H_{2n+2-l} X' X'' \ldots X^{(l)}$ *ist asymptotisch proportional zu* $\varrho^{-n} n^{(2l-5)/2}$. Diese Stoffe sind als »l-mal substituierte Paraffine» zu bezeichnen; die Radikale $X', X'', \ldots X^{(l)}$ müssen voneinander *und von den Alkylen* verschieden sein. Die Aussage ergibt für $l = 0$ das asymptotische Verhalten von ϱ_n, für $l = 1$ das von R_n. Der Proportionalitätsfaktor hat die Form $L\lambda^l$, wo L und λ bestimmte, von l unabhängige Zahlen sind.

Die Anzahl der isomeren Benzolhomologen von der Molekularformel $C_{6+n} H_{6+2n}$ *ist asymptotisch proportional der Anzahl der isomeren Alkohole* $C_n H_{2n+1} OH$, *u.zw. ist der Proportionalitätsfaktor* $[r(\varrho)^5 + r(\varrho) r(\varrho^2)^2]/2$. Ebenso geht das Anwachsen der Isomerenzahlen in anderen homologen Reihen (z. B. in der aus dem Naphtalin oder in der aus dem Anthracen ausgehenden Reihe) den Isomerenzahlen R_n der Alkoholreihe asymptotisch proportional vor sich, und der Proportionalitätsfaktor ist aus dem Zyklenzeiger der Permutationsgruppe der substituierbaren Stellen des Stammkörpers der homologen Reihe leicht zu berechnen.

6. Die vorangehenden vier Nummern geben den Inhalt der nachfolgenden vier Kapitel nicht vollständig an, mehrere Punkte von einigem Interesse blieben unerwähnt. Um die Ausdehnung der Arbeit nicht ungebührlich zu vermehren, und die Masse der Einzelheiten zu meistern, musste ich an einigen Punkten, die mir weniger wichtig erschienen, auf die ausführliche Besprechung verzichten und mich mit einer Skizze begnügen. Es liegt in der Natur des Gegenstandes, dass mir manchmal nicht nur Definitionen, sondern auch formale Rechnungen und sogar heuristische Betrachtungen wichtiger erschienen, als ausführliche Beweise,

und daher wird an den letzteren am meisten gespart. Insbesondere wird, wenn eine Reihe analoger Sätze zu beweisen ist, nur ein Beweis ausgeführt, und die anderen dem Leser überlassen, vielleicht mit einem Hinweis auf den Unterschied vom ausgeführten Beweis. Leichte Konvergenzbetrachtungen werden öfters ohne Erwähnung übergangen.

I. GRUPPEN.

Definitionen.

7. Wir gehen nun daran, die Aufgabe, die hinter dem Beispiele der Nr. 2 steckt, in gebührender Allgemeinheit zu formulieren. Die Verallgemeinerung des Beispiels geht in zwei Richtungen vor sich: Einerseits müssen die »farbigen Kugeln», von denen in Nr. 2 die Rede war, durch allgemeinere, kompliziertere Gebilde ersetzt werden, welche im folgendem »Figuren» heissen sollen; andererseits muss die in Nr. 2 betrachtete, durch die Oktaederdrehungen veranlasste spezielle Permutationsgruppe durch eine allgemeine Permutationsgruppe ersetzt werden.

Ich stelle nun die nötigen Definitionen zusammen, zuerst über Figuren, dann über Permutationsgruppen. Ich gebrauche dabei eine möglichst konkrete Sprache, mit räumlich-anschaulichen Wendungen, und lasse an einer Stelle eine unwesentliche Spezialisierung eintreten, welche dann am Schlusse leicht behoben werden kann.

8. **Figurenvorrat.** Wir betrachten eine Reihe von wohlunterschiedenen Gegenständen Φ', Φ'', Φ''', ... $\Phi^{(\lambda)}$, ..., welche wir *Figuren* nennen wollen. Die Gesamtheit dieser Figuren heisse der *Figurenvorrat* $[\Phi]$.

Die Figur $\Phi^{(\lambda)}$ enthält drei Kategorien von farbigen Kugeln, α_λ rote, β_λ blaue, γ_λ gelbe $(\lambda = 1, 2, 3, \ldots)$.[1] Wir wollen uns kurz so ausdrücken: die Figur $\Phi^{(\lambda)}$ hat den *Kugelinhalt* $(\alpha_\lambda, \beta_\lambda, \gamma_\lambda)$.

Es kann mehrere Figuren geben, welche dieselben Anzahlen an Kugeln jeder Farbe enthalten. Die Anzahl der Figuren vom Kugelinhalt (k, l, m) sei a_{klm}. Man nenne die Potenzreihe

[1] In der Betrachtung von drei Kategorien anstatt einer beliebigen Anzahl von Kategorien besteht die am Schluss von Nr. 7 angekündigte unwesentliche Beschränkung.

$$\sum_{k=0}^{\infty}\sum_{l=0}^{\infty}\sum_{m=0}^{\infty} a_{klm}\, x^k y^l z^m = \sum_{k,l,m} a_{klm}\, x^k y^l z^m = f(x, y, z) \tag{1, 1}$$

die *abzählende Potenzreihe* des Figurenvorrates $[\Phi]$.

Es sind die Zahlen a_{klm} als endlich vorausgesetzt. Über die Konvergenz der Potenzreihe (1, 1) wird Nichts ausgesagt: sie dient in üblicher Weise nur zur formalen Zusammenfassung der mit dem Koeffizientensystem vorzunehmenden rein algebraischen Operationen.

Im Beispiel der Nr. 2 haben wir nur mit drei verschiedenen Figuren zu tun: die erste besteht aus einer roten, die zweite aus einer blauen, die dritte aus einer gelben Kugel, sie haben bzw. den Kugelinhalt (1, 0, 0), (0, 1, 0), (0, 0, 1). Die abzählende Potenzreihe dieses Figurenvorrats ist

$$x + y + z.$$

Auch die in Nr. 3 betrachtete Reihe (2) ist eine abzählende Potenzreihe; der Figurenvorrat umfasst die topologisch verschiedenen Setzbäume, die Rolle der in den »Figuren» enthaltenen »Kugeln» wird von den in den Setzbäumen enthaltenen Knotenpunkten gespielt, es gibt nur eine Kategorie von Kugeln, und dementsprechend hängt die Reihe nur von einer Variablen ab. Fig. 1 zeigt, wie die Figuren (Setzbäume) mit demselben Kugelinhalt (Knotenpunktzahl) in einem Gliede der abzählenden Reihe vereinigt zu denken sind.

9. Es kann unter Umständen von Vorteil sein, der Figur $\Phi^{(\lambda)}$ eine Variable zuzuordnen, welche man ruhig mit demselben Zeichen $\Phi^{(\lambda)}$ bezeichnen kann. Man betrachte die Reihe

$$\begin{aligned}\Phi' x^{\alpha_1} y^{\beta_1} z^{\gamma_1} + \Phi'' x^{\alpha_2} y^{\beta_2} z^{\gamma_2} + \cdots + \Phi^{(\lambda)} x^{\alpha_\lambda} y^{\beta_\lambda} z^{\gamma_\lambda} + \cdots \\ = \sum_{[\Phi]} \Phi\, x^{\alpha} y^{\beta} z^{\gamma}.\end{aligned} \tag{1, 2}$$

Die Summation $\sum\limits_{[\Phi]}$ ist über den ganzen Figurenvorrat $[\Phi]$ zu erstrecken und Φ bezeichnet eine allgemeine Figur, vom Kugelinhalt (α, β, γ), aus dem Vorrat $[\Phi]$. (Diese Bezeichnungen werden im folgenden beibehalten.)

Ich nenne die Reihe (1, 2) die *figurierte Potenzreihe* des Vorrates $[\Phi]$. *Setzt man* $\Phi' = \Phi'' = \Phi''' = \cdots = 1$ *in der figurierten Potenzreihe, so geht diese in die abzählende Potenzreihe über.* Dieser offenbare Zusammenhang der Reihen (1, 1) und (1, 2) wird im folgenden von einem gewissen Nutzen sein.

10. **Permutationsgruppe.** Wir betrachten eine Permutationsgruppe $\mathfrak{H}$ von der Ordnung h und dem Grade s.

Man sagt, dass eine Permutation den *Typus* $[j_1, j_2, j_3, \ldots j_s]$ hat, wenn sie j_1 Zyklen 1-ter, j_2 Zyklen 2-ter, ... und j_s Zyklen s-ter Ordnung enthält; ein Zyklus erster Ordnung wird durch einen unversetzten Gegenstand gebildet. Gemeint sind natürlich Zyklen ohne gemeinsame Elemente, so dass

$$1 j_1 + 2 j_2 + 3 j_3 + \cdots + s j_s = s \tag{1, 3}$$

die Gesamtzahl der permutierten Gegenstände ist. Wir wollen die Anzahl derjenigen Permutationen der Gruppe $\mathfrak{H}$, welche vom Typus $[j_1, j_2, \ldots j_s]$ sind, mit $h_{j_1 j_2 \ldots j_s}$ bezeichnen. Es ist offenbar

$$\sum_{(j)} h_{j_1 j_2 \ldots j_s} = h; \tag{1, 4}$$

hierbei ist die Summation über alle Typen, d. h. alle nichtnegative ganzzahlige Lösungssysteme $j_1, j_2, \ldots j_s$ der Gleichung (1, 3) zu erstrecken. (Diese Bedeutung des Symbols $\sum_{(j)}$ soll in der Folge beibehalten werden.)

Es seien $f_1, f_2, f_3, \ldots f_s$ unabhängige Veränderliche. Man betrachte das Polynom

$$\frac{1}{h} \sum_{(j)} h_{j_1 j_2 \ldots j_s} f_1^{j_1} f_2^{j_2} \ldots f_s^{j_s}, \tag{1, 5}$$

dessen Kenntnis auf die Kenntnis des Systems der Anzahlen $h_{j_1 j_2 \ldots j_s}$ hinausläuft. Man bezeichne das Polynom (1, 5) als den *Zyklenzeiger* der Gruppe $\mathfrak{H}$.[1] Der Zyklenzeiger ist ein isobares Polynom vom Gewichte s, wenn der Veränderlichen f_σ das Gewicht σ beigelegt wird ($\sigma = 1, 2, \ldots s$); vgl. (1, 3). Die Koeffizienten des Zyklenzeigers sind nichtnegative rationale Zahlen von der Summe 1 und vom kleinsten gemeinsamen Nenner h. (In Nr. 2 ist der Zyklenzeiger der dort betrachteten Permutationsgruppe von der Ordnung 24 und dem Grade 6 aufgestellt worden.)

11. Jetzt haben wir den Figurenvorrat $[\Phi]$ mit der Permutationsgruppe $\mathfrak{H}$ in Beziehung zu setzen.

[1] In einer früheren Publikation (PÓLYA 4) verwendete ich statt »Zyklenzeiger» die Bezeichnung »Symmetrieformel».

Die s Gegenstände, welche durch die h Permutationen der Gruppe $\mathfrak{H}$ permutiert werden, wollen wir als s bestimmte Stellen im Raume auffassen. (Im Beispiel der Nr. 2 ist $s = 6$ und die 6 Raumstellen bilden die 6 Eckpunkte eines Oktaeders.) Wir numerieren diese s Stellen mit 1, 2, 3, ... s und wir setzen auf die σ-te Stelle eine beliebige Figur Φ_σ aus dem Vorrat $[\Phi]$ (für $\sigma = 1, 2 \ldots s$); so entsteht die *Konfiguration* $(\Phi_1, \Phi_2, \ldots \Phi_s)$. Es sei hervorgehoben, dass Wiederholung erlaubt ist, d. h. es darf dieselbe Figur aus dem Vorrat $[\Phi]$ auf mehreren, eventuell auf allen s Stellen derselben Konfiguration auftreten. Zwei Konfigurationen $(\Phi_1, \Phi_2, \ldots \Phi_s)$ und $(\Phi'_1, \Phi'_2, \ldots \Phi'_s)$ heissen *gleich*, wenn

$$\Phi_1 = \Phi'_1, \Phi_2 = \Phi'_2, \ldots \Phi_s = \Phi'_s,$$

d. h. wenn sie genau die gleiche Besetzung der s Stellen durch die Figuren von $[\Phi]$ darbieten. Die Konfiguration $(\Phi_1, \Phi_2, \ldots \Phi_s)$ hat den Kugelinhalt (k, l, m), wenn die s Figuren $\Phi_1, \Phi_2, \ldots \Phi_s$ zusammen k rote, l blaue und m gelbe Kugeln enthalten.

Es sei

$$S = \begin{pmatrix} 1 & 2 & 3 & \ldots & s \\ i_1 & i_2 & i_3 & \ldots & i_s \end{pmatrix} \tag{1, 6}$$

eine Permutation von s Gegenständen; es wird die Konfiguration $(\Phi_1, \Phi_2, \ldots \Phi_s)$ durch S in $(\Phi_{i_1}, \Phi_{i_2}, \ldots \Phi_{i_s})$ *überführt*. Man sagt, dass zwei Konfigurationen *inbezug auf* $\mathfrak{H}$ *äquivalent* sind, wenn es eine Permutation in der Gruppe $\mathfrak{H}$ gibt, welche die eine Konfiguration in die andere überführt.

Jede Konfiguration ist mit sich selbst inbezug auf $\mathfrak{H}$ äquivalent, da ja die identische Permutation zu $\mathfrak{H}$ gehört. Es können aber auch ungleiche Konfigurationen zueinander inbezug auf $\mathfrak{H}$ äquivalent sein. Diejenigen Konfigurationen, welche inbezug auf $\mathfrak{H}$ zueinander äquivalent sind, bilden ein *Transitivitätssystem*. Alle Konfigurationen innerhalb desselben Transitivitätssystems haben denselben Kugelinhalt.

Man bezeichne mit A_{klm} die Anzahl der voneinander verschiedenen Transitivitätssysteme, welche aus Konfigurationen vom Kugelinhalt (k, l, m) gebildet sind. Anders gesagt, es ist A_{klm} die *Anzahl der inbezug auf* $\mathfrak{H}$ *inäquivalenten Konfigurationen vom Kugelinhalt* (k, l, m).

12. Die allgemeine Aufgabe, welche das Beispiel der Nr. 2 als sehr speziellen Fall umfasst, lässt sich nun so aussprechen: *Gegeben ist der Figuren-*

vorrat $[\Phi]$, *die Permutationsgruppe* $\mathfrak{H}$, *und ein bestimmter Kugelinhalt* (k, l, m). *Gesucht ist die Anzahl* A_{klm} *derjenigen aus* $[\Phi]$ *gebildeten Konfigurationen, welche inbezug auf* $\mathfrak{H}$ *inäquivalent sind und den gegebenen Kugelinhalt* (k, l, m) *besitzen.*

Man fasse die gesuchten Anzahlen A_{klm} zur Potenzreihe

$$\sum_{k=0}^{\infty}\sum_{l=0}^{\infty}\sum_{m=0}^{\infty} A_{klm}\, x^k y^l z^m = \sum_{k,l,m} A_{klm}\, x^k y^l z^m = F(x, y, z) \tag{1, 7}$$

zusammen, welche man füglich als die abzählende Potenzreihe der inäquivalenten Konfigurationen bezeichnen kann. Die Lösung der gestellten Aufgabe wird darin bestehen, dass wir die abzählende Potenzreihe $F(x, y, z)$ der inäquivalenten Konfigurationen durch die abzählende Potenzreihe $f(x, y, z)$ des gegebenen Figurenvorrates $[\Phi]$ mit Benutzung des Zyklenzeigers der gegebenen Permutationsgruppe $\mathfrak{H}$ ausdrücken.

Vorbereitende Aufgaben.

13. Wir wollen zuerst denjenigen Spezialfall der in Nr. 12 ausgesprochenen allgemeinen Aufgabe behandeln, in welchem $\mathfrak{H}$ die symmetrische Gruppe $\mathfrak{S}_s$ vom Grade s ist. In diesem Fall ist eine Konfiguration jeder anderen äquivalent, die aus ihr durch eine beliebige der $s!$ Permutationen hervorgeht. D. h. es kommt bei der Feststellung der Äquivalenz gar nicht darauf an, in welcher Anordnung die s Figuren der Konfiguration die s Stellen besetzen, sondern nur darauf, welche Figuren in der Konfiguration vorhanden sind. Es bedeutet also A_{klm} im vorliegenden Spezialfalle $\mathfrak{H} = \mathfrak{S}_s$ die *Anzahl der Kombinationen mit Wiederholung von s Figuren aus dem Vorrat* $[\Phi]$ *mit Gesamtkugelinhalt* (k, l, m). Bei dieser, durch die Spezialisierung $\mathfrak{H} = \mathfrak{S}_s$ bedingten besonderen Bedeutung von A_{klm} sei die durch (1, 7) definierte Potenzreihe $F_s(x, y, z)$ genannt. Wir wollen alle Reihen F_1, F_2, F_3, . . . auf einen Schlag bestimmen.

Wenn man das Produkt

$$\begin{aligned}
&(1 + u\,\Phi'\, x^{\alpha_1} y^{\beta_1} z^{\gamma_1} + u^2\,\Phi'\,\Phi'\, x^{2\alpha_1} y^{2\beta_1} z^{2\gamma_1} + \cdots)\\
&(1 + u\,\Phi''\, x^{\alpha_2} y^{\beta_2} z^{\gamma_2} + u^2\,\Phi''\,\Phi''\, x^{2\alpha_2} y^{2\beta_2} z^{2\gamma_2} + \cdots)\\
&\quad . \quad . \quad . \quad . \quad . \quad . \quad . \quad . \quad . \quad . \quad . \quad . \quad . \quad . \\
&= \prod_{[\Phi]} (1 + u\,\Phi\, x^{\alpha} y^{\beta} z^{\gamma} + u^2\,\Phi\,\Phi\, x^{2\alpha} y^{2\beta} z^{2\gamma} + \cdots)
\end{aligned} \tag{1, 8}$$

ausmultipliziert, wird jede Kombination mit Wiederholung von s Figuren Φ_1, $\Phi_2, \ldots \Phi_s$, welche zusammen den Kugelinhalt (k, l, m) haben, durch ein Glied

$$u^s \Phi_1 \Phi_2 \ldots \Phi_s x^k y^l z^m$$

vertreten. Wird also in dem Produkt (1, 8)

$$(1, 9) \qquad \Phi' = \Phi'' = \Phi''' = \cdots = 1$$

gesetzt, so wird der Koeffizient von $u^s x^k y^l z^m$ die gesuchte Anzahl A_{klm} und der Koeffizient von u^s die gesuchte Potenzreihe $F_s(x, y, z)$ sein. Es ist noch zu beachten, dass das Produkt (1, 8) auch in der Form

$$(1, 10) \qquad \prod_{[\Phi]} (1 - u\,\Phi\, x^\alpha y^\beta z^\gamma)^{-1}$$

$$= \exp\left(-\sum_{[\Phi]} \log(1 - u\,\Phi\, x^\alpha y^\beta z^\gamma)\right)$$

$$= \exp\left(\frac{u}{1} \sum_{[\Phi]} \Phi\, x^\alpha y^\beta z^\gamma + \frac{u^2}{2} \sum_{[\Phi]} \Phi^2 x^{2\alpha} y^{2\beta} z^{2\gamma} + \cdots\right)$$

geschrieben werden kann, und dass in der letzten Zeile die erste Summe unter dem exp-Zeichen die figurierte Potenzreihe (1, 2) des Figurenvorrates $[\Phi]$ darstellt. Man erhält also für (1, 9) aus (1, 8) bzw. (1, 10)

$$(1, 11) \qquad 1 + u F_1(x, y, z) + u^2 F_2(x, y, z) + \cdots + u^s F_s(x, y, z) + \cdots$$

$$= \prod_{k=0}^{\infty} \prod_{l=0}^{\infty} \prod_{m=0}^{\infty} (1 - u\, x^k y^l z^m)^{-a_{klm}}$$

$$= \exp\left(\frac{u}{1} f(x, y, z) + \frac{u^2}{2} f(x^2, y^2, z^2) + \frac{u^3}{3} f(x^3, y^3, z^3) + \cdots\right)$$

$$= e^{\frac{u f(x, y, z)}{1}}\; e^{\frac{u^2 f(x^2, y^2, z^2)}{2}}\; e^{\frac{u^3 f(x^3, y^3, z^3)}{3}} \cdots$$

$$= \sum_{j_1=0}^{\infty} \frac{u^{j_1} f(x, y, z)^{j_1}}{j_1!\, 1^{j_1}} \sum_{j_2=0}^{\infty} \frac{u^{2j_2} f(x^2, y^2, z^2)^{j_2}}{j_2!\, 2^{j_2}} \sum_{j_3=0}^{\infty} \frac{u^{3j_3} f(x^3, y^3, z^3)^{j_3}}{j_3!\, 3^{j_3}} \cdots.$$

Um die dritte Zeile dieser Formel aus der dritten Zeile von (1, 10) zu erhalten, muss man neben der Schlussbemerkung von Nr. 9 noch weiter beachten, dass für (1, 9) auch

$$(\Phi^{(\lambda)})^2 = (\Phi^{(\lambda)})^3 = \cdots = 1$$

wird. Durch Vergleich der Koeffizienten von u^s in der ersten und der letzten Zeile von (1, 11) erhält man schliesslich

$$(1, 12) \quad F_s(x, y, z) = \frac{1}{s!} \sum_{(j)} \frac{s!}{j_1!\, 1^{j_1} \cdot j_2!\, 2^{j_2} \ldots j_s!\, s^{j_s}} f(x, y, z)^{j_1} f(x^2, y^2, z^2)^{j_2} \ldots f(x^s, y^s, z^s)^{j_s};$$

die Summation ist, mit der Bezeichnung der Nr. 10, über alle Typen der Permutationen von s Gegenständen erstreckt.

14. Eine geringe Abänderung der vorangehenden Rechnung ergibt die Anzahl der *Kombinationen ohne Wiederholung* von s Figuren aus dem Vorrat $[\Phi]$ mit Gesamtkugelinhalt (k, l, m). Nennen wir diese Anzahl B_{klm} und setzen wir

$$\sum_{k, l, m} B_{klm}\, x^k y^l z^m = G_s(x, y, z).$$

Wenn man das Produkt

$$(1, 13) \quad (1 + u\, \Phi'\, x^{\alpha_1} y^{\beta_1} z^{\gamma_1})\,(1 + u\, \Phi''\, x^{\alpha_2} y^{\beta_2} z^{\gamma_2}) \ldots = \prod_{[\Phi]} (1 + u\, \Phi\, x^{\alpha} y^{\beta} z^{\gamma})$$

ausmultipliziert, wird jede Kombination ohne Wiederholung von s Figuren mit Gesamtkugelinhalt (k, l, m) durch ein Glied

$$u^s\, \Phi_1\, \Phi_2 \ldots \Phi_s\, x^k y^l z^m$$

vertreten. Wird also im Produkt (1, 13) das durch (1, 9) vorgeschriebene Einsetzen durchgeführt, so ergibt sich durch eine ähnliche Rechnung wie vorher

$$\begin{aligned} 1 + u\, G_1(x, y, z) + u^2\, G_2(x, y, z) + \cdots + u^s\, G_s(x, y, z) + \cdots \\ = \prod_{k=0}^{\infty} \prod_{l=0}^{\infty} \prod_{m=0}^{\infty} (1 + u\, x^k y^l z^m)^{a_{klm}} \\ = \exp\left(\frac{u}{1} f(x, y, z) - \frac{u^2}{2} f(x^2, y^2, z^2) + \frac{u^3}{3} f(x^3, y^3, z^3) - \cdots\right) \end{aligned}$$

und durch Koeffizientenvergleichung

$$(1, 14) \quad G_s(x, y, z) = \frac{1}{s!} \sum_{(j)} \frac{s!\,(-1)^{j_2 + j_4 + \cdots}}{j_1!\, 1^{j_1} \cdot j_2!\, 2^{j_2} \ldots j_s!\, s^{j_s}} f(x, y, z)^{j_1} f(x^2, y^2, z^2)^{j_2} \ldots f(x^s, y^s, z^s)^{j_s}.$$

15. Das vorangehende gestattet uns die allgemeine Aufgabe der Nr. 12 in einem weiteren Spezialfall, nämlich für die alternierende Gruppe $\mathfrak{A}_s$ vom Grade s zu lösen. Betrachten wir nämlich zwei Konfigurationen C und C' von je s Figuren aus dem Vorrat $[\Phi]$. Wann sind C und C' inbezug auf $\mathfrak{A}_s$ äquivalent?

Hierzu ist notwendig, dass C und C' äquivalent inbezug auf $\mathfrak{S}_s$ seien, d. h. dass C und C' dieselbe Kombination (mit Wiederholung) von s Figuren umfassen.

In einem Fall ist diese notwendige Bedingung auch hinreichend: Wenn in der C und C' gemeinsamen Kombination eine Figur Φ zweimal auftritt, so kann man zur Permutation, welche C in C' überführt, die Transposition der beiden durch die besagte Figur in C besetzten Stellen hinzufügen oder nicht, und so auf alle Fälle erzielen, dass C in C' durch eine *gerade* Permutation überführt wird: *Eine Kombination mit nicht lauter ungleichen Figuren gibt inbezug auf* $\mathfrak{A}_s$ *nur zu einem Transitivitätssystem von Konfigurationen Anlass.*

Hingegen gibt, wie man sich leicht überlegt, eine Kombination mit lauter ungleichen Figuren zu genau zwei verschiedenen Transitivitätssystemen inbezug auf $\mathfrak{A}_s$ Anlass. So gelangt man zur Regel: Um die Anzahl aller inbezug auf $\mathfrak{A}_s$ verschiedenen Transitivitätssysteme von Konfigurationen zu erhalten, muss man zur Anzahl der Kombinationen mit Wiederholung noch die der Kombinationen ohne Wiederholung addieren. Somit ist die abzählende Potenzreihe der inbezug auf $\mathfrak{A}_s$ inäquivalenten Permutationen

$$F_s(x, y, z) + G_s(x, y, z). \tag{1, 15}$$

16. **Hauptsatz.** Um die für die speziellen Annahmen $\mathfrak{H} = \mathfrak{S}_s$ und $\mathfrak{H} = \mathfrak{A}_s$ erhaltenen Resultate (1, 12) und (1, 15) einheitlich aufzufassen, erinnere man sich daran[1], dass

$$\frac{s!}{j_1!\,1^{j_1}\cdot j_2!\,2^{j_2}\ldots j_s!\,s^{j_s}}$$

die Anzahl aller derjenigen Permutationen von s Gegenständen ist, welche den Typus $[j_1, j_2, \ldots j_s]$ haben. Im Sinne der Definition in Nr. 10 ist also der Zyklenzeiger der symmetrischen Gruppe $\mathfrak{S}_s$

$$\frac{1}{s!}\sum_{(j)}\frac{s!}{j_1!\,1^{j_1}\cdot j_2!\,2^{j_2}\ldots j_s!\,s^{j_s}}f_1^{j_1}f_2^{j_2}\ldots f_s^{j_s}, \tag{1, 16}$$

[1] Vgl. z. B. SERRET, Cours d'algèbre supérieure, 3. éd. (Paris 1866), Bd. 2, S. 235—236.

und der der alternierenden Gruppe $\mathfrak{A}_s$ lässt sich so schreiben

$$(1, 17) \qquad \frac{1}{s!} \sum_{(j)} \frac{s!\,[1 + (-1)^{j_2+j_4+j_6+\cdots}]}{j_1!\,1^{j_1} \cdot j_2!\,2^{j_2} \ldots j_s!\,s^{j_s}} f_1^{j_1} f_2^{j_2} \ldots f_s^{j_s}.$$

Man sieht, dass (1, 12) dasselbe Verhältnis zum Zyklenzeiger (1, 16) hat, wie (1, 15) [unter Beachtung von (1, 12) und (1, 14)] zu (1, 17). Wir wollen nun folgendes vereinbaren: Die Funktion $f(x)$ *in den Zyklenzeiger einzusetzen*, heisse

$$(1, 18) \qquad f_1 = f(x), \quad f_2 = f(x^2), \quad f_3 = f(x^3), \ldots$$

zu setzen; die Funktion $f(x, y)$ in den Zyklenzeiger einzusetzen heisse

$$f_1 = f(x, y), \quad f_2 = f(x^2, y^2), \quad f_3 = f(x^3, y^3), \ldots$$

zu setzen; u. s. w. für Funktionen mit einer beliebigen Anzahl von Variablen. Nach dieser Vereinbarung können wir die beiden bisher erhaltenen speziellen Resultate (für $\mathfrak{H} = \mathfrak{S}_s$ und $\mathfrak{H} = \mathfrak{A}_s$) in folgenden Worten gleichmässig aussprechen:

Um die abzählende Potenzreihe der aus dem Figurenvorrat $[\Phi]$ *gebildeten, inbezug auf die Permutationsgruppe* $\mathfrak{H}$ *inäquivalenten Konfigurationen zu erhalten, setze man die abzählende Potenzreihe von* $[\Phi]$ *in den Zyklenzeiger von* $\mathfrak{H}$ *ein.*

Die so formulierte Aussage trifft, wie es bald nachgewiesen werden soll, für eine *beliebige* Permutationsgruppe $\mathfrak{H}$ zu. Die allgemeine, alle Permutationsgruppen umfassende Aussage wird im folgenden als der Hauptsatz (des I. Kapitels) bezeichnet.

17. Der Hauptsatz trifft sicherlich zu in dem weiteren Spezialfall, in welchem die Permutationsgruppe $\mathfrak{H}$ vom Grade s die Ordnung 1 hat, d. h. nur die identische Permutation umfasst, also zwei nichtidentische Konfigurationen als nichtäquivalent gelten und der Zyklenzeiger f_1^s ist. Zurückübersetzt in die übliche Ausdrucksweise ist dies wohlbekannt, enthalten in der Lösung einer wohlbekannten allgemeineren Aufgabe, die man (für $s = 3$, Spezialisierung unwesentlich!) so aussprechen kann:

Gegeben sind von drei Figurenvorräten $[\Phi]$, $[\Psi]$, $[X]$ *die abzählenden Potenzreihen, welche bzw.* f, g, h *heissen. Gesucht ist die abzählende Potenzreihe der Figurentripel* (Φ, Ψ, X) *wobei* Φ, Ψ, X *voneinander unabhängig die bezüglichen Figurenvorräte* $[\Phi]$, $[\Psi]$, $[X]$ *durchlaufen.*

Was unter der abzählenden Potenzreihe der Figurentripel (Φ, Ψ, X) zu verstehen ist, muss noch explizite gesagt werden: eine Potenzreihe in den drei Variablen x, y, z, worin der Koeffizient von $x^k y^m z^l$ die Anzahl derjenigen Tripel (Φ, Ψ, X) angibt, deren drei Figuren Φ, Ψ, X den Gesamtkugelinhalt (k, l, m) haben, d. h. insgesamt k rote, l blaue und m gelbe Kugeln enthalten.

Die Anzahl der Kugeln der 3 Sorten sei bezeichnet mit α, β, γ in Φ (wie vorher), mit α', β', γ' in Ψ, mit $\alpha'', \beta'', \gamma''$ in X. Jedem Tripel (Φ, Ψ, X) sei das Produkt $\Phi \Psi X$ der Unbestimmten zugeordnet. Die figurierte Potenzreihe der Produkte ist

$$\sum_{[\Phi]} \sum_{[\Psi]} \sum_{[X]} \Phi \Psi X x^{\alpha+\alpha'+\alpha''} y^{\beta+\beta'+\beta''} z^{\gamma+\gamma'+\gamma''}$$

$$= \sum_{[\Phi]} \Phi x^\alpha y^\beta z^\gamma \cdot \sum_{[\Psi]} \Psi x^{\alpha'} y^{\beta'} z^{\gamma'} \cdot \sum_{[X]} X x^{\alpha''} y^{\beta''} z^{\gamma''},$$

das Produkt der figurierten Potenzreihen. Setzt man hierin 1 für alle Unbestimmten $\Phi', \Phi'', \ldots \Psi', \Psi'', \ldots X', X'', \ldots$, so erhält man: *Die gesuchte abzählende Potenzreihe ist das Produkt der gegebenen.* In dieser Fassung haben wir uns von der unwesentlichen Beschränkung der Faktorenzahl auf 3 schon befreit. Es handelt sich hier um ein seit Euler bekanntes elementares Prinzip, dem ich wohl die folgende Fassung geben darf: *Wenn die einzelnen Elemente einer Anordnung voneinander unabhängig gewählt werden dürfen, so ist die abzählende Potenzreihe der Anordnung das Produkt der abzählenden Potenzreihen der einzelnen Elemente.*

18. Die Beantwortung der folgenden Aufgabe wird das Gemeinsame an dem Aufbau der Formeln (1, 12) und (1, 14) weiter aufklären.

Gegeben ist die abzählende Potenzreihe (1, 1) *des Figurenvorrates* $[\Phi]$ *und der Typus* $[j_1, j_2, \ldots j_s]$ *der Permutation* (1, 6). *Gesucht ist die abzählende Potenzreihe derjenigen Konfigurationen* $(\Phi_1, \Phi_2, \ldots \Phi_s)$ *von* s *Figuren aus dem Vorrat* $[\Phi]$, *welche durch die Permutation* (1, 6) *in sich selbst überführt werden.*

Man bezeichne mit $X_{klm}(S)$ die Anzahl derjenigen Konfigurationen mit Kugelinhalt (k, l, m), welche durch S, die Permutation (1, 6), in sich selbst überführt werden. Gesucht ist also die Potenzreihe

$$\sum_{k,l,m} X_{klm}(S) x^k y^l z^m.$$

Die Konfiguration $(\Phi_1, \Phi_2, \ldots \Phi_s)$ wird dann und nur dann durch (1, 6) in sich selbst überführt, wenn

$$(1, 19) \qquad \Phi_{i_1} = \Phi_1, \quad \Phi_{i_2} = \Phi_2, \ldots \quad \Phi_{i_s} = \Phi_s.$$

Es sei nun $(a, b, c, \ldots k, l)$ ein in der Permutation (1, 6) enthaltener Zyklus und es sei λ seine Länge (seine Ordnung). Wenn die Konfiguration $(\Phi_1, \Phi_2, \ldots \Phi_s)$ bei Ausübung von (1, 6) in sich selbst überführt wird, so besagen gewisse λ unter den Gleichungen (1, 19), dass

$$\Phi_a = \Phi_b = \Phi_c = \cdots = \Phi_k = \Phi_l.$$

D. h. es müssen die Figuren, welche durch (1, 6) zyklisch miteinander verbunden sind, einander gleich sein. Hingegen kann man in jedem Zyklus eine Figur frei aus dem Vorrat $[\Phi]$ wählen.

Eine durch die Permutation (1, 6) in sich selbst überführte Konfiguration können wir also auffassen, als eine Anordnung von $j_1 + j_2 + \cdots + j_\lambda + \cdots + j_s$ Zyklen. Die Figuren innerhalb desselben Zyklus sind miteinander identisch, die Figuren in verschiedenen Zyklen sind voneinander unabhängig aus dem Vorrat $[\Phi]$ zu wählen. Wenn der Kugelinhalt einer in einem gewissen Zyklus von der Länge λ befindlichen Figur (k, l, m) ist, so ist der gesamte Kugelinhalt der in demselben Zyklus befindlichen Figuren $(\lambda k, \lambda l, \lambda m)$; daher entspricht diesem Zyklus die abzählende Potenzreihe

$$f(x^\lambda, y^\lambda, z^\lambda),$$

und die gesuchte abzählende Potenzreihe der durch S in sich selbst überführten Konfigurationen ist, nach dem am Ende der Nr. 17 ausgesprochenen Prinzip, ein Produkt von $j_1 + j_2 + \cdots + j_s$ Faktoren:

$$(1, 20) \qquad \sum_{k, l, m} X_{klm}(S)\, x^k y^l z^m = f(x, y, z)^{j_1} f(x^2, y^2, z^2)^{j_2} \ldots f(x^s, y^s, z^s)^{j_s}.$$

Bestimmung der Anzahl der inäquivalenten Konfigurationen für eine beliebige Permutationsgruppe.

19. Um die allgemeine Aufgabe der Nr. 12 zu lösen, betrachten wir einen bestimmten Zahlentripel k, l, m und die Gesamtheit aller Konfigurationen vom Kugelinhalt (k, l, m) (genau k rote, l blaue, m gelbe Kugeln). Es sei C eine bestimmte unter diesen Konfigurationen.

Suchen wir unter den h verschiedenen Permutationen von $\mathfrak{H}$

$$S_1,\ S_2,\ S_3,\ \ldots\ S_h$$

diejenigen g heraus, welche C in sich selbst überführen (es existiert mindestens eine solche Permutation, nämlich die identische); diese g Permutationen bilden bekanntlich eine Gruppe $\mathfrak{G}$; $\mathfrak{G}$ ist von der Ordnung g, $\mathfrak{G}$ ist eine Untergruppe von $\mathfrak{H}$.

Die Anzahl derjenigen verschiedenen Konfigurationen, in welche C durch die Permutationen von $\mathfrak{H}$ überführt werden kann, d. h. welche mit C inbezug auf $\mathfrak{H}$ äquivalent sind, ist bekanntlich h/g; jede dieser h/g Konfigurationen wird von genau g Permutationen von $\mathfrak{H}$ in sich selbst überführt, nämlich von den Permutationen einer zu $\mathfrak{G}$ unter $\mathfrak{H}$ konjugierten Untergruppe. Also wird jede zu C äquivalente Konfiguration in genau g Gliedern der Summe

$$X_{klm}(S_1) + X_{klm}(S_2) + \cdots + X_{klm}(S_h) \tag{1, 21}$$

(Bezeichnung von Nr. 18) mitgerechnet, und trägt somit zu dieser Summe g Einheiten bei. Nun ist aber die Anzahl der zu C inbezug auf $\mathfrak{H}$ äquivalenten Konfigurationen, wie gesagt, h/g; die ganze Klasse dieser zu C äquivalenten Konfigurationen, d. h. das ganze durch C bestimmte Transitivitätssystem trägt somit zur Summe (1, 21)

$$\frac{h}{g} \cdot g = h$$

Einheiten bei. All die verschiedenen Transitivitätssysteme inbezug auf $\mathfrak{H}$ äquivalenter Konfigurationen leisten zu (1, 21) den gleichen Beitrag h, also ist

$$X_{klm}(S_1) + X_{klm}(S_2) + \cdots + X_{klm}(S_h) = h\,A_{klm}. \tag{1, 22}$$

Die gesuchte erzeugende Funktion (1, 7) ergibt sich aus (1, 22) und (1, 20):

$$F(x, y, z) = \sum_{k, l, m} \frac{X_{klm}(S_1) + X_{klm}(S_2) + \cdots + X_{klm}(S_h)}{h} x^k y^l z^m$$

$$= \frac{1}{h} \sum_{(\mathfrak{H})} \sum_{k, l, m} X_{klm}(S)\, x^k y^l z^m,$$

$$F(x, y, z) = \frac{1}{h} \sum_{(\mathfrak{H})} f(x, y, z)^{j_1} f(x^2, y^2, z^2)^{j_2} \ldots f(x^s, y^s, z^s)^{j_s}. \tag{1, 23}$$

Hierbei ist $\sum\limits_{(\mathfrak{H})}$ über alle h zur Gruppe $\mathfrak{H}$ gehörigen Permutationen S zu erstrecken. Man kann in dieser Summe die Permutationen von demselben Typus

$[j_1, j_2, \ldots j_s]$ zusammenfassen; ihre. Anzahl wurde in Nr. 10 mit $h_{j_1 j_2 \ldots j_s}$ bezeichnet. Bei dieser Zusammenfassung nach Typen nimmt die Formel (1, 23) die Gestalt

$$(1, 24) \qquad F(x, y, z) = \frac{1}{h} \sum_{(j)} h_{j_1 j_2 \ldots j_s} f(x, y, z)^{j_1} f(x^2, y^2, z^2)^{j_2} \ldots f(x^s, y^s, z^s)^{j_s}$$

an. Beachtet man die Definition (1, 5) des Zyklenzeigers der Gruppe $\mathfrak{H}$, so findet man den allgemeinen Satz, der am Ende der Nr. 16 bloss auf Grund von Beispielen ausgesprochen wurde, durch Beweis vollkommen erhärtet.

20. In der vorangehenden Überlegung treten nur einfachste Sätze der Gruppentheorie auf, welche sich unmittelbar an den Begriff der Gruppe anschliessen. Unter Voraussetzung von etwas mehr Vorkenntnissen kann man den Beweis anders fassen. (Es werden weder die im folgenden heranzuziehenden Begriffe der Darstellungstheorie, noch die Bemerkungen dieser Nummer in den späteren Nummern gebraucht.)

Die aus dem gegebenen Figurenvorrat $[\Phi]$ gebildeten Konfigurationen $(\Phi_1, \Phi_2, \ldots \Phi_s)$ vom Kugelinhalt (k, l, m) erfahren bei jeder Vertauschung der s Stellen durch die gegebene Gruppe $\mathfrak{H}$ eine Permutation, und diese Permutationen bilden eine Darstellung $\mathfrak{D}_{klm}$ der gegebenen Gruppe $\mathfrak{H}$. Es ist $\mathfrak{D}_{klm}$, wie $\mathfrak{H}$, eine Permutationsgruppe: $\mathfrak{H}$ vertauscht Stellen, und $\mathfrak{D}_{klm}$ Konfigurationen, die auf den von $\mathfrak{H}$ vertauschten s Stellen aufgebaut sind. Die in Nr. 18 definierte, durch die Formel (1, 20) berechnete Grösse $X_{klm}(S)$ ist der Charakter derjenigen Permutation von $\mathfrak{D}_{klm}$, welche der Permutation S von $\mathfrak{H}$ zugeordnet ist. Die Anzahl A_{klm} ist, gemäss ihrer Definition in Nr. 11, die Anzahl der verschiedenen Transitivitätssysteme der Permutationsgruppe $\mathfrak{D}_{klm}$; diese Anzahl ist aber, nach einem bekannten Satz[1], das arithmetische Mittel der Charaktere $X_{klm}(S)$ der Permutationsgruppe $\mathfrak{D}_{klm}$, womit wir die entscheidende Formel (1, 22) nahezu erreichen. Um (1, 22) auf dem eingeschlagenen Wege vollständig zu beweisen, muss man noch bemerken, dass A_{klm} in (1, 22) auch dann das arithmetische Mittel der Charaktere von $\mathfrak{D}_{klm}$ ist, wenn $\mathfrak{D}_{klm}$ keine getreue, sondern nur eine verkürzte Darstellung von $\mathfrak{H}$ ist, in welchem Falle die Ordnung von $\mathfrak{D}_{klm}$ nicht h, sondern nur ein Teiler von h ist.

Aus diesem Zusammenhang geht folgender Satz hervor: *Ist $\mathfrak{H}$ eine Permutationsgruppe, S eine Permutation von $\mathfrak{H}$ vom Typus $[j_1, j_2, \ldots j_s]$, $f(x, y, z)$ eine beliebige*

[1] Vgl. z. B. A. SPEISER, Theorie der Gruppen von endlicher Ordnung, 2. Aufl. (Berlin 1927), S. 120, Satz 102.

Potenzreihe in x, y, z mit nichtnegativen ganzzahligen Koeffizienten, und k, l, m ein Tripel natürlicher Zahlen, so ist der Koeffizient von $x^k y^l z^m$ in der Reihenentwicklung (1, 20) *der Charakter von S in einer gewissen, durch $f(x, y, z)$ und k, l, m spezifizierten Darstellung von $\mathfrak{H}$.* Herr Professor I. Schur teilte mir eine Herleitung dieser Aussage aus bekannten Sätzen der Darstellungstheorie mit.

Das der Permutationsgruppe $\mathfrak{H}$ zugeordnete Polynom (1, 5), das ich hier Zyklenzeiger nannte, wird, wenn $\mathfrak{H}$ die symmetrische Gruppe ist, als die *Hauptcharakteristik* von $\mathfrak{H}$ in der Darstellungstheorie bezeichnet. Herrn Schur verdanke ich den Hinweis darauf, dass auch der Zyklenzeiger einer beliebigen Permutationsgruppe, welche ja Untergruppe einer geeigneten symmetrischen Gruppe ist, für die Darstellung dieser symmetrischen Gruppe von Bedeutung ist.[1] Es soll aber hier auf die Zusammenhänge des Dargelegten mit der Darstellungstheorie nicht weiter eingegangen werden.

Ebenfalls Herrn Schur verdanke ich den Hinweis auf eine Überlegung von Frobenius[2], womit die Überlegung der Nr. 19 sehr nahe verwandt ist.

Spezialfälle.

21. **Spezielle Permutationsgruppen.** Folgende wohlbekannte spezielle Permutationsgruppen, alle vom Grade s (d. h. es werden s Gegenstände permutiert) treten in den späteren Anwendungen des in Nr. 16 formulierten Hauptsatzes öfters auf:

$\mathfrak{S}_s$, die symmetrische Gruppe von s Gegenständen, von der Ordnung $s!$;

$\mathfrak{A}_s$, die alternierende Gruppe von s Gegenständen, die die geraden Permutationen umfasst und die Ordnung $s!/2$ hat;

$\mathfrak{Z}_s$, die zyklische Gruppe von Grad und Ordnung s, erzeugt durch eine zyklische Vertauschung von s Gegenständen;

$\mathfrak{D}_s$, die Diedergruppe von Ordnung $2s$, die die Permutationen umfasst, welche die s Ecken eines starren regulären s-Ecks bei sämtlichen $2s$ Deckbewegungen des s-Ecks erfahren;

$\mathfrak{E}_s$, die Permutationsgruppe vom Grad s und Ordnung 1, welche bloss die identische Permutation umfasst.

---

[1] I. SCHUR, Darstellungstheorie der Gruppen, Vorlesungen an der Eidg. Technische Hochschule, herausgegeben von E. Stiefel. (Zürich 1936.) Vgl. S. 59—60.

[2] Sitzungsber. d. Akademie Berlin (1904), S. 558—571. Vgl. § 1.

In dem Hauptsatz der Nr. 16 tritt der Zyklenzeiger der betrachteten Permutationsgruppe auf. Der Zyklenzeiger von $\mathfrak{S}_s$ ist in (1, 16), der von $\mathfrak{A}_s$ in (1, 17) aufgestellt. Für die kleinsten Zahlenwerte von s haben diese Zyklenzeiger die folgende Gestalt:

$$(\mathfrak{S}_1) \qquad f_1$$

$$(\mathfrak{S}_2) \qquad \frac{f_1^2 + f_2}{2}$$

$$(\mathfrak{S}_3) \qquad \frac{f_1^3 + 3f_1f_2 + 2f_3}{6}$$

$$(\mathfrak{S}_4) \qquad \frac{f_1^4 + 6f_1^2f_2 + 3f_2^2 + 8f_1f_3 + 6f_4}{24}$$

$$(\mathfrak{A}_2) \qquad f_1^2$$

$$(\mathfrak{A}_3) \qquad \frac{f_1^3 + 2f_3}{3}$$

$$(\mathfrak{A}_4) \qquad \frac{f_1^4 + 3f_2^2 + 8f_1f_3}{12}.$$

Die Zyklenzeiger von $\mathfrak{E}_s$, $\mathfrak{Z}_s$, $\mathfrak{D}_s$ seien hier gegeben:

$$(\mathfrak{E}_s) \qquad f_1^s,$$

$$(\mathfrak{Z}_s) \qquad \frac{1}{s}\sum_{k|s} \varphi(k) f_k^{\frac{s}{k}},$$

$$(\mathfrak{D}_s) \qquad \frac{1}{2s}\sum_{k|s} \varphi(k) f_k^{\frac{s}{k}} + \begin{cases} \frac{1}{2} f_1 f_2^{\sigma-1} \\ \frac{1}{4}(f_1^2 f_2^{\sigma-1} + f_2^{\sigma}). \end{cases}$$

Der Zyklenzeiger von $\mathfrak{E}_s$ ist unmittelbar, der von $\mathfrak{Z}_s$, wie auch der von $\mathfrak{D}_s$, ist auf Grund von Bekanntem leicht aufzustellen. Sowohl in der Formel für $\mathfrak{Z}_s$ wie in der für $\mathfrak{D}_s$ ist die Summation über sämtliche Teiler k von s zu erstrecken. In der Formel für $\mathfrak{D}_s$ gilt die obere Zeile für ungerades $s = 2\sigma - 1$ und die untere für gerades $s = 2\sigma$. Die Spezialfälle für die kleinsten Zahlenwerte von s sind in der oberen Tabelle mitenthalten, da

$$\mathfrak{E}_1 = \mathfrak{S}_1, \quad \mathfrak{E}_2 = \mathfrak{A}_2, \quad \mathfrak{Z}_2 = \mathfrak{S}_2, \quad \mathfrak{Z}_3 = \mathfrak{A}_3, \quad \mathfrak{D}_3 = \mathfrak{S}_3.$$

22. **Spezielle Figurenvorräte.** Es seien zwei spezielle Figurenvorräte hervorgehoben, die in der Literatur schon für beliebige Permutationsgruppen betrachtet worden sind.

a) Der Figurenvorrat besteht aus n Figuren, jede Figur enthält nur eine Kugel, je zwei verschiedene Figuren enthalten Kugeln von verschiedener Farbe. Kurzum, der Figurenvorrat besteht aus n verschiedenfarbigen Kugeln und die abzählende Potenzreihe dieses Vorrats ist

$$x_1 + x_2 + \cdots + x_n.$$

Die Aufgabe der Nr. 12 ist für diesen speziellen Figurenvorrat so auszusprechen: Gegeben ist eine beliebige Permutationsgruppe $\mathfrak{H}$ vom Grade s und n nichtnegative ganze Zahlen $k_1, k_2, \ldots k_n$ von der Summe s. Auf wie viele inbezug auf $\mathfrak{H}$ inäquivalente Arten kann man auf s Stellen eine Konfiguration von s Kugeln aufbauen, von welchen k_1 eine erste, k_2 eine andere, ... k_n eine gewisse n-te gegebene Farbe haben? Die Lösung erfolgt, gemäss Nr. 16, durch das Einsetzen von

$$f_m = x_1^m + x_2^m + \cdots + x_n^m$$

in den Zyklenzeiger von $\mathfrak{H}$ und das Aufsuchen des Koeffizienten von

$$x_1^{k_1} x_2^{k_2} \ldots x_n^{k_n}$$

in dem durch das Einsetzen entstandenen homogenen Polynom vom Grade s. (Die Aufgabe der Nr. 2 ist ein spezieller Fall hiervon.)

Diese Aufgabe wurde, in etwas verschiedener Fassung, schon von Lunn und Senior behandelt, die die chemische Bedeutung der Aufgabe erkannten (vgl. unten, Nr. 56) und eine von der hier gegebenen ziemlich verschieden aussehende Lösung dafür aufstellten.[1] Man kann die Lösung von Lunn und Senior als eine besondere rechnerische Ausgestaltung der hier gegebenen Lösung nachweisen, und aus dem Umstand, dass hier für f_m die m-te Potenzsumme der Unbestimmten $x_1, x_2, \ldots x_n$ eingesetzt wird, mit Benützung klassischer Formeln über symmetrische Funktionen weitergehende Folgerungen ziehen. Auf Einzelheiten soll vielleicht an einem anderen Ort eingegangen werden.

b) Es gibt nur eine Sorte von Kugeln und zu jeder gegebenen Anzahl k gibt es im Vorrat $[\Phi]$ genau eine Figur, die k Kugeln enthält. In diesem Fall ist die abzählende Potenzreihe des Figurenvorrates

---

[1] Lunn u. Senior, 1.

(1, 25) $$1 + x + x^2 + \cdots + x^k + \cdots = \frac{1}{1 - x}.$$

Eine aus den Figuren dieses Vorrates auf s Stellen aufgebaute Konfiguration vom Kugelinhalt k ist eine Anordnung von s nichtnegativen ganzen Zahlen $k_1, k_2, \ldots k_s$ von der Summe k:

$$(k_1, k_2, \ldots k_s).$$

Indem man jeder Stelle eine Unbestimmte zuordnet (der Stelle σ die Unbestimmte u_σ, wobei $\sigma = 1, 2 \ldots s$), kann die Konfiguration als ein Potenzprodukt

(1, 26) $$u_1^{k_1} u_2^{k_2} \ldots u_s^{k_s}$$

vom Grade

$$k_1 + k_2 + \cdots + k_s = k$$

aufgefasst werden, und die Permutationsgruppe $\mathfrak{H}$ als eine Vertauschungsgruppe der s Unbestimmten $u_1, u_2, \ldots u_s$. Die Aufgabe der Nr. 12 lässt sich nun so aussprechen: In wie viele Transitivitätssysteme zerfallen die Potenzprodukte (1, 26) unter der Gruppe $\mathfrak{H}$? Zwei Potenzprodukte werden dann und nur dann zu demselben Transitivitätssystem gerechnet, wenn sie durch $\mathfrak{H}$ ineinander transformiert werden können. Die Summe aller zu demselben Transitivitätssystem gehörigen Produkte (1, 26) bleibt offenbar allen Permutationen von $\mathfrak{H}$ gegenüber invariant. Man sieht leicht, dass die gesuchte Anzahl nichts anderes ist, als die Anzahl der *linear unabhängigen rationalen ganzen homogenen absoluten Invarianten k-ten Grades der Gruppe* $\mathfrak{H}$.

Diese Anzahl ist, gemäss dem Hauptsatz (Nr. 16), der Koeffizient von x^k in der Entwicklung derjenigen Funktion von x, die durch Einsetzung von (1, 25) in den Zyklenzeiger von $\mathfrak{H}$ entsteht, oder dadurch entsteht, dass $f(x, y, z)$ in (1, 23) zu (1, 25) spezialisiert wird. Diese Funktion ist

(1, 27) $$\frac{1}{h}\sum_{(\mathfrak{H})} \frac{1}{(1-x)^{j_1}(1-x^2)^{j_2} \ldots (1-x^s)^{j_s}} = \frac{1}{h}\sum_{(\mathfrak{H})} \frac{1}{|E - xS|};$$

auf beiden Seiten ist die Summation, wie in (1, 23), über alle Permutationen S der Gruppe $\mathfrak{H}$ erstreckt; auf der rechten Seite wird S als eine Matrix von s Zeilen und s Kolonnen aufgefasst (mit s Elementen 1 und $s^2 - s$ Elementen 0); E ist die Einheitsmatrix; unter dem Summationszeichen im Nenner steht links und rechts die Determinante von $E - xS$ (im wesentlichen das charakteristische Polynom von S), wie leicht nachzurechnen.

Wir bewiesen, dass *in der Maclaurinschen Entwicklung von* (1, 27) *der Koeffizient von* x^k *die Anzahl der linear unabhängigen Invarianten* k*-ten Grades der Permutationsgruppe* $\mathfrak{H}$ *ist*, und damit einen wesentlichen Spezialfall eines von Th. Molien herrührenden Satzes.[1]

23. **Spezielle Folgerungen.** Viele sehr spezielle Fälle der in Nr. 12 gestellten, durch den Hauptsatz gelösten Aufgabe kommen in der Literatur vereinzelt vor. Ein etwas mehr ausgedehnter Spezialfall, der aus der Kombination der zyklischen Gruppe $\mathfrak{Z}_s$ mit dem in Nr. 22 unter a) besprochenen Figurenvorrat hervorgeht, ist der der »zyklischen Permutationen mit Wiederholung»; das darüber in der Literatur befindliche[2] ergibt sich meist unmittelbar aus dem Hauptsatz. — Bei Kombination der symmetrischen und der alternierenden Gruppe mit dem in Nr. 22 unter a) besprochenen Figurenvorrat gelangen wir auf neuem Wege zu klassischen Formeln über symmetrische Funktionen und somit zu einer weiteren Bestätigung der allgemeinen Überlegung.

In den folgenden Anwendungen kommen die in Nr. 13—15 behandelten Spezialfälle der symmetrischen und der alternierenden Gruppe $\mathfrak{S}_s$ und $\mathfrak{A}_s$ öfters vor. Wie dort besprochen, haben die aus den Zyklenzeigern F_s und $F_s + G_s$ dieser Gruppen gebildeten drei Polynome in $f_1, f_2, \ldots f_s$

$$F_s$$

$$G_s = (F_s + G_s) - F_s$$

$$F_s - G_s = 2\,F_s - (F_s + G_s)$$

die folgende Eigenschaft: Wird in diese Polynome die abzählende Potenzreihe eines Figurenvorrates $[\Phi]$ im Sinne der Nr. 16 eingesetzt, so entsteht, in bezüglicher Reihenfolge, die abzählende Potenzreihe für die

Kombinationen aus beliebigen,

Kombinationen aus lauter verschiedenen,

Kombinationen aus nicht lauter verschiedenen

s Figuren des Vorrates $[\Phi]$. Es wurde F_s für die kleinsten Werte von s schon in Nr. 21 angegeben; hier soll dies noch für G_s und $F_s - G_s$ geschehen (unter symbolischer Hervorhebung der Entstehung aus den beiden Zyklenzeigern):

[1] Sitzungsber. d. Akademie Berlin (1897), S. 1152—1156. Vgl. Formel (12), die sich auf beliebige endliche Gruppen linearer Substitutionen bezieht, nicht bloss auf Permutationsgruppen, wie die hiesige Formel (1, 27). Den Hinweis auf diese Arbeit verdanke ich ebenfalls Herrn Prof. Schur.

[2] E. Jablonski, Journ. d. mathématiques pures et appliquées (4) **8** (1892), S. 331—349.

$(\mathfrak{A}_2 - \mathfrak{S}_2)$ $$\frac{f_1^2 - f_2}{2}$$

$(\mathfrak{A}_3 - \mathfrak{S}_3)$ $$\frac{f_1^3 - 3f_1f_2 + 2f_3}{6}$$

$(\mathfrak{A}_4 - \mathfrak{S}_4)$ $$\frac{f_1^4 - 6f_1^2f_2 + 3f_2^2 + 8f_1f_3 - 6f_4}{24}$$

$(2\mathfrak{S}_2 - \mathfrak{A}_2)$ $$f_2$$

$(2\mathfrak{S}_3 - \mathfrak{A}_3)$ $$f_1f_2$$

$(2\mathfrak{S}_4 - \mathfrak{A}_4)$ $$\frac{f_1^2f_2 + f_4}{2}.$$

Es folgt aus der kombinatorischen Bedeutung (oder aus der Rechnung der Nr. 14, ohne Rücksicht auf die kombinatorische Bedeutung) die folgende, in einer späteren Überlegung nützliche Tatsache: *Wird in die Differenz der Zyklenzeiger von* $\mathfrak{A}_s$ *und* $\mathfrak{S}_s$ *eine Potenzreihe mit lauter nichtnegativen ganzzahligen Koeffizienten eingesetzt, so entsteht eine Potenzreihe mit lauter nichtnegativen ganzzahligen Koeffizienten.*

Verallgemeinerung.

24. Es sei hier kurz angedeutet eine Verallgemeinerung der Aufgabe der Nr. 12, die im folgenden zwar keine Rolle spielt (abgesehen von einer nebensächlichen Bemerkung in Nr. 65), aber in verwandten Fragen benützt werden dürfte.

Es sei vorgelegt eine Permutationsgruppe $\mathfrak{H}$ vom Grade $s + t$, u.zw. sei $\mathfrak{H}$ intransitiv; die durch $\mathfrak{H}$ permutierten $s + t$ Gegenstände zerfallen in zwei Klassen, von welchen die eine s und die andere t Gegenstände umfasst, und es wird niemals ein Gegenstand der einen Klasse mit einem der anderen Klasse durch $\mathfrak{H}$ vertauscht. (Nur des Beispiels halber unterscheide ich 2 Intransitivitätssysteme; nach Behandlung dieses Falles ist die Verallgemeinerung leicht auf n solche Systeme auszudehnen.) Die durch $\mathfrak{H}$ vertauschten $s + t$ Gegenstände wollen wir als $s + t$ Raumpunkte uns vorstellen; in den s Punkten der ersten Klasse seien s Figuren aus einem Vorrat $[\Phi]$, in den t Punkten der zweiten t Figuren aus einem Vorrat $[\Psi]$ aufgestellt; so entsteht eine Konfiguration

$$(\Phi_1, \Phi_2, \ldots \Phi_s;\ \Psi_1, \Psi_2, \ldots \Psi_t). \tag{1, 28}$$

Gesucht ist die *Anzahl der inbezug auf* $\mathfrak{H}$ *inäquivalenten Konfigurationen von der Gestalt* (1, 28) *und dem Kugelinhalt* (k, l, m).

Zur Lösung betrachte man irgendeine Permutation S der Gruppe $\mathfrak{H}$. In einem Zyklus von S treten entweder nur Punkte der ersten, oder nur Punkte der zweiten Klasse auf. Es sei S vom Typus

$$[j_1 + k_1, j_2 + k_2, \ldots j_m + k_m, \ldots];$$

unter den $j_m + k_m$ in S auftretenden Zyklen von der Länge m sollen j_m bloss Punkte der ersten Klasse, mit Figuren aus $[\Phi]$ besetzt, umfassen und k_m bloss Punkte der zweiten Klasse, mit Figuren aus $[\Psi]$ besetzt, so dass

$$1 j_1 + 2 j_2 + \cdots + s j_s = s, \quad 1 k_1 + 2 k_2 + \cdots + t k_t = t.$$

Man betrachte das Polynom in $s + t$ Unbestimmten $f_1, f_2, \ldots f_s, g_1, g_2, \ldots g_t$

$$\frac{1}{h} \sum_{(\mathfrak{H})} f_1^{j_1} f_2^{j_2} \ldots f_s^{j_s} g_1^{k_1} g_2^{k_2} \ldots g_t^{k_t}; \tag{1, 29}$$

die Summe ist über alle Permutationen S von $\mathfrak{H}$ erstreckt. Die abzählende Potenzreihe von $[\Phi]$ sei mit $f(x, y, z)$, die von $[\Psi]$ mit $g(x, y, z)$ bezeichnet. *Die gesuchte Anzahl ist der Koeffizient von* $x^k y^l z^m$ *in der Potenzreihenentwicklung, die man erhält, wenn man in* (1, 29)

$$f_n = f(x^n, y^n, z^n), \quad g_n = g(x^n, y^n, z^n)$$

setzt $(n = 1, 2, 3, \ldots)$.

Beziehungen zwischen Zyklenzeiger und Permutationsgruppe.

25. Die Eigenschaft des Zyklenzeigers, die im Hauptsatz (Nr. 16) ausgesprochen wurde, ist für den Zyklenzeiger charakteristisch, der Zyklenzeiger ist durch diese Eigenschaft eindeutig bestimmt. Ausführlicher gesagt, besteht der folgende Satz:

Das Polynom $\psi(f_1, f_2, \ldots f_s)$ *in den* s *Veränderlichen* $f_1, f_2, \ldots f_s$ *sei mit der gegebenen Permutationsgruppe* $\mathfrak{H}$ *vom Grade* s *so verbunden, dass für einen beliebigen Figurenvorrat* $[\Phi]$ *und dessen abzählende Potenzreihe* $f(x_1, x_2, x_3, \ldots)$ *folgendes gilt: Wenn in dem Polynom* $\psi(f_1, f_2, \ldots f_s)$ *die Variablen*

$$f_1 = f(x_1, x_2, \ldots), \quad f_2 = f(x_1^2, x_2^2, \ldots), \ldots f_s = f(x_1^s, x_2^s, \ldots) \tag{1, 30}$$

gesetzt werden, so entsteht aus ψ die abzählende Potenzreihe der aus dem Figurenvorrat $[\Phi]$ gebildeten, inbezug auf $\mathfrak{H}$ inäquivalenten Konfigurationen. — Ein solches Polynom ψ ist notwendigerweise der Zyklenzeiger.

Der Zyklenzeiger von $\mathfrak{H}$, bezeichnen wir ihn mit $\zeta(f_1, f_2, \ldots f_s)$, hat ja schon die Eigenschaft, welche wir von $\psi(f_1, f_2, \ldots f_s)$ postulieren. Es ist zu zeigen, dass die beiden Polynome ψ und ζ identisch sind, d. h. dass sie, nach den Variablen $f_1, f_2, \ldots f_s$ entwickelt, die gleichen Koeffizienten aufweisen.

Verwerten wir die Voraussetzung für den speziellen Figurenvorrat, dessen abzählende Potenzreihe

$$f(x_1, x_2, \ldots x_n) = x_1 + x_2 + \cdots + x_n$$

lautet [n Kugeln von verschiedener Farbe, vgl. Nr. 22 a)]. Die Voraussetzung besagt, dass

$$(1, 31) \quad f_1 = x_1 + x_2 + \cdots + x_n, \; f_2 = x_1^2 + x_2^2 + \cdots + x_n^2, \; \ldots \; f_s = x_1^s + x_2^s + \cdots + x_n^s$$

gesetzt, und nach den Variablen $x_1, x_2, \ldots x_n$ entwickelt, die beiden Polynome ψ und ζ die gleichen Koeffizienten aufweisen, d. h. dass vermöge (1, 31)

$$(1, 32) \qquad \psi(f_1, f_2, \ldots f_s) - \zeta(f_1, f_2, \ldots f_s) = 0$$

identisch in $x_1, x_2, \ldots x_n$. Nun wählen wir $n \geqq s$; bekanntlich kann, wenn $s \leqq n$ zwischen den ersten s Potenzsummen (1, 31) der n Veränderlichen $x_1, x_2, \ldots x_n$ keine algebraische Beziehung bestehen[1]; so wird ersichtlich, dass die linke Seite von (1, 32) *als Polynom in $f_1, f_2, \ldots f_s$* identisch verschwinden muss w.z.b.w.

26. Jetzt können wir die in Nr. 12 aufgeworfene Frage, deren Lösung in Nr. 19 abgeschlossen wurde, von einer neuen Seite her beleuchten, nämlich genauer sagen, inwieweit deren Lösung von der Struktur der darin auftretenden Gruppe $\mathfrak{H}$ abhängt. Nennen wir zwei Permutationsgruppen von gleichem Grade, für welche die Aufgabe der Nr. 12 bei beliebig gegebenem Figurenvorrat und Kugelinhalt die gleiche Lösung hat, *kombinatorisch gleichwertig.* (Es versteht sich, dass hier die Zahl der verschiedenen Kugelkategorien nicht mehr auf 3 beschränkt, sondern beliebig ist.) Ausfürlich lautet die Definition so: *Zwei Permutationsgruppen $\mathfrak{H}_1$ und $\mathfrak{H}_2$ von gleichem Grade s heissen kombinatorisch gleichwertig, wenn aus einem beliebigen Figurenvorrat $[\Phi]$ und mit einem beliebigen*

[1] Vgl. z. B. M. BÔCHER, Einführung in die höhere Algebra (Leipzig 1910), S. 263 den nahestehenden Satz 3.

Kugelinhalt $(\alpha_1, \alpha_2, \ldots)$ *genau ebensoviel inbezug auf* $\mathfrak{H}_1$ *inäquivalente Konfigurationen* $(\Phi_1, \Phi_2, \ldots \Phi_s)$ *gebildet werden können, wie inbezug auf* $\mathfrak{H}_2$ *inäquivalente.*

Aus dem in Nr. 16 ausgesprochenen und in Nr. 19 voll bewiesenen Hauptresultat dieses Kapitels, zusammen mit dem in der vorangehenden Nr. 25 bewiesenen Satz ergibt sich unmittelbar: *Zwei Permutationsgruppen sind dann und nur dann kombinatorisch gleichwertig, wenn sie denselben Zyklenzeiger besitzen.*

Indem man auf die Definition des Zyklenzeigers mittels der expliziten Formel (1, 5) zurückgreift, ergibt sich weiter[1]: *Zwei Permutationsgruppen sind dann und nur dann kombinatorisch gleichwertig, wenn die Permutationen der einen den Permutationen der anderen sich eindeutig umkehrbar so zuordnen lassen, dass einander zugeordnete Permutationen den gleichen Typus von Zyklenzerlegung aufweisen.*

Es ist von Interesse zu bemerken, dass zwei kombinatorisch gleichwertige Permutationsgruppen nicht identisch sein müssen.[2] Sie müssen nicht einmal als abstrakte Gruppen einander isomorph sein. Es sei nämlich p eine ungerade Primzahl und m eine ganze Zahl, welche grösser als 2 ist ($p = 3$, $m = 3$ ist das einfachste Beispiel). Es gibt bekanntlich[3] eine nichtabelsche Gruppe von Ordnung p^m, deren alle Elemente, das Einselement ausgenommen, die Ordnung p haben. Man nenne $\mathfrak{H}_1$ die reguläre Darstellung dieser Gruppe als Permutationsgruppe, und $\mathfrak{H}_2$ die reguläre Darstellung der abelschen Gruppe von Ordnung p^m und Typus $(p, p, \ldots p)$. Es sind $\mathfrak{H}_1$ und $\mathfrak{H}_2$ Permutationsgruppen von Ordnung und Grad p^m, und kombinatorisch gleichwertig: Jede ihrer Permutationen, ausgenommen die identische, wird ja in derselben Weise in Zyklen zerlegt, nämlich in p^{m-1} Zyklen von der Länge p, und der Zyklenzeiger von beiden ist

$$\frac{f_1^{p^m} + (p^m - 1) f_p^{p^{m-1}}}{p^m}.$$

27. Wir besprechen einige Fälle, in welchen der Zyklenzeiger einer aus mehreren gegebenen Gruppen aufgebauten Gruppe sich in übersichtlicher Weise aufbauen lässt aus den Zyklenzeigern der gegebenen Gruppen.

---

[1] Wenn man sich, wie in Nr. 22 unter a), auf »Figuren» beschränkt, welche bloss in einer Kugel bestehen, so wird der Satz abgeändert, inbezug auf Notwendigkeit schärfer, inbezug auf Hinlänglichkeit weniger besagend. Der so abgeänderte Satz wurde hier (vgl. Nr. 25) mitbewiesen; er ist schon bei LUNN und SENIOR **1**, S. 1053 ausgesprochen, zur einen Hälfte (»hinreichend») ist auch der Beweis mitgeteilt. Die andere Beweishälfte wurde mir durch Herrn Senior freundlichst mitgeteilt; die Überlegung ist von der hier in Nr. 25 gegebenen verschieden.

[2] LUNN und SENIOR, **1**, S. 1053.

[3] Vgl. W. BURNSIDE, Theory of groups of finite order, 2. ed. (Cambrige 1911), S. 143—144.

Es seien gegeben die beiden Permutationsgruppen $\mathfrak{G}$, $\mathfrak{H}$; bezeichnen wir bzw. mit

g, h die Ordnung,

r, s den Grad,

φ, ψ den Zyklenzeiger.

Nennen wir $g_{i_1 i_2, \ldots i_r}$ die Anzahl derjenigen in der Gruppe $\mathfrak{G}$ befindlichen Permutationen, deren Typus $[i_1, i_2, \ldots, i_r]$ ist. Dann ist der Zyklenzeiger von $\mathfrak{G}$

$$\varphi = \frac{1}{g} \sum_{(i)} g_{i_1 i_2 \ldots i_r} f_1^{i_1} f_2^{i_2} \ldots f_r^{i_r}; \tag{1, 33}$$

der Zyklenzeiger von $\mathfrak{H}$ ist gemäss (1, 5)

$$\psi = \frac{1}{h} \sum_{(j)} h_{j_1 j_2 \ldots j_s} f_1^{j_1} f_2^{j_2} \ldots f_s^{j_s}. \tag{1, 34}$$

Die durch $\mathfrak{G}$ permutierten Objekte seien mit $x_1, x_2, \ldots x_r$, die durch $\mathfrak{H}$ permutierten mit $y_1, y_2, \ldots y_s$ bezeichnet. Die Permutationen der beiden Gruppen haben bzw. die Gestalt

$$G = \begin{pmatrix} x_1, & \ldots & x_\varrho, & \ldots & x_r \\ x_{1'}, & \ldots & x_{\varrho'}, & \ldots & x_{r'} \end{pmatrix}, \qquad H = \begin{pmatrix} y_1, & \ldots & y_\sigma, & \ldots & y_s \\ y_{1'}, & \ldots & y_{\sigma'}, & \ldots & y_{s'} \end{pmatrix}. \tag{1, 35}$$

Wir wollen nun aus $\mathfrak{G}$ und $\mathfrak{H}$ zwei neue Permutationsgruppen aufbauen; die erste ist sehr einfach gebaut und wohlbekannt, die zweite interessanter.

Das »direkte Produkt« $\mathfrak{G} \times \mathfrak{H}$. Wählen wir aus $\mathfrak{G}$ und $\mathfrak{H}$ je eine beliebige Permutation G bzw. H, was auf gh Arten geschehen kann. Ordnen wir dem Paar G, H eine Permutation der Objekte $x_1, x_2, \ldots x_r, y_1, y_2, \ldots y_s$ zu, nämlich die folgende:

$$\begin{pmatrix} x_1, & x_2, & \ldots & x_r, & y_1, & y_2, & \ldots & y_s \\ x_{1'}, & x_{2'}, & \ldots & x_{r'}; & y_{1'}, & y_{2'}, & \ldots & y_{s'} \end{pmatrix}$$

d. h. führen wir die beiden in (1, 35) angegebenen Permutationen simultan aus. Die so aufgestellten gh Permutationen der $r + s$ Objekte bilden offenbar eine Permutationsgruppe, die wir mit $\mathfrak{G} \times \mathfrak{H}$ bezeichnen und das *direkte Produkt* von $\mathfrak{G}$ und $\mathfrak{H}$ nennen wollen. Offenbar ist $\mathfrak{G} \times \mathfrak{H}$ intransitiv. Offenbar ist (vgl. Nr. 17) $\varphi\psi$ der Zyklenzeiger von $\mathfrak{G} \times \mathfrak{H}$.

Auf ähnliche Art kann man das direkte Produkt $\mathfrak{G} \times \mathfrak{H} \times \mathfrak{K} \times \cdots$ beliebig vieler Permutationsgruppen $\mathfrak{G}, \mathfrak{H}, \mathfrak{K}, \ldots$ definieren. Bei dieser Bildung des direkten Produktes werden die Grade addiert und die Ordnungen, sowie die Zyklenzeiger multipliziert.

Der »Kranz» $\mathfrak{G}[\mathfrak{H}]$. Wählen wir aus $\mathfrak{G}$ eine Permutation G, und aus $\mathfrak{H}$ insgesamt r Permutationen $H_1, H_2, \ldots H_\varrho, \ldots H_r$, u.zw. voneinander unabhängig (so dass unter den H_ϱ auch gleiche vorkommen dürfen); die Wahl kann auf gh^r verschiedene Arten erfolgen. Es sei G durch (1, 35) gegeben; setzen wir

$$H_\varrho = \begin{pmatrix} y_1 & y_2 & \ldots & y_s \\ y_{\varrho_1} & y_{\varrho_2} & \ldots & y_{\varrho_s} \end{pmatrix} \qquad (\varrho = 1, 2, \ldots r). \tag{1, 36}$$

Wir betrachten die folgenden, in r Reihen angeordneten rs Objekte:

$$\begin{matrix} z_{11}, & z_{12}, & \ldots & z_{1s}, \\ z_{21}, & z_{22}, & \ldots & z_{2s}, \\ . & . & . & . \\ z_{r1}, & z_{r2}, & \ldots & z_{rs}. \end{matrix} \tag{1, 37}$$

Dem System der $1 + r$ Permutationen $G, H_1, H_2, \ldots H_\varrho, \ldots H_r$ wird folgende Permutation der rs Objekte zugeordnet:

$$\begin{pmatrix} z_{11}, & \ldots z_{1s}, & \ldots z_{\varrho 1}, & z_{\varrho 2}, & \ldots z_{\varrho s}, & \ldots z_{r1}, & \ldots z_{rs} \\ z_{1'1_1}, & \ldots z_{1'1_s}, & \ldots z_{\varrho'\varrho_1}, & z_{\varrho'\varrho_2}, & \ldots z_{\varrho'\varrho_s}, & \ldots z_{r'r_1}, & \ldots z_{r'r_s} \end{pmatrix}.$$

D. h. G besorgt die Vertauschung der Zeilen des Rechtecks (1, 37), die *Grobpermutation*[1]; G gibt für alle Zeilen, auch für die ϱ-te Zeile an, in welche ϱ'-te Zeile sie abgebildet werden soll; es ist die Sache von H_ϱ im einzelnen anzugeben, in welche s Objekte der ϱ'-ten Zeile die s Objekte der ϱ-ten Zeile übergehen sollen. Die so aufgestellten gh^r Permutationen der rs Objekte bilden offenbar eine Permutationsgruppe, die wir mit $\mathfrak{G}[\mathfrak{H}]$ bezeichnen wollen. Als Name könnte man wählen: »Der $\mathfrak{H}$-Kranz um $\mathfrak{G}$».[2]

[1] Diese treffende Bezeichnung verdanke ich Herrn R. Remak.

[2] *Geometrisch-kinematisches Beispiel.* Ein regelmässiges Polyeder hat r Seitenflächen, jede Seitenfläche hat e Ecken, und s ist ein bestimmtes Vielfaches von e (auch $s = e$ ist zulässig). Auf jeder Seitenfläche ist im Mittelpunkt eine äussere Normale errichtet, und diese Normale dient als Achse eines Rades. Alle r Räder sind gleich; jedes hat s äquidistante Speichen, und jedes kann in s verschiedenen Lagen arretiert werden: in jeder Lage weist eine andere Speiche auf eine bestimmte Ecke der betreffenden Seitenfläche. Das regelmässige Polyeder habe g Deckbewegungen,

Die Zeilen des Rechtecks (1, 37) zeigen ein besonderes Verhalten gegenüber den Permutationen der Gruppe $\mathfrak{G}[\mathfrak{H}]$: Wenn durch irgend eine dieser Permutationen ein Element einer Zeile in ein Element einer anderen Zeile übergeht, so gehen bei der genannten Permutation alle Elemente der erstgenannten Zeile in je ein Element der zweitgenannten über: die Zeilen von (1, 37) sind *Imprimitivitätsgebiete* von $\mathfrak{G}[\mathfrak{H}]$. Diejenigen Permutationen von $\mathfrak{G}[\mathfrak{H}]$, welche jedes dieser r Imprimitivitätsgebiete in sich überführen (welche als Grobpermutation die Identität ausüben), bilden eine Untergruppe; diese hat die Ordnung h^r, ist das direkte Produkt $\mathfrak{H} \times \mathfrak{H} \times \cdots \times \mathfrak{H}$ zu r Faktoren und ist ein Normalteiler von $\mathfrak{G}[\mathfrak{H}]$, u.zw. ist ihre Faktorgruppe $\mathfrak{G}$. In Zeichen:

$$\mathfrak{G}[\mathfrak{H}]/\mathfrak{H} \times \mathfrak{H} \times \cdots \times \mathfrak{H} = \mathfrak{G}.$$

Denken wir die rs Elemente (1, 37) als bestimmte Raumstellen und auf jeder Raumstelle eine Figur aus dem Vorrat $[\Phi]$ aufgestellt; so entsteht die Konfiguration

$$\begin{array}{llll} \Phi_{11}, & \Phi_{12}, & \ldots & \Phi_{1s}, \\ \Phi_{21}, & \Phi_{22}, & \ldots & \Phi_{2s}, \\ \cdot & \cdot & \cdot & \cdot \\ \Phi_{r1}, & \Phi_{r2}, & \ldots & \Phi_{rs}. \end{array} \tag{1, 38}$$

Jede Zeile in dieser Konfiguration sei eine *Teilkonfiguration* genannt. Zwei Teilkonfigurationen

$$\Phi_{\varrho 1}, \ \Phi_{\varrho 2}, \ \ldots \ \Phi_{\varrho s} \quad \text{und} \quad \Phi_{\varrho' 1'}, \ \Phi_{\varrho' 2'}, \ \ldots \ \Phi_{\varrho' s'}$$

sind als äquivalent zu betrachten, wenn es eine Permutation

$$H = \begin{pmatrix} 1 & 2 & \ldots & s \\ i_1 & i_2 & \ldots & i_s \end{pmatrix}$$

in der Gruppe $\mathfrak{H}$ gibt, so dass

$$\Phi_{\varrho i_1} = \Phi_{\varrho' 1'}, \ \Phi_{\varrho i_2} = \Phi_{\varrho' 2'}, \ \ldots \ \Phi_{\varrho i_s} = \Phi_{\varrho' s'}$$

d. h. Drehungen welche es mit sich selbst zur Deckung bringen; bei diesen Deckbewegungen erfahren die r Seitenflächen eine Permutationsgruppe $\mathfrak{G}$ von Ordnung g und Grad r. Als Deckbewegung eines Rades bezeichne ich eine Drehung von einer Arretierung zu einer anderen; die s Speichen erfahren bei den Deckbewegungen eine Permutationsgruppe $\mathfrak{H}$; sie ist zyklisch, von Ordnung und Grade s. Durch Kombination aller Deckbewegungen des Polyeders und der Räder erfahren die rs Speichen eine Permutationsgruppe von der Ordnung gs^r und dem Grad rs, nämlich die Gruppe $\mathfrak{G}[\mathfrak{H}]$.

(ob ϱ und ϱ' gleich oder verschieden sind, ist hier belanglos). Betrachten wir alle zu einer gegebenen äquivalenten Teilkonfigurationen als nicht verschieden, als dieselbe *Grossfigur*. Die abzählende Potenzreihe der aus dem gegebenen Figurenvorrat $[\Phi]$ zusammensetzbaren verschiedenen Grossfiguren ergibt sich aus (1, 34) wenn darin, im Sinne der Nr. 16, die abzählende Potenzreihe von $[\Phi]$ eingesetzt wird.

Aus der Struktur der Gruppe $\mathfrak{G}[\mathfrak{H}]$ ist ersichtlich, dass zwei Konfigurationen von der Gestalt (1, 38) äquivalent oder inäquivalent inbezug auf $\mathfrak{G}[\mathfrak{H}]$ sind, jenachdem die bezüglichen r, auf den r Zeilen aufgestellten Grossfiguren inbezug auf $\mathfrak{G}$ äquivalente oder inäquivalente Konfigurationen auf r Stellen bilden. Um die abzählende Potenzreihe der inbezug auf $\mathfrak{G}[\mathfrak{H}]$ inäquivalenten Konfigurationen aus rs Figuren Φ zu erhalten, müssen wir die abzählende Potenzreihe der inbezug auf $\mathfrak{G}$ inäquivalenten Konfigurationen aus r Grossfiguren bilden, also, im Sinne der Nr. 16, die abzählende Potenzreihe der Grossfiguren (d. h. die Funktion (1, 34), worin schon für f die abzählende Potenzreihe von $[\Phi]$ eingesetzt ist) in (1, 33) einsetzen; somit ist, indem

(1, 39) $$\psi_m = \frac{1}{h} \sum_{(j)} h_{j_1 j_2 \ldots j_s} f_m^{j_1} f_{2m}^{j_2} \ldots f_{sm}^{j_s}$$

gesetzt wird,

(1, 40) $$\varphi[\psi] = \frac{1}{g} \sum_{(i)} g_{i_1 i_2 \ldots i_r} \psi_1^{i_1} \psi_2^{i_2} \ldots \psi_r^{i_r}$$

zu bilden, und für f die abzählende Potenzreihe von $[\Phi]$ einzusetzen.

Aus Nr. 25 folgt nun: *Der Zyklenzeiger von* $\mathfrak{G}[\mathfrak{H}]$ *ist der durch* (1, 40) *gegebene Ausdruck* $\varphi[\psi]$, *worin* $\psi_1, \psi_2, \ldots$ *Abkürzungen für Polynome in den unabhängigen Variablen* $f_1, f_2, \ldots$ *bedeuten, gemäss* (1, 39).

Über die beiden aus den gegebenen Permutationsgruppen $\mathfrak{G}$ und $\mathfrak{H}$ hier gebildeten neuen Permutationsgruppen, über das »direkte Produkt» und den »Kranz», gibt die folgende Tabelle eine Übersicht:

Gruppe:	$\mathfrak{G}$	$\mathfrak{H}$	$\mathfrak{G} \times \mathfrak{H}$	$\mathfrak{G}[\mathfrak{H}]$
Grad:	r	s	$r+s$	$r.s$
Ordnung:	g	h	gh	$g h^r$
Zyklenzeiger:	φ	ψ	$\varphi\psi$	$\varphi[\psi]$.

II. GRAPHEN.

Definitionen.

28. Es sollen in den nächsten Nummern diejenigen Gebilde, welche die Chemiker als »Strukturformeln» und »Stereoformeln» zu bezeichnen pflegen, rein axiomatisch-kombinatorisch beschrieben werden, mindestens soweit, als es nötig ist um den nachfolgenden Anzahlbestimmungen eine feste Grundlage zu verschaffen. Damit diese Beschreibung übersichtlich und unzweideutig ausfalle, muss ich etwas weiter ausholen; insbesondere muss ich zu Beginn einige bekannte Definitionen der Graphentheorie wiederholen, um die Terminologie mit erwünschter Deutlichkeit festzulegen. (Es wird dabei Einiges, was in der Einleitung schon »inoffiziell» gesagt wurde, nochmals »offiziell» ausgesprochen.) Ich werde in der Terminologie von dem schönen Buche von D. König, das hier als Standard-Werk gelten mag[1], möglichst wenig abweichen. Die wesentlicheren Abweichungen, welche ich im Interesse der speziellen Zwecke der gegenwärtigen Arbeit vornehmen zu sollen glaubte, werden durch besondere Hinweise hervorgehoben.

29. Was in ausführlicher Terminologie ein »zusammenhängender endlicher Graph ohne Schlingen» heissen würde, sei im folgenden kurz als ein Graph bezeichnet.

Ein *Graph* ist ein System, das zweierlei Elemente, *Punkte* und *Strecken*, enthält; die Elemente sind in endlicher Anzahl; es ist eine Relation, *Grundbeziehung* genannt, zwischen zwei Elementen verschiedener Art, also zwischen einem Punkt und einer Strecke definiert; dass zwischen dem Punkt P und der Strecke σ die Grundbeziehung besteht, wird auch mit den Worten »P begrenzt σ» ausgedrückt (gelegentlich auch durch andere geometrische Wendungen wie »σ endet in P», »σ geht von P aus» u.s.w.). Es sind folgende zwei Bedingungen erfüllt:

I. *Jede Strecke wird durch zwei verschiedene Punkte begrenzt.*

II. *Die Elemente des Graphen, Punkte und Strecken, bilden ein vermöge der Grundbeziehung zusammenhängendes System. Anders gesagt: Indem man vom Element zu einem damit durch die Grundbeziehung verbundenen Element schreitet, kann man von einem beliebigen Element zu einem beliebigen andern fortschreiten.*

---

[1] König, 1. Der Leser braucht die »Graphentheorie» nicht von Anfang an zu beherrschen; es genügt zum ersten Verständnis des Hauptinhalts dieser Abhandlung, die vorkommenden Aussagen über Graphen sich an selbstgezeichneten Figuren »experimentell» klarzumachen.

Die Bedingung I besagt, dass jede im Graphen auftretende Strecke zu genau zwei Punkten in der Grundbeziehung steht. Die Anzahl der Strecken, die zu einem gegebenen Punkte in der Grundbeziehung stehen (durch den Punkt begrenzt werden), wird durch keine Bedingung eingeengt; es sei ausdrücklich hervorgehoben, dass sie jede natürliche Zahl und auch 0 sein kann. Ein Punkt, der keine Strecke begrenzt, hängt mit keiner Strecke, also überhaupt mit keinem weiteren Element im Sinne von II zusammen, er muss also, eben wegen dieser Bedingung II, den ganzen Graphen ausmachen. Ein Graph, der aus einem einzigen Punkt besteht, heisst der *Einpunktgraph.*[1]

30. Man betrachte einen beliebigen Graphen; es bezeichne p die Anzahl seiner Punkte, s die Anzahl seiner Strecken.

Den Fall $p = 0$, $s = 0$ (den Fall des »Nullgraphen») schliesse ich von der Betrachtung aus. Wenn $s = 0$ ist, also keine Strecken vorhanden sind, können verschiedene Punkte miteinander nicht zusammenhängen; in diesem Falle ist also, gemäss der Bedingung II, $p = 1$ und wir haben den Einpunktgraphen vor uns. Wenn $s \geqq 1$, so ist, wegen II, $p \geqq 2$. Es besteht zwischen p und s, wie man auf Grund der Bedingungen I, II zeigen kann[2], die Beziehung, dass die Zahl

$$s - p + 1 = \mu \tag{2, 1}$$

nichtnegativ ist; man nennt μ die *Zusammenhangszahl* des Graphen. Einen Graphen von Zusammenhangszahl 0 nennt man einen *Baum.* Ein Baum ist also ein Graph, der bei gegebener Punktzahl p möglichst wenig, nämlich $p - 1$ Strecken besitzt.

Ein Punkt, der genau k Strecken begrenzt, wird *k-kantiger* Punkt genannt. Ein einkantiger Punkt wird auch als *Endpunkt* bezeichnet. Es sei p_k die Anzahl der k-kantigen Punkte; abgesehen vom Falle des Einpunktgraphen ist $p_0 = 0$. Es ist

$$p_0 + p_1 + p_2 + \cdots + p_k + \cdots = p, \tag{2, 2}$$

und wegen der Bedingung I

$$0 p_0 + 1 p_1 + 2 p_2 + \cdots + k p_k + \cdots = 2 s. \tag{2, 3}$$

[1] Die Einführung des Einpunktgraphen bedingt die wesentlichsten Abweichungen der hiesigen von der Königschen Terminologie.

[2] KÖNIG, **1**, S. 54.

31. Einen vom Einpunktgraphen verschiedenen Baum, wovon ein Endpunkt als von allen anderen Punkten verschiedenartig aufgefasst wird, nennt man einen *Setzbaum*[1], den ausgezeichneten, einzigartigen Endpunkt nennt man den *Wurzelpunkt* und die einzige durch den Wurzelpunkt begrenzte Strecke den *Stamm* des Setzbaumes. Die von dem Wurzelpunkt verschiedenen Punkte eines Setzbaumes seien als *Knotenpunkte*[2] bezeichnet. In den Figuren, welche Setzbäume darstellen, sollen die Knotenpunkte durch Kreislein, der Wurzelpunkt durch eine Pfeilspitze angedeutet werden; vgl. Figg. 1, 2, 3.

Bäume, an welchen kein Punkt als Wurzelpunkt ausgezeichnet ist, sollen, wo eine Unterscheidung erforderlich, *freie* Bäume genannt werden.

Es sei P ein Punkt eines Baumes B, und der andere Begrenzungspunkt einer von P ausgehenden Strecke sei Q. Die Punkte P und Q und solche (eventuelle) weitere Punkte von B, welche mit P ohne die Vermittlung von Q nicht verbunden, also bloss durch Q hindurch mit P verbunden werden können, bilden, zusammen mit den Kanten, welche sie beidseitig begrenzen, einen Baum (Teilbaum von B), u.zw. einen Setzbaum, als dessen Wurzelpunkt P betrachtet und dessen Stamm durch P und Q begrenzt wird; dieser Setzbaum heisst ein von P entspringender *Ast* von B.[3]

Zur Erläuterung dieser Definition sei bemerkt: Wenn B genau p Punkte enthält, so enthalten sämtliche von P entspringenden Äste von B zusammen p oder mehr Punkte, aber genau $p - 1$ Knotenpunkte. (Vgl. in Fig. 2, (α) und (β), die von M entspringenden Äste.)

32. Man kann die Punkte eines beliebigen Graphen in *Arten* einteilen, u.zw. willkürlich, mit der selbstverständlichen Beschränkung, dass jeder Punkt des Graphen genau einer Art angehört; d. h. die Arten sollen zu je zweien elementenfremd sein und zusammen alle Punkte des Graphen umfassen. (Man kann Punkte der gleichen Art als Kugeln von gleicher Farbe oder als Atome desselben chemischen Elements sich vorstellen.)

An Setzbäumen unterscheiden wir zwei Arten von Punkten: Wurzelpunkte und Knotenpunkte, und es bestehen zwei Beschränkungen: Ein Wurzelpunkt

[1] Nicht »Wurzelbaum« (vgl. König, **1**, S. 76). Ich betone, dass nicht ein beliebiger Punkt, sondern ein Endpunkt des Baumes ausgezeichnet ist.

[2] Das Wort »Knotenpunkt« hat also eine spezifische Bedeutung, und wird nur für Nicht-Wurzelpunkte von Setzbäumen gebraucht, im Unterschied von König **1**, S. 1.

[3] Ein Ast wird also immer als Setzbaum betrachtet; hierin liegt ein kleiner Unterschied von König **1**, S. 70.

muss der einzige seiner Art und ein einkantiger Punkt sein. Im allgemeinen Falle bestehen keine derartigen Beschränkungen, die Einteilung der Punkte in Arten kann willkürlich erfolgen, sie braucht insbesondere Nichts mit der Kantenzahl zu tun haben. Wenn es so viel Arten gibt als Punkte, wenn also je zwei verschiedene Punkte verschiedenartig sind, so kann man von einem Graphen mit *individuell verschiedenen* Punkten sprechen. Diesem äussersten Fall ist derjenige entgegengesetzt, in welchem alle Punkte des Graphen gleichartig sind.

33. Ein k-kantiger Punkt P eines Graphen bildet zusammen mit den k durch ihn begrenzten Strecken einen *Kantenkranz*[1], und der Punkt P heisst das

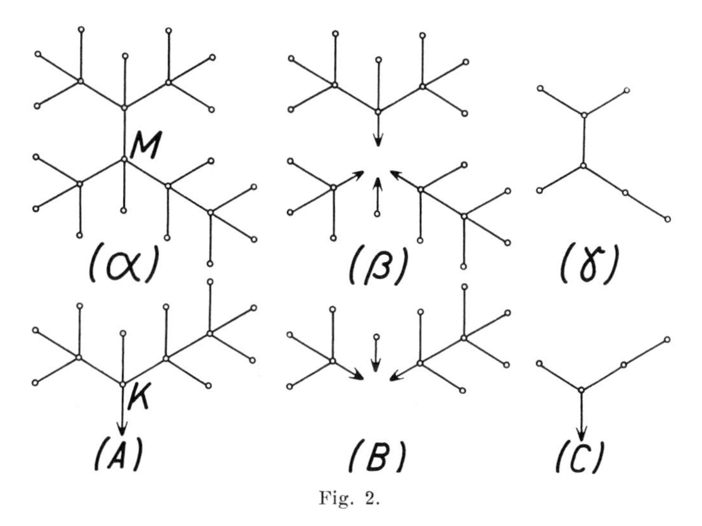

Fig. 2.

Zentrum des Kantenkranzes. Wir wollen die k vom Zentrum auslaufenden Kanten mit 1, 2, 3, ... k numerieren. Ich will einige Auffassungen, welche bei dieser Numerierung in Frage kommen können, aufzählen.

a) Wir denken uns den Kantenkranz in der Ebene gelegen, die Strecken geradlinig aus dem Zentrum auslaufend. Wir numerieren die Strecken in der Reihenfolge, in welcher sie von einem beweglichen Punkt angetroffen werden, der das Zentrum gegen den Uhrzeigersinn laufend umkreist. Je nach dem Sektor der Ebene, worin der bewegliche Punkt zu laufen anfängt, können wir k verschiedene Numerierungen erhalten. Diese k verschiedenen Numerierungen

[1] Nicht »Stern», vgl. KÖNIG 1, S. 50. Ich betone, dass zu einem Kantenkranz nur ein Punkt gehört; ein Kantenkranz ist kein Graph, da die dazugehörigen Strecken nur einseitig begrenzt sind.

werden ineinander überführt durch die Permutationen einer Gruppe von Ordnung und Grade k, der zyklischen Permutationsgruppe $\mathfrak{Z}_k$.

b) Es sei $k = 4$. Wir wollen uns das Zentrum des Kantenkranzes als im Mittelpunkt eines regulären Tetraeders gelegen und die vier davon ausgehenden Strecken als gegen die vier Eckpunkte des Tetraeders gerichtet vorstellen. Wir geben jeder Strecke die gleiche Nummer wie der entsprechenden Ecke des Tetraeders, und wir numerieren die Tetraederecken so, dass das Tetraeder rechtswendig wird. (D. h. es soll eine Person, die entlang der Tetraederkante 1, 2 mit dem Kopf in 1 und den Füssen in 2 liegt und die Tetraederkante 3, 4 vor sich hat, 3 zur Linken und 4 zur Rechten haben.) Auf diese Weise können wir die 4 Strecken des Kantenkranzes auf 12 verschiedene Arten numerieren. Wie man sich überzeugen kann, bleibt bei einer geraden Permutation der ursprünglichen Nummern die Numerierung rechtswendig, sie geht aber bei einer ungraden Permutation in eine entgegengesetzte, linkswendige über.[1] Es werden somit die 12 verschiedenen Numerierungen durch die 12 Permutationen der alternierenden Gruppe vom Grade 4, der Gruppe $\mathfrak{A}_4$ ineinander überführt.

c) Wir betrachten wieder einen allgemeinen Kantenkranz mit k Kanten, u. zw. betrachten wir ihn topologisch, d. h. ohne Rücksicht darauf, ob er in der Ebene oder im Raum oder sonstwo gelegen ist. Dann sind alle möglichen $k!$ Numerierungen, welche durch die Permutationen der symmetrischen Gruppe $\mathfrak{S}_k$ ineinander überführt werden, gleich zulässig.

Zusammengefasst: Jenachdem wir den Kantenkranz »eben», »räumlich» oder »topologisch» auffassen, ist für die Permutation der Nummern die Gruppe $\mathfrak{Z}_k$, $\mathfrak{A}_4$ oder $\mathfrak{S}_k$ *zuständig.* Man beachte, dass nach erfolgter Numerierung der Kanten und Festlegung der zuständigen Permutationsgruppe die anschauliche Bedeutung der Worte »eben» und »räumlich» ausgeschaltet und die Betrachtung rein kombinatorisch weitergeführt werden darf.

34. Nach diesen Vorbereitungen kommen wir zum Hauptpunkt. Wir können jetzt kurz und vollständig, losgelöst von jeder Spezialisierung und doch auf eine Reihe von Spezialfällen passend erklären, wann zwei Graphen als verschieden, wann sie als nichtverschieden anzusehn sind. Statt nichtverschieden gebrauche ich auch das Wort »kongruent», statt verschieden »inkongruent».

Es liegen zwei Graphen G und G' vor, von beiden sind die Punkte in

[1] Die 12 geraden Permutationen der 4 Tetraederecken entsprechen den Rotationen, welche das reguläre Tetraeder mit sich selbst zur Deckung bringen.

Arten eingeteilt, von beiden sind die Kanten aller Kantenkränze numeriert[1], für jedes k ($k = 1, 2, 3, \ldots$) ist eine Gruppe $\mathfrak{G}_k$ erklärt, die für die k-kantigen Kantenkränze zuständig ist. *Die Graphen G und G' heissen dann und nur dann kongruent, wenn eine eindeutige und eindeutig umkehrbare Abbildung von G auf G' existiert, durch welche*

(I) *jede Strecke in eine Strecke abgebildet wird,*

(II) *jeder Punkt in einen Punkt von der gleichen Art abgebildet wird,*

(III) *die Grundbeziehung erhalten bleibt, und*

(IV) *in jedem Kantenkranz eine zur zuständigen Gruppe gehörige Permutation der Kantennummern induziert wird.*

Die beiden letzten Bedingungen werden unten näher erklärt. — Eine Abbildung der beschriebenen Art von G auf G' wollen wir eine *kongruente* Abbildung nennen. Auch zwei Elemente, deren Aufeinanderabbilden bei einer kongruenten Abbildung nicht a priori durch ihre Natur ausgeschlossen ist, kann man als einander kongruent bezeichnen und in diesem Sinne [(I), (II)] sagen:

Irgend zwei Strecken sind einander kongruent.
Gleichartige Punkte sind einander kongruent, ungleichartige inkongruent.

Unter der Bedingung (III), dass die Grundbeziehung erhalten bleibt, ist natürlich folgendes zu verstehen: Wenn P und P' Punkte, σ und σ' Strecken sind, P und σ zu G, P' und σ' zu G' gehören, und die Abbildung P in P', σ in σ' überführt, so wird σ' dann und nur dann durch P' begrenzt, wenn σ durch P begrenzt ist.

Die Bedingung (IV) muss ausführlicher erläutert werden. Wenn P das Zentrum und $\sigma_1, \sigma_2, \ldots \sigma_k$ die numerierten Strecken eines k-kantigen, in G enthaltenen Kantenkranzes sind, so erfolgt die Abbildung dieser $k + 1$ Elemente, gemäss den Bedingungen (I), (II), (III), auf die $k + 1$ Elemente eines Kantenkranzes P', $\sigma'_1, \sigma'_2, \ldots \sigma'_k$ in G', wobei aber die Numerierung der aufeinander bezogenen Kanten nicht dieselbe sein muss. Erfolgt die Abbildung in der durch die Pfeile angedeuteten Weise:

$$P \to P',$$

$$\sigma_{i_1} \to \sigma'_1, \quad \sigma_{i_2} \to \sigma'_2, \quad \ldots \quad \sigma_{i_k} \to \sigma'_k,$$

[1] Bei vollständiger Numerierung der Kantenkränze erhält jede Strecke zwei Nummern, die miteinander Nichts zu tun zu haben brauchen.

so ist unter der induzierten Permutation

$$\begin{pmatrix} 1 & 2 & 3 & \dots & k \\ i_1 & i_2 & i_3 & \dots & i_k \end{pmatrix}$$

zu verstehen. Es wird die Zugehörigkeit dieser Permutation zur Gruppe $\mathfrak{G}_k$, welche für die k-kantigen Kantenkränze zuständig ist, durch Bedingung (IV) gefordert.

Indem man die Bedingungen (I), (II), (III), (IV) nochmals durchgeht, überzeugt man sich leicht, dass die Kongruenz von Graphen, wie hier definiert, eine reflexive, symmetrische und transitive Beziehung zwischen Graphen ist. Bei Bedingung (IV) ist es zu beachten, dass es sich nicht um irgendeine Gesamtheit sondern um eine Gruppe von Permutationen handelt.

35. Soweit ich sehen kann, ist die erläuterte Definition der Kongruenz und der Inkongruenz (der Nichtverschiedenheit und der Verschiedenheit) zweier Graphen wesentlich zur genauen Festlegung des Sinnes, in welchem die chemischen Formeln, insbesondere die »Stereoformeln» gebraucht werden. Ich beschränke mich hier darauf, die Bedeutung der Anzahlen, welche im gegenwärtigen Kapitel zu berechnen sind, auf Grund dieser Definition festzulegen. Ich will dabei von der chemischen Terminologie, die erst im nächsten Kapitel eingeführt wird, vorderhand absehen, rein geometrisch-kombinatorisch vorgehen, und auch die chemisch uninteressante »planare» Auffassung der Graphen zum Vergleich heranziehen.

In der gegebenen Definition der Kongruenz von zwei Graphen stecken viele Spezialfälle. Die Spezialisierung kann nach drei Richtungen vor sich gehen: Man betrachtet besondere Graphen, man teilt die Punkte des Graphen auf besondere Weise in Arten ein, man legt die für die Kantenkränze zuständigen Gruppen auf besondere Weise fest. Den Zwecken dieser dreifaltigen Spezialisierung dient die folgende Terminologie.

Als *C-Graph* wird ein Graph bezeichnet, von welchem kein Punkt fünf oder mehr Strecken begrenzt. In der Bezeichnung der Nr. 30 ist also für einen C-Graphen charakteristisch, dass

$$p_5 = p_6 = p_7 = \cdots = 0. \tag{2, 4}$$

Als *C—H-Graph* wird ein Graph bezeichnet, der ausser Endpunkten nur vierkantige Punkte besitzt, d. h. der Bedingung genügt, dass

$$p_0 = 0, \quad p_2 = p_3 = 0, \quad p_5 = p_6 = p_7 = \cdots = 0. \tag{2, 5}$$

In freien Bäumen wollen wir alle Punkte als gleichartig ansehen, wenn das Gegenteil nicht ausdrücklich hervorgehoben wird (das wird in diesem Kapitel nur in der Nr. 45 geschehen).

In Setzbäumen wollen wir nur zwei Punktarten unterscheiden: die Knotenpunkte und den Wurzelpunkt, so dass alle Knotenpunkte als gleichartig anzusehen sind, insoferne das Gegenteil nicht ausdrücklich erwähnt ist (wie in Nr. 45).

Als zuständige Gruppen wollen wir nur die in Nr. 33 betrachteten einführen.

Wenn für die k-kantigen Kantenkränze die symmetrische Gruppe $\mathfrak{S}_k$ zuständig ist ($k = 1, 2, 3, \ldots$), so heissen zwei Graphen, welche im Sinne der Definition der Nr. 34 kongruent sind, *topologisch* nichtverschieden, und zwei in diesem Sinne inkongruente topologisch verschieden.

Wenn für die k-kantigen Kantenkränze die zyklische Gruppe $\mathfrak{Z}_k$ zuständig ist ($k = 1, 2, 3, \ldots$), so heissen zwei, im Sinne der Nr. 34 kongruente Graphen *planar* nichtverschieden, zwei in diesem Sinne inkongruente planar verschieden.[1]

Für $C—H$-Graphen (und nur für diese!) kann ein Kongruenzbegriff dadurch geschaffen werden, dass für vierkantige Kantenkränze die alternierende Gruppe $\mathfrak{A}_4$ als zuständig erklärt wird. (Für einkantige Kantenkränze ist die Bedingung (IV), nach den Bedingungen (I), (II), (III), nichtssagend, und es gibt ja auch nur eine Permutationsgruppe vom Grade 1.) Zwei unter der Zuständigkeit von $\mathfrak{A}_4$ kongruente $C—H$-Graphen heissen *räumlich* nichtverschieden, zwei in diesem Sinne inkongruente räumlich verschieden.

Die Unterscheidung in freie- und Setzbäume hat mit der Bedingung (II) der Nr. 34 zu tun. Für freie Bäume kann diese so gefasst werden: »Irgend zwei Punkte sind einander kongruent», und für Setzbäume so: »Knotenpunkte sind untereinander kongruent, Wurzelpunkte sind untereinander kongruent, ein Wurzelpunkt ist keinem Knotenpunkt kongruent». Die Unterscheidung »topologisch», »planar» und »räumlich» hängt mit der Bedingung (IV) zusammen; diese ist für topologische Graphen eigentlich nichtssagend.

36. Nach den vorangehenden Ausführungen erhalten die in der Einleitung gegebenen Definitionen der Zahlen τ_n und T_n einen vollständig bestimmten, rein kombinatorischen Sinn. Die kombinatorische Definition der anderen in der

[1] Ob bei der Zeichnung eines »planar» aufgefassten Graphen auf einem ebenen Zeichenblatt Kreuzungen der Kanten, die keinem Punkte des Graphen entsprechen, unvermeidlich sind oder nicht, ist hier gleichgültig: Ein »planar» aufgefasster Graph hat Nichts zu tun mit einem Graphen vom Geschlecht Null (vgl. KÖNIG **1**, S. 198).

Einleitung erwähnten Zahlen $\varkappa_n$, ϱ_n, σ_n, Q_n, R_n, S_n hängt mit den $C-H$-Bäumen zusammen, weshalb zunächst diese Gebilde näher erörtert werden müssen.

a) Es sei die Anzahl der vierkantigen Punkte eines $C-H$-Graphen mit n bezeichnet, also, in der Bezeichnung der Nr. 30, $p_4 = n$ gesetzt. Die Gleichungen (2, 5), kombiniert mit (2, 1), (2, 2) und (2, 3) ergeben dann, durch Elimination von s und p,

$$p_1 = 2n + 2 - 2\mu. \tag{2, 6}$$

Insbesondere ist ein $C-H$-Graph mit n vierkantigen Punkten dann und nur dann ein $C-H$-Baum, wenn die Anzahl seiner Endpunkte $2n+2$ und die Gesamtzahl seiner Punkte $3n+2$ ist. Ein $C-H$-Setzbaum mit n vierkantigen Punkten hat $2n+1$ von dem Wurzelpunkt verschiedene Endpunkte, also insgesamt $3n+1$ Knotenpunkte.

b) Gewisse vierkantige Punkte eines $C-H$-Baumes heissen *asymmetrisch*, nämlich solche, von welchen vier topologisch verschiedene Äste ausgehen. (Der Punkt M in Fig. 2 (α) ist asymmetrisch.) Ganz gleich lautet die Definition für die asymmetrischen Punkte eines $C-H$-Setzbaumes, nur muss dies hinzugefügt werden: Derjenige von einem bestimmten vierkantigen Punkt P entspringende Ast, der den Wurzelpunkt des ganzen Setzbaumes enthält, gilt als von allen 3 anderen Ästen verschieden, die demselben Punkte P entspringen: er trägt ja einen einzigartigen Punkt, dem kein Punkt der 3 andern Äste kongruent ist. (Der Punkt K des Setzbaumes in Fig. 2 (A) ist asymmetrisch; würde der Baum als frei und nicht als Setzbaum betrachtet, so wäre der Punkt K nicht asymmetrisch.)

Nun zur kombinatorischen Definition der erwähnten Zahlen.

Die Zahlen σ_n, ϱ_n, $\varkappa_n$ beziehen sich auf freie $C-H$-Bäume, die Zahlen S_n, R_n, Q_n auf $C-H$-Setzbäume mit n vierkantigen Punkten. Es bedeutet für freie $C-H$-Bäume (bzw. für $C-H$-Setzbäume) mit n vierkantigen Punkten

σ_n (bzw. S_n) die Anzahl aller räumlich verschiedenen,

ϱ_n (bzw. R_n) die Anzahl aller topologisch verschiedenen,

$\varkappa_n$ (bzw. Q_n) die Anzahl derjenigen speziellen topologisch verschiedenen, welche keinen asymmetrischen Punkt besitzen.

(Betreffs die Übereinstimmung der hier gegebenen kombinatorischen mit den in der Einleitung gegebenen chemischen Definitionen vgl. Nr. 55.)

Zur Klärung dieser Definitionen seien die folgenden, an und für sich wesentlichen Zusammenhänge erwähnt.

Der Übergang von ϱ_n zu $\varkappa_n$, wie der von R_n zu Q_n, ist Übergang von einer Menge zu einer Teilmenge. Daher ist

$$(2, 7) \qquad \varrho_n \geqq \varkappa_n, \qquad R_n \geqq Q_n.$$

Der Übergang von ϱ_n zu σ_n, wie der von R_n zu S_n, besteht im Wechseln der zur Beurteilung der vierkantigen Kantenkränze zuständigen Gruppe, im Übergang von $\mathfrak{S}_4$ zu $\mathfrak{A}_4$. Dass die durch die Abbildung induzierte Permutation (vgl. Nr. 34, Bedingung (IV)) in der Untergruppe $\mathfrak{A}_4$ liege, ist eine mehr einschränkende Bedingung, als dass sie in der vollen Gruppe $\mathfrak{S}_4$ liege: Beim Übergang von Gruppe zur Untergruppe kann die Anzahl der nichtäquivalenten Konfigurationen nicht abnehmen. Daher ist

$$(2, 8) \qquad \varrho_n \leqq \sigma_n, \qquad R_n \leqq S_n.$$

37. Es besteht eine, schon von Cayley hervorgehobene, eineindeutige Zuordnung zwischen topologisch aufgefassten $C-H$-Graphen und C-Graphen, die, unter Auszeichnung der Setzbäume und der Wurzelpunkte, folgendermassen erklärt werden kann: Von einem $C-H$-Graphen entferne man jeden Endpunkt und jede Kante, die durch einen Endpunkt begrenzt ist, jedoch mit Ausnahme des Wurzelpunktes und des Stammes, wenn es sich um einen Setzbaum handelt; so gelangt man vom $C-H$-Graphen zum zugeordneten C-Graphen, u. zw. gelangt man von einem Setzbaum zu einem zugeordneten Setzbaum mit demselben Wurzelpunkt und Stamm. (Man gehe in Fig. 2 von (α) zu (γ) und von (A) zu (C) über.) Man gelangt vom C-Graphen zum $C-H$-Graphen zurück, wenn man jedem Punkt des C-Graphen mit Ausnahme des eventuell vorhandenen Wurzelpunkts, so viele (0, 1, 2, 3 oder 4) neue Kanten hinzufügt, dass ein vierkantiger Punkt entsteht, und die neu hinzugekommenen Kanten durch neue Endpunkte abschliesst. [Man gehe in Fig. 2 von (γ) zu (α), von (C) zu (A) zurück.][1]

Wenn man diese Zuordnung an den durch ϱ_n und R_n abgezählten $C-H$-Graphen verfolgt, ersieht man leicht die folgende neue Bedeutung dieser Zahlen: ϱ_n ist die vom topologischen Standpunkte aus berechnete Anzahl der freien

[1] Wenn der $C-H$-Graph n vierkantige Punkte enthält, so enthält der zugeordnete C-Graph n Punkte, falls er kein Setzbaum, und $n + 1$ Punkte, falls er ein Setzbaum ist. Im ersten Falle ist $n = 0$ auszuschliessen, im zweiten Falle (für Setzbäume) ist $n = 0$ zuzulassen; bei dieser Übereinkunft wird das eineindeutige Entsprechen durchgängig und die Betrachtung des Nullgraphen vermieden. Bei der Rückkehr von den C- zu den $C-H$-Graphen findet das Hinzufügen von 4 neuen Strecken zu demselben Punkt nur dann statt, wenn der C-Graph der Einpunktgraph ist.

C-Bäume mit n Punkten, R_n die der C-Setzbäume mit n Knotenpunkten. Anders ausgedrückt:

ϱ_n ist die Anzahl derjenigen speziellen topologisch verschiedenen freien Bäume mit n Punkten, deren Punkte höchstens vier Strecken begrenzen;

R_n ist die Anzahl derjenigen speziellen topologisch verschiedenen Setzbäume mit n Knotenpunkten, deren Knotenpunkte höchstens vier Strecken begrenzen.

Vgl. hierzu die Definition der Zahlen τ_n und T_n in der Einleitung (Nr. 3). Der Übergang von τ_n zu ϱ_n wie der von T_n zu R_n ist Übergang von einer Menge zu einer Teilmenge. Daher ist

$$\tau_n \geqq \varrho_n, \qquad T_n \geqq R_n. \tag{2, 9}$$

Setzbäume.

38. Wir wollen von nun an voraussetzen, dass die für die k-kantigen Kantenkränze zuständige Gruppe $\mathfrak{G}_k$ *transitiv* ist (für $k = 1, 2, 3, \ldots$). Diese Voraussetzung trifft ja zu für die Gruppen $\mathfrak{S}_k$, $\mathfrak{Z}_k$, $\mathfrak{A}_4$, welche bzw. die topologische, die planare und die räumliche Auffassung charakterisieren.

Der Stamm eines Setzbaumes S wird durch zwei Punkte begrenzt; der eine ist der Wurzelpunkt, der andere sei *Hauptknotenpunkt* oder kurz K genannt, vgl. Fig. 2 (A). Es sei K ein k-kantiger Punkt. Von den k Ästen, die aus K entspringen (Nr. 31), enthält einer (der in gewöhnlicher Sprache nicht Ast heissen würde) den Stamm und den Wurzelpunkt von S; die übrigen $k - 1$ Äste wollen wir die *Hauptäste* des Setzbaumes S nennen. Wir wollen die Hauptäste numerieren: Jeder Hauptast enthält eine bestimmte von K auslaufende Strecke, welche, als zum Kantenkranz vom Zentrum K gehörig, eine Nummer trägt; diese Nummer sei dem betreffenden Hauptast zuerteilt.

Ich behaupte, dass man *einen zu S kongruenten Setzbaum S' finden kann, dessen Hauptäste mit* $1, 2, \ldots (k - 1)$ numeriert sind. Dies beruht auf der Transitivität der Gruppe $\mathfrak{G}_k$. Diese enthält nämlich eine Permutation, welche diejenige Nummer, die bei Numerierung des Kantenkranzes um K dem Stamme von S zufällt, in k überführt; man übe diese Permutation auf die Numerierung des Kantenkranzes aus und lasse sonst Alles an S unverändert; der dabei entstehende Setzbaum S' hat die verlangten Eigenschaften (vgl. Nr. 34, insbesondere (IV)).

39. Wir wollen nun Setzbäume betrachten, deren $k - 1$ Hauptäste die Nummern $1, 2, \ldots (k-1)$ tragen. Wir wollen die Hauptäste des Setzbaumes S, richtig numeriert, mit $\Phi_1, \Phi_2, \ldots \Phi_{k-1}$ bezeichnen, und wir ordnen S die Konfiguration seiner Hauptäste

$$(\Phi_1, \Phi_2, \ldots \Phi_{k-1})$$

zu. Das Wort »Konfiguration» wird hier in demselben Sinne gebraucht, wie in Nr. 11[1]; kongruente Hauptäste werden als gleiche, inkongruente Hauptäste als verschiedene Figuren betrachtet. Da jeder Hauptast als ein Setzbaum aufzufassen ist (Nr. 31), umfasst der Figurenvorrat alle (zu je zweien inkongruente) Setzbäume.

Zwei Setzbäume, deren Hauptäste dieselbe Konfiguration bilden, sind, im Sinne der Definition der Nr. 34, sicherlich kongruent.[2] *Können verschiedene Konfigurationen der Hauptäste zu kongruenten Setzbäumen gehören?*

Es sollen für den Setzbaum S' die Buchstaben $K', k', \Phi'_1, \Phi'_2, \ldots \Phi'_{k-1}$ dieselbe Bedeutung haben, wie $K, k, \Phi_1, \Phi_2, \ldots \Phi_{k-1}$ für S. Wenn S und S' zueinander kongruent sind (vgl. Bedingungen (I), (II), (III), (IV) in Nr. 34), so muss in einer kongruenten Abbildung der Wurzelpunkt von S dem Wurzelpunkt von S', der Stamm von S dem Stamm von S' und der Punkt K dem Punkt K' entsprechen, und somit ist $k = k'$. Da in der Numerierung des Kantenkranzes um K bzw. um K' beide Stämme dieselbe Nummer k tragen, muss die induzierte Permutation die Gestalt

$$\begin{pmatrix} 1 & 2 & \ldots & (k-1) & k \\ i_1 & i_2 & \ldots & i_{k-1} & k \end{pmatrix} \tag{2, 10}$$

haben und sie muss der Gruppe $\mathfrak{G}_k$ angehören [Nr. 34, (IV)]. Schliesslich muss (kongruente Hauptäste sind als Figuren betrachtet identisch)

$$\Phi'_1 = \Phi_{i_1}, \quad \Phi'_2 = \Phi_{i_2}, \quad \ldots \quad \Phi'_{k-1} = \Phi_{i_{k-1}} \tag{2, 11}$$

sein.

Die Permutation (2, 10) gehört zu $\mathfrak{G}_k$, u. zw. zu derjenigen Untergruppe von $\mathfrak{G}_k$, welche k fest lässt; diese Untergruppe, welche wir als eine Permutations-

---

[1] Wir können, wenn wir die in Nr. 11 hervorgehobene räumliche Vorstellung beibehalten wollen, den $k - 1$ von K verschiedenen Endpunkten der $k - 1$ Hauptäste $k - 1$ bestimmte Raumstellen zuweisen.

[2] Zur ausführlichen Begründung dieses Schlusses muss man zwei Setzbäume S und S' betrachten, deren gleich numerierte Hauptäste aufeinander kongruent abgebildet sind, und aus diesen $k - 1$ Abbildungen eine kongruente Abbildung von S auf S' konstruieren. Ich übergehe die Einzelheiten und ich werde mir ähnliche Ersparungen auch im folgenden erlauben.

gruppe vom Grade $k-1$ auffassen wollen [sie permutiert 1, 2, ..., $(k-1)$], heisse kurz die *zuständige Untergruppe.* Das Bestehen der Gleichungen (2, 11) kann man jetzt, mit der Ausdrucksweise der Nr. 11, so aussprechen: *die Konfigurationen* $(\Phi_1, \Phi_2, \ldots \Phi_{k-1})$ *und* $(\Phi'_1, \Phi'_2, \ldots \Phi'_{k-1})$ *sind inbezug auf die zuständige Untergruppe äquivalent.*

Wenn man das Überlegte nochmals, in umgekehrter Reihenfolge durchläuft, erhält man das Resultat: *Zwei Setzbäume sind dann und nur dann einander kongruent, wenn sie gleich viel Hauptäste haben, und die Konfigurationen ihrer Hauptäste inbezug auf die zuständige Untergruppe einander äquivalent sind.*

Jenachdem die zuständige Gruppe $\mathfrak{S}_k$, $\mathfrak{A}_4$ oder $\mathfrak{Z}_k$, ist die zuständige Untergruppe $\mathfrak{S}_{k-1}$, $\mathfrak{A}_3 = \mathfrak{Z}_3$ bzw. $\mathfrak{E}_{k-1}$. Diese Fälle spielen eine Rolle im folgenden.

40. Wir betrachten jetzt die $C-H$-Setzbäume mit n vierkantigen Punkten; die Anzahl der topologisch verschiedenen haben wir mit R_n, die der räumlich verschiedenen mit S_n bezeichnet; die Anzahl der planar verschiedenen soll P_n heissen.

Der Hauptknotenpunkt eines $C-H$-Setzbaumes ist entweder ein Endpunkt oder vierkantig.

Wenn der Hauptknotenpunkt K ein Endpunkt ist, so besteht der ganze Setzbaum aus K, aus dem Wurzelpunkt und aus dem Stamm, der diese beiden Punkte verbindet; es gibt keine vierkantigen Punkte, es gibt keine Hauptäste. Es gibt auch nicht zwei inkongruente Setzbäume dieser Art; hierbei ist gleichgültig, ob wir die Kongruenz topologisch, räumlich oder planar auffassen. Es ist somit

$$R_0 = S_0 = P_0 = 1. \tag{2, 12}$$

Wenn der Hauptknotenpunkt des $C-H$-Setzbaumes S vierkantig ist, so hat S drei Hauptäste, und diese enthalten zusammen genau einen vierkantigen Knotenpunkt weniger als S allein enthält. Es gibt somit genau gleich viele

inkongruente $C-H$-Setzbäume mit n vierkantigen Knotenpunkten als

inbezug auf die zuständige Untergruppe inäquivalente Konfigurationen von drei $C-H$-Setzbäumen, welche zusammen $n-1$ vierkantige Knotenpunkte enthalten

vorausgesetzt, dass $n \geqq 1$ ist. (Vgl. Fig. 2, (A) und (B); jenachdem wir die Kongruenz topologisch, räumlich oder planar auffassen, kann man aus 3 gegebenen, voneinander verschiedenen Hauptästen 1, 2 oder 6 verschiedene Konfigurationen, also verschiedene Setzbäume mit vierkantigen Punkten bilden.)

Jenachdem die Kongruenz topologisch, räumlich oder planar aufgefasst wird, werden die $C-H$-Setzbäume durch die Potenzreihen

$$r(x)=\sum_0^\infty R_n x^n, \qquad s(x)=\sum_0^\infty S_n x^n, \qquad p(x)=\sum_0^\infty P_n x^n$$

abgezählt, heisst die zuständige Untergruppe

$$\mathfrak{S}_3, \qquad \mathfrak{A}_3, \qquad \mathfrak{E}_3$$

und ist der Zyklenzeiger dieser Untergruppe (vgl. Nr. 21)

$$\frac{f_1^3 + 3f_1f_2 + 2f_3}{6}, \qquad \frac{f_1^3 + 2f_3}{3}, \qquad f_1^3.$$

Entsprechend diesen drei Fällen erhalten wir drei Gleichungen, indem wir die kurz vorher genau auseinandergesetzte Beziehung: »Anzahl der inkongruenten Setzbäume ist gleich der Anzahl der inäquivalenten Konfigurationen von 3 Setzbäumen» mit den abzählenden Potenzreihen ausdrücken, auf Grund des Hauptsatzes des Kap. I (Nr. 16), und die Sonderstellung des Falles $n=0$ berücksichtigen:

$$r(x)=R_0 + x\frac{r(x)^3 + 3\,r(x)\,r(x^2) + 2\,r(x^3)}{6}, \tag{2, 13}$$

$$s(x)=S_0 + x\frac{s(x)^3 + 2\,s(x^3)}{3}, \tag{2, 14}$$

$$p(x)=P_0 + x\,p(x)^3. \tag{2, 15}$$

41. Es ergeben (2, 13) und (2, 14), mit Rücksicht auf (2, 12), die angekündigten Funktionalgleichungen (4) bzw. (7). Es ergibt (2, 15) mit (2, 12) eine trinomische Gleichung 3-ten Grades zur Bestimmung von $p(x)$, welche bekanntlich[1] durch die Reihenentwicklung

$$p(x)=1+\sum_{n=1}^\infty \binom{3n}{n-1}\frac{x^n}{n}$$

[1] Vgl. z. B. G. Pólya und G. Szegö, Aufgaben und Lehrsätze aus der Analysis (Berlin 1925) Bd. 1, Aufg. III 211, S. 125 u. S. 301.

befriedigt wird. Folglich ist

(2, 16) $$P_n = \frac{1}{n}\binom{3n}{n-1}.$$

Man beachte noch, dass der Übergang von S_n zu P_n dem Übergang von $\mathfrak{A}_3$ zu $\mathfrak{C}_3$, von der Gruppe zur Untergruppe entspricht; somit erhält man [ähnlich, wie (2, 8)]

(2, 17) $$S_n \leqq P_n.$$

42. Wir bleiben bei den $C-H$-Setzbäumen mit n vierkantigen Knotenpunkten und betrachten die topologisch verschiedenen unter ihnen, welche genau α asymmetrische Punkte haben; ihre Anzahl sei $R_{n\alpha}$. Offenbar ist

(2, 18) $$R_{n0} + R_{n1} + R_{n2} + \cdots = R_n,$$

und gemäss einer früheren Definition (Nr. 36)

(2, 19) $$R_{n0} = Q_n.$$

Wir setzen

(2, 20) $$\sum_{n=0}^{\infty} \sum_{\alpha=0}^{\infty} R_{n\alpha} x^n y^\alpha = \sum_{n=0}^{\infty} x^n (R_{n0} + R_{n1} y + R_{n2} y^2 + \cdots) = \Phi(x, y).$$

Offenbar ist

(2, 21) $$R_0 = R_{00} = 1.$$

Setzen wir also $n \geqq 1$ voraus und betrachten die in der Gesamtanzahl R_n enthaltenen Setzbäume. Jedem solchen Setzbaum entspricht die Konfiguration seiner 3 Hauptäste, u. zw., da jetzt die Untergruppe $\mathfrak{S}_3$ zuständig ist, kommt es nur darauf an, welche Setzbäume als Hauptäste auftreten, und es kommt auf die Numerierung nicht an; d. h. es kommt bloss auf die Kombination der drei Hauptäste an.

Für einen in der Anzahl $R_{n\alpha}$ enthaltenen Setzbaum liegt einer der beiden folgenden Fälle vor:

1) Der Hauptknotenpunkt K ist kein asymmetrischer Punkt; in diesem Falle sind die 3 Hauptäste nicht alle voneinander verschieden und sie enthalten zusammen α asymmetrische Punkte.

2) Der Hauptknotenpunkt K ist ein asymmetrischer Punkt; in diesem Falle sind die 3 Hauptäste alle verschieden und sie enthalten zusammen $\alpha - 1$ asymmetrische Punkte.

In beiden Fällen enthalten die 3 Hauptäste zusammen $n - 1$ vierkantige Knotenpunkte. Unter Berücksichtigung der Sonderstellung von $n = 0$ erhalten wir auf Grund der in Nr. 23 zusammengestellten Resultate [es kommt $(2\mathfrak{S}_3 - \mathfrak{A}_3)$ für Fall 1) und $(\mathfrak{A}_3 - \mathfrak{S}_3)$ für Fall 2) in Betracht], dass

$$(2, 22) \qquad \Phi(x, y) = 1 + x\,\Phi(x, y)\,\Phi(x^2, y^2) + \\ + xy\,\frac{\Phi(x, y)^3 - 3\,\Phi(x, y)\,\Phi(x^2, y^2) + 2\,\Phi(x^3, y^3)}{6}.$$

Nun ist, wegen (2, 18), (2, 20), (3)

$$(2, 23) \qquad \Phi(x, 1) = r(x)$$

und wegen (2, 19), (2, 20), (6)

$$(2, 24) \qquad \Phi(x, 0) = q(x).$$

Es geht, in der Tat, für $y = 1$ die Funktionalgleichung (2, 22) in (4) über, und für $y = 0$ in die angekündigte Gleichung (8).

43. Jetzt schreiten wir zur Betrachtung von beliebigen Setzbäumen mit insgesamt n Knotenpunkten; die Anzahl der topologisch verschiedenen haben wir mit T_n bezeichnet, die der planar verschiedenen soll $\overline{P}_n$ heissen. Neben der abzählenden Potenzreihe (2) betrachten wir noch

$$\bar{p}(x) = \overline{P}_1 x + \overline{P}_2 x^2 + \overline{P}_3 x^3 + \cdots.$$

Es ist leicht zu sehen [dieselbe Figur wie zu (2, 12)], dass

$$(2, 25) \qquad T_1 = \overline{P}_1 = 1.$$

Wenn $n \geqq 2$, so hat der Setzbaum Hauptäste; bezeichnen wir ihre Anzahl, wie in Nr. 38, mit $k - 1$. Diese $k - 1$ Hauptäste enthalten zusammen $n - 1$ Knotenpunkte; die für ihre Konfiguration zuständige Untergruppe ist $\mathfrak{S}_{k-1}$ oder $\mathfrak{C}_{k-1}$, jenachdem es sich um T_n oder $\overline{P}_n$ handelt. Die Anzahl der inbezug auf $\mathfrak{S}_{k-1}$ inäquivalenten, für T_n massgebenden Hauptastkonfigurationen erhält man, gemäss Nr. 16, als den Koeffizienten von x^{n-1} in derjenigen Reihe, die durch Einsetzen von $t(x)$ in den Zyklenzeiger von $\mathfrak{S}_{k-1}$ hervorgeht; vgl. die Formel (1, 12) und für Spezialfälle die Nr. 21. — Die Anzahl der inbezug auf $\mathfrak{C}_{k-1}$ inäquivalenten, für $\overline{P}_n$ massgebenden Hauptastkonfigurationen ist der Koeffizient von x^{n-1} in der Reihe $t(x)^{k-1}$. Indem man $k = 2, 3, 4, \ldots$ setzt und die Sonderstellung von $n = 1$ nebst (2, 25) berücksichtigt, erhält man

$$(2, 26) \qquad t(x) = x + x\,t(x) + x\frac{t(x)^2 + t(x^2)}{2} + x\frac{t(x)^3 + 3\,t(x)\,t(x^2) + 2\,t(x^3)}{6} + \cdots,$$

$$(2, 27) \qquad \bar{p}(x) = x + x\bar{p}(x) + x\bar{p}(x)^2 + x\bar{p}(x)^3 + \cdots.$$

Die linken Seiten zählen die inkongruenten Setzbäume auf, die rechten Seiten zählen die nach der zuständigen Untergruppe inäquivalenten Hauptastkonfigurationen auf; diese sind Konfigurationen von Setzbäumen der gleichen Sorte und, nach Nr. 39, gleich zahlreich, wie die inkongruenten Setzbäume.

Es ist (2, 26) die in der Einleitung angekündigte Formel (1''). Man nehme in Formel (1, 11) eine doppelte Spezialisierung vor: Erstens setze man $f(x, y, z) = t(x)$ und dementsprechend

$$a_{000} = 0, \quad a_{k00} = T_k, \quad a_{klm} = 0 \text{ für } l + m > 0;$$

zweitens setze man $u = 1$; dann erhält man aus dem Vergleich der 1-ten, 2-ten und 3-ten Zeile von (1, 11) auch die beiden anderen angekündigten Gleichungen (1) und (1').

Es ist (2, 27) mit einer Gleichung 2-ten Grades für $\bar{p}(x)$, nämlich mit

$$\bar{p}(x) - \bar{p}(x)^2 = x$$

gleichbedeutend, welche, wie man leicht findet, durch die Reihenentwicklung

$$\bar{p}(x) = \sum_{n=1}^{\infty} \binom{2n-2}{n-1} \frac{x^n}{n}$$

befriedigt wird. Folglich ist

$$(2, 28) \qquad \overline{P}_n = \frac{1}{n}\binom{2n-2}{n-1}.$$

Der Übergang von T_n zu $\overline{P}_n$ entspricht dem Übergang von $\mathfrak{S}_{k-1}$ zu $\mathfrak{C}_{k-1}$, also von Gruppe zu Untergruppe; somit erhält man [ähnlich wie (2, 8) und (2, 17)]

$$(2, 29) \qquad T_n \leqq \overline{P}_n.$$

Der Übergang von $\overline{P}_{3n+1}$ zu P_n ist ein Übergang von Menge zur Untermenge; daher ist (dass kein Widerspruch mit (2, 16) und (2, 28) vorliegt, ist leicht direkt zu sehen)

$$\overline{P}_{3n+1} \geqq P_n.$$

44. Die Anzahl der topologisch verschiedenen C-Setzbäume mit n Knotenpunkten ist R_n (für $n \geqq 1$), wie wir es in Nr. 37 gesehen haben. Man sieht leicht, dass

$$R_1 = 1$$

[wie (2, 25)]. Wenn $n \geqq 2$, besitzt der C-Setzbaum Hauptäste, u.zw. 1, 2 oder 3 Hauptäste. Die Überlegung, welche zu (2, 26) geführt hat, ergibt für die Reihe

$$R_1 x + R_2 x^2 + R_3 x^3 + \cdots = r(x) - 1 = g(x)$$

die Funktionalgleichung

$$g(x) = x + x\,g(x) + x\frac{g(x)^2 + g(x^2)}{2} + x\frac{g(x)^3 + 3\,g(x)\,g(x^2) + 2\,g(x^3)}{6}. \tag{2, 30}$$

Die rechte Seite von (2, 30) enthält nur vier Glieder, welche den für C-Setzbäume möglichen vier Fällen entsprechen: Es gibt 0, 1, 2 oder 3 Hauptäste. (Dagegen enthält die rechte Seite von (2, 26) unendlich viele Glieder.) Wenn man $g(x) = r(x) - 1$ in (2, 30) einsetzt, erhält man, wie es vorauszusehen ist, die Gleichung (4).

Eine leichte Verallgemeinerung der Überlegung zeigt, dass alle Gleichungen, welche aus (2, 26) oder (2, 27) dadurch entstehen, dass auf der rechten Seite nur ein Teil der von x verschiedenen Glieder zurückbehalten wird, abzählende Potenzreihen für einfach charakterisierbare Sorten von Setzbäumen liefern.[1]

45. Jetzt wollen wir die Gestalten (1′) und (1″ der Gleichung (1) noch von einer anderen Seite her beleuchten. Wir betrachten freie Bäume mit n Punkten, u.zw. mit n individuell verschiedenen Punkten; die Anzahl der topologisch verschiedenen heisse α_n. Diese Anzahl α_n wurde zuerst von Cayley und

[1] So entsteht z. B. aus (2, 27) durch Zurückbehaltung von bloss einem von x verschiedenen Glied die Gleichung $\varphi(x) = x + x\varphi(x)^2$, deren Lösung diejenigen planar verschiedenen Setzbäume mit n Knotenpunkten abzählt, welche nur ein- und dreikantige Punkte besitzen. Das Resultat findet sich schon bei Cayley, **2**. Vgl. F. Levi, Christiaan Huygens, **2** (1922), S. 307—314, unter Nr. 5, ferner A. Errera, Mémoires de l'Académie royale de Belgique **11** (1931) S. 1—26, unter Nr. 15—16. An beiden Stellen ist auch das Resultat (2, 28) in anderer Gestalt zu finden und Untersuchungen über freie planare Bäume.

nachher von anderen berechnet[1]; hier soll α_n auf eine (meines Wissens) neue Weise berechnet werden.

Aus jedem freien Baum der betrachteten Sorte kann man einen Setzbaum dadurch erhalten, dass man irgendeinem der n Punkte eine neue Strecke anhängt und deren neuen Endpunkt als Wurzelpunkt erklärt; man erhält auf diese Art aus jedem freien Baum, wegen der individuellen Verschiedenheit der Punkte, n verschiedene Setzbäume. Bezeichnen wir mit A_n die Anzahl der *topologisch verschiedenen Setzbäume mit n individuell verschiedenen Knotenpunkten;* das vorangehende zeigt, dass

$$A_n = n\,\alpha_n. \tag{2, 31}$$

Offenbar ist

$$A_1 = 1. \tag{2, 32}$$

Betrachten wir diejenigen in der Anzahl A_{n+1} enthaltenen Setzbäume, die den folgenden 2 Bedingungen genügen:

1) die Rolle des Punktes K (des Hauptknotenpunktes) spielt der »rote Punkt»;

2) es entspringen 3 Hauptäste aus K.

(Ich sage in konkreter Sprache »der rote Punkt» anstatt »ein bestimmter Punkt», und ich nehme nur beispielshalber 3 Hauptäste.) Wenn die drei von K entspringenden Hauptäste bzw. i, j und k Knotenpunkte tragen, so ist

$$i + j + k = n. \tag{2, 33}$$

Es ist auf

$$\frac{n!}{i!\,j!\,k!}$$

Arten möglich, die n individuell verschiedenen Knotenpunkte auf drei Klassen, welche bzw. i, j, k Individuen umfassen, zu verteilen; ist einmal diese Verteilung vorgenommen, so kann der erste Hauptast auf A_i, der zweite auf A_j, der dritte auf A_k verschiedene Arten gewählt werden, und wir erhalten, die Summation auf alle positiven Lösungssysteme von (2, 33) erstreckt,

$$\sum_{i+j+k=n} \frac{n!}{i!\,j!\,k!} A_i\,A_j\,A_k$$

[1] CAYLEY, 8. O. DZIOBEK, Sitzungsber. d. Berliner Math. Ges. **16** (1917), S. 64—67. H. PRÜFER, Archiv d. Math. u. Physik (3) **27** (1918), S. 142—144.

Konfigurationen von Hauptästen; von denselben sind je 3! inbezug auf $\mathfrak{S}_3$ äquivalent[1]; somit erhalten wir

$$\frac{1}{3!} \sum_{i+j+k=n} \frac{n!}{i!\, j!\, k!} A_i A_j A_k \tag{2, 34}$$

inbezug auf $\mathfrak{S}_3$ inäquivalente Konfigurationen von Hauptästen, d. h. ebensoviele in A_{n+1} aufgezählte Setzbäume, welche den Bedingungen 1), 2) genügen; heben wir 1) auf, d. h. setzen wir an Stelle des »roten» Punktes alle $n + 1$ verschiedenen, so erhalten wir $(n + 1)$-mal die Anzahl (2, 34), und heben wir auch 2) auf, d. h. betrachten wir beliebig viele Hauptäste, so erhalten wir überhaupt alle in A_{n+1} aufgezählten Setzbäume, d. h. es ist

$$A_{n+1} = (n + 1) A_n + \frac{n + 1}{2!} \sum_{i+j=n} \frac{n!}{i!\, j!} A_i A_j + \frac{n + 1}{3!} \sum_{i+j+k=n} \frac{n!}{i!\, j!\, k!} A_i A_j A_k + \cdots; \tag{2, 35}$$

die Glieder auf der rechten Seite entsprechen den verschiedenen möglichen Fällen von 1, 2, 3, . . . Hauptästen. Führen wir die erzeugende Funktion

$$f(x) = \frac{A_1 x}{1!} + \frac{A_2 x^2}{2!} + \frac{A_3 x^3}{3!} + \cdots$$

ein und berücksichtigen wir auch den Fall, in welchem kein Hauptast vorhanden ist, vgl. (2, 32), so erhalten wir

$$f(x) = x + x f(x) + x \frac{f(x)^2}{2!} + x \frac{f(x)^3}{3!} + \cdots; \tag{2, 36}$$

es ergibt nämlich der Vergleich des Koeffizienten von x^{n+1} links und rechts in (2, 36) die durch $(n + 1)!$ dividierte Gleichung (2, 35) (für $n + 1 \geqq 2$). Nun wird (2, 36), d. h.

$$f(x) = x\, e^{f(x)} \tag{2, 37}$$

bekanntlich[2] durch die Reihenentwicklung

[1] Wegen der individuellen Verschiedenheit der Knotenpunkte kann keine Vertauschung der Hauptäste (ausser der identischen Permutation!) deren Konfiguration in sich überführen.

[2] Vgl. z. B. Pólya u. Szegö a. a. O., Fussnote S. 194, Bd. 1, Aufg. III 209, S. 125 u. S. 301.

$$f(x) = \frac{x}{1!} + \frac{(2x)^2}{2!\,2} + \cdots + \frac{(nx)^n}{n!\,n} + \cdots$$

befriedigt. Somit ist

$$A_n = n^{n-1}, \tag{2, 38}$$

und, wegen (2, 31),

$$\alpha_n = n^{n-2};$$

letzteres ist das merkwürdig einfache Resultat von Cayley.

Der Ähnlichkeit der beiden Gleichungen (2, 36) und (1'') [oder (2, 37) und (1')] entspricht ein Zusammenhang zwischen den Anzahlen A_n und T_n. Nimmt man einen in T_n aufgezählten, topologisch aufgefassten Setzbaum mit n gleichartigen Knotenpunkten, und gibt man den n Knotenpunkten nachträglich individuelle Bezeichnungen, so erhält man einen in A_n aufgezählten Setzbaum; vertauscht man die Bezeichnungen auf alle möglichen $n!$ Arten, so könnte man möglicherweise nicht lauter topologisch verschiedene in A_n aufgezählte Setzbäume erhalten.[1] Somit ist

$$n!\, T_n \geqq A_n = n^{n-1}, \tag{2, 39}$$

und ähnlicherweise

$$n!\, \tau_n \geqq \alpha_n = n^{n-2}. \tag{2, 40}$$

Freie Bäume.

46. Es sei B ein Baum, der n Punkte besitzt. Wir teilen die Punkte von B in zwei Klassen ein, in gewöhnliche Punkte und Ausnahmepunkte. Ein Punkt P von B heisst *gewöhnlich*, wenn von P ein Ast entspringt, der mehr als $\frac{n}{2}$ Knotenpunkte besitzt; *Ausnahmepunkt* heisst ein Punkt, der nicht gewöhnlich ist. Es besteht der folgende, von C. Jordan herrührende Satz[2]:

Ein Baum mit n Punkten hat entweder einen Ausnahmepunkt oder zwei Ausnahmepunkte.

Wenn es nur einen Ausnahmepunkt M gibt, so entspringt in M kein Ast, der $\frac{n}{2}$ oder mehr Knotenpunkte hätte.

Wenn es zwei Ausnahmepunkte M_1 und M_2 gibt, so ist die Zahl n gerade, es

[1] Die Präzisierung eines ähnlichen Schlusses wird in Nr. 54a angedeutet.

[2] JORDAN **1**. Vgl. KÖNIG **1**, S. 70—75.

entspringt sowohl in M_1 wie in M_2 genau ein Ast mit $\frac{n}{2}$ Knotenpunkten und eine gewisse Strecke des Baumes wird durch M_1 und M_2 begrenzt.

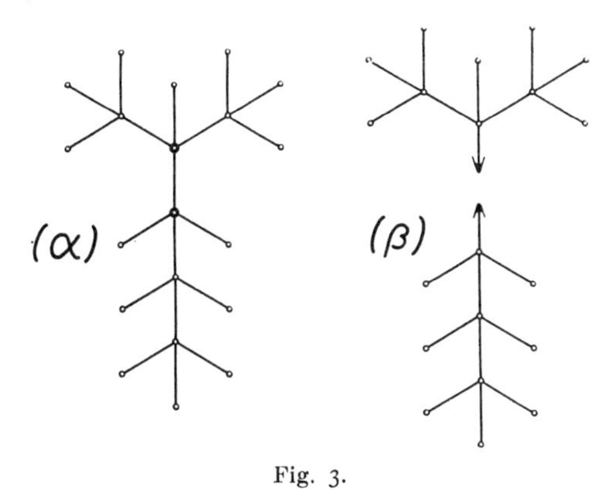

Fig. 3.

Bäume mit einem einzigen Ausnahmepunkt heissen *zentrisch* und der Ausnahmepunkt heisst das *Zentrum* des Baumes, Bäume mit zwei Ausnahmepunkten heissen *bizentrisch*, die beiden Ausnahmepunkte die *Bizentren*, die sie verbindende Strecke die *Achse* des Baumes.[1] (Es stellt Fig. 2 (α) einen zentrischen, Fig. 3 (α) einen bizentrischen Baum dar.) Der einfachste zentrische Baum ist der Einpunktgraph, er besteht bloss aus dem Zentrum. Der einfachste bizentrische Baum hat zwei Punkte; er besteht aus den beiden Bizentren und der sie verbindenden Achse.

47. Bei einer kongruenten Abbildung des Baumes B auf den Baum B' soll dem Punkt P von B der Punkt P' von B' entsprechen; dann entspricht jedem von P entspringenden Ast von B ein von P' entspringender Ast von B', u.zw. ein Ast, der gleich viele Knotenpunkte trägt (Nr. 34, (I), (II), (III); (IV) spielt noch keine Rolle). Hieraus ersieht man: Bei kongruenter Abbildung entspricht einem Ausnahmepunkt ein Ausnahmepunkt; ein zentrischer Baum kann nur einem zentrischen, ein bizentrischer nur einem bizentrischen Baume kongruent sein.

Daher können und wollen wir bei Bestimmung der Anzahlen die zentrischen und bizentrischen Bäume getrennt behandeln. Anzahlen zentrischer Bäume sollen mit einem, Anzahlen bizentrischer mit zwei Strichen unterschieden werden. Unter den in den Anzahlen ϱ_n, σ_n, τ_n enthaltenen freien Bäumen seien bzw. ϱ'_n, σ'_n, τ'_n zentrisch und ϱ''_n, σ''_n, τ''_n bizentrisch, so dass

$$(2, 41) \qquad \varrho_n = \varrho'_n + \varrho''_n, \quad \sigma_n = \sigma'_n + \sigma''_n, \quad \tau_n = \tau'_n + \tau''_n.$$

Wir definieren $\varrho_{n\alpha}$ als die Anzahl derjenigen topologisch verschiedenen freien $C—H$-

[1] KÖNIG 1, S. 73 gebraucht die (hier nicht nötigen) präziseren Namen Massenzentrum, Massenbizentren, Massenachse.

Bäume mit n vierkantigen Punkten, welche genau α asymmetrische Punkte enthalten; unter diesen Bäumen sollen $\varrho'_{n\alpha}$ zentrische und $\varrho''_{n\alpha}$ bizentrische sich befinden, so dass

$$\varrho_{n\alpha} = \varrho'_{n\alpha} + \varrho''_{n\alpha}, \tag{2, 42}$$

$$\varkappa_n = \varrho'_{n0} + \varrho''_{n0}, \tag{2, 43}$$

$$\varrho_n = \varrho_{n0} + \varrho_{n1} + \varrho_{n2} + \cdots.$$

48. Es sei B ein bizentrischer Baum mit n Punkten, M_1 und M_2 seine Bizentren, Φ_1 derjenige von M_1, Φ_2 derjenige von M_2 entspringende Ast, der $\frac{n}{2}$ Knotenpunkte trägt, und es sollen M'_1, M'_2, Φ'_1, Φ'_2 die analoge Bedeutung für den Baum B' haben; vgl. Fig. 3. Es sind B und B' dann und nur dann kongruent, wenn der eine der beiden folgenden (sich nicht mit Notwendigkeit ausschliessenden) Fälle vorliegt: Entweder ist Φ_1 mit Φ'_1 und Φ_2 mit Φ'_2 kongruent, oder ist Φ_1 mit Φ'_2 und Φ_2 mit Φ'_1 kongruent. Hieraus folgt: *Die Anzahl der freien bizentrischen Bäume mit n Punkten ist dieselbe, wie die Anzahl der ungeordneten Paare von Setzbäumen mit $\frac{n}{2}$ Knotenpunkten.*

Als Spezialfälle dieser Aussage erhalten wir

$$\tau''_n = \frac{1}{2} T_{n/2}(T_{n/2} + 1), \tag{2, 44}$$

$$\sigma''_n = \frac{1}{2} S_{n/2}(S_{n/2} + 1), \tag{2, 45}$$

$$\varrho''_n = \frac{1}{2} R_{n/2}(R_{n/2} + 1), \tag{2, 46}$$

$$\varrho''_{n0} + \varrho''_{n1} y + \varrho''_{n2} y^2 + \cdots = \frac{1}{2}[(R_{n/2,0} + R_{n/2,1} y + R_{n/2,2} y^2 + \cdots)^2 + R_{n/2,0} + R_{n/2,1} y^2 + R_{n/2,2} y^4 + \cdots], \tag{2, 47}$$

$$\varrho''_{n0} = \frac{1}{2} Q_{n/2}(Q_{n/2} + 1). \tag{2, 48}$$

In den vier letzteren Formeln bezeichnet n nicht die Anzahl aller Punkte, sondern nur die der vierkantigen Punkte des Baumes (die Anzahl aller ist $3n+2$). Beiden Seiten aller fünf Formeln kann man für ungerades n den Wert 0 zuschreiben; in dieser Auffassung bleiben die Formeln für $n = 1, 2, 3, \ldots$ richtig. Zur Herleitung von (2, 47) wird der auf $\mathfrak{S}_2$ bezügliche Spezialfall des Hauptsatzes des Kap. I gebraucht.

49. Es sei B ein zentrischer Baum, sein Zentrum M sei ein k-kantiger Punkt, und es seien $\Phi_1, \Phi_2, \ldots \Phi_k$ die vom Zentrum entspringenden Äste des Baumes B; jeder dieser Äste trägt dabei diejenige Nummer, welche der darin enthaltenen, von M ausgehenden Strecke bei Numerierung des Kantenkranzes um M zukommt. Wir betrachten die Konfiguration

$$(\Phi_1, \Phi_2, \Phi_3, \ldots \Phi_k)$$

und kommen durch Überlegungen, welche denjenigen der Nr. 39 sehr ähnlich sind, zum Ergebnis: *Zwei zentrische Bäume sind dann und nur dann kongruent, wenn von ihren Zentren gleich viel Äste entspringen und die Konfigurationen dieser Äste inbezug auf die im Kantenkranz des Zentrums zuständige Gruppe äquivalent sind.*

Demgemäss wird die Abzählung der inkongruenten freien Bäume einer gewissen Sorte auf die Abzählung der inäquivalenten Konfigurationen der Setzbäume der entsprechenden Sorte zurückgeführt, also insbesondere ϱ'_n auf R_n, σ'_n auf S_n, τ'_n auf T_n zurückgeführt, wie es sofort genauer erörtert wird.

50. In den folgenden Nr. 51—52 brauche ich einige Abkürzungen. Wenn

$$f(x) = a_0 + a_1 x + a_2 x^2 + \cdots$$

eine beliebige Potenzreihe ist, so wird der n-te Abschnitt

$$a_0 + a_1 x + a_2 x^2 + \cdots + a_n x^n = \overset{n}{f}(x)$$

und der n-te Koeffizient von $f(x)$

$$a_n = \operatorname{Coeff}_n f(x)$$

gesetzt.

Man bezeichne mit m die maximale Anzahl von Knotenpunkten, die ein Ast besitzen kann, der im Zentrum eines zentrischen Baumes mit n Punkten entspringt. Es ist also m diejenige ganze Zahl, welche der folgenden doppelten Ungleichung genügt:

$$\frac{n}{2} - 1 \leqq m < \frac{n}{2}. \tag{2, 49}$$

51. Wir betrachten freie zentrische $C-H$-Bäume mit n vierkantigen Punkten, also insgesamt $3n+2$ Punkten [Nr. 36 a)]. Irgend ein Ast dieses Baumes, der v vierkantige Punkte hat, besitzt insgesamt $3v+1$ Knotenpunkte [Nr. 36 a)]; für einen im Zentrum entspringenden Ast besteht demnach die Ungleichung

$$3v+1<\frac{3n+2}{2}, \qquad v<\frac{n}{2},$$

oder anders ausgedrückt: *Die Anzahl der vierkantigen Punkte eines im Zentrum entspringenden Astes ist höchstens* m [vgl. (2, 49)]. Das Zentrum ist vierkantig, also es gilt: *Die Anzahl der vierkantigen Punkte aller im Zentrum entspringenden Äste zusammen ist* $n-1$.

Fassen wir, Bestimmtheit halber, die Kongruenz zunächst topologisch auf. Wir betrachten also die Anzahl ϱ'_n der topologisch verschiedenen freien zentrischen $C-H$-Bäume mit n vierkantigen Punkten. Nach dem Gesagten ist ϱ'_n die Anzahl der nach $\mathfrak{S}_4$ inäquivalenten Konfigurationen von vier $C-H$-Setzbäumen, welche insgesamt $n-1$ Knotenpunkte enthalten und von welchen keiner mehr als m Knotenpunkte enthält. Die abzählende Potenzreihe dieser Setzbäume ist

$$R_0+R_1x+R_2x^2+\cdots+R_mx^m=\overset{m}{r}(x).$$

(Bezeichnung von Nr. 50). Indem wir diese Reihe, gemäss dem Hauptsatz des I. Kapitels (Nr. 16) in den Zyklenzeiger von $\mathfrak{S}_4$ (vgl. Nr. 21) einsetzen und den Koeffizienten von x^{n-1} aufsuchen, erhalten wir

$$(2,50)\qquad \varrho'_n=\mathrm{Coeff}_n\left\{x\,\frac{\overset{m}{r}(x)^4+6\,\overset{m}{r}(x)^2\,\overset{m}{r}(x^2)+3\,\overset{m}{r}(x^2)^2+8\,\overset{m}{r}(x)\,\overset{m}{r}(x^3)+6\,\overset{m}{r}(x^4)}{24}\right\}.$$

Bei räumlicher Auffassung der Kongruenz, also bei Heranziehung der zuständigen Gruppe $\mathfrak{A}_4$ und ihres Zyklenzeigers (vgl. Nr. 21), erhält man

$$(2,51)\qquad \sigma'_n=\mathrm{Coeff}_n\left\{x\,\frac{\overset{m}{s}(x)^4+3\,\overset{m}{s}(x^2)^2+8\,\overset{m}{s}(x)\,\overset{m}{s}(x^3)}{12}\right\}$$

Indem man die Alternative berücksichtigt, dass das Zentrum entweder asymmetrischer Punkt ist oder nicht, erhält man weiter, ähnlich wie in Nr. 42, auf Grund der Formeln $(2\,\mathfrak{S}_4-\mathfrak{A}_4)$ und $(\mathfrak{A}_4-\mathfrak{S}_4)$ der Nr. 23,

$$(2, 52) \qquad \varrho'_{n0} + \varrho'_{n1} y + \varrho'_{n2} y^2 + \cdots$$
$$= \text{Coeff}_n \left\{ x \frac{\overset{m}{\varphi}{}_1^2 \overset{m}{\varphi}_2 + \overset{m}{\varphi}_4}{2} + x y \frac{\overset{m}{\varphi}{}_1^4 - 6 \overset{m}{\varphi}{}_1^2 \overset{m}{\varphi}_2 + 3 \overset{m}{\varphi}{}_2^2 + 8 \overset{m}{\varphi}_1 \overset{m}{\varphi}_3 - 6 \overset{m}{\varphi}_4}{24} \right\}$$

Hierin ist die Abkürzung

$$\sum_{\nu=0}^{m} \sum_{\alpha=0}^{\infty} R_{\nu\alpha} x^{\nu k} y^{\alpha k} = \overset{m}{\varphi}_k$$

benutzt. Wird $y = 0$ in (2, 52) gesetzt, so folgt

$$(2, 53) \qquad \varrho'_{n0} = \text{Coeff}_n \left\{ x \frac{\overset{m}{q}(x)^2 \overset{m}{q}(x^2) + \overset{m}{q}(x^4)}{2} \right\}$$

52. Jetzt kommen wir zur Bestimmung der Anzahl τ'_n der topologisch verschiedenen freien zentrischen Bäume mit n Punkten. Von der durch τ'_n abgezählten Menge heben wir die Untermenge derjenigen Bäume hervor, von deren Zentrum s Äste entspringen; die Anzahl der Bäume in dieser Untermenge erhalten wir, nach dem Gesagten, als die Anzahl der inbezug auf $\mathfrak{S}_s$ inäquivalenten Konfigurationen von gewissen s Setzbäumen, indem wir in (1, 12) für $f(x, y, z)$ die Funktion

$$T_1 x + T_2 x^2 + \cdots + T_m x^m = \overset{m}{t}(x)$$

einsetzen, und von dem so erhaltenen Ausdruck den Koeffizienten von x^{n-1} herausgreifen; schreiben wir kurz für das Resultat dieser Rechnung

$$\text{Coeff}_n \{x F_s\}.$$

Setzen wir hierin $s = 0, 1, 2, \ldots$, so ergibt sich

$$(2, 54) \qquad \tau'_n = \text{Coeff}_n \{x(1 + F_1 + F_2 + F_3 + \cdots)\}.$$

Führen wir in (1, 11) eine doppelte Spezialisierung durch: Erstens setzen wir

$$f(x, y, z) = \overset{m}{t}(x)$$

und dementsprechend

$$a_{k00} = T_k \text{ für } 1 \leqq k \leqq m,$$

$a_{k\lambda\mu} = 0$, wenn irgend eine der drei Bedingungen

$$k = 0, \qquad k > m, \qquad \lambda + \mu > 0$$

zutrifft. Zweitens setzen wir $u = 1$. Durch Vergleichen der beiden ersten Zeilen von (1, 11) erhalten wir aus (2, 54)

(2, 55) $$\tau'_n = \text{Coeff}_n \{x(1-x)^{-T_1}(1-x^2)^{-T_2} \ldots (1-x^m)^{-T_m}\}.$$

Zur numerischen Berechnung.

53. Betrachten wir, als Beispiel, die Funktionalgleichung (4), der die Potenzreihe (3) genügt. Wir erhalten durch Koeffizientenvergleichung die Gleichungen

(2, 56) $$R_0 = 1,$$
$$R_1 = \frac{R_0^3 + 3R_0^2 + 2R_0}{6},$$
$$R_2 = \frac{R_0^2 R_1 + R_0 R_1}{2},$$
$$\cdots\cdots\cdots$$

und allgemein erhalten wir R_n ausgedrückt als ein Polynom in $R_0, R_1, \ldots R_{n-1}$. So können wir R_n rekursiv berechnen, und auf ähnliche Art können wir Zahlenwerte für Q_n, S_n, T_n aus den betreffenden Funktionalgleichungen erhalten. Etwas umständlicher ist die Berechnung von $R_{n\alpha}$ aus (2, 22) durch »zweifache Rekursion».

Die besprochene Art T_n zu berechnen stammt von Cayley, der die Funktionalgleichung für die hier mit $t(x)$ bezeichnete Funktion in der Gestalt (1) aufgestellt hat.[1] Die Zahlen R_n hat Cayley umständlicher berechnet; die Rekursionsformeln (2, 56), welche hier aus der Funktionalgleichung (4) fliessen, haben (ohne die Funktionalgleichung zu kennen) durch direkte kombinatorische Überlegung Henze und Blair aufgestellt und zur numerischen Berechnung von R_n verwendet.[2]

Die Zahl ϱ_n lässt sich wegen (2, 41) aus (2, 46) und (2, 50) berechnen, ohne Rekursion, aber auf Grund der Kenntnis der rekursiv berechneten Zahlen R_0, $R_1, \ldots R_m$ und $R_{n/2}$ (die letzte kommt nur bei geradem n in Betracht). Ähnlich ist die Zurückführung von τ_n auf T_n, σ_n auf S_n, $\varrho_{n\alpha}$ auf $R_{n\alpha}$, $\varkappa_n$ auf Q_n.

Die zur Berechnung von τ_n dienenden Ausdrücke (2, 44) und (2, 55) stammen von Cayley.[3] Es ist erwähnenswert, dass Cayley die hier mit ϱ_n und τ_n

---

[1] Cayley **1**.

[2] Blair u. Henze **1**.

[3] Cayley **7**.

bezeichneten Zahlen zuerst auf sehr langwierigem Weg numerisch berechnet hat, unter Zugrundlegung eines anderen Zentrumbegriffs, und erst nachher die elegante Formel (2, 55) fand. Betreffend ϱ_n scheint er über seine erste schwerfällige Berechnungsmethode nie hinausgegangen zu sein; die viel brauchbarere Methode, welche der Formel (2, 50) entspricht, stammt von Henze und Blair.[1]

Die in vorangehenden Arbeiten[2] aufgestellten und hier bewiesenen Funktionalgleichungen (1'), (4), (7), (8), (2, 22) fassen nicht nur die Rekursionsformeln für die Zahlen T_n, R_n, S_n, Q_n, $R_{n\alpha}$ in kondensiertester Gestalt zusammen, sondern gestatten auch allgemeine Folgerungen (z. B. in Nr. 60) zu ziehen und hauptsächlich das asymptotische Verhalten festzustellen (in Kap. IV).

Bemerkungen über die Automorphismengruppe eines freien topologischen Baumes.

54. In dieser Nummer ist unter »Baum» ein freier Baum mit n Punkten zu verstehen. Zwei Bäume werden als verschieden oder gleich betrachtet, jenachdem sie topologisch verschieden sind oder nicht. Die Anzahl der verschiedenen Bäume ist also τ_n; zur Abkürzung setze ich

$$\tau_n = \tau.$$

Die Automorphismengruppe eines Baumes umfasst alle diejenigen eindeutigen und eindeutig umkehrbaren Abbildungen des Baumes auf sich selbst, welche den in Nr. 34 ausgesprochenen Bedingungen (I), (II), (III) genügen, d. h. Punkte auf Punkte, Strecken auf Strecken unter Erhaltung der Grundbeziehung abbilden. Die Automorphismengruppe kann als *Permutationsgruppe der n Punkte* des Baumes aufgefasst werden; in der Tat, wenn jeder der n Punkte durch den Automorphismus in sich übergeht, bleibt auch jede der $n-1$ Strecken fest. Zwei Bemerkungen über die Automorphismengruppe, welche mit verschiedenen vorangehenden Ausführungen etwas lose zusammenhängen, mögen hier Platz finden.[3]

a) Alle $n!$ in der symmetrischen Gruppe enthaltenen Permutationen können bekanntlich durch $n-1$ passende Transpositionen erzeugt werden. Einem Komplex von $n-1$ Transpositionen, welche $\mathfrak{S}_n$ erzeugen, kann man einen Baum

---

[1] Blair u. Henze **2**.

[2] Pólya **3**, **4**, **5**. Die letztzitierte Arbeit enthält einen direkten Nachweis für die Gleichwertigkeit der kombinatorisch hergeleiteten Rekursionsformeln (2, 56) und der Funktionalgleichung (4).

[3] König **1**, S. 5 wirft eine interessante allgemeine Frage über Gruppen von Graphen auf.

zuordnen; allen Komplexen, welche unter $\mathfrak{S}_n$ einander konjugiert sind, entspricht derselbe Baum, und der Normalisator des Komplexes ist die Automorphismengruppe des zugeordneten Baumes. Es gibt insgesamt n^{n-2} derartige Komplexe.[1] Wenn die Ordnungen der Automorphismengruppen, die den τ verschiedenen Bäumen entsprechen, der Reihe nach mit $h_1, h_2, \ldots h_\tau$ bezeichnet werden, so gilt

$$\frac{1}{h_1} + \frac{1}{h_2} + \cdots + \frac{1}{h_\tau} = \frac{n^{n-2}}{n!}.$$

Diese Gleichung besagt mehr, als die daraus folgende Ungleichung (2, 40).

b) Jordan hat[2] ein Reduktionsverfahren angegeben zur Bestimmung der Ordnung der Automorphismengruppe eines beliebigen Graphen. Für Graphen von der Zusammenhangszahl 0, d. h. für Bäume ergibt das Jordansche Verfahren ein konkreteres Resultat, als für höhere Zusammenhangszahlen, nämlich das folgende: Zu jedem Baum gehören gewisse natürliche Zahlen $m_1, m_2, \ldots m_r$,

$$r \geqq 1, \quad m_1 < m_2 < \cdots < m_r, \quad m_1 + m_2 + \cdots + m_r \leqq n,$$

so dass *die Automorphismengruppe des Baumes sich aufbauen lässt aus den symmetrischen Gruppen* $\mathfrak{S}_{m_1}, \mathfrak{S}_{m_2}, \ldots \mathfrak{S}_{m_r}$ *durch wiederholte Anwendung der beiden in Nr. 27 besprochenen Operationen: Bildung des direkten Produkts* $\mathfrak{G} \times \mathfrak{H}$ *und des Kranzes* $\mathfrak{G}[\mathfrak{H}]$. Insbesondere muss die Ordnung der Automorphismengruppe von der Form

$$m_1!^{a_1}\, m_2!^{a_2} \ldots m_r!^{a_r}$$

sein, wo $a_1, a_2, \ldots a_r$ gewisse natürliche Zahlen sind. Durch Bildung naheliegender Beispiele erhält man weiter: *Eine ganze Zahl kann dann und nur dann die Ordnung der Automorphismengruppe eines Baumes sein, wenn sie von der Form ist*

$$1^{d_1}\, 2^{d_2}\, 3^{d_3} \ldots m^{d_m},$$

wobei $m, d_1, d_2, \ldots d_m$ *natürliche Zahlen sind und*

$$d_1 \geqq d_2 \geqq d_3 \geqq \cdots \geqq d_m \geqq 1.$$

D. h.: Es kann zu jeder der Zahlen

$$1,\ 2,\ 4,\ 6,\ 8,\ 12,\ 16, \ldots$$

[1] Vgl. die Fussnote S. 199.

[2] JORDAN 1.

und es kann zu keiner der Zahlen

$$3,\ 5,\ 7,\ 9,\ 10,\ 11,\ 13,\ 14,\ 15,\ 17,\ 18,\ 19,\ 20,\ \ldots$$

ein Baum gefunden werden, dessen Automorphismengruppe diese Zahl zur Ordnung hat. Hingegen kann jede natürliche Zahl die Ordnung der Automorphismengruppe eines Graphen von der Zusammenhangszahl 1 sein.

III. CHEMISCHE VERBINDUNGEN.

Allgemeines.

55. Man kann die Elemente eines Graphen chemisch deuten, die Punkte als Atome, die Strecken als Valenzstriche auffassen; dann wird der Graph zur chemischen Formel. Die in Nr. 29 erörterten Bedingungen I und II erhalten eine chemische Bedeutung. Dass jede Strecke durch zwei verschiedene Punkte begrenzt wird, bedeutet, dass alle Valenzen abgesättigt sind; dass alle Punkte und Strecken des Graphen zusammenhängen, bedeutet, dass alle auftretenden Atome zu einem Molekül verbunden sind. Die Anzahl der durch einen Punkt begrenzten Strecken bedeutet die Wertigkeit des Atoms: Endpunkte stellen einwertige Atome dar, zweikantige Punkte zweiwertige, dreikantige dreiwertige Atome, u. s. w.

Insbesondere stellt ein $C-H$-Graph das Molekül einer chemischen Verbindung dar, an der nur einwertige und vierwertige Elemente beteiligt sind. Wenn keine Ungleichartigkeit der Punkte a priori postuliert wird, so sind alle vierkantigen Punkte als Atome desselben vierwertigen und alle Endpunkte als Atome desselben einwertigen Elements zu deuten; nimmt man das vierwertige Element als C und das einwertige als H an, so wird der $C-H$-Graph zur Formel eines Kohlenwasserstoffs. Insbesondere stellt ein freier $C-H$-Baum mit n vierkantigen Punkten, der wie besprochen (Nr. 36) notwendigerweise $2n+2$ Endpunkte haben muss, ein Paraffin von der Molekularformel $C_n H_{2n+2}$ dar. Ein $C-H$-Setzbaum mit n vierkantigen Punkten, einem Wurzelpunkt und $2n+1$ von dem Wurzelpunkt verschiedenen Endpunkten ist die Formel eines monosubstituierten Paraffins, z. B. von $C_n H_{2n+1} Cl$. Ein C-Graph ist am natürlichsten (vgl. die Konstruktion in Nr. 37) als das Kohlenstoffskelett eines Kohlenwasserstoffs (oder eines monosubstituierten Paraffins) aufzufassen.

Die topologische Auffassung der Kongruenz findet Anwendung auf beliebige Graphen, welche chemische Formeln darstellen. Die Bedingungen (I), (II), (III) sprechen nur explizite aus, was beim Lesen chemischer Formeln immer als selbstverständlich angenommen wird: (I) besagt, dass es auf die Länge oder Form der Valenzstriche nicht ankommt, bloss auf deren Vorhandensein oder Nichtvorhandensein. (II) besagt, dass Atome des gleichen Elements nicht zu unterscheiden, Atome verschiedener Elemente wohl zu unterscheiden sind. (I), (II) und (III) zusammen besagen, dass es auf die Zusammenhangsverhältnisse, auf die »Konstitution» oder auf die »Struktur» ankommt. Da (IV) bei der topologischen Auffassung nichtssagend wird, gibt es bei dieser Auffassung ausser (I), (II) und (III) keine weitere Bedingungen: es kommt *nur* auf die Zusammenhangsverhältnisse, *nur* auf die Struktur an. Die topologische Auffassung der Kongruenz von Graphen läuft auf die Auffassung der chemischen Formel als *Strukturformel* hinaus; in dieser Auffassung spreche ich von *Strukturisomeren.* Z. B. gibt es so viel verschiedene strukturisomere $C_n H_{2n+2}$ als topologisch verschiedene freie C—H-Bäume mit n vierkantigen Punkten; ihre Anzahl wurde in Nr. 36 mit ϱ_n bezeichnet.

Die räumliche Auffassung der Kongruenz findet nur auf C—H-Graphen, also im wesentlichen nur auf chemische Formeln Anwendung, welche eine Verbindung von Kohlenstoffatomen mit lauter einwertigen Atomen (oder einwertigen Radikalen) darstellen. Hier hat die Bedingung (IV) neben den Bedingungen (I), (II), (III) wohl etwas zu sagen: Es kommt nicht bloss auf die Zusammenhangsverhältnisse an, sondern auch auf die räumliche Orientierung der Valenzen um die C-Atome herum. Die räumliche Auffassung der Kongruenz von C—H-Graphen läuft auf die Auffassung der chemischen Formel als *Stereoformel* hinaus; in dieser Auffassung spreche ich von *Stereoisomeren.* Z. B. gibt es so viel verschiedene stereoisomere $C_n H_{2n+2}$ als räumlich verschiedene freie C—H-Bäume mit n vierkantigen Punkten; ihre Anzahl wurde in Nr. 36 mit σ_n bezeichnet.

Wie von ϱ_n und σ_n, kann man auch von den Anzahlen R_n, S_n, $\varkappa_n$ und Q_n leicht feststellen, dass die in der Einleitung (Nr. 4) erwähnte chemische und die im vorangehenden Kapitel (Nr. 36) ausführlich erläuterte graphentheoretische Definition miteinander übereinstimmen.

Zwei Zeichnungen oder zwei räumliche Modelle können dieselbe Strukturformel darstellen, ohne dieselbe Stereoformel darzustellen: Sie stellen dieselbe Strukturformel dar, wenn sie dieselben Zusammenhangsverhältnisse haben (topologisch kongruent sind, die Bedingungen (I), (II), (III) erfüllen); um dieselbe Stereoformel darzustellen, müssen sie zunächst denselben Zusammenhang aufweisen und darüber hinaus noch räumlich gleich orientiert sein [ausser (I), (II), (III) noch (IV) (mit $\mathfrak{A}_4$) erfüllen, räumlich kongruent sein]. Wenn aber zwei Formeln als Stereoformeln aufgefasst gleich sind, sind sie auch als Strukturformel aufgefasst sicherlich gleich. Daher gibt es von einer gegebenen Molekularformel mehr oder mindestens ebensoviel Stereoisomere als Strukturisomere. Insbesondere gilt dies für den Fall der Paraffine und der monosubstituierten Paraffine; eben dies wird durch (2, 8) ausgedrückt.

Asymmetrische Kohlenstoffatome werden in der vorliegenden Arbeit nur in Paraffinen und substituierten Paraffinen betrachtet, und es wird [vgl. Nr. 36, b] an folgender Definition festgehalten: Ein Kohlenstoffatom heisst asymmetrisch, wenn die vier mit ihm verbundenen Radikale zu je zwei *der Struktur nach* verschieden sind. (Blosse sterische Verschiedenheit der vier Radikale genügt also bei dieser Festsetzung noch nicht, um ein Kohlenstoffatom als asymmetrisch zu bezeichnen. Es sind natürlich auch andere Definitionen denkbar und möglicherweise brauchbar.)

In welcher Bedeutung die »Strukturformeln» und die »Stereoformeln» gebraucht werden, ist nicht in allen Lehrbüchern der Chemie ganz klar umschrieben. Vielleicht könnten die in dieser Arbeit dargelegten Begriffe der »räumlichen» und der »topologischen» Kongruenz von Graphen zur Klärung der chemischen Terminologie etwas beitragen.

56. Lunn und Senior haben bemerkt, dass mit jedem chemischen Stammkörper drei Permutationsgruppen verbunden sind.[1] Das Interesse der Entwicklungen des I. Kapitels dieser Arbeit für chemische Fragen wird erst durch diese Bemerkung ins rechte Licht gerückt. Es seien daher die drei Gruppen an einem geeigneten Beispiel, an dem des Cyclopropans $C_3 H_6$ erörtert; dies gibt uns zugleich Gelegenheit, das im vorangehenden über Struktur- und Stereoformeln, über topologische und räumliche Kongruenz Gesagte zu erläutern.

Der Graph des Cyclopropans (vgl. Fig. 4) besteht aus 3 vierkantigen Punkten, welche, mit 3 Valenzstrichen verbunden, ein Dreieck bilden, und aus 6 Endpunkten, die in 3 Paare zerfallen; die Punkte eines Paares sind mit demselben vierkantigen Punkte durch Valenzstriche verbunden. Wir behandeln die Frage »Auf wie viele Arten kann der Graph des Cyclopropans auf sich selbst kongruent abgebildet werden?» in zwei Auffassungen, in räumlicher und in topologischer Auffassung.

---

[1] Lunn u. Senior 1.

a) **Räumliche Auffassung.** Das Dreieck, dessen Ecken die 3 vierkantigen Punkte sind, kann auf $3! = 6$ Arten auf sich selbst abgebildet werden. Wenn eine dieser Abbildungen festgelegt ist, ist die Abbildung der übrigen Bestandteile des Graphen mitfestgelegt. In der Tat, es wird durch die Abbildung des Dreiecks in dem Kantenkranz um jeden vierkantigen Punkt herum die Abbildung von zwei Kanten festgelegt; dadurch wird aber, da die Gruppe $\mathfrak{A}_4$ genau zweimal transitiv ist, die Abbildung der übrigbleibenden 2 Strecken des Kantenkranzes mitfestgelegt. (Anschaulich: Wenn von einem starren Tetraeder sowohl der Mittelpunkt wie zwei Eckpunkte festgehalten werden, so kann das Tetraeder sich nicht mehr bewegen, die beiden anderen Eckpunkte werden mitfestgehalten.) Die Gesamtzahl der in räumlicher Auffassung kongruenten Selbstabbildungen ist 6.

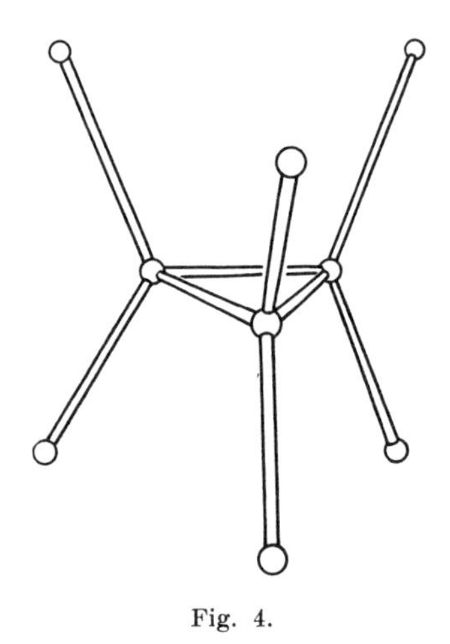

Fig. 4.

b) **Topologische Auffassung.** Das Dreieck, dessen Ecken die vierkantigen Punkte sind, kann, wie vorher, auf 6 Arten auf sich selbst abgebildet werden. Wenn eine dieser Abbildungen festgelegt ist, können die übrigen Bestandteile des Graphen noch auf $2^3 = 8$ Arten permutiert werden; in der Tat, die beiden mit demselben vierkantigen Punkt direkt verbundenen Endpunkte können noch miteinander vertauscht werden. Die Gesamtzahl der in topologischer Auffassung kongruenten Selbstabbildungen ist also $6 \times 8 = 48$.

Die 6 unter a) aufgezählten Selbstabbildungen bilden eine Gruppe. Man fasst diese Gruppe wohl am bequemsten elementargeometrisch auf, als die Gruppe derjenigen Rotationen, welche ein gerades Prisma mit regelmässiger dreieckiger Basis in sich selbst überführen. Man kann nämlich, bei regulärer Anordnung, die 6 Endpunkte des Graphen, vgl. Fig. 4, in die 6 Eckpunkte eines solchen Prismas legen. Die 6 Endpunkte erfahren dabei eine Permutationsgruppe, welche wir als die *Gruppe der Stereoformel* bezeichnen können. Ihr Zyklenzeiger (Nr. 10) ist

$$\frac{f_1^6 + 3f_2^3 + 2f_3^2}{6}. \tag{3, 1}$$

Die 48 unter b) aufgezählten Selbstabbildungen bilden eine Gruppe, die sich für die 6 Endpunkte als eine Permutationsgruppe auswirkt. [Genau dieselbe Permutationsgruppe erfahren, wie man sich überlegen kann, die 6 Eckpunkte eines Oktaeders bei den 48 Drehungen und Drehspiegelungen, welche das Oktaeder in sich selbst überführen. Am übersichtlichsten ist diese Gruppe mit der Bezeichnung der Nr. 27 als $\mathfrak{S}_3[\mathfrak{S}_2]$ zu beschreiben: es vertauscht $\mathfrak{S}_3$ die drei C-Atome (die drei Ecken des Dreiecks in Fig. 4) bzw. die drei Oktaederdiagonalen, und $\mathfrak{S}_2$ die zwei an dasselbe C-Atom angeschlossenen H bzw. die beiden Endpunkte derselben Diagonalen.] Diese Permutationsgruppe von Ordnung 48 können wir als die *Gruppe der Strukturformel* bezeichnen. Ihr Zyklenzeiger ist [am einfachsten als Beispiel der Formel (1, 40) aufzustellen, vgl. auch ($\mathfrak{S}_2$) und ($\mathfrak{S}_3$) in Nr. 21]:

$$(3, 2) \qquad \frac{1}{6}\left\{\left(\frac{f_1^2 + f_2}{2}\right)^3 + 3\frac{f_1^2 + f_2}{2}\frac{f_2^2 + f_4}{2} + 2\frac{f_3^2 + f_6}{2}\right\}.$$

Eine dritte Permutationsgruppe des Graphen des Cyclopropan ergibt sich, wenn das sechseckige Prisma, in dessen Ecken wir bei räumlicher Auffassung die 6 Endpunkte des Graphen untergebracht haben, nicht bloss den Drehungen, sondern auch den Drehspiegelungen unterworfen wird, die es in sich selbst überführen. Diese wirken sich für die 6 Ecken (Endpunkte) als eine Permutationsgruppe von Ordnung 12 aus; wir wollen sie die *erweiterte Stereoformelgruppe* nennen. Ihr Zyklenzeiger ist

$$(3, 3) \qquad \frac{f_1^6 + 3f_2^3 + 2f_3^2 + f_2^3 + 3f_1^2f_2^2 + 2f_6}{12}.$$

[Wie man sich überlegen kann, erfahren die 6 Ecken eines regelmässigen Sechsecks bei den 12 Drehungen, die das Sechseck in sich selbst überführen, genau die 12 Permutationen der erweiterten Stereoformelgruppe des Cyclopropans; hierauf beruht ja der Zusammenhang zwischen der Ladenburgschen Prismenformel und der gewöhnlichen Sechseckformel des Benzols. Es ergibt sich (3, 3) aus ($\mathfrak{D}_s$) in Nr. 21 für $s = 6$.]

Der Zusammenhang der drei Gruppen ist so: Die Stereoformelgruppe von Ordnung 6 ist eine Untergruppe der erweiterten Stereoformelgruppe von Ordnung 12 und diese ist eine Untergruppe der Strukturformelgruppe von Ordnung 48.

57. Die erläuterten drei Gruppen sind grundlegend für die Auffassung der Isomerien der Cyclopropanderivate, die aus C_3H_6 hervorgehen, wenn die 6 H-Atome durch einwertige Radikale substituiert werden.

Denken wir uns, den Vorstellungen der Nr. 56 entsprechend, 6 einwertige Radikale in den 6 Endpunkten des Graphen des Cyclopropans untergebracht (Fig. 4); sie bilden eine Konfiguration und jede solche Konfiguration ergibt die chemische Formel eines Cyclopropanderivats. Es kann aber vorkommen, dass zwei verschiedene Konfigurationen, d. h. zwei verschiedene Verteilungen derselben Radikale auf die 6 Raumstellen dasselbe Derivat darstellen, nämlich dann und nur dann, wenn die beiden Konfigurationen auseinander durch eine Permutation der massgebenden Gruppe hervorgehen, also inbezug auf die massgebende Gruppe äquivalent sind. Massgebend ist natürlich für Stereoisomerien die Gruppe der Stereoformel, für Strukturisomerien die der Strukturformel. Die erweiterte Stereoformelgruppe (von deren 12 Permutationen wir uns die zweite Hälfte als Spiegelungen und Drehspiegelungen des 6-eckigen Primas veranschaulicht haben) hat folgende Bedeutung: Durch ihre Permutationen werden ein Paar räumlich verschiedene Isomeren, die sich als Bild und Spiegelbild zueinander verhalten (optische Antipoden darstellen) ineinander übergeführt; Spiegelbildisomeren sind inbezug auf die erweiterte Stereoformelgruppe äquivalent, die beiden Antipoden eines spiegelbildlichen Paares werden nicht unterschieden.[1]

Wenn wir die Anzahl der inäquivalenten Konfigurationen nach den drei Gruppen berechnen, erhalten wir:

bei der Stereoformelgruppe die Anzahl der Stereoisomeren;

bei der erweiterten Stereoformelgruppe die Anzahl der Stereoisomeren, vermindert um die Anzahl der Paare der Spiegelbildisomeren;

bei der Strukturformelgruppe die Anzahl der Strukturisomeren.

Wollen wir z. B. die Anzahl der verschiedenen isomeren Cyclopropanderivate von der Form

$$C_3 X_k Y_l Z_m$$

berechnen, wobei $k + l + m = 6$ und X, Y, Z einwertige, verschiedene, voneinander unabhängige Radikale sind[2], so müssen wir, gemäss dem Hauptsatz des Kapitels I, in den Zyklenzeigern

[1] Sterische Verschiedenheiten *innerhalb* der einzelnen Substituenten werden bei dieser Betrachtung der Antipoden natürlich nicht berücksichtigt.

[2] Unabhängigkeit bedeutet, dass $X_k Y_l Z_m$ und $X_{k'} Y_{l'} Z_{m'}$ nur dann dieselbe molekulare Zusammensetzung haben, wenn $k = k'$, $l = l'$, $m = m'$. Z. B. sind die Radikale $-H$, $-CH_3$, $-C_2H_5$ nicht voneinander unabhängig, da $C_3H_5(C_2H_5)$ und $C_3H_4(CH_3)_2$ dieselbe molekulare Zusammensetzung haben. Die gleichzeitige Substitution verschiedener Alkyle wird hier ausgeschlossen und in der nächsten Nummer besprochen.

$$f_1 = x + y + z, \ f_2 = x^2 + y^2 + z^2, \ f_3 = x^3 + y^3 + z^3, \ldots$$

setzen und entwickeln; wir erhalten der Reihe nach

$$x^6 + x^5 y + 4x^4 y^2 + 5x^4 yz + 4x^3 y^3 + 10x^3 y^2 z + 18x^2 y^2 z^2 + \cdots,$$
$$x^6 + x^5 y + 3x^4 y^2 + 3x^4 yz + 3x^3 y^3 + 6x^3 y^2 z + 11x^2 y^2 z^2 + \cdots,$$
$$x^6 + x^5 y + 2x^4 y^2 + 2x^4 yz + 2x^3 y^3 + 3x^3 y^2 z + 5x^2 y^2 z^2 + \cdots.$$

Der Koeffizient von $x^4 y^2$ in den drei Ausdrücken besagt: Es gibt unter Berücksichtigung der Stereoisomerie 4 verschiedene Cyclopropanderivate von der Form $C_6 H_4 X_2$ (Disubstituiertes Cyclopropan mit 2 gleichen Substituenten). Unter diesen 4 Derivaten gibt es zwei, welche zueinander spiegelbildlich sind, also 1 Paar optischer Antipoden bilden. Ohne Berücksichtigung der Stereoisomerie kann man nur 2 Cyclopropanderivate von der Formel $C_6 H_4 X_2$, 2 Strukturisomere unterscheiden.

Merken wir uns: Der *chemischen* Einsetzung von *Radikalen* in einen *Stammkörper* entspricht (im Sinne des Hauptsatzes des Kapitels I) die *algebraische* Einsetzung der *abzählenden Potenzreihe* der betreffenden Radikale in den *Zyklenzeiger der Gruppe* des betreffenden Stammkörpers.

58. Die Reihe $r(x)$, worin der Koeffizient von x^n die Anzahl R_n der strukturisomeren Alkohole $C_n H_{2n+1} OH$ bedeutet, ist die abzählende Potenzreihe dieser Alkohole; sie kann aber auch als die abzählende Potenzreihe der Alkylradikale $-C_n H_{2n+1}$ aufgefasst werden. Durch die chemische Einsetzung beliebiger Alkylradikale $-C_n H_{2n+1}$ in das Cyclopropan $C_3 H_6$ anstelle der $-H$ entstehen die Homologen des Cyclopropans. Durch die algebraische Einsetzung der abzählenden Potenzreihe $r(x)$ der Alkylradikale in den Zyklenzeiger (3, 2) der Strukturformelgruppe des Cyclopropans entsteht die abzählende Potenzreihe der strukturisomeren Cyclopropanhomologen

$$1 + x + 3x^2 + 6x^3 + 15x^4 + 33x^5 + \cdots. \tag{3, 4}$$

Diese Reihe ist also, ausführlicher gesagt, gemäss dem Hauptsatz des I. Kapitels, dadurch aus dem Zyklenzeiger (3, 2) entstanden, dass darin

$$f_1 = r(x), \ f_2 = r(x^2), \ f_3 = r(x^3), \ldots$$

gesetzt und das Resultat nach Potenzen von x entwickelt wurde. Die Bedeutung des Koeffizienten von x^n in der Reihe (3, 4) ist: Anzahl der strukturisomeren

Cyclopropanhomologen von der Molekularformel $C_{3+n} H_{6+2n}$. Um die Anzahl der stereoisomeren Cyclopropanhomologen von derselben Formel auf analoge Art zu erhalten, muss man die abzählende Potenzreihe $s(x)$ der stereoisomeren Alkylradikale in den Zyklenzeiger (3, 1) der Stereoformelgruppe des Cyclopropans einsetzen.

59. Genau so wie in den vorangehenden Nummern für das Cyclopropan, können wir für einen beliebigen Stammkörper analytisch berechnen die Anzahl derjenigen isomeren (struktur- oder stereoisomeren) Derivate, welche bei Einsetzen von wesentlich verschiedenen einwertigen Substituenten oder von Alkylradikalen entstehen. Vorausgesetzt ist allerdings, dass die Konstitution des Stammkörpers so weit bekannt ist, dass sie die Aufstellung der in Nr. 56 erläuterten 3 Gruppen gestattet (was für die wichtigsten Stammkörper, für das Benzol, das Naphtalin, u. s. w. sicher der Fall ist). Ich unterlasse hier die Formulierung bestimmter Regeln[1], die ja aus dem vorangehenden Beispiel ganz deutlich hervorgehen.

Es geht ferner aus dem vorangehenden Beispiel ziemlich deutlich hervor, dass es bei den Begriffsbildungen der Chemie wesentlich auf den Gruppenbegriff ankommt, sowie auf einige damit verbundene Begriffe, insbesondere auf den hier in Nr. 11 eingeführten Begriff der Äquivalenz von Konfigurationen inbezug auf eine Permutationsgruppe. Auch dem Zyklenzeiger und dem darauf bezüglichen Hauptsatz in Nr. 16 dürfte eine Rolle zufallen. Indem ich nochmals auf die Arbeit von Lunn und Senior hinweise, möchte ich diese allgemeinen Bemerkungen abbrechen und mich der analytischen Bestimmung der Isomerenzahlen in einigen speziellen Fällen zuwenden.

Spezielle Fragen.

60. **Strukturisomere $C_n H_{2n+1} O H$ mit einer gegebenen Anzahl von asymmetrischen C-Atomen.** Wir kommen zurück auf die in Nr. 42 graphentheoretisch definierte Anzahl $R_{n\alpha}$. Offenbar bedeutet

$R_{n\alpha}$ die Anzahl aller derjenigen voneinander verschiedenen strukturisomeren $C_n H_{2n+1} O H$, welche genau α asymmetrische Kohlenstoffatome enthalten.[2]

[1] Vgl. Nr. 77 und PÓLYA **4**.
[2] Vgl. die Definition in Nr. 36 b).

Wir haben schon in Nr. 42 die abzählende Potenzreihe $\Phi(x, y)$ für $R_{n\alpha}$ und deren Funktionalgleichung (2, 22) aufgestellt. Jetzt sollen einige Eigenschaften der Zahlen $R_{n\alpha}$ auf Grund der Funktionalgleichung (2, 22) hergeleitet werden.

a) **Bestimmung des niedrigsten $C_n H_{2n+1} O H$ mit einer gegebenen Anzahl von asymmetrischen C.** Es sind in $C_n H_{2n+1} O H$ insgesamt n Kohlenstoffatome enthalten, es können also darin höchstens n asymmetrische Kohlenstoffatome enthalten sein; folglich ist

$$R_{n\alpha} = 0 \quad \text{für} \quad \alpha > n.$$

Diese triviale Bemerkung führt uns zu der Frage: *Für welche Wertkombinationen von n und α ist $R_{n\alpha} = 0$, für welche von 0 verschieden?*

Da $\Phi(0, 0) = 1$ und das letzte Glied auf der rechten Seite der Funktionalgleichung (2, 22) nichtnegative Koeffizienten hat (vgl. Nr. 23, die Schlussbemerkung), majoriert die linke Seite $x\Phi(x, y)$, in Zeichen

$$\Phi(x, y) \gg x\,\Phi(x, y),$$

also ist

$$R_{n,\alpha} \geqq R_{n-1,\,\alpha}.$$

Wir können somit die Frage auch so stellen: *Welches ist das erste nichtverschwindende Glied der monotonen Folge $R_{0\alpha}$, $R_{1\alpha}$, $R_{2\alpha}$, ...?*

Setzen wir

$$R_{0\alpha} + R_{1\alpha}x + \cdots + R_{n\alpha}x^n + \cdots = q^{[\alpha]}(x). \tag{3, 5}$$

Wir haben das erste nichtverschwindende Glied dieser Potenzreihenentwicklung aufzusuchen.

Schreiben wir

$$q^{[0]}(x) = q(x), \quad q^{[1]}(x) = q^{\mathrm{I}}(x), \quad q^{[2]}(x) = q^{\mathrm{II}}(x), \ \ldots$$

(die erste dieser Gleichungen ist mit (6) und (2, 19) in Übereinstimmung). Dann ist

$$\Phi(x, y) = q(x) + q^{\mathrm{I}}(x)\,y + q^{\mathrm{II}}(x)\,y^2 + q^{\mathrm{III}}(x)\,y^3 + \cdots. \tag{3, 6}$$

Führen wir hier anstelle von y die neue Variable z ein mittels der Gleichung

$$x^2 y = z \tag{3, 7}$$

und setzen wir

$$\Phi(x, y) = 1 + x + x^2\,\Psi(x, z). \tag{3, 8}$$

Das Einsetzen von (3, 8) in (2, 22) ergibt eine Funktionalgleichung für $\Psi(x, z)$ von der Gestalt

$$\Psi(x, z) = 1 + z\Psi(x, z) + xP(x, z, \Psi(x, z), \Psi(x^2, z^2), \Psi(x^3, z^3)),$$

wobei P ein gewisses Polynom in 5 Variablen bedeutet. Aus dieser Gestalt der Funktionalgleichung ersieht man: $\Psi(x, z)$ ist eine Potenzreihe in x und z, welche nur Potenzen dieser Variablen mit *nichtnegativen* Exponenten enthält. Insbesondere ist

$$\Psi(0, z) = 1 + z\Psi(0, z),$$

$$\Psi(0, z) = 1 + z + z^2 + z^3 + \cdots.$$

Vergleicht man dies mit der aus (3, 6), (3, 7) und (3, 8) folgenden Entwicklung

$$\Psi(x, z) = \frac{q(x) - 1 - x}{x^2} + \frac{q^{\mathrm{I}}(x)}{x^4}z + \frac{q^{\mathrm{II}}(x)}{x^6}z^2 + \cdots + \frac{q^{[\alpha]}(x)}{x^{2\alpha+2}}z^\alpha + \cdots,$$

so ergibt sich das Resultat

$$R_{0\alpha} = R_{1\alpha} = \cdots = R_{2\alpha+1,\alpha} = 0, \quad R_{2\alpha+2,\alpha} = 1, \tag{3, 9}$$

$$R_{n\alpha} \geqq 1 \quad \text{für} \quad n \geqq 2\alpha + 2.$$

Hierin ist enthalten: *Wenn ein Alkohol* $C_nH_{2n+1}OH$ α *asymmetrische C-Atome enthält, so muss sein Kohlenstoffgehalt* n *mindestens* $2\alpha + 2$ *sein. Ist der Kohlenstoffgehalt* $n = 2\alpha + 2$, *so gibt es von diesem Kohlenstoffgehalt genau eine Struktur* $C_nH_{2n+1}OH$ *mit* α *asymmetrischen C-Atomen.*

b) **Bestimmung des niedrigsten $C_nH_{2n+1}OH$, bei dem eine Kompensation der Asymmetrien eintritt.** Wir haben schon in Nr. 42 festgestellt, dass

$$\Phi(x, 0) = q(x), \quad \Phi(x, 1) = r(x).$$

Was ist der Zusammenhang zwischen $\Phi(x, 2)$ *und* $s(x)$*?*

Es folgt aus (2, 22)

$$\Phi(x, 2) = 1 + x\frac{\Phi(x, 2)^3 + 2\Phi(x^3, 8)}{3}$$

oder

$$\Phi(x, 2) = 1 + x\frac{\Phi(x, 2)^3 + 2\Phi(x^3, 2)}{3} + \frac{2x}{3}(\Phi(x^3, 8) - \Phi(x^3, 2)), \tag{3, 10}$$

welche Gleichung mit (7):

$$s(x) = 1 + x \frac{s(x)^3 + 2\,s(x^3)}{3}$$

zu vergleichen ist.

Nun ist, gemäss (3, 6),

$$\Phi(x, 8) - \Phi(x, 2) = (8 - 2)\,q^{\mathrm{I}}(x) + (64 - 4)\,q^{\mathrm{II}}(x) + \cdots = 6\,x^4 + \cdots$$

eine Potenzreihe mit lauter nichtnegativen Koeffizienten; der erste von 0 verschiedene Koeffizient wurde aus (3, 9) ermittelt. Somit ist auch

$$\frac{2\,x}{3}(\Phi(x^3, 8) - \Phi(x^3, 2)) = 4\,x^{13} + \cdots \tag{3, 11}$$

eine Potenzreihe mit lauter nichtnegativen Koeffizienten.

Der Vergleich von (7), (3, 10) und (3, 11) ergibt, dass $s(x)$ von $\Phi(x, 2)$ majoriert wird (die Einzelheiten der Überlegung sind ähnlich, wie unten in Nr. 68); d. h. es besteht mit Rücksicht auf die Definition dieser Reihen, vgl. (5) bzw. (2, 20), die Ungleichung

$$S_n \leqq R_{n\,0} + 2\,R_{n\,1} + 4\,R_{n\,2} + 8\,R_{n\,3} + \cdots. \tag{3, 12}$$

Wenn man näher zusieht [das Anfangsglied von (3, 11) beachtet], findet man den Zusatz: *Es gilt in* (3, 12) *die Gleichheit für* $n \leqq 12$ *und die Ungleichheit für* $n \geqq 13$.

Die Ungleichung (3, 12) folgt ohne weiteres aus der bekannten Tatsache, dass aus einer gegebenen Strukturformel, welche α asymmetrische Kohlenstoffatome enthält, im allgemeinen 2^α verschiedene Stereoisomeren und im Ausnahmefall weniger als 2^α Stereoisomeren entspringen. (Immerhin hat es den Wert einer Bestätigung, dass die Ungleichung (3, 12) sich hier rein analytisch aus (7) und (2, 22) ergab.) Wenn der Ausnahmefall eintritt, d. h. wenn eine Struktur mit α asymmetrischen C zu weniger als 2^α Stereoisomeren Anlass gibt, spricht man von *Kompensation der Asymmetrien.* Der Zusatz zu (3, 12) zeigt dass die Kompensation der Asymmetrien bei $C_n H_{2n+1} O H$ für $n \leqq 12$ niemals eintritt, hingegen für $n \geqq 13$ bei jedem n mindestens bei einer Strukturformel eintritt. [Die Kompensation tritt bei *genau einer* Strukturformel ein, wenn $n = 13$, wie man es dem numerischen Wert des Anfangskoeffizienten von (3, 11) und der genaueren Betrachtung der betreffenden Formel entnimmt. Sie ist $(C_4 H_9)_3 C O H$, wobei $-C_4 H_9$ eine Abkürzung für

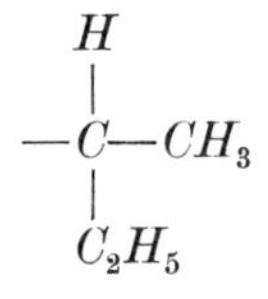

ist. Für diese Strukturformel ist die Anzahl der asymmetrischen Kohlenstoffatome $\alpha = 3$, aber die Anzahl der daraus entspringenden verschiedenen Stereoisomeren ist nicht 8, sondern nur 4; die Differenz $8 - 4$ tritt in (3, 11) als Anfangskoeffizient auf.]

61. **Strukturisomere disubstituierte Paraffine.** Die Anzahl der strukturisomeren Alkohole $C_n H_{2n+1} O H$, welche durch R_n abgezählt wird, ist offenbar dieselbe, wie die Anzahl irgendwelcher monosubstituierter Paraffine $C_n H_{2n+1} X$, wobei X ein gegebenes einwertiges Radikal bedeutet (das nicht gerade ein Alkyl ist), z. B. $-Cl$, $-Br$, $-OH$ u. s. w.

Wir wollen nun ermitteln die Anzahl der verschiedenen strukturisomeren disubstituierten Paraffine von der Formel $C_n H_{2n} X Y$, wobei X und Y zwei gegebene, voneinander und von den Alkylen verschiedene einwertige Radikale sind (z. B. $X = -OH$, $Y = -Cl$). Wir wollen sofort die abzählende Potenzreihe ermitteln, worin die besagte Anzahl der Koeffizient von x^n ist.

Die Strukturformel von $C_n H_{2n} X Y$ ist ein Baum mit n vierkantigen Punkten und $2n + 2$ Endpunkten, und die letzteren sind in 3 Arten eingeteilt: $2n$ sind H, einer ist X, einer ist Y. Betrachten wir in diesem Baum den *Verbindungsweg* von X und Y und nennen wir m die Anzahl der C-Atome, welche auf diesem Verbindungsweg liegen.

Wenn $m = 0$ ist, so ist $n = 0$, es handelt sich um die (rein formal aufzufassende) Verbindung $X Y$, die wir jedoch mitbetrachten wollen.

Wenn $m = 1$ ist, so handelt es sich um ein Derivat des $C X Y H_2$ (des disubstituierten Methans), das dadurch entsteht, dass die beiden $-H$ durch beliebige Alkylradikale ersetzt werden. Die beiden $-H$ sind hierbei (Struktur-, nicht Stereoisomerie!) vertauschbar, ihre Gruppe ist die symmetrische $\mathfrak{S}_2$, deren Zyklenzeiger in Nr. 21 aufgestellt ist. Durch Einsetzen von $r(x)$ in Nr. 21 ($\mathfrak{S}_2$) und durch Berücksichtigung des C-Atomes in $C X Y H_2$ entsteht die abzählende Potenzreihe der der Bedingung $m = 1$ entsprechenden speziellen disubstituierten Paraffine

$$x\frac{r(x)^2 + r(x^2)}{2} = x\,R(x). \tag{3, 13}$$

(Die Abkürzung $R(x)$ wird uns noch wiederholt dienlich sein.)

Wenn $m > 1$ ist, d. h. wenn X und Y nicht an dasselbe C gebunden sind, handelt es sich um ein Derivat der Verbindung

$$CH_2\,X\,(CH_2)_{m-2}\,CH_2\,Y$$

(eines an den beiden Enden substituierten normalen Paraffins); das Derivat entsteht durch Einsetzen von Paaren von Alkylradikalen anstelle der m Paare von $-H$. Die Strukturformelgruppe (Nr. 56) ist, wie man leicht sieht, das direkte Produkt (Nr. 27) zu m Faktoren

$$\mathfrak{S}_2 \times \mathfrak{S}_2 \times \cdots \times \mathfrak{S}_2.$$

(Wegen der Verschiedenheit von X und Y ist kein Paar von $-H$ mit einem andern vertauschbar). Der Zyklenzeiger ist, gemäss Nr. 27,

$$\left(\frac{f_1^2 + f_2}{2}\right)^m$$

Indem man die $-H$ durch Alkyle, also f durch die abzählende Potenzreihe $r(x)$ der Alkyle ersetzt (wie in Nr. 58) und zur Berücksichtigung der m Stück C-Atome der Ausgangsverbindung den Faktor x^m hinzufügt, entsteht die abzählende Potenzreihe der hier in Frage kommenden speziellen disubstituierten Paraffine

$$x^m\left(\frac{r(x)^2 + r(x^2)}{2}\right)^m = [x\,R(x)]^m. \tag{3, 14}$$

Durch Summierung von (3, 14) über $m = 0, 1, 2, \ldots$ erhält man als die *abzählende Potenzreihe aller strukturisomeren disubstituierten Paraffine* $C_n H_{2n} X Y$

$$\frac{1}{1 - x\,R(x)}. \tag{3, 15}$$

D. h. der Koeffizient von x^n in der Potenzreihenentwicklung von (3, 15) um $x = 0$ ist die Anzahl der strukturell verschiedenen $C_n H_{2n} X Y$.

62. **Trisubstituierte Paraffine.** Ein trisubstituiertes Paraffin mit drei voneinander verschiedenen einwertigen Substituenten X, Y, Z (von welchen natürlich keiner ein Alkyl sein darf), hat die Molekularformel $C_n H_{2n-1} X Y Z$. Die Struktur-

formel ist ein Baum. Betrachten wir in diesem Baum die drei Verbindungswege XY, YZ und ZX. Es ist, wie leicht zu sehen, ein und zwar nur ein Punkt allen dreien gemeinsam, der ein vierkantiger Punkt (ein C-Atom) ist, und den wir als das »Verkehrszentrum» des Baumes oder kurz als den »Punkt V» bezeichnen wollen.

Man kann nun den vollen Baum in 5 Schritten und dementsprechend die abzählende Potenzreihe der strukturisomeren $C_n H_{2n-1} X Y Z$ aus 5 Faktoren aufbauen (Multiplikation der abzählenden Potenzreihen im Falle der Unabhängigkeit, vgl. Nr. 17).

Zuerst legt man den Punkt V hin, und dementsprechend hat man den Faktor x (ein C-Atom).

Dann verbindet man V mit X und legt in die Verbindungslinie eine bestimmte Anzahl m von C-Atomen hinein und schliesst an jedes ein Paar von Alkylradikalen an ($m = 0, 1, 2, \ldots$). Diese Konstruktion ergibt den Faktor (3, 15), das Resultat der vorangehenden Nummer.

Man verbindet V mit Y und führt die vorangehende Konstruktion nochmals durch: Noch ein Faktor (3, 15).

Die Verbindung von V mit Z bringt einen weiteren Faktor (3, 15).

Schliesslich wird an V ein Alkylradikal angeschlossen; dem entspricht der Faktor $r(x)$.

Die abzählende Potenzreihe der strukturisomeren $C_n H_{2n-1} X Y Z$ *ist*

$$\frac{x\, r(x)}{[1 - x R(x)]^3}. \tag{3, 16}$$

63. **Mehrfach substituierte Paraffine.** Bei mehr als dreimal substituierten Paraffinen wird die abzählende Potenzreihe der Strukturisomeren verwickelter. Ich will aber ihren Aufbau, ohne auf die Einzelheiten des Beweises einzutreten, beschreiben.

Die Strukturformel eines l-mal substituierten Paraffins mit l verschiedenen Substituenten, eines $C_n H_{2n+2-l} X' X'' \ldots X^{(l)}$, ist ein Baum, von dessen $2n + 2$ Endpunkten l, nämlich $X', X'', \ldots X^{(l)}$, ausgezeichnet sind. Wir wollen an diesem Baum die folgenden beiden Operationen, so oft wie möglich, vornehmen.

a) Weglassen eines nicht-ausgezeichneten Endpunktes, samt der dazu führenden Strecke.

b) Weglassen eines zweikantigen Punktes und Verschmelzung der beiden anschliessenden Strecken zu einer Strecke.

Zum Schluss bleibt ein *reduzierter Baum* übrig, der nur ausgezeichnete, u. zw. genau l Endpunkte hat, benannt mit X', X'', ... $X^{(l)}$, und der ausser Endpunkten nur drei- und vierkantige Punkte besitzt.

Man bezeichne, wie in Nr. 30, die Anzahl der ein-, der drei- und der vierkantigen Punkte des reduzierten Baumes mit p_1, p_3 bzw. p_4, und die Anzahl seiner Strecken mit s. Es ist

$$p_1 = l$$

und es bestehen [vgl. (2, 1), (2, 2), (2, 3); man bemerke dass $\mu = 0$ ist] die Beziehungen

$$l + p_3 + p_4 = s + 1, \quad l + 3p_3 + 4p_4 = 2s,$$

aus welchen

$$(3, 17) \qquad \begin{aligned} s &= 2l - 3 - p_4 \leqq 2l - 3, \\ p_3 + p_4 &= s + 1 - l \leqq l - 2 \end{aligned}$$

folgt. Somit sind s, p_3, p_4 nur endlich vieler Werte fähig: *Es gibt, bei gegebenem l, nur endlich viele topologisch verschiedene reduzierte Bäume.* Es besteht die Regel: *Der Wert der abzählenden Potenzreihe der strukturisomeren $C_n H_{2n+2-l} X' X'' \ldots X^{(l)}$ ist*

$$(3, 18) \qquad \sum \frac{x^{p_3+p_4} r(x)^{p_3}}{[1 - x R(x)]^s};$$

die Summe ist über sämtliche topologisch verschiedene reduzierte Bäume erstreckt, die zum gegebenen Wert von l gehören.

Die Einfachheit der in den beiden vorangehenden Nummern für $l = 2$ und $l = 3$ hergeleiteten Formeln beruht darauf, dass in diesen Fällen nur je ein reduzierter Baum existiert. Die Summe (3, 18) besteht also in diesen Fällen aus einem einzigen Glied; dieses ist

(3, 15), wenn $l = 2$, $p_3 = 0$, $p_4 = 0$, $s = 1$,

(3, 16) wenn $l = 3$, $p_3 = 1$, $p_4 = 0$, $s = 3$.

Zur Ergänzung sei noch bemerkt: *Die Anzahl derjenigen reduzierten Bäume, für welche in den Ungleichungen (3, 17) das Gleichheitszeichen gilt, d. h. die Anzahl derjenigen topologisch verschiedenen Bäume mit l individuell unterschiedenen Endpunkten, deren von den Endpunkten verschiedene Punkte alle dreikantig und gleichartig sind, ist*

$$(3, 19) \qquad 1 \cdot 3 \cdot 5 \ldots (2l - 5) = \frac{(2l-4)!}{2^{l-2} \cdot (l-2)!}.$$

Die Anzahl (3, 19) fällt für $l = 2$ und $l = 3$ zu 1 aus; es ist leicht sie durch Induktion herzuleiten.[1]

64. **Strukturisomere Cycloparaffine** $C_n H_{2n}$. Die Strukturformel dieser Verbindungen ist ein Graph von Zusammenhangszahl 1, der zwei Bedingungen unterworfen ist:

1) Es sind alle Punkte, die nicht Endpunkte sind, vierkantig (C—H-Graph im Sinne der Nr. 35).

2) Zwei Punkte sind höchstens durch eine Strecke miteinander verbunden. (Es sind die Doppelbindungen $C = C$ und damit die Homologen des Äthylens C_2H_4 ausgeschlossen.)

Wenn man von einem solchen Graphen einen Endpunkt samt der darin endenden Strecke fortlässt, und diese Operation solange wiederholt, als es angeht, gelangt man schliesslich zu einem *Ring*, d. h. zu einem (zusammenhängenden!) Graphen von m Punkten und m Strecken, von denen jede Strecke in zwei verschiedenen Punkten endet und jeder Punkt zwei verschiedene Strecken begrenzt, $m = 3, 4, 5, \ldots$ [es ist $m \neq 2$ wegen der Bedingung 2)]. Ein solcher Ring ist das Kohlenstoffskelett (C-Graph im Sinne der Nr. 35 und 37) eines rein ringförmigen Cycloparaffins. Die nicht rein ringförmigen Cycloparaffine entstehen durch Substituieren von Alkylradikalen in ein rein ringförmiges, sie sind die Homologen von einem rein ringförmigen Cycloparaffin.

Für ein gegebenes m gibt es nur einen ringförmigen C-Graphen mit m Punkten, wie leicht zu sehen ist. Es entsteht daraus, mittels der Konstruktion der Nr. 37, ein topologisch eindeutig bestimmter C—H-Graph: Für ein gegebenes m gibt es der Struktur nach nur ein rein ringförmiges Cycloparaffin. Dieses ist im einfachsten Falle $m = 3$ das oben (Nr. 56—58) ausführlich diskutierte Cyclopropan.

Wenn wir das im Falle $m = 3$ ausführlich Überlegte richtig verallgemeinern, können wir die Strukturformelgruppe des einzigen rein ringförmig struktuierten

[1] Wir haben im vorangehenden nur solche mehrfach substituierte Paraffine behandelt, in welchen alle Substituenten voneinander verschieden waren. Bei Gleichheiten zwischen den Substituenten ist die Behandlung auch möglich, aber die Beschreibung und erst recht die Begründung der Formeln wird so umständlich, dass ich mich begnüge auf die erzeugenden Funktionen hinzuweisen, die ich am anderen Orte für 2 und 3 Substituenten gegeben habe. Vgl. PÓLYA **4**, S. 440.

$C_m H_{2m}$ aufstellen: Es hat den Grad $2m$, die Ordnung $2m \cdot 2^m$ und es ist $\mathfrak{D}_m [\mathfrak{S}_2]$ mit den Bezeichnungen der Nr. 21 und 27. Somit ist der Zyklenzeiger der Strukturformelgruppe des rein ringförmigen $C_m H_{2m}$ [vgl. Nr. 21 ($\mathfrak{D}_s$), ($\mathfrak{S}_2$), ferner (1, 39), (1, 40)]

$$(3, 20) \qquad \frac{1}{2m} \sum_{k|m} \varphi(k) \left(\frac{f_k^2 + f_{2k}}{2}\right)^{\frac{m}{k}} + \begin{cases} \dfrac{1}{2} \dfrac{f_1^2 + f_2}{2} \left(\dfrac{f_2^2 + f_4}{2}\right)^{\mu-1} \\[2ex] \dfrac{1}{4} \left[\left(\dfrac{f_1^2 + f_2}{2}\right)^2 + \dfrac{f_2^2 + f_4}{2}\right] \left(\dfrac{f_2^2 + f_4}{2}\right)^{\mu-1}, \end{cases}$$

wobei die obere Zeile für ungerades $m = 2\mu - 1$ und die untere für gerades $m = 2\mu$ in Betracht kommt. Um hieraus die abzählende Potenzreihe der Homologen des rein ringförmigen $C_m H_{2m}$ zu erhalten, ist nach Nr. 58, entsprechend der chemischen Substitution der Alkylradikale für $-H$, die abzählende Potenzreihe $r(x)$ der strukturisomeren Alkylradikale für f zu substituieren; ferner ergeben die m Kohlenstoffatome in $C_m H_{2m}$ selber einen Faktor x^m. So entsteht aus (3, 20), unter Benutzung der Abkürzung (3, 13)

$$(3, 21) \qquad \frac{1}{2m} \sum_{k|m} \varphi(k) [x^k R(x^k)]^{\frac{m}{k}} + \begin{cases} \dfrac{1}{2} x R(x) [x^2 R(x^2)]^{\mu-1} \\[2ex] \dfrac{1}{4} \{[x R(x)]^2 + x^2 R(x^2)\} [x^2 R(x^2)]^{\mu-1}. \end{cases}$$

Wenn (3, 21) über $m = 3, 4, 5, \ldots$ summiert wird, so entsteht die abzählende Potenzreihe der strukturisomeren Cycloparaffine, welche mit P bezeichnet werden soll. Übersichtlicher ist die Summation über $m = 1, 2, 3, \ldots$ auszuführen. So ergibt sich

$$x R(x) + \frac{x^2}{2} [R(x)^2 + R(x^2)] + P = \frac{1}{2} \sum_{m=1}^{\infty} \frac{1}{m} \sum_{k|m} \varphi(k) [x^k R(x^k)]^{\frac{m}{k}} +$$
$$+ \left\{\frac{x}{2} R(x) + \frac{x^2}{4} [R(x)^2 + R(x^2)]\right\} \sum_{\mu=1}^{\infty} [x^2 R(x^2)]^{\mu-1}.$$

Folglich ist

$$(3, 22) \qquad P + \left\{x R(x) + \frac{x^2}{2} [R(x)^2 + R(x^2)]\right\} \left[1 - \frac{1}{2} \frac{1}{1 - x^2 R(x^2)}\right] =$$

$$= \frac{1}{2} \sum_{m=1}^{\infty} \sum_{kl=m} \frac{\varphi(k)}{kl} [x^k R(x^k)]^l$$

$$= \frac{1}{2} \sum_{k=1}^{\infty} \frac{\varphi(k)}{k} \sum_{l=1}^{\infty} \frac{[x^k R(x^k)]^l}{l}$$

$$= \frac{1}{2} \sum_{k=1}^{\infty} \frac{\varphi(k)}{k} \log \frac{1}{1 - x^k R(x^k)}.$$

Aus dieser Gleichung erhält man die Potenzreihe

$$P = x^3 + 2x^4 + 5x^5 + 12x^6 + 29x^7 + 73x^8 + \cdots,$$

worin der Koeffizient von x^n die Anzahl der doppelbindungsfreien, strukturisomeren $C_n H_{2n}$ ist.

65. **Kohlenwasserstoffe** $C_n H_{2n+2-2\mu}$. Die Strukturformel einer solchen Verbindung ist ein $C-H$-Graph von der Zusammenhangszahl μ [vgl. Nr. 36 a]. Wie es in der vorangehenden Nummer für $\mu = 1$ geschehen ist, ist es auch für irgend ein festes $\mu \geqq 2$ möglich, die abzählende Potenzreihe der strukturisomeren $C_n H_{2n+2-2\mu}$ aufzustellen. Sie fällt sogar, vom funktionentheoretischen Gesichtspunkte aus betrachtet, für $\mu \geqq 2$ einfacher aus, als im Falle $\mu = 1$: Sie ist eine *rationale* Funktion von endlich vielen Grössen aus der Reihe x, $r(x)$, $r(x^2)$, $r(x^3)$, ... Die Formeln werden aber so umständlich, dass ich mich auf wenige Andeutungen betreffs den Fall $\mu = 2$ beschränke.

Man gehe aus von dem Graphen eines gegebenen $C_n H_{2n-2}$, und führe daran die beiden in Nr. 63 unter a) und b) beschriebenen Operationen so oft als nur möglich aus (da es jetzt keine ausgezeichneten Endpunkte gibt, kommen nach und nach alle Endpunkte in Wegfall). Zuletzt bleibt eine von den drei in Fig. 5 dargestellten Formen zurück. Betrachten wir, der Bestimmtheit halber, eine von diesen drei Formen, z. B. diejenige, von welcher jede Strecke in zwei verschiedenen Punkten endet. (Diese ist die einzige von den drei Formen, welche im Sinne der Begriffsbestimmung in Nr. 29 ein Graph genannt werden kann; man vergesse nicht die Forderung I!) Setzen wir auf die drei Strecken bzw. k, l, m Punkte (wodurch diese Strecken bzw. in $k+1$, $l+1$, $m+1$ Strecken geteilt werden), so entsteht das Kohlenstoffskelett (der C-Graph) eines gewissen Stammkörpers $C_{k+l+m+2} H_{2k+2l+2m+2}$. Man kann dessen Strukturformelgruppe bestimmen; sie ist vom Grade $2k + 2l + 2m + 2$ und von der Ordnung 12, 4 oder 2 jenachdem $k = l = m$ oder $k = l \neq m$ oder alle drei Zahlen k, l, m voneinander verschieden sind. Man kann den Zyklenzeiger dieser Gruppe aufstellen und dann, durch Einsetzung von $r(x)$, die abzählende Potenzreihe für die Homologen erhalten, d. h. für diejenigen $C_n H_{2n-2}$, welche aus dem besagten Stammkörper durch Einsetzung von Alkylradikalen entstehen. Die Summation über die Wertetripel k, l, m führt bloss auf geometrische Reihen. Von dem auf diese Weise erhaltenen Ausdruck führe ich nur einen Bestandteil, den »Hauptbestandteil»

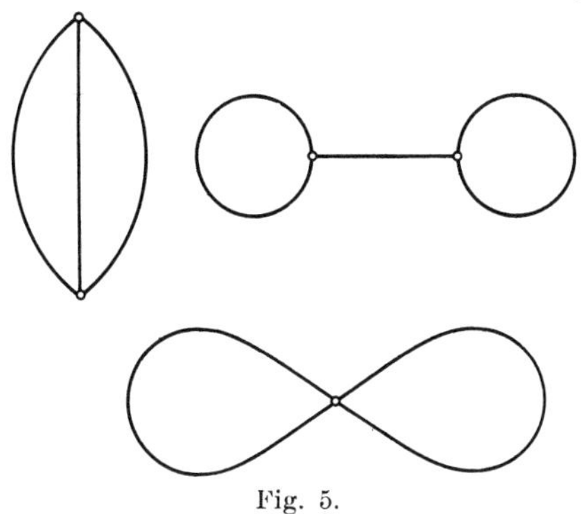

Fig. 5.

$$\frac{1}{12}\,\frac{x^2\, r(x)^2}{[1 - x R(x)]^3} \tag{3, 23}$$

an. Es besteht (3, 23) aus 2 Faktoren. Der erste, konstante Faktor ist das Reziproke der höchsten Ordnung 12, die die Gruppe von einem der betrachteten Stammkörper erreichen kann; der zweite, von x abhängige Faktor hat die Gestalt des Summanden in (3, 18) mit

$$p_3 = 2, \quad p_4 = 0, \quad s = 3,$$

und entspricht der *unabhängigen* Besetzung der 3 Strecken und der 2 Punkte des Graphen. [Die Punkte werden durch je ein Alkylradikal besetzt, die Strecke durch m C-Atome und anschliessend an jedes durch 2 Alkyle, wobei über $m = 0, 1, 2, \ldots$ summiert wird; vgl. die Entstehung von (3, 15) und von (3, 16).]

Den beiden anderen Formen der Fig. 5 entsprechen ebenfalls abzählende Potenzreihen, deren »Hauptbestandteile» bzw.

$$\frac{1}{8}\,\frac{x^2 r(x)^2}{[1 - x R(x)]^3}, \quad \frac{1}{8}\,\frac{x}{[1 - x R(x)]^2}$$

sind. Beide Ausdrücke entsprechen derselben Gruppenordnung 8, und bzw. den Zahlenwerten

$$p_3 = 2, \quad p_4 = 0, \quad s = 3,$$

$$p_3 = 0, \quad p_4 = 1, \quad s = 2.$$

Die Bezeichnung »Hauptbestandteil» wird in Nr. 79 näher erklärt.

IV. ASYMPTOTISCHE BESTIMMUNG DER BETRACHTETEN KOMBINATORISCHEN ANZAHLEN.

Funktionentheoretische Eigenschaften.

66. Wir wollen nun die Potenzreihen $q(x)$, $r(x)$, $s(x)$, $t(x)$, deren kombinatorische Bedeutung im Vorangehenden festgestellt wurde, funktionentheoretisch untersuchen, ihren Konvergenzradius, ihre Singularitäten auf dem Konvergenzkreis, ihre analytische Fortsetzung bestimmen. Wir müssen uns dabei natürlich auf die Funktionalgleichungen stützen, welche diese Potenzreihen definieren. Ich stelle zunächst diese Gleichungen mit einigen analogen in geeigneter Bezeichnung und Reihenfolge zusammen:

$$f = 1 + xf \quad = \sum_{0}^{\infty} x^n, \tag{4, 1}$$

$$q = f = 1 + xff_2, \tag{4, 2}$$

$$r = f = 1 + xff_2 + x \ (f^3 - 3ff_2 + 2f_3)/6, \tag{4, 3}$$

$$s = f = 1 + xff_2 + 2x(f^3 - 3ff_2 + 2f_3)/6, \tag{4, 4}$$

$$f = 1 + xf^3 \quad = 1 + \sum_{1}^{\infty} \binom{3n}{n-1} \frac{x^n}{n}; \tag{4, 5}$$

$$r - 1 = f = x\left(1 + f + \frac{f^2 + f_2}{2} + \frac{f^3 + 3ff_2 + 2f_3}{6}\right), \tag{4, 6}$$

$$t = f = x\left(1 + f + \frac{f^2 + f_2}{2} + \frac{f^3 + 3ff_2 + 2f_3}{6} + \cdots\right); \tag{4, 7}$$

$$f = xe^f = \sum_{n=1}^{\infty} \frac{n^{n-1}}{n!} x^n, \tag{4, 8}$$

$$t = f = xe^{\frac{f}{1} + \frac{f_2}{2} + \frac{f_3}{3} + \cdots}, \tag{4, 9}$$

$$f = xe^{\frac{f}{1} + \frac{f^2}{2} + \frac{f^3}{3} + \cdots} = \frac{x}{1 - f} = \sum_{1}^{\infty} \binom{2n-2}{n-1} \frac{x^n}{n}. \tag{4, 10}$$

Die durch die Gleichung zu bestimmende Funktion ist überall mit f bezeichnet und es wird die Abkürzung (1, 18) benützt. Die Funktionalgleichung (4) von $r(x)$ kommt zweimal, in zwei verschiedenen Formen, als (4, 3) und

(4, 6) vor, die von t ebenfalls zweimal, als (4, 7) und (4, 9), vgl. (1'') und (1'). Die Gleichung (4, 1) bestimmt die geometrische Reihe, die Gleichungen (4, 5) und (4, 10) algebraische Funktionen, die Gleichung (4, 8) die Umkehrfunktion einer elementaren ganzen transzendenten Funktion; für diese vier Funktionen sind die entsprechenden Maclaurinschen Reihen angegeben; diese sind, z. B. aus der Lagrangeschen Umkehrformel, leicht erhältlich. Für die kombinatorische Bedeutung der Reihen (4, 5), (4, 8), (4, 10) vgl. bzw. den Text zu den Formeln (2, 15), (2, 37), (2, 27). Zu (4, 6) vgl. Nr. 44.

67. *Jede der Funktionalgleichungen* (4, 1) *bis* (4, 10) *bestimmt eindeutig eine ihr genügende, nach wachsenden nichtnegativen Potenzen von x geordnete Potenzreihe. Für das absolute Glied dieser Potenzreihe ergeben die ersten fünf Gleichungen den Wert* 1, *die letzten fünf den Wert* 0; *die übrigen Koeffizienten der Potenzreihe sind positive Zahlen und zwar, den Fall der Gleichung* (4, 8) *ausgenommen, ganze Zahlen. Die Koeffizientenfolge ist nicht abnehmend.*

Alle ausgesprochenen Behauptungen kann man den Rekursionsformeln entnehmen, welche die Koeffizientenvergleichung ergibt. Z. B. ist in Gleichung (4, 6) der Koeffizient von x^n links R_n (für $n \geqq 1$) und rechts ein Polynom in R_1, R_2, ... R_{n-1} [vgl. (2, 56)]: hieraus folgt die eindeutige Bestimmtheit; die Koeffizienten des besagten Polynoms sind nichtnegativ und es tritt darin, von xf herrührend, das Glied R_{n-1} auf: hieraus folgt $R_n \geqq R_{n-1}$. U. s. w. Die Behauptungen über Positivität, Ganzzahligkeit und Wachsen der Koeffizienten ergeben sich auch (etwas bequemer) aus der kombinatorischen Bedeutung; einige, die elementaren Funktionen betreffende Behauptungen können auch aus der angegebenen expliziten Form der Koeffizienten festgestellt werden.

Die hier betrachtete, nach nichtnegativen Potenzen von x fortschreitende, durch die Gleichung eindeutig bestimmte Reihe wird im folgenden kurz als die zur betreffenden Gleichung *gehörige* Potenzreihe bezeichnet.

68. *Die zehn Gleichungen* (4, 1) *bis* (4, 10) *seien, wie angeschrieben, zu drei Staffeln zusammengefasst; die erste Staffel enthält die ersten fünf, die nächste Staffel die nächsten zwei, die letzte die letzten drei Gleichungen. Von zwei Potenzreihen, die zu zwei Gleichungen derselben Staffel gehören, wird die vorangehende durch die nachfolgende majoriert.*

Diese Behauptung ist schon in der Einleitung ausgesprochen worden, in Form der sieben unter (10) und (12) vereinigten Ungleichungen. Alle Ungleichungen sind inzwischen durch kombinatorische Betrachtungen bewiesen worden [vgl. insbesondere (2, 7), (2, 8), (2, 16) und (2, 17), (2, 9), (2, 38) und (2, 39), (2, 28) und (2, 29)]. Man kann sie aber auch aus den Rekursionsformeln beweisen; es wird genügen die Ungleichung $R_n \leqq S_n$ darzutun.

Es ist $R_0 = S_0 = 1$; wir wollen induktiv verfahren und die Ungleichungen

$$R_0 \leqq S_0, \quad R_1 \leqq S_1, \quad \ldots \quad R_{n-1} \leqq S_{n-1} \tag{4, 11}$$

als schon bewiesen annehmen ($n \geqq 1$).

Es bedeute

$$f(x) = U_0 + U_1 x + U_2 x^2 + \cdots$$

eine Potenzreihe mit unbestimmten Koeffizienten $U_0, U_1, U_2, \ldots$ Man entwickle die beiden Ausdrücke

$$x\frac{f(x)^3 + 3f(x)f(x^2) + 2f(x^3)}{6}, \quad x\frac{f(x)^3 - 3f(x)f(x^2) + 2f(x^3)}{6}$$

nach Potenzen von x und bezeichne den Koeffizienten von x^n bzw. mit

$$F(U_1, U_2, \ldots U_{n-1}), \quad G(U_1, U_2, \ldots U_{n-1}).$$

In dieser Bezeichnung ist, gemäss (4, 3) und (4, 4),

$$R_n = F(R_1, R_2, \ldots R_{n-1}), \tag{4, 12}$$

$$S_n = F(S_1, S_2, \ldots S_{n-1}) + G(S_1, S_2, \ldots S_{n-1}). \tag{4, 13}$$

Sowohl F wie G sind Polynome in den Unbestimmten $U_0, U_1, \ldots U_{n-1}$. Es hat F offenbar nichtnegative Koeffizienten; daher ist, gemäss der Voraussetzung (4, 11) der vollständigen Induktion,

$$F(R_1, R_2, \ldots R_{n-1}) \leqq F(S_1, S_2, \ldots S_{n-1}). \tag{4, 14}$$

Unter den Koeffizienten von G können zwar auch negative vorkommen, jedoch nimmt G für nichtnegative ganzzahlige Werte von $U_0, U_1, \ldots U_{n-1}$ nichtnegative Werte an (vgl. die Schlussbemerkung in Nr. 23) und $S_0, S_1, \ldots S_{n-1}$ sind positive ganze Zahlen, vgl. Nr. 67. Somit ist

$$G(S_1, S_2, \ldots S_{n-1}) \geqq 0. \tag{4, 15}$$

Aus (4, 12), (4, 13), (4, 14), (4, 15) folgt, wie zu beweisen war, dass

$$R_n \leqq S_n.$$

69. *Die zu den Gleichungen* (4, 1) *bis* (4, 10) *gehörigen Potenzreihen haben sämtlich nichtverschwindenden Konvergenzradius.*

Für die Gleichungen

$$(4, 1), \quad (4, 5), \quad (4, 8), \quad (4, 10)$$

geht diese Behauptung aus der angegebenen expliziten Form der Koeffizienten ohne weiteres hervor; die Konvergenzradien sind, wie man leicht aus dem Verhältnis sukzessiver Koeffizienten berechnet, bzw.

$$1, \quad \frac{4}{27}, \quad \frac{1}{e}, \quad \frac{1}{4}.$$

Für die Konvergenzradien der vier Potenzreihen

$$q(x), \quad r(x), \quad s(x), \quad t(x),$$

welche, wie schon in der Einleitung gesagt, bzw.

$$\varkappa, \quad \varrho, \quad \sigma, \quad \tau$$

heissen sollen, ergibt sich die Behauptung aus den in der vorangehenden Nr. 68 besprochenen, schon in der Einleitung ausgesprochenen Ungleichungen (10) und (12); es ergibt sich, genauer gesagt, noch nicht das volle Resultat, das in der Einleitung unter (13) und (14) angekündigt wurde, sondern nur das schwächere, das dem Ersetzen des $>$ durch $\geqq$ im vollen Resultat entspricht.

In sämtlichen Fällen (4, 1) bis (4, 10) definiert also die zur Gleichung gehörige Potenzreihe ein Funktionselement von Zentrum 0; dieses Funktionselement soll im folgenden ebenfalls als zur Gleichung gehörig bezeichnet werden; die zu den Gleichungen (4, 2), (4, 3), (4, 4), (4, 7) gehörigen Funktionselemente werden beziehungsweise durch die Potenzreihen $q(x)$, $r(x)$, $s(x)$, $t(x)$ dargestellt.

70. Besprechen wir zunächst die analytische Fortsetzung des durch $q(x)$ dargestellten Funktionselementes.

Wie es aus der ersten Ungleichung unter (10) hervorgeht, ist der Konvergenzradius $\varkappa$ von $q(x)$ entweder $= 1$ oder < 1. Die erste Eventualität ist jedoch auszuschliessen: Denn wäre $\varkappa = 1$, also $q(x)$ und folglich auch $q(x^2)$ im Einheitskreise konvergent, so müsste die Potenzreihe

$$x\,q(x^2) = x + x^3 + \cdots$$

mit lauter nichtnegativen Koeffizienten entlang der Strecke der reellen Achse von $x = 0$ bis $x = 1$ von 0 bis zu einem Werte oberhalb 2 wachsen, also in einem Zwischenpunkte ξ den Wert 1 annehmen; dann hätte aber die Funktion

$$q(x) = \frac{1}{1 - x\,q(x^2)} \tag{4, 16}$$

[ich ziehe (4, 2) heran] im Punkte ξ, $0 < \xi < 1$, einen Pol, obzwar sie im ganzen Einheitskreis, gemäss der Annahme $\varkappa = 1$, regulär sein sollte. Der Widerspruch löst sich nur dann, wenn wir die Annahme $\varkappa = 1$ verwerfen. Somit ist bewiesen, dass $\varkappa < 1$.

Die Potenzreihe $q(x)$ konvergiert im Kreis $|x| < \varkappa$, die Potenzreihe $q(x^2)$ im Kreise $|x^2| < \varkappa$, d. h. $|x| < \sqrt{\varkappa}$; da $\varkappa < 1$, also $\varkappa < \sqrt{\varkappa}$, ist das Konvergenzgebiet von $q(x^2)$ umfassender, als das von $q(x)$; die auf dem Konvergenzkreise von $q(x)$ notwendigerweise vorhandenen singulären Stellen können nur von dem Nenner auf der rechten Seite von (4, 16) herrühren, sind also Stellen, für welche

$$x\,q(x^2) = 1 \tag{4, 17}$$

gilt. Die linke Seite dieser Gleichung ist aber eine Potenzreihe, worin alle Koeffizienten von ungeradem Index positiv, alle von geradem Index 0 sind. Der Maximalbetrag einer solchen Potenzreihe entlang eines Kreises vom Mittelpunkte 0 wird in zwei und nur zwei Punkten erreicht: auf der positiven und auf der negativen reellen Achse, und das Vorzeichen des maximalen Funktionswertes stimmt mit dem Vorzeichen von x überein. Daher besitzt die Gleichung (4, 17) eine Wurzel, die auf der positiven reellen Achse liegt, u. zw. dem Ursprung näher liegt, als alle anderen Wurzeln; in dieser Wurzel verschwindet die Derivierte der linken Seite von (4, 17) nicht, wieder wegen der Positivität der Koeffizienten von $x\,q(x^2)$, und daher ist diese Wurzel einfach. Diese Wurzel bestimmt, gemäss (4, 16), den Konvergenzradius von $q(x)$.

Zusammengefasst: *Auf dem Konvergenzkreis der Potenzreihe $q(x)$ liegt nur ein einziger singulärer Punkt, der Punkt $x = \varkappa$, u. zw. hat $q(x)$ im Punkte $x = \varkappa$ einen Pol erster Ordnung.*

71. Eine weitere Ausnützung der eben angewendeten Schlussweise ergibt, dass die analytische Fortsetzung von $q(x)$ im Innern des Einheitskreises meromorph ist. Die Schlussweise stützt sich auf die Funktionalgleichung (4, 16) und diese ist ersichtlicherweise mit dem Kettenbruch (8') äquivalent. Man kann nun

die Fortsetzung von $q(x)$ durch eine kleine Variation der Schlussweise mittels der Entwicklung des Kettenbruches bewerkstelligen; dabei bemerkt man den folgenden Abkürzungsweg.

Man setze

$$q(x) = \frac{\psi(x^2)}{\psi(x)}. \tag{4, 18}$$

Für die neueingeführte Funktion $\psi(x)$ ergibt (4, 2) die neue Funktionalgleichung

$$\psi(x) = \psi(x^2) - x\psi(x^4), \tag{4, 19}$$

welche den Vorteil hat linear zu sein. Der Potenzreihenansatz

$$\psi(x) = a_0 + a_1 x + a_2 x^2 + \cdots$$

ergibt die rekursiven Relationen

$$a_{2m} = a_m, \quad a_{4m+1} = -a_m, \quad a_{4m+3} = 0 \tag{4, 20}$$

für $m = 0, 1, 2, \ldots$, welche die Koeffizientenfolge eindeutig bestimmen, sobald a_0 gegeben ist. Ich nehme

$$a_0 = 1. \tag{4, 21}$$

an; es ergibt sich

$$\psi(x) = 1 - x - x^2 - x^4 + x^5 - x^8 + x^9 + \cdots$$

als eine Potenzreihe, deren Koeffizienten nur die drei Werte 0, 1 und -1 annehmen, die also im Einheitskreise konvergiert.

Nun gehe man von der Potenzreihe $\psi(x)$ aus und definiere eine Funktion $q(x)$ durch (4, 18). Diese Funktion $q(x)$ ist im Punkte $x = 0$ regulär, wegen (4, 21), und erfüllt die Funktionalgleichung (4, 2), wegen (4, 19). Da aber (4, 2), wie in Nr. 67 gesagt wurde, nur durch eine einzige Potenzreihe mit nichtnegativen ganzzahligen Potenzen von x befriedigt werden kann, ist die durch (4, 18) definierte Funktion mit unserem früheren $q(x)$ identisch. Es ist $q(x)$ in (4, 18) dargestellt, als der Quotient von zwei im Einheitskreise konvergierenden Potenzreihen, und dies setzt in Evidenz, dass $q(x)$ im Innern des Einheitskreises meromorph ist.

Es ist hervorzuheben, dass in der Darstellung (4, 18) von $q(x)$ Zähler und Nenner »teilerfremd» sind, d. h. keine gemeinsame Nullstelle besitzen. Es ist nämlich ausgeschlossen, dass ein x_0 existiert, so dass

$$0 < |x_0| < 1, \qquad \psi(x_0) = 0, \qquad \psi(x_0^2) = 0.$$

Wäre dies der Fall, so hätten wir, gemäss (4, 19), auch

$$\psi(x_0^4) = 0,$$

und durch Wiederholung des Schlusses mit x_0^2, x_0^4, x_0^8, ... anstelle von x_0 erhielten wir

$$\psi(x_0^8) = \psi(x_0^{16}) = \psi(x_0^{32}) = \cdots = 0,$$

also eine Folge von unendlich vielen Nullstellen mit dem Häufungspunkt 0. Dies ist ausgeschlossen; also haben $\psi(x)$ und $\psi(x^2)$ keine gemeinsame Nullstelle in ihrem Konvergenzbereich $|x| < 1$.

Man kann mit Benutzung der Kettenbruchdarstellung (8′) und durch Schlussweisen, die von der Theorie der Sturmschen Ketten her geläufig sind, beweisen, dass $q(x)$ unendlich viele Pole auf der Strecke zwischen den Punkten $x = \varkappa$ und $x = 1$ besitzt. Man hebe folgende Eigenschaften von $q(x)$ hervor:

Erstens hat $q(x) = Q_0 + Q_1 x + \cdots$ ganzzahlige Entwicklungskoeffizienten;

zweitens ist $q(x)$ im Innern des Einheitskreises meromorph;

drittens ist $q(x)$ keine rationale Funktion (z. B. wegen der unendlich vielen Pole; auch durch Vergleich von Graden, mit direkter Verwendung von (4, 2) leicht zu zeigen).

Aus diesen drei Eigenschaften folgt, auf Grund eines allgemeinen Satzes[1], dass *der Rand des Einheitskreises eine singuläre Linie für* $q(x)$ ist. Man kann diese Tatsache auch ohne Benutzung des allgemeinen Satzes, aber durch bessere Ausnützung des Kettenbruches (8′) nachweisen, was ich andeuten aber nicht ausführen will.

72. Jetzt soll die analytische Fortsetzung des Funktionselements $r(x)$ besprochen werden.

Es konvergieren die Potenzreihen $r(x)$, $r(x^2)$, $r(x^3)$ in Kreisen vom Mittelpunkte 0, deren Radien bzw. ϱ, $\varrho^{1/2}$, $\varrho^{1/3}$ sind. Man beachte, dass, gemäss Nr. 68 und 70, $\varrho \leqq \varkappa < 1$, also

$$\varrho < \varrho^{1/2} < \varrho^{1/3}$$

ist. Man setze $r(x) = y$ und betrachte die Funktionalgleichung (4, 3) in der Form

[1] F. Carlson, Math. Zeitschrift, **9** (1921), S. 1—13. G. Pólya, Proc. London Math. Soc. (2) **21** (1921), S. 22—38.

$$(4, 22) \qquad x y^3 - 3[2 - x r(x^2)] y + 2[3 + x r(x^3)] = 0.$$

Die Funktion $y = r(x)$ genügt der Gleichung 3-ten Grades (4, 22), deren Koeffizienten in der Kreisfläche $|x| < \varrho^{1/2}$ regulär sind. Bei der analytischen Fortsetzung des Funktionselements $y = r(x)$ innerhalb dieser Kreisfläche kann eine Singularität sich nur auf zwei Arten einstellen:

Entweder muss der höchste Koeffizient der Gleichung (4, 22) verschwinden; es kommt nur die Stelle $x = 0$ in Betracht.

Oder muss die Gleichung (4, 22) eine mehrfache Wurzel y haben; dann muss die partielle Ableitung der linken Seite nach y verschwinden, d. h.

$$(4, 23) \qquad x y^2 = 2 - x r(x^2)$$

sein. Wie die Elimination von y aus (4, 22) und (4, 23) zeigt, kommen nur solche Stellen in Betracht, für welche die Gleichung

$$(4, 24) \qquad [2 - x r(x^2)]^3 - x[3 + x r(x^3)]^2 = 0$$

besteht. Solche Stellen können sich im Innern des Kreises $|x| < \varrho^{1/2}$, wo ja die linke Seite von (4, 24) regulär bleibt, nicht häufen, und in der Umgebung solcher Stellen bleibt der singulär werdende Funktionszweig beschränkt, also stetig.

Nun handelt es sich um die singulären Stellen der Potenzreihe auf ihrem Konvergenzkreis, $|x| = \varrho$, der ja ganz im Innern der Fläche $|x| < \varrho^{1/2}$ verläuft. Der Punkt $x = 0$ liegt nicht auf diesem Kreis, daher muss die zweite der oben erwähnten Alternativen eintreffen: Die auf dem Konvergenzkreis liegenden singulären Stellen genügen den Gleichungen (4, 23) und (4, 24), und das Funktionselement $r(x)$ bleibt in ihnen stetig. Inbesondere muss die Potenzreihe $r(x)$ endlich bleiben, wenn x der reellen Achse entlang dem Punkt ϱ sich nähert; da diese Potenzreihe lauter positive Koeffizienten hat, bleibt sie, nach einer geläufigen Schlussweise, auch für $x = \varrho$, und folglich auf dem ganzen Kreisrande $|x| = \varrho$ *absolut konvergent*. Die für die singulären Punkte x auf dem Konvergenzrande gültige Gleichung (4, 23) ist also in der Form

$$(4, 25) \qquad x \frac{r(x)^2 + r(x^2)}{2} = 1$$

zu schreiben, wo auf der linken Seite die *Potenzreihen* $r(x)$, $r(x^2)$ *einzusetzen* sind.

Da die Potenzreihe $r(x)$ lauter positive Koeffizienten hat, ist der Punkt $x = \varrho$ des Konvergenzkreises sicher singulär; also besteht die Gleichung (4, 25) für $x = \varrho$. Nun hat aber die Potenzreihe links in (4, 25) (abgesehen vom absoluten Glied, das verschwindet) lauter positive Koeffizienten, und daher wird sie im Punkte $x = \varrho$ einen *grösseren* absoluten Betrag annehmen, als in allen anderen Punkten des Kreises $|x| = \varrho$. Somit ist die Gleichung (4, 25) nur im Punkte $x = \varrho$ des Kreises $|x| = \varrho$ erfüllt: *Es ist $x = \varrho$ der einzige auf dem Konvergenzkreis von $r(x)$ liegende singuläre Punkt.*

Es ist nun leicht festzustellen, dass das Funktionselement $r(x)$ in der Umgebung von $x = \varrho$ nach Potenzen von $\sqrt{x - \varrho}$ entwickelbar ist, und dass die Entwicklung so beginnt:

$$r(x) = a - b\sqrt{1 - \frac{x}{\varrho}} + \cdots, \tag{4, 26}$$

wobei a und b positive Zahlen bezeichnen; es ist

$$a = r(\varrho), \tag{4, 27}$$

$$b = \sqrt{2\,\frac{r(\varrho) - 1 + r(\varrho)\,r'(\varrho^2)\,\varrho^3 + r'(\varrho^3)\,\varrho^4}{\varrho\, r(\varrho)}}. \tag{4, 28}$$

Die Verfolgung der Gleichung (4, 3) über den Kreis $|x| = \varrho^{1/2}$ hinaus ergibt, dass die Fortsetzung von $r(x)$ in jedem ganz im Innern des Einheitskreises gelegenen Gebiet algebroid ist, d. h. nur endlich viele Zweige und endlich viele algebraische Verzweigungspunkte hat. Die Anzahl der Zweige dürfte unendlich werden, wenn das Gebiet sich wachsend dem Einheitskreis nähert.

Zu späteren Zwecken wollen wir uns noch folgendes Nebenresultat merken: *Die Gleichung (4, 25) hat in der abgeschlossenen Kreisfläche $|x| \leqq \varrho$ die einzige Lösung $x = \varrho$.*

73. Durch Schlüsse, die denen der vorangehenden Nummer durchaus ähnlich sind, kann man die zur Bestimmung der Funktionen $s(x)$ und $t(x)$ dienenden Gleichungen

$$x y^3 - 3y + 2 x s(x^3) + 3 = 0,$$

$$-y + x e^y \exp\left(\frac{t(x^2)}{2} + \frac{t(x^3)}{3} + \cdots\right) = 0$$

behandeln. Zur Bestimmung der Singularitäten an der Konvergenzgrenze erhält man bzw.

$$x\,s(x)^2 = 1, \tag{4, 29}$$

$$t(x) = 1, \tag{4, 30}$$

welche Gleichungen den vorher behandelten (4, 17) und (4, 25) durchaus analog sind: Man kann in sie die Potenzreihen noch auf dem Konvergenzkreise einsetzen und sie haben daselbst, wegen der Positivität der Koeffizienten, nur eine Lösung, nämlich den positiven Punkt des Konvergenzkreises: *Auf der Konvergenzgrenze der Potenzreihe* $s(x)$ *liegt nur der singuläre Punkt* $x = \sigma$, *auf der von* $t(x)$ *nur* $x = \tau$. Die Funktionen lassen sich um diesen singulären Punkt herum nach Potenzen von $\sqrt{x-\sigma}$ bzw. von $\sqrt{x-\tau}$ entwickeln, und zwar beginnen diese Entwicklungen, wie (4, 26), mit

$$a' - b'\sqrt{1 - \frac{x}{\sigma}} + \cdots \quad \text{bzw.} \quad a'' - b''\sqrt{1 - \frac{x}{\tau}} + \cdots,$$

wobei a', b', a'', b'' positive Zahlen sind.

74. Kehren wir zurück zur Betrachtung der Reihe $r(x)$. Wie aus Nr. 72 hervorgeht, können wir den Konvergenzradius ϱ von $r(x)$ sowohl anhand der Gleichung (4, 24) wie aus (4, 25) bestimmen. Wir wollen beide Möglichkeiten verwerten.

a) Die Gleichung (4, 25) ist, wie in Nr. 72 besprochen, für $x = \varrho$ erfüllt, sie ist also wegen der Positivität der Koeffizienten der Potenzreihen auf der linken Seite, für keinen positiven Wert von x erfüllt, der $< \varrho$ ist. Wir gewinnen das Kriterium: *Eine positive Zahl* x *ist dann und nur dann kleiner als* ϱ, *wenn erstens* $r(x)$ *konvergiert und zweitens die linke Seite von* (4, 25) *kleiner als* 1 *ausfällt.*

Untersuchen wir den Wert $x = \sigma$; für diesen Wert konvergiert, wie in Nr. 73 angedeutet, die Reihe $s(x)$ und erfüllt die Gleichung (4, 29). Somit ist

$$\sigma\,s(\sigma)^2 = 1; \tag{4, 31}$$

man beachte, dass, wegen (10), $r(\sigma)$ konvergiert und

$$r(\sigma) \leqq s(\sigma); \tag{4, 32}$$

ferner ist wegen der Positivität der Koeffizienten und wegen $r(0) = 1$

$$r(\sigma)^2 > r(\sigma) > r(\sigma^2). \tag{4, 33}$$

Aus (4, 31), (4, 32), (4, 33) folgt

$$1 = \sigma s(\sigma)^2 \geqq \sigma r(\sigma)^2 > \sigma \frac{r(\sigma)^2 + r(\sigma^2)}{2}.$$

Also ist, gemäss dem ausgesprochenen Kriterium, $\sigma < \varrho$.

Auf dieselbe Art kann man alle in der Einleitung unter (13) und (14) erwähnten Ungleichungen beweisen.

b) Anhand der Gleichung (4, 24) kann man das folgende Kriterium aussprechen: *Wenn x ein positiver Wert ist, für den die Reihe $r(x^2)$ konvergiert, so ist x kleiner oder gleich oder grösser als ϱ, jenachdem*

$$\frac{x[3 + x r(x^3)]^2}{[2 - x r(x^2)]^3} < 1 \text{ oder } = 1 \text{ oder } > 1$$

ist. Dieses Kriterium erlaubt den Konvergenzradius ϱ mit Hülfe konvergenter Reihen zu berechnen. Man muss aber zur numerischen Durchführung eine Restabschätzung für die Reihe $r(x)$ besitzen. Wir gelangen dazu aus (10) und (12); diesen Ungleichungen gemäss ist

$$R_n \leqq T_n \leqq \frac{1}{n}\binom{2n-2}{n-1}. \tag{4, 34}$$

Nun nimmt

$$\binom{2n}{n}\frac{1}{4^n} = \frac{1 \cdot 3 \cdot 5 \ldots (2n-3)(2n-1)}{2 \cdot 4 \cdot 6 \ldots (2n-2)2n}$$

bei wachsenden n beständig ab; somit ist

$$\frac{1}{n}\binom{2n-2}{n-1} > \frac{1}{n+1}\binom{2n}{n}\frac{1}{4} > \frac{1}{n+2}\binom{2n+2}{n+1}\frac{1}{4^2} > \cdots,$$

und hieraus findet man mit Rücksicht auf (4, 34) die für $0 < x < \frac{1}{4}$ gültige Restabschätzung

$$R_n x^n + R_{n+1} x^{n+1} + R_{n+2} x^{n+2} + \cdots < \frac{1}{n}\binom{2n-2}{n-1}\frac{x^n}{1-4x}.$$

Mit Hülfe dieser Abschätzung kann man anhand des obigen Kriteriums ϱ numerisch berechnen und auf ähnliche Weise kann man σ behandeln. Ich fand, dass

$$0{,}35 < \varrho < 0{,}36, \quad 0{,}30 < \sigma < 0{,}31. \tag{4, 35}$$

Asymptotische Werte der Koeffizienten gewisser Potenzreihen.

75. Wir haben im Vorangehenden das funktionentheoretische Verhalten der Potenzreihen $q(x)$, $r(x)$, $s(x)$, $t(x)$ auf dem Konvergenzkreise festgestellt. Wir werden nun daraus eine Reihe von Folgerungen ziehen, indem wir eine leicht beweisbare und wohlbekannte Beziehung zwischen den Singularitäten und den Koeffizienten von Potenzreihen uns zunutze machen, welche in dem folgenden Hilfssatz formuliert ist.[1]

Hilfssatz. *Die Potenzreihe*

$$f(x) = a_0 + a_1 x + a_2 x^2 + \cdots + a_n x^n + \cdots$$

soll auf ihrem Konvergenzkreise nur einen einzigen singulären Punkt $x = \alpha$ *besitzen, in dessen Umgebung die dargestellte Funktion die Gestalt*

$$f(x) = \left(1 - \frac{x}{\alpha}\right)^{-s} g(x) + \left(1 - \frac{x}{\alpha}\right)^{-t} h(x) \tag{4, 36}$$

hat. Hierin bedeuten

$g(x)$ *und* $h(x)$ *analytische Funktionen, die in der Umgebung des Punktes* $x = \alpha$ *regulär sind; insbesondere ist* $g(\alpha) = A \neq 0$.

s *und* t *sind reelle Konstanten;* s *ist von allen nichtpositiven ganzen Zahlen, von* $0, -1, -2, \ldots$ *verschieden; es ist entweder* $t < s$ *oder* $t = 0$.

Dann ist für unendlich wachsendes n

$$a_n \sim \alpha^{-n} n^{s-1} \frac{A}{\Gamma(s)}.$$

Es liegt in der Voraussetzung dieses Hilfssatzes, dass das zweite Glied rechts in (4, 36) entweder regulär oder auf alle Fälle »leichter» singulär ist als das erste Glied rechts; das zweite Glied ist insbesondere dann regulär, wenn $t = 0$ ist. Die Behauptung besagt, dass der Koeffizient a_n sich asymptotisch gleich verhält, wie der Koeffizient von x^n in der Potenzreihenentwicklung von

$$A\left(1 - \frac{x}{\alpha}\right)^{-s}$$

[1] Vgl. z. B. R. Jungen, Commentarii Math. Helvetici, **3** (1931), S. 266—306, die Sätze A, S. 269 und 1, S. 275.

76. **Asymptotische Bestimmung von Q_n, R_n, S_n, T_n.** Das am Schlusse der Nr. 70 Ausgesprochene darf auch so gefasst werden, dass

$$\sum_{n=0}^{\infty} Q_n x^n = q(x) = \frac{1}{1 - x\,q(x^2)} = K\left(1 - \frac{x}{\varkappa}\right)^{-1} + h(x) \tag{4, 37}$$

ist, wobei $h(x)$ in der abgeschlossenen Kreisfläche $|x| \leqq \varkappa$ regulär ist, und $-\varkappa K$ das Residuum von $q(x)$ im Pole $x = \varkappa$ bedeutet. Somit ist

$$K = \frac{1}{(x\,[x\,q(x^2)]')_{x=\varkappa}} = \frac{1}{Q_0\varkappa + 3\,Q_1\varkappa^3 + 5\,Q_2\varkappa^5 + \cdots}.$$

Es hat (4, 37) die im Hilfssatz der Nr. 75 gewünschte Form mit

$$\alpha = \varkappa, \quad s = 1, \quad t = 0, \quad A = K.$$

Somit ist

$$Q_n \sim K\varkappa^{-n}. \tag{4, 38}$$

Die Darlegungen der Nr. 72, insbesondere die Formel (4, 26) zeigen, dass die Voraussetzungen des Hilfssatzes der Nr. 75 für die Potenzreihe $r(x)$ zutreffen, wobei

$$\alpha = \varrho, \quad s = -\frac{1}{2}, \quad t = 0, \quad A = -b$$

ist. Da

$$\Gamma\left(-\frac{1}{2}\right) = -2\,\Gamma\left(\frac{1}{2}\right) = -2\sqrt{\pi},$$

erhalten wir für R_n, die Anzahl der strukturisomeren Alkohole $C_n H_{2n+1} OH$, die asymptotische Formel

$$R_n \sim \varrho^{-n} n^{-3/2} \frac{b}{2\sqrt{\pi}}. \tag{4, 39}$$

Ich erinnere an die numerische Abschätzung (4, 35) des Konvergenzradius ϱ von $r(x)$ und an den Ausdruck (4, 28) von b. Die asymptotische Formel (4, 39) scheint auch als Näherungsformel brauchbar zu sein, sogar für Werte von n, die noch ziemlich klein sind.[1]

Ebenso leicht ergeben sich auch die andern beiden in der Einleitung unter (16) zusammengestellten asymptotischen Formeln, durch einfache Nebeneinanderstellung des Hilfssatzes der Nr. 75 und der funktionentheoretischen Eigenschaften, die wir in der Nr. 73 kennen lernten.

[1] Vgl. PÓLYA, 5.

77. **Homologe Reihen.** Es sei gegeben eine chemische Verbindung, im folgenden »Stammkörper« genannt, welche s durch Alkyle $-C_nH_{2n+1}$ substituierbare $-H$ enthält. Die Strukturformelgruppe des Stammkörpers ist eine Permutationsgruppe vom Grade s, welche die s Stellen der substituierbaren H-Atome vertauscht; ihr Zyklenzeiger sei das Polynom $\psi(f_1, f_2, \ldots f_s)$. (Bezeichnung wie in Nr. 25.) Nach dem Vorbild der Nr. 58 ergibt der Koeffizient von x^n in der Potenzreihenentwicklung von

$$\psi(r(x), r(x^2), \ldots r(x^s)) \tag{4, 40}$$

die Anzahl derjenigen strukturisomeren Homologen (Alkylderivate) des Stammkörpers, welche n Stück C-Atome mehr enthalten, als der Stammkörper.

Gemäss Nr. 72 hat die Funktion (4, 40) ausser dem Punkt $x = \varrho$ keinen singulären Punkt im Kreise $|x| \leqq \varrho$. Dass aber der Punkt $x = \varrho$ wirklich singulär ist, ersieht man aus der Entwicklung von (4, 40) nach Potenzen von $\sqrt{x-\varrho}$ in der Umgebung von $x = \varrho$, welche, gemäss (4, 26), mit

$$\psi(r(\varrho), \ldots r(\varrho^s)) - \psi'_{f_1}(r(\varrho), \ldots r(\varrho^s))\, b \sqrt{1 - \frac{x}{\varrho}} + \cdots \tag{4, 41}$$

beginnt; das zweitangeschriebene Glied verschwindet nämlich sicherlich nicht, es sind ja die Koeffizienten in der partiellen Ableitung $\psi'_{f_1}(f_1, \ldots f_s)$ und ebenso die Werte $r(\varrho)$, $r(\varrho^2)$, ... positiv.

Die Entwicklung (4, 41) von (4, 40) zeigt, dass der Hilfssatz der Nr. 75 anwendbar ist; wir erhalten, dass der Koeffizient von x^n in der Maclaurinschen Reihe von (4, 40)

$$\sim \varrho^{-n} n^{-3/2} \frac{b}{2\sqrt{\pi}} \psi'_{f_1}(r(\varrho), \ldots r(\varrho^s)).$$

Diese Tatsache ist, mit einer in der Einleitung (Nr. 5) definierten Ausdrucksweise so auszusprechen: *Die Anzahl derjenigen strukturisomeren Homologen eines gegebenen Stammkörpers, deren Kohlenstoffinhalt den des Stammkörpers um n Einheiten übertrifft, ist der Anzahl der strukturisomeren $C_nH_{2n+1}OH$ asymptotisch proportional.* Die volle Formel zeigt, wie der Proportionalitätsfaktor mit dem Zyklenzeiger der Strukturformelgruppe des Stammkörpers zusammenhängt.

78. **Mehrfach substituierte Paraffine.** Wir wollen uns jetzt mit der durch (3, 13) definierten Funktion $R(x)$ befassen. Ihre funktionentheoretischen Eigen-

schaften sind aus Nr. 72 ersichtlich; es kommen besonders die Schlussbemerkung dieser Nummer und die Reihenentwicklung (4, 26) in Betracht. Unter gebührender Berücksichtigung des dort Gesagten erhält man leicht: *Die Funktion*

$$(4, 42) \qquad \frac{1}{1 - xR(x)} = \frac{1}{\varrho a b}\left(1 - \frac{x}{\varrho}\right)^{-\frac{1}{2}} + \cdots$$

ist in der abgeschlossenen Kreisfläche $|x| \leqq \varrho$ *regulär, mit Ausnahme des einzigen Punktes* $x = \varrho$; *in der Umgebung dieses Punktes besitzt* (4, 42) *eine Entwicklung nach wachsenden Potenzen von* $\sqrt{x - \varrho}$, *welche wie rechts in* (4, 42) *angegeben beginnt.*

Nun können wir uns der Summe (3, 18) zuwenden. Diese Summe ist, wie jedes ihrer endlich vielen Glieder, kraft des eben Gesagten in der offenen Kreisfläche $|x| < \varrho$ ausnahmslos regulär, hat an deren Rand den einzigen singulären Punkt $x = \varrho$, und lässt sich um $x = \varrho$ herum nach wachsenden Potenzen von $\sqrt{x - \varrho}$ entwickeln. Ein Glied der Summe (3, 18) ist nun in dem Punkte $x = \varrho$ umso »schwerer» singulär, je grösser der Exponent s des Nenners ist. Der grösste Wert von s wird gemäss (3, 17) dann erreicht, wenn

$$(4, 43) \qquad p_4 = 0, \quad s = 2l - 3, \quad p_3 = l - 2$$

ist, u.zw. erreichen, gemäss der Bemerkung am Schluss der Nr. 63,

$$1 \cdot 3 \cdot 5 \ldots (2l - 5)$$

Glieder der Summe (3, 18) den grössten Wert von s. Die Reihenentwicklung der ganzen Summe (3, 18) um $x = \varrho$ hat dasselbe Anfangsglied, wie die der Vereinigung derjenigen seiner Glieder, die mit den Werten (4, 43) gebildet sind:

$$(4, 44) \qquad 1 \cdot 3 \ldots (2l - 5) \frac{[x\, r(x)]^{l-2}}{[1 - x R(x)]^{2l-3}} = \\ = \frac{1 \cdot 3 \cdot 5 \ldots (2l - 5)(\varrho a)^{l-2}}{(\varrho a b)^{2l-3}} \left(1 - \frac{x}{\varrho}\right)^{-\frac{2l-3}{2}} + \cdots.$$

Zur Bildung des auf der rechten Seite von (4, 44) auftretenden Anfangsgliedes ziehe man (4, 26) und (4, 42) heran.

Die Anwendung des Hilfssatzes der Nr. 75 auf (3, 18) oder, was schliesslich das Gleiche ergibt, auf (4, 44), zeigt: *Die Anzahl der strukturisomeren* $C_n H_{2n+2-l} X' X'' \ldots X^{(l)}$ *ist*

$$\sim \varrho^{-n} n^{\frac{2l-5}{2}} \frac{1 \cdot 3 \cdot 5 \ldots (2l-5)(\varrho a)^{l-2}}{(\varrho a b)^{2l-3}} \frac{1}{\Gamma\left(\frac{2l-3}{2}\right)}$$

$$= \varrho^{-n} n^{\frac{2l-5}{2}} \frac{\varrho a b^3}{4\sqrt{\pi}} \left(\frac{2}{\varrho a b^2}\right)^l,$$

sodass die Einführung eines weiteren Substituenten der asymptotischen Anzahl einen weiteren mit der Kohlenstoffanzahl n proportionalen Faktor hinzufügt. Dieses Resultat wurde schon in der Einleitung in Aussicht gestellt. Wir haben es hier für $l \geqq 2$ bewiesen, aber es bleibt auch für $l = 1$ gültig, in welchem Falle es ja mit (4, 39) gleichbedeutend ist. Ob es auch für $l = 0$, d. h. für die (unsubstituierten) Paraffine selber gültig bleibt, wissen wir noch nicht, und wir werden es erst nach den Entwicklungen der Nr. 80—86 erfahren.

79. **Kohlenwasserstoffe** $C_n H_{2n+2-2\mu}$. Betrachten wir zunächst den Fall $\mu = 1$. Die Kohlenwasserstoffe von der Formel $C_n H_{2n}$ sind entweder Äthylenhomologen oder Cycloparaffine, jenachdem sie eine Doppelbindung enthalten oder nicht. Die Anzahl der strukturisomeren Äthylenhomologen $C_n H_{2n}$ ist, gemäss Nr. 77, asymptotisch proportional $\varrho^{-n} n^{-3/2}$. Wenden wir uns also den strukturisomeren Cycloparaffinen zu; ihre abzählende Potenzreihe P ist durch (3, 22) gegeben. Aus dieser Formel ersehen wir, dass P in der abgeschlossenen Kreisfläche $|x| \leqq \varrho$ einen einzigen singulären Punkt, nämlich $x = \varrho$ besitzt. Von der Summe, die in der letzten Zeile von (3, 22) steht, wird nur ein Glied für $x = \varrho$ singulär, dasjenige mit $k = 1$:

$$\frac{1}{2} \log \frac{1}{1 - x R(x)} = \frac{1}{2} \log \left[\frac{1}{\varrho a b}\left(1 - \frac{x}{\varrho}\right)^{-\frac{1}{2}} + \cdots\right],$$

vgl. (4, 42). Es ergibt sich nun leicht, dass P die Gestalt

$$P = -\frac{1}{4} \log \left(1 - \frac{x}{\varrho}\right) + \left(1 - \frac{x}{\varrho}\right)^{\frac{1}{2}} g(x) + h(x) \tag{4, 45}$$

hat, wobei $g(x)$ und $h(x)$ in einer Umgebung des Punktes $x = \varrho$ regulär sind. Der Koeffizient von x^n in der Potenzreihenentwicklung des ersten Gliedes rechts in (4, 45) ist $1/(4 n \varrho^n)$; dies überwiegt $\varrho^{-n} n^{-3/2}$, und es ist, auf Grund des Hilfssatzes der Nr. 75, sowohl der n-te Koeffizient der beiden letzten Glieder rechts in (4, 45) wie auch, wie schon gesagt, die Anzahl der Äthylenhomologen asymptotisch proportinal $\varrho^{-n} n^{-3/2}$. Daher ist die *Anzahl der strukturisomeren Kohlenwasserstoffe von der Molekularformel* $C_n H_{2n}$

$$\sim \frac{\varrho^{-n}}{4n}.$$

Über die strukturisomeren Kohlenwasserstoffe $C_n H_{2n+2-2\mu}$ mit festem $\mu \geqq 2$ sollen hier nur einige Andeutungen Platz finden. In der abzählenden Potenzreihe ist der »Hauptbestandteil», d. h. derjenige Summand, der im Punkte $x = \varrho$ am stärksten unendlich wird, abgesehen von einem konstanten Faktor, von der gleichen Form, wie das allgemeine Glied der Summe (3, 18). Die Anzahlen p_3, p_4, s sind mit μ [vgl. (2, 1), (2, 2), (2, 3)] durch die Beziehung

$$(4, 46) \qquad s - p_3 - p_4 + 1 = \mu, \quad 3p_3 + 4p_4 = 2s$$

verbunden, und dadurch bestimmt, dass s möglichst gross ist. Es folgt nun aus (4, 46)

$$s = 3(\mu - 1) - p_4.$$

Für $p_4 = 0$ erhalten wir den Grösstwert von s und es nimmt der Summand in (3, 18) die Gestalt

$$\frac{[x\,r(x)]^{2(\mu-1)}}{[1 - x\,R(x)]^{3(\mu-1)}} = C\left(1 - \frac{x}{\varrho}\right)^{-\frac{3\mu-3}{2}} + \cdots$$

an. Hieraus folgt kraft des Hilfssatzes in Nr. 75: *Die Anzahl der Kohlenwasserstoffe* $C_n H_{2n+2-2\mu}$ *mit gegebenen* μ *ist asymptotisch proportional* $\varrho^{-n} n^{(3\mu-5)/2}$.

Für $\mu = 1$ stimmt dies mit dem in dieser Nummer ausführlicher bewiesenen Resultat über die $C_n H_{2n}$ überein, und es gilt auch (aber ist schwieriger zu beweisen) für $\mu = 0$; vgl. die folgenden Nummern.

Die Anzahl der strukturisomeren Paraffine.

80. Von den vier unter (17) zusammengestellten asymptotischen Formeln will ich nur die zweite, welche ϱ_n betrifft, ausführlich beweisen. Sie hat eine mittlere Stellung: Die Formel für $\varkappa_n$ ist viel leichter, die für σ_n ebenso schwer und die für τ_n etwas schwerer zu beweisen als die Formel für ϱ_n. Die Anzahlen ϱ_n und τ_n wurden schon von Cayley betrachtet; aber der Anzahl ϱ_n wurde, wegen ihrer chemischen Bedeutung, wohl mehr Interesse entgegengebracht, als der Anzahl τ_n.

Wir haben darzutun, dass

$$\varrho_n \varrho^n n^{5/2}$$

für $n \to \infty$ einem positiven Grenzwert zustrebt.

Es ist nun, gemäss (2, 41)

$$\varrho_n \varrho^n n^{5/2} = \varrho'_n \varrho^n n^{5/2} + \varrho''_n \varrho^n n^{5/2}. \tag{4, 47}$$

Wir entnehmen (2, 50), dass

$$\varrho'_n \varrho^n n^{5/2} = \varrho \left(\frac{1}{24} U_n + \frac{1}{4} V_n + \frac{1}{8} W_n + \frac{1}{3} W'_n + \frac{1}{4} W''_n \right), \tag{4, 48}$$

wobei

$$U_n = n^{5/2} \sum R_i \varrho^i R_j \varrho^j R_k \varrho^k R_l \varrho^l, \qquad (i+j+k+l = n-1), \tag{4, 49}$$

$$V_n = n^{5/2} \sum R_i \varrho^i R_j \varrho^j R_k \varrho^{2k}, \qquad (i+j+2k = n-1), \tag{4, 50}$$

$$W_n = n^{5/2} \varrho^{(n-1)/2} \sum R_i \varrho^i R_j \varrho^j, \qquad (2i+2j = n-1), \tag{4, 51}$$

$$W'_n = n^{5/2} \varrho^{(n-1)/3} \sum R_i \varrho^i R_j \varrho^j \cdot \varrho^{2j-(n-1)/3}, \qquad (i+3j = n-1), \tag{4, 52}$$

$$W''_n = n^{5/2} \varrho^{3(n-1)/4} \sum R_i \varrho^i, \qquad (4i = n-1). \tag{4, 53}$$

Die Summationen sind über solche ganzzahlige Lösungssysteme (i, j, k, l) [bzw. (i, j, k), (i, j), (i)] der betreffenden, am Ende der Zeile stehenden Gleichung zu erstrecken, welche der Bedingung

$$0 \leqq i < \frac{n}{2}, \quad 0 \leqq j < \frac{n}{2}, \quad 0 \leqq k < \frac{n}{2}, \quad 0 \leqq l < \frac{n}{2} \tag{4, 54}$$

genügen. Leere Summen sind als 0 zu interpretieren. Z. B. besteht W''_n aus einem Glied oder hat den Wert 0, je nachdem $n-1$ teilbar ist durch 4 oder nicht.

Zur Auswertung der eingeführten Grössen bedienen wir uns hauptsächlich der Beziehung (4, 39). Es folgt daraus, dass eine positive Zahl C existiert, so dass

$$R_m \varrho^m m^{3/2} < C \quad \text{für} \quad m = 1, 2, 3, \ldots, \tag{4, 55}$$

ferner, dass die drei positivgliedrigen Reihen

$$R_0 + R_1 \varrho + \cdots + R_k \varrho^k + \cdots = r(\varrho) = a, \tag{4, 56}$$

$$1 R_0 + 3 R_1 \varrho^2 + \cdots + (2k+1) R_k \varrho^{2k} + \cdots, \tag{4, 57}$$

$$1 R_0^2 + 3 R_1^2 \varrho^2 + \cdots + (2k+1) R_k^2 \varrho^{2k} + \cdots \tag{4, 58}$$

konvergieren. Auch

$$0 < \varrho < 1 \tag{4, 59}$$

ist natürlich im folgenden häufig zu berücksichtigen.

81. Gemäss (2, 46) und wegen (4, 39) ist

$$\varrho_n'' \varrho^n n^{5/2} \leqq R_{n/2}^2 \varrho^n n^{5/2} = O(n^{-1/2}). \tag{4, 60}$$

Ferner ist leicht festzustellen, dass

$$W_n \to 0, \quad W'_n \to 0, \quad W''_n \to 0. \tag{4, 61}$$

Bei W''_n genügt $\varrho < 1$ und die Konvergenz von $r(\varrho)$ zu berücksichtigen, bei W_n ist noch zu bemerken, dass auch das Quadrat der absolutkonvergenten Reihe $r(\varrho)$ konvergiert, bei W'_n kommt noch hinzu die aus (4, 54) und der Summationsbedingung in (4, 52) folgende Ungleichung

$$3j = n - 1 - i \geqq \frac{n-1}{2}, \quad 2j \geqq \frac{n-1}{3}.$$

82. Heikler ist die Behandlung von V_n. Wir teilen die Summe unter (4, 50) in zwei Teile: die Glieder für welche

$$k \leqq (n-3)/6 \tag{4, 62}$$

gilt, rechnen wir zu V'_n, die übrigen zu V''_n, so dass

$$V_n = V'_n + V''_n. \tag{4, 63}$$

Es ist also

$$V''_n = n^{5/2} \varrho^{(n-3)/6} \sum R_i \varrho^i R_j \varrho^j R_k \varrho^k \cdot \varrho^{k-(n-3)/6},$$

wobei die Summation nur diejenigen in V_n vorkommenden Systeme i, j, k umfasst, für welche der Exponent des letzten Faktors unter dem Summenzeichen positiv ausfällt. Da auch die dritte Potenz von $r(\varrho)$ konvergiert, folgt

$$V''_n \to 0. \tag{4, 64}$$

Es ist

$$(4, 65) \qquad V'_n = n^{5/2} \sum_{k=0}^{(n-3)/6} R_k \varrho^{2k} \sum_{i,j} R_i \varrho^i R_j \varrho^j \leqq n^{5/2} \sum_{k=0}^{(n-3)/6} R_k \varrho^{2k} C^2 \mu^{-3} L(k),$$

mit Rücksicht auf (4, 55). Hierbei bedeutet

μ die kleinere (nicht grössere) der beiden Zahlen i und j,

$L(k)$ die Anzahl der Zahlenpaare i, j, welche ausser (4, 54) noch der Gleichung

$$(4, 66) \qquad i + j = n - 2k - 1$$

genügen.

Es ist, wegen (4, 54) und (4, 62),

$$n - 1 = i + j + 2k < \mu + \frac{n}{2} + \frac{n-3}{3},$$

$$(4, 67) \qquad \mu > \frac{n}{6}.$$

Indem man (4, 66), jenachdem n gerade oder ungerade, in einer der beiden Formen

$$\left(\frac{n}{2} - i\right) + \left(\frac{n}{2} - j\right) = 2k + 1, \qquad \left(\frac{n+1}{2} - i\right) + \left(\frac{n-1}{2} - j\right) = 2k + 1$$

schreibt, stellt man leicht fest, dass

$$(4, 68) \qquad L(k) \leqq 2k + 1.$$

Es folgt aus (4, 65), (4, 67), (4, 68)

$$(4, 69) \qquad V'_n < n^{-1/2} C^2 6^3 \sum_{k=0}^{(n-3)/6} (2k + 1) R_k \varrho^{2k} = O(n^{-1/2}),$$

da die Reihe (4, 57) konvergiert.

83. Die Summe unter (4, 49) teilen wir in drei Teile, indem wir

$$(4, 70) \qquad U_n = U'_n + U''_n + U'''_n$$

setzen.

U'''_n umfasst diejenigen Glieder der Summe, in welchen alle vier Summationsindices i, j, k, l grösser als $(n - 3)/6$ sind.

U''_n umfasst solche Glieder, in welchen die zwei kleinsten unter den Indices i, j, k, l einander gleich und beide $\leqq (n-3)/6$ sind.

U'_n umfasst folglich solche Glieder, in welchen das Minimum von i, j, k, l nur durch eine dieser Zahlen erreicht und $\leqq (n-3)/6$ ist.

Die ganze Summe im Ausdruck (4, 49) von U_n umfasst weniger als n^3 Glieder. In denjenigen Gliedern, welche zu U'''_n gehören, ist, kraft (4, 55), jeder der vier Faktoren

$$O(n^{-3/2}).$$

Somit ist

$$U'''_n = O(n^{5/2} \cdot n^{-12/2} \cdot n^3) = O(n^{-1/2}). \tag{4, 71}$$

Derjenige Teil von U''_n, der von Gliedern mit $k = l$ herrührt, ist nicht grösser als

$$n^{5/2} \sum_{k=0}^{(n-3)/6} R_k^2 \varrho^{2k} \sum_{i,j} R_i \varrho^i R_j \varrho^j$$

$$< n^{5/2} \sum_{k=0}^{(n-3)/6} R_k^2 \varrho^{2k} C^2 \mu^{-3} L(k)$$

$$< n^{-1/2} C^2 6^3 \sum_{k=0}^{(n-3)/6} (2k+1) R_k^2 \varrho^{2k} = O(n^{-1/2}).$$

Wir haben die Bezeichnungen μ und $L(k)$ und die Abschätzungen (4, 67) und (4, 68) aus der vorigen Nr. 82 übernommen, und der einzige Unterschied von der Rechnung, die dort zur Abschätzung von V'_n führte, war, dass wir hier die Konvergenz von (4, 58) und dort die von (4, 57) benutzten.

Merken wir uns, dass

$$U''_n = O(n^{-1/2}). \tag{4, 72}$$

84. Wir teilen die Glieder, aus denen die Summe $n^{-5/2} U'_n$ besteht, in 4 Kategorien, jenachdem i, j, k oder l die kleinste unter diesen 4 Zahlen ist; die kleinste ist ja, nach der Definition von U'_n, eindeutig bestimmt. Die Glieder haben in jeder Kategorie die gleiche Summe; daher ist (wir zeichnen l aus)

$$U'_n = 4 \sum_{l=0}^{(n-3)/6} R_l \varrho^l U_{n,l}, \tag{4, 73}$$

wobei

$$(4, 74) \qquad U_{n,l} = n^{5/2} \sum_{i,j,k} R_i \varrho^i R_j \varrho^j R_k \varrho^k$$

$$= \sum_{i,j,k} R_i \varrho^i i^{3/2} R_j \varrho^j j^{3/2} R_k \varrho^k k^{3/2} \left(\frac{i}{n} \frac{j}{n} \frac{k}{n}\right)^{-3/2} \frac{1}{n^2}$$

ist; die Summation ist über solche Tripel (i, j, k) von ganzen Zahlen erstreckt, für welche

$$i + j + k = n - l - 1$$

$$l < i < \frac{n}{2}, \quad l < j < \frac{n}{2}, \quad l < k < \frac{n}{2}$$

gilt. Mit Rücksicht auf (4, 39) ersieht man aus der Gestalt von (4, 74), dass bei festem l für $n \to \infty$

$$(4, 75) \qquad U_{n,l} \sim \left(\frac{b}{2\sqrt{\pi}}\right)^3 \sum_{i,j,k} \left(\frac{i}{n} \frac{j}{n} \frac{k}{n}\right)^{-3/2} \frac{1}{n^2}$$

$$\to \left(\frac{b}{2\sqrt{\pi}}\right)^3 \int\int_D [xy(1 - x - y)]^{-3/2} dx\, dy$$

$$= \left(\frac{b}{2\sqrt{\pi}}\right)^3 I.$$

Das Integrationsgebiet D des mit I bezeichneten Doppelintegrals ist durch die Ungleichungen

$$0 \leqq x \leqq \frac{1}{2}, \quad 0 \leqq y \leqq \frac{1}{2}, \quad 0 \leqq 1 - x - y \leqq \frac{1}{2}$$

oder, gleichwertig aber kürzer, durch

$$(4, 76) \qquad x \leqq \frac{1}{2}, \quad y \leqq \frac{1}{2}, \quad x + y \geqq \frac{1}{2}$$

abgegrenzt; D ist ein Dreieck. Das Integral in (4, 75) ist ein uneigentliches Integral, in Riemannschem Sinne; dass es sich trotzdem, wie angegeben, durch eine endliche Summe von »Prismen» annähern lässt, beruht auf den speziellen Monotonieeigenschaften des Integranden, aus welchen noch weiter hervorgeht, dass $U_{n,l}$ unter einer von n und l unabhängigen festen Schranke liegt. Ich verzichte auf die ausführliche Begründung, da ja ähnliche Überlegungen für einfache uneigentliche Riemannsche Integrale geläufig sind.[1]

[1] Vgl. z. B. Pólya u. Szegö, a. a. O., Fussnote S. 194, Bd. 1, S. 39—41 u. S. 198—199.

So folgt aus (4,73) und (4,75) mit der Bezeichnung (4,56)

$$\lim_{n\to\infty} U'_n = 4\left(\frac{b}{2\sqrt{\pi}}\right)^3 I \sum_{l=0}^{\infty} R_l \varrho^l = 4a\left(\frac{b}{2\sqrt{\pi}}\right)^3 I. \tag{4, 77}$$

85. Das in (4,75) auftretende Doppelintegral I lässt sich überraschend einfach auswerten. Es ist

$$I = \int_0^{1/2} y^{-3/2} K\, dy, \tag{4, 78}$$

wobei

$$K = \int_{\frac{1}{2}-y}^{\frac{1}{2}} \frac{dx}{x^3\left(\frac{1-x-y}{x}\right)^{3/2}} = \frac{2}{(1-y)^2}\int_{\sqrt{1-2y}}^{1/\sqrt{1-2y}} \frac{1+t^2}{t^2}\, dt$$

$$= \frac{8y}{(1-y)^2\sqrt{1-2y}};$$

es wurde die Substitution

$$\frac{1-x-y}{x} = t^2$$

benützt. Indem man den Wert von K in (4,78) einsetzt, erhält man

$$I = 8\int_0^{\frac{1}{2}} \frac{dy}{(1-y)^2\sqrt{y(1-2y)}} = 16\sqrt{2}\int_0^1 \frac{x^{-1/2}(1-x)^{-1/2}}{(1+x)^2}\, dx; \tag{4, 79}$$

es wurde die Substitution

$$1 - 2y = x$$

benützt. Ein Spezialfall eines von Abel[1] ausgewerteten Integrals ist

$$\int_0^1 \frac{x^{-1/2}(1-x)^{-1/2}}{u+x}\, dx = \pi(u+u^2)^{-1/2}.$$

Indem man dies zuerst nach u differenziert und dann $u = 1$ setzt, erhält man aus (4,79)

[1] N. H. Abel, Oeuvres (1881), Bd. 1, S. 254.

$$I = \iint_D [xy(1-x-y)]^{-3/2}\, dx\, dy = 12\pi. \tag{4, 80}$$

86. Durch Zusammenfassung von (4, 47), (4, 48), (4, 60), (4, 61), (4, 63), (4, 64), (4, 69), (4, 70), (4, 71), (4, 72), (4, 77) und (4, 80) erhält man

$$\lim_{n\to\infty} \varrho_n \varrho^n n^{5/2} = \frac{\varrho}{24} \lim_{n\to\infty} U'_n = \frac{\varrho}{24} 4a \left(\frac{b}{2\sqrt{\pi}}\right)^3 12\pi$$

oder kürzer

$$\varrho_n \sim \varrho^{-n} n^{-5/2} \frac{\varrho a b^3}{4\sqrt{\pi}}. \tag{4, 81}$$

Dies besagt, dass das Schlussresultat der Nr. 78 auch für $l = 0$ gültig bleibt; dies wurde durch die Entwicklungen der Nr. 78 vielleicht plausibel gemacht, aber keineswegs verbürgt. Der Vergleich von (4, 39) und (4, 81) mit der chemisch (oder kombinatorisch) evidenten zweiten Ungleichung unter (11) zeigt, dass

$$\varrho a b^2 \geqq 2.$$

(Die numerische Rechnung ergibt, dass das Ungleichheitszeichen gilt.)

Die merkwürdige kombinatorische Anzahl ϱ_n, d. h. die Anzahl der verschiedenen strukturisomeren Paraffine von der Molekularformel $C_n H_{2n+2}$, welche schon Cayley beschäftigt hat, ist durch (4, 81) asymptotisch berechnet.

Literaturverzeichnis.

C. M. BLAIR und H. R. HENZE, Journal of the American Chemical Society **1**. *53* (1931) S. 3042—3046; **2**. *53* (1931) S. 3077—3085; **3**. *54* (1932) S. 1098—1106; **4**. *54* (1932) S. 1538—1545; **5**. *55* (1933) S. 680—686; **6**. *56* (1934) S. 157.

A. CAYLEY, Collected mathematical papers, (Cambridge 1889—1898) **1**. Bd. 3, S. 242—246; **2**. Bd. 4, S. 112—115; **3**. Bd. 9, S. 202—204; **4**. Bd. 9, S. 427—460; **5**. Bd. 9, S. 544—545; **6**. Bd. 10, S. 598—600; **7**. Bd. 11, S. 365—367; **8**. Bd. 13, S. 26—28.

C. JORDAN. **1**. J. f. die reine und angewandte Math. *70* (1869) S. 185—190.

D. KÖNIG. **1**. Theorie der endlichen und unendlichen Graphen (Leipzig 1936).

A. C. LUNN und J. K. SENIOR. **1**. Journal of physical chemistry *33* (1929) S. 1027—1079.

G. PÓLYA. **1**. Helvetica chimica Acta *19* (1936) S. 22—24. **2**. Comptes Rendus, Académie des Sciences *201* (1935) S. 1167—1169. **3**. Daselbst *202* (1936) S. 1554—1556. **4**. Zeitschr. f. Kristallographie (A) *93* (1936) S. 415—443. **5**. Vierteljahrsschrift d. Naturf. Ges. Zürich *81* (1936) S. 243—258.

SUR LES TYPES DES PROPOSITIONS COMPOSÉES

G. PÓLYA

Il s'agit d'un problème combinatoire de logique formelle, formulé par Jevons;[1] il sera expliqué en détails dans ce qui suit (voir no. 1). Jevons lui-même n'a traité le problème que dans les cas les plus simples ($n = 1, 2, 3$); un cas plus difficile ($n = 4$) a été traité par Clifford;[2] le cas général (n quelconque) a été à peine abordé.[3]

Le but de ce travail est de faire remarquer que ce problème de Jevons et de Clifford est contenu comme cas particulier dans un problème combinatoire général que j'ai traité ailleurs.[4] La méthode générale ramène le problème présent à l'étude d'un certain groupe de permutations d'ordre $n!2^n$, étroitement lié au groupe symétrique d'ordre $n!$. J'ai fait les calculs nécessaires pour $n = 1, 2, 3, 4$. Mes résultats numériques sont complètement en accord avec les résultats de Jevons, mais ils ne s'accordent qu'en partie avec les résultats de Clifford.

1. Le problème. Une proposition peut être vraie ou fausse. On peut exprimer la même chose en disant que nous pouvons attribuer à une proposition l'une ou l'autre des deux "valeurs logiques" qui s'excluent mutuellement: la "vérité" et la "fausseté."

Considérons n propositions distinctes, $P_1, P_2, \cdots, P_n$. En attribuant à chacune de ces propositions une valeur logique déterminée, nous caractérisons la "situation logique des propositions $P_1, P_2, \cdots, P_n$" ou, exprimé plus brièvement, la *situation* de $P_1, P_2, \cdots, P_n$. On peut s'imaginer plusieurs situations différentes des mêmes propositions. On peut représenter une situation quelconque par un symbole de la forme $(\epsilon_1, \epsilon_2, \cdots, \epsilon_n)$. Si P_1 est vraie $\epsilon_1 = 1$, si P_1 est fausse $\epsilon_1 = -1$; si P_2 est vraie $\epsilon_2 = 1$, si P_2 est fausse $\epsilon_2 = -1$; et ainsi de suite. On voit que le nombre des situations différentes possibles de n propositions données est exactement 2^n. En prenant $\epsilon_1, \epsilon_2, \cdots, \epsilon_n$ comme coordonnées rectangulaires dans un espace à n dimensions, les situations possibles des

Received June 28, 1940.

[1] W. S. Jevons, ***The principles of science*** (London and New York, second edition, reprint 1892). Voir p. 134–146.

[2] W. K. Clifford, ***Mathematical papers*** (London 1882), p. 1–16.

[3] E. Schröder, ***Algebra der Logik,*** t. I, Anhang 6 (voir en particulier p. 659–683) traite le problème en détail et en donne une représentation géométrique importante qui sera utilisée dans ce qui suit. Schröder, voir p. 671, ne comprend pas tout à fait le point de vue de Jevons qui sera expliqué plus loin; voir no. 3, remarque 1, p. 102. Voir aussi A. Nagy, ***Monatshefte für Mathematik und Physik,*** t. 5 (1894), p. 331–345; on y trouve quelques autres citations.

[4] G. Pólya, (a) ***Zeitschrift für Kristallographie*** (A), t. 93 (1936), p. 415–443; (b) ***Acta mathematica,*** t. 68 (1937), p. 145–254. Le travail (a) est plus détaillé en certains points, mais ne donne pas les démonstrations qui se trouvent en (b).

For comments on this paper [159], see p. 628.

propositions $P_1, P_2, \cdots, P_n$ sont représentées par les 2^n sommets d'un hypercube à n dimensions.

Nous dirons que la proposition C est *composée* des propositions données $P_1, P_2, \cdots, P_n$, lorsque la connaissance de la situation des propositions $P_1, P_2, \cdots, P_n$ entraîne la connaissance de la vérité ou de la fausseté de la proposition C. [Voici un exemple d'une proposition composée de P et de Q: "P et Q sont équivalentes." On peut exprimer la même proposition composée par les mots: "P et Q tiennent et tombent ensemble" ou par le symbole: "$P \sim Q$."[5] Cette proposition composée est vraie dans les situations (1, 1), (-1, -1) et fausse dans les situations (1, -1), (-1, 1).] Ayant compris une proposition C composée de $P_1, P_2, \cdots, P_n$, nous pouvons dire dans chacune des 2^n situations possibles de $P_1, P_2, \cdots, P_n$ si C est vraie ou fausse, donc nous pouvons attacher à chaque sommet de l'hypercube qui représente les situations possibles, soit la marque "vraie" soit la marque "fausse." Nous considérerons deux propositions composées qui engendrent la même distribution des marques "vraie" et "fausse" sur les 2^n situations (sur les 2^n sommets de l'hypercube) comme essentiellement indentiques. Ainsi le nombre des propositions essentiellement distinctes, composées de n propositions données, est 2^{2^n}; dans ce nombre sont comprises la proposition "identiquement vraie" et la proposition "identiquement fausse" (la première est toujours vraie, la seconde toujours fausse, quelle que soit la nature de $P_1, P_2, \cdots, P_n$).

Nous dirons que deux propositions C' et C'' composées des mêmes propositions $P_1, P_2, \cdots, P_n$ sont de même *type* lorsqu'on peut changer l'une en l'autre, en échangeant entre elles les propositions $P_1, P_2, \cdots, P_n$ d'une manière quelconque et en changeant certaines de ces propositions (un nombre quelconque entre 0 et n, limites comprises) en leur négation. [P.e. les deux propositions composées

"P et Q sont équivalentes (en symboles $P \sim Q$)"

"P et Q s'excluent mutuellement (en symboles $P \sim \bar{Q}$)"

sont différentes, mais du même type.—La proposition identiquement vraie et la proposition identiquement fausse sont de types différents.[6]] Le nombre des changements considérés est $n!2^n$; ils constituent un groupe de cet ordre. Ce groupe peut être considéré comme un groupe de permutations de degré 2^n, puisqu'il échange entre eux 2^n éléments (les 2^n situations, les 2^n sommets de l'hypercube). Le même groupe peut être considéré comme le groupe de tous les mouvements (de première et de seconde espèce, rotations et rotations combinées de symétrie) qui ramènent l'hypercube considéré sur lui-même.

Une proposition composée est caractérisée par la distribution de 2^n marques de deux sortes ("vraie" et "fausse") sur les 2^n sommets de l'hypercube, considéré comme fixe dans l'espace. Mais considérons l'hypercube comme mobile, c.à.d. ne faisons pas de distinction entre ses différentes positions; en outre, ne faisons pas de distinction entre l'hypercube original et celui qui en

[5] J'écris les signes logiques à la manière adoptée par D. Hilbert et W. Ackermann, ***Grundzüge der theoretischen Logik*** (Berlin 1928).

[6] Au cas $n=2$ on a 16 propositions composées de 6 types différents; voir l'énumeration complète à la fin du no. 2 (p. 101).

dérive par une symétrie (par rapport à un plan passant par le centre et parallèle à l'une des faces). Ces distinctions négligées, deux distributions de marques, qui peuvent être changées l'une en l'autre par une des $n!2^n$ permutations considérées, deviendront indiscernables. Il nous restera exactement autant de distributions discernables qu'il y a de types différents de propositions composées de n propositions distinctes données.

Quel est le nombre T_n de ces types différents? Voilà une partie de notre problème. Notre but est de répondre à la question un peu plus précise que voici: *Quel est le nombre $N_n^{(s)}$ des types différents de propositions composées de n propositions données, ces propositions composées étant telles qu'elles soient vraies en exactement s situations?* (Observons que deux propositions composées de même type, C' et C'', deviennent vraies dans d'autres situations peut-être, mais certainement dans le même nombre de situations.)

On a évidemment

$$T_n = N_n^{(0)} + N_n^{(1)} + N_n^{(2)} + \cdots + N_n^{(2^n)}. \tag{1}$$

On voit facilement (échanger les deux sortes de marques!) que

$$N_n^{(s)} = N_n^{(2^n-s)}. \tag{2}$$

2. La solution. En se servant de l'interprétation géométrique donnée, on obtiendra sans difficulté les nombres combinatoires cherchés $N_n^{(s)}$ pour $n = 1, 2, 3$. Il faut trouver intuitivement de combien de manières on peut peindre avec deux couleurs données (p.ex. rouge et blanc) les 2 bouts d'un segment rectiligne, les 4 coins d'un carré, les 8 sommets d'un cube, si deux manières de peindre, qui se ramènent l'une à l'autre par mouvement ou symétrie, sont considérées comme indiscernables. Mais cette méthode intuitive ne s'étend plus au cas $n = 4$.

J'ai exposé ailleurs (l.c. note 4) une méthode pour la solution d'un problème combinatoire plus général et j'ai donné de nombreuses applications particulières, dont plusieurs sont très voisines du problème qui nous occupe ici. Je ne reviendrai pas sur la méthode générale; je me bornerai à exposer l'algorithme précis qu'elle fournit pour le cas spécial $n = 2$ du problème présent, comme simple "recette," sans démonstration, mais j'énoncerai la "recette" de telle manière que son extension aux valeurs de n différentes de 2 soit plausible.

1°. Il y a, le repos compris, $2!2^2 = 8$ mouvements différents (de première et de seconde espèce) qui ramènent un carré sur lui-même. Chacun de ces 8 mouvements occasionne une permutation des 4 sommets du carré. Décomposons chacune de ces 8 permutations de 4 éléments en un produit de cycles sans élément commun. Faisons correspondre à un cycle de k éléments l'indéterminée f_k ($k = 1, 2, 3, \cdots$) et à chaque produit de cycles le produit des indéterminées correspondantes.

J'énumère les produits correspondants aux différentes sortes de mouvement:

f_1^4 repos (chaque sommet constitue un cycle);

f_2^2 rotation de 180°, l'axe normal au carré;

f_4 rotation de 90°, l'axe normal au carré;

$f_1^2 f_2$ symétrie par rapport à une diagonale;
f_2^2 symétrie par rapport à une droite parallèle à deux côtés.

Les 2 premières sortes de mouvement ne sont réalisées qu'une fois, les 3 dernières chacune deux fois. Nous avons donc bien 8 mouvements (rotations et symétries) en tout. Nommons *indicateur des cycles* du groupe de permutations considéré la moyenne arithmétique des 8 produits obtenus:

$$\frac{f_1^4 + 3f_2^2 + 2f_4 + 2f_1^2 f_2}{8}. \tag{3}$$

2°. Posons

$$f_k = 1 + x^k \tag{4}$$

$(k = 1, 2, 3, \cdots)$. Alors l'indicateur des cycles (3) devient un polynôme en x. Développons ce polynôme suivant les puissances croissantes de x. Dans ce développement, le *coefficient de x^s vaut exactement $N_n^{(s)}$*.

J'écris le développement qu'on obtient de (3) en faisant la substitution (4) et en ordonnant l'expression suivant les puissances ascendantes de x. J'écris au-dessous de chaque terme les propositions différentes, composées des deux propositions données P et Q, dont les types sont énumérés par le coefficient du terme; s'il y a plusieurs propositions du même type, elles sont réunies par une parenthèse; la proposition identiquement fausse est désignée par O, la proposition identiquement vraie par I:

$$\begin{array}{ccccccccc} 1 & + & x & + & 2x^2 & + & x^3 & + & x^4 \\ O & & \left\{\begin{array}{c} P \,\&\, Q \\ P \,\&\, \bar{Q} \\ \bar{P} \,\&\, Q \\ \bar{P} \,\&\, \bar{Q} \end{array}\right\} & & \left\{\begin{array}{c} P \\ Q \\ \bar{P} \\ \bar{Q} \end{array}\right\} & & \left\{\begin{array}{c} P \vee Q \\ P \vee \bar{Q} \\ \bar{P} \vee Q \\ \bar{P} \vee \bar{Q} \end{array}\right\} & & I \\ & & & & \left\{\begin{array}{c} P \sim Q \\ P \sim \bar{Q} \end{array}\right\} & & & & \end{array}$$

3. Les résultats. Par une extension plausible de ce qui précède, le problème de calculer les $2^n + 1$ nombres $N_n^{(0)}, N_n^{(1)}, \cdots, N_n^{(2^n)}$ peut être résolu en deux étapes (voir la démonstration l.c. note 4):

1°. Construire l'indicateur des cycles du groupe des permutations, d'ordre $n!2^n$ et de degré 2^n, qui échange entre eux les 2^n sommets de l'hypercube, en faisant subir à celui-ci toutes les rotations et symétries qui le font coïncider avec lui-même.

2°. Dans l'indicateur des cycles construit, poser $f_k = 1 + x^k$ $(k = 1, 2, 3, \cdots)$ et trouver le coefficient de x^s dans le développement: c'est le nombre $N_n^{(s)}$ cherché.

C'est seulement la première étape qui présente une difficulté non-triviale. Mais pour un n donné, ce n'est qu'une question de patience de construire l'indicateur des cycles par le calcul effectif des $n!2^n$ substitutions et de leur décomposition en cycles. J'ai fait ce calcul pour $n = 1, 2, 3, 4$. En l'effectuant, on trouve nombreuses simplifications que je ne mentionnerai pas ici. Je donne mes résultats en deux tableaux.

Dans le Tableau I, j'ai écrit chaque indicateur des cycles de manière à faire apparaître une certaine connexion avec l'indicateur des cycles (bien connu) du groupe symétrique correspondant—connexion qui paraît susceptible de généralisation.[7]

Les nombres du Tableau II sont à comparer aux résultats de Jevons et de Clifford; il convient de faire deux remarques:

1. Jevons ne s'occupe pas de toutes les propositions composées de n propositions données $P_1, P_2, \cdots, P_n$ mais seulement de celles dont la vérité n'implique ni la vérité ni la fausseté d'aucune des propositions $P_1, P_2, \cdots, P_n$. (Les marques "vraie" et "fausse" sont distribuées sur les 2^n sommets de l'hypercube de manière qu'aucune des faces ne contienne toutes les marques "vraie.") Le nombre de ces propositions composées est inférieur à 2^n; il est d'ailleurs exactement[8]

$$(-1)^{n-1} + \sum_{k=0}^{n}(-1)^k\binom{n}{k}2^{2^{n-k}+k}.$$

Le nombre des types de ces propositions composées est

$$N_n^{(s)} - N_{n-1}^{(s)} \quad \text{lorsque} \quad s \leqq 2^{n-1},$$
$$N_n^{(s)} \quad \text{lorsque} \quad s > 2^{n-1}.$$

2. Clifford trouve, par une méthode laborieuse, les valeurs $N_4^{(6)} = 47$, $N_4^{(7)} = 55$, $N_4^{(8)} = 78$, tandis que je trouve les nombres 50, 56, 74. Des vérifications variées de mes calculs et l'uniformité de ma méthode me font croire que mes nombres sont justes.

Le problème des types des propositions composées a un certain intérêt pour l' "heuristique" comme j'aurai peut-être l'occasion de montrer ailleurs.

Nous nous sommes occupés du problème des types en nous mettant, naturellement, au point de vue de la logique classique; on pourrait le poser et le résoudre, en se servant de la même méthode générale, pour une logique à trois ou à plusieurs valeurs; mais je ne vois, en attendant, aucun intérêt à cette généralisation possible.

ÉCOLE POLYTECHNIQUE FÉDÉRALE, ZURICH

[7] Le groupe d'ordre $n!2^n$ des mouvements de l'hypercube qui échange entre eux les 2^n sommets de l'hypercube échange également entre elles les $2n$ faces de l'hypercube (ou, ce qui revient au même, les $2n$ sommets de l'hyperoctaèdre placés au milieu de ces faces) et occasionne ainsi un groupe de permutations d'ordre $n!2^n$ et de degré $2n$. La structure de ce dernier groupe peut être complètement caractérisée par le symbole $\mathfrak{S}_n[\mathfrak{S}_2]$ et, par conséquent, son indicateur des cycles peut être construit explicitement. Voir l.c., note 4, p. 178–180 et, pour l'exemple $n=3$, p. 213–214.

[8] 1, 7, 193, 63775 pour $n=1, 2, 3, 4$. Voir Jevons l.c. note 1.

TABLEAU I.

Indicateur des cycles du groupe d'ordre $n!2^n$ et de degré 2^n échangeant les 2^n sommets de l'hypercube ($n = 1, 2, 3, 4$).

$$\frac{f_1^2 + f_2}{2}$$

$$\frac{1}{2}\left[\frac{f_1^4 + 3f_2^2}{2^2} + \frac{f_4 + f_1^2 f_2}{2}\right]$$

$$\frac{1}{6}\left[\frac{f_1^8 + 7f_2^4}{2^3} + 2\frac{f_1^2 f_3^2 + f_2 f_6}{2} + 3\frac{(f_1^4 + f_2^2)f_2^2 + 2f_4^2}{2^2}\right]$$

$$\frac{1}{24}\left[\frac{f_1^{16} + 15f_2^8}{2^4} + 6\frac{f_1^8 f_2^4 + 3f_2^8 + 4f_4^4}{2^3} + 3\frac{f_1^4 f_2^6 + 3f_4^4}{2^2} + 8\frac{f_1^4 f_3^4 + 3f_2^2 f_6^2}{2^2} + 6\frac{f_1^2 f_2 f_4^3 + f_8^2}{2}\right]$$

TABLEAU II.

$N_n^{(s)}$, nombre des types des propositions composées de n propositions données, la proposition composée étant vraie en s situations des propositions données.

$N_n^{(s)}$	$s = 0$	1	2	3	4	5	6	7	8	T_n
$n = 1$	1	1	1							3
2	1	1	2	1	1					6
3	1	1	3	3	6	3	3	1	1	22
4	1	1	4	6	19	27	50	56	74	402

ON PICTURE-WRITING*

G. PÓLYA, Stanford University

To write "sun", "moon" and "tree" in picture-writing, one draws simply a circle, a crescent and some simplified, conventionalized picture of a tree, respectively. Picture-writing was used by some tribes of red Indians and it may well be that more advanced systems of writing evolved everywhere from this primitive system. And so picture-writing may be the ultimate source of the Greek, Latin and Gothic alphabets, the letters of which we currently use as mathematical symbols. I wish to observe that also the primitive picture-writing may be of some use in mathematics. In what follows, I wish to show how the method of generating functions, important in Combinatory Analysis, can be quite intuitively evolved from "figurate series" the terms of which are pictures (or, more precisely, variables represented by pictures).

Picture-writing is easy to use on paper or blackboard, but it is clumsy and expensive to print. Although I have presented several times the contents of the following pages orally, I hesitated to print it.† I am indebted to the editor of the MONTHLY who encouraged me to publish this article.

I shall try to explain the general idea by discussing three particular examples the first of which, although the easiest, will be very broadly treated.

1.1. In how many ways can you change one dollar? Let us generalize the proposed question. Let P_n denote the number of ways of paying the amount of n cents with five kinds of coins: cents, nickels, dimes, quarters and half-dollars. The "way of paying" is determined if, and only if, it is known how many coins of each kind are used. Thus, $P_4=1$, $P_5=2$, $P_{10}=4$. It is appropriate to set $P_0=1$. The problem stated at the outset requires us to compute P_{100}. More generally, we wish to understand the nature of P_n and eventually devise a procedure for computing P_n.

It may help to visualize the various possibilities. We may use no cent, or just 1 cent, or 2 cents, or 3 cents, or $\cdots$. These alternatives are schematically pictured in the first line of Figure 1;** "no cent" is represented by a square which may remind us of an empty desk. The second line pictures the alternatives: using no nickel, 1 nickel, 2 nickels, $\cdots$. The following three lines represent in the same way the possibilities regarding dimes, quarters and half-dollars. We have to choose one picture from the first line, then one picture from the second line, and so on, choosing just one picture from each line; combining (juxtaposing) the five pictures so selected, we obtain a manner of paying. Thus, Figure 1 exhibits directly the alternatives regarding each kind of coin and, indirectly, all manners of paying we are concerned with.

---

* Address presented at the meeting of the Association in Athens, Ga., March 16, 1956.

† I used it, however, in research. See **2**, especially p. 156, where the "figurate series" are introduced in a closely related, but somewhat different, form. (Numerals in boldface indicate the references at the end of the paper.)

** A photo of actual coins would be more effective here but too clumsy in the following figures.

For comments on this paper [205], see p. 629.

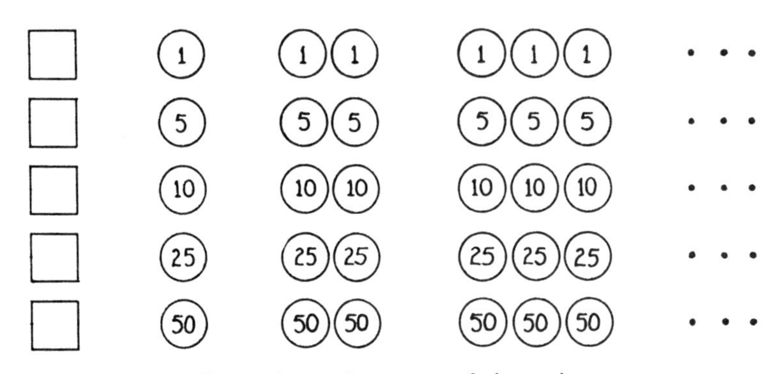

FIG. 1. A complete survey of alternatives.

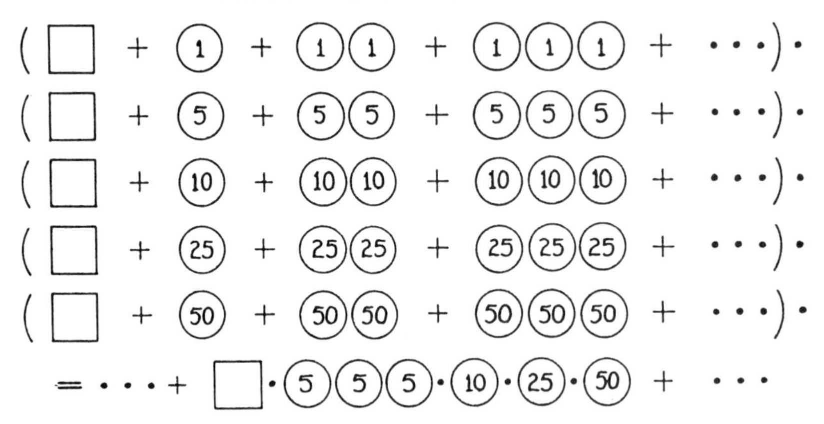

FIG. 2. Genesis of the figurate series.

The main discovery consists in observing that, in fact, we combine the pictures in Figure 1 according to certain rules of algebra: if we conceive each line of Figure 1 as the *sum* of the pictures contained in it and we consider the *product* of these five (infinite) sums, in short, if we pass from Figure 1 to Figure 2, and we develop the product, the terms of this development will represent the various manners of paying we are concerned with. The one term of the product exhibited in the last line of Figure 2 as an example represents one manner of paying one dollar (putting down no cents, three nickels, one dime, one quarter and one half-dollar). The sum of all such terms is an infinite series of pictures; each picture exhibits one manner of paying, different terms represent different manners of paying, and the whole series of pictures, appropriately called the *figurate series*, displays all manners of paying that we have to consider when we wish to compute the numbers P_n.

1.2. Yet this way of conceiving Figure 2 raises various difficulties. First, there is a theoretical difficulty: in which sense can we add and multiply pictures? Then, there is a practical difficulty: how can we pick out conveniently from the whole figurate series the terms counted by P_n, that is, those cases in which the sum paid amounts to just n cents?

We avoid the theoretical difficulty if we employ the pictures, these symbols of a primitive writing, as we are used to employing the letters of more civilized alphabets: we regard each picture as the symbol for a variable or *indeterminate.*†

To master the other difficulty, we need one more essential idea: we substitute for each "pictorial" variable (that is, variable represented by a picture) a power of a new variable x, the *exponent* of which is the *joint value of the coins* represented by the picture, as it is shown in detail by Figure 3. The third line of Figure 3 shows a lucky coincidence: we have conceived the three juxtaposed nickels as *one picture*, as the symbol of one variable (corresponding to the use of precisely three nickels). For this variable we have to substitute x^{15} according to our general rule; yet even if we substitute for each of the juxtaposed coins the correct power of x and consider the product of these juxtaposed powers, we arrive at the same final result x^{15}.

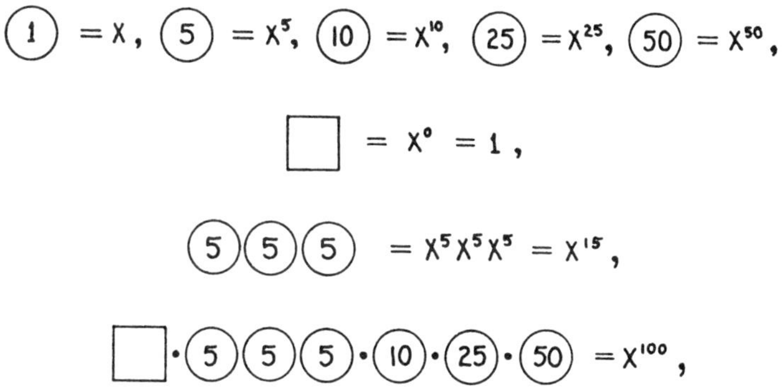

$$(1) = x, \quad (5) = x^5, \quad (10) = x^{10}, \quad (25) = x^{25}, \quad (50) = x^{50},$$

$$\square = x^0 = 1,$$

$$(5)(5)(5) = x^5 x^5 x^5 = x^{15},$$

$$\square \cdot (5)(5)(5) \cdot (10) \cdot (25) \cdot (50) = x^{100},$$

FIG. 3. Powers of one variable substituted for variables represented by pictures.

The last line of Figure 3 is very important. It shows by an example (see the last line of Fig. 2) how the described substitution affects the general term of the figurate series. Such a term is the product of 5 pictures (pictorial variables). For each factor a power of x is substituted whose exponent is the value in cents of that factor; the exponent of the product, obtained as a sum of 5 exponents, will be the joint value of the factors. And so the substitution indicated by Figure 3 changes each term of the figurate series into a power x^n. As the figurate series represents each manner of paying just once, the exponent n arises precisely P_n times so that (after suitable rearrangement of the terms) the whole figurate series goes over into

† In a formal presentation it may be advisable to restrict the term "picture" to denote a (visible, written or printed) symbol that stands for an indeterminate; in the present introductory, rather informal, address the word is now and then more loosely used.

Let us pass over two somewhat touchy points: the infinity of variables and the convergence of the series in which they arise. Both are considered in certain advanced theories and both are momentary. They will be eliminated by the next step.

$$(1) \qquad P_0 + P_1x + P_2x^2 + \cdots + P_nx^n + \cdots .$$

In this series the coefficient of x^n enumerates the different manners of paying the amount of n cents, and so (1) is suitably called the *enumerating series.*

The substitution indicated by Figure 3 changes the first line of Figure 2 into a geometric series:

$$(2) \qquad 1 + x + x^2 + x^3 + \cdots = (1 - x)^{-1}.$$

In fact, this substitution changes each of the first five lines of Figure 2 into some geometric series and the equation indicated by Figure 2 goes over into

$$(3) \quad (1 - x)^{-1}(1 - x^5)^{-1}(1 - x^{10})^{-1}(1 - x^{25})^{-1}(1 - x^{50})^{-1}$$
$$= P_0 + P_1x + P_2x^2 + \cdots + P_nx^n + \cdots .$$

We have succeeded in expressing the sum of the enumerating series. This sum is usually termed the *generating function*; in fact, this function, expanded in powers of x, generates the numbers $P_0, P_1, \cdots, P_n, \cdots$, the combinatorial meaning of which was our starting point.

1.3. We have reduced a combinatorial problem to a problem of a different kind: expanding a given function of x in powers of x. In particular, we have reduced our initial problem about changing a dollar to the problem of computing the coefficient of x^{100} in the expansion of the left hand side of (3). Our main goal was to show how picture-writing can be used for this reduction. Yet let us add a brief indication about the numerical computation.

The left hand side of (3) is a product of five factors. The well known expansion of the first factor is shown by (2). We proceed by adjoining successive factors, one at a time. Assume, for example, that we have already obtained the expansion of the product of the first two factors:

$$(1 - x)^{-1}(1 - x^5)^{-1} = a_0 + a_1x + a_2x^2 + \cdots ,$$

and we wish to go on hence to three factors:

$$(1 - x)^{-1}(1 - x^5)^{-1}(1 - x^{10})^{-1} = b_0 + b_1x + b_2x^2 + \cdots .$$

It follows that

$$(b_0 + b_1x + b_2x^2 + \cdots)(1 - x^{10}) = a_0 + a_1x + a_2x^2 + \cdots .$$

Comparing the coefficient of x^n on both sides, we find that

$$(4) \qquad b_n = b_{n-10} + a_n$$

(set $b_m = 0$ if $m < 0$). By (4), we can conveniently compute the coefficients b_n by recursion if the a_n are already known, and the series (3) can be obtained from (2) in four successive steps each of which is similar to the one we have just discussed.

We add a table that shows the computation of P_{50}. This table exhibits the coefficient of x^n for some values of n in five different expansions. The head of each column shows the value of n, the beginning of each row the last factor taken into account; the bottom row would show P_n for $n=0, 5, 10, \cdots, 50$ *if* we had computed it. Yet the table registers only the steps needed for computing the answer to our initial question and yields $P_{50}=50$; that is, one can pay 50 cents in exactly 50 different ways. We leave it to the reader to continue the computation and verify that $P_{100}=292$; he can also try to justify the procedure of computation directly without resorting to the enumerating series.*

Table to compute P_{50}

$n=0$		5	10	15	20	25	30	35	40	45	50
$(1-x)^{-1}$	1	1	1	1	1	1	1	1	1	1	1
$(1-x^5)^{-1}$	1	2	3	4	5	6	7	8	9	10	11
$(1-x^{10})^{-1}$	1	2	4	6	9	12	16		25		36
$(1-x^{25})^{-1}$	1					13					49
$(1-x^{50})^{-1}$	1										50

2.1. Dissect a convex polygon with n sides into $n-2$ triangles by $n-3$ diagonals and compute D_n, the number of different dissections of this kind. Examining first the simplest particular cases helps to understand the problem. We easily see that $D_4=2$, $D_5=5$; of course $D_3=1$.

The solution is indicated by the parts (I), (II), and (III) of Figure 4. After the broad discussion of the foregoing solution it should not be difficult to understand the indications of Figure 4.

Part (I) of Figure 4 hints the key idea: we build up the dissections of any polygon that is not a triangle from the dissections of other polygons which have fewer sides. For this purpose, we emphasize one of the sides of the polygon, place it horizontally at the bottom and call it the *base*. One of the triangles into which the polygon is dissected has the base as side; we call this triangle Δ. In the given polygon there are two smaller polygons, one to the left, the other to the right, of Δ. For example, the top line of Figure 4 (I) shows an octagon in which there is a quadrilateral to the left, and a pentagon to the right, of Δ, both suitably dissected. As the figure suggests, we can generate this dissection of the octagon by starting from Δ and placing on it, from both sides, the two other appropriately pre-dissected polygons. We may hope that building up the dissections in this manner will be useful.

In exploring the prospects of this idea, we may run into an objection: there are cases, such as the one displayed in the second line of Figure 4 (I), in which the partial polygon on a certain side of Δ does not exist. Yet we can parry this objection: yes, the partial polygon on that side of Δ (the left side in the case of the figure) *does* exist, but it is degenerate; it is reduced to a mere *segment*.

* For the usual method of deriving the generating function, *cf.* 1, Vol. 1, p. 1, Problem 1.

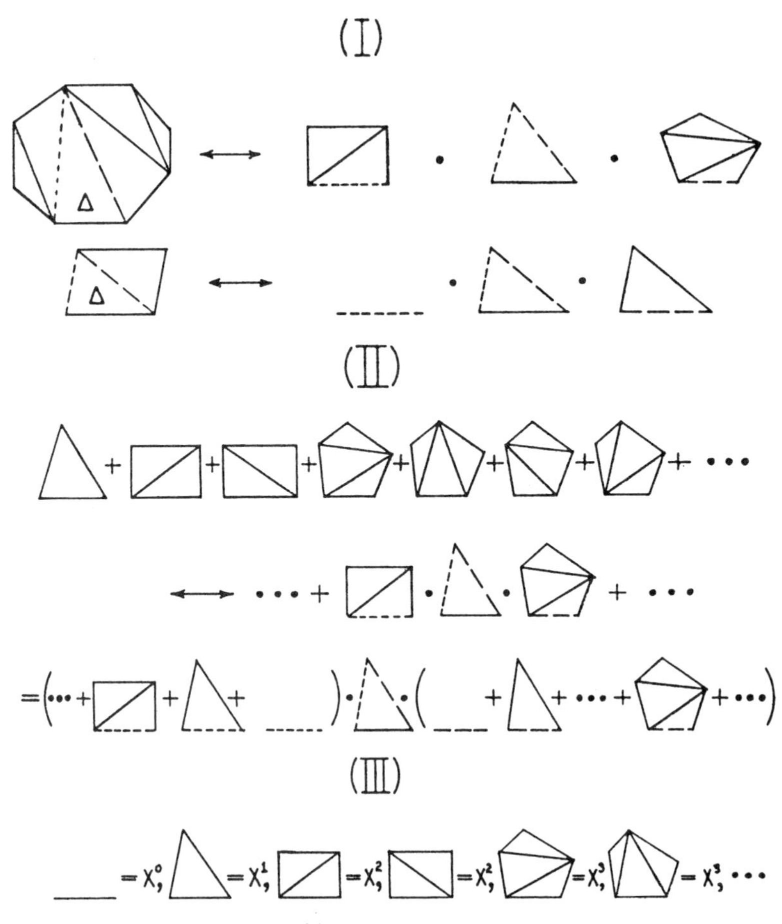

FIG. 4. Key idea, figurate series, transition.

Part (II) of Figure 4 shows the genesis of the figurate series. This series, which occupies the first line, is the sum of all possible dissections of polygons with 3, 4, 5, $\cdots$ sides. According to Part (I) (as the next line reminds us) each term of the figurate series can be generated by placing two pre-dissected polygons on a triangle Δ, one from the left and one from the right (one or the other of which, or possibly both, may be degenerate). Therefore, as the next line (the last of Figure 4 (II)) indicates, the terms of the figurate series are in one-one correspondence with the expansion of a product of three factors: the middle factor is just a triangle, the other two factors are equal to the figurate series augmented by the segment.

2.2. Part (III) of Figure 4 hints the transition from the figurate series to the enumerating series. Following the pattern set by Figure 3 and Section 1.2, we substitute for each dissection (more precisely, for the variable represented by that dissection) a power of x the exponent of which is the number of triangles in that dissection. This substitution, indicated by Figure 4 (III), changes the figurate series into

$$D_3x + D_4x^2 + D_5x^3 + \cdots + D_nx^{n-2} + \cdots = E(x), \tag{5}$$

where $E(x)$ stands for enumerating series. The relation displayed by Figure 4 (II) goes over into

$$E(x) = x[1 + E(x)]^2. \tag{6}$$

This is a quadratic equation for $E(x)$ the solution of which is

$$\begin{aligned} E(x) &= D_3x + D_4x^2 + D_5x^3 + \cdots + D_nx^{n-2} + \cdots \\ &= \frac{1 - 2x - [1 - 4x]^{1/2}}{2x} \\ &= x + 2x^2 + \cdots . \end{aligned} \tag{7}$$

In fact, to arrive at (7), we have to discard the other solution of the quadratic equation (6) which becomes ∞ for $x = 0$.

2.3. We have reduced our original problem which was to compute D_n to a problem of a different kind: to find the coefficient of x^{n-2} in the expansion of the function (7) in powers of x.* This latter is a routine problem which we need not discuss broadly. We obtain from (7), using the binomial formula and straightforward transformations, that for $n \geqq 3$

$$D_n = -\frac{1}{2}\binom{1/2}{n-1}(-4)^{n-1} = \frac{2}{2}\,\frac{6}{3}\,\frac{10}{4}\cdots\frac{4n-10}{n-1}.$$

3.1. A (topological) *tree* is a connected system of two kinds of objects, *lines* and *points*, that contains no closed path. A certain point of the tree in which just one line ends is called the ***root*** of the tree, the line starting from the root the ***trunk***, any point different from the root a ***knot***. In Figure 5 the root is indicated by an arrow, and each knot by a small circle. Our problem is: *compute T_n, the number of different trees with n knots.*

It makes no difference whether the lines are long or short, straight or curved, drawn on the paper to the left or to the right: only the difference in (topological) connection is relevant. Examining the simplest cases may help the reader to understand the intended meaning of the problem; it is easily seen that $T_1 = 1$, $T_2 = 1$, $T_3 = 2$, $T_4 = 4$, $T_5 = 9$.†

* For a more usual method *cf.* **3,** Vol. 1, p. 102, Problems 7, 8, and 9.

† The trees here considered should be called more specifically *root-trees;* see **4,** Vol. 11, p. 365. Their definition which is merely hinted here is elaborated in **2,** pp. 181–191; see also the passages there quoted of **5.** It may be, however, sufficient and in some respects even advantageous if, at a first reading, the reader takes the definition "intuitively" and supplements it by examples. Observe that in Cayley's first paper on the subject, **4,** Vol. 3, pp. 242–246, the definition of a tree is not even attempted. Chemistry is one of the sources of the notion "tree": if the points stand for atoms and the connecting lines for valencies, the tree represents a chemical compound.

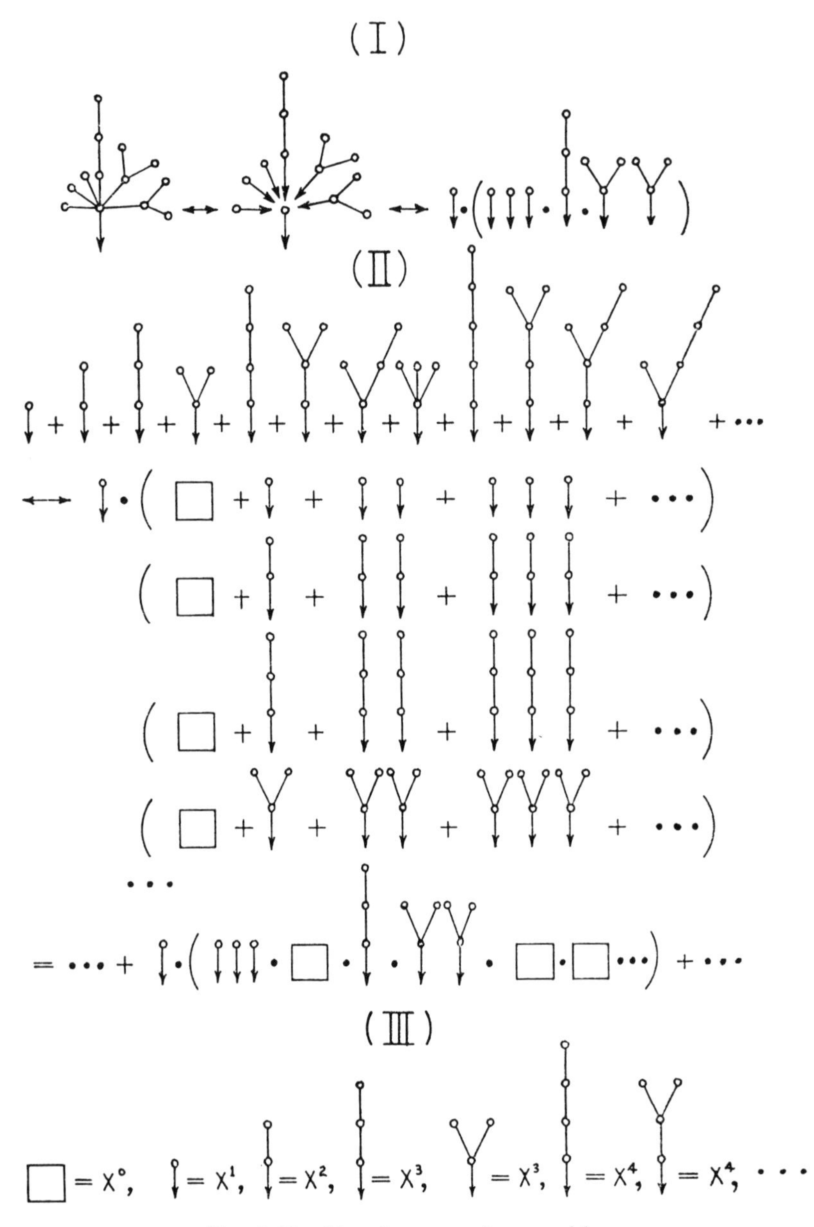

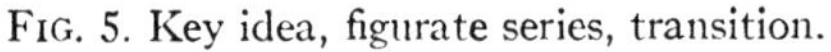
FIG. 5. Key idea, figurate series, transition.

The solution is indicated by the three parts of Figure 5 the general arrangement of which is closely similar to that of Figure 4. The reader should try to understand the solution by merely looking at Figure 5 and observing relevant analogies with all the foregoing figures. He may, however, fall back upon the following brief comments.

The simplest tree consists of root, trunk and just one knot. The key idea is to build up any tree different from the simplest tree from other trees which have fewer knots. For this purpose we conceive, as Figure 5 (I) shows, the "main branches" of any tree as trees (with fewer knots) inserted into the upper endpoint (the only knot) of the trunk. Therefore, as Figure 5 (I) further shows, we can conceive of any tree as the juxtaposition of the simplest tree and of several pictures, each of which consists of one, or two, or more *identical* trees; observe the analogy with the last line of Figure 2.

Part (II) of Figure 5 displays the figurate series: the infinite sum of all different trees. Its genesis is similar to, but more complex than, that of the figurate series of Figure 2. In Figure 2 we see a product of five "virtually geometric" series; in Figure 5 we see a product of an infinity of "virtually geometric" series, multiplied by an initial one term factor (the simplest tree, the common trunk of all trees).

3.2. Part (III) of Figure 5 displays the substitution that changes the figurate series into the enumerating series. By this substitution, each "virtually geometric" series arising in Figure 5 (II) goes over into a proper geometric series the sum of which is known, and the whole relation displayed by Figure 5 (II) goes over into the remarkable relation due to Cayley*

$$\begin{aligned} T_1x + T_2x^2 + T_3x^3 + \cdots + T_nx^n + \cdots \\ = x(1-x)^{-T_1}(1-x^2)^{-T_2}(1-x^3)^{-T_3}\cdots(1-x^n)^{-T_n}\cdots. \end{aligned} \tag{8}$$

3.3. By expanding the right hand side of Equation (8) in powers of x and comparing the coefficient of x^n on both sides, we obtain a recursion formula, that is, an expression for T_n in terms of $T_1, T_2, \cdots, T_{n-1}$ for $n \geqq 2$. The reader should work out the first cases and verify by analytical computation the values T_n for $n \leqq 5$ which he found before by geometrical experimentation.

References

1. G. Pólya and G. Szegö, Aufgaben und Lehrsätze aus der Analysis, 2 volumes, Berlin, 1925.
2. G. Pólya, Acta Mathematica, vol. 68 (1937), pp. 145–254.
3. G. Pólya, Mathematics and Plausible Reasoning, 2 volumes, Princeton, 1954.
4. A. Cayley, Collected Mathematical Papers, 13 volumes, Cambridge, 1889–1898.
5. D. König, Theorie der endlichen und unendlichen Graphen, Leipzig, 1936.

* This form is slightly different from that given in **4**, Vol. 3, pp. 242–246. For other forms see **2**, p. 149.

The minimum fraction of the popular vote that can elect the President of the United States[*]

G. PÓLYA, *Stanford University, Stanford, California.*

"When we treat an applied problem, our first task is to give it a mathematical formulation."

I THINK THAT in the classroom an alert teacher can instructively discuss this timely question: "How small a fraction of the popular vote can elect a president?" In a final section, after formulating and solving the problem, I shall explain which feature of the question is, in my opinion, especially instructive.

FORMULATION

Our problem could be stated and solved without any or with less algebraic notation, but we would then need more time and effort to discuss it satisfactorily.

Let us use the following notation:

T is the total number of votes cast in the fifty states,

W is the number of votes received by the winning presidential candidate.

Our problem is to find the least possible value of W/T, that is, the minimum fraction of the popular vote that can elect a president. We must, however, add some conditions to render our problem mathematical and determinate.

Let r denote the number of representatives that a certain state sends to the House of Representatives, and m denote the number of those states that have exactly r representatives. Table 1 exhibits the actual values of r and the corresponding values of m. (To understand clearly the meaning of Table 1, pick out the row that refers to your state and name all the states to which this row refers; then interpret similarly a few more rows, for instance, the first row and the last.) The sum of all the values m is 50, the number of states, and the sum of all the values mr is 437, the number of congressmen. (Why?) These numbers are displayed at the bottom of Table 1. (Add the numbers in the corresponding column.)

The number of votes cast in a state is

TABLE 1

COMPOSITION OF THE HOUSE OF REPRESENTATIVES

r	m	mr
1	6	6
2	9	18
3	1	3
4	3	12
6	7	42
7	2	14
8	4	32
9	3	27
10	3	30
11	2	22
12	1	12
14	2	28
18	1	18
22	1	22
23	1	23
25	1	25
30	2	60
43	1	43
Totals	50	437

[*] From the "Seminar in Problem Solving" conducted by the author in the National Science Foundation Academic Year Institute at Stanford University.

approximately proportional to its population, which is approximately proportional to the number r of its representatives. To arrive at a problem which is both simple and precise, we *assume* that the *number of votes cast in a state is* (not only approximately, but) *exactly proportional to the number* r *of its representatives.* Hence, there is a (large, fixed) number N such that in any state that has r representatives the number of votes cast in the presidential election is rN. Hence, the total popular vote

$$T=437N. \tag{1}$$

We introduce a *second assumption:* there are *only two presidential candidates,* and any vote counted in the total number T of votes is cast for one of them. As the winner receives W votes, his adversary receives $T-W$ votes.

For each state, the number of electors sent to the Electoral College equals the sum of the state's representatives and senators. A state that has r representatives, has $r+2$ votes in the Electoral College (where the total number of votes is, therefore, $437+100=537$). We make a *third assumption: any state gives all its votes to the candidate* who carries it, that is, *who obtains a majority of votes in the state.*

We have made just three assumptions. They seem to me simple and "realistic," that is, as close to actual circumstances as their simplicity allows. At any rate, these three assumptions yield a numerically determined answer to our question.

Solution

The winner must obtain more than one half of the 537 votes of the Electoral College, that is, at least 269 votes. Let us say the winner carries s states, with $r_1, r_2, \cdots r_s$ representatives respectively; then, necessarily,

$$(r_1+2)+(r_2+2)+\cdots+(r_s+2)\geqq 269$$

or

$$r_1+r_2+\cdots+r_s\geqq 269-2s. \tag{2}$$

To carry a state with $r+2$ electoral votes, the winner must obtain more than half the votes cast in that state, that is, at least $(r\ N/2)+1$ votes. (N is even, let us assume.) To carry the s states mentioned, the total number W of votes received by the winner must satisfy the inequality

$$W\geqq(\tfrac{1}{2}r_1N+1)+(\tfrac{1}{2}r_2N+1)+\cdots+(\tfrac{1}{2}r_sN+1)$$

or

$$W\geqq\frac{N}{2}(r_1+r_2+\cdots+r_s)+s. \tag{3}$$

From (1) and (3) we obtain information about the fraction with which we are concerned

$$\frac{W}{T}\geqq\frac{r_1+r_2+\cdots+r_s}{874}+\frac{s}{437N}$$

and hence, using (2),

$$\frac{W}{T}\geqq\frac{269-2s}{874}+\frac{s}{437N}. \tag{4}$$

Can the case of equality be attained in (4)? This question is crucial, and here is the answer: equality in (4) can be attained if, and only if, equality is attained in both relations (2) and (3), from which we have derived (4). Now, equality in (2) is attained if the states carried by the winner have jointly just 269 electoral votes. And equality in (3) is attained if the winner has the barest majority in the s states he has carried, and no votes at all in the remaining $50-s$ states. This extreme situation is compatible with our assumptions, and, although it can scarcely arise in an actual election, we may examine with some interest how much it differs from the actual results of elections.

Hence, the minimum value of W/T will be attained if equality is valid in (4) *and* the maximum value of s is attained. Therefore, we have to collect the greatest possible number s of states which have jointly precisely 269 electoral votes. Obviously, in collecting them we should

TABLE 2*

OBTAINING THE LONGEST LIST (SET) OF STATES HAVING PRECISELY 269 ELECTORAL VOTES

$r+2$	m	Σm	$m(r+2)$	$\Sigma m(r+2)$
3	6	6	18	18
4	9	15	36	54
5	1	16	5	59
6	3	19	18	77
8	7	26	56	133
9	2	28	18	151
10	4	32	40	191
11	3	35	33	224
12	3	38	36	260
13	2			

* The top entry in the column with the heading Σm is the top number in the preceding column; any other entry is the sum of two numbers, the one immediately to the left and the other immediately above. The columns with headings $\Sigma m(r+2)$ and $m(r+2)$ are related to each other in the same way.

start with the least populous states, each having just one representative, and then pass successively to the higher values 2, 3, 4, $\cdots$ of r. The necessary simple computations are displayed in Table 2, which should be self-explanatory (but study it before you present it to your class). We find that there are 38 states each with no more than twelve electoral votes apiece and that these 38 states have jointly 260 electoral votes. Remove from these 38 states one which has 4 electoral votes and add one which has 13 electoral votes; the set of 38 states so obtained commands precisely 269 electoral votes. Any set of 39 states, however, has at least 273 electoral votes, and so the desired maximum value of s is 38. Hence, the minimum value of the fraction of the popular vote that can elect a president, see (4), is

$$\frac{269-76}{874}+\frac{38}{437N}=\frac{193}{874}+\frac{38}{437N}=0.220824.$$

In the last numerical value I neglected the term containing N. In fact, the total popular vote in the last election was more than 68 million. If we equate this to 437 N which is, according to our assumption, the total popular vote, see (1), we observe that the neglected term would contribute less than one unit to the sixth decimal.

It will surprise some of us that within the framework of the present laws and with population figures not very different from those of the last census, in some freak political constellation, a minority of just a little over 22 per cent could elect the president.

APPLIED PROBLEMS

Few high school students will become mathematicians, but many more will become users of mathematics. Mathematics is used to solve *applied problems*, that is, practical or scientific problems which are not purely mathematical. Does the high school pay sufficient attention to the needs of prospective users of mathematics?

The problem of formulating a problem. When we treat an applied problem, our first task is to give it a mathematical formulation—express it in mathematical language, reduce it to mathematical concepts. This first task may easily be the most important, the heaviest with consequences, and the most delicate. In fact, in reducing an applied problem to mathematical form, we are in great danger of committing one of two opposite mistakes; we may do too much or too little, we may sin by transgression or by omission. Reality is infinitely complex, and so is even that little part of it that our problem intends to master. Hence, in passing to a mathematical formulation, we are obliged to neglect, to simplify, to idealize. We may err by neglecting too much, and then our mathematical problem becomes unrealistic, out of touch with that little part of nature that we intended to master. Or we may err in neglecting too little, in trying to keep too many details, and then our problem may become unmanageable or unbalanced, too formidable or too expensive to solve. In fact, to give a nontrivial applied problem an appropriate mathematical formulation which is neither unrealistic nor inaccessible may be a major achievement which needs everything: experience, knowledge, talent, all the art of the "applied mathematician"—and good luck, too.

How many decimals? It happens only exceptionally that we can solve an applied problem "exactly," "explicitly." Most of the time, applied problems are solved by approximation. And then the question arises (and it is an important question): How far should the approximation go? How many decimals should we compute?

A reasonable answer depends on the mathematical formulation of the applied problem: a more realistic formulation deserves more work, deserves an approximation pushed further, than does a less realistic formulation. Aiming at a preassigned number of decimals has sense only if we can reasonably estimate the influence of neglected details.

And how about the high school? Each high school algebra course offers a good opportunity to do something essential for prospective users of mathematics (an opportunity insufficiently exploited, even insufficiently recognized, I think) when it presents "word problems." In fact, a high school student who "sets up equations" to solve a "word problem" reduces some factual situation to mathematical concepts and he thus has a first taste of the most essential activity of the serious user of mathematics. Yet the traditional word problems, even if put to a better use, give little opportunity to discuss such important questions as, "Is this formulation sufficiently realistic?" or "How many decimals are meaningful?" Problems in science, especially in elementary mechanics, give a good opportunity to discuss such questions, but high school students are not often sufficiently prepared.

I consider it as a merit of the problem presented in the foregoing sections that the students of an average high school class can *actively participate in the formulation* and, in doing so, can discuss with understanding (even with heat) the question, "Is this assumption realistic?" At the end of the solution, another question, "Is this decimal meaningful?" can be usefully discussed.

To teachers who intend to present the problem in their classes, I want to say this: Please, before presenting the problem, consider carefully the mode and level of presentation—with as much algebra as here, with less algebra, or without algebra; with formal conclusions as here, or more "popularly," more "intuitively."

I cannot suppress a remark on traditional textbook word problems: they have so often exasperated so many of us by supposing exact proportionality where it is out of place and by employing similar tricks. They are often so glaringly unrealistic that they are just bound to shock the student with a good practical mind and give him a feeling of contempt for mathematics. I wish to submit the following for your consideration: "If two authors need three years to write a book, in how much time will the book be written by 365 authors?"

Intuitive Outline of the Solution of a Basic Combinatorial Problem

G. PÓLYA
Stanford University

Engineers and physicists do not look at mathematics the same way mathematicians do. Mathematicians are mainly concerned with the proof of the theorem considered, engineers and physicists with its present and prospective applications. There are also more subtle differences: engineers and physicists are more optimistic about heuristic procedures, and they may be more interested in the why and wherefrom, in the plausibility and the sources of the theorem.

I shall present a mathematical theorem from what appears to me the physical scientist's viewpoint. I choose a theorem which I know fairly well (it is, in fact, my theorem) and which has applications to subject matters with which this symposium may be concerned.

1. The Source

In several parallel problems, we are going to consider six balls; one ball is white, another is black, and the remaining four are gray; we assume that balls of the same color are undistinguishable. There are six places prepared for the six balls, one for each, and the question is how many different ways the balls can be arranged. (In Fig. 1 only the white ball and the black ball are indicated; the gray balls go into the four empty corners.)

(1) The six balls are put into six *individually distinguishable* places (for instance, into the six vertices of a regular hexagon fixed on a wall with one diagonal vertical); the vertices are characterized by their position: top, bottom, upper right, lower right, upper left, and lower left. There are $6 \times 5 = 30$ different arrangements.

(2) Again, the six balls are put into the six vertices of a regular hexagon, but now the hexagon can *move freely* in space; its vertices are no longer individually distinguishable, and so only the relative positions of the colored balls count. There are only three different arrangements.

(3) The six balls are placed in the six vertices of a regular octahedron that is freely movable in space. There are only two different arrangements.

(4) The base of a right prism is an equilateral triangle. (The three lateral faces may be chosen as squares.) The six balls are placed in the six vertices of the prism, which can freely move in space. There are five different arrangements.

For comments on this paper [222], see p. 629.

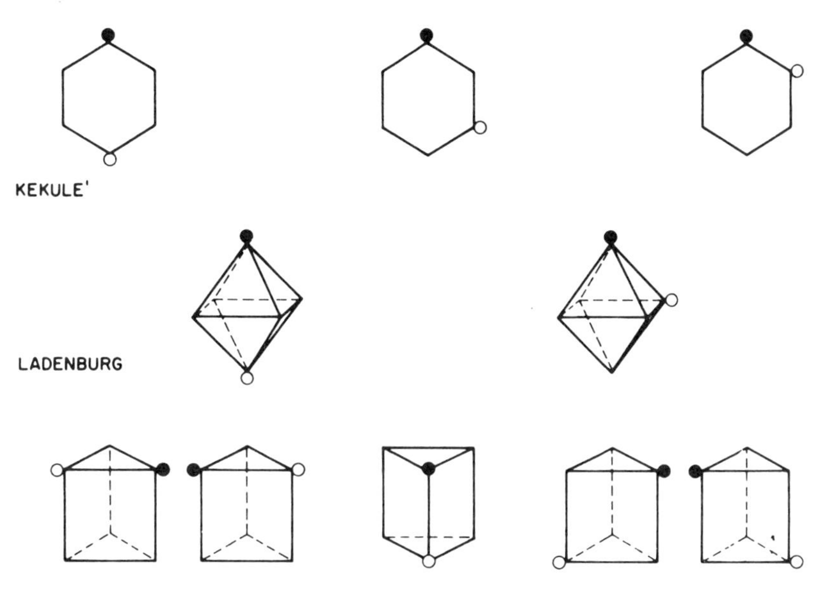

FIG. 1

(5) Again, the six balls are placed in the six vertices of the prism introduced in (4) but now we consider two arrangements that are symmetric to each other to be *equivalent*. Then there are only three non-equivalent arrangements.

These problems may seem childish or far-fetched. They can certainly be solved without any great effort or deep theory, by mere inspection. Yet the five problems, in their parallelism (which we have emphasized), are significant and of real importance in the history of science. How are the atoms of the benzene molecule C_6H_6 arranged in space? This was one of the central questions of organic chemistry about a century ago, and the answer essentially involves our little problems. The crux of the chemical question is: what is the *symmetry* of the six bonds by which the six H atoms are attached? Is it the symmetry of a regular hexagon [Kekulé, (2)] or that of a right triangular prism [Ladenburg, (4) or (5)?] or that of an octahedron (3)?

We shall not here enter further upon the chemical aspect of our problems or upon the reasons for which Kekulé's hexagonal formula was eventually accepted. What we are concerned with is the mathematical aspect. We have solved our problems by "inspection," by some sort of "trial and error" procedure; we wish to solve them by some methodical procedure. Our five problems show a certain parallelism; we wish to clarify the underlying common idea. We have here two goals, but they can hardly be unrelated.

2. *Approaching the Underlying Concept*

In all five proposed problems we have to arrange the same six objects on six available places. Yet the problems are different—the results are certainly not the same. Is the difference between the problems a difference in symmetry? Yet what is symmetry? Or should we say that the difference is in interchangeability? Thus, in Case (1) the six places are not interchangeable at all, whereas in the other cases they are interchangeable in many ways, although not in the same way. For instance, in Case (2) all six vertices can be permuted *cyclically*, by a rotation of the hexagon through 60 deg; such a permutation is not possible in Case (3) for the octahedron. Now, we can rotate the octahedron about a diagonal through 90 deg, cyclically interchanging four vertices and leaving two at rest; such a permutation is not possible in Case (2) for the hexagon.

3. *Solution by Algebraic Procedure: Does It Look Right?*

The foregoing considerations brought us quite close to the relevant concept underlying the solution that I am going to present. I choose to restrict myself, to begin with, to Kekulé's hexagon [Case (2)].

Six balls, of which a are gray, b black, and c white (so that $a + b + c = 6$) are put in the six vertices of a regular hexagon that can freely rotate in space. Find the number of different arrangements.

We start by surveying (Fig. 2) the "proper" rotations, that is, such rotations as make the hexagon *coincide with itself.* Their number is twelve. In fact, a vertex of the hexagon can occupy six different positions; when the position of a vertex is fixed, the hexagon can still have two different positions. Now $6 \times 2 = 12$. Observe that "rest," or leaving the hexagon unmoved, is counted here as one of the twelve "proper rotations."

Any one of the twelve proper rotations effects a *permutation* of the six vertices, and any permutation consists of a *cycle* or of several (simultaneously executed) cycles. A careful study of Fig. 2 may explain what these terms mean. In Fig. 2 a small circle is placed around a vertex of the hexagon that remains unmoved by the rotation considered; such a vertex forms a cycle of length 1 by itself. Two vertices that are interchanged by a rotation through 180 deg are connected by a line bearing two arrowheads; they form together a cycle of length 2. Points forming a cycle of length 3 are in the vertices of an equilateral triangle described in a definite sense, and so on.

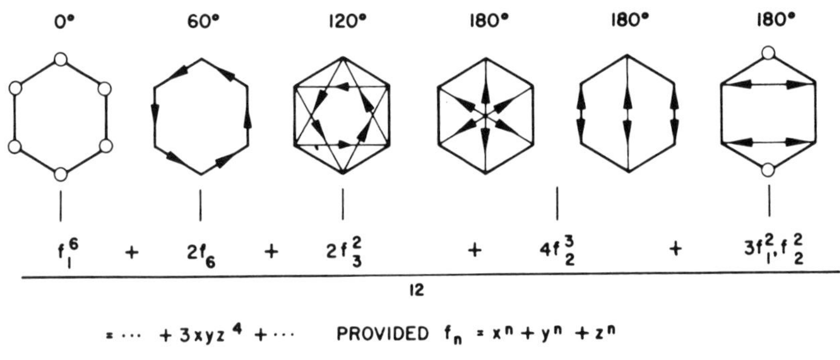

FIG 2

We attach to a cycle of length n the algebraic symbol (indeterminate) f_n; only the cases $n = 1, 2, 3$, and 6 arise in our example. We attach to a rotation the *product* of the symbols attached to the several cycles involved by the rotation. For instance, a rotation of the hexahedron about a diagonal through 180 deg leaves two vertices unmoved and interchanges the other vertices in pairs; that is, it involves two cycles of length 1 and two of length 2, and so the attached symbol is $f_1 f_1 f_2 f_2 = f_1^2 f_2^2$. The symbol attached to the "rest" is f_1^6.

The top line of Fig. 2 shows the angle of rotation, the next line displays the cycles, or cycle, involved in the rotation, and the following line contains the symbol attached to the rotation multiplied by the number of those rotations to which the same symbol is attached. Adding all these products and dividing their sum by 12, the number of proper rotations, we obtain an algebraic expression (a polynomial in f_1, f_2, f_3, and f_6), which we shall call the *cycle index* (Fig. 2).

There would be a sort of "natural justice" if the cycle index, so closely connected with the characteristic symmetry of the hexagon, were to play a role in the solution of our problem. In fact, it does play a decisive role: Let the variables x, y, z correspond to the tones gray, black, white, respectively; set $f_n = x^n + y^n + z^n$ for $n = 1, 2, 3, \cdots$, substitute this value of f_n in the cycle index, and expand in powers of x, y, and z: *the coefficient of* $x^a y^b z^c$ answers the proposed problem and *is the required number of arrangements.* Thus one of the terms of the expansion is $3x^4yz$, corresponding to an intuitive situation displayed in Fig. 1.

You may feel that the proposed solution is "well balanced," but if you doubt its correctness, check it. Confront more algebraically derived numbers with the inspection of arrangements on the hexagon. Then construct the cycle index for the other cases [(1), (3), (4), and (5)] and confront more algebraically derived numbers with the relevant figure. [Cases (1) and (5) may be especially instructive.] If the confrontation results every time in a verification, the proposed procedure of solution is not proved, of course, but it may "look good" to you.

4. *Concluding Remarks*

The foregoing gives no proof, not even the formal statement of a theorem; was it merely idle talk, or worse? It certainly differs from the usual printed presentation, which first states a theorem and then, without pause, proceeds to its proof. The intelligent reader, however, does insert some reflection between the statement and the proof. He tries to understand and assess the theorem before he undertakes the (possibly heavy or boring) task of reading the proof. He may want to see the source or significance of the theorem, get a feeling for its "inner balance," check some of its particular cases or consequences—in short, he tries to do very much the same sort of thing we were doing here. I think that to bring into the open such intuitive heuristic procedure was not mere idle talk.

As to our case, the essential underlying concept is that of a *permutation group* (it is of order 12 and degree 6 in the example [Case (2)] that we have discussed in detail). The reader who is familiar with this concept will easily arrive at a general formulation of the cycle index and of the whole procedure; see the comprehensive paper of the author [1]. To arrive at a proof when one has the formulation of the theorem is not so immediate—at least this was the experience of the author.

Even without a general formulation, we could apply the solution sketched to a case of interest to this symposium. The question is concerned with the number of symmetry types of Boolean functions of n variables. As is certainly familiar to you, the problem is to find the number of different arrangements of a white and b black balls, where $a + b = 2^n$, in the 2^n vertices of a hypercube in n dimensions if arrangements that can be transformed into each other by rotations and reflections of the hypercube are not considered as different. The essential step of the solution consists in connecting this problem with the cycle index of the relevant permutation group (of order $n!\,2^n$ and degree 2^n). This step was done in a paper of the author [2]; see also a later paper by Dr. Slepian [3].

The above-sketched solution of combinatorial problems by means of the cycle index has been applied not only to switching theory, but also to organic chemistry [1], to crystallography, and to statistical mechanics [4].

References

[1] Pólya, G., Kombinatorische Anzahlbestimmungen für Gruppen, Graphen und chemische Verbindungen, *Acta Math.*, 1937, **68**, 145–254.

[2] Pólya, G., Sur les types des propositions composées, *J. Symbolic Logic*, 1940, **5**, 98–103.

[3] Slepian, David, On the number of symmetry types of Boolean functions of N variables, *Can. J. Math.*, 1953, **5**, 185–193.

[4] Uhlenbeck, G. E., and G. W. Ford, The theory of linear graphs with applications to the theory of virial development of the properties of gases, Part B in *Studies in Statistical Mechanics*, I. J. de Boer and G. E. Uhlenbeck, eds. Amsterdam: North-Holland, 1962.

On the Number of Certain Lattice Polygons

G. PÓLYA

Department of Mathematics, Stanford University, Stanford, California 94305

Communicated by F. Harary

Received June 1, 1968

ABSTRACT

Explicit expressions are given for the number of various kinds of paths in a two-dimensional lattice.

We consider a plane with an attached system of rectangular coordinates. A point of which both coordinates are integers is called a lattice point. A closed polygon without double points that consists of segments of length one joining neighboring lattice points is called a *lattice polygon* (see Figures 1 and 2). Two lattice polygons are considered as not different if and only if there exists a parallel translation superposing one to the other. Just for a minute, let dlp stand for "different lattice polygons" and let

A_m denote the number of dlp with area m,

B_n denote the number of dlp with perimeter $2n$, and

C_{mn} denote the number of dlp with area m and perimeter $2n$.

Obviously

$$\sum_n C_{mn} = A_m, \qquad \sum_m C_{mn} = B_n,$$

and it is easily seen that

$$\text{if } C_{mn} > 0, \qquad \text{then} \quad n - 1 \leqslant m \leqslant n^2/4.$$

As far as I know neither A_m nor B_n has yet been "explicitly" computed. I shall compute analogous quantities for certain subclasses of lattice polygons. To state my results concisely I need a definition.

A closed plane curve without double points is termed *convex with respect to the direction d* if for the intersection of the closed domain surrounded by the curve with *any* straight line of direction d only three cases are possible: The intersection is either the empty set, or consists of just one point or of just one segment.

For comments on this paper [230], see p. 630.

A curve is convex in the usual sense if and only if it is convex with respect to all directions.

I consider here only two directions: the 90° or vertical direction and the $-45°$ direction. Using an abbreviation introduced above, I let denote

$$a_m \text{ the number of dlp}$$

convex with respect to the vertical direction with area m (see Fig. 1),

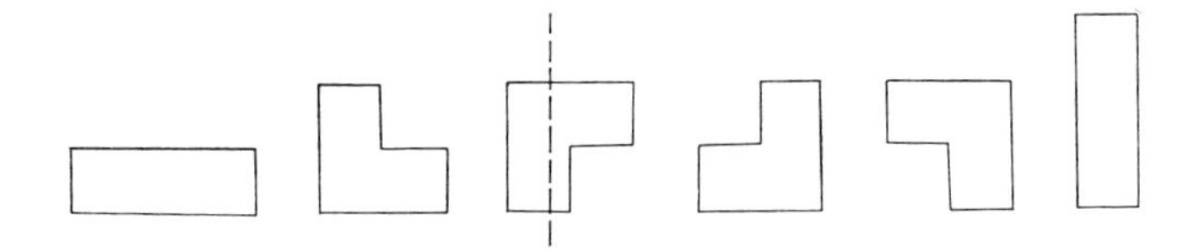

FIGURE 1. Enumerated by a_3.

$$b_n \text{ the number of dlp}$$

convex with respect to the $-45°$ direction with perimeter $2n$ (see Fig. 2), and

$$c_{mn} \text{ the number of dlp}$$

convex with respect to the $-45°$ direction with area m and perimeter $2n$, (see Fig. 2); obviously

$$\sum_m c_{mn} = b_n$$

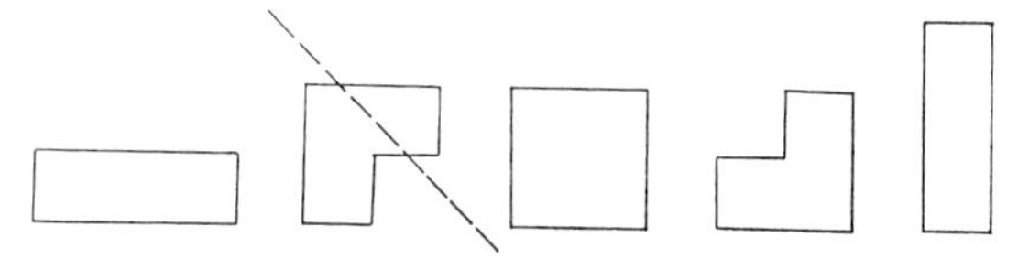

FIGURE 2. Enumerated by $b_4 = c_{34} + c_{44}$.

Here are my results:

$$\sum_1^\infty a_m x^m = x + 2x^2 + 6x^3 + 19x^4 + 61x^4 + \cdots$$

$$= \frac{x(1-x)^3}{1 - 5x + 7x^2 - 4x^3}. \tag{1}$$

$$b_n = \frac{1}{4n-2}\binom{2n}{n}. \tag{2}$$

$$\sum_{n=1}^{\infty} \sum_{m} c_{mn} q^m x^n = \cdots + q^{-1}x^2 + 2x + qx^2 + 2q^2x^3 + (q^4 + 4q^3)x^4 + \cdots$$

$$= 1 - \frac{1}{1 + P_1(q)x + P_2(q)x^2 + P_3(q)x^3 + \cdots}, \tag{3}$$

where, by definition,

$$c_{01} = 2, \qquad c_{-mn} = c_{mn},$$

$$P_n(q) = \sum_{r=0}^{n} \begin{bmatrix} n \\ r \end{bmatrix}^2 q^{-r(n-r)},$$

and

$$\begin{bmatrix} n \\ r \end{bmatrix} = \frac{(1 - q^n)(1 - q^{n-1}) \cdots (1 - q^{n-r+1})}{(1 - q)(1 - q^2) \cdots (1 - q^r)},$$

the usual notation for the Gaussian binomial coefficients.[1] The equations asserted by (3) can be conceived purely formally; in fact, the series converge for all complex values of q and x subject to the conditions

$$|q| = 1, \qquad |x| < 1/4.$$

All three expressions considered remain unchanged when q and q^{-1} are interchanged.

I need not enter on obvious consequences of (1): The numbers a_n can be computed by recursion or expressed in terms of the three roots of an equation of the third degree.

The proofs of the results stated will be given in a continuation of this paper.[2]

At present I wish to add just one remark. The significance of the ordinary binomial coefficient $\binom{n}{r}$ for the lattice is widely known:[3] It is the number of those shortest zigzag paths in the lattice (a "network of streets") that join the origin (0, 0) to the point $(r, n - r)$. The consideration of the Gaussian binomial coefficient introduces a refinement. As defined above, $\left[\begin{smallmatrix} n \\ r \end{smallmatrix}\right]$ appears as a rational function of the variable q, yet it is in fact a polynomial in q with positive integral coefficients:

$$\begin{bmatrix} n \\ r \end{bmatrix} = \sum_{\alpha=0}^{r(n-r)} N_{nr\alpha} q^{\alpha}. \tag{4}$$

[1] Cf. C. F. Gauss, *Werke*, Royal Academy, Göttingen, 1876, Vol. 2, pp. 16–17.

[2] The foregoing expands notes entered into my diary in June 1938. Yet the following lemma was recently added.

[3] It can be appropriately discussed on the high school level; cf. G. Pólya, *Mathematical Discovery*, Wiley, New York, 1962, Vol. 1, pp.68–73.

For $q = 1$ the Gaussian binomial coefficient goes over into the ordinary one:

$$\binom{n}{r} = \sum_{\alpha=0}^{r(n-r)} N_{nr\alpha} \, .$$

I shall use in the continuation of the present paper the following fact which may deserve some interest in itself:

Lemma. *The number of those zigzag paths in the lattice enumerated by* $\binom{n}{r}$ *the area under which is* α *equals* $N_{nr\alpha}$.

The area α "under the path" is included by the path, the horizontal coordinate axis $y = 0$, and the line $x = r$. Figure 3 illustrates the case $n = 5$, $r = 3$. The broken line in Figure 3 which separates certain $\binom{4}{3}$

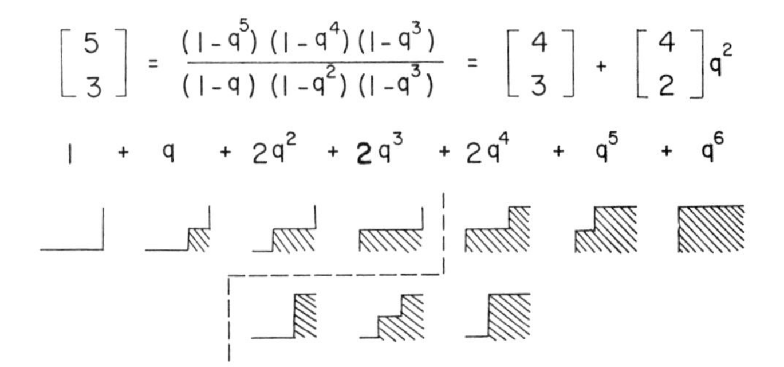

Figure 3. Areas under zigzag paths.

paths from the other $\binom{4}{2}$ paths hints pretty clearly the proof of the lemma: it is based on the recursion formula

$$\begin{bmatrix} n+1 \\ r \end{bmatrix} = \begin{bmatrix} n \\ r \end{bmatrix} + \begin{bmatrix} n \\ r-1 \end{bmatrix} q^{n+1-r}$$

and uses mathematical induction.

ENTIERS ALGÉBRIQUES
POLYGONES ET POLYÈDRES RÉGULIERS

G. Pólya

A la mémoire de J. Karamata

On pourrait dire que l'objet de la science est de voir le principe général dans les cas particuliers et les cas particuliers dans le principe général. En tout cas il y a un précepte pédagogique qui me paraît évident: L'introduction d'une notion générale doit être précédée par des cas particuliers qui la suggèrent et suivie par des cas particuliers qui l'illustrent en en montrant l'utilité. Mais ce précepte de sens commun est, malheureusement, souvent négligé aujourd'hui: Le professeur ne parle que de notions générales que l'élève critique doit trouver vides de contenu et d'intérêt. Descartes a observé que le sens commun est, en effet, chose peu commune — hélas, cela paraît être le cas encore aujourd'hui.

Le but de cet article est d'illustrer la théorie des entiers algébriques par des applications qui ne présupposent que les rudiments de la théorie. L'intérêt de la proposition du n° 1.2 sera montré par les conséquences qu'on peut en tirer; voir les propositions des n°s 2.2 et 2.3 sur les polygones réguliers et celle du n° 3.6 sur les polyèdres réguliers.

I. Entiers algébriques

1.1. Un entier algébrique α est, par définition, un nombre réel ou complexe satisfaisant une équation de la forme

$$\alpha^n + a_1 \alpha^{n-1} + a_2 \alpha^{n-2} + \dots + a_{n-1} \alpha + a_n = 0$$

où $a_1, a_2, \dots, a_{n-1}, a_n$ sont des entiers ordinaires. Nous supposons connues quelques propriétés élémentaires des entiers ordinaires ou rationnels

$$\dots, -3, -2, -1, 0, 1, 2, 3, \dots$$

et nous utiliserons deux faits concernant les entiers algébriques:

Si α et β sont des entiers algébriques

$$\alpha + \beta, \quad \alpha - \beta \quad \textit{et} \quad \alpha\beta$$

seront aussi des entiers algébriques.

Un entier algébrique qui est un nombre rationnel est nécessairement un entier ordinaire.

1.2. *Si les nombres*

$$\theta/\pi \quad \textit{et} \quad \cos\theta$$

sont rationnels tous les deux, $\cos\theta$ *aura une des cinq valeurs suivantes :*

$$1, \tfrac{1}{2}, 0, -\tfrac{1}{2}, -1 .$$

Par hypothèse, θ/π est rationnel,

$$\theta = \frac{2\pi m}{n}$$

où m et n sont des entiers ordinaires, $n \geqq 1$. Posons

$$e^{i\theta} = \xi .$$

Alors

$$\xi^n - 1 = 0 \quad \textit{et} \quad (\xi^{-1})^n - 1 = 0 .$$

Donc ξ, ξ^{-1} et

$$\xi + \xi^{-1} = 2\cos\theta$$

sont des entiers algébriques. Par hypothèse, $\cos\theta$ est rationnel, donc $2\cos\theta$ est un entier ordinaire. Mais la valeur absolue de $2\cos\theta$ ne peut pas être supérieure à 2, donc $2\cos\theta$ ne peut prendre qu'une des valeurs suivantes

$$2, 1, 0, -1, -2$$

qui seront actuellement prises lorsque θ est

$$0, \frac{\pi}{3}, \frac{\pi}{2}, \frac{2\pi}{3}, \pi,$$

respectivement. Nous avons établi la proposition énoncée.

1.3. *Si les nombres*

$$\theta/\pi \quad \textit{et} \quad (\tan\theta)^2$$

sont rationnels tous les deux, $(\tan\theta)^2$ *aura une des cinq valeurs suivantes :*

$$0, \frac{1}{3}, 1, 3, \frac{1}{0}.$$

(J'ai pris la liberté de regarder $\infty = 1/0$ comme « rationnel ».)

Par hypothèse, $2\theta/\pi$ et

$$\cos 2\theta = \frac{1 - \tan^2 \theta}{1 + \tan^2 \theta}$$

sont rationnels tous les deux et ainsi nous n'avons qu'à appliquer la proposition du n° 1.2.

1.4. *Excepté les quatre cas suivants:* n = 1, 2, 4, *et* 8, tan 2π/n *est un nombre irrationnel pour chaque entier ordinaire positif* n.

En observant que $\sqrt{3}$ est irrationnel, on déduira facilement cette proposition de celle du n° 1.3 [1]).

II. Polygones réguliers

2.1. Nous considérons un système de coordonnées rectangulaires dans le plan et nous appellerons *point du réseau plan* un point (x, y) dont les deux coordonnées x et y sont des entiers ordinaires.

Si un polygone á n *côtés est équiangle et tous ses sommets sont des points du réseau plan,* n *est nécessairement* 4 *ou* 8.

Appelons une ligne droite *ligne du réseau* si elle contient deux points différents du réseau plan. La tangente de l'angle qu'une ligne du réseau fait avec l'axe des abscisses est évidemment rationnelle. Je dis que la tangente de l'angle compris par deux droites quelconques du réseau est aussi rationnelle. En effet, soient α et β les angles que ces deux droites font avec l'axe des abscisses. L'angle compris par elles est $\alpha - \beta$ et

$$\tan(\alpha - \beta) = \frac{\tan \alpha - \tan \beta}{1 + \tan \alpha \tan \beta}.$$

L'angle extérieur formé par deux côtés consécutifs d'un polygone équiangle à n côtés est $2\pi/n$. Dans notre cas, par hypothèse, les deux côtés sont des droites du réseau et ainsi $\tan 2\pi/n$ doit être rationnelle. Par le théorème du n° 1.4, n est égal à 4 ou à 8.

---

[1]) La proposition du n° 1.2 a été énoncée et démontrée différemment par H. Hadwiger, *Elemente der Math.*, 1, 98-100, 1946. Elle n'est en effet que le cas particulier le plus simple de la proposition générale suivante: *Soient* k *et* n *deux entiers ordinaires premiers entre eux,* n > 2. *Alors* 2 cos (2πk/n) *sera un entier algébrique de degré* φ (n)/2; voir D. H. Lehmer, *Amer. Math. Monthly*, **40**, 165-166, 1933. (Un entier algébrique est rationnel s'il est de degré 1; si $\varphi(n)/2 = 1$ on a $n = 3$, 4 ou 6.)

Le lecteur dessinera un octogone équiangle (chaque angle $= 3\pi/4$) dont les huit sommets sont des points du réseau plan.

2.2. *Un polygone régulier dont tous les sommets sont des points du réseau plan est nécessairement un carré.*

Le cas de l'octogone admis par la proposition du n° 2.1 sera exclu par la proposition du n° 2.3.

2.3. Nous considérons maintenant un système de coordonnées rectangulaires dans l'espace. Nous appellerons *point du réseau spatial* un point (x, y, z) dont les trois coordonnées x, y et z sont des entiers ordinaires.

Si tous les sommets d'un polygone régulier à n *côtés sont des points du réseau spatial,* n *est nécessairement* 3, 4 *ou* 6.

Trois sommets consécutifs du polygone régulier P à n côtés déterminent un triangle isocèle T. Deux côtés de T, de la même longueur c, sont des côtés adjacents de P et la base de T, de longueur d, est une diagonale de P. L'angle opposé à la base de T (un angle de P) est égal à $\pi\,(n-2)/n$. On a

$$d^2 = 2c^2 - 2c^2 \cos \pi\,(n-2)/n\,.$$

Mais les sommets de T sont des points du réseau, par conséquent c^2 et d^2 sont des entiers ordinaires et ainsi $\cos \pi\,(n-2)/n$ est rationnel. Donc $n = 3$, 4 ou 6, par la proposition du n° 1.2.

Les points

$$(1, 0, 0)\,, \quad (0, 1, 0)\,, \quad (0, 0, 1)$$

sont les sommets d'un triangle équilatéral et les points

$$(0, 1, -1)\,, \quad (1, 0, -1)\,, \quad (1, -1, 0), \quad (0, -1, 1)\,, \quad (-1, 0, 1)\,, \quad (-1, 1, 0)$$

sont les sommets d'un hexagone régulier.

C'est l'application de la proposition démontrée aux points du réseau spatial de la forme particulière $(x, y, 0)$ qui joue un rôle au n° 2.2.

Est-il possible que tous les sommets d'un polyèdre régulier soient des points du réseau spatial ? Oui, pour le tétraèdre, cube et octaèdre, non pour le dodécaèdre et l'icosaèdre; en effet, dans ces deux derniers cas il y a des pentagones réguliers formés par cinq sommets [1]).

[1]) La proposition du n° 2.2 peut être démontrée par des considérations géométriques élégantes; les démonstrations données par F. KARTESZI, *Matematikai és fizikai lapok*, **50**, 182-183, 1943 et W. SCHERRER, *Elemente der Math.*, **1**, 97-98, 1946 sont semblables mais différentes. La démonstration de la proposition du n° 2.3 est due à H. E. CHRESTENSON, *Amer. Math. Monthly*, **70**, 447-448, 1963; elle est applicable à un réseau « cubique » à dimension quelconque.

III. Polyèdres réguliers

3.1. Nous considérons l'angle dièdre formé par deux faces adjacentes d'un polyèdre régulier à l'intérieur du solide. Nous allons désigner cet angle dièdre par

$$T\,,\qquad H\,,\qquad O\,,\qquad D\,,\qquad \text{ou } I$$

selon qu'il s'agit d'un

tétra-, hexa-, octa-, dodéca-, ou icosa-

èdre régulier. Le hexaèdre régulier est le cube, $H = \pi/2$. On peut calculer tous ces angles par trigonométrie sphérique; notons les résultats:

$$\cos T = \tfrac{1}{3}\,,\ \cos H = 0\,,\ \cos O = -\tfrac{1}{3}\,,\ \cos 2D = -\tfrac{3}{5}\,,\ \cos 2I = \tfrac{1}{9}\,.$$

Il résulte des trois premières valeurs que

$$T - 2H + O = 0 \tag{1}$$

ce que le lecteur peut aussi voir par géométrie élémentaire. Cette relation (1) est unique en son genre — c'est un premier aperçu de notre résultat principal qui sera formulé précisément au n° 3.6.

3.2. *Les rapports*

$$T/H\,,\qquad O/H\,,\qquad D/H\,,\qquad I/H$$

sont irrationnels.

Cette proposition résulte immédiatement des valeurs rationnelles des cosinus données au n° 3.1 et du théorème du n° 1.2.

3.3. *Le rapport T/O est irrationnel.*

En effet, si T/O était rationnel, H/O le serait aussi par la relation (1) du n° 3.1. Mais H/O est irrationnel par le théorème du n° 3.2.

3.4. *Si les entiers ordinaires* l, m′, h′ *et* k′ *satisfont à l'équation*

$$lT + m'I = h'H + k'D\,,$$

alors

$$l = m' = h' = k' = 0\,.$$

Nous pouvons admettre sans perte de généralité que $m' = 2m$ et $k' = 2k$ sont des nombres pairs et $h' = 4h$ est divisible par 4. En effet, si ce n'était pas le cas il suffirait de multiplier la relation donnée par 4 et de changer la notation.

Nous voulons donc établir que la relation

$$(*) \qquad lT + 2mI = 4hH + 2kD$$

est impossible en nombres entiers ordinaires l, m, h et k qui ne sont pas tous $= 0$. Dans le présent nº 3.4 je ne considère que le cas où k, l et m sont tous *positifs*. Puisque $4H = 2\pi$, la relation (*) est équivalente à la suivante

$$(**) \qquad e^{ilT}\, e^{i2mI} = e^{i2kD}.$$

Mais, voir nº 3.1, on obtient, en développant les puissances des binômes,

$$e^{i2kD} = \left(\frac{-3-i4}{5}\right)^k = K + K'i,$$

$$e^{ilT} = \left(\frac{1+2i\sqrt{2}}{3}\right)^l = L + L'i\sqrt{2}$$

$$e^{i2mI} = \left(\frac{1-4i\sqrt{5}}{9}\right)^m = M + M'i\sqrt{5}$$

où K, K', L, L', M et M' sont des nombres rationnels.

Observons que $K' = 0$ entraînerait $K = \pm 1$, et ainsi D/π serait rationnel, ce qui n'est pas le cas, voir nº 3.2. Donc $K' \neq 0$ et par le même raisonnement $L' \neq 0$, $M' \neq 0$.

Il suit de (**) que

$$L'M\sqrt{2} + LM'\sqrt{5} = K'.$$

Observons que $L = 0$ entraînerait $M \neq 0$ et ainsi $\sqrt{2}$ serait rationnel. Donc $L \neq 0$ et par un raisonnement semblable $M \neq 0$.

Donc $LML'M' \neq 0$. Mais en élevant au carré l'équation précédente on obtient que

$$LML'M'\sqrt{10}$$

est un nombre rationnel. Cette conséquence absurde démontre que (*) est impossible si l, m et k sont positifs.

3.5. Le cas traité au numéro précédent, où k, l et m sont positifs, est décisif: Les autres cas se laissent traiter de la même manière ou sont encore plus simples.

Par exemple, si $l < 0$ on développera la $(-l)$ième puissance du binôme

$$e^{ilT} = \left(\frac{1-2i\sqrt{2}}{3}\right)^{-l} = L + L' i \sqrt{2}$$

et on aura les mêmes conséquences qu'au n° 3.4.

Si $l = 0$ et $m = 0$ on a nécessairement $k = 0$; dans le cas contraire, e^{iD} serait, en vertu de (**), une racine de l'unité ce qui contredirait la proposition du n° 3.2.

Enfin le cas ou $l = 0$, $m \neq 0$ et $k \neq 0$ est aussi exclu; on en pourrait conclure, voir l'équation (**) et les formules et les raisonnements du n° 3.4 qui la suivent, que K' et M' sont rationnels et non-nuls et que

$$M + M' i \sqrt{3} = K + K' i$$

donc que $\sqrt{3}$ est rationnel ce qui est absurde.

3.6. *Si* x_1, x_2, x_3, x_4 *et* x_5 *sont des entiers ordinaires et*

$$x_1 T + x_2 H + x_3 O + x_4 D + x_5 I = 0,$$

on a nécessairement

$$2x_1 = -x_2 = 2x_3, \quad x_4 = x_5 = 0.$$

Voici un autre énoncé de la même proposition:

Excepté une transformation triviale l'équation (1) *du n°* 3.1 *est l'unique relation linéaire homogène à coefficients entiers ordinaires entre les cinq angles, T, H, O, D et I.*

Le cas de cet énoncé où $x_3 = 0$ a été démontré aux n°s 3.4 et 3.5. On y ramène le cas où $x_3 \neq 0$ et la relation considérée n'est pas une transformée triviale de (1) en éliminant O [1]).

(Reçu le 16 Juillet 1968)

Dept. mathematics
Stanford University
Stanford, California 94305
Etats-Unis

[1]) La proposition du n° 3.6 est due à H. Lebesgue; voir *Annales de la Société polonaise de Mathématique*, **71**, 193-226, 1938.

GAUSSIAN BINOMIAL COEFFICIENTS

AND THE ENUMERATION OF INVERSIONS

G. Pólya

Stanford University

I consider a rectangular coordinate system in the plane. I call the points whose coordinates are both integers (usually called lattice points) street corners. A straight line that passes through a street corner and is parallel to one or the other coordinate axis is a street. A shortest way in this network of streets between the two street corners $(0,0)$ and $(r,n-r)$ $(0 \leqq r \leqq n$ assumed) should be called a zigzag path; its length is n. The number of different zigzag paths is $\binom{n}{r}$.[1)]

A Gaussian binomial coefficient, defined by the formula

$$(1) \qquad \left[{n \atop r}\right] = \frac{(q^n-1)(q^{n-1}-1)\ \dots\ (q^{n-r+1}-1)}{(q-1)\ (q^2-1\ )\ \dots\ (q^r-1)} ,$$

appears as a rational function of the variable q. Yet, after due reduction, it turns out to be a polynomial:

$$(2) \qquad \left[{n \atop r}\right] = \sum_{\alpha=0}^{r(n-r)} A_{n,r,\alpha} q^{\alpha} ;$$

its degree is $r(n-r)$, its coefficients $A_{n,r,\alpha}$ are positive integers.

I found recently that $A_{n,r,\alpha}$ is the number of those zigzag paths the area under which is α; I mean the area enclosed by the zigzag path, the x-axis, and the straight line whose equation is $x = r$.[2)]

For comments on this paper [235], see p. 631.

It is obvious, either from the figure or from the expression (1), that

$$A_{n,r,\alpha} = A_{n,r,r(n-r)-\alpha} .$$

Moreover, as the value of the Gaussian binomial coefficient for $q = 1$ is just the corresponding ordinary binomial coefficient, see (1), (2) yields

$$\sum_{\alpha=0}^{r(n-r)} A_{r,n-r,\alpha} = \binom{n}{r}$$

as it should be.

A zigzag path consists of consecutive segments of unit length; each segment joins two neighboring street corners. Starting from the endpoint $(0,0)$, we name these segments consecutively x or y according to which coordinate axis each one is parallel. We obtain so a one-to-one mapping of the set of the zigzag paths onto a set of letter sequences such as

(3) xyyxyxxxyx

In the case of the example (3) the path is of length 10 and ends at the point $(6,4)$ (draw it).

Divide the area under the zigzag path with endpoint $(r,n-r)$ by equidistant parallels to the y-axis into r rectangles each of base 1. In the example (3) there are six such rectangles; their heights are (we survey them from left to right)

$$0, 2, 3, 3, 3, 4,$$

respectively. Each rectangle has as top a horizontal unit segment of the zigzag path, and corresponds so to an x in the letter sequence. The height, and so the area, of the rectangle is the number of y's preceding that x, and so equals the _number of inversions determined by that_ x in the letter sequence. (In a letter sequence of length n there are $n(n-1)/2$ pairs of letters. Such a pair forms an _inversion_ if, and only if, it consists of a y _preceding an_ x.) Thus, the joint area of the r rectangles, that is, _the area under the zigzag path equals the number of inversions in the letter sequence_.

Thus, the Gaussian binomial by enumerating the areas under the zigzag paths enumerates _ipso facto_ the inversions in the letter sequences considered. This connection of the Gaussian binomials with inversions was known.[3] I just wanted to point out the intuitive transition from areas to inversions.

I wish to add a few words on the Gaussian analogues to multinomial coefficients. For this purpose it is advantageous to introduce the "Gaussian factorial"

$$n!! = \frac{(q-1)(q^2-1)\ \ldots\ (q^n-1)}{(q-1)(q-1)\ \ldots\ (q-1)} \tag{4}$$

$$= \sum_{i=0}^{n(n-1)/2} B_{n,i}q^i$$

which is a polynomial in the variable q of degree $n(n-1)/2$ whose coefficients $B_{n,i}$ are positive integers.

Consider a "word" formed by n different letters of the alphabet; the number of all such words (permutations) is $n!$. There are $n(n-1)/2$ pairs of letters in any one of these words; such a pair forms an inversion if, and only if, the alphabetically preceding letter comes later. The number of those among the $n!$ permutations that show i inversions is $B_{n,i}$.[4] From (4)

$$\sum_{i=0}^{n(n-1)/2} B_{n,i} = n!$$

as it should be.

The Gaussian binomial can be written as

$$\left[{n \atop r}\right] = \frac{n!!}{r!!(n-r)!!} .$$

The Gaussian analogues to multinomial coefficients, such as

$$\frac{n!!}{r!!s!!t!!} \quad \text{with} \quad r+s+t = n$$

are polynomials in the variable q and enumerate the inversions in certain kinds of letter sequences--it is unnecessary to enter into details, I think.

[1] This is widely known; see, *e.g.*, G. Pólya, *Mathematical discovery*, Wiley, 1962, v. 1, pp. 68-75.

[2] *J. Combinatorial Theory*, v. 6, 1969, pp. 102-105; see p. 105.

[3] See, *e.g.*, M. G. Kendall and A. Stuart, *The advanced theory of statistics*, London, 1961, v. 2, p. 494.

[4] See Kendall and Stuart, *ibid.*, p. 479.

Gaussian Binomial Coefficients

The binomial coefficients belong to the curriculum of the secondary school, their connection with combinatorics is known since the days of Leibniz, Pascal and Jacob Bernoulli. The 'Gaussian binomial coefficients' are much less widely known, their connection with combinatorics is of a more recent date. We thought that an exposition of some of the relations between Gaussian and ordinary binomial coefficients may add some zest to a traditional secondary school subject.

1. *Definition.* We call

$$\begin{bmatrix} n \\ r \end{bmatrix} = \frac{(q^n - 1)(q^{n-1} - 1) \dots (q^{n-r+1} - 1)}{(q - 1)(q^2 - 1) \dots (q^r - 1)} \tag{1.1}$$

For comments on this paper [237], see p. 631.

a *Gaussian binomial coefficient;* n and r are integers, $0 \leqslant r \leqslant n$, and q is a variable [1]. The definition (1.1) must be supplemented by an appropriate interpretation for $r = 0$, and we add an obvious consequence for $r = n$:

$$\begin{bmatrix} n \\ 0 \end{bmatrix} = 1 , \quad \begin{bmatrix} n \\ n \end{bmatrix} = 1 . \tag{1.2}$$

The value $q = 1$ is forbidden (for the moment). Yet each of the r factors in the numerator and also each of the r factors in the denominator on the right hand side of (1.1) is divisible by $q - 1$. Performing these divisions we see that

$$\begin{bmatrix} n \\ r \end{bmatrix} \to \binom{n}{r} \text{ as } q \to 1 \tag{1.3}$$

where

$$\binom{n}{r} = \frac{n}{1} \frac{n-1}{2} \cdots \frac{n-r+1}{r} \tag{1.1*}$$

is an ordinary binomial coefficient.

2. *A generalization of the binomial theorem.* We consider the polynomial in x

$$f(x) = (1 + x)(1 + q x) \ldots (1 + q^{n-1} x); \tag{2.1}$$

its zeros form a geometric progression of n terms whose quotient is q^{-1} and initial term -1. Our next task is to find the coefficients $Q_0, Q_1, Q_2, \ldots Q_n$ of the expansion

$$f(x) = Q_0 + Q_1 x + Q_2 x^2 + \ldots + Q_n x^n . \tag{2.2}$$

Obviously

$$Q_0 = 1 , \quad Q_n = q^{n(n-1)/2} . \tag{2.3}$$

To proceed further, we observe that (2.1) implies

$$(1 + x) f(q x) = f(x)(1 + q^n x) \tag{2.4}$$

or, in view of (2.2),

$$(1 + x) \sum_{r=0}^{n} Q_r q^r x^r = (1 + q^n x) \sum_{r=0}^{n} Q_r x^r . \tag{2.5}$$

The comparison of like powers of x yields

$$Q_r q^r + Q_{r-1} q^{r-1} = Q_r + q^n Q_{r-1} \tag{2.6}$$

or

$$Q_r = Q_{r-1} \frac{q^{n-r+1} - 1}{q^r - 1} q^{r-1} \tag{2.7}$$

for $r = 1, 2, 3, \ldots n$. Repeated application of (2.7) yields, in view of (2.3) and (1.1), that

$$Q_r = \begin{bmatrix} n \\ r \end{bmatrix} q^{r(r-1)/2} . \tag{2.8}$$

Therefore, see (2.1) and (2.2),

$$\prod_{k=1}^{n} (1 + q^{k-1} x) = \sum_{r=0}^{n} \begin{bmatrix} n \\ r \end{bmatrix} q^{r(r-1)/2} x^r . \tag{2.9}$$

Compare this with the particular case $q = 1$:

$$(1 + x)^n = \sum_{r=0}^{n} \binom{n}{r} x^r . \tag{2.9*}$$

3. *The recursion formula.* Substituting $n + 1$ for n in (2.9) leads to the same result as multiplying (2.9) by $(1 + q^n x)$. If, in the equation so obtained, we compare like powers of x, we find that

$$\begin{bmatrix} n+1 \\ r \end{bmatrix} = \begin{bmatrix} n \\ r \end{bmatrix} + \begin{bmatrix} n \\ r-1 \end{bmatrix} q^{n-r+1} . \tag{3.1}$$

This result, which we can also directly verify from the definition (1.1), is analogous to

$$\binom{n+1}{r} = \binom{n}{r} + \binom{n}{r-1} . \tag{3.1*}$$

In starting from the 'initial condition' (1.2) and using the 'recursion formula' (3.1) to pass from n to $n + 1$ we can compute the Gaussian binomial coefficients very conveniently, in fact, only by addition and multiplication, without subtraction or division. Thus, $\left[\begin{smallmatrix} n \\ r \end{smallmatrix}\right]$ which, defined by (1.1), appeared as a rational function of q, turns out to be a polynomial in q

$$\begin{bmatrix} n \\ r \end{bmatrix} = \sum_{\alpha=0}^{r(n-r)} A_{n,r,\alpha}\, q^{\alpha} \tag{3.2}$$

whose coefficients $A_{n,r,\alpha}$ are positive integers. (Also the ordinary binomial coefficient, defined by (1.1*), appears initially as a rational number, but turns out to be an integer.) The degree $r\,(n - r)$ shown on the right hand side of (3.2) can be found as the difference of the degrees of numerator and denominator on the right hand side of (1.1), or can be verified by mathematical induction.

The principal aim of the present paper is to reveal the intuitive significance of the integers $A_{n,r,\alpha}$.

4. *A combinatorial interpretation.* We consider a rectangular coordinate system in the plane. A point whose coordinates are both integers (usually called a lattice point) will be considered as a *street corner*. A straight line that passes through a street corner and is parallel to one or the other coordinate axis will be called a *street*. We think of a pedestrian (a moving material point) walking in this network of streets. A shortest way in this network between the street corners (0, 0) and $(r, n - r)$ (we assume $0 \leqslant r \leqslant n$) will be called a *zigzag path;* its length is n. The number of different zigzag paths is $\binom{n}{r}$. This is widely known [2]. We wish to add the

Theorem: *The number of those zigzag paths the area under which is α equals $A_{n,r,\alpha}$* [3].

The 'area under the path' is contained between the path, the horizontal coordinate axis $y = 0$, and the line $x = r$ parallel to the vertical coordinate axis.

Figure 1 illustrates the theorem by exhibiting the particular case where $n = 6$ and $r = 2$. In examining it, bear in mind that

$$\binom{6}{2} = 15\,, \quad \binom{5}{2} = 10\,, \quad \binom{5}{1} = 5\,.$$

Figure 1 shows 15 zigzag paths starting from (0, 0) and ending at (2, 4). The corresponding Gaussian binomial coefficient is of degree $2 \times 4 = 8$; its expansion consists of 9 terms; in each term the exponent of x indicates the area under the path and the coefficient the number of different paths with such an area.

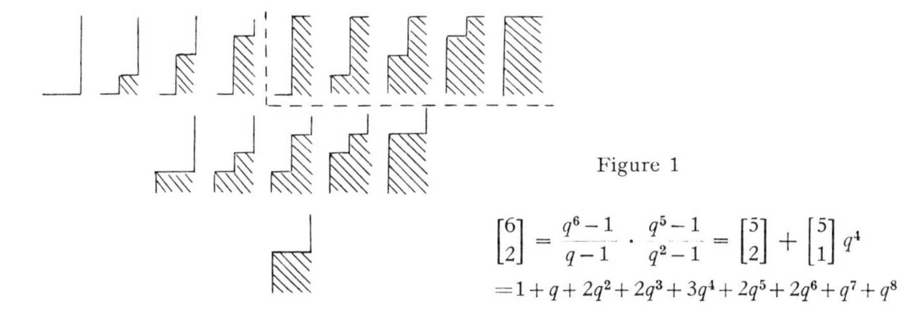

Figure 1

$$\begin{bmatrix}6\\2\end{bmatrix} = \frac{q^6-1}{q-1}\cdot\frac{q^5-1}{q^2-1} = \begin{bmatrix}5\\2\end{bmatrix} + \begin{bmatrix}5\\1\end{bmatrix}q^4$$
$$= 1 + q + 2q^2 + 2q^3 + 3q^4 + 2q^5 + 2q^6 + q^7 + q^8$$

The theorem can be proved by mathematical induction; the recursion formula (3.1) provides the bridge for the passage from n to $n + 1$. The proof is clearly indicated by Figure 1 which exhibits the passage from 5 to 6. Each of the 15 zigzag paths shown is of length 6 and should be conceived as consisting of two parts, an *initial part* of length 5 starting from (0, 0) and of a *terminal segment* of length 1 ending at (2, 4). Of the 15 zigzag paths considered, 10 have a vertical, and 5 a horizontal, terminal segment (notice the line of separation in Figure 1). The area under the whole path is the same as the one under the initial part for the 10, but it is larger by 4 units for the 5; the 10 correspond to the first, and the 5 to the second, term on the right hand side of (3.1). The reader should be able to see the general argument behind the representative particular case exhibited.

It is instructive to verify directly some points connected with the theorem whose proof we have just indicated. It is obvious, either from the figure or from the expression (1.1), that

$$A_{n,r,\alpha} = A_{n,r,r(n-r)-\alpha}\,. \tag{4.1}$$

Moreover, as the value of the Gaussian binomial coefficient for $q = 1$ is just the corresponding ordinary binomial coefficient, see (1.3), (3.2) yields

$$\sum_{\alpha=0}^{r(n-r)} A_{n,r,\alpha} = \binom{n}{r} \tag{4.2}$$

as it should be.

5. *Another combinatorial interpretation.* A zigzag path consists of consecutive segments of unit length; each segment joins two neighboring street corners. Starting

from the initial point (0, 0) we name these segments consecutively x or y according to which coordinate axis each one is parallel. We obtain so a one-to-one mapping of the set of zigzag paths onto a set of letter sequences; see the example in Figure 2 where the zigzag path ends at the street corner (5, 4) and the corresponding sequence consists of 9 letters.

Divide the area under the zigzag path with endpoint $(r, n - r)$ by equidistant parallels to the y-axis into r rectangles each of base 1. In Figure 2 there are 5 such rectangles; their heights are (we survey them from left to right)

$$0, 1, 3, 3, 4$$

respectively. Each rectangle has as top a horizontal unit segment of the zigzag path, and corresponds so to an x in the letter sequence. The height, and so the area, of the rectangle is the number of y's preceding that x, and so equals the *number of inversions determined by that* x in the letter sequence. (In a letter sequence of length n there are $n(n - 1)/2$ pairs of letters. Such a pair forms an *inversion* if, and only if, it consists of a y *preceding an* x.) Thus, the joint area of the r rectangles, that is, *the area under the zigzag path equals the number of inversions in the letter sequence* (11 in our example).

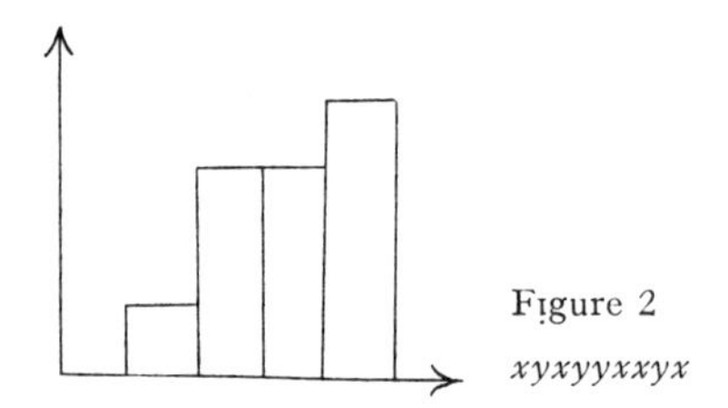

Figure 2
$xyxyyxxyx$

Thus, the Gaussian binomial, by enumerating the areas under the zigzag paths, enumerates *ipso facto* the inversions in the letter sequences considered. This connection of the Gaussian binomials with inversions was known [4]. What we wanted to point out is the intuitive transition from areas to inversions [5].

6. *Another approach.* In fact, the theorem of Section 4 can be obtained as a slight reinterpretation of a known particular result of a classical theory, the theory of *partitions* whose foundation was laid down by Euler [6]. We shall assume as known an essential point of this theory in the following derivation.

Remember the definition of a zigzag path given in Section 4 and set $n = r + s$. As Figure 2 suggests, we can build up a zigzag path with r juxtaposed rectangles. Each of these rectangles has a horizontal base of length 1 and its vertical altitude is measured by a non-negative integer $\leqslant s$; the altitude 0 is admissible. The bases of the r rectangles are alined along the x-axis starting from the origin, the altitudes form a non-decreasing sequence, and the sum of the areas (or altitudes) is α, the area under the zigzag path. Thus the altitudes form a *partition* of α into exactly r non-negative integers none of which exceeds s; we *define* now (in opposition to Section 3) $A_{r+s,r,\alpha}$ as the *number of such partitions.*

We can determine this number by Euler's method according to which if we set

$$(1 - x)(1 - q\,x)(1 - q^2\,x)\ldots(1 - q^s\,x) = g(x) \tag{6.1}$$

(compare (2.1)) we obtain the 'generating function'

$$\sum_r \sum_\alpha A_{r+s,r,\alpha}\, x^r q^\alpha = \frac{1}{g(x)} . \tag{6.2}$$

If we define

$$P_0 = 1, \sum_\alpha A_{r+s,r,\alpha}\, q^\alpha = P_r \tag{6.3}$$

for $r \geqslant 1$, we can write (6.2) as

$$\frac{1}{g(x)} = P_0 + P_1 x + P_2 x^2 + \dots + P_r x^r + \dots . \tag{6.4}$$

Now (6.1) involves

$$\frac{1-x}{g(x)} = \frac{1-q^{s+1}x}{g(qx)} \tag{6.5}$$

(compare (2.4)) or, in view of (6.4),

$$(1-x)\sum_0^\infty P_r x^r = (1-q^{s+1}x)\sum_0^\infty P_r q^r x^r . \tag{6.6}$$

The comparison of like powers yields

$$P_r - P_{r-1} = q^r P_r - q^{r+s} P_{r-1} \tag{6.7}$$

or

$$P_r = P_{r-1} \frac{q^{r+s}-1}{q^r-1} \tag{6.8}$$

for $r = 1, 2, 3, \dots$. Repeated application of (6.8) yields, in view of (6.3) and the definition (1.1),

$$P_r = \begin{bmatrix} r+s \\ r \end{bmatrix} = \sum_{\alpha=0}^{rs} A_{r+s,r,\alpha}\, q^\alpha \tag{6.9}$$

and this proves our theorem stated in Section 4.

To check (6.9) we may observe that, for $q \to 1$, (6.4) goes over into

$$(1-x)^{-s-1} = \sum_{r=0}^\infty \binom{r+s}{r} x^r . \tag{6.4*}$$

The computation of P_r in this section was very similar to the computation of Q_r in Section 2. Yet in this section we started with a combinatorial definition of $A_{n,r,\alpha}$ and proceeded hence to a formula, whereas in Section 4 we defined $A_{n,r,\alpha}$ by the formula (3.2) and verified the combinatorial interpretation afterwards.

7. *A brief outlook on 'Gaussian multinomial coefficients'*. Let n be a nonnegative integer and let us call 'Gaussian factorial' the polynomial in q

$$\begin{aligned} n!! &= \frac{(q-1)(q^2-1)(q^3-1)\dots(q^n-1)}{(q-1)^n} \\ &= 1 \cdot (1+q) \cdot (1+q+q^2) \quad \dots \quad (1+q+q^2+\dots+q^{n-1}) \\ &= \sum_{i=0}^{n(n-1)/2} B_{n,i}\, q^i ; \end{aligned} \tag{7.1}$$

its coefficients $B_{n,i}$ are nonnegative integers, its degree is $n\,(n-1)/2$. It could be also defined by the initial condition

$$0!! = 1 \tag{7.2}$$

and the recursion formula

$$(n+1)!! = (1 + q + q^2 + \ldots + q^n)\, n!\,! \,. \tag{7.3}$$

Consider a 'word' formed by n given different letters of the alphabet; the number of all such words is obviously $n!$. In any one of these words there are $n\,(n-1)/2$ pairs of letters; such a pair forms an inversion if, and only if, the alphabetically preceding letter comes later. *The number of those among the $n!$ words (permutations) that show precisely i inversions is $B_{n,i}$* [7].

This is easy to prove by mathematical induction from the recursion formula (7.3). Add to the n different letters which form the word a new letter that precedes all of them alphabetically. According as the letter added occupies the first, the second, the third, ... or the last place, the number of inversions increases by 0, 1, 2, ... or n and that is what (7.3) expresses.

From the defining formula or from the combinatorial interpretation

$$B_{n,i} = B_{n,[n(n-1)/2]-i}\,, \tag{7.4}$$

$$\sum_{i=0}^{n(n-1)/2} B_{n,i} = n!\,. \tag{7.5}$$

The Gaussian binomial coefficient can be written in the form

$$\begin{bmatrix} n \\ r \end{bmatrix} = \frac{n!!}{r!!\,(n-r)!!} \tag{7.6}$$

Here is a Gaussian analogue to a multinomial coefficient:

$$\frac{n!!}{r!!\,s!!\,t!!} \tag{7.7}$$

where $r + s + t = n$ and r, s, t and n are nonnegative integers; it can be shown that (7.7) is a polynomial in q, of degree $r\,s + r\,t + s\,t$, with positive integer coefficients. These coefficients have a combinatorial significance: They count such sequences of n letters, each of which may be x, y or z, as show a given number of inversions. Such a letter sequence can be regarded as representing a zigzag path in a three dimensional lattice. The number of inversions equals the sum of three areas, each under the projection of the zigzag path onto a coordinate plane; but 'under' must be carefully interpreted.

The Gaussian analogues to multinomial coefficients count the number of certain letter sequences with a given number of inversions; the interpretation with areas is possible but becomes clumsy in several dimensions.

G. Pólya and G. L. Alexanderson
Stanford University and University of Santa Clara, Calif., USA

REFERENCES

[1] Cf. C. F. Gauss, *Summatio quarundam serierum singularium*, Werke v. 2, especially p. 16–17.

[2] See e.g. G. Pólya, *Mathematical discovery* (Wiley, 1962), v. 1, p. 68–75, or the German translation, *Vom Lösen mathematischer Aufgaben* (Birkhäuser, 1966), v. 1, p. 110–119. Also French, Japanese and Hungarian translations available.

[3] G. Pólya, *J. Combinatorial Theory*, v. 6, 1969, p. 102–105; see p. 105.

[4] See e.g. M. G. Kendall and A. Stuart, *The advanced theory of statistics* (London, 1961), v. 2, p. 494.

[5] G. Pólya, *Proceedings of the Second Chapel Hill Conference on Combinatorial Mathematics and its Applications* (1970), p. 381–384, from which, with the kind permission of the Organizing Committee, extensive passages of Sections 4 and 5 are extracted.

[6] Leonhard Euler, *Introductio in Analysin Infinitorum* (Lausanne, 1748), v. 1, p. 253–275 (De Partitione Numerorum) or *Opera Omnia*, ser. 1, v. 8, p. 313–338. There are several modern expositions; the reader can find what is needed in the sequel with relatively little trouble in John Riordan, *An Introduction to Combinatorial Analysis* (Wiley, 1958), p. 107–123, and especially p. 153, Problem 5.

[7] See, e.g., M. G. Kendall and A. Stuart, l.c.[4]), p. 479. Also E. Netto, *Lehrbuch der Kombinatorik*, 2nd ed. (Leipzig & Berlin, 1927), p. 94–97.

Partitions of a finite set into structured subsets

By G. PÓLYA
Stanford University

(*Received* 15 *August* 1974)

To J. E. LITTLEWOOD for his 90th birthday†

The aim of this paper is to present a common generalization of s_k^n and S_k^n, the Stirling numbers of the first and the second kind ((1), ex. 186–210, pp. 42–45).

1. We consider a finite set F containing n objects, $n \geqslant 1$, and P, a set of subsets of F. We call P a *partition* of F, and the subsets of which P consists *classes* of F, if these subsets satisfy three conditions:

(I) none of them is the null set,

(II) the intersection of any two of them is the null set,

(III) their union is F.

It is well known that the number of different partitions of a set of n elements into k classes is S_k^n, the appropriate Stirling number of the second kind.

2. We may ascribe to a subset S participating in the partition P of the set F a *structure*. The structure of S is specified by a system of relations between the s objects of which S consists. This system of relations may remain unchanged by certain permutations of the s objects contained in S; these permutations form the *characteristic group* G of the structure; we let g denote the order of G.

Our purpose will be better served if we avoid a heavy general description and explain what has been said by examples. We represent the objects contained in S by points of a graph; connecting lines, sometimes directed, will provide the structure.

(I) *No* specific relations are supposed to exist between the s objects of S which we may represent as s isolated points, without any connecting lines. We could call S 'unstructured' but we regard such 'absence of a structure' as a particular kind of structure just so as we regard 0 as a number. This structure remains unchanged by any permutation of the s objects contained in S, its characteristic group is the symmetric group operating on s objects, $\mathfrak{S}_s$ of order $s!$.

(II) The set S consists of s people seated around a round table where no seat is considered better than any other seat. What matters for the structure is who is the neighbour of whom, and the relation of a participant to his left-hand neighbour is considered as different from his relation to his right-hand neighbour; see the directed graph in Fig. II. The characteristic group of this structure is the cyclic group $\mathfrak{C}_s$ of order s.

† His first paper is in our *Transactions* **XX** (1907), 323–370.

For comments on this paper [245], see p. 631.

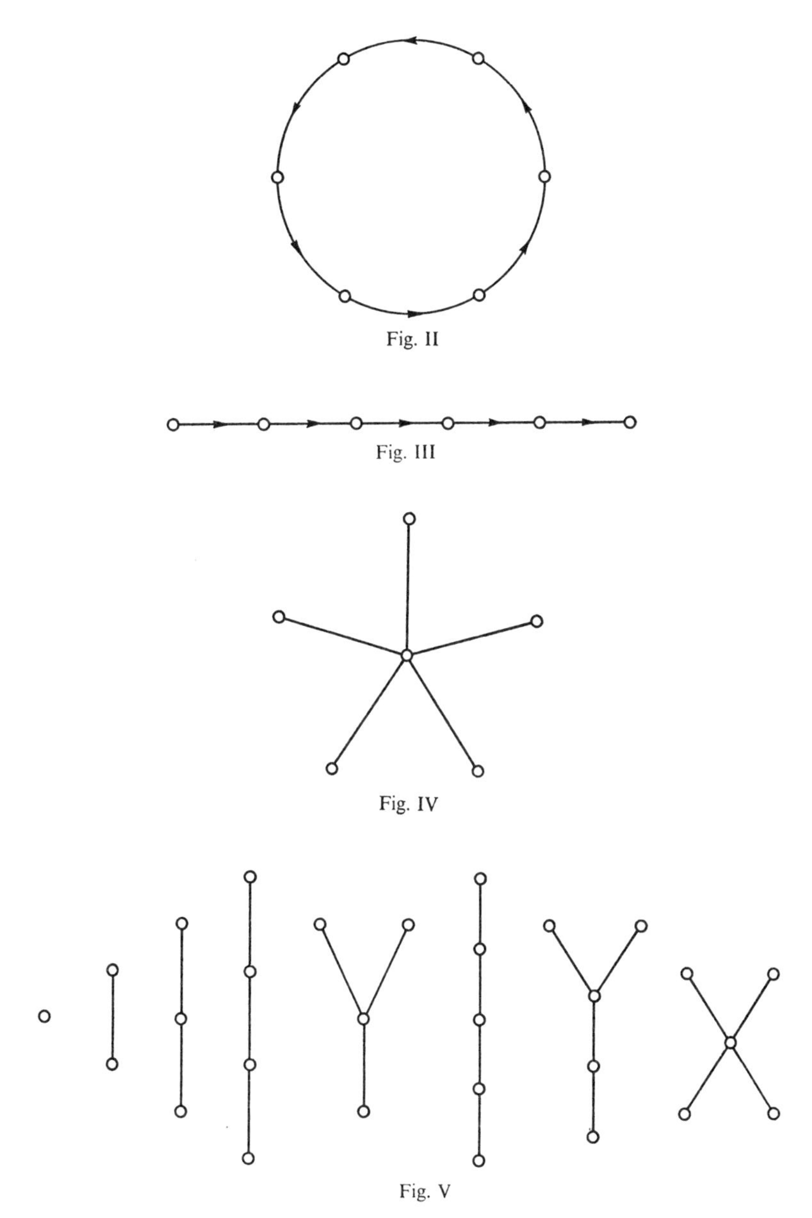

Fig. II

Fig. III

Fig. IV

Fig. V

(III) We regard the set S as a roped climbing party of s alpinists ('cordée' in French); see the directed graph in Fig. III. The characteristic group of this structure is of order 1, it is the group usually denoted by $\mathfrak{E}_s$ that contains only the identity.

(IV) One of the s objects contained in S is regarded as the chief; it is connected in the same way to each of the remaining $s-1$ objects which are in no other way interconnected; see Fig. IV. The characteristic group of this structure is the 'direct product' of the symmetric group $\mathfrak{S}_{s-1}$ operating on $s-1$ objects of order $(s-1)!$ with $\mathfrak{E}_1$ operating on one object.

(V) Let S consist of the s points of a tree (a connected acyclic graph). There are infinitely many different structures; the simplest ones are exhibited by Fig. V; the corresponding values of s (number of objects) and g (order of the characteristic group) are as follows:

$$s = 1,\quad 2,\quad 3,\quad 4,\quad 4,\quad 5,\quad 5,\quad 5$$

$$g = 1,\quad 2,\quad 2,\quad 2,\quad 6,\quad 2,\quad 2,\quad 24.$$

3. We are given a (finite or infinite) sequence of structures. The mth structure involves s_m objects and g_m is the order of its characteristic group. It may happen that $i \neq j$ but $s_i = s_j$ and $g_i = g_j$, yet then the ith and the jth structure are supposed to be different. (There are two different trees with $s = 5$ points and $g = 2$.)

We consider partitions P of the set F containing n objects into subsets and suppose that each subset is endowed with an *admissible* structure, that is, with a structure chosen from the given sequence.

Two partitions of a set are considered as different unless they consist of the same subsets structured in the same way. We let P_k^n denote the number of different partitions of a set of n objects into k admissibly structured classes. Our problem is to compute P_k^n.

Our solution of the problem uses the series

$$\frac{x^{s_1}}{g_1} + \frac{x^{s_2}}{g_2} + \dots + \frac{x^{s_m}}{g_m} + \dots = \psi(x) \tag{1}$$

whose terms are associated with the full sequence of admissible structures (psi = partitions structures interlinked). In fact, we shall prove that

$$1 + \sum_{n=1}^{\infty} \sum_{k=1}^{n} P_k^n \frac{x^n v^k}{n!} = e^{v\psi(x)} \tag{2}$$

where v is a variable.

4. We postpone the proof and consider examples.

The first four examples agree in an essential respect: There is just one admissible structure involving s objects, $s = 1, 2, 3, \dots$ (and the structure has been explained in section 2).

(I) The admissible structure involving s objects has been defined in section 2(I), its characteristic group is $\mathfrak{S}_s$, so that in the present case

$$\psi(x) = \frac{x}{1!} + \frac{x^2}{2!} + \dots + \frac{x^m}{m!} + \dots = e^x - 1.$$

Hence

$$1 + \sum_{n=1}^{\infty} \sum_{k=1}^{n} P_k^n \frac{x^n v^k}{n!} = e^{v(e^x-1)}$$

and so

$$P_k^n = S_k^n,$$

a Stirling number of the second kind (**1**, ex. 210, p. 44).

(II) The admissible structure involving s objects was defined in section 2(II), its characteristic group is $\mathfrak{C}_s$, so that now

$$\psi(x) = \frac{x}{1} + \frac{x^2}{2} + \dots + \frac{x^m}{m} + \dots = -\log(1-x).$$

Hence
$$1+\sum_{n=1}^{\infty}\sum_{k=1}^{n} P_k^n \frac{x^n v^k}{n!} = (1-x)^{-v}$$

and so
$$P_k^n = s_k^n,$$

a Stirling number of the first kind ((1), ex. 210, p. 44).

(III) The admissible structure involving s objects was defined in section 2 (III), its characteristic group is $\mathfrak{E}_s$, so that now

$$\psi(x) = x+x^2+\dots+x^n+\dots = x(1-x)^{-1}.$$

Hence

$$1+\sum_{n=1}^{\infty}\sum_{k=1}^{n} P_k^n \frac{x^n v^k}{n!} = \exp(vx(1-x)^{-1}) = \sum_{k=0}^{\infty}\frac{1}{k!}\frac{v^k x^k}{(1-x)^k} = 1+\sum_{k=1}^{\infty}\sum_{n=k}^{\infty}\frac{x^n v^k}{k!}\binom{n-1}{k-1}$$

and so
$$P_k^n = \frac{n!}{k!}\binom{n-1}{k-1}.$$

This result can be easily verified directly and so it serves to check the general proposition (2).

(IV) The admissible structure involving s objects was defined in section 2 (IV), its characteristic group is of order $(n-1)!$, so that now

$$\psi(x) = \frac{x}{0!}+\frac{x^2}{1!}+\dots+\frac{x^n}{(n-1)!}+\dots = xe^x.$$

Hence

$$1+\sum_{n=1}^{\infty}\sum_{k=1}^{n} P_k^n \frac{x^n v^k}{n!} = e^{vxe^x} = \sum_{k=0}^{\infty}\frac{v^k x^k e^{kx}}{k!} = 1+\sum_{k=1}^{\infty}\sum_{n=k}^{\infty}\frac{x^n v^k k^{n-k}}{k!(n-k)!}$$

and so
$$P_k^n = \binom{n}{k} k^{n-k}.$$

This result can be easily verified directly.

(V) We consider as admissible the structure of any tree. Therefore, the full sequence of different trees enters into the construction of the series ((2), especially p. 209)

$$\psi(x) = \frac{x}{1}+\frac{x^2}{2}+\frac{x^3}{2}+\frac{x^4}{2}+\frac{x^4}{6}+\frac{x^5}{2}+\frac{x^5}{2}+\frac{x^5}{24}+\dots$$
$$= \frac{x}{1!}+\frac{2^0x^2}{2!}+\frac{3^1x^3}{3!}+\frac{4^2x^4}{4!}+\frac{5^3x^5}{5!}+\dots.$$

By applying the general theorem (2) to this case we can compute and directly verify P_k^n for small values of n.

5. We proceed to the proof of the proposition expressed by formulae (1) and (2).

We consider a partition of n given objects into k classes of which k_m have the mth admissible structure, $m = 1, 2, 3, \dots$. We let $P^n_{k_1 k_2 k_3 \dots}$ denote the number of such partitions. Of course,

$$k_1+k_2+k_3+\dots = k, \tag{3}$$

$$k_1 s_1+k_2 s_2+k_3 s_3+\dots = n \tag{4}$$

where $k_1, k_2, k_3, \ldots$ are non-negative integers. Moreover,

$$P_k^n = \sum_{(k)} P_{k_1 k_2 k_3 \ldots}^n \tag{5}$$

where the summation is extended over all systems of non-negative integers $k_1, k_2, k_3, \ldots$ satisfying (3) and (4).

We wish to compute $P_{k_1 k_2 k_3 \ldots}^n$. We shall extend to the general case a method due to Cauchy whose application to the particular case (II) of section 3 is well known (e.g. (3), p. 67).

Arrange the n objects considered in linear order (along a straight line, in equidistant points if you wish). By $k-1$ intermediate points we cut this arrangement into k 'segments'. Each of the first k_1 segments contains s_1 objects, each of the following k_2 segments contains s_2 objects, and so on. Let a graph correspond to each segment: to each of the first k_1 segments a graph of the first admissible structure, to each of the next k_2 segments a graph of the second admissible structure, and so on. The points of each graph are numbered. Now put the objects of each segment consecutively onto the consecutively numbered points of the corresponding graph. We thus obtain one of the partitions whose total number $P_{k_1 k_2 k_3 \ldots}^n$ we have to find.

Yet several of the $n!$ possible linear arrangements (permutations) of the n objects may yield the same partition, for two reasons.

(I) The first structure is not changed by the g_1 permutations of its characteristic group, and similarly for the other structures. Therefore, $g_1^{k_1} g_2^{k_2} g_3^{k_3} \ldots$ different arrangements of the n objects yield the same partition into structured classes.

(II) It is immaterial in which order the first k_1 structured subsets are obtained, and similarly for the next k_2 subsets, and so on. Therefore, $k_1!\, k_2!\, k_3! \ldots$ different arrangements of the n objects yield the same partition into structured classes.

Yet (I) and (II) exhaust the ways in which different arrangements may yield the same partition of the kind considered; moreover, (I) and (II) combine independently. Therefore,

$$P_{k_1 k_2 k_3 \ldots}^n = \frac{n!}{g_1^{k_1} g_2^{k_2} g_3^{k_3} \ldots k_1!\, k_2!\, k_3! \ldots}. \tag{6}$$

On the other hand, by using (1), (3), (4), (5) and (6), we obtain

$$\begin{aligned}
e^{v\psi(x)} &= \exp\left(\frac{vx^{s_1}}{g_1}\right) \exp\left(\frac{vx^{s_2}}{g_2}\right) \exp\left(\frac{vx^{s_3}}{g_3}\right) \ldots \\
&= \sum_{k_1} \frac{v^{k_1} x^{k_1 s_1}}{g_1^{k_1} k_1!} \sum_{k_2} \frac{v^{k_2} x^{k_2 s_2}}{g_2^{k_2} k_2!} \sum_{k_3} \frac{v^{k_3} x^{k_3 s_3}}{g_3^{k_3} k_3!} \ldots \\
&= \sum_{n,k} x^n v^k \sum_{(k)} \frac{1}{g_1^{k_1} g_2^{k_2} g_3^{k_3} \ldots k_1!\, k_2!\, k_3! \ldots} \\
&= \sum_{n,k} x^n v^k \sum_{(k)} \frac{P_{k_1 k_2 k_3 \ldots}^n}{n!} \\
&= 1 + \sum_{n=1}^{\infty} \sum_{k=1}^{n} P_k^n \frac{x^n v^k}{n!}
\end{aligned}$$

which proves (2).

6. By comparing the coefficient of v on both sides of (2) we find

$$\psi(x) = P_1^1 \frac{x}{1!} + P_1^2 \frac{x^2}{2!} + P_1^3 \frac{x^3}{3!} + \ldots. \tag{7}$$

It is possible to prove directly (by the simplest case of the argument of section 5) that the two expressions (1) and (7) of $\psi(x)$ are equivalent and hence obtain another proof of (2).

7. In cases (I), (II), and (III) of section 4 the polynomial

$$P_1^n z + P_2^n z^2 + \ldots + P_n^n z^n$$

has the property that all its zeros are real for $n = 1, 2, 3, \ldots$, but it does not have this property in the case (V); whether it has or has not this property in the case (IV) I have not yet decided. Is there a simple general rule?

REFERENCES

(1) PÓLYA, G. and SZEGÖ, G. *Problems and theorems in analysis* (vol. I). Springer (1972).
(2) PÓLYA, G. *Acta Math.* **68** (1937), 145–254.
(3) RIORDAN, J. *An introduction to combinatory analysis* (Wiley, 1958).

Reprints of Papers on Teaching and Learning in Mathematics

ON PATTERNS OF PLAUSIBLE INFERENCE

G. Pólya

Considerations on heuristic reasoning are not a novelty among mathematicians. Occasional remarks on such reasoning appear here and there, for example in the writings of Euler, and a few other authors seem to have devoted more than passing thought to the subject, for example Leibnitz, Laplace, and Bolzano. The following lines comment on the possibility of making a more concrete and more systematic study of heuristic reasoning - a study which could be termed "heuristic logic" or the "logic of plausible inference".

The rather healthy first reaction of most mathematicians to such beginnings is: "Just empty talk." Such a reaction may be too healthy, never sicklied o'er with the pale cast of thought. A mathematical friend, however, who devoted some reflection to the question "What is mathematics?" may regard with forbearance the present essay.

Examples. A new branch of study that has no fixed terminology must rely on examples. We would need many examples indeed to give a sufficiently broad empirical basis to our study, but here, for lack of space, we must be satisfied with just one. The author may be excused for choosing as example a recent investigation in which he had himself a share. We shall examine the following conjecture:

A. Symmetrization decreases the capacity.

We are here primarily concerned with certain heuristic arguments in favor of this conjecture and not with its precise mathematical content. Therefore, the reader is under no obligation to care for more than an intuitive approximative understanding of the concepts involved. Capacity means electrostatic capacity of a solid; it depends on the shape and size of the solid. For instance, the capacity of a sphere is numerically equal to its radius. Symmetrization is a certain geometric transformation of a solid S into another solid S'. To specify this transformation we must give a plane Π and conceive S as consisting of straight line-segments or "matches", perpendicular to the given plane Π. If we push each "match" along its own direction into a position in which it is bisected by Π, then these "matches" in their new position form S', a solid symmetrical to Π. Our conjecture is that S', the solid obtained from S by symmetrization, has a capacity which is less (not greater) than that of S.

The proof of our conjecture A is far from being immediate. We cannot hope to obtain a rigorous proof without a long search and persistent attempts, and in our search for a demonstration we must be supported by a belief which is not based on demonstration. Such belief could be purely personal, unreasoned, and its motives could even be inexpressible in clear language. Yet, in the present case, as in many others, it is possible to adduce certain facts which, while not proving at all our conjecture, yield some reasonable ground for believing it.

Any conjecture, of course, must have been suggested to its originator by somehow related ideas (special cases, analogies, etc.) although, perhaps, at the moment of conceiving the conjecture those ideas were not clearly and explicitly present. Therefore, it may be useful to begin the investigation of our conjecture with recalling related facts and trying to make explicit the underlying ideas. In this connection the following known proposition may occur to us (discovered by Jakob Steiner, the inventor of symmetrization):

B. Symmetrization leaves the volume unchanged and decreases the area of the surface.

The second part of this statement is similar in form to our conjecture A. Yet statement B has been proved to be true. This fact, by analogy, adds to the plausibility of our conjecture A. The increase in plausibility is but slight if we do not see any connection between the capacity of a solid and the area of its surface. If, however, we see or suspect some such connection, our argument from analogy may gather weight.

At this juncture, it may occur to us that there is, indeed, a certain parallelism between capacity and area as expressed by the following known propositions. (The first was discovered by Poincaré and completely proved by G. Szegö, the second is classical):

C. Of all solids with a given volume, the sphere has the minimum capacity.

D. Of all solids with a given volume, the sphere has the minimum surface.

Now the statements A, B, C and D form a sort of proportion: A is so related to B as C is to D. Yet B, C and D are known to be true, and this enhances the plausibility of our conjecture A. It may be perhaps even better to emphasize another form of the proportion: A is so related to C as B is to D. Now D, the "isoperimetric" property of the sphere, can be derived from B, the basic property of symmetrization (Steiner invented symmetrization for this purpose.) Thus C, Poincaré's theorem, could be derived from our conjecture A. An important consequence of our conjecture turned out to be true, and this again enhances our belief in conjecture A.

Conjectures often arise from suggestive special cases. It may be useful to investigate those special cases more closely and add further special cases. In fact, our conjecture might be wrong and it could be disproved by a special case in which it is manifestly wrong. If we wish to approach our conjecture A from this side, we have to find a pair of solids, S and S', such that (1) S goes over into S' by symmetrization with respect to some appropriate plane and (2) we can compute the capacity both for S and for S'. As there are only a few solids of which the capacity can be computed in sufficiently explicit form, the second condition is not too easy to fulfill. There are, however, a few accessible examples. We find indeed:

E. *Symmetrization changes any ellipsoid into another with smaller capacity.*

F. *A hemisphere with radius r has the capacity*

$$2(1 - 1/\ 3)r = .84530\ r$$

and is changed by symmetrization with respect to the plane of its bounding circle into an oblate spheroid with capacity

$$r 3\sqrt{3}/\ 2\pi = .82699 r.$$

G. *The solid consisting of two equal spheres in contact, of radius r, has the capacity*

$$r\ 2 \log 2 = 1.38629\ r$$

and is changed by symmetrization with respect to the common tangent plane of the two spheres into a prolate spheroid with capacity

$$r \sqrt{3}/\ \log(2+\sqrt{3}) = 1.31519\ r.$$

Thus, three successive attempts to explode our conjecture A

have failed; A has been verified in three rather different special cases, the first of which is rather extensive, and so our confidence in A came out strengthened from these tests.

The facts adduced in the foregoing, B, C, D, E, F and G, yield rather clear heuristic reasons in favor of A. Yet our belief may be also guided by other facts which are less clearly connected with the conjecture. For instance, we may compare with our conjecture an essential point from an investigation of R. Courant:

H. The gravest tone of a membrane is decreased by a certain geometric operation which although not a symmetrization in the sense defined above, makes the membrane symmetrical with respect to an axis.

The analogy of this fact to our conjecture is slender and, correspondingly, only a rather slender increase in confidence results from recalling it. Nevertheless, the fact recalled might prove extremely valuable in leading to more and more connected facts which eventually might suggest a proof of the conjecture.

In fact, conjecture A has been proved.[1] This, however, is beside the point: a heuristic argument may be perfectly reasonable and legitimate today even if it speaks in favor of a conjecture that will be definitely exploded tomorrow. It is a little more to the point that all the previously mentioned heuristic arguments in favor of A, and many others, have been actually considered in course of the research that eventually led to the demonstration of A.

2. Patterns. Demonstrative logic which at present can, more

1) G. Pólya and G. Szegö, Inequalities for the capacity of a condenser, American Journal of Mathematics 67 (1947), pp. 1-32.

or less, be regarded as a branch of mathematics had a different aspect in its beginnings. It began with isolating from the uninterrupted flow of ordinary speech and reasoning certain simple patterns of demonstrative argument such as the various forms of syllogism or the two types of the so-called "hypothetical syllogism", the "destructive" and the "constructive" type ("modus tollens" and "modus ponens"). These latter are of interest for us; we can write them in the form:

Modus tollens:	Modus ponens:
$A \longrightarrow B$	$A \longleftarrow B$
B false	B true
A false	A true

We have used here familiar abbreviations. The arrow $\longrightarrow$ stands for the word "follows". The first line (first premiss) of the modus tollens should be read thus: "from A follows B", and the first premiss of the modus ponens thus: "A follows from B". The arrow is directed from antecedent to consequent so that the two formulas $P \longrightarrow Q$ and $Q \longleftarrow P$ mean exactly the same thing. The horizontal line stands for the word "therefore" and expresses that the two premisses, printed over it, imply the conclusion, printed under it.

If we can construct at all some sort of heuristic logic, we must start somewhere constructing it, and we may have some chance of success if we follow the footsteps of demonstrative logic and begin with abstracting simple patterns of plausible reasoning from the common practice of mathematicians and non-mathematicians. In order to do so, we have to visualize the following general situation, exemplified in the foregoing section.

We are examining a conjecture A which may or may not be

mathematical. That is, we have clearly stated a proposition A, but we do not know yet whether A is true or false, and we wish to decide which is the case; we wish to prove A or disprove it. If a direct attack on A fails, we may be led to attacking it indirectly, that is, to examining other propositions B, C, D,...connected with A of which we possibly could gain some information about A. The information that we obtain from investigating B, C, D,.... may be certain and demonstrative or only plausible and heuristic. - We shall consider now two particularly simple cases.

(I) Examining a consequence. We hit upon a consequence of A, a proposition B linked to A by $A \longrightarrow B$. If B appears more accesible than A, we may start examining B. The examination may succeed and then we obtain one of two possible results.

We may find that B is false. Then we can conclude demonstratively, by "modus tollens", that also A is false.

We may find, however, that B is true. Then there is no demonstrative conclusion: The antecedent A could be false although its consequent B turned out to be true. There is, however, a heuristic conclusion: The verification of the consequence B can obviously not render A less credible, only more credible. This inference which we can not help drawing fits a pattern:

From A follows B
Now B turned out to be true
This renders A more credible.

(II) Examining a possible ground. We hit upon a possible ground for A, a proposition B linked to A by $A \longleftarrow B$. If B appears more accessible than A, we may examine B. In case of success, there are only two possible results.

B may turn out to be true. Then we can conclude demonstratively, by "modus ponens", that also A is true.

B may turn out to be false, however. Then there is no demonstrative conclusion: the consequent A could be still true although its antecedent B turned out to be false. There is, however, a heuristic conclusion: B, a possible ground for A has been withdrawn, the position of A appears impaired, we can scarcely avoid drawing the conclusion that exploding B has rendered A <u>less credible</u>. This inference fits a pattern:

A follows from B

Now B turned out to be false

This renders A less credible.

Thus, we have found two patterns of plausible inference which form a sort of proportion with "modus tollens" and "modus ponens". They can be stated shortly, with similar abbreviations, as follows.

I. Verifying a consequence:

$A \longrightarrow B$

B true

A more credible

II. Exploding a possible ground:

$A \longleftarrow B$

B false

A less credible

These two patterns have conclusions which, viewed from the standpoint of demonstrative logic, appear vague or simply meaningless. "More credible" and "less credible" are qualifications with which demonstrative logic cannot be concerned, although they are understood by everyone and heuristic logic cannot dispense with such qualifications. Yet, remarkably enough, the premisses of our heuristic patterns are completely understandable on the level of demonstrative logic. In fact, the four premisses of our two heuristic patterns are jointly the same as the four premisses of the two demonstrative patterns considered above, the "modus tollens" and "modus ponens"; these premisses, of course, must be differently combined in order to yield conclusions so different as we obtained in the demonstrative and the heuristic patterns.

Of the two heuristic patterns, pattern I is more important; it constitutes the crudest, but perhaps the most fundamental form of inductive inference. It seems that more refined forms of such inference of necessity introduce some qualification into the premisses that cannot be expressed on the level of purely demonstrative logic. Pattern I expresses, what seems to be mere common sense, that the verification of any consequence of a conjecture yields some evidence for that conjecture. Yet the strength of such evidence varies greatly with the nature of the consequence and the circumstances of its verification. The consequence verified can be surprising and unlikely or confidently expected from the start; it may be very different from other hitherto verified consequences or very similar to them; and, accordingly, its verification may be judged as strong or weak inductive evidence. The following patterns express more clearly what we have just said.

III. More or less likely consequence:

$$\frac{\begin{cases} A \rightarrow B \\ B \text{ likely} \end{cases} \quad B \text{ true}}{A \text{ a little more credible}} \qquad \frac{\begin{cases} A \rightarrow B \\ B \text{ unlikely} \end{cases} \quad B \text{ true}}{A \text{ much more credible}}$$

IV. Consequence more or less different from formerly verified:

$$\frac{\begin{cases} A \rightarrow B, \ A \rightarrow C, \ A \rightarrow D \\ B, C \text{ true} \\ D \text{ very similar to } B, C \end{cases} \quad D \text{ true}}{A \text{ a little more credible}} \qquad \frac{\begin{cases} A \rightarrow B, \ A \rightarrow C, \ A \rightarrow D \\ B, C, \text{ true} \\ D \text{ very different from } B, C \end{cases} \quad D \text{ true}}{A \text{ much more credible}}$$

In pattern III as in pattern IV the first premiss (marked by a brace) is a compound statement and has a "vague" component (emphasized by italics) which is not understandable on the level of purely demonstrative logic. This vague component is susceptible of degrees, and when its degree varies, the strength of the conclusion varies correspondingly. Two cases of each pattern are presented, corresponding to two different degrees in the variable component of the first premiss, in order to indicate the sense of variation in the conclusion.

Pattern IV, as presented, considers two consequences, B and C, verified before the consequence specially considered, D. There is, of course, no particular virtue in the number 2 which was chosen just for the sake of concreteness and could be replaced by 1 or 3 or 4 or by a general n .

There are still other patterns of heuristic inference, but only one more should be mentioned here. It involves the idea of "analogy" which has no proper place in purely demonstrative logic, but which we cannot miss in dealing reasonably with any conjecture, mathematical or non-mathematical.

V. From analogy:

A analogous to B	A analogous to B
B true	B false
A more credible	A less credible

3. Comments. The first section of this essay discussed an example of inductive mathematical research. Non-mathematicians, especially philosophers, have no idea of the possibility of such research, although mathematicians realize sometimes that in certain branches of mathematics, especially in the theory of

numbers, this kind of research is feasible. With some attention, we may see that inductive reasoning plays an essential role in the discovery of new mathematical facts, and that such reasoning is essentially similar to inductive reasoning in the natural sciences. Realizing this, would have been enough in itself to protect certain philosophers and logicians from certain mistaken views on inductive reasoning.

The second section presented some patterns of plausible inference which we could also call "heuristic syllogisms". These patterns could be properly and profusely illustrated by inductive research in mathematics, by such research in the other sciences, and by usual common sense reasoning in the ordinary course of affairs. These patterns have not been sufficiently explained nor sufficiently illustrated here, although certain notions involved (similarity, analogy, likelihood, credibility) need a thorough discussion. I think, however, that the foregoing presentation, considered in connection with the examples of the first section, has at least a fair chance to convey the right meaning to the unprejudiced reader. I hope also that the reader, having realized the meaning of these patterns, will find that they express only the common sense attitude of normally intelligent people, that they express a reasonable attitude, his own attitude.

The formulation of the above patterns is but a first step in a closer study of heuristic, plausible reasoning. I do not think that hints about further steps would be very useful at this moment, and I equally refrain from conjectures about the influence that such study may have on the many-sided philosophical controversy about induction. I am inclined to believe that "inductive logic" should be merged into a larger domain which could be called the "logic of plausible inference". And I strongly feel that, in the present phase of development, the most promising study of plausible inference is one that relies mainly on abstraction from examples, and that the best examples can be found in inductive mathematical research and in other procedures of mathematical discovery.

GENERALIZATION, SPECIALIZATION, ANALOGY*

GEORGE PÓLYA, Stanford University

My personal opinion is that the choice of problems and their discussion in class must be, first and foremost, *instructive.* I shall be in a better position to explain the meaning of the word "instructive" after an example. I take as an example the proof of the best known theorem of elementary geometry, the theorem of Pythagoras. The proof on which I shall comment is not new; it is due to Euclid himself (*Elements* VI, 31).

1. We consider a right triangle with sides a, b and c, of which the first, a, is the hypotenuse. We wish to show that

$$a^2 = b^2 + c^2. \tag{1}$$

This aim suggests that we describe squares on the three sides of our right triangle. And so we arrive at the not unfamiliar part I of our compound figure.

* Presented at the summer meeting of the Mathematical Association of America, New Haven, Conn., September 1, 1947.

(The reader should draw the parts of this figure as they arise, in order to see it in the making.)

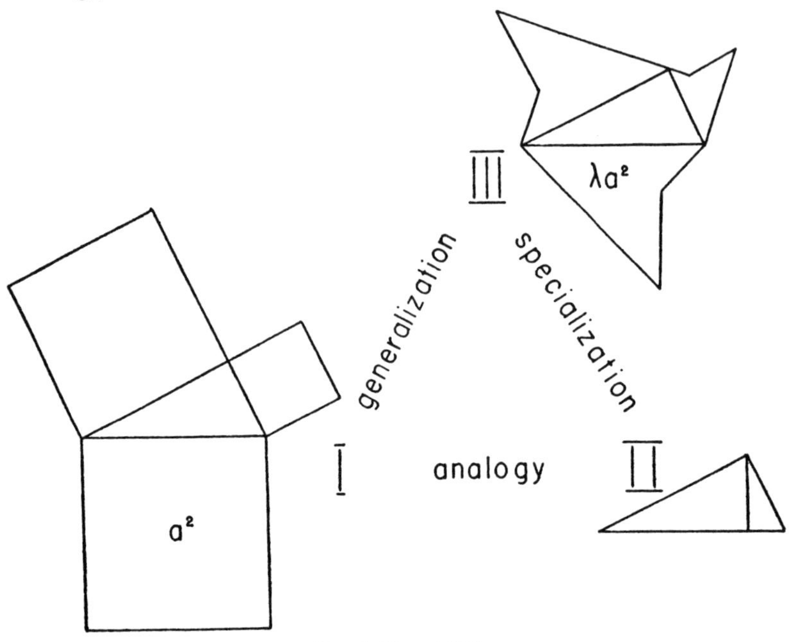

Fig. I, II and III

2. Discoveries, even very modest discoveries, need some remark, the recognition of some relation. We can discover the following proof by observing the *analogy* between the familiar part I of our compound figure and the scarcely less familiar part II: the same right triangle that arises in I is divided in II into two parts by the altitude perpendicular to the hypotenuse.

3. Perhaps, you fail to perceive the analogy between Figures I and II. This analogy, however, can be made quite explicit by a common *generalization* of I and II which is expressed by Figure III. There we find again the same right triangle, and on its three sides three polygons are described which are similar to each other but arbitrary otherwise.

4. The area of the square described on the hypotenuse in Figure I is a^2. The area of the irregular polygon described on the hypotenuse in Figure III can be put equal to λa^2; the factor λ is determined as the ratio of two given areas. Yet then, it follows from the similarity of the three polygons described on the sides a, b and c of the triangle in Figure III that their areas are equal to λa^2, λb^2 and λc^2, respectively.

Now, if the equation (1) should be true (as stated by the theorem that we wish to prove), then also the following would be true:

$$\lambda a^2 = \lambda b^2 + \lambda c^2. \tag{2}$$

In fact, very little algebra is needed to derive (2) from (1). Now, (2) represents a *generalization* of the original theorem of Pythagoras: *If three similar polygons are described on the three sides of a right triangle, the one described on the hypotenuse is equal in area to the sum of the two others.*

It is instructive to observe that this generalization is *equivalent* to the special case from which we started. In fact, we can derive the equations (1) and (2) from each other, by multiplying or dividing by λ (which is, as the ratio of two areas, different from 0).

5. The general theorem expressed by (2) is equivalent not only to the special case (1), but to any other special case. Therefore, if any such special case should turn out to be obvious, the general case would be demonstrated.

Now, trying to *specialize* usefully, we look around for a suitable special case. Indeed Figure II represents such a case. In fact, the right triangle described on its own hypotenuse is similar to the two other triangles described on the two legs, as is well known and easy to see. And, obviously, the area of the whole triangle is equal to the sum of its two parts. And so, the theorem of Pythagoras has been proved.

6. I took the liberty of presenting the foregoing reasoning so broadly because, in almost all its phases, it is so eminently instructive. A case is instructive if we can learn from its something applicable to other cases, and the more instructive the wider the range of possible applications. Now, from the foregoing example we can learn the use of such fundamental mental operations as generalization, specialization and the perception of analogies. There is perhaps no discovery either in elementary or in advanced mathematics or, for that matter, in any other subject that could do without these operations, especially without analogy.

The foregoing example shows how we can ascend by generalization from a special case, as from the one represented by Figure I, to a more general situation as to that of Figure III, and redescend hence by specialization to an analogous case, as to that of Figure II. It shows also the fact, so usual in mathematics and still so surprising to the beginner, or to the philosopher who takes himself for advanced, that the general case can be logically equivalent to a special case. Our example shows, naively and suggestively, how generalization, specialization and analogy are naturally combined in the effort to attain the desired solution. Observe that only a minimum of preliminary knowledge is needed to understand fully the foregoing reasoning. And then we can really regret that mathematics teachers usually do not emphasize such things and neglect such excellent opportunities to teach their students to think.*

---

* The author's views are presented more fully in his booklet, *How to Solve It* (Princeton, 5th enlarged printing 1948). For more about generalization, specialization and analogy see the sections starting on pp. 97, 164 and 37.

PRELIMINARY REMARKS ON A LOGIC OF PLAUSIBLE INFERENCE

1. Introduction

In order to accomplish anything in the space at our disposal, we must restrict ourselves to a clearly circumscribed, not too general problem.

We wish to clarify the nature of the theory of probability. There are two conceptions of this theory which certainly deserve careful consideration. Seen from the first viewpoint, the theory of probability appears as the theory of a certain kind of observable phenomena, the *theory of random mass phenomena*, and probability itself as the *theoretical counter-part of long-run relative frequency*. Seen from the second viewpoint, the theory of probability appears as the *logic of plausible inference* and probalility as the *degree of reasonable belief*. It would take up too much space to go beyond these slogans and to characterize the two standpoints more closely. We may observe, however, that the first standpoint is essentially that of R. von Mises, the second that of J. M. Keynes.

Those acquainted with the applications of the Calculus of Probability can scarcely doubt that it can usefully serve as a theory of random mass phenomena. The claim of the adherents of the second viewpoint is (or should be) that the calculus of probability can do more: taken as it is, or reasonably expanded, it can also serve as a logic of plausible inference.

Is this claim justified? This question seems to be the most controversial in current philosophical discussions of probability, and it certainly deserves a high degree of interest. I prefer not to add one more shade of opinion to all the nuances which appear in the answers already given, but I wish instead to ask some preliminary questions, some « questions préalables »: Has the « logic of plausible inference » any tangible object at all? Is there such a thing as plausible inference on some objective, impersonal level? And if there is such a kind of inference, does it have general marks of validity, independent of the particular object of application?

Again, I do not wish to put my personal opinion into the foreground, nor do I wish to hide it, but I prefer to suggest it through carefully selected examples. My opinion should be taken for what it is worth, but my examples may inject some new blood into a somewhat repetitious philosophical discussion, and may be of some value to the sincere advocate of any opinion provided that he wishes to base his opinion upon the analogy of observable facts and not merely upon some traditional verbalism or traditional formalism.

2. A first source of examples: Inductive research in mathematics

The term « induction » is used here in the meaning familiar to naturalists and not in the meaning which is usual in mathematics. Non-mathematical induction plays an important rôle in mathematical research. As this is not widely enough known, a concrete example of the simplest kind may be useful.

I assume here that the reader does not know the story, or at least not the whole story, of the following conjecture, due to Goldbach: *Any even number which is not a prime itself, is the sum of two primes.* (The primes are 2, 3, 5, 7, 11,... .The number 1 is not regarded as a prime, and the only even prime number, 2, is set apart by the above formulation.) At any rate, the reader is invited to judge for himself the merits of Goldbach's conjecture, in the light of the evidence which he can derive from the following table:

$4 = 2 + 2$	$10 = 3 + 7 = 5 + 5$	$16 = 3 + 13 = 5 + 11$
$6 = 3 + 3$	$12 = 5 + 7$	$18 = 5 + 13 = 7 + 11$
$8 = 3 + 5$	$14 = 3 + 11 = 7 + 7$	$20 = 3 + 17 = 7 + 13$

As this table shows, no even number between 4 and 20 contradicts Goldbach's conjecture. since each such number is the sum of two primes at least in one way. 'Is this mere coincidence, or are the cases before us a fair indication of a general law? If the reader thinks that these few cases do not afford sufficient evidence for or against the conjecture, he may take the next even number 22, then 24, and so on, or he may try some larger number.

Let us take the number 60. It is even, but is it the sum of two primes? Is it true that

$$60 = 3 + \text{prime?}$$

No, 57 is not a prime. Is

$$60 = 5 + \text{prime?}$$

The answer is again « No »: 55 is not a prime. If it goes on in this way, the conjecture will be exploded. Yet the next trial yields

$$60 = 7 + 53$$

and 53 is a prime. The conjecture has been verified in one more case.

The contrary outcome would have settled the fate of Goldbach's conjecture once and for all. If, trying all primes under a given even number, such as 60, you never arrive at a decomposition into a sum of two primes, you thereby explode the conjecture irrevocably. Having verified the conjecture in the case of the even number 60, you can not reach such a definite conclusion. You certainly do not prove the theorem by a single verification. It is natural, however, to interpret such a verification as a *favorable sign*, speaking for the conjecture, although, of course, it is left to your personal judgement how much weight you attach to this favorable sign.

Plausible conclusions of this kind, but usually of a more complex and more sophisticated nature, play an important rôle in the creative work of mathematicians.

A standard procedure of experimental science consists in testing the particular consequences of a general conjecture and judging of the conjecture according to the results of the tests. This procedure is widely used also in mathematics, but not as a procedure of demonstration, of course, only as a procedure of discovery. The mathematical domain yields particularly clear and instructive examples of the procedure [1].

3. A second source of examples: Inventive reasoning

Anybody who has spent some time and effort in acquiring a certain skill in solving problems (mathematical problems, chess problems, crossword puzzles, or any other sort of problem) is familiar with the coming of a « bright idea ». The appearance of such an idea may be quite impressive. After a period of hesitation, or after intensive work without appreciable progress, or even after a longer or shorter interruption of our work, we suddenly and unexpectedly see a new face of our problem, our whole conception of it is reshuffled, we know what to do, a sort of plan emerges, and we have the feeling that now we are « on the right track ». « Ça va marcher! »

The emerging plan is usually incomplete, often sketchy. Thus, in a chess problem the plan may be to block, first of all, a certain inconspicuous but dangerous move of the black king — we do not yet know quite how. In a crossword puzzle the plan may be to disregard the jumbled literal meaning of the clue that defines a certain word and to seek rather an anagram of certain words occurring in that clue. Plans concerning mathematical problems are more instructive and more serious, but to explain them would require more space, and also more effort both from the reader and from the writer.

We have, of course, great confidence in our inspiration, and so in our plan, but we know, if we are not very naive, that its success is by no means

[1] For further examples see [1] and [3]. (Numbers in brackets refer to the short list of papers at the end of the present paper.)

certain. The expectation that our plan will succeed is, in fact, a mere *conjecture.* Therefore, we look anxiously for *signs and indications* — as Columbus and his crew may have looked for signs of approaching land.

My task is to compute a certain physical quantity associated with a given curve (the torsional rigidity of a homogeneous and isotropic elastic cylinder with a given cross-section, for instance; the reader need not know the exact meaning of these terms). I have been lucky enough to have a first idea and I see, more or less clearly, a procedure that may lead to my objective. I do not quite know whether the procedure will work or not, and I am rather uncertain whether it is justified. Yet I hope for the best, go ahead, and arrive at a formula. Although the formula looks jumbled, I can see that it yields the correct result in the case of a circle. This observation strengthens appreciably my confidence in the method. If I knew that the formula yielded a correct result also in the case of an ellipse, my confidence would be still more strengthened. I may feel so strongly about this point that I settle down to work out my formula for an ellipse.

Work aimed at the solution of a proposed problem often resembles the work of a scientist who tries to elucidate a conjecture by testing its various consequences. Seeking the solution, we conceive a plan, that is, we conjecture that we can arrive at the solution by following a certain course. Examining the possibilities of our plan, or taking the first hesitating steps towards carrying it out, we are constantly on the lookout for observations which could confirm or refute it, and our confidence in our plan rises or falls according to the results of such observations [1].

4. A simple pattern of plausible inference

We begin with an example.

I was scheduled to leave the night train at N. This was a little place which I scarcely knew, although I have seen it once or twice before. I remembered, however, that the train passes N. shortly after M., which is a somewhat larger town and much more familiar to me. It was late, I was sleepy, and I noticed only dimly the station M. Nevertheless, I prepared for getting out. I asked a fellow passenger about the next stop and he believed it would be N. I looked at my watch, and it was about the time scheduled for arrival there. Unfortunately, there was no conductor near who could have given more definite information and so I was a little uncertain and apprehensive when I left the train at the next stop and found a deserted and dark station which I was unable to recognize. Farther away, there were lights, and I took a few steps

[1] For further examples see [2], especially p. 213-214.

toward them. Doing so, I perceived something dark and high that looked familiar; it looked like a watertank, perched on high poles, the ugliness of which had irritated me slightly on one of my former visits. At this moment my apprehension vanished and I had no doubt that the lights ahead were on the Main Street of N. which turned out to be actually the case.

What is the point in telling such a trivial story? It illustrates a typical mode of reasoning. The traveler in our story has a conjecture (that a certain stop is N.) and he examines anxiously every observation that could be taken as a sign indicating the correctness, or incorrectness, of his conjecture. He acts as the scientist who examines a conjectural general law by testing its consequences, or the problem-solver who examines a plan of the solution. All three cases are similar: *plausible inferences concerning a certain conjecture are drawn from appropriate observations.* The scientist, the problem-solver and the traveler act according to the same pattern. We wish to make explicit the simplest pattern of this kind, which is a single step in the composite pattern just exemplified.

In section 2, we were concerned with a conjectural mathematical statement (Goldbach's conjecture) which we shall call « the statement $\underline{A}$ ». Let us recall, however, what the statement was:

A. *Any even number greater than 2 is a sum of two primes.*

We examined several particular cases of $\underline{A}$. Let us call one particular case of $\underline{A}$, for instance that concerned with the even number 60, the statement $\underline{B}$. The meaning of this abreviation is:

B. *The number 60 is a sum of two primes.*

Of course, $\underline{B}$ is a consequence of $\underline{A}$; the general statement $\underline{A}$ implies its particular case $\underline{B}$. Thus, if $\underline{B}$ turns out to bo false, $\underline{A}$ must also be false. This is completely clear. We have here an elementary and classical pattern of reasoning, the « modus tollens » of the so-called hypothetical syllogism:

$$\begin{array}{c} \underline{A} \text{ implies } \underline{B} \\ \underline{B} \text{ false} \\ \hline \underline{A} \text{ false} \end{array}$$

The horizontal line, separating the two premisses from the conclusion, stands as usual for the word « therefore ». We have here *demonstrative inference* of a well known type.

On the other hand, if $\underline{B}$ turns out to be true, there is no logical conclusion having the force of a demonstration. If 60 turns out to be a sum of two primes, the general statement $\underline{A}$ is certainly not refuted, but it is not proved either — it only becomes somewhat more credible. We have here the following pattern of *plausible inference:*

$$\frac{\begin{array}{l}\underline{A} \text{ implies } \underline{B} \\ \underline{B} \text{ true}\end{array}}{\underline{A} \text{ more credible}}$$

The horizontal line stands again for « therefore ». Let us call this pattern of reasoning a *heuristic syllogism.* The acceptance of this name should not prejudice us as to the value of the pattern of reasoning described by the name. We have still to examine this pattern thoroughly and, first of all, to consider further examples.

Let us take the case of everyday behavior described at the beginning of the present section. The passenger preparing to leave the train has the following conjecture:

A. *The next stop is that place N.*

The train slows down and the passenger knows that is it due in N. at 12 : 08 A. M. Therefore, his attention falls on the next statement.

B. *The time is now a few minutes past midnight.*

He knows, of course, even if he does not care to state it, that $\underline{A}$ implies $\underline{B}$, not absolutely, but with some margin of uncertainty, and he looks nervously at his watch. If $\underline{B}$ is quite wrong, his confidence in $\underline{A}$ will be badly shaken. If $\underline{B}$ is approximately true, his confidence in A will be boosted. With an «à peu près» inevitable at our present level of abstraction, such changes in confidence conform to the two patterns displayed above, to the two syllogisms, the demonstrative and the heuristic.

Finally, let us discuss inventive reasoning. Now we are concerned with some such conjecture as the following:

A. *My method leads to the correct result for any closed curve.*

I observe:

B. *My method yields the correct expression in the case of a circle.*

Obviously, $\underline{A}$ implies $\underline{B}$. The problem-solver sees in the truth of $\underline{B}$ an encouraging sign; he is now more inclined to believe $\underline{A}$ than he was before. Doing so, he concludes exactly according to the pattern of heuristic syllogism displayed above [1].

[1] The same pattern is discussed also in [2], p. 220-224, and other patterns are mentioned in [3].

5. Desiderata

I hope that the foregoing examples have a reasonable chance of not being misunderstood. Unfortunately, I can hardly say as much about the chances of the following opinions, but I state them nevertheless.

I. *A reasonable theory of inductive procedures should be broad enough to include the applications of such procedures in mathematics.* Not including heuristic inductive reasoning about mathematical subjects would reject an obvious analogy and deprive the theory of its clearest, and perhaps most instructive, examples. Including such examples may cause some embarrassement, but only to false theories. If somebody wishes to stick to the theory that induction is based on the notion of causality, he will, of course, strenuously object to mathematical examples, to which causality is obviously irrelevant.

II. *A reasonable theory of plausible inference should include the « heuristic syllogism ».* Having spent some time in collecting examples of heuristic reasoning from as widely different domains as I could approach, I do not know of any pattern of plausible reasoning that would be more universally accepted or more universally applicable.

III. *It would be desirable to construct a theory of plausible inference, with or without the formalism of the calculus of probability or some extension of this formalism, in which it is not possible to give a numerical value to the degree of credence attached to any statement considered.* In short, the logic of plausible inference, or an early chapter of such a logic, should be fully qualitative. I confess that the reasons for this desideratum are not immediately visible from the foregoing examples. I must, however, restrict myself to recalling my former remarks on this point [1].

G. Pólya.

References to former papers of the author

[1] *Heuristic reasoning and the theory of probability*, American Mathematical Monthly, v. 48, 1941, p. 450-465.

[2] *How to Solve It*, 5th printing, Princeton 1948.

[3] *On patterns of plausible inference*, Studies and Essays presented to R. Courant, 1948, p. 277-288.

[1] See [1], and also [2], p. 221-224.

Summary

It is shown by examples that inductive procedures which are commonly noticed only in the experimental sciences, are heuristically applicable also to purely mathematical questions. Similar processes are pointed out in inventive and everyday reasoning. A simple pattern of plausible inference is formulated and the bearing of these remarks on the current philosophical discussion of probability is hinted at. — G. P.

Résumé

Des exemples montrent que les procédés d'induction qu'on croit ordinairement n'exister que dans les sciences expérimentales, peuvent être appliqués heuristiquement à des questions purement mathématiques. On observe des procédés semblables aussi bien dans le travail créatif des inventeurs que dans la vie quotidienne. Un schéma simple de conclusions plausibles est formulé et la relation de ces remarques à la discussion philosophique des probabilités est indiquée. — G. P.

Zusammenfassung

Beispiele zeigen, dass inductive Verfahren, welche man gewöhnlich nur den experimentellen Wissenschaften zuschreibt, auch auf rein mathematische Fragen heuristisch anwendbar sind. Ähnliche Verfahrungsweisen sind zu beobachten sowohl im productiven Denken der Erfinder wie auch im täglichen Leben. Ein einfaches Schema plausiblen Schliessens wird aufgestellt und der Zusammenhang dieser Bemerkungen mit der philosophischen Diskussion der Wahrscheinlichkeit angedeutet. — G. P.

WITH, OR WITHOUT, MOTIVATION?*

G. PÓLYA, Stanford University

The following lines present the same proof twice, first briefly without motivation, then broadly with motivation. I think that the comparison of these two presentations may clarify a few not quite trivial points of class-room technique.

1. Deus ex machina. A mathematical lecture should be, first of all, correct and unambiguous. Still, we know from painful experience that a perfectly unambiguous and correct exposition can be far from satisfactory and may appear uninspiring, tiresome or disappointing, even if the subject-matter presented is interesting in itself. The most conspicuous blemish of an otherwise acceptable presentation is the "deus ex machina." Before further comments, I wish to give a concrete example.†

2. Example. I wish to present the proof of the following elementary, but not too elementary, theorem: *If the terms of the sequence* $a_1, a_2, a_3, \cdots$ *are nonnegative real numbers, not all equal to* 0, *then*

$$\sum_1^\infty (a_1a_2a_3 \cdots a_n)^{1/n} < e\sum_1^\infty a_n.$$

Proof. Define the numbers $c_1, c_2, c_3, \cdots$ by

$$c_1c_2c_3 \cdots c_n = (n+1)^n$$

for $n=1, 2, 3, \cdots$. We use this definition, then the inequality between the arithmetic and the geometric means, and finally the fact that the sequence defining e, the general term of which is $[(k+1)/k]^k$, is increasing. We obtain

$$\sum_1^\infty (a_1a_2 \cdots a_n)^{1/n} = \sum_1^\infty \frac{(a_1c_1a_2c_2 \cdots a_nc_n)^{1/n}}{n+1}$$

* Presented at the meeting of the Northern California Section of the Mathematical Association of America, San Francisco, January 29, 1949.

† I may be excused if I choose an example from my own work. See G. Pólya, Proof of an inequality, Proceedings of the London Mathematical Society (2) v. 24, 1925, p. LVII. The theorem proved is due to T. Carleman.

$$\leq \sum_{1}^{\infty} \frac{a_1c_1 + a_2c_2 + \cdots + a_nc_n}{n(n+1)}$$

$$= \sum_{k=1}^{\infty} a_kc_k \sum_{n \geq k} \frac{1}{n(n+1)}$$

$$= \sum_{k=1}^{\infty} a_kc_k \sum_{n=k}^{\infty} \left(\frac{1}{n} - \frac{1}{n+1}\right) \tag{1}$$

$$= \sum_{k=1}^{\infty} a_k \frac{(k+1)^k}{k^{k-1}} \frac{1}{k}$$

$$< e \sum_{k=1}^{\infty} a_k.$$

3. Motivation. The crucial point of the proof is the definition of the sequence $c_1, c_2, c_3, \cdots$. This point appears right at the beginning without any preparation, as a typical "deus ex machina." What is the objection to it?

"It appears as a rabbit pulled out of a hat."

"It pops up from nowhere. It looks so arbitrary. It has no visible motive or purpose."

"I hate to walk in the dark. I hate to take a step, when I cannot see any reason why it should bring me nearer to the goal."

"Perhaps the author knows the purpose of this step, but I do not and, therefore, I cannot follow him with confidence."

"Look here, I am not here just to admire you. I wish to learn how to do problems by myself. Yet I cannot see how it was humanly possible to hit upon your . . . definition. So what can I learn here? How could I find such a . . . definition by myself?"

"This step is not trivial. It seems crucial. If I could see that it has some chances of success, or see some plausible provisional justification for it, then I could also imagine how it was invented and, at any rate, I could follow the subsequent reasoning with more confidence and more understanding."

The first answers are not very explicit, the later ones are better, and the last is the best. It reveals that an intelligent reader or listener desires two things:

First, to see that the present step of the argument is correct.

Second, to see that the present step is appropriate.

A step of a mathematical argument is appropriate, if it is essentially connected with the purpose, if it brings us nearer to the goal. It is not enough, however, that a step *is* appropriate: it should *appear so* to the reader. If the step is simple, just a trivial, routine step, the reader can easily imagine how it could be connected with the aim of the argument. If the order of presentation is very carefully planned, the context may suggest the connection of the step with the aim. If, however, the step is visibly important, but its connection with the aim is not visible at all, it appears as a "deus ex machina" and the intelligent reader or listener is understandably disappointed.

In our example, the definition of c_n appears as a "deus ex machina." Yet this step is certainly appropriate. In fact, the argument based on this definition proves the proposed theorem, and proves it rather quickly and clearly. The trouble is that the step in question, although vindicated in the end, does not appear as justified from the start.

Yet how could the author justify it from the start? The complete justification takes some time; it is supplied by the following proof. What is needed is, not a complete, but an *incomplete justification*, a *plausible provisional ground*, just a hint that the step has some chances of success, in short, some heuristic *motivation*.

In many similar cases, the motivation can be given in a few words, but this is not always so. In some cases a plausible story of the discovery supplies an attractive motivation. Such stories are much more suitable for oral presentation than for print, but just for once I take the liberty of printing such a story, even if it is not quite short. It is almost unnecessary to remind the reader that the best stories are not true; they contain, however, some elements of truth.

4. Another presentation of the example. The theorem proved in section 2 is surprising in itself. We should be less surprised, if we would know, how it was discovered. We are led to it naturally in trying to prove the following: *If the series with positive terms*

$$a_1 + a_2 + a_3 + \cdots + a_n + \cdots$$

is convergent, the series

$$a_1 + (a_1a_2)^{1/2} + (a_1a_2a_3)^{1/3} + \cdots + (a_1a_2a_3 \cdots a_n)^{1/n} + \cdots$$

is also convergent. I shall try to emphasize some motives which may help us to find the proof.

A suitable known theorem. It is natural to begin with the usual questions.‡

What is the hypothesis? We assume that the series $\sum a_n$ converges—that its partial sums remain bounded—that

$$a_1 + a_2 + \cdots + a_n \text{ not large.}$$

What is the conclusion? We wish to prove that the series $\sum(a_1, a_2 \cdots a_n)^{1/n}$ converges—that

$$(a_1a_2 \cdots a_n)^{1/n} \text{ small.}$$

Do you know a theorem that could be useful? What we need is some relation between the sum of n positive quantities and their geometric mean. *Have you seen something of this kind before?* If you ever have heard of the inequality be-

‡ About the rôle of such questions see the author's booklet, How to Solve It, Princeton, 5th enlarged printing, 1948.

tween the arithmetic and the geometric means, it has a good chance to occur to you at this juncture:

$$(A)\qquad (a_1a_2\cdots a_n)^{1/n} \leqq \frac{a_1+a_2+\cdots+a_n}{n}.$$

This inequality shows that $(a_1, a_2\cdots a_n)^{1/n}$ is small when $a_1+a_2+\cdots+a_n$ is not large. It has so many contacts with our problem that we can hardly resist the temptation of applying it:

$$(2)\qquad \begin{aligned}\sum_{n=1}^{\infty}(a_1a_2\cdots a_n)^{1/n} &\leqq \sum_{n=1}^{\infty}\frac{a_1+a_2+\cdots+a_n}{n}\\ &= \sum_{k=1}^{\infty}a_k\sum_{n=k}^{\infty}\frac{1}{n}\end{aligned}$$

—complete failure! The series $\sum 1/n$ is divergent, the last line of (2) is meaningless.

Learning from failure. It is difficult to admit that our plan was wrong. We would like to believe that at least some part of it was right. The useful questions are: *What was wrong with our plan? Which part of it could we save?*

The series $a_1+a_2+\cdots+a_n+\cdots$ converges. Therefore, a_n is small when n is large. Yet the two sides of the inequality (A) are different when $a_1, a_2, \cdots a_n$ are not all equal, and they may be very different when $a_1, a_2, \cdots, a_n$ are very unequal. In our case, a_1 is much larger than a_n, and so there may be a considerable gap between the two sides of (A). This is probably the reason that our application of (A) turned out to be insufficient.

Modifying the approach. The mistake was to apply the inequality (A) to the quantities

$$a_1, a_2, a_3, \cdots, a_n$$

which are too unequal. Why not apply it to some related quantities which have more chance to be equal? We could try

$$1a_1, 2a_2, 3a_3, \cdots, na_n.$$

This may be the idea! We may introduce such increasing compensating factors as $1, 2, 3, \cdots n$. We should, however, not commit ourselves more than necessary, we should reserve ourselves some freedom of action. We should consider perhaps, more generally, the quantities

$$1^\lambda a_1, 2^\lambda a_2, 3^\lambda a_3, \cdots, n^\lambda a_n.$$

We could leave λ *indeterminate* for the moment, and choose the most advantageous value later. This plan has so many good features that it seems ripe for action:

$$\sum_1^\infty (a_1a_2\cdots a_n)^{1/n} = \sum_1^\infty \frac{(a_1 1^\lambda\cdot a_2 2^\lambda\cdots a_n n^\lambda)^{1/n}}{(1\cdot 2\cdots n)^{\lambda/n}}$$

$$(3) \qquad \leqq \sum_{n=1}^\infty \frac{a_1 1^\lambda + a_2 2^\lambda + \cdots + a_n n^\lambda}{n(n!)^{\lambda/n}}$$

$$= \sum_{k=1}^\infty a_k k^\lambda \sum_{n=k}^\infty \frac{1}{n(n!)^{\lambda/n}}.$$

We run into difficulties. We cannot evaluate the last sum. Even if we recall various relevant tricks, we are still obliged to work with "crude equations" (notation $\approx$, instead of $=$):

$$(n!)^{1/n} \approx ne^{-1},$$

$$\sum_{n=k}^\infty \frac{1}{n(n!)^{\lambda/n}} \approx e^\lambda \sum_{n=k}^\infty n^{-1-\lambda}$$

$$\approx e^\lambda \int_k^\infty x^{-1-\lambda}dx$$

$$= e^\lambda\lambda^{-1}k^{-\lambda}.$$

Introducing this into the last line of (3) we come very close to proving

$$(3') \qquad \sum_1^\infty (a_1a_2\cdots a_n)^{1/n} \leqq C\sum_1^\infty a_k$$

where C is some constant, perhaps $e^\lambda\lambda^{-1}$. Such an inequality would, of course, prove the theorem in view.

Looking back at the foregoing reasoning we are led to repeat the question: "Which value of λ is most advantageous?" Probably the λ that makes $e^\lambda\lambda^{-1}$ a minimum. We can find this value by differential calculus:

$$\lambda = 1.$$

This suggests strongly that the most obvious choice is the most advantageous: the compensating factor multiplying a_n should be $n^1 = n$, or some quantity not very different from n when n is large. This may lead to the simple value $C = e$ in (3′).

More flexibility. We left λ indeterminate in our foregoing reasoning (3). This gave our plan a certain *flexibility:* the value of λ remained at our disposal. Why not give our plan still more flexibility? We could leave the compensating factor that multiplies a_n quite indeterminate; we call it c_n, and we will dispose of its value later, when we shall see more clearly what we need. We embark upon this further modification of our original approach:

$$
\begin{aligned}
\sum_1^\infty (a_1 a_2 \cdots a_n)^{1/n} &= \sum_{n=1}^\infty \frac{(a_1c_1 \cdot a_2c_2 \cdots a_nc_n)^{1/n}}{(c_1c_2 \cdots c_n)^{1/n}} \\
&\leqq \sum_{n=1}^\infty \frac{a_1c_1 + a_2c_2 + \cdots + a_nc_n}{n(c_1c_2 \cdots c_n)^{1/n}} \qquad (4) \\
&= \sum_{k=1}^\infty a_kc_k \sum_{n=k}^\infty \frac{1}{n(c_1c_2 \cdots c_n)^{1/n}}.
\end{aligned}
$$

How should we choose c_n? This is the crucial question and we can no longer postpone the answer.

First, we see easily that a factor of proportionality must remain arbitrary. In fact, the sequence $cc_1, cc_2, \cdots, cc_n, \cdots$ leads to the same consequences as $c_1, c_2, \cdots, c_n, \cdots$.

Second, our foregoing work suggests that both c_n and $(c_1, c_2 \cdots c_n)^{1/n}$ should be asymptotically proportional to n:

$$c_n \sim Kn, \qquad (c_1c_2 \cdots c_n)^{1/n} \sim e^{-1}Kn = K'n.$$

Third, it is most desirable that we should be able to effect the summation

$$\sum_{n=k}^{n=\infty} \frac{1}{n(c_1c_2 \cdots c_n)^{1/n}}.$$

At this point, we need whatever previous knowledge we have about simple series. If we are familiar with the series

$$\sum \frac{1}{n(n+1)} = \sum \left(\frac{1}{n} - \frac{1}{n+1}\right)$$

it has a good chance to occur to us at this juncture. This series has the property that its sum has a simple expression not only from $n=1$ to $n=\infty$, but also from $n=k$ to $n=\infty$—a great advantage! This series suggests the choice

$$(c_1c_2 \cdots c_n)^{1/n} = n + 1.$$

Now, visibly $n+1 \sim n$ for large n—a good sign! What about c_n itself? As

$$c_1c_2 \cdots c_{n-1}c_n = (n+1)^n, \qquad c_1c_2 \cdots c_{n-1} = n^{n-1},$$

$$c_n = \frac{(n+1)^n}{n^{n-1}} = \left(1 + \frac{1}{n}\right)^n n \sim en;$$

the asymptotic proportionality with n is a good sign. And the number e arises—a very good sign!

We choose this c_n and, after this choice, we take up again the derivation (1)—with more confidence than before.

Now, we may understand how it was humanly possible to discover that definition of c_n which appeared in section 2 as a "deus ex machina." The derivation (1) became also more understandable. It appears now as the last, and the only successful, attempt in a chain of consecutive trials, (2), (3), (4) and (1). And the origin of the theorem itself is elucidated. We see now how it was possible to discover the rôle of the number e which appeared so surprising at the outset.§

5. Demonstrative conclusions and heuristic motives. The two presentations, in section 2 and in section 4, are very different. The most obvious difference is that one is short and the other long. The most essential difference is that one gives proofs and the other plausibilities. One is designed to check the *demonstrative conclusions* justifying the successive steps. The other is arranged to give some insight into the *heuristic motives* of certain steps. The demonstrative presentation follows the accepted manner, usual since Euclid; the heuristic presentation is extremely unusual in print. Yet an ambitious teacher can use both manners of exposition. In fact, he should teach his students two things:

First, to distinguish a valid demonstration from an invalid attempt, a proof from a guess.

Second, to distinguish a more reasonable guess from a less reasonable guess.

The first point is generally recognized and I need not stress it. The second point is, in my opinion, even more important, but much more subtle. If my long presentation can serve this subtle second aim to some little degree, its length is amply justified.

Of course, various transitions or compromises are possible between the two manners of presentation.** An alert teacher should be able to find out how much stress on motivation suits his audience, how much suits himself personally, and how much time he has for motivation.

I cannot omit a final remark on logic. Some authors distinguish two branches of logic, deductive logic and inductive logic. Yet these two branches differ widely. Deductive logic is a firmly established branch of science, and became in its latest development, as symbolic logic, practically a branch of mathematics. Inductive logic is an interesting subject of philosophical discussion, but can scarcely be regarded as an established science. Deductive logic is concerned with the validity of proofs. Inductive logic which I would prefer to call *heuristic logic*, in order to emphasize its wider scope, is concerned with plausible inference only. That deductive logic is closely connected with mathematics, is widely recognized; some modern authors think, that its proper object is the analysis of the deductive structure of mathematical theories. Now I come to my point: I

§ Of course, many different heuristic motives could have guided us to the same solution. Especially, we could have raised the question: "Is $C=e$ the best (smallest) value of C for which the inequality (3′) holds?" This question (to which the answer is affirmative) could have suggested further grounds for the choice of c_n. See l.c. †).

** For a presentation intermediate between section 2 and section 4 see G. H. Hardy, J. E. Littlewood and G. Pólya, Inequalities, pp. 249–250.

think that also heuristic logic is closely connected with mathematics, but not with mathematical theories and their deductive structure, rather with mathematical problems and the invention of their solution. In fact, I think that heuristic logic could make serious progress in studying such plausible motives of the solution as were emphasized in the long presentation of our example.

LET US TEACH GUESSING

par G. Pólya (Stanford, U.S.A.)

In arithmetica frequentissime per inductionem fortuna quadam inopinata veritates elegantissimae novae prosiliunt.

Gauss (Werke, v. 2, p. 3).

Instruction in mathematics is regarded, and justly so, as the best opportunity to familiarize the student with *demonstrative reasoning*. I wish to add that instruction in mathematics also affords an excellent opportunity to familiarize the student with *plausible reasoning*. In fact, I think that an ambitious teacher of mathematics should try to teach his students two things:

First, to distinguish a valid demonstration from an invalid attempt, a proof from a guess.

Second, to distinguish a more reasonable guess from a less reasonable guess.

The first point is generally recognized and I need not stress it. I wish to illustrate the second point by presenting an example of plausible (inductive) mathematical reasoning in very much the same way as I am used to present it in my classes. Of course, it is hardly possible to render faithfully in print certain shades of an oral discussion. I add two sections, trying to shed some light on the nature of inductive discovery and inductive evidence.

In presenting these simple remarks, I am led by the feeling that M. Gonseth's philosophy expresses a mental attitude that appears to me essential, but is seldom expressed: the heuristic attitude. Yet I wish to keep within the bounds of my competence and I begin with the discussion of my example.

1. AN EXAMPLE. Mathematical discovery is often based on observation and a sort of experimentation, in short, on inductive reasoning. Discoveries by induction are particularly frequent in the history of the Theory of Numbers. In order to give the reader something resembling first-hand experience in inductive mathematical research, I choose a problem that looks somewhat far-fetched but will turn out exceptionally instructive.

Let u denote a positive odd integer. Investigate inductively the number of the solutions of the equation

$$4u = x^2 + y^2 + z^2 + w^2$$

in positive odd integers x, y, z and w.

For example, if $u = 1$, whe have the equation

$$4 = x^2 + y^2 + z^2 + w^2$$

and there is just one solution

$$x = 1, \quad y = 1, \quad z = 1, \quad w = 1.$$

In fact, we do not regard

$$x = -1, \quad y = 1, \quad z = 1, \quad w = 1$$

or

$$x = 2, \quad y = 0, \quad z = 0, \quad w = 0$$

as a solution, since we admit only positive odd integers for x, y, z and w. If $u = 3$, the equation is

$$12 = x^2 + y^2 + z^2 + w^2$$

and there are exactly four solutions:

$$\begin{array}{llll} x = 3, & y = 1, & z = 1, & w = 1; \\ x = 1, & y = 3, & z = 1, & w = 1; \\ x = 1, & y = 1, & z = 3, & w = 1; \\ x = 1, & y = 1, & z = 1, & w = 3. \end{array}$$

In order to obtain real experience, the reader should determine the number of solutions for the next values $4\,u = 20, 28, \ldots 100$. I suppose the reader mature enough to do this not uninteresting arithmetic work by himself, or to realize the difference between a result obtained by his own exertions and another merely accepted on authority. Therefore, I simply note here the result: for the values

4, 12, 20, 28, 36, 44, 52, 60, 68, 76, 84, 92, 100

of $4\,u$ the indeterminate equation mentioned in our problem has

1, 4, 6, 8, 13, 12, 14, 24, 18, 20, 32, 24, 31

solutions in positive odd integers, respectively.

Now comes the real question: « What is the rule? » Is there any recognizable law, any simple connection between the odd number u and the number of different representations of $4\,u$ as a sum of four odd squares?

This question is the kernel of our problem. We have to answer it on the basis of the observations collected; it is a challenge to our faculties of observation. We are in the position of the naturalist trying to extract some rule, some general formula from his experimental data. Our experimental material available at this moment consists of two parallel series of numbers (we divide the numbers in the first of the above lines by 4):

$$\begin{array}{ccccccccccccc} 1 & 3 & 5 & 7 & 9 & 11 & 13 & 15 & 17 & 19 & 21 & 23 & 25 \\ 1 & 4 & 6 & 8 & 13 & 12 & 14 & 24 & 18 & 20 & 32 & 24 & 31\,. \end{array}$$

The first series consists of the successive odd numbers, but what is the rule governing the second series?

As we try to answer this question, our first feeling may be close to despair. That second series looks quite irregular, we are puzzled by its complex origin, we can scarcely hope to find any rule. Yet, if we forget about the complex origin and concentrate upon what is before us, there is a point easy enough to notice. It happens rather often that a term of the second series exceeds the corresponding term of the first series by just one unit. Emphasizing the cases by heavy print in the first series, we may present our experimental material as follows:

$$\begin{array}{ccccccccccccc} 1 & \mathbf{3} & \mathbf{5} & \mathbf{7} & 9 & \mathbf{11} & \mathbf{13} & 15 & \mathbf{17} & \mathbf{19} & 21 & \mathbf{23} & 25 \\ 1 & 4 & 6 & 8 & 13 & 12 & 14 & 24 & 18 & 20 & 32 & 24 & 31\,. \end{array}$$

The numbers in heavy print attract our attention. It is not difficult to recognize them: they are *primes*. In fact, they are *all* the primes in the first row as far as our table goes. This remark may appear very surprising if we remember the origin of our series. We considered squares, we made no reference whatever to primes. Is it not strange that the prime numbers play a rôle in our problem? It is difficult to avoid the impression that our observation is significant, that there is something remarkable behind it.

What about those numbers of the first series which are not in heavy print? They are odd numbers, but not primes. The first, 1, is unity, the others are composite

$$9 = 3 \times 3, \qquad 15 = 3 \times 5, \qquad 21 = 3 \times 7, \qquad 25 = 5 \times 5\,.$$

What is the nature of the corresponding numbers in the second series?

If the odd number u is a prime, the corresponding number is $u + 1$; if u is not a prime, the corresponding number is not $u + 1$. This we have observed already. We may add one little remark. If $u = 1$, the corresponding number is also 1, and so *less* than $u + 1$, but in all other cases in which u is not a prime the corresponding number is *greater* than $u + 1$. That is, the number corresponding to u is less than, equal to, or greater than $u + 1$ accordingly as u is unity, a prime, or a composite number. There is some regularity.

Let us concentrate upon the composite numbers in the upper line and the corresponding numbers in the lower line:

$$\begin{matrix} 3 \times 3 & 3 \times 5 & 3 \times 7 & 5 \times 5 \\ 13 & 24 & 32 & 31 \end{matrix} \; .$$

There is something strange. Squares in the first line correspond to primes in the second line. Yet we have too few observations; it is better if we do not attach too much weight to this remark. Still, it is true that, conversely, under the composite numbers in the first line which are not squares, we find numbers in the second line which are not primes:

$$\begin{matrix} 3 \times 5 & 3 \times 7 \\ 4 \times 6 & 4 \times 8 \, . \end{matrix}$$

Again, there is something strange. Each factor in the second line exceeds the corresponding factor in the first line by just one unit. Yet we have too few observations, we had better not attach too much weight to this remark. Still, our remark shows some parallelism with a former remark. We noticed before

$$\begin{matrix} p \\ p + 1 \end{matrix}$$

and we notice now

$$\begin{matrix} pq \\ (p + 1)(q + 1) \end{matrix}$$

where p and q are primes. There is some regularity.

Perhaps, we shall see more clearly if we write the entry corresponding to pq differently:

$$(p + 1)(q + 1) = pq + p + q + 1 \, .$$

What can we see here? What are these numbers pq, p, q, 1? At any rate, the cases

$$\begin{matrix} 9 & 25 \\ 13 & 31 \end{matrix}$$

remain unexplained. In fact, the entries corresponding to 9 and 25 are greater than $9 + 1$ and $25 + 1$, respectively, as we have already observed:

$$13 = 9 + 1 + 3 \qquad 31 = 25 + 1 + 5 \, .$$

What are these numbers?

If one more little spark comes from somewhere, we may succeed in combining our fragmentary remarks into a coherent whole, our scattered indications into an illuminating view of the full correspondence:

$$\begin{array}{ccccc} p & pq & 9 & 25 & 1 \\ p+1 & pq+p+q+1 & 9+3+1 & 25+5+1 & 1\,. \end{array}$$

DIVISORS! The second line shows the divisors of the numbers in the first line. This may be the desired rule, and a discovery, a real discovery: *To each number in the first line corresponds the sum of its divisors.*

And so we have been led to a conjecture, perhaps to one of those « most elegant new truths » of Gauss: *If* u *is an odd number, the number of representations of* 4 u *as a sum of four odd squares is equal to the sum of the divisors of* u.

2. ON THE NATURE OF INDUCTIVE DISCOVERY. Looking back at the foregoing section 1, we may find many questions to ask.

What have we obtained? Not a proof, not even the shadow of a proof, just a conjecture: a simple description of the facts within the limits of our experimental material, and a certain hope that this description may apply beyond the limits of our experimental material.

How have we obtained our conjecture? In very much the same manner as ordinary people, or scientists working in some non-mathematical field, obtain theirs. We collected relevant observations, examined and compared them, noticed fragmentary regularities, hesitated, blundered, and eventually succeeded in *combining the scattered details into an apparently meaningful whole.* Quite similarly, an archaeologist may reconstitute a whole inscription from a few scattered letters on a worn-out stone or a palaeontologist may reconstruct the essential features of an extinct animal from a few of its petrified bones. In our case, the meaningful whole appeared in the same moment as we recognized the appropriate unifying concept (the divisors).

3. ON THE NATURE OF INDUCTIVE EVIDENCE. There remain a few more questions.

How strong is the evidence? Your question is incomplete. You mean, of course, the inductive evidence for our conjecture stated in sect. 1; this is understood. Yet what do you mean by « strong »? The evidence is strong, if it is convincing; it is convincing, if it convinces somebody. Yet you did not say whom it should convince; me, or you, or Euler, or a beginner, or whom?

Personally, I find the evidence pretty convincing. I feel sure that Euler would have thought very highly of it. (I mention Euler, because he came very near to discovering our conjecture; he did not discover it, however.)

I think that a beginner who knows a little about the divisibility of numbers and has a little talent, ought to find the evidence pretty convincing, too.

I am not concerned with subjective impressions. What is the precise, objectively evaluated degree of rational belief, justified by the inductive evidence? You give me one thing (A), you fail to give me another thing (B), and you ask me a third thing (C).

A. You give me exactly the inductive evidence: the conjecture has been verified in the first thirteen cases, for the numbers 4, 12, 20, ..., 100. This is perfectly clear.

B. You wish me to evaluate the degree of rational belief justified by this evidence. Yet such belief must depend, if not on the whims and the temperament, certainly on the *knowledge* of the person receiving the evidence. He may know a proof of the conjectural theorem or a counter-example exploding it. In these two cases the degree of his belief, already firmly established, will remain unchanged by the inductive evidence. Yet, if he knows something that comes very close to a complete proof, or to a complete refutation, of the theorem, his belief is still capable of modification and will be affected by the inductive evidence here produced, although different degrees of belief will result from it according to the kind of knowledge he has. Therefore, if you wish a definite answer, you should specify a definite level of knowledge on which the proposed inductive evidence (A) should be judged. You should give me a definite set of relevant known facts (an explicit list of known elementary propositions in the Theory of Numbers, perhaps).

C. You wish me to evaluate the degree of rational belief justified by the inductive evidence exactly. Should I give it to you perhaps expressed in percentages of « full credence »? (We may agree to call « full credence » the degree of belief justified by a complete mathematical proof of the theorem in question.) Do you expect me to say that the given evidence justifies a belief amounting to 2.875% or to, 000001% of the « full credence »?

In short, you wish me to solve a problem: Given (A) the inductive evidence and (B) a definite set of known facts or propositions, to compute the percentage of full credence rationally resulting from both (C).

To solve this problem is much more than I can do. I do not know anybody who could do it, or anybody who would dare to do it. I know of some philosophers who promised to do something of this sort in great generality. Yet, faced with the concrete problem, they would shrink and hedge and find a thousand excuses why not do just this problem.

Perhaps, the problem is one of those typical philosophical problems about which you can talk a lot in general, and even worry genuinely, but which fade into nothingness when you bring them down to concrete terms.

Could you compare the present case of inductive inference with some standard case and so arrive at a reasonable estimate of the strength of the evidence? Well, perhaps, we could compare the present case with a historical case. Bachet de Meziriac, author of the first printed book on mathematical recreations, remarked that *any number* (that is, positive integer) *is either a square, or the sum of two, three, or four squares.* He did not pretend to possess a proof. He found indications pointing to his statement in certain problems of Diophantus and verified it up to 325.

In short, Bachet's statement was just a conjecture, found inductively. It seems to me that his main achievement was to put the question: *HOW MANY squares are needed to represent all integers?* Once this question is clearly put, there is not much difficulty in discovering the answer inductively. We construct a table beginning with

$$\begin{aligned} 1 &= 1 \\ 2 &= 1 + 1 \\ 3 &= 1 + 1 + 1 \\ 4 &= 4 \\ 5 &= 4 + 1 \\ 6 &= 4 + 1 + 1 \\ 7 &= 4 + 1 + 1 + 1 \\ 8 &= 4 + 4 \\ 9 &= 9 \\ 10 &= 9 + 1 . \end{aligned}$$

This verifies the statement up to 10. Only the number 7 requires actually four squares, the others are representable by one or two or three. Bachet went on tabulating up to 325 and found many numbers requiring four squares and none requiring more. Such inductive evidence satisfied him, it seems, at least to a certain degree, and he published his statement. This is not a bad case to compare with ours.

Bachet's conjecture was: For $n = 1, 2, 3, \ldots$, the equation

$$n = x^2 + y^2 + z^2 + w^2$$

has at least one solution in non-negative integers x, y, z, and w. He verified this conjecture for $n = 1, 2, 3, \ldots, 325$.

Our conjecture is: For $n = 1, 2, 3, \ldots$, the number of solutions of the equation

$$8n - 4 = x^2 + y^2 + z^2 + w^2$$

in positive odd integers x, y, z, and w is equal to the sum of the divisors of $2n - 1$. We verified this conjecture for $n = 1, 2, \ldots, 13$.

I shall compare these two conjectures and the inductive evidence yielded by their respective verifications in three respects.

Number of verifications. Bachet's conjecture was verified in 325 cases, ours in 13 cases only. The advantage in this respect is clearly on the side of Bachet's.

Precision of prediction. Bachet's conjecture predicts that the number of solutions is $\geqq 1$, ours predicts that the number of solutions is exactly equal to such and such a quantity. It is obviously reasonable to assume, I think, that *the verification of a more precise prediction carries more weight* than that of a less precise prediction. The advantage in this respect is clearly on our side.

Rival conjectures. Bachet's conjecture is concerned with the maximum number of squares, say M, needed in representing an arbitrary positive integer as sum of squares. In fact, Bachet's conjecture asserts that $M = 4$. I do not think that Bachet had any *a priori* reason to prefer $M = 4$ to, say, $M = 5$, or to any other value, as $M = 6$ or $M = 7$; even $M = \infty$ is not excluded *a priori.* (Naturally, $M = \infty$ would mean that there are larger and larger integers demanding more and more squares. On the face, $M = \infty$ could appear as the most likely conjecture.) In short, Bachet's conjecture has many obvious rivals. Yet ours has none. Looking at the irregular sequence of the numbers of representations, we had the impression that we shall not be able to find any rule. Now we did find an admirably clear rule. Yet the point is that we do not expect to find any other rule.

It may be difficult to choose a bride if there are many desirable persons to choose from; if there is just one eligible person around, the decision may come much quicker. It seems to me that our attitude toward conjectures is somewhat similar. Other things being equal, a conjecture that has many obvious rivals is more difficult to accept than one that is unrivalled. If you think as I do, you should find that in this respect the advantage is on the side of our conjecture, not on Bachet's side.

Observe that the evidence for Bachet's conjecture is stronger is one respect and the evidence for our conjecture is stronger in other respects, and do not ask unanswerable questions [1].

[1] The theorem on the sum of four odd squares, which we have rediscovered inductively in the foregoing, was first discovered by Jacobi, not inductively, but as an incidental consequence of his theory of elliptic functions. The theorem can be proved in many different ways, but none is really easy or straightforward. This is typical of the Theory of Numbers: conjectures easily guessed may be very hard to prove.

ON PLAUSIBLE REASONING

G. PÓLYA

1. Why should a mathematician care for plausible reasoning? His science is the only one that can rely on demonstrative reasoning alone. The physicist needs inductive evidence, the lawyer has to rely on circumstantial evidence, the historian on documentary evidence, the economist on statistical evidence. These kinds of evidence may carry strong conviction, attain a high level of plausibility, and justly so, but can never attain the force of a strict demonstration. Our decisions in everyday life are sometimes based on reasoning, but then merely on plausible reasoning. Trying to use a demonstrative argument in everyday affairs would look silly. Perhaps it is silly to discuss plausible grounds in mathematical matters. Yet I do not think so. Mathematics has two faces. Presented in a finished form, mathematics appears as a purely demonstrative science, but mathematics in the making is a sort of experimental science. A correctly written mathematical paper is supposed to contain strict demonstrations only, but the creative work of the mathematician resembles the creative work of the naturalist: observation, analogy, and conjectural generalizations, or mere guesses, if you prefer to say so, play an essential rôle in both. A mathematical theorem must be guessed before it is proved. The idea of a demonstration must be guessed before the details are carried through.

I wish to discuss the nondemonstrative grounds that underlie such guesses. Let us get down to concrete examples from which we may reascend to more distinct general ideas.

2. Non-mathematical induction is important in all branches of mathematics. Its rôle, however, is the most conspicuous in the theory of numbers. Many theorems of this theory were first stated as mere conjectures, supported mainly by inductive evidence, and were proved afterwards. Some such conjectures still await proof or disproof. Such is the following little known conjecture of Euler:[1] *Any integer of the form* $8n + 3$ *is the sum of a square and of the double of a prime.* Euler, of course, could not prove this conjecture, and the difficulty of a proof appears perhaps even greater today than in Euler's time. Yet Euler verified his statement for all integers of the form $8n + 3$ under 200; for $n = 1, 2, \cdots, 10$ see the following table:

Table I

$$11 = 1 + 2 \times 5$$
$$19 = 9 + 2 \times 5$$

[1] *Opera omnia* ser. 1 vol. 4 pp. 120–124. The square is necessarily odd and the prime of the form $4n + 1$. Moreover, in this context, Euler regards 1 as a prime; this is needed to account for the case $3 = 1 + 2 \times 1$.

$$
\begin{aligned}
27 &= 1 \;\; + 2 \times 13 \\
35 &= 1 \;\; + 2 \times 17 = 9 + 2 \times 13 = 25 + 2 \times 5 \\
43 &= 9 \;\; + 2 \times 17 \\
51 &= 25 + 2 \times 13 \\
59 &= 1 \;\; + 2 \times 29 = 25 + 2 \times 17 = 49 + 2 \times 5 \\
67 &= 9 \;\; + 2 \times 29 \\
75 &= 1 \;\; + 2 \times 37 = 49 + 2 \times 13 \\
83 &= 1 \;\; + 2 \times 41 = 9 + 2 \times 37 = 25 + 2 \times 29 = 49 + 2 \times 17
\end{aligned}
$$

Such empirical work can be easily carried further; no exception has been found in numbers under 1000.[2] Does this prove Euler's conjecture? By no means; even verification up to 1,000,000 would prove nothing. Yet each verification renders the conjecture somewhat more credible, and we can see herein a general pattern.

Let A denote some conjecture. (For instance, A may be Euler's conjecture that, for $n = 1, 2, 3, \cdots$,

$$8n + 3 = x^2 + 2p$$

where x is an integer and p a prime.) Let B denote some consequence of A. (For instance, B may be the first particular case of Euler's conjecture not listed in the table which asserts that $91 = x^2 + 2p$.) For the moment we do not know whether A or B is true. We do know, however, that

A implies B.

Now, we undertake to check B. (A few trials suffice to find out whether the assertion about 91 is true or not.) If it turned out that B is false, we could conclude that A also is false. This is completely clear. We have here a classical elementary pattern of reasoning, the "modus tollens" of the so-called hypothetical syllogism:

A implies B

B false

A false

The horizontal line separating the two premises from the conclusion stands as usual for the word "therefore." We have here *demonstrative inference* of a well known type.

What happens if B turns out to be true? (Actually, $91 = 9 + 2 \times 41 = 81 + 2 \times 5$.) There is no demonstrative conclusion: the verification of its consequence B does not prove the conjecture A. Yet such verification renders A more credible. (Euler's conjecture, verified in one more case, becomes somewhat more credible.) We have here a pattern of *plausible inference*:

[2] Communication of Professor D. H. Lehmer.

A implies B

B true

A more credible

The horizontal line again stands for "therefore." With a little attention, we can observe that countless reasonings in everyday life, in the law courts, in science, etc., conform to this pattern.

3. The idea that led Euler to his conjecture also deserves mention. Euler devoted much of his work to those celebrated propositions of number theory that Fermat has stated without proof. One of these (we call it B for the moment) says that any integer is the sum of three trigonal numbers. Euler observed (see loc. cit.[1]) that *if* his conjecture $8n + 3 = x^2 + 2p$ (which we keep on calling A) were true, Fermat's conjecture would easily follow (A implies B). Bent on proving Fermat's assertion (B), Euler naturally desired that his conjecture (A) should be true. Is this mere wishful thinking? I do not think so; the relations considered yield some weak but not unreasonable ground for believing Euler's conjecture (A) according to the following scheme:

B credible

A implies B

A (somewhat) credible

Here is another pattern of plausible inference. I can not here enter into a more detailed discussion, which would show that the present pattern is essentially a shaded, weakened form of the pattern encountered above (in §2).

4. In passing to another example, I quote a curious passage of Descartes:[3] "In order to show by enumeration that the perimeter of a circle is less than that of any other figure of the same area, we do not need a complete survey of all the possible figures, but it suffices to prove this for a few particular figures, whence we can conclude the same thing, by induction, for all the other figures."

In order to understand the meaning of this puzzling passage let us actually perform what Descartes suggests. We compare the circle to a few other figures, triangles, rectangles, and circular sectors. We take two triangles, the equilateral and the isosceles right triangle (with angles 60°, 60°, 60° and 90°, 45°, 45°, respectively). The shape of a rectangle is characterized by the ratio of its width to its height; we choose the ratios 1:1 (square), 2:1, 3:1, and 3:2. The shape of a sector of the circle is determined by the angle at the center; we choose the angles 180°, 90°, and 60° (semicircle, quadrant, and sextant). We assume that all these figures have the same area; let us say, 1 square inch. Then we compute

[3] *Oeuvres de Descartes*, edited by Adam and Tannery, vol. 10, 1908, p. 390. The passage is altered, but not essentially: the property of the circle under consideration is stated here in a different form.

the length of the perimeter of each figure in inches. The numbers obtained are collected in the following table II; the order of the figures is so chosen that the perimeters increase as we read them down.

Table II

Perimeters of figures of equal area

Figure	Perimeter
Circle	3.55
Square	4.00
Quadrant	4.03
Rectangle 3:2	4.08
Semicircle	4.10
Sextant	4.21
Rectangle 2:1	4.24
Equilateral triangle	4.56
Rectangle 3:1	4.64
Isosceles right triangle	4.84

Of the ten figures listed, which are all of the same area, the circle, listed at the top, has the shortest perimeter. Can we conclude hence by induction, as Descartes seems to suggest, that the circle has the shortest perimeter not only among the ten figures listed but among all possible figures? By no means. But it cannot be denied that our relatively short list very strongly suggests the general theorem. So strongly, indeed, that if we added one or two more figures to the list, the suggestion could not be made much stronger.

I am inclined to believe that Descartes, in writing the passage quoted, thought of this last, more subtle point. He intended to say, I think, that prolonging the list would not have much influence on our belief. Yet we can perceive herein still another pattern of plausible inference:

A implies B

B is similar to the formerly verified consequences $B_1, B_2, \cdots, B_n$ of A

B true

A just a little more credible

This pattern appears as a modification or sophistication of our first pattern; see §2.

5. A little more than two hundred years after the death of Descartes, the physicist Lord Rayleigh investigated the tones of membranes. The parchment stretched over a drum is a "membrane" (or, rather, a reasonable approximation to the mathematical idea of a membrane) provided that it is very carefully made and stretched so that it is uniform throughout. Drums are usually circular in shape, but, after all, we could make drums of an elliptical, or polygonal, or any other shape. A drum of any form can produce different tones, of which usually the deepest tone, called the principal tone, is much the strongest. Lord Rayleigh compared the principal tones of membranes of different shapes but of equal area and subject to the same physical conditions. He constructed the following table III which is very similar to our table II. Table III lists the same shapes as table II, but in somewhat different order, and gives for each shape the pitch (the frequency) of the principal tone.[4]

Table III

Principal frequencies of membranes of equal area

Shape	Frequency
Circle	4.261
Square	4.443
Quadrant	4.551
Sextant	4.616
Rectangle 3:2	4.624
Equilateral triangle	4.774
Semicircle	4.803
Rectangle 2:1	4.967
Isosceles right triangle	4.967
Rectangle 3:1	5.736

Of the ten membranes listed, which are all of the same area, the circular membrane, listed at the top, has the deepest principal tone. Can we conclude hence by induction that the circle has the lowest principal tone of *all* shapes?

Of course, we can not; induction is never conclusive. Yet, the suggestion is very strong, still stronger than in the foregoing case. We know (and Lord Rayleigh and his contemporaries also knew) that of all figures with a given area the circle has the minimum perimeter, and that this theorem can be demonstrated mathematically. With this geometrical minimum property of the circle in our mind, we are inclined to believe that the circle has also the physical minimum property suggested by table III. Our judgment is influenced by analogy, and analogy has a deep influence. In fact, we have before us still another pattern of plausible inference:

$$\begin{array}{c} A \text{ analogous to } B \\ B \text{ true} \\ \hline A \text{ more credible} \end{array}$$

The comparison of tables II and III can yield several further instructive suggestions, but I must refrain from discussing them here.

6. In a little known short note[5] Euler considers, for positive values of the parameter n, the series

[4] Lord Rayleigh, *The theory of sound*, 2d ed., vol. 1, p. 345.
[5] *Opera omnia* ser. 1 vol. 16 sec. 1 pp. 241–265.

$$(1)\quad 1-\frac{x^2}{n(n+1)}+\frac{x^4}{n(n+1)(n+2)(n+3)}-\frac{x^6}{n\cdots(n+5)}+\cdots$$

which converges for all values of x. He observes the sum of the series and its zeros for $n = 1, 2, 3, 4$.

$n = 1$: sum $\cos x$, zeros $\pm\pi/2, \pm3\pi/2, \pm5\pi/2, \cdots$

$n = 2$: sum $(\sin x)/x$, zeros $\pm\pi, \pm2\pi, \pm3\pi, \cdots$

$n = 3$: sum $2(1\text{-}\cos x)/x^2$, zeros $\pm2\pi, \pm4\pi, \pm6\pi, \cdots$

$n = 4$: sum $6(x\text{-}\sin x)/x^3$, no real zeros.

Euler observes a difference: in the first three cases all the zeros are real, in the last case none of the zeros is real. Euler notices a more subtle difference between the first two cases and the third case: for $n = 1$ and $n = 2$, the distance between two consecutive zeros is π (provided that we disregard the zeros next to the origin in the case $n = 2$), but for $n = 3$ the distance between consecutive zeros is 2π (with a similar proviso). This leads him to a striking observation: in the case $n = 3$ all the zeros are double zeros. "Yet we know from Analysis," says Euler, "that two roots of an equation always coincide in the transition from real to imaginary roots. Thus we may understand, why all the zeros suddenly become imaginary when we take for n a value exceeding 3." On the basis of these observations he states a surprising conjecture: the function defined by the *series* (1) *has only real zeros, and an infinity of them, when* $0 < n \leqq 3$, *but has no real zero at all when* $n > 3$. In this statement he regards n as a continuously varying parameter.

In Euler's time questions about the reality of the zeros of transcendental equations were absolutely new, and we must confess that even today we possess no systematic method to decide such questions. (For instance, we cannot prove or disprove Riemann's famous hypothesis.) Therefore, Euler's conjecture appears extremely bold. I think that the courage and clearness with which he states his conjecture are admirable.

Yet Euler's admirable performance is understandable to a certain extent. Other experts perform similar feats in dealing with other subjects, and each of us performs something similar in everyday life. In fact, Euler *guessed the whole from a few scattered details*. Quite similarly, an archaeologist may reconstitute with reasonable certainty a whole inscription from a few scattered letters on a worn-out stone. A paleontologist may describe reliably the whole animal after having examined a few of its petrified bones. When a person whom you know very well starts talking in a certain way, you may predict after a few words the whole story he is going to tell you. Quite similarly, Euler guessed the whole story, the whole mathematical situation, from very few clearly recognized points.

It is still remarkable that he guessed it from so few points, by considering just four cases, $n = 1, 2, 3, 4$. We should not forget, however, that circumstantial evidence may be very strong. A defendant is accused of having blown up the yacht of his girl friend's father, and the prosecution produces a receipt signed by the defendant acknowledging the purchase of such and such an amount of dynamite. Such evidence strengthens the prosecution's case immensely. Why? Because the purchase of dynamite by an ordinary citizen is a very unusual event in itself, but such a purchase is completely understandable if the purchaser intends to blow up something or somebody. Please, observe that this court case is very similar to the case $n = 3$ of Euler's series. That all roots of an equation written at random turn out to be double roots is a very unusual event in itself. Yet it is completely understandable that in the transition from two real roots to two imaginary roots a double root appears. The case $n = 3$ is the strongest piece of circumstantial evidence produced by Euler and we can perceive herein a general pattern of plausible inference:

A implies B

B very improbable in itself

B true

A very much more credible

Also this pattern appears as a modification or a sophistication of the fundamental pattern that we have encountered first (in §2).

By the way, Euler was right: 150 years later, his conjecture has been completely proved.[6]

7. At this stage, I wish you to observe the bearing of our discussion on a much agitated philosophical problem, the problem of induction. In fact, inductive reasoning is a particular case of plausible reasoning. Older writers, as Euler and Laplace, did not fail to notice that the role of inductive evidence in mathematical investigation is similar to its role in physical research, but more modern writers seem to have forgotten this remark almost completely. For this reason, and for many others, I think that mathematical examples of inductive reasoning such as the foregoing are most instructive. The philosophical discussion of induction produced many contradictory opinions. If you wish to see clearly the inconsistencies of such opinions, the best thing may be to test them on well chosen mathematical examples, as the naturalist tests his theories on well chosen specimens; in short, to investigate *induction inductively*.

It would be more philosophical, I think, to consider the more general idea of plausible reasoning instead of the particular case of inductive reasoning. The patterns discussed in the foregoing express, I think, essential aspects of plausible inference. These aspects become clearer if we try to systematize our patterns, to derive them from each other, to characterize them by ideas of probability.

[6] See the author's paper: *Sopra una equazione transcendente trattata da Eulero*, Bolletino dell'Unione Matematica Italiana vol. 5 (1926) pp. 64–68.

I cannot here enter into details of the work that I undertook in this direction,[7] but I wish to sketch roughly the general aspect to which these details seem to lead. From the outset, the two sorts of reasoning appear very different: demonstrative reasoning as definite, final, "machinelike" and plausible reasoning as vague, provisional, specifically "human." Let us compare the two patterns:

Demonstrative	*Plausible*
A implies B	A implies B
B false	B true
A false	A more credible

In the demonstrative inference, the conclusion is fully determined by the two premises. In the plausible inference the "weight" of the conclusion remains indeterminate: A can become only a little more credible or much more credible, and how much more credible it does become depends not only on the clarified grounds expressed in the premises, but on unclarified, unexpressed grounds somewhere in the background of the person who draws the conclusion. A person has a background, a machine has not. Indeed, you can build a machine that draws demonstrative conclusions for you, but you can never delegate to a machine the drawing of plausible inferences.

8. I wish you to observe also the bearing of the foregoing discussion on the teaching of mathematics. It has been said, often enough and certainly with good reason, that teaching mathematics affords a unique opportunity to teach demonstrative reasoning. I wish to add that teaching mathematics also affords an excellent opportunity to teach plausible reasoning. There is little doubt that both opportunities should be used. A student of mathematics should learn, of course, demonstrative reasoning: it is his profession and the distinctive mark of his science. Yet he should also learn plausible reasoning: this is the kind of reasoning on which his creative work will mainly depend. The general student should get a taste of demonstrative reasoning; he may have little opportunity to use it directly, but he should acquire a standard with which he can compare alleged evidence of all sorts aimed at him in modern life. He needs, however, in all his endeavors plausible reasoning. At any rate, an ambitious teacher of mathematics should teach both kinds of reasoning to both kinds of students. He should, more than any particular facts, teach his students two things:

First, to distinguish a valid demonstration from an invalid attempt, a proof from a guess.

[7] For further indications see the last pages of the author's book, *How to Solve It*, 5th printing, Princeton, 1948, and three papers: *Heuristic reasoning and the theory of probability*, Amer. Math. Monthly. vol. 48 (1941) pp. 450–465; *On patterns of plausible inference*, Studies and Essays presented to R. Courant, 1948, pp. 277–288; and *Preliminary remarks on a logic of plausible inference*, Dialectica vol. 3 (1949) pp. 28–35.

Second, to distinguish a more reasonable guess from a less reasonable guess. I say that it is desirable to distinguish between guesses and guesses; I do not say that such distinction is easy to learn or to teach. I think, however, that examples such as the foregoing and due emphasis on the underlying patterns of plausible inference may help. I undertook a collection of problems so introduced and so grouped that they may lend some little help also. At any rate, we should not forget an important opportunity of our profession: *Let us teach guessing*!

Stanford University,
Stanford, Calif., U. S. A.

ON THE CURRICULUM FOR PROSPECTIVE HIGH SCHOOL TEACHERS

G. PÓLYA, Stanford University

Within the framework of a National Science Foundation Institute held at Stanford University in the present academic year 1957–58 I am conducting two classes for high school teachers:

(1) *Seminar in Problem Solving*: 2 hours in the Fall and Winter Quarters' 3 hours in the Spring Quarter.

(2) *From Elementary Mathematics to the Calculus to Scientific Method* (the official title is a little different): 4 hours in the first two quarters, 3 hours in the last quarter.

In the last Summer Quarter, I had essentially the same classes, one for General Electric Fellows, the other for Shell Merit Fellows, although in a much abridged form; the contents and the form of presentation have been developed in regular university lectures given at Stanford since 1942. I think that these classes fill an important gap in the curriculum for prospective high school teachers and, therefore, I take the liberty to say a few words about them.

(1) The aim is to give the teachers experience in genuine, nonroutine mathematical work which, at this level, cannot be "research" but just "problem solving." (To my knowledge, neither the departments of mathematics nor the schools of education offer the teachers such experience—if there are exceptions, they are certainly rare.) Problems are solved in class discussion led by the instructor. The problems are not always easy, but they are on high school level, or only slightly above it. In the first phase, the problems are grouped according to subject matter. Geometric constructions with ruler and compasses; setting up equations; binomial coefficients and arithmetic series of higher order—here are three subjects which I found particularly appropriate. In the later phases of the seminar, the problems are grouped according to method to illustrate general ideas of problem solving. At the end, the participants in the class should be given opportunity to take the place of the instructor and lead the discussion.*

(2) This is a short course in analytic geometry and calculus, including a very sketchy last chapter on differential equations. Yet the course is pretty different from the usual: connections with elementary mathematics are emphasized at the beginning, applications to science are discussed at the end, general methodical ideas are stressed all along. Pat solutions are avoided, heuristic reasoning and historical sources are often in the foreground.

* The underlying ideas have been expressed in my books *How to Solve It* and *Mathematics and Plausible Reasoning*; the difficulty is to adapt these ideas to a specific level. I am working on a book presenting the materials of the seminar; the difficulty is to make the book usable by a not specifically prepared instructor.

"Mathematics as a Language" is the title of the first chapter. The "language of algebraic formulas" is contrasted with the "language of geometric figures" which speaks to us in graphs and diagrams. Analytic geometry is introduced as a "dictionary of two languages."

"The Beginnings of the Integral Calculus" is the next chapter; problems are solved by Archimedes' mechanical method, by Cavalieri's principle, and by the "method of exhaustion" before Leibnitz's notation and the usual scheme is introduced.

There is no space here to sketch the rest of the contents, but something should be said about the reasons which led to the outlined choice of subjects. I wish to present these remarks under the guise of informal advice (such as I am inclined to give in my classes).

1. There is one infallible teaching method: you will infallibly succeed in boring your audience with your subject if you are bored with it yourself. Hence the first commandment for teachers: *Be interested in your subject.*

2. No amount of courses in teaching methods will enable you to explain understandably a point that you do not understand yourself. Hence the second commandment for teachers: *Know your subject.*

3. Our knowledge about any subject consists of "information" and of "know-how." In mathematics "know-how" is the ability to solve problems and it is much more important than mere possession of information. You have to show your students how to solve problems—can you show it if you don't know it? Hence a special commandment for mathematics teachers: *Acquire, and keep up, some aptitude for problem solving.*

4. You may be obliged to discuss many problems which have little lasting interest in themselves. Yet you should use them to develop your students (and yourself). Therefore: *Look out for such features of the problem at hand as may be useful in solving the problems to come.*

5. The number of such features is unlimited. Here is a table (see Table 1) of some which seem to me the most important in acquiring good habits of mind—these are the points that, in my opinion, deserve the most attention, and should be stressed at each reasonable opportunity, in a high school mathematics class. More space than here available and, in the first place, many examples were needed to explain the points collected in Table 1 satisfactorily.† Yet here are a few hints.

6. In any problem something must be *unknown*—otherwise there would be nothing to do, nothing to look for. Yet the unknown must be specified somehow—and it cannot be specified unless something is known or given. The essential

† See the books quoted in footnote *.

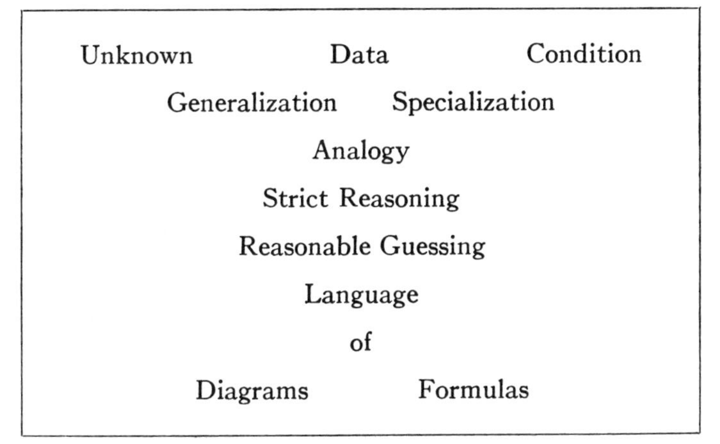

TABLE 1. SOME GENERAL AIMS OF THE HIGH SCHOOL CURRICULUM

circumstances which link the unknown to the given things, or *data*, are enumerated by the *condition*. We cannot hope to solve a worthwhile problem unless we know, and know very well, what is the unknown, what are the data, and what is the condition. The student should acquire the habit of paying proper attention to unknown, data, and condition—a habit more important for his mental development and his later studies and professional work than the knowledge of any particular mathematical fact.

7. Generalities without interesting particular cases are of little value and so are particular facts without some hope of *generalization*. What is really valuable is ready ascent from particular facts to generalizations and ready descent from generalizations to particular facts.

8. *Analogy* is the great guide of invention. The best may be missing from a mathematics curriculum in which the student never meets an impressive example of discovery by analogy.

9. It has often been said that mathematics is a good school of *strict reasoning*. In fact more is true: strict (conclusive, "logical" "deductive") reasoning is essentially confined to mathematics; it deals only with objects lifted to the logical-mathematical level. What most students need in this respect is only so much contact with strict proofs that they get into the habit of clearly distinguishing between conclusive and inconclusive reasoning, between a proof and a guess.

Yet the student should also learn to distinguish between guesses and guesses, between a good guess and a bad guess, between a good guess and a better guess. Now (this is not so well known and, therefore, it must be said with great emphasis) mathematics is also a good school of *reasonable guessing*, of plausible (inconclusive, "inductive") reasoning. There is no space here to develop the arguments for this assertion.‡ Yet let me give a little hint for classroom use: If there is a reasonable opportunity, *start a new problem or a new subject by letting your students guess*. Having guessed, they commit themselves and have to follow developments to see whether their guess comes true.

10. What is the aim of the high school mathematics curriculum? I do not intend to compete with all the big and beautiful words which allegedly answer this question. Yet let us put the question more clearly: By what standard should we judge the success of a high school curriculum in mathematics? By essentially the same standard, I say, as we would judge the curriculum in French: by the facility that the students acquire in using the language—since mathematics is essentially a language. After graduation, your former student will go to college or into some profession. In the one place as in the other, he may face a problem capable of mathematical treatment. If he can reduce it to a neat computation, or set up an equation for it, or express it by a diagram, the result of your teaching is excellent. If, without being able to produce them, he can read graphs and formulas, and appreciate them, too, the result is still very good. If, however, he cannot read graphs, cannot read formulas, and does not care for them a bit, the result is poor.

‡ See especially the second work quoted in footnote*.

Ten Commandments for Teachers

G. POLYA

IN THE LAST FIVE academic quarters, all my classes were addressed to high school teachers who, after some years of practice, came back to the University for additional training. They wanted, I understood, a course that should be of immediate practical use in their daily task. I tried to devise such a course in which, unavoidably, I had to express repeatedly my views on the daily task of the teacher. My comments tended to assume a set form and eventually I was led to condense them into ten *rules* or *commandments.*

To make the meaning of the *commandments* clear, I should have added illustrative examples but, in view of the available space, this is out of the question. Some points are illustrated in my books[1] and other points will be discussed in another book into which this article, or its material in some form, will be incorporated.

TEN COMMANDMENTS FOR TEACHERS

1. Be interested in your subject.
2. Know your subject.
3. Try to read the faces of your students; try to see their expectations and difficulties; put yourself in their place.
4. Realize that the best way to learn anything is to discover it by yourself.
5. Give your students not only information, but *know-how,* mental attitudes, the habit of methodical work.
6. Let them learn guessing.

[1] (a) *How to Solve It:* second edition; Anchor Books. (b) *Mathematics and Plausible Reasoning:* two volumes; Princeton University Press. I mention here a short paper (c) *American Mathematical Monthly:* Vol. 65 (1958) p. 101-104 in which some of the views stated in the present article have been already expressed.

7. Let them learn proving.
8. Look out for such features of the problem at hand as may be useful in solving the problems to come—try to disclose the general pattern that lies behind the present concrete situation.
9. Do not give away your whole secret at once—let the students guess before you tell it—let them find out by themselves as much as is feasible.
10. Suggest it; do not force it down their throats.

Comments

In formulating the foregoing *commandments* or *rules,* I had in mind the participants in my classes, high school teachers of mathematics. Nevertheless, these rules are applicable to any teaching situation, to any subject taught at any level. Yet, the mathematics teacher has more and better opportunities to apply some of them than the teacher of other subjects.

Let us now consider the ten rules one by one, paying special attention to the task of the mathematics teacher.

1. It is hardly possible to predict with assurance the success of teaching methods. Yet there is one exception: You will bore your audience with your subject if your subject bores you.

   This should be enough to render evident the first and foremost commandment for teachers: *Be interested in your subject.*

2. If a subject has no interest for the teacher, he will not be able to teach it acceptably. Interest is a *Sine qua non,* an indispensably necessary condition; but, in itself, it is not a sufficient condition. No amount of interest, or teaching methods, will enable you to explain clearly a point to your students that you do not understand clearly yourself.

   This should be enough to render obvious the second commandment for teachers: *Know your subject.*

3. Even with some knowledge and interest you may be a rather bad or a pretty mediocre teacher. The case is not very usual, I admit, but by no means rare: most of us have met teachers who knew their subjects but who were unable to establish *contact* with their classes.

In order that the teaching by one should result in the learning by the other, there must be some sort of contact or connection between teacher and student: the teacher should be able to see the student's position; he should be able to espouse the student's cause. Hence the next commandment: *Try to read the faces of your students; try to see their expectations and difficulties; put yourself in their places.*

4. The three foregoing rules contain the essentials of good teaching; they form jointly a sort of necessary and sufficient condition; if you have interest and knowledge and can see the student's case, you are already a good teacher or you will soon become one; you need only experience.

Experience is needed, practical experience, to acquaint you with the give and take between teacher and students in the classroom, and to acquaint you, as intimately and personally as possible, with the *process of acquiring new information and skills*—a process which has many and various aspects: learning, discovering, inventing, understanding . . . The psychologists have done much important experimental work and expressed some interesting theoretical views about the process of learning. Such experiments and views may serve as a stimulating background to an exceptionally receptive teacher, but they have not yet sufficiently matured (and will not for a long time to come, I am afraid) to be of immediate practical use in those phases of instruction with which we are here principally concerned. In his daily work, the teacher must rely, first and foremost, on his own experience and on his own judgment.

On the basis of half a century of experience in research and teaching, and of very careful reflection, I am submitting here for your consideration a few points about the learing process which I regard as the most important for classroom use.

It has been said again and again that *active* learning is preferable to *passive,* merely receptive, learning. Yet the most active learning is the better: *Realize that the best way to learn anything is to discover it by yourself.*

In fact, in an ideal scheme of things the teacher would be just a kind of spiritual midwife; he would give opportunity to the students to discover by themselves the things to be learned. This ideal is hardly attainable in practice, mainly for lack of time. Yet even an unattainable ideal can guide us by indicating the right direction—nobody has yet attained the north star, but many people have found the right direction by looking at it.

5. Knowledge consists partly of *information* and partly of *know-how*. *Know-how* is skill; it is the ability to deal with information, to use it for a given purpose; *know-how* may be described as a bunch of appropriate mental attitudes; *know-how* is ultimately the ability to work methodically.

    In mathematics, *know-how* is the ability to solve problems, to construct demonstrations, and to examine critically solutions and demonstrations. And, in mathematics, *know-how* is much more important than the mere possession of information. Therefore, the following commandment is of special importance for the mathematics teacher: *Give your students not only information, but know-how, attitudes of mind, the habit of methodical work.*

    Since know-how is more important in mathematics than information, how you teach may be more important in the mathematics class than what you teach.

6. First guess, then prove—so does discovery proceed in most cases. You should know this (from your own experience, if possible) and you should know, too, that the mathematics teacher has excellent opportunities to show the role of guessing in discovery and thus to impress upon his students a fundamentally important attitude of mind. This latter point is not so widely known as it should be and, unfortunately, the available space is quite insufficient to discuss it here in detail.[2] Still, I wish that you should not neglect your students in this respect: *Let them learn guessing.*

    Ignorant and careless students are likely to come forward with wild guesses. What we have to teach is, of course, not wild guessing, but educated, reasonable guessing. Reasonable guessing is based on judicious use of inductive evidence and analogy, and encompasses ultimately all procedures of *plausible reasoning* which play a role in scientific method.[3]

[2] See footnote 1(b).

[3] See footnote 1(b).

7. "Mathematics is a good school of plausible reasoning". This statement summarizes the opinion underlying the foregoing rule; it sounds unfamiliar and is of very recent origin; in fact, the author of the present article claims credit for it.

   "Mathematics is a good school of demonstrative reasoning". This statement sounds very familiar—some form of it is probably almost as old as mathematics itself. In fact, much more is true: mathematics is coextensive with demonstrative reasoning, which pervades the sciences just as far as their concepts are raised to a sufficiently abstract and definite, mathematico-logical level. Under this high level, there is no place for truly demonstrative reasoning (which is out of place, for instance, in everyday affairs). Still (it is needless to argue such a widely accepted point) the mathematics teacher should acquaint all his students beyond the most elementary grades with demonstrative reasoning: *Let them learn proving.*

8. Know-how is the more valuable part of mathematical knowledge, much more valuable than the mere possession of information. Yet how should we teach *know-how?* The students can learn it only by imitation and practice.

   When you present the solution of a problem, *emphasize* suitably the *instructive features* of the solution. A feature is instructive if it deserves imitation; that is, if it can be used not only in the solution of the present problem, but also in the solution of other problems—the more often usable, the more instructive. Emphasize the instructive features not just by praising them (which could have the contrary effect with some students) but by your *behaviour* (a bit of acting is very good if you have a bit of theatrical talent). A well emphasized feature may convert your solution into a *model solution,* into an impressive *pattern* by imitating which the student will solve many other problems. Hence the rule: *Look out for such features of the problem at hand as may be useful in solving the problems to come — try to disclose the general pattern that lies behind the present concrete situation.*[4]

9. I wish to indicate here a little classroom trick which is easy to learn

[4] The work referred to in footnote 1(a) is, in fact, a study of very general useful features.

65

and which every teacher should know. When you start discussing a problem, let your students guess the solution. The student who has conceived a guess, or has even stated his guess, commits himself: he has to follow the development of the solution to see whether his guess comes true or not. He cannot remain inattentive.

This is just a very special case of the following rule, which itself is contained in, and spells out, some parts of rules 4 and 6: *Do not give away your whole secret at once—let the students guess before you tell it—let them find out by themselves as much as is feasible.*

10. A student presents a long computation which goes through several lines. Looking at the last line, I see that the computation is wrong, but I refrain from saying so. I prefer to go through the computation with the student, line by line: "You started out all right; your first line is correct. Your next line is correct too; you did this and that. The next line is good. Now, what do you think about this line?" The mistake is on that line and if the student discovers it by himself, he has a chance to learn something. If, however, I at once say "this is wrong" the student may be offended and then he will not listen to anything I may say afterwards. And if I say, "This is wrong" once too often, the student may hate me and mathematics, and all my efforts will be lost as far as he is concerned.

    Avoid saying "You are wrong". Say instead, if possible: "You are right, but . . ." If you proceed so, you are not hypocritical, you are just humane. That you should proceed so, is implicitly contained in rule 4. Yet we can render the advice more explicit: *Suggest it, do not force it down their throats.*

On the Curriculum for Prospective Teachers

The above commandments are simple and obvious enough, but it is not always easy to live up to them. And we do not make it always easy for the teachers to live up to them. For instance, the college studies of the teacher may help him little to obey those commandments.

And so we arrive at that thorny question of the curriculum for prospective high school teachers. I do not have enough space, time, means (or courage) at my disposal to treat this question adequately. Yet there are a few points which I cannot suppress. They are all concerned with mathematics teachers who teach algebra, geometry, or trigonometry (very rarely some more advanced subject) in a North American high school. I am not concerned with "general mathematics" or suchlike subjects in which there is a lot of generality, but very little mathematics.

I cannot suppress a sentence that I heard from a participant in my classes: "The prospective teacher is badly treated both by the mathematics department and by the school of education. The mathematics department offers us tough steak which we cannot chew and the school of education vapid soup with no meat in it." I met several teachers who expressed the same opinion, perhaps more timidly and less strikingly. What are the sources of this opinion?

Everybody knows of cases in which algebra or geometry is taught by a teacher who knows less about the subject then he is supposed to demand from his students. And this can even happen if the instructor in question is not the coach and not the home economics teacher, but the mathematics teacher. How exceptional or how widespread such cases are, I do not wish to discuss.

It happens also, more frequently than is desirable, that a capable and well intentioned mathematics teacher does not know enough about the background of high school mathematics to satisfy the curiosity, or even to understand the reactions, of his better students. (Some points that should be, but are not, generally known: infinite decimals, irrational numbers, divisibility, first proofs in solid geometry). Why is this so?

The prospective teacher leaves the high school, more often than not, with no knowledge or with a wobbly knowledge of high school mathematics. Where and when should he learn high school mathematics?

He takes a course offered by the mathematics department about some relatively more advanced subject. He has great trouble to keep up with, and to pass, the course, because his knowledge of high school mathematics is inadequate. He cannot connect the course at all with his high school mathematics. Or he takes a course offered by the school of education about teaching methods. It is offered in accordance with the principle that the school of education teaches only methods, not subject-matter. Our prospective teacher may receive the impression, which was scarcely intended, that teaching methods are essentially connected with inadequate knowledge, or ignorance ,of the subject-matter. At any rate, his knowledge of high school mathematics remains marginal.

I come to a point which I have still more at heart than the rest. The teacher is exhorted to do many beautiful things: he should give his students not only information but know-how, he should encourage their originality and creative work, he should acquaint them with the tension and triumph of discovery. Yet what about the teacher himself? Is there in his curriculum any opportunity for independent work in mathematics, any opportunity for acquiring the know-how that he is supposed to transmit to the students? The answer is no. To the best of my knowledge, there is no college that would give the teacher a decent opportunity to develop his know-how, his own skill in mathematics.

I claim credit for introducing the most obvious remedy for these most obvious defects: *a seminar in problem-solving* for teachers where the requisite knowledge is at the high school level and the difficulty of the problems to solve is just a little above high school level.

Such a seminar may have, if properly guided, several good effects.[5] In the first place, the participants have an opportunity to acquire a thorough *knowledge of high school mathematics* — real knowledge, ready to use, not acquired by mere memorizing but by applying it to interesting problems. Then the participant may acquire some *know-how,* some skill in handling high school mathematics, some insight into the essentials of problem-solving.

Moreover, I used my seminar to give the participants some practice in explaining problems and guiding their solution, in fact, some opportunity for *practice teaching,* for which in most of the usual curricula there is not enough opportunity. This is done in the following way: At the beginning of a certain practice session, each participant receives a different problem (each just one problem) which he is supposed to solve in that session; he is not supposed to communicate with his comrades, but he may receive some help from the instructor.

Between this session and the next, each participant should com-

[5] For a little more detail see the reference footnote 1(c).

plete, review, and, if possible, simplify his solution, look out for some other approach to the solution, and so on. He should also do some planning for presenting his problem and its solution to a class. He is given opportunity to consult the instructor about any of the above points. Then, in the next practice session, the participants form *discussion groups;* each group consists of four members as congenially selected as possible. One member takes the role of the teacher, and three other members act as students. The teacher presents his problem to the students and tries to guide them to the solution, according to rule 9 and the other commandments. When the solution has been obtained, a short friendly criticism of the presentation follows. Then another member takes the role of the teacher and presents his problem, and the procedure is repeated till everybody has had his turn. Some particularly interesting problems or particularly good presentations are shown to ,and afterwards discussed by, the whole class.

Problem-solving by discussion groups is very popular and I have the impression that the seminars as a whole are a success. The participants are experienced teachers and many of them feel that their participation gives them useful ideas for their own classes.

110 The Teaching of Mathematics and the Biogenetic Law

by GEORGE PÓLYA

1. *Rational Choice of the Curriculum?*

The rapidly increasing importance of science in the affairs of mankind should raise, and in many countries has already raised, the demand for teaching more science and for teaching it better. In some countries, the demand became public clamour, answering which various schemes and programmes sprang up for the improvement of science instruction the conflicting claims of which are now widely debated. The participants in this debate are supposed to have more than nodding acquaintance with science, and so it is disconcerting to observe how little of rational argument is brought into the discussion and how little rational the ways and means appear by which the decisions are finally reached.

The task is to choose the facts that should be taught, the sequence in which, and the methods by which, the facts should be taught – to choose, in short, the *curriculum*. And so the question arises: *Can we choose the curriculum rationally?* Or must we depend on the opinions of the few who happen to be in key positions? Or should we rely on the hazardous outcome of a blind struggle between inarticulate beliefs, emotional judgements, incomplete experiments, and old and new vested interests thinly veiled by specious arguments?

To choose the curriculum is a complex and responsible task. It should be obvious from the start that, in complex human affairs of this kind, decisions cannot be expected to be completely rational. And so, I must admit, I asked the wrong question; I should have asked something of the sort: Can we introduce some approximately rational element into the choice of the curriculum?

I must confess that I was led to this question by my acquaintance with (and my concern for) the present situation of the teaching of mathematics in the secondary schools. I do not want to discuss here this situation in detail, but I wanted to voice my concern because this concern, if it cannot excuse, can at least explain to some extent the very imperfect speculations which I am going to sketch.

2. *A Biological Comparison*

The struggle for life leads to the survival of the fittest. If you have to choose between rival curricula, let the teachers use them side by side, let the curricula freely compete, let them struggle for life and let the fittest one survive.

I do not think that we should reject a suggestion of this kind offhand. At any rate, let me quote a somewhat similar case: we have to choose between rival scientific terminologies or rival mathematical notations. The rival terminologies and notations may be used side by side for a while; yet if one of them is definitely easier to remember and more helpful in handling the concepts denoted than the others, in short, if it is definitely the fittest for use, there is a good chance that only the fittest will survive and the others will fall into oblivion.

Free competition may be a quite rational procedure to choose between rival terminologies and notations, and so the biological comparison may have some merit in this case – but I am afraid it has little merit in the case of the curriculum. Let me note two grave difficulties.

Let us consider two curricula, the first of which is much easier to teach, although the second may offer definitely more lasting benefit to the students. In free competition, very likely the first, the easily teachable, will survive and the second will fall into oblivion. And this will happen not only because the teachers are liable to prefer their convenience to the public good. There is another strong reason: convenience or inconvenience in teaching is readily observed whereas the good or bad effects on the student may show up only in the long run, years later, and may easily pass unobserved.

There is another deficiency. Elimination of the unfit by the struggle for life may be a very slow process. Yet, at present, science and technology advance so rapidly that it may be necessary to change the curriculum at short notice.

In fact, I mentioned the foregoing just to put the reader on guard against the next suggestion.

3. *Another Biological Comparison*

Ernest Haeckel's 'fundamental biogenetic law' states that 'Ontogeny recapitulates Phylogeny'. Ontogeny is the development of an individual animal, phylogeny is the evolutionary history of an animal species. Thus Haeckel's law means: the development of the individual animal is a (shortened) recapitulation of the evolutionary history of the species to which the animal belongs. That is, in the course of its development from the fertilised ovum to its adult form, the animal passes through successive stages corresponding to its successive ancestors: at each stage the animal resembles the corresponding ancestor.

As I am not a biologist, I cannot tell how far, in what sense, with what limitations or qualifications the biogenetic law is accepted, if it is accepted at all, at present. Yet even as a layman

I cannot help admiring how much light is shed by one concise statement on an inexhaustible variety of phenomena and I readily believe that Haeckel's law provoked an immense mass of useful research. In fact, it connects distant branches of biology, it prompts the embryologist and the palaeontologist to take mutual interest in each other's work.

Is the biogenetic law applicable to mental development? This is my question or, rather, the embryonic form of my question. It would be a little better to ask: *In what respects* is the biogenetic law applicable to mental development? How far, in what aspects, does the mental development of the human child parallel the mental development of the human race? This question has many facets and I raise it in the hope that some of the many potential sub-questions implied by it will not be barren. In fact, the question raised opens new connexions between distant spheres of interest, it could prompt the historian of science, the psychologist, the ethnologist and the educationalist to take mutual interest in each other's work. And so I have some hope that the question raised may provoke useful research.

4. *A Sub-problem of a Sub-problem*

Moved by certain recent goings-on in my sphere of interest, I am particularly concerned with one facet of the general question just raised: How far, in what respects should the secondary school *mathematics curriculum parallel the historical evolution* of mathematical science?

One could usefully devote one's lifework to some sub-problem of this sub-problem. Take for instance the role of mathematical proofs in the curriculum of the schools and in the history of science.

We may presume that, at the dawn of civilisation when the first relations between numbers and the first properties of geometric figures emerged, these relations and properties were accepted without proof as they are accepted today by children of kindergarten age. It is a long way hence to the mathematical logician who, in confining himself to an 'atomised' or 'anatomised' view of mathematics, regards a mathematical proof as a (long) sequence of (small) steps; each step consists in introducing a new formula of which we ignore the meaning but which we are supposed to put down strictly in accordance with certain axiomatically accepted formulas and with certain rules of inference fully specified *ab initio*. Now, between these two extremes there are other levels of proof which a primitive savage or a kindergarten tot or a professional logician may not understand or ignore – but in planning the curriculum we cannot afford to ignore them.

It seems to me that the study of those intermediate levels of proof would deserve to be pursued and that such a study needs a carefully balanced combination of at least three things: (1) bona fide experience in mathematical research; (2) sympathetic observation of people of your own standing and of children of various ages in the classroom as they struggle to convince themselves of a mathematical proposition, and (3) familiarity with at least some phases of the history of mathematics, sufficient to recognise and to document the then-prevailing level of proofs. Moreover, it may help a little to view the various levels of proof as successive stages of an evolutionary sequence.

Perhaps some day I shall be able to write about these matters more concretely. In the meantime, I wish to mention two references. In a brief passage, Descartes explains what he regards as the essence of deduction – it is a remarkably lucid description of an important level of mathematical proof.* In a recent article, Árpád Szabó attempts to reconstruct different levels that the proofs attained in Greek mathematics.†

* *Œuvres*, edited by Charles Adam and Paul Tannery, volume 10, pages 369–70.

† 'ΔΕΙΚΝΥΜΙ als mathematischer Terminus für "Beweisen"', *Maia*, volume 10, 1958.

ON LEARNING, TEACHING, AND LEARNING TEACHING

GEORGE POLYA, Stanford University

"What you have been obliged to discover by yourself leaves a path in your mind which you can use again when the need arises." (G. C. Lichtenberg: *Aphorismen.*)

"Thus all human cognition begins with intuitions, proceeds from thence to conceptions, and ends with ideas." (I. Kant: *Critique of Pure Reason*, translated by J. M. D. Meiklejohn, 1878, p. 429.)

"I [planned to] write so that the learner may always see the inner ground of the things he learns, even so that the source of the invention may appear, and therefore in such a way that the learner may understand everything as if he had invented it by himself." (G. W. von Leibnitz: *Mathematische Schriften*, edited by Gerhardt, vol. VII, p. 9.)

1. Teaching is not a science. I shall tell you some of my opinions on the process of learning, on the art of teaching, and on teacher training.

My opinions are the result of a long experience. Still, such personal opinions may be irrelevant and I would not dare to waste your time by telling them if teaching could be fully regulated by scientific facts and theories. This, however, is not the case. Teaching is, in my opinion, not just a branch of applied psychology—at any rate, it is not yet that for the present.

Teaching is correlated with learning. The experimental and theoretical study of learning is an extensively and intensively cultivated branch of psychology. Yet there is a difference. We are principally concerned here with complex learning situations, such as learning algebra or learning teaching, and their long-term educational effects. The psychologists, however, devote most of their attention to, and do their best work about, simplified short-term situations. Thus, the psychology of learning may give us interesting hints, but it can not pretend to pass ultimate judgment upon problems of teaching (cf. [1]).

2. The aim of teaching. We can not judge the teacher's performance if we do not know the teacher's aim. We can not meaningfully discuss teaching, if we do not agree to some extent about the aim of teaching.

Let me be specific. I am concerned here with mathematics in the high school curriculum and I have an old fashioned idea about its aim: first and foremost, it should teach those young people to THINK.

This is my firm conviction; you may not go along with it all the way, but I assume that you agree with it to some extent. If you do not regard "teaching to think" as a primary aim, you may regard it as a secondary aim—and then we have enough common ground for the following discussion.

"Teaching to think" means that the mathematics teacher should not merely impart information, but should try also to develop the ability of the students to use the information imparted: he should stress know-how, useful attitudes, desirable habits of mind. This aim may need fuller explanation (my whole printed work on teaching may be regarded as a fuller explanation) but here it will be enough to emphasize only two points.

First, the thinking with which we are concerned here is not day-dreaming but "thinking for a purpose" or "voluntary thinking" (William James) or "productive thinking" (Max Wertheimer). Such "thinking" may be identified here, at least in first approximation, with "problem solving." At any rate, in my opinion, one of the principal aims of the high school mathematics curriculum is to develop the students' ability to solve problems.

Second, mathematical thinking is not purely "formal"; it is not concerned only with axioms, definitions, and strict proofs, but many other things belong to it: generalizing from observed cases, inductive arguments, arguments from analogy, recognizing a mathematical concept in, or extracting it from, a concrete situation. The mathematics teacher has an excellent opportunity to acquaint his students with these highly important "informal" thought processes, and I mean that he should use this opportunity better, and much better, than he does today. Stated incompletely but concisely: Let us teach proving by all means, but let us also teach guessing.

3. Teaching is an art. Teaching is not a science, but an art. This opinion has been expressed by so many people so many times that I feel a little embarrassed repeating it. If, however, we leave a somewhat hackneyed generality and get down to appropriate particulars, we may see a few tricks of our trade in an instructive sidelight.

Teaching obviously has much in common with the theatrical art. For instance, you have to present to your class a proof which you know thoroughly having presented it already so many times in former years in the same course. You really can not be excited about this proof—but, please, do not show that to your class: if you appear bored, the whole class will be bored. Pretend to be excited about the proof when you start it, pretend to have bright ideas when you proceed, pretend to be surprised and elated when the proof ends. You should do a little acting for the sake of your students who may learn, occasionally, more from your attitudes than from the subject matter presented.

I must confess that I take pleasure in a little acting, especially now that I am old and very seldom find something new in mathematics: I may find a little satisfaction in re-enacting how I discovered this or that little point in the past.

Less obviously, teaching has something in common also with music. You know, of course, that the teacher should not say things just once or twice, but three or four or more times. Yet, repeating the same sentence several times without pause and change may be terribly boring and defeat its own purpose. Well, you can learn from the composers how to do it better. One of the principal art forms of music is "air with variations." Transposing this art form from music into teaching you begin by saying your sentence in its simplest form; then you repeat it with a little change; then you repeat it again with a little more color, and so on; you may wind up by returning to the original simple formulation.

Another musical art form is the "rondo." Transposing the rondo from music into teaching, you repeat the same essential sentence several times with little or no change, but you insert between two repetitions some appropriately contrasting illustrative material. I hope that when you listen the next time to a theme with variations by Beethoven or to a rondo by Mozart you will give a little thought to improving your teaching.

Now and then, teaching may approach poetry, and now and then it may approach profanity. May I tell you a little story about the great Einstein? I listened once to Einstein as he talked to a group of physicists in a party. "Why have all the electrons the same charge?" said he. "Well, why are all the little balls in the goat dung of the same size?" Why did Einstein say such things? Just to make some snobs to raise their eyebrows? He was not disinclined to do so, I think. Yet, probably, it went deeper. I do not think that the overheard remark of Einstein was quite casual. At any rate, I learnt something from it: Abstractions are important; use all means to make them more tangible. Nothing is too good or too bad, too poetical or too trivial to clarify your abstractions. As Montaigne put it: The truth is such a great thing that we should not disdain any means that could lead to it. Therefore, if the spirit moves you to be a little poetical, or a little profane, in your class, do not have the wrong kind of inhibition.

4. Three principles of learning. Teaching is a trade that has innumerable little tricks. Each good teacher has his pet devices and each good teacher is different from any other good teacher.

Any efficient teaching device must be correlated somehow with the nature of the learning process. We do not know too much about the learning process, but even a rough outline of some of its more obvious features may shed some welcome light upon the tricks of our trade. Let me state such a rough outline in the form of three "principles" of learning. Their formulation and combination is of my choice, but the "principles" themselves are by no means new; they have been stated and restated in various forms, they are derived from the experience of the ages, endorsed by the judgment of great men, and also suggested by the psychological study of learning.

These "principles of learning" can be also taken for "principles of teaching," and this is the chief reason for considering them here—but about this later.

(1) *Active learning.* It has been said by many people in many ways that learning should be active, not merely passive or receptive: merely by reading books or listening to lectures or looking at moving pictures without adding some action of your own mind you can hardly learn anything and certainly you can not learn much.

There is another often expressed (and closely related) opinion: *The best way to learn anything is to discover it by yourself.* Lichtenberg (an eighteenth century German physicist, better known as a writer of aphorisms) adds an interesting point: *What you have been obliged to discover by yourself leaves a path in your mind which you can use again when the need arises.* Less colorful is the following statement, but it may be more widely applicable: *For efficient learning, the learner should discover by himself as large a fraction of the material to be learnt as feasible under the given circumstances.*

This is the *principle of active learning* (Arbeitsprinzip). It is a very old principle: it underlies the idea of "Socratic method."

(2) *Best motivation.* Learning should be active, we have said. Yet the learner will not act if he has no motive to act. He must be induced to act by some stimulus, by the hope of some reward, for instance. The interest of the material to be learnt should be the best stimulus to learning and the pleasure of intensive mental activity should be the best reward for such activity. Yet, where we cannot obtain the best we should try to get the second best, or the third best, and less intrinsic motives of learning should not be forgotten.

For efficient learning, the learner should be interested in the material to be learnt and find pleasure in the activity of learning. Yet, beside these best motives for learning, there are other motives too, some of them desirable. (Punishment for not learning may be the least desirable motive.)

Let us call this statement the *principle of best motivation.*

(3) *Consecutive phases.* Let us start from an often quoted sentence of Kant: *Thus all human cognition begins with intuitions, proceeds from thence to conceptions, and ends with ideas.* The English translation uses the terms "cognition, intuition, idea." I am not able (who is able?) to tell in what exact sense Kant intended to use these terms. Yet I beg your permission to present my reading of Kant's dictum:

Learning begins with action and perception, proceeds from thence to words and concepts, and should end in desirable mental habits.

To begin with, please, take the terms of this sentence in some sense that you can illustrate concretely on the basis of your own experience. (To induce you to think about your personal experience is one of the desired effects.) "Learning" should remind you of a classroom with yourself in it as student or teacher. "Action and perception" should suggest manipulating and seeing concrete things such as pebbles, or apples, or Cuisenaire rods; or ruler and compasses; or instruments in a laboratory; and so on.

Such concrete interpretation of the terms may come more easily and more naturally when we think of some simple elementary material. Yet after a while we may perceive similar phases in the work spent on mastering more complex, more advanced material. Let us distinguish three phases: the phases of *exploration, formalization,* and *assimilation.*

A first *exploratory* phase is closer to action and perception and moves on a more intuitive, more heuristic level.

A second *formalizing* phase ascends to a more conceptual level, introducing terminology, definitions, proofs.

The phase of *assimilation* comes last: there should be an attempt to perceive the "inner ground" of things, the material learnt should be mentally digested, absorbed into the system of knowledge, into the whole mental outlook of the learner; this phase paves the way to applications on one hand, to higher generalizations on the other.

Let us summarize: *For efficient learning, an exploratory phase should precede the phase of verbalization and concept formation and, eventually, the material learnt should be merged in, and contribute to, the integral mental attitude of the learner.*

This is the *principle of consecutive phases.*

5. Three principles of teaching. The teacher should know about the ways of learning. He should avoid inefficient ways and take advantage of the efficient ways of learning. Thus, he can make good use of the three principles we have just surveyed, the principle of active learning, the principle of best motivation, and the principle of consecutive phases: these principles of learning are also principles of teaching. There is, however, a condition: to avail himself of such a principle, the teacher should not merely know it from hearsay, but he should understand it intimately on the basis of his own well-considered personal experience.

(1) *Active learning.* What the teacher says in the classroom is not unimportant, but what the students think is a thousand times more important. The ideas should be born in the students' mind and the teacher should act only as midwife.

This is a classical Socratic precept and the form of teaching best adapted to it is the Socratic dialogue. It is a definite advantage of the high school teacher over the college instructor that in the high school one can use the dialogue form much more extensively than in the college. Unfortunately, even in the high school, time is limited and there is a prescribed material to cover so that all business cannot be transacted in dialogue form. Yet the principle is: Let the students *discover by themselves as much as feasible* under the given circumstances.

Much more is feasible than is usually done, I am sure. Let me recommend you here just one little practical trick: Let the students *actively contribute to the formulation* of the problem that they have to solve afterwards. If the students have had a share in proposing the problem they will work at it much more actively afterwards.

In fact, in the work of the scientist, formulating the problem may be the better part of a discovery, the solution often needs less insight and originality than the formulation. Thus, letting your students have a share in the formulation, you not only motivate them to work harder, but you teach them a desirable attitude of mind.

(2) *Best motivation.* The teacher should regard himself as a salesman: he wants to sell some mathematics to the youngsters. Now, if the salesman meets with sales resistance and his prospective customers refuse to buy, he should not lay the whole blame on them. Remember, the customer is always right in principle, and sometimes right in practice. The lad who refuses to learn mathematics may be right: he may be neither lazy nor stupid, just more interested in

something else—there are so many interesting things in the world around us. It is your duty as a teacher, as a salesman of knowledge, to convince the student that mathematics *is* interesting, that the point just under discussion is interesting, that the problem he is supposed to do deserves his effort.

Therefore, the teacher should pay attention to the choice, the formulation, and a suitable presentation of the problem he proposes. The problem should be related, if possible, to the everyday experience of the students, and it should be introduced, if possible, by a little joke or a little paradox. Or the problem should start from some very familiar knowledge; it should have, if possible, some point of general interest or eventual practical use. If we wish to stimulate the student to a genuine effort, we must give him some reason to suspect that his task deserves his effort.

The best motivation is the student's interest in his task. Yet there are other motivations which should not be neglected. Let me recommend here just one little practical trick. Before the students do a problem, let them *guess the result*, or a part of the result. The boy who expresses an opinion commits himself; his prestige and self-esteem depend a little on the outcome, he is impatient to know whether his guess will turn out right or not, and so he will be actively interested in his task and in the work of the class—he will not fall asleep or misbehave.

In fact, in the work of the scientist, the guess almost always precedes the proof. Thus, in letting your students guess the result, you not only motivate them to work harder, but you teach them a desirable attitude of mind.

(3) *Consecutive phases.* The trouble with the usual problem material of the high school textbooks is that they contain almost exclusively merely routine examples. A routine example is a short range example; it illustrates, and offers practice in the application of, just one isolated rule. Such routine examples may be useful and even necessary, I do not deny it, but they miss two important phases of learning: the exploratory phase and the phase of assimilation. Both phases seek to connect the problem in hand with the world around us and with other knowledge, the first before, the last after, the formal solution. Yet the routine problem is obviously connected with the rule it illustrates and it is scarcely connected with anything else, so that there is little profit in seeking further connections. In contrast with such routine problems, the high school should present more challenging problems at least now and then, problems with a rich background that deserves further exploration, and problems which can give a foretaste of the scientist's work.

Here is a practical hint: if the problem you want to discuss with your class is suitable, let your students do some preliminary exploration: it may whet their appetite for the formal solution. And reserve some time for a retrospective discussion of the finished solution; it may help in the solution of later problems.

(4) After this much too incomplete discussion, I must stop explaining the three principles of active learning, best motivation, and consecutive phases. I think that these principles can penetrate the details of the teacher's daily work and make him a better teacher. I think too that these principles should also

penetrate the planning of the whole curriculum, the planning of each course of the curriculum, and the planning of each chapter of each course.

Yet it is far from me to say that you must accept these principles. These principles proceed from a certain general outlook, from a certain philosophy, and you may have a different philosophy. Now, in teaching as in several other things, it does not matter much what your philosophy is or is not. It matters more whether you have a philosophy or not. And it matters very much whether you try to live up to your philosophy or not. The only principles of teaching which I thoroughly dislike are those to which people pay only lip service.

6. Examples. Examples are better than precepts; let me get down to examples—I much prefer examples to general talk. I am here concerned principally with teaching on the high school level and I shall present you a few examples on that level. I often find satisfaction in treating examples at the high school level, and I can tell you why: I attempt to treat them so that they recall in one respect or the other my own mathematical experience; I am re-enacting my past work on a reduced scale.

(1) *A seventh grade problem.* The fundamental art form of teaching is the Socratic dialogue. In a junior high school class, perhaps in the seventh grade, the teacher may start the dialogue so:

"What is the time at noon in San Francisco?"

'But, teacher everybody knows that' may say a lively youngster, or even 'But teacher, you are silly: twelve o'clock.'

"And what is the time at noon in Sacramento?"

'Twelve o'clock—of course, not twelve o'clock midnight.'

"And what is the time at noon in New York?"

'Twelve o'clock.'

"But I thought that San Francisco and New York do not have noon at the same time, and you say that both have noon at twelve o'clock!"

'Well, San Francisco has noon at twelve o'clock Western Standard Time and New York at twelve o'clock Eastern Standard Time.'

"And on what kind of standard time is Sacramento, Eastern or Western?"

'Western, of course.'

"Have the people in San Francisco and Sacramento noon at the same moment?"

"You do not know the answer? Well, try to guess it: does noon come sooner to San Francisco, or to Sacramento, or does it arrive exactly at the same instant at both places?"

How do you like my idea of Socrates talking to seventh grade kids? At any rate, you can imagine the rest. By appropriate questions the teacher, imitating Socrates, should extract several points from the students:

(a) We have to distinguish between "astronomical" noon and conventional or "legal" noon.

(b) Definitions for the two noons.

(c) Understanding "standard time": how and why is the globe's surface subdivided into time zones?

(d) Formulation of the problem: "At what o'clock Western Standard Time is the astronomical noon in San Francisco?"

(e) The only specific datum needed to solve the problem is the longitude of San Francisco (in an approximation sufficient for the seventh grade).

The problem is not too easy. I tried it on two classes; in both classes the participants were high school teachers. One class spent about 25 minutes on the solution, the other 35 minutes.

(2) I must say that this little seventh grade problem has various advantages. Its main advantage may be that it emphasizes an essential mental operation which is sadly neglected by the usual problem material of the textbooks: *recognizing the essential mathematical concept in a concrete situation.* To solve the problem, the students must recognize a *proportionality*: the time of the highest position of the sun in a locality on the globe's surface changes *proportionally* to the longitude of the locality.

In fact, in comparison with the many painfully artificial problems of the high school textbooks, our problem is a perfectly natural, a "real" problem. In the serious problems of applied mathematics, the appropriate *formulation* of the problem is always a major task, and often the most important task; our little problem which can be proposed to an average seventh grade class possesses just this feature. Again, the serious problems of applied mathematics may lead to practical action, for instance, to adopting a better manufacturing process; our little problem can explain to seventh graders why the system of 24 time zones, each with a uniform standard time, was adopted. On the whole, I think that this problem, if handled with a little skill by the teacher, could help a future scientist or engineer to discover his vocation, and it could also contribute to the intellectual maturity of those students who will not use mathematics professionally.

Observe also that this problem illustrates several little tricks mentioned in the foregoing: The students actively contribute to the formulation of the problem (cf. Sect. 5(1)). In fact, the exploratory phase which leads to the formulation of the problem is prominently important (cf. Sect. 5(3)). Then, the students are invited to guess an essential point of the solution (cf. Sect. 5(2)).

(3) *A tenth grade problem.* Let us consider another example. Let us start from what is probably the most familiar problem of geometric construction: *Construct a triangle, being given its three sides.* As analogy is such a fertile source of invention, it is natural to ask: What is the analogous problem in solid geometry? An average student, who has a little knowledge of solid geometry, may be led to formulate the problem: *Construct a tetrahedron, being given its six edges.*

It may be mentioned here parenthetically that this problem of the tetrahedron comes as close as it can on the usual high school level to practical problems solved by "mechanical drawing." Engineers and designers use well executed drawings to give precise information about the details of three dimensional figures of machines or structures to be built: we intend to build a tetrahedron with specified edges. We might wish, for example, to carve it out of wood.

This leads to asking that the problem should be solved precisely, by straightedge and compasses, and to discussing the question: which details of the tetrahedron should be constructed? Eventually, from a well conducted class discussion, the following definitive formulation of the problem may emerge:

Of the tetrahedron ABCD, we are given the lengths of its six edges

$$AB,\ BC,\ CA,\ AD,\ BD,\ CD.$$

Regard $\triangle ABC$ as the base of the tetrahedron and construct with ruler and compasses the angles that the base includes with the other three faces.

The knowledge of these angles is required for cutting out of wood the desired solid. Yet other elements of the tetrahedron may turn up in the discussion such as

(a) the altitude drawn from the vertex D opposite the base,
(b) the foot F of this altitude in the plane of the base;

(a) and (b) would contribute to the knowledge of the solid, they may possibly help to find the required angles, and so we may try to construct them too.

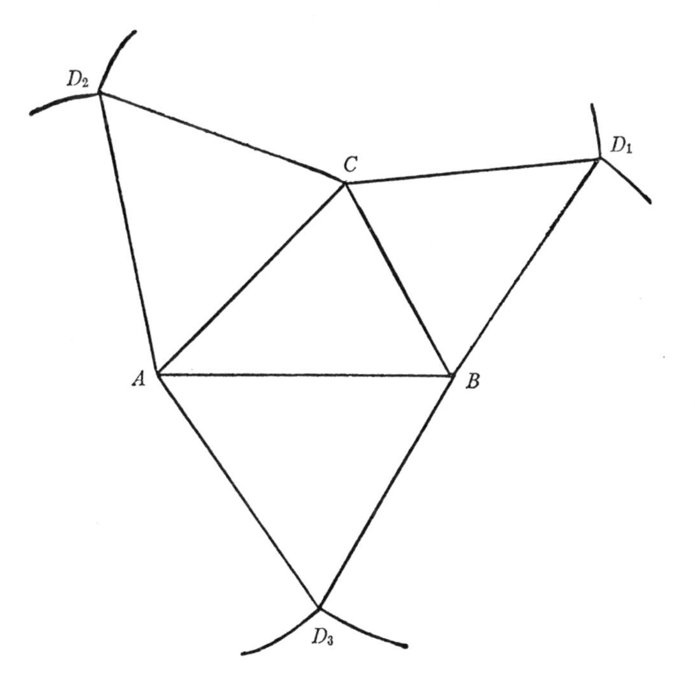

FIG. 1. Tetrahedron from six edges.

(4) We can, of course, construct the four triangular faces which are assembled in Fig. 1. (Short portions of some circles used in the construction are preserved to indicate that $AD_2 = AD_3$, $BD_3 = BD_1$, $CD_1 = CD_2$.) If Fig. 1 is copied

on cardboard, we can add three flaps, cut out the pattern, fold it along three lines, and paste down the flaps; we obtain in this way a solid model on which we can measure roughly the altitude and the angles in question. Such work with cardboard is quite suggestive, but it is not what we are required to do: we should construct the altitude, its foot, and the angles in question with ruler and compasses.

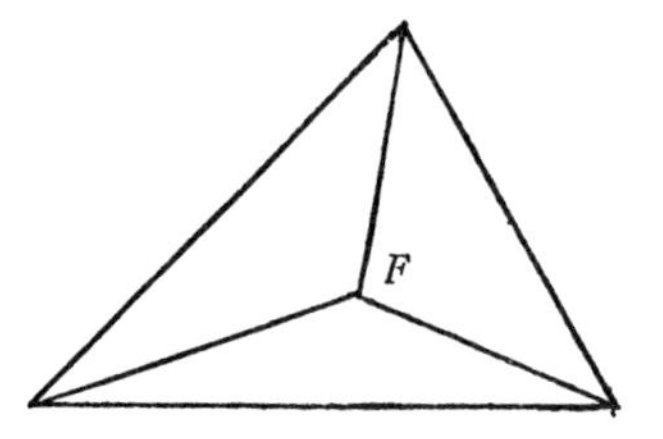

FIG. 2. An aspect of the finished product.

(5) It may help to take the problem, or some part of it, "as solved." Let us visualize how Fig. 1 will look when the three lateral faces, after having been rotated each about a side of the base, will be lifted into their proper position. Fig. 2 shows the orthogonal projection of the tetrahedron onto the plane of its base, $\triangle ABC$. The point F is the projection of the vertex D: it is the foot of the altitude drawn from D.

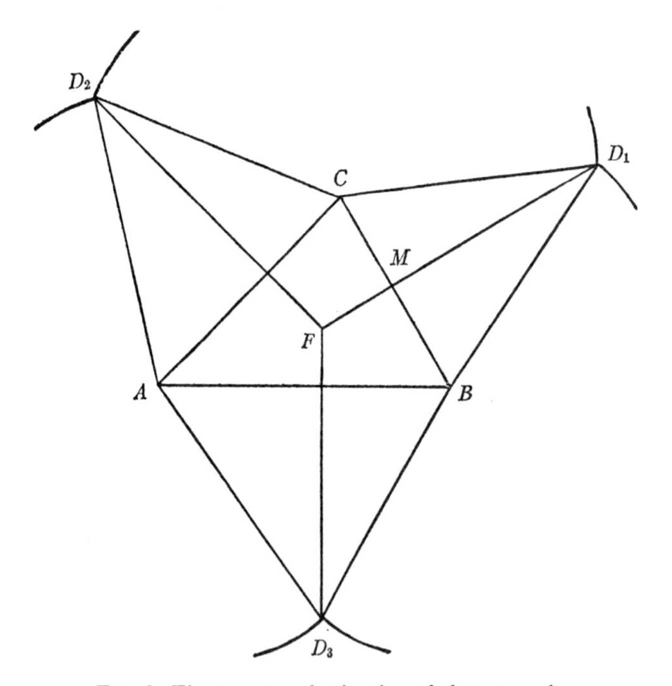

FIG. 3. The common destination of three travelers.

(6) We may visualize the transition from Fig. 1 to Fig. 2 with or without a cardboard model. Let us focus our attention upon one of the three lateral faces, upon $\triangle BCD_1$, which was originally located in the same plane as $\triangle ABC$, in the plane of Fig. 1 which we imagine as horizontal. Let us watch the triangle BCD_1 rotating about its fixed side BC and let our eyes follow its only moving vertex D_1. This vertex D_1 describes an arc of a circle. The center of this circle is a point of BC; the plane of this circle is perpendicular to the horizontal axis of revolution BC; thus D_1 moves in a vertical plane. Therefore, the projection of the path of the moving vertex D_1 onto the horizontal plane of Fig. 1 is a straight line, perpendicular to BC, passing through the original position of D_1.

Yet there are two more rotating triangles, three altogether. There are three moving vertices, each following a circular path in a vertical plane—to which destination?

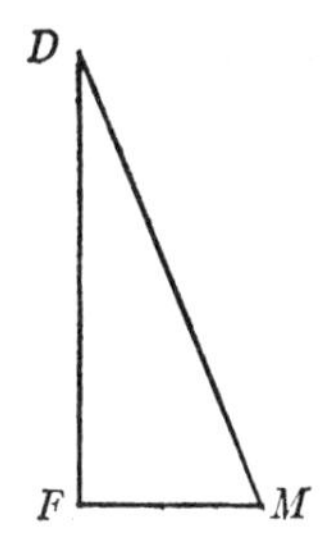

FIG. 4. The rest is easy.

(7) I think that by now the reader has guessed the result (perhaps even before reading the end of the foregoing subsection): the three straight lines drawn from the original positions (see Fig. 1) of D_1, D_2, and D_3 perpendicularly to BC, CA, and AB, respectively, meet in one point, the point F, our supplementary aim (b), see Fig. 3. (It is enough to draw two perpendiculars to determine F, but we may use the third to check the precision of our drawing.) And what remains to do is easy. Let M be the point of intersection of D_1F and BC (see Fig. 3). Construct the right triangle FMD (see Fig. 4), with hypotenuse $MD = MD_1$ and leg MF. Obviously, FD is the altitude (our supplementary aim (a)) and $\angle FMD$ measures the dihedral angle included by the base $\triangle ABC$ and the lateral face $\triangle DBC$ which was required by our problem.

(8) One of the virtues of a good problem is that it generates other good problems.

The foregoing solution may, and should, leave a doubt in our mind. We found the result represented by Fig. 3 (that the three perpendiculars described above are concurrent) by considering the motion of rotating bodies. Yet the result is a proposition of geometry and so it should be established independently of the idea of motion, by geometry alone.

Now, it is relatively easy to free the foregoing consideration (in subsections (6) and (7)) from ideas of motion and establish the result by ideas of solid geometry (intersection of spheres, orthogonal projection). Yet the result is a proposition of plane geometry and so it should be established independently of the ideas of solid geometry, by plane geometry alone. (How?)

(9) Observe that this tenth grade problem also illustrates various points about teaching discussed in the foregoing. For instance, the students could and should participate in the final formulation of the problem, there is an exploratory phase, and a rich background.

Yet here is the point I wish to emphasize: the problem is designed to deserve the attention of the students. Although the problem is not so close to everyday experience as our seventh grade problem, it starts from a most familiar piece of knowledge (the construction of a triangle from three sides) it stresses from the start an idea of general interest (analogy) and it points to eventual practical applications (mechanical drawing). With a little skill and good will, the teacher should be able to secure for this problem the attention of all students who are not hopelessly dull.

7. Learning teaching. There remains one more topic to discuss and it is an important topic: teacher training. In discussing this topic, I am in a comfortable position: I can almost agree with the "official" standpoint. (I am referring here to the "Recommendations of the Mathematical Association of America for the training of mathematics teachers," this MONTHLY, 67 (1960) 982–991. Just for the sake of brevity, I take the liberty to quote this document as the "official recommendations.") I shall concentrate upon just two points. To these two points I have devoted a good deal of work and thought in the past and practically all my teaching in the last ten years.

To state it roughly, one of the two points I have in mind is concerned with "subject matter" courses, the other with "methods" courses.

(1) *Subject matter.* It is a sad fact, but by now widely recognized, that our high school mathematics teachers' knowledge of their subject matter is, on the average, insufficient. There are, certainly, some well-prepared high school teachers, but there are others (I met with several) whose good will I must admire but whose mathematical preparation is not admirable. The official recommendations of subject matter courses may not be perfect, but there is no doubt that their acceptance would result in substantial improvement. I wish to direct your attention to a point which, in my considered opinion, should be added to the official recommendations.

Our knowledge about any subject consists of information and know-how. Know-how is ability to use information; of course, there is no know-how without some independent thinking, originality, and creativity. Know-how in mathematics is the ability to do problems, to find proofs, to criticize arguments, to use mathematical language with some fluency, to recognize mathematical concepts in concrete situations.

Everybody agrees that, in mathematics, know-how is more important, or even much more important, than mere possession of information. Everybody demands that the high school should impart to the students not only information in mathematics but know-how, independence, originality, creativity. Yet almost nobody asks these beautiful things for the mathematics teacher—is it not remarkable? The official recommendations are silent about the mathematical know-how of the teacher. The student of mathematics who works for a Ph.D. degree must do research, yet even before he reaches that stage he may find some opportunity for independent work in seminars, problem seminars, or in the preparation of a master's thesis. Yet no such opportunity is offered to the prospective mathematics teacher—there is no word about any sort of independent work or research work in the official recommendations. If, however, the teacher has had no experience of creative work of some sort, how will he be able to inspire, to lead, to help, or even to recognize the creative activity of his students? A teacher who acquired whatever he knows in mathematics purely receptively can hardly promote the active learning of his students. A teacher who never had a bright idea in his life will probably reprimand a student who has one instead of encouraging him.

Here, in my opinion, is the worst gap in the subject matter knowledge of the average high school teacher: he has no experience of active mathematical work and, therefore, he has no real mastery even of the high school material he is supposed to teach.

I have no panacea to offer, but I have tried one thing. I have introduced and repeatedly conducted a *problem solving seminar* for teachers. The problems offered in this seminar do not require much knowledge beyond the high school level, but they require some degree, and now and then a higher degree, of concentration and judgment—and, to that degree, their solution is "creative" work. I have tried to arrange my seminar so that the students should be able to use much of the material offered in their classes without much change; that they should acquire some mastery of high school mathematics; and so that they should have even some opportunity for practice teaching (in teaching each other in small groups). I can not enter here upon details; I gave a detailed description in a recently published book [2].

(2) *Methods.* From my contact with hundreds of mathematics teachers I gained the impression that "methods" courses are often received with something less than enthusiasm. Yet so also are received, by the teachers, the usual courses offered by the mathematics departments. A teacher with whom I had a heart to heart talk about these matters found a picturesque expression for a rather widespread feeling: "The mathematics department offers us tough steak which we can not chew and the school of education vapid soup with no meat in it."

In fact, we should once summon up some courage and discuss publicly the question: Are methods courses really necessary? Are they in any way useful? There is more chance to reach the right answer in open discussion than by widespread grumbling.

There are certainly enough pertinent questions. Is teaching teachable? (Teaching is an art, as many of us think—is an art teachable?) Is there such a thing as the teaching method? (What the teacher teaches is never better than what the teacher is—teaching depends on the whole personality of the teacher —there are as many good methods as there are good teachers.) The time allotted to the training of teachers is divided between subject matter courses, methods courses, and practice teaching; should we spend less time on methods courses? (Many European countries spend much less time.)

I hope that people younger and more vigorous than myself will take up these questions some day and discuss them with an open mind and pertinent data.

I am speaking here only about my own experience and my own opinions. In fact, in this hour, I have already implicitly answered the main question raised: I believe that methods courses may be useful. In fact, what I have presented to you in this hour was a sample of a methods course, or rather an outline of some topics which, in my opinion, a methods course offered to mathematics teachers should cover.

In fact, all the classes I have given to mathematics teachers were intended to be methods courses to some extent. The name of the class mentioned some subject matter, and the time was actually divided between that subject matter and methods: perhaps nine tenths for subject matter and one tenth for methods. If possible, the class was conducted in dialogue form. Some methodical remarks were injected incidentally, by myself or by the audience. Yet the derivation of a fact or the solution of a problem was almost regularly followed by a short discussion of its pedagogical implications. "Could you use this in your classes?" I asked the audience. "At which stage of the curriculum could you use it? Which point needs particular care? How would you try to get it across?" And questions of this nature (appropriately specified) were regularly proposed also in examination papers. My main work was, however, to choose such problems (like the two problems I have here presented) as would illustrate strikingly some pattern of teaching.

(3) The official recommendations call "methods" courses "curriculum-study" courses and are not very eloquent about them. Yet you can find there one recommendation that is excellent, I think. It is somewhat concealed; you must put two and two together, combining the last sentence in "curriculum study courses" and the recommendations for Level IV. But it is clear enough: A college instructor who offers a methods course to mathematics teachers should know mathematics at least on the level of a Master's degree. I would like to add: he should also have had some experience, however modest, of mathematical research. If he had no such experience how could he convey what may be the most important thing for prospective teachers, the spirit of creative work?

You have now listened long enough to the reminiscences of an old man. Some concrete good could come out of this talk if you give some thought to the following proposal which results from the foregoing discussion. I propose that the following two points should be added to the official recommendations of the Association:

I. *The training of teachers of mathematics should offer experience in independent ("creative") work on the appropriate level in the form of a Problem Solving Seminar or in any other suitable form.*

II. *Methods courses should be offered only in close connection either with subject matter courses or with practice teaching and, if feasible, only by instructors experienced both in mathematical research and in teaching.*

This paper was presented as an address at the 46th Annual Meeting of the Mathematical Association of America at Berkeley, California on January 27, 1963, and will appear in Volume 2 of the author's *Mathematical Discovery*. It is printed here by kind permission of the publishers, John Wiley & Sons, Inc.

References

1. E. R. Hilgard, Theories of Learning, 2nd ed., Appleton-Century-Crofts, New York, 1956.
2. G. Polya, Mathematical Discovery, vol. 1, Wiley, New York, 1962.

Inequalities and the Principle of Nonsufficient Reason

GEORGE PÓLYA
Department of Mathematics
Stanford University
Stanford, California

I begin with a statement that will surprise nobody in this audience: Inequalities play a role in most branches of mathematics and have widely different applications. An introductory talk such as this should survey at least parts of the existing material; it should find connections between inequalities that belong to different branches, and point out promising spots where there is a chance to do some interesting work. I shall try to do a little in these directions by emphasizing heuristic considerations. The name of the "heuristic principle" that will serve us as a sort of 'leitmotiv' is included in the title of this talk.

I may be excused if I take many of my examples from my own work: I know, naturally, the heuristic background of these examples more intimately. The following text has profited by conversations I had before, during, and after the Symposium. I wish to thank here especially my friend and colleague, Professor Max Schiffer.

1. The Principle of Nonsufficient Reason

The term "principle of sufficient reason" originates with Leibnitz, but the principle itself was essentially known long before him, in some form. Leibnitz stated it in various forms; here is a short one: "Nihil est sine ratione." That is, "There is nothing without reason."

The term "principle of nonsufficient reason" (NSR) was used in certain discussions on the theory of probability [*4*, p. 41]. I am not able to tell where or when it was initiated, or even to give an authoritative formulation of it; I take it to be a particular case of Leibnitz's principle which he himself has repeatedly stated. Here is a short formulation: "There is no difference without reason." Here is a more elaborate one: "Where there is no sufficient reason to distinguish there can be no distinction."

Passages to the same effect can be found, as I have just said, on several pages of Leibnitz's works, but I found only one such passage, extracted from his manuscripts and posthumously printed, which explicitly refers to mathematical matters.[1] Freely condensed in a few words, we could state it so: "No difference in the condition, no difference in the solution." I wish to reformulate it freely, but carefully: "Where there is no difference between the unknowns in the [determining] condition there can be no difference between the values of the unknowns satisfying the condition."[2] I think that this passage must be interpreted in two different ways according as we do, or do not, take into account the word "determining" originally written, but afterwards deleted, by Leibnitz. Yet we will be in a better position to discuss this later, after some examples.

2. Examples

Let us consider four quite elementary problems.

(I) *Determine n positive numbers* $x_1, x_2, \ldots, x_n$ *of which the sum s is given,*

$$x_1 + x_2 + \cdots + x_n = s,$$

so that their product $x_1 x_2 \cdots x_n$ *becomes a maximum.*

There is no difference between the unknowns $x_1, x_2, \ldots, x_n$ in the condition. In fact, the condition is "fully symmetric" in the n unknowns: Any permutation of the unknowns leaves the condition unchanged. And, in fact, NSR is vindicated in the present case: The maximum in question is attained if and only if all unknowns have the same value, that is when

$$x_k = \frac{s}{n} \quad \text{for} \quad k = 1, 2, \ldots, n.$$

If we change the proposed problem by considering the minimum of that product instead of its maximum, NSR is still vindicated in a way: There is no minimum, there is no solution, and, there being none, the solution can make no distinction between the unknowns. If we change the proposed problem more by considering the minimum of that product *and* nonnegative real values of the unknowns, then NSR fails: the trivial minimum 0 is attained when some of the unknowns, but not all, are equal to 0, and so there must be a difference between the values of the unknowns in the solution.

[1] "Cum omnia ab una parte se habent ut ab alia parte in datis [determinantibus], ⟨tunc⟩ etiam in quaesitis seu consequentibus omnia se eodem modo habitura utrinque. Quia nulla potest reddi ratio diversitatis, quae utique ex datis petenda est." See [*1*, p. 519]. "If everything in the [determining] data is just so in one case as in the other, then also in the unknowns or the consequences everything will be the same in both cases. Since no reason can be given for the difference which in any case must be derived from the data." The square brackets [ ] enclose a word deleted by Leibnitz, the pointed brackets ⟨ ⟩ a word added later.

[2] For the usage of the term "condition" see [7, Vol. 1, pp. 119–120].

(II) *Find the numbers x and y satisfying the system of two equations*

$$x + y = 3, \qquad xy = 2.$$

Here NSR strikingly fails: There are two solutions,

$$\text{either} \quad x = 1, \quad y = 2, \qquad \text{or} \qquad x = 2, \quad y = 1,$$

but the unknowns x and y do not get the same value in either although the condition is fully symmetric with respect to them.[3]

(III) *Find the numbers x, y, and z satisfying the system of three equations*

$$\begin{aligned} x^2 + 2y^2 + 4z^2 + 3(yz + zx + xy) &= 16, \\ 4x^2 + y^2 + 2z^2 + 3(yz + zx + xy) &= 16, \\ 2x^2 + 4y^2 + z^2 + 3(yz + zx + xy) &= 16. \end{aligned}$$

The condition is symmetric with respect to the unknowns x, y, and z in the following sense: Any one of these unknowns can be substituted for any other by a suitable cyclic permutation which leaves the condition expressed by the system of three equations unchanged.[4]

The three equations proposed imply that

$$x^2 = y^2 = z^2$$

and hence we can easily derive all eight solutions [values of (x, y, z) satisfying the system]. There are two solutions

$$(1, 1, 1) \qquad \text{and} \qquad (-1, -1, -1)$$

that attribute the same value to x, y, and z. Yet this is only a "partial success" for NSR: There are other solutions, namely all the six remaining solutions

$$\begin{matrix} (-2, 2, 2) & (2, -2, 2) & (2, 2, -2) \\ (2, -2, -2) & (-2, 2, -2) & (-2, -2, 2) \end{matrix}$$

which do not attribute the same value to all three unknowns.

(IV) *In a tetrahedron, given L, the sum of the lengths of four edges forming a skew quadrilateral, find the maximum of the volume of the tetrahedron.*

[3] This example is easily generalized: Consider n unknowns of which the n elementary symmetric functions are given; cf. [7, Vol. 2, p. 161].

[4] More generally, the condition of a problem is called *symmetric with respect to a certain subset S* of the unknowns if there is a group of permutations of the unknowns that leaves the condition unchanged and is transitive with respect to the subset S, that is, contains permutations mapping any element of S onto any other element of S. We shall frequently refer to this definition in the sequel.

The two edges of the tetrahedron that do not belong to the skew quadrilateral with perimeter L are opposite edges (having no common vertex); let us call them "free" edges, and let us call the four other edges, belonging to the quadrilateral, "connected" edges. The condition of the proposed problem is symmetric with respect to the four connected edges; it is also symmetric with respect to the two free edges, but it is by no means symmetric with respect to all six edges. The solution is easily obtained (by "partial variation," see [*6*, Vol. 1, p. 128]) and vindicates NSR: When the maximum of the volume is attained, all four connected edges are of the same length $L/4$, also both free edges are of the same length (namely, $\sqrt{3}L/6$) and two faces contiguous to the same free edge are perpendicular to each other.

3. Restatement: The Principle of Symmetry

As we have said in Sec. 1, the sentence "No difference in the condition, no difference in the solution" is capable of two interpretations between which Leibnitz was apparently hesitating. By the examples of the foregoing section and the definition stated in footnote 4, we are led almost unavoidably to the following two statements:

I. *Unknowns with respect to which the condition is symmetric must obtain the same value in the solution, if the solution is unique.*

II. *Unknowns with respect to which the condition is symmetric may be expected to obtain the same value in the solution.*

Statement I is sufficiently clear and general (and there is not much need to reformulate it in logical jargon). Its proof is obvious: Let x_α and x_β be two of those unknowns with respect to which the condition is symmetric. Then there is a permutation of the unknowns leaving the condition unchanged that substitutes x_α for x_β. As there is a unique solution, that is, just one system of values for the unknowns satisfying the condition, x_α must obtain the same value as x_β.[5]

Statement II has no mathematical meaning, and it has no intention to have one: it is heuristic advice. We follow this advice if we devote appropriate attention to two possibilities: First, that there may be unknowns with respect to which the condition is symmetric, and second, that such unknowns may get the same value in the solution.[6]

I am going to survey a few classes of inequalities in paying due attention to these two possibilities.

[5] Cf. [*6*, Vol. 1, pp. 187–188, Ex. 41].
[6] Cf. [7, Vol. 2, pp. 160–164, Ex. 15.21–15.40].

In the following, I retain the abbreviation NSR for statement II. If the reader prefers, he may read NSR also as "the principle of symmetry" or "the heuristic principle of symmetry." This principle expresses an expectation which may or may not be vindicated by the outcome. More precisely there are three cases; all three presuppose that the problem in question has solutions (at least one solution). Unknowns with respect to which the condition is symmetric may obtain the same value

(a) in all solutions, or
(b) in no solution, or
(c) in some solutions, but not in all solutions.

In case (a), NSR (the principle of symmetry) is vindicated, in (b) it fails, and in (c) we shall say it is "partially vindicated." [Case (c) is illustrated by example (III) of Sec. 2; for a more important illustration see Sec. 6]. I think that it is instructive to compare these cases; they certainly challenge the problem-solver who naturally tries to foresee which case will present itself eventually.

4. Symmetric Functions

Many of the best known and most useful elementary inequalities result from appropriate particular cases of the following general problem:

Let $f(x_1, x_2, \ldots, x_n)$ and $g(x_1, x_2, \ldots, x_n)$ *be symmetric functions, homogeneous of the same degree and positive for all positive values of the variables* $x_1, x_2, \ldots, x_n$. *Find the maximum of the ratio*

$$\frac{f(x_1, x_2, \ldots, x_n)}{g(x_1, x_2, \ldots, x_n)}.$$

And just in those well-known, useful cases, the solution of this problem fully vindicates NSR: The maximum is attained if and only if

$$x_1 = x_2 = \cdots = x_n .$$

Thus, the inequality between the arithmetic and geometric means results from the particular case where

$$f = x_1 x_2 \cdots x_n , \qquad g = (x_1 + x_2 + \cdots + x_n)^n.$$

Further cases are listed in [*3*, p. 109].

5. Symmetric Functionals

The isoperimetric problem requires to find the minimum of L^2A^{-1} where L denotes the perimeter and A the area of a simple closed plane curve. If the isoperimetric problem is restricted to polygons with n sides considered as particular curves, it is symmetric with respect to the n sides and to the n angles of the polygon. Hence NSR suggests that all sides, and also all angles, should be equal. In fact, this suggestion is fully confirmed: The minimum of L^2A^{-1} is attained if and only if the polygon with n sides is regular.

If the isoperimetric problem is taken unrestrictedly so that all simple closed plane curves are admitted, NSR, interpreted in an appropriate extension, suggests that each point of the curve should be situated in the same way with respect to the whole curve, and, especially, that the curvature of the curve should be the same at each of its points. In fact, this suggestion is fully confirmed: The minimum of L^2A^{-1} is attained if and only if the curve is a circle.

In passing from polygons with n sides to general closed curves, we have enlarged the scope of the principle of nonsufficient reason, or heuristic principle of symmetry. Let us try to see a little more clearly in what sense this scope can be reasonably enlarged.

The area A and the perimeter L are functionals of a simple closed plane curve which "depend in the same way on each point (on each element) of the curve." Let us call functionals of this nature "symmetric functionals."[7]

A similarity transformation of the curve (enlargement in the proportion of 1 to c, say) affects A and L in a simple, obvious way (changes A into c^2A and L into cL). Hence we may call A and L "homogeneous functionals," A of degree 2, L of degree 1.

The terminology introduced may help us to see more clearly the analogy between certain simple and other much less simple mathematical facts. For the sake of concreteness let us compare two inequalities: the inequality between the arithmetic and geometric means and the isoperimetric inequality. We express the essential facts by the two following lines:

$$n \leqq \frac{x_1 + x_2 + \cdots + x_n}{(x_1 x_2 \cdots x_n)^{1/n}} < \infty, \tag{1}$$

$$4\pi \leqq \frac{L^2}{A} < \infty. \tag{2}$$

[7] The analogy to symmetric functions of n variables is weak in a respect which, however, is irrelevant when seen from our standpoint based on the definition of footnote 4: When we take the curve as a polygon with n vertices (x_1, y_1), (x_2, y_2), $\ldots$, (x_n, y_n), the expressions for A and L in terms of the coordinates of the vertices are not left invariant by all $n!$ permutations of the n vertices, that is, by the whole symmetric group, but only by one of its cyclic subgroups—this subgroup, however, is transitive.

In case (1) we consider the ratio of two symmetric functions which are homogeneous of the same degree; in case (2) we consider the ratio of two symmetric functionals which are homogeneous of the same degree. In both cases, the ratio is homogeneous of degree 0. Hence, in case (1) the ratio depends only on the proportion $x_1:x_2:\cdots:x_n$; in case (2) the ratio depends only on the shape, not on the size or on the location, of the curve. In both cases, the upper bound of the quantity considered is unattainable, infinite, and the lower bound is attained if and only if there is perfect symmetry, that is, when all variables $x_1, x_2, \ldots, x_n$ obtain the same value and all points of the curve are contained in the same way in the curve.

6. Examples of Success

Besides A and L, there are several other functionals of a simple closed plane curve C which are homogeneous and "symmetric." Here is a list of the symbols and the names of some of the better explored functionals of this nature; D stands for the domain surrounded by the curve C:[8]

A, area of D;
L, perimeter of C;
I, polar moment of inertia of D with respect to the centroid of D which we conceive here as covered with matter of uniform surface density 1;
$\bar{r}$, outer conformal radius of C;
$\dot{r}$, maximum inner conformal radius of C;
P, torsional rigidity of D which is conceived now as the cross section of a uniform and isotropic elastic cylinder twisted around an axis perpendicular to D;
Λ, principal frequency of D conceived as the equilibrium position of a uniform and uniformly stretched elastic membrane fixed along the boundary C of D;
C, electrostatic capacity of D conceived as a thin plate, a conductor of electricity.

We can take any two of these eight functionals and ask whether there is between them an inequality analogous to the classical isoperimetric inequality between A and L. In most cases the answer is *yes* and can be proved. In some cases, where it is not yet fully proved, the answer *yes* can be reasonably conjectured. There is just one case in which we definitely know that the answer is *no*. The known results are condensed into the

[8] See [*13*, pp. 1–3] for first definitions, and later chapters for full details.

following compound statement (3) which needs a few additional explanations:

$$\dot{r}^4 \leqq \left(\frac{j}{\Lambda}\right)^4 \underset{(?)}{\leqq} \frac{2P}{\pi} \leqq \left(\frac{A}{\pi}\right)^2 \left\{ \begin{array}{c} \leqq \dfrac{2I}{\pi} \overset{(!)}{\leqq} \\ \\ \leqq \dfrac{\pi C^4}{2} \underset{(?)}{\leqq} \end{array} \right\} \bar{r}^4 \leqq \left(\frac{L}{2\pi}\right)^4. \tag{3}$$

The two inequalities in (3) which are marked by (?) under the sign $\leqq$ are only conjectural; further research is needed to decide whether the suggested relation between Λ and P is correct or not and the same holds for the relation between C and $\bar{r}$. There is a difference, however. The relations

$$\dot{r}^4 \leqq \frac{2P}{\pi}, \qquad \left(\frac{j}{\Lambda}\right)^2 \leqq \frac{A}{\pi}, \tag{4}$$

where $j = 2.4048\ldots$ denotes the first positive zero of the Bessel function $J_0(x)$, can be established independently of any conjecture. [They would follow from the conjectural relation between Λ and P in combination with others displayed in (3) and already proven.] Yet the relation between C and L (which depends on that between C and $\bar{r}$) remains to be elucidated.

There is no "isoperimetric inequality" between I and C: the quantity IC^{-4} has 0 as lower bound and ∞ as upper bound, and (3) tries to express this fact too.

The relation between I and $\bar{r}$ (the sign $\leqq$ is qualified by the sign (!) printed over it) is peculiar: the case of equality is attained if the curve is a circle, but it is also attained for infinitely many different shapes so that NSR is "partially vindicated" in the terminology explained at the end of Sec. 3.

In the other cases [five mentioned by (3) and two by (4)], NSR is fully vindicated: equality is attained by the circle and only by the circle.[9]

Observe that from the inequalities explicitly listed in (3) and (4) several others immediately follow. Thus, the classical isoperimetric inequality between A and L follows from three other inequalities: between A and I, I and $\bar{r}$, $\bar{r}$ and L. Hence, still more triumph for NSR.

Are the two conjectured inequalities listed in (3) [between Λ and P, and between C and $\bar{r}$] true? The success of the circle in so many analogous cases seems to make them more likely or, at any rate, more interesting.

By the way, this section has tried to illustrate that the survey of a chapter of mathematics (as the chapter on "isoperimetric inequalities") can be enlivened, and so benefit, by heuristic considerations.

[9] See [*13*] for all comments on (3) and (4); for an additional remark on the case of equality see also [*10*, pp. 436–439].

7. Examples of Failure

We have seen by now almost too many cases where NSR is successful. Let us then construct a case, with the functionals considered in the foregoing section, where NSR fails.

Of the eight functionals considered in Sec. 6, there are three that are clearly more "elementary" than the other five, namely A, L, and I. (The computation of these three involves only the evaluation of definite integrals whereas the computation of any one of the remaining five functionals depends on the solution of a partial differential equation.) Each of the three combinations

$$L^2A^{-1}, \qquad A^{-1}I, \qquad I^{-1}L^4$$

has ∞ as least upper bound and attains its minimum for the circle and only for the circle [this fact is already contained in (3)]. Let us consider, then, the simplest homogeneous combination of degree 0 of all three functionals, AL^2I^{-1}. Here is what is known at present about the bounds of this combination [*9*]:

$$16 < AL^2I^{-1} < \infty \qquad \text{for all curves,} \tag{5a}$$

$$48 < AL^2I^{-1} \underset{(?)}{\leq} 108 \qquad \text{for convex curves,} \tag{5b}$$

$$AL^2I^{-1} = 8\pi^2 \qquad \text{for the circle.} \tag{5c}$$

It can be proved that AL^2I^{-1} has a finite upper bound for convex domains but it is just a conjecture [see the sign (?) under the sign $\leq$ in (5b)] that this bound is 108, the value attained by the equilateral triangle. The other bounds given by (5a) and (5b) (two lower bounds and one upper) are well-established and are best-possible, although unattainable, bounds. Altogether, there are four different bounds for the functional AL^2I^{-1} which is "symmetric" and depends only on the shape of the curve (as AL^{-2}), but the circle yields none of the four bounds (no lower and no upper bound) for all curves and for convex curves, since[10]

$$48 < 8\pi^2 < 108.$$

There are other combinations, homogeneous of degree 0, of three "symmetric" functionals chosen among those considered in Sec. 6, which behave analogously to AL^2I^{-1}. Let us quote just one (see [*8*]):

$$0 < A^4P^{-1}I^{-1} < \infty \qquad \text{for all curves,} \tag{6a}$$

$$27 < A^4P^{-1}I^{-1} \underset{(?)}{\leq} 45 \qquad \text{for convex curves,} \tag{6b}$$

$$A^4P^{-1}I^{-1} = 4\pi^2 \qquad \text{for the circle.} \tag{6c}$$

[10] In the strict sense laid down in Sec. 3, this failure of the circle has to be regarded as a failure of NSR only if the upper bound for convex figures is attained.

The facts are closely analogous to those of the foregoing case and the notation is the same. It is well established that $A^4P^{-1}I^{-1}$ has a finite upper bound for convex domains, but it is just a conjecture that this bound is 45, the value attained by the equilateral triangle. The other three bounds given for $A^4P^{-1}I^{-1}$ by (6a) and (6b) are well-established best-possible, but unattainable, bounds. None of the four bounds considered is attained by the circle since

$$27 < 4\pi^2 < 45.$$

We could have scarcely foreseen a priori that NSR would be more successful with the combinations of two than with three functionals.

8. A Heuristic Remark on Inequalities as Side Conditions in Extremum Problems

Each of the statements (5b) and (6b) has a conjectural half, and both conjectures attribute the maximum to the equilateral triangle among all convex figures. This peculiar agreement will be somewhat elucidated by the considerations of the present section.

(I) We start from a simple and useful type of problem which is widely known nowadays: *The point* (x, y, z) *is subject to* n *side conditions (linear inequalities)*

$$a_\nu x + b_\nu y + c_\nu z + d_\nu \leqq 0 \qquad \text{for} \quad \nu = 1, 2, \ldots, n.$$

Find the maximum of the linear function $ax + by + cz$. (The numbers a_ν, b_ν, c_ν, d_ν, a, b, c are given; x, y, z, unknown.)

By the linear inequalities, the point (x, y, z) is restricted to a convex polyhedron P which we suppose finite and nondegenerate. It is easy to see that there must be a solution (x, y, z) coinciding with (and at which the desired maximum must be attained) one of the *vertices* of the polyhedron P. (There may be other solutions; the maximum may be reached also at points of P different from the vertices.)

That is, there is necessarily a solution (a way of attaining the extremum) such that the case of equality is attained in not less than a standard number, namely three, of side conditions.

(II) It is easy to extend the foregoing consideration to linear functions of n variables (to n dimensions). Can we extend it to more comprehensive classes of functions?

The following simple example can teach us some caution: *Find the extrema (maximum and minimum) of*

$$x^2 + y^2 + z^2 + w^2$$

where

$$w = 1 - x - y - z$$

under the side conditions

$$x \geqq 0, \quad y \geqq 0, \quad z \geqq 0, \quad w \geqq 0.$$

These side conditions restrict the point (x, y, z) to a closed tetrahedron with vertices

$$(0, 0, 0), \quad (1, 0, 0), \quad (0, 1, 0), \quad (0, 0, 1).$$

The desired maximum, which is 1, is assumed just at these four vertices, which conforms to the pattern (I). The minimum, however, which is $\frac{1}{4}$, is assumed, in conformity with NSR, only at the centroid $(\frac{1}{4}, \frac{1}{4}, \frac{1}{4})$ of the tetrahedron. And this centroid is an interior point; it attains the case of equality in none of the four side conditions.

This example may douse sanguine hopes: A very general extension of (I) which would be also simple seems now rather unlikely. And so it may be advisable to remain on the heuristic level. Without attempting a precise, but possibly complicated statement we just intend to pay due attention to the eventuality that an extremum sought in a domain limited by several side conditions may be attained on the boundary of the domain, on a sort of edge or at a corner, where the case of equality is reached in a "considerable number" of side conditions.

(III) Let us compare two situations, one elementary [cf. (II)], the other not so elementary:

$$1 \leqq \frac{(x_1 + x_2 + \cdots + x_n)^2}{x^2 + x_2^2 + \cdots + x_n^2} \leqq n, \tag{7}$$

$$\frac{1}{8} \leqq \frac{\bar{r}}{L} \leqq \frac{1}{2\pi}. \tag{8}$$

In situation (7) we consider the ratio of two symmetric functions of n variables, in situation (8) the ratio of two symmetric functionals of a simple closed curve C surrounding a plane domain D. In both situations the ratio considered is homogeneous of degree 0. In both situations we restrict the variability. In situation (7) we consider only nonnegative real values of the variables so that

$$x_1 \geqq 0, \quad x_2 \geqq 0, \ldots, x_n \geqq 0. \tag{7a}$$

In situation (8) we consider only convex domains D so that in each point of the boundary curve C

$$\text{curvature} \geqq 0. \tag{8a}$$

In fact, these restrictions are irrelevant for the upper bound which is attained in conformity with NSR in both situations. In situation (7) the upper bound is attained when

$$x_1 = x_2 = \cdots = x_n$$

and it is the same for all real values of the variables as in the subdomain of nonnegative values. In situation (8) the upper bound is attained when C is a circle and it is the same for all simple closed plane curves as for the subset of convex curves. (See [*12*, Vol. 2, p. 21, Ex. 124].)

Yet the restrictions of the variability stated above are essential for the lower bound. In situation (7) the lower bound is attained when just one of the unknowns is different from 0, for instance when

$$x_1 > 0, \qquad x_2 = x_3 = \cdots = x_n = 0$$

so that the case of equality is attained in all inequalities (7a) except one. In situation (8) the lower bound is attained when the convex curve C degenerates into a straight-line segment (regarded as doubly covered, so that L equals the length of the segment multiplied by 2; see [*11*]). Thus the case of equality in (8a) is attained at all but two points of the minimizing C (where the curvature does not exist or may be regarded as ∞).

(IV) We consider now a situation analogous to (8). We conceive the domain D as covered with matter of surface density 1, and we let I_1 and I_2 denote the moments of inertia of D about the principal axes of inertia through the centroid of D. (With the notation of Sec. 6, $I_1 + I_2 = I$.) We assume that $I_1 \leqq I_2$. If we consider only convex domains D

$$6\sqrt{3} \leqq \frac{A^2}{I_1} < \infty, \tag{9}$$

the lower bound is attained for the equilateral triangle and for no other convex figure.[11]

As in the situation (8), the minimizing figure is such that the case of equality in (8a) is attained at almost all points of its boundary; in fact, at all points except three.

(V) Let us return to the conjectures given in (5b) and (6b); both assert that the maximum of a certain functional of a convex curve is attained by the equilateral triangle. If we compare these conjectures with the facts discussed in this section, the conjectures appear, it seems to me, more understandable, perhaps more likely—at any rate more interesting.

We have discussed several situations which are similar in one respect: When the extremum is attained, the case of equality is also attained in "many" inequalities which are side conditions of the extremum problem. This was so in the cases here emphasized, but need not be so in other cases as we have already observed in subsection (II). The upper bounds in (7) and (8) (which are upper bounds also under restriction to $x_\nu \geqq 0$ and to convex C, respectively) offer good illustrations.

[11] This follows easily from [*8*, pp. 114–115]. For establishing uniqueness, we need the remark that the only triangle for which $I_1 = I_2$ is the equilateral triangle.

9. Additional Examples

The remarks offered in the foregoing sections can be illustrated by many more examples and can be followed up in various directions. There remain more parallels to be drawn between seemingly unconnected facts, and more promising spots to point out where some intriguing problem waits for its solution. The variety of possibilities should be illustrated by just a few briefly treated examples.

(I) *Polygons.* Is NSR valid for polygons when it is valid for all closed curves? More explicitly: It is known that the minimum of a certain "symmetric" functional F which depends on the shape of a variable closed curve is attained by the circle (L^2A^{-1} is the principal example of such a functional). Is the minimum attained by the regular polygon when F is restricted to polygons with n sides?

The answer is *yes* when F is L^2A^{-1}, and this was essentially known to the ancient Greek geometers. The answer *yes* has been proved, at least for convex polygons, in the case when F is IA^{-2} [*8*, *9*]. A little is known about the following five functionals:

$$\dot{r}^{-2}A, \quad \bar{r}^2A^{-1}, \quad P^{-1}A^2, \quad \Lambda^2A, \quad C^2A^{-1}.$$

Each of them is a minimum for the equilateral triangle if restricted to triangles, and also a minimum for the square if restricted to quadrilaterals (see [*13*, pp. 158–159]).

To go beyond these results in any one of the many possible directions seems to me a challenging but not an easy problem.

At any rate, this example has tried to illustrate how a heuristic principle can lead us to interesting problems.

(II) *Polyhedra.* Let S stand for the surface area of a closed surface of the topological type of the sphere and V for the volume of the region surrounded by the surface. The classical isoperimetric problem is concerned with L^2A^{-1} in the plane and with S^3V^{-2} in space. In the plane we have considered L^2A^{-1} for general curves and for polygons; analogously, we are going to distinguish two cases in space.

Considered for all closed surfaces, S^3V^{-2} attains its minimum for the sphere and only for the sphere. We can regard this fact as a success for NSR since we can regard S and V as "symmetric" functionals.

Now, let us consider the problem of the minimum of S^3V^{-2} for polyhedra with a given number f of faces. This problem seems to be symmetric with respect to the f faces, but symmetric also with respect to the vertices, with respect to the edges, with respect to the dihedral angles attached to the edges, and with respect to the face angles (ordinary angles contained in each face). Therefore, NSR induces us to expect that constituent parts of the same nature will be equal: all faces congruent, all edges of the same length, all dihedral angles equal, all face angles equal, all solid angles attached to the vertices congruent. In a word, NSR suggests "quantitative uniformity" and so it leads us to expect that the polyhedron with f faces minimizing S^3V^{-2} will be regular.

Yet this expectation fails conspicuously. In the first place, it fails for almost all values of f because a regular polyhedron exists only in five cases, for $f=4$, 6, 8, 12, and 20. And it even fails in two out of these five cases: for $f=8$ and $f=20$, the polyhedron yielding the minimum of S^3V^{-2} is not regular. Thus NSR succeeds only in three cases: for $f=4$, 6, and 12, S^3V^{-2} is minimized by the regular tetrahedron, the cube, and the regular dodecahedron, respectively.[12]

Yet even behind such a disastrous failure of NSR there may be hidden a grain of success. Certainly, NSR's suggestion of "quantitative uniformity" fails except in those three cases: $f=4$, 6, and 12. For all values of f, however, there is, in fact, "qualitative uniformity" in one respect: It can be shown that just three edges start from each vertex of the minimizing polyhedron.[13] Now, this qualitative uniformity of the vertices renders the qualitative uniformity of the faces impossible: All faces cannot be surrounded by the same number of edges, except in the cases $f=4$, 6, and 12 (this follows easily from Euler's theorem on polyhedra). Yet there is, possibly, "approximate qualitative uniformity" in the faces: According to an ingenious conjecture of Goldberg, two faces of the minimizing polyhedron which differ in the number of surrounding edges, cannot differ by more than one unit (except the cases $f=11$ and $f=13$, see [*2*]).

The aim of this example was to illustrate the flexibility of our heuristic principle.

(III) *Bounded analytic function.* An analytic function $f(z)$ of the complex variable z which is regular in the unit circle (for $|z|<1$) can be expanded there in a power series:

$$f(z)=a_0+a_1z+a_2z^2+\cdots+a_nz^n+\cdots.$$

Landau [*5*, pp. 26–29] gave an elegant solution of the following problem: *Supposing that* $f(z)$ *is regular and* $|f(z)|\leq 1$ *for* $|z|<1$, *find the maximum of* $|a_0+a_1+a_2+\cdots+a_n|$.

We are here concerned with one feature of Landau's result: The function

[12] See [*2*]; an essential gap left in this remarkable paper of Goldberg was later filled by L. Fejes Tóth.

[13] This is, by the way, the reason why the regular octahedron and icosahedron are not minimizing polyhedra.

$f(z)$ that attains the desired maximum remains regular in the closed unit circle, for $|z| \leqq 1$, and

$$|f(z)| = 1 \qquad \text{for} \quad |z| = 1.$$

We may recognize in this fact an illustration of the heuristic considerations of Sec. 8. And we can find many similar illustrations in the theory of bounded analytic functions developed by Toeplitz, Carathéodory, Schur, Nevanlinna, and others. For instance, if the problem deals with analytic functions regular inside the unit circle and having there a nonnegative real part $[\Re f(z) \geqq 0]$ we will find that the extremum is attained by a function $f(z)$ which remains meromorphic for $|z| \leqq 1$. More precisely, it is regular with

$$\Re f(z) = 0$$

at almost all points of the boundary $|z| = 1$ and it has just a finite number of singular points on $|z| = 1$, which are all poles and where we can appropriately set

$$\Re f(z) = \infty.$$

Such behavior is closely analogous to that observed in Sec. 8, (III) and (IV).

The aim of this example was to illustrate the variety of problems accessible to the same heuristic considerations.

REFERENCES

[1] Couturat, L., "Opuscules et fragments inédits de Leibnitz." 1903.
[2] Goldberg, M., *Tohoku Math. J.* **40,** 226–236 (1935).
[3] Hardy, G. H., Littlewood, J. E., and Pólya, G., "Inequalities," 2nd ed. Cambridge Univ. Press, London and New York, 1953.
[4] Keynes, J. M., "A Treatise on Probability." 1921.
[5] Landau, E., "Darstellung und Begründung einiger neueren Ergebnisse der Funktionentheorie," 2nd ed. 1929.
[6] Pólya, G., "Mathematics and Plausible Reasoning." Princeton Univ. Press, Princeton, New Jersey, 1954.
[7] Pólya, G., "Mathematical Discovery." Wiley, New York, 1962/65.
[8] Pólya, G., *Comment. Math. Helv.* **29**, 112–119 (1955).
[9] Pólya, G., *Ann. Univ. Sci. Budapest. Eötvös Sect. Math.* **3–4,** 233–239 (1960–61).
[10] Pólya, G., "Modern Mathematics for the Engineer" (E. F. Beckenbach, ed.), 2nd series, pp. 420–441. McGraw-Hill, New York, 1961.
[11] Pólya, G., and Schiffer, M. M., *Compt. Rend.* **248,** 2837–2839 (1959).
[12] Pólya, G., and Szegö, G., "Aufgaben und Lehrsätze aus der Analysis," 3rd ed. Springer, Berlin, 1964.
[13] Pólya, G., and Szegö, G., "Isoperimetric Inequalities in Mathematical Physics." 1951.

FUNDAMENTAL IDEAS AND OBJECTIVES OF MATHEMATICAL EDUCATION

I. Introduction

I am deeply indebted to the organizers of this Commonwealth Conference on Mathematics in Schools for having invited me to present the lead paper in this first session. I regard this invitation as a great honour, a great challenge, and a great opportunity. Yet, I must confess, I am also very much embarrassed by it. I see great difficulties inherent in my task and I don't know whether I am good enough to master them.

First of all, the aim of this conference is eminently practical. Each of us has urgent practical problems at home, and expects some contribution from this conference to their solution. Yet the theme of today's session is: "Fundamental ideas and objectives of mathematical education." You may have the impression that this theme is too remote from the concrete practical difficulties you have at home.

Secondly, I am embarrassed because you may expect me to tell you about the latest results of the science of education. Now, I must confess that I do not believe that there is such a thing as "the science of education". In my opinion teaching is not a science but an art. Or, let me put it a little more carefully (there is no time for a very careful statement): Teaching is, for the time being, much more an art than a science. Yet, if this is so, I cannot tell you scientific truths, just my personal opinions and it is embarrasing for a mathematician to assert things he cannot prove.

Here I am, however, and, as far as I can see, I can do nothing better than tell you my personal opinions which I acquired in doing mathematics, in teaching mathematics, and in thinking about the ways of doing and teaching mathematics for a good bit more than half a century. I would be glad, of course, if I could find among you kindred souls who hold similar opinions. Yet it is, in fact, more important to rouse those among you who have different opinions, because the task of this opening address is to start a debate.

I must discuss generalities, but I shall try to avoid empty generalities and keep as close to more concrete practical questions as I can. Generalities are needed to put the details into the right perspective. I wish to present you a "philosophy," but I shall emphasize simple points and obvious common sense. After all, I am not quite a philosopher. Do you know what a philosopher is? A philosopher knows EVERYTHING but nothing else.

II: General objectives of the School

The family sends the child to the state supported school. What should the school do? The state, the family, the neighbours, the public opinion, everybody agrees, sometimes even the child himself: The school should enable the child to have a job, to earn a living. So it is in the United States, in other highly industrialized capitalistic countries, even in communistic countries.

In any social system the child should develop into an adult who can take care of himself and is well adapted to the community. The task of the school is to <u>contribute its share to the child's development.</u> In a very primitive and very stable community there is no need of schools: The child is sufficiently educated at home and by unplanned contacts with other members of the tribe. In general, the more complex the community's economic structure and the more rapid its technological or social change, the greater becomes the share of the school in the child's education. In the United States there is a definite trend: The young people stay in school longer and longer and the taxpayers vote higher and higher sums for the schools. And we can observe a similar trend almost everywhere.

To turn the child into an employable adult is a crude and narrow aim. In fact, if we conceive this aim too narrowly we are almost bound to miss it. Observe that in a complex economic system there are many different kinds of jobs. The individual should find the job for which he is the most suitable; this is not only in his interest but also in the interest of the community. Yet, to choose the most suitable he must know all the possibilities and so he must have some knowledge of the whole world around him, some sort of general culture.

Moreover, to fill his job well, he must be well developed. Yet we do not know in advance what kind of job the growing child will eventually have, and so we must develop him as far as possible in all respects.

And so, beyond the crude and narrow objective "turn out employable adults," there appear higher and wider objectives of the school: _Develop all the inner resources of the child. Give him general culture._

I think that the old Greek philosopher Plato would not disapprove of these wider aims. I hope that you don't disapprove of them.

III. Narrow objectives of mathematical education

In an economic system that is above a certain primitive level analphabets are scarcely employable. Hence there arises the obvious need of a primary school that should teach every child the three R's, reading, writing, arithmetic. Let me use (in this general introductory talk) the term "primary school" in a not too sharply circumscribed sense which is roughly the following: The school that every child of the age 6 to 12 should attend. To teach the rudiments of arithmetic (the natural numbers and the four basic operations with natural numbers) is an obvious crude minimum task of the primary school. Let me add two items which are almost as necessary and then we arrive at a somewhat enlarged, but still very modest aim of primary mathematical education:

Primary narrow objective:

(1) Arithmetic of natural numbers (+ , - , X , ÷)
(2) Length, area, volume
(3) Fractions, percentage

Also the term "secondary school" should be used in this talk in a not too sharply defined sense: A school that some children of the age 12 to 18 should attend. And let us consider a corresponding modest aim of mathematical education:

Secondary narrow objective: Professional preparation of prospective technical personnel (technicians, engineers, scientists, managers).

- 2 -

Let me emphasize that the two objectives just formulated are severely restricted, narrow, minimum goals, dictated by obvious economic needs. I think that there is little doubt that the schools should attain these narrow objectives. Yet I think too, and I hope that most of you will agree, that the schools should do more and also attain some wider and higher objectives.

Let me point out that those narrow objectives themselves may lead to certain wider objectives.

There is no doubt that the primary school should teach airthmetic. Now, for all practical purposes, it is sufficient that people do their arithmetic mechanically; only some speed and accuracy matters. Yet the school should do more: We should teach the children to do their arithmetic insightfully. Why? Because teaching them so we may get results faster and more permanent results. Insightful knowledge is a more ambitious aim than mechanical knowledge. Yet, in teaching as in other activities, the more ambitious aim may have more chances of success.

Now, let us look at the secondary school. Mathematics above the primary level is strictly mandatory, immediately necessary only for prospective users of mathematics, for certain kinds of technical personnel. Yet when the child enters the secondary school we don't know yet whether he will or will not exercise a technical profession later and so we are obliged to teach mathematics to all entrants. Now, it would be a sad thing if the future non-technicians, who may be the majority, would derive no benefit from years of mathematical study. Therefore we must find a wider objective for the teaching of mathematics in the secondary school so that it should offer something to both kinds of students, to those who will, and to those who will not, use mathematics in their later studies or profession.

IV. General Wider Objectives

I have tried hard to show you that starting from narrowly restricted goals of education we may arrive at wider objectives and higher ideals:

Serve the individual and the community.
Develop the inner resources of the child.
Several such general objectives of education have been proposed, from Plato downward, in various formulations. Here are a few:

General culture.
Discipline of the mind.
Desirable habits of thinking.
Mental and emotional maturity.
A well balanced personality.

Which one of these aims do you prefer? Which one deserves to be preferred?

I don't know. I think that all these aims are respectable, I believe that they are all desirable, but I don't know which one is the most desirable---and if I did know I would not take the time to discuss it here. Because, up to a certain point, it does not matter. These objectives certainly overlap a good deal and even those sounding rather different may lead, if reasonably interpreted, to the same practical consequences.

Each aim mentioned embodies some high ideal worth striving for. Yet every one may be worthless if you pay only lip service to it, and it may be worse than worthless if it is used as cheap and empty slogans by pretentious incompetents who are usually the more pretentious the more incompetent they are. Each of those ideals is worthwhile provided that you honestly believe in it. And it is really valuable if you earnestly try to live up to it, if you translate it into the everyday practice of the school.

Your ideal, whatever it is, should be somehow present in your mind whenever you are planning the curriculum, or preparing yourself for the next lesson, or choosing a problem for homework. Does the item you are considering contribute to some practical, clearly defined narrow objective? Or does it contribute to some wider objective such as general culture or mental discipline? If it does not, why should you bother or why should you bother the children with it? A child in your class or his father could ask you: "But, teacher, what is it good for?" Can you answer this question to your own satisfaction?

My opinion is: Have some ideal, see the details of your profession in the light of your ideal, and realize that any detail may raise the question "What is it good for?" Then you will become a better teacher.

V. On learning: Two simple rules

I have to say now a few words on the process of learning. This is a subject about which old philosophers and modern psychologists said and wrote and printed more than any one of us could read. Yet whatever we read we should read with attention and accept only what we can confirm on the basis of our own well digested experience.

I wish to concentrate upon two points which a teacher should never disregard and which may easily arise in our later discussion. They are simple, can be formulated in everyday language, they are essentially classical, and pretty generally, if not universally, accepted. I will call them "principles of learning" but if you wish to call them "rules of thumb" instead of "principles" I shall not be offended at all.

- 4 -

(1) Active learning. It has been said again and again that learning should be active, not merely passive or receptive. It has also been said, along the same line, that the best way to learn anything is to discover it by yourself. This idea is very old, it can be traced back to Socrates who expressed it by a picturesque metaphor: The ideas should be born in the student's mind and the teacher should act only as midwife.

Yet time is limited, the teacher cannot wait when the labor of child-birth is too long and difficult. Moreover, we cannot expect that high school kids will rediscover the whole of human science, and so we must settle for something less: Let the students discover by themselves as much as feasible under the given circumstances.

(2) Consecutive phases. It has been said again and again that, in learning, things should come before words, the concrete before the abstract, doing and seeing before verbal expression, and so on. I think that you can find quotations to some such effect in the writings of all famous educators, from Comenius to Montessori and after, but let me quote just one, a sentence by Kant: Thus all human cognition begins with intuitions, proceeds from thence to conceptions, and ends with ideas.

It seems to me that this sentence suggests at least some, if not all, of the more important priorities to which we, as teachers, must pay attention. Yet let me paraphrase it, restate it in more down-to-earth language: Learning begins with action and perception, proceeds from thence to words and concepts, and should end in desirable mental habits.

I hope that this sentence touches the right chord with you. To explain it thoroughly would need close consideration of several examples for which we obviously have no time. I believe, however, that the two rules formulated here can yield valuable guidelines to teachers who understand them seriously, intimately, on the basis of their own well considered personal experience.

VI. On problems, problem-solving, and the tactics of problem-solving

I expect that you have essentially known all or most of the objectives of education and mathematical education and also the principles of learning I have mentioned so far, but I thought that it might be useful to remind you of them and emphasize such points as may arise in one way or another in our later discussions.

I am glad that I can say something less well-known and more personal about the next topic.

(1) From any one of the general objectives mentioned you can get down to concrete details of the curriculum in many different ways: There is no scientifically guaranteed best way of teaching, there are as many good ways of teaching as there are good teachers.

- 5 -

Yet there is one specific point about which there is little dissension: All experts agree that mere possession of information is of little value in mathematics. To know mathematics means to be able to do mathematics: To use mathematical language, to find the unknown, to check a proof, and so on. Therefore, to teach mathematics we must give opportunity to the student to do mathematics.

There are many ways of doing mathematics but, from several viewpoints, solving problems appears as the most cardinal mathematical activity. "The solution of problems is the most characteristic and peculiar sort of voluntary thinking", wrote the renowned American psychologist William James. In fact, solving problems may be considered as the specific achievement of intelligence, and intelligence is the specific gift of mankind. Adults are working at their problems and worrying about them, and children's play, which is an anticipation of adult life, is often a sort of problem-solving. Solving mathematical problems at their level comes early and quite spontaneously to some children, and I think that all children could be made ready for it pretty early by the right approach.

At any rate, higher mathematical activities (such as framing new concepts, building theories, constructing axiomatic systems) presuppose considerable mathematical experience which must be acquired mainly by solving problems.

Hence it is well justified that all mathematical textbooks, beginning with the Rhind papyrus, contain problems. The problems may even be regarded as the most essential contents of a textbook and problem-solving by the students as the most essential part of mathematical instruction.

(2) Yet "problem-solving," which became a sort of slogan recently, means different things to different people.

One thing is to teach a specific procedure to solve a specific kind of problem, for instance the usual formula to solve quadratic equations. This may be useful for certain students who need such specific skill in their future profession or in later studies, perhaps for an examination-- yet it is hardly useful in itself for the general student. Why should the future lawyer or the future truckdriver solve quadratic equations?

A very different thing is to let the students do mathematical problems in the hope that desirable mental habits will result from their work, such as orderliness, precision, ability to concentrate, ability to handle abstract concepts, to name some of the more popularly known objectives of this kind.

There are problems and problems. We must be especially concerned here with the difference between routine problems and non-routine problems.

- 6 -

A routine problem has a specific aim, it should teach the student to use correctly this or that particular rule or procedure or definition, it offers drill and practice, and it does not demand any invention or originality. To solve a quadratic equation with given numerical coefficients is a routine problem for a student who has been shown the general formula.

On the contrary, a non-routine problem challenges the student's inventiveness and originality, it should aim at some more general and higher objective, and I believe that no higher objective of secondary mathematical education can be attained without the judicious use of non-routine problems.

I must confess to you that I feel uncomfortable when I have to listen to a speaker on problem-solving who does not discriminate between routine and non-routine problems. And I feel particularly uncomfortable when the whole behavior of the speaker arouses the suspicion that he has never solved a non-routine problem himself.

Yet I may be prejudiced: Non-routine problems are crucial for that objective of secondary mathematical education that I personally prefer to all others. My favourite aim is: Mathematical problems should be used to implant in the students' minds whatever attitudes and procedures may be generally useful for solving any kind of problem, the tactics of problem-solving.

(3) I have now arrived at my favourite topic. Of course, I would like to talk about it a lot, but there is time only for a brief and rather imperfect sketch.

In teaching problem-solving in the mathematics class we quite naturally come across attitudes and patterns of thought, the usefulness of which is not restricted to mathematical problems.

You all know that widespread bad habit of students: When they have to solve a problem, especially in an examination, they dive into computations or constructions without having quite realized what the proposed problem actually is. Yet the right attitude is just the opposite: First of all, understand your problem. Distinguish its principal parts and see each of them as clearly as you can. Try to foresee the result--there is perhaps an easy way to estimate the unknown. Yet, above all, try to conceive a plan before you dive into details.

What I have tried to describe here is an attitude the usefulness of which extends far beyond elementary mathematical problems, yet we can impress it on the students' minds in the mathematics class. This attitude (which would deserve a more careful and more detailed description illustrated by example) belongs to the tactics of problem-solving.

I have trouble tearing myself away from this topic. Yet let me just mention a problem-solving procedure, developed on elementary mathematical problems, the interest of which, however, extends far beyond them. Its discovery was attributed to the philosopher Plato by some ancient authors. It was certainly developed by the Greek geometers who called it "analysis" which means "solution backward" in Greek. As the word "analysis"is used today in several different meanings it is preferable to use some other term such as "regressive argument" or simply "working backward." The procedure is mentioned in most older textbooks of geometry: We begin by "taking for granted" the result, the conclusion that we have to prove or the figure that we have to construct. Then we derive from it some other conclusion or figure, hence still another one, and so on, until we arrive at the hypothesis or the data proposed. A fuller description illustrated by appropriate examples would show that this procedure of "working backward" is by no means restricted to geometry, but has a wider interest; it belongs in fact to the tactics of problem-solving.

The foregoing examples, to which I am not allowed to add more here, should acquaint you with the "tactics of problem-solving."[1)]

It is my conviction which I wish to express here as strongly as I can: The teaching of mathematics in the secondary school should emphasize the tactics of problem-solving.

Some of the students will, others will not, use mathematics after leaving the secondary school. For users of mathematics the tactics of problem-solving may be the beginning of their professional attitude. For non-users it may easily be the most useful thing that remains with them from the mathematics of the secondary school.

There is much more to say about problems, problem-solving, the tactics of problem-solving, and the relation of these things to the general objectives of mathematical education and the curriculum. Perhaps there will be an opportunity later, in a working group, for a conversation on the details of certain questions raised.

VII. Conclusion

The time has arrived for looking back at the discussion of the past hour.

I have talked to you about problems, problem-solving, and the tactics of problem-solving. Yet I did not urge you to adopt my views. If there was anything in what I have said that will start you reconsidering this or that point of your teaching it will be enough and a great satisfaction to me.

[1)] Which is better called "heuristics" in other contexts: I used the latter term in my books:

How to Solve It, Princeton University Press, 1945; 2nd edition, Doubleday and Co., 1957.

Mathematics and Plausible Reasoning, vol.1 and 2, Princeton University Press, 1954.

Mathematical Discovery, vol. 1 and 2, John Wiley and Sons, 1962/1965.

My views on problem-solving in the schools spring from a general outlook which you may call my "educational philosophy." It is a very informal, down-to-earth philosophy and I presented it, or, rather, hinted it, to you very informally just "between the lines." And certainly I did not urge you to adopt it. In teaching, you see, as in many other things, it does not matter much what your philosophy *is*; it matters more that you *have* a philosophy; but it matters very much whether you do or don't *live* up to your philosophy.

May I repeat it: I hope that there is some higher objective of your teaching and that you try to see the details of your everyday work in the light of that higher objective. When some item comes up for decision, your first question must be, of course: Does it serve some narrow objective prescribed by the needs of the community? If it does not, what is it good for? Does it serve your wider and higher objective?

It would help, I think, if we approached the coming discussions of this conference in such a spirit.

Thank you.

- 9 -

SPECIAL TOPICS

1. Good problems. There are two things we must ask from a good non-routine problem:

(I) It should be understandable on the basis of the student's experience and relevant from the student's standpoint.

(II) It should have a rich background: It should open an access to, or a vista on, a worthwhile chapter of mathematics, or some other science, or technology, or the tactics of problem-solving.

2. Writing textbooks. Start by collecting and ordering problems and write the connecting text afterwards. Each chapter, each new concept, each essential rule should be introduced by a particularly appropriate and suggestive good problem, a key problem. Selecting the key problems may be your most crucial decision.

3. The training of mathematics teachers (as it existed in the U.S. about 20 years ago) was picturesquely summarized by a teacher who, after a few years of practice, returned to the university for additional courses and attended one of my classes: "The Mathematics Department gave us tough steak, which we could not chew, and the School of Education vapid soup with no meat in it."

I propose two things:

(I) A problem-solving seminar for future teachers (described in my book, "Mathematical Discovery," vol. 1, pp. 210-212).

(II) Practice teaching with "group therapy": Several prospective teachers, led by an instructor from the Education Department, attend the lesson given by one of them and discuss it soon afterward, aided by a video-tape recording of the lesson if possible.

4. Let us teach guessing. My film with this title, produced by a committee of the Mathematical Association of America and distributed by Modern Learning Aids (1212 Avenue of the Americas, New York, New York 10036) could be shown and discussed. The film demonstrates how the tactics of problem-solving and especially inductive reasoning (plausible reasoning, guessing) can be taught in the secondary school.

5. Tactics in games, especially the tactics of "working backward," could be demonstrated with pupils of a secondary school, possibly with volunteering conference participants.

6. Teaching aids. If there is time and the equipment is available, I would be glad to demonstrate the use of the films Animated Geometry by J.L. Nicolet and of the geoboard (pinboard, lattice board) introduced by C. Gattegno.

On the Isoperimetric Theorem: History and Strategy

G. PÓLYA
Stanford University

Of all plane figures having the same perimeter, which one has the largest area?

The circle. This answer may seem plausible, but there is a long way from plausibility to proof, and a long history, some phases of which will be sketched in this article. These sketches are intended to introduce the reader to a mathematical subject of great beauty which has several elementary facets. A few attached questions endeavour to induce him to do some work of his own and to reflect upon his ways of working.

Points of history

1. The *isoperimetric theorem* is the name we shall give, following a widespread usage, to the following statement:

The area of the circle is larger than that of any other curve with the same perimeter.

The term 'isoperimetric' means 'of equal perimeter'. A 'curve' means a closed curve which is not self-intersecting in the plane. Our statement of the theorem emphasizes its 'unicity'. The problem of finding the curve of given perimeter that has the largest area has a unique solution: the circle.

2. *Zenodorus.* The known history of the isoperimetric theorem begins with Zenodorus, who was a Greek mathematician. We know very little about his life; the experts conjecture that he lived some time (probably not very long) after Archimedes. Yet that part of his work with which we are concerned can be quite well reconstructed from the writings of later commentators. He found:

I. The area of the regular polygon is larger than the area of any other polygon having the same number of sides and the same perimeter.

II. Of two regular polygons with the same perimeter the one that has more sides has the larger area.

III. The area of the circle is larger than that of any polygon with the same perimeter.

On the intuitive level, we have little difficulty in deriving proposition III from I and II.

3. *Simon Lhuilier* was a citizen of Geneva. His work with which we are concerned, *Abrégé d'isopérimétrie élémentaire,* appeared in 1789, in the first year of the French Revolution. He proves again the propositions I, II, and III of Zenodorus, but in a very different way. Here is one of his theorems which is particularly striking:

Of all polygons having the same sides the polygon inscribed in a circle has the largest area.

'Having the same sides' means, of course, that the polygons compared have the same number of sides and the corresponding sides are of equal length.

4. *Jakob Steiner* (1796–1863) was a Swiss mathematician; he started life as a cowherd and finished it as a professor at the University of Berlin. Steiner attempted several proofs of the isoperimetric theorem (and of its analogues in space and on the surface of the sphere). All his proofs have a common scheme which we can express in the form of a problem:

Given the curve C with the perimeter L and the area A, such that C is NOT a circle, construct a curve C' with perimeter L' and area A' such that

$$L' = L, \quad A' > A.$$

Steiner devised several ingenious constructions for changing a curve which is not a circle into an isoperimetric curve with a larger area. Yet does the feasibility of such a construction prove the isoperimetric theorem?

Points of strategy

Would you like to devise a proof for the isoperimetric theorem yourself? Probably you will not be able to devise one right away. Yet, by making a serious effort you may learn something about the strategy (or tactics) of problem-solving.

One of the first precepts of this strategy is: *If you cannot solve the proposed problem, try to devise another problem.* The other problem should be, of course, more accessible than, and have a chance to contribute to the solution of, the proposed problem: it should be a help, an *auxiliary problem.*

Do you want to prove the isoperimetric theorem? Its history offers you several promising auxiliary problems. Take for granted some, or all, of the results mentioned above and try to think of what is still lacking, what should be added to obtain a full proof.

If you don't see your way, try to prove some of the results stated, for example, those of Zenodorus, of Lhuilier. Such an effort may be the best means of familiarizing yourself with the ideas involved in the problem.

If you find these proofs too hard, try to carve out some manageable piece of the difficult whole: some particular case, some consequence that looks more accessible. I mention a few possibilities; but don't look at them before trying to find something by yourself.

To Zenodorus' proposition I: Prove that the equilateral triangle has a larger area than any other triangle with the same perimeter.

To Zenodorus' proposition II: Prove that the area of a square is larger than the area of an equilateral triangle with the same perimeter.

To Lhuilier's proposition: Prove that the area of a quadrilateral inscribed in a circle is larger than the area of a quadrilateral with the same sides that is not so inscribable. (This problem is hard.)

To Steiner's problem: Given a non-convex curve C with perimeter L and area A, produce a convex curve C' with perimeter L' and area A' such that

$$L' < L, \quad A' > A.$$

Here is an auxiliary to an auxiliary problem: take for C a non-convex quadrilateral.

Having mastered a piece of a larger problem, return to the larger problem itself; the experience gained in working at that piece may enable you to master that larger problem too.

And even if you do not advance very far the experience gained may make you understand better your ways of working and improve your ability to solve problems. For the strategy or tactics of problem-solving, which is also termed heuristics, you may find my book *Mathematics and Plausible Reasoning,* especially Volume 1, Chapter 10 on the isoperimetric theorem, helpful.

Two Incidents

by G. Pólya

In considering our own research activity we may pursue various aims. We may wish to find out "How We Think" or to find out "How We Ought to Think". I have devoted much effort to the latter aim, to what we may call "heuristics", or more specifically the strategy, or perhaps rather the tactics, of problem-solving.[1]

Much attention devoted to one direction may render us less suitable for work in another direction. However this may be, I shall try to describe two unrelated incidents which struck me as relatively significant as open-mindedly as I can.

1. The inexpensive but nice hotel in which I lived at that time as a young instructor was situated next to the woods in which the city maintained footpaths, benches, and tables for the convenience of the promenaders and picnickers. I had then the habit of doing my mathematical work in an agreeable and healthy way in strolling through the woods. I carried paper and pencil and occasionally a few books. Sometimes I sat down at a table and scribbled a few formulas. Then I continued my leisurely walk in thinking about my problem until another table invited me to sit down and scribble a little more or look up something in a book.

At the hotel there lived also some students with whom I usually took my meals and had friendly relations. On a certain day one of them expected the visit of his fiancée, what I knew, but I did not foresee that he and his fiancée would also set out for a stroll in the woods, and then suddenly I met them there. And then I met them the same morning repeatedly, I don't remember how many times, but certainly much too often and I felt embarrassed: It looked as if I was snooping around which was, I assure you, not the case.

I met them by accident—but how likely was it that it happened by accident and not on purpose? There is a question of probability—but if the question is

[1] My last book on this subject, *Mathematical Discovery*, Vol. 1 and 2, 1962–65, contains references to my former related work.

conceived too narrowly, too realistically, *au pied de la lettre*, with the actual data about the network of winding footpaths behind the hotel, it becomes unmanageably complicated and, moreover, uninteresting.

Yes, the question must be simplified. In a modern city which consists of perfectly square blocks, all equal, there is a simple network: one-half of the streets run from east to west, the other half (which may be called avenues) from north to south. The boundary of such a regular network may be irregular—but let the city be very big, unlimited: this is the simplest case and the most interesting too. For the two promenaders who may meet accidentally take two material points moving independently of each other in the infinite regular network of streets with the same uniform speed, starting at the same time, but from two different street corners. Arriving at any street corner they choose one of the four possible directions completely at random. The longer their random promenade lasts, the greater is the probability that they meet at least once. If the duration of their random walk tends to infinity, will the probability of their meeting tend to certainty?

The little annoyance that I may be suspected of snooping led me to this question which I extended afterwards, of course, from two dimensions to any number d of dimensons, $d \geqslant 1$. I must confess that after almost half a century I still feel some satisfaction that I have found the question and its solution.[1]

2. In former years when I was much younger it happened not infrequently that I woke up from a vivid mathematical dream. Yet on awakening the mirage usually dissolved and the discovery I had dreamed of turned out to be illusory.[2] As far as I can remember, it happened just once (some time around 1910, I think) that a proof which I saw in a dream turned out to be conclusive.[3] As I grew older mathematical dreams came less and less frequently. Thus, when after a long interruption I had a dream which was exceptionally vivid, I decided to record it and the first thing I did the next morning was to take notes. I reproduce these notes in the following *in extenso* except that I omit some intermediate calculations (replacing them by dots ...) which were done anyway when I was "half or more awake".

---

[1] See my paper "Über eine Aufgabe der Wahrscheinlichkeitsrechnung betreffend die Irrfahrt im Strassennetz", *Math. Annalen*, v. 84, 1921, pp. 149–160.

[2] I heard from Adolf Hurwitz that he had the same experience.

[3] The proof given in Hardy, Littlewood, and Pólya, *Inequalities*, p. 103, for the inequality between the arithmetic and geometric means (Theorem 9).

Notes

In dream I saw the expression

$$\int[(f-s_1)^2+(f-s_2)^2+\ \dots\ +(f-s_n)^2]\,dx$$

where s_n is the nth partial sum of the (generalized) Fourier series of f

$$f\sim c_1\varphi_1+c_2\varphi_2+\ \dots\ +c_n\varphi_n+\ \dots\ .$$

The notation I saw in dream was less explicit, certainly somewhat different, and it was not quite clear whether the general or the particular Fourier series

$$f\sim a_0+a_1\cos x+b_1\sin x+a_2\cos 2x+b_2\sin 2x+\ \dots$$

was meant, but the essential structure of the expression was unambiguously clear. Also there was a feeling of the importance of the expression. It was the end of a dream; half or more awake I developed the expression; I cannot remember the exact order of steps and the little hesitations (which probably arose about so as in normal work). The result looked about so

. . . .

Now

$$s_n=c_1\varphi_1+c_2\varphi_2+\dots+c_n\varphi_n$$

$$\int\varphi_i\varphi_k\,dx=\begin{cases}1, & i=k\\ 0, & i\neq k\end{cases}$$

$$c_n=\int f\varphi_n\,dx$$

$$\int s_v(f-s_v)\,dx=0.$$

. . . .

Finally

$$\frac{1}{n}\int[(f-s_1)^2+(f-s_2)^2+\dots+(f-s_n)^2]\,dx=\int\left(f-\frac{s_1+s_2+\dots+s_n}{n}\right)f\,dx.$$

What is it good for?

Falling asleep, in a second dream, vaguely remembered, I talked, or tried to talk, to various people about my discovery.

Addendum. As I took the preceding notes it did *not* occur to me that the expression I saw in my dream is by no means original but was considered by Hardy and Littlewood and several authors after them in dealing with the "strong summability" of the Fourier series, even for general orthogonal systems by some authors—I remembered this later as the notes fell in my hands. The fact that I certainly saw before the expression which appeared to me in my dream and even the morning afterward as my discovery, should be noted.

METHODOLOGY OR HEURISTICS, STRATEGY OR TACTICS ?

par George POLYA

RÉSUMÉ : L'heuristique, comme je la vois, devrait accomplir en détail ce que la méthodologie est censée faire en grandes lignes. La méthodologie devrait être une sorte de stratégie de la recherche scientifique, l'heuristique sa tactique. Ce premier aperçu est développé et augmenté d'une courte histoire de l'heuristique et de remarques brèves sur certains de ses problèmes à résoudre.

SUMMARY : Heuristics, as I conceive it, should do in detail what methodology is supposed to accomplish in great lines : methodology intends to be a kind of strategy of scientific research, heuristics its tactics. This first sketch will be amplified by a succinct history of heuristics and by an outline of some of its outstanding tasks.

1. — *What is heuristics ?*

The aim of this short talk is to present heuristics from a view-point which seems to me reasonable and which is, I believe, essentially Descartes' viewpoint. My task is not easy - it sometimes appeared to me forbiddingly difficult when I prepared this talk.

First of all, heuristics is difficult to define. The title of my talk displays four (often vaguely used) terms which form a sort of proportion :

methodology : heuristics = strategy : tactics.

From this proportion we can derive a sort of definition for heuristics if we regard the three other terms as known. Strategy and tactics are concerned with military operations as methodology and heuristics with the operations of the mind in building up science. Strategy has something to do with the general conduct of the war, tactics with the struggle of the armies in actual contact. Methodology, as conceived by some authors, aims at recognizing the great lines in the construction of scientific systems, whereas heuristics, as

I like to view it, wants to understand the struggle of the problem-solver facing his problem.

A war consists of several major and minor battles. The scientist arrives at tracing the great lines of his science by mastering several major and minor problems, and so methodology and heuristics do not exclude each other, they are rather complementary aspects of the same endeavor.

In brief, heuristics is a kind of tactics of problem solving. Is this enough as a first orientation ? At any rate, a stricter definition is difficult, because heuristics is an interdisciplinary no man's land which could be claimed by scientists and philosophers, logicians and psychologists, educationalists and computer experts.

Yet heuristics is widely unknown by the various specialists who could have an interest in it, although it has a history beginning in antiquity. Euclid and a few other Greek geometers clearly recognized the aim of heuristics and also some important procedures in the problem-solver's work as we can see from a remarkable brief report of Pappus and some remarks of Proclus. Heuristics is the main topic of Descartes'unfinished early work, the « Regulae » (what most historians of philosophy failed to notice). Leibniz's works, and especially his posthumously published manuscripts, contain several remarks on heuristics which he calls « Ars Inveniendi » but the treatise he planned on it remained unwritten. Bolzano devoted an extensive chapter of his « Wissenschaftslehre » to « Erfindungskunst » which means heuristics. But after Descartes, Leibniz and Bolzano, these three high peaks, we come to a desert interrupted by very few oases : After Bolzano until very recently heuristics remained almost generally unnoticed or despised.

To the difficulties of exposition mentioned, involved by the interdisciplinary nature and the late reemergence of heuristics, one more is added arising from the fact the length of this talk is strictly limited. Yet a proper explanation of heuristics as I see it would need several broadly treated examples, for which I have no time. I cannot dispense with examples altogether, but I shall restrict myself to just two rather simple examples and treat them rather briefly[1].

1. For many examples, for fuller discussion of several points only briefly mentioned in this paper, and for references to relevant literature, see the author's books :

How to Solve It, 2nd edition, Doubleday, 1957.

Mathematics and Plausible Reasoning, 2 volumes, Princeton University Press, 1954.

2. — *If you cannot solve the proposed problem.*

My first example is non-mathematical. I choose one of the experiments of Wolfgang Köhler with chimpanzees. As you probably know it, a very brief schematic description will be sufficient.

A hungry chimp is inside a cage, a banana lies on the ground outside the cage. The chimp, who can pass his arms through the bars of his cage, has tried hard to grab the banana, but it is out of reach. Now the chimp just sits there, seems to be sulking, and does not seem to notice a stick which also lies on the ground outside the case, a little nearer. Yet he moves suddenly, grabs the stick, clumsily pushes the banana with the stick, until the banana is within his reach and then he grabs it and eats it.

Let us analyse the chimp's performance. He solved two problems :

A. — To grab the banana.

B. — To grab the stick.

The chimp has a direct interest in problem A : He is hungry and wants the banana. A is his *original problem* (« proposed » problem).

The chimp has only an indirect interest in problem B : He cannot eat the stick. He took the trouble to solve B only because the solution of B enables him to solve A. Thus B is an *auxiliary problem* (subproblem, problème auxiliaire, Hilfsaufgabe).

We can see in the performance of the chimp a *typical problem-solving procedure* which I wish to formulate generally in the form of an advice : *If you cannot solve the proposed problem, try to solve first some related* (auxiliary) *problem*[2].

I wish to illustrate the problem-solving procedure that we have just succeeded in formulating by another example, an elementary mathematical example found in a Chinese work written around 2,000 years ago[3]. Yet I shall use modern notation.

Mathematical Discovery, 2 volumes, Wiley, 1962.

The abbreviated titles HSI, MPR, and MD, respectively, will be used in the following annotations. All three works are available in several languages.

2. The foregoing closely follows MD, v. 2, pp. 36-37. For the closing « advice » see HSI, p. XVII and p. 114.

3. *Neun Bücher arithmetischer Technik* (Ostwald's Klassiker der exakten Wissenschaften, Neue Folge, v. 4 ; Vieweg, 1968). See p. 8, problem 6.

The following problem is proposed :

A. — Find the common divisors of two given positive integers m and n.

To solve it the ancient Chinese author introduces another problem :

B. — If $m > n$, find the common divisors of m-n and n.

A is the original problem and B is offered as a help, as an auxiliary problem. Yet does B help ? How does it help ? What is the point in proceeding from A to B, from the pair (m,n) to the pair (m-n, n) ?

It is easily seen that any common divisor of m and n also divides m-n, and any common divisor of m-n and n also divides

$$m = (m-n) + n.$$

Hence the pair (m,n) has the same common divisors as the pair (m-n,n), the two problems A and B have the same solution.

This is a very close connexion between the problems A and B. It involves another (looser) connexion which is of wider general interest : Before solving any one of the two problems A and B, the problem-solver *can foresee with certainty that having solved either one of the two he will also be able to solve the other.* Let us call two such problems *equivalent* to each other[4].

Thus B is an auxiliary problem to A of a special kind : an auxiliary problem equivalent to the original problem.

Moreover, as m-n is less than m, one number of the pair considered in B is smaller than the corresponding number in A, and so it is reasonable to regard B as simpler than A.

There is still more : In the same way as we have passed from A to the simpler equivalent B, we could pass from B to a problem C, form C to D, and so on. Let us carry through this idea with the numbers considered in that ancient Chinese work, m = 91 and n = 42. Then we find the sequence of pairs

(91, 49) (42, 49) (42, 7) (35, 7) (28, 7) (21, 7) (14, 7) (7, 7).

Each pair has the same common divisors as the foregoing and therefore the same as the very first, the originally proposed (91, 49). Hence, the common divisors of 91 and 49 are the divisors of 7, that is, 1 and 7.

The mathematicians among you will recognize here the Euclidean algorithm. I hope that all of you will recognize, behind

4. See MD, v. 2, pp. 37-38.

the details of our concrete elementary example, the outline of a general problem-solving procedure : The construction of a *chain of equivalent problems*, each simpler, closer to the solution than the preceding; the chain begins with the proposed problem and ends in a problem whose solution is obvious. This procedure seems to be an ideally perfect way to arrive at the solution. Such perfection is presumably not always attainable, but worth striving for whenever there seems to be a chance to attain it.

3. — *The problem-solver's tool chest.*

The two foregoing examples have acquainted you with two typical problem-solving procedures, the first simple, the second more sophisticated. In fact, the sophisticated is just a repeated application of the simple under special circumstances.

You can now see a first task of heuristics : *To collect and classify such typical problem-solving procedures.* In fact, this was already done to some extent by the Greeks[5] and then by Descartes, Leibniz and Bolzano. I tried to learn from them, also from a few more modern authors[6], attempted to compile a not too incomplete list, and especially I tried to add varied illustrative examples taken from, or seen through my personal experience[7].

The intended result is a kind of *tool chest* of the problem-solver, a repertory where he may find whatever tool or tools, procedure or procedures he needs for solving his problem.

« Heuristics is for the use of those who, after having studied the Elements, are desirous of acquiring the ability to solve mathematical problems, » says Pappus[8]. How can the problem-solver use a repertory of procedures ? Very much so as a good workman uses his tool chest. The workman takes a good look at the work to be done and then picks out the tool from the chest that appears to fit the work best - he uses his *personal judgement* as Polanyi would say. The problem-solver considers the proposed problem A looking

5. Pappus came very near to recognizing the « sophisticated » procedure described above. See HSI, pp. 141-148, and MD, the passages quoted in the index of v. 2 under « Pattern of working backward. »

6. HSI, p. 134.

7. See all three works quoted in 1) *passim*, especially HSI, pp. XVI-XVII and MD, v. 2, pp. 77-84.

8. HSI, p. 141.

for a line of attack ; e.g., he may want an appropriate auxiliary problem B. The repertory lists various ways of finding auxiliary problems (by generalization, specialization, analogy...). The problem-solver must use his personal judgement as to which direction he should explore. When he meets a problem B that seems to bring « more light » into the situation, he picks that B and starts working at it.

Extensive observation of my own work and that of my friends and students has given me the impression that such anticipatory feelings of « more light » are seldom completely misleading. Yet they may be - let me tell you a little story.

At a late hour I am walking along the main street. The street is well lit, the street lights are on, the shop windows are lit, but there are very few people about. I notice somebody walking very slowly and looking intently on the pavement.

> Have you lost something ? — I ask.
> Yes.
> What have you lost ?
> My watch.
> Did you lose it here ?
> No.
> Where did you lose it ?
> In Lovers'Lane. — (As the name indicates, that is a very dark street.)
> But why are you looking for it here ?
> You see, the light is so much better.

What next ?

The foregoing can give you an approximate view of one aspect of heuristics : A list, a repertory of problem-solving procedures. Yet what else is there ? Especially, what has to be done next ?

There is an obvious task : To complete the list, illustrate it more fully, improve the underlying classification. This task is quite promising, I think.

There is a less obvious and more difficult task : To clear up the relations of heuristics to the neighboring studies, to logic, psychology, computers, education. This task is not so obvious although we came pretty near to it right at the beginning as we tried to define heuristics. And it is a rather difficult task. One of the difficulties is that proper understanding of the sources of heuristics requires, I think, genuine personal experience in solving not quite trivial mathematical problems. Yet let us get somewhat nearer to details.

Are those problem-solving procedures defined in logical terms ? No, they are not. Yet their application to a wide range of mathematical problems is pretty clear and so definitions which meaningfully involve logical terms could be attempted.

Is the description of those problem-solving procedures based on formal psychological experiments or statistical observations ? No, it is not. The source is introspection coupled with extensive and varied, but informal, observation and experimentation. A clarification, perhaps some formalization, of this source could be attempted.

Can those problem-solving procedures be simulated by computers ? No, at any rate not fully : Personal judgements, anticipatory feelings of « more light » can hardly be simulated by current computers. We could think, of course, that at some later date specialized sophisticated computers will be constructed that could simulate even such things to some extent. Yet, for the moment, let us realize that there may be differences between current computers and the human mind, and they may be worth exploring.

The introduction of heuristics into education, especially into the teaching of mathematics on the secondary level, is of considerable practical interest ; it has been attempted to some extent and discussed by some writers. Let me add that such introduction could also be of theoretical interest : It could test heuristic ideas and produce fertile suggestions[9].

9. The present printed version differs in various ways from the oral delivery in Lausanne. The print is addressed to a wider audience. In Lausanne I had the opportunity, for which I am still grateful, to speak to an audience among whom I had several personal friends, especially three friends each of whom I have known for more than half a century.

A LETTER BY PROFESSOR POLYA

The following letter was written recently by Professor Polya to a Department Chairman. It is reproduced here with Professor Polya's permission, but with the omission of any other identifying names.

"Dear Colleague:

"As you may know, I am especially concerned with problem-solving; I wrote books about it and I stressed it in my teaching, especially in teaching high school mathematics teachers. That the role of problem-solving in mathematics is not understood by non-mathematicians and is not duly appreciated by outsiders, is not surprising and we need not worry about it. But I heard lately that such lack of understanding and appreciation led to denying the promotion to a member of your Department. I feel that there is a serious matter of principle involved, and I wish to write you about it.

"Problems play an essential role both in the progress and in the teaching of science. I cannot develop properly this topic in this letter — it would need two volumes, one on history and methodology, another on pedagogy. Yet let us come nearer to the particular case we are concerned with.

"Problems play an important role on all levels of mathematical instruction. It is by solving problems that the students learn to understand, to apply and to appreciate the material presented in the course, and the instructor judges the performance of the students on the basis of their problem-solving. More advanced students may do some other kind of work (e. g., reports in a seminar) but problems are the backbone of undergraduate instruction.

"Demands on the teacher are different on different levels.

"A faculty member who teaches mainly graduate students must prepare them for research and so he has the duty to keep contact with contemporary research and cannot let his own research get rusty. Does he do his duty? How can we judge it? Most directly on the basis of his publications. It is well known that the 'principle' of 'publish or perish' was unwisely applied in several cases, yet some rule in this direction is necessary to judge the instructors of advanced students.

"A faculty member who teaches mainly undergraduate students should have, of course, a good mathematical background and he should not let it get rusty. Yet to extend to his case the 'principle' of 'publish or perish' is unwise and unjust. Under stress — and just for prestige, without real love or interest, the faculty member finally produces a paper that is printed and immediately submerged, unread and unnoticed, in the ocean of the present overproduction — is not such an effort misguided? Another way of not getting rusty is to pose and solve problems — and it is, in my opinion, in many cases a better way: Problem-solving is a perfectly acceptable and respectable professional activity for a mathematician and can favorably influence his teaching. The problem section of the *American Mathematical Monthly*, e.g., contains some quite difficult problems, has very good editorial staff, and appeals to a good number of problem-solving mathematicians, some of whom are quite enthusiastic.

"If it is true what I heard that your colleague's promotion was refused, because he 'only' solved problems and did not publish, such a decision is unwise and unjust.

"Sincerely yours
(*Signed by*)
"George Polya
Professor Emeritus, Stanford University"

A story with a moral

G. POLYA

I knew Emmy Noether for many years, although I did not know her well—our mathematical interests were too different. Yet I remember very well a discussion I had with her. It started after a lecture I gave in Göttingen around 40 years ago, and it was a rather obscure discussion: I think, each of us wanted to defend his or her own mathematical taste. It turned finally into a debate on generalisation and specialisation: Emmy was, of course, all for generalisation and I defended the relatively concrete particular cases. Then once I interrupted Emmy: "Now, look here, a mathematician who can only generalise is like a monkey who can only climb UP a tree." And then Emmy broke off the discussion—she was visibly hurt.

And then I felt sorry. I don't want to hurt anybody and especially I don't want to hurt poor Emmy Noether. I thought about it repeatedly and finally I decided that, after all, it was not one hundred per cent my fault. She should have answered: "And a mathematician who can only specialise is like a monkey who can only climb DOWN a tree."

In fact, neither the up, nor the down, monkey is a viable creature. A real monkey must find food and escape his enemies and so he must incessantly climb up and down, up and down. A real mathematician must be able to generalise and to specialise.

A particular mathematical fact behind which there is no perspective of generalisation is uninteresting. On the other hand, the world is anxious to admire that apex and culmination of modern mathematics: a theorem so perfectly general that no particular application of it is possible.

There is, I think, a moral for the teacher. A teacher of traditional mathematics is in danger of becoming a down monkey, and a teacher of modern maths an up monkey. The down teacher dishing out one routine problem after the other may never get off the ground, never attain any general idea. And the up teacher dishing out one definition after the other may never climb down from his verbiage, may never get down to solid ground, to something of tangible interest for his pupils. It seems to me that the quality of disservice to the pupils and to the taxpayers is very much the same in both cases.

What is desirable? To look for generality behind the particular case, to look for significant particular cases in the general statement. "The union of passionate interest in the detailed facts with equal devotion to abstract generalisation" said A. N. Whitehead ([1], p. 3).

Reference

1. A. N. Whitehead, *Science and the Modern World.* Cambridge University Press (1926).

Stanford University, California 94306, USA G. POLYA

guessing and proving

by george pólya

There are at least two directions that a teacher might take after reading this article. One might be to follow up the CONTENT of the article by presenting Euler's formula to your class. Elementary and junior high teachers might be content to lead their students into discovering the formula, or perhaps just verifying it for several specific cases actually handled in class; there is hardly a better way for students to really learn the meanings of "vertex," "edge," "face" and "polyhedron." High school and college instructors may want to look into some of the proofs of the formula, to compare them for rigor and completeness and so perhaps gain an appreciation of the developmental aspect of formal axiomatics. A second direction might be to follow up the SPIRIT of the article, by assigning similar classification projects -- classification of polynomial functions into four basic shapes, for example, or classification of sets into convex and non-convex, and so on. Only a singularly unimaginative teacher will go uninspired by this article from one of the all-time giants of mathematics education.

In the "commentatio" (Note presented to the Russian Academy) in which his theorem on polyhedra (on the number of faces, edges and vertices) was first published Euler gives no proof.[1] In place of proof, he offers an inductive argument: He verifies the relation in a variety of special cases. There is little doubt that he also discovered the theorem, as many of his other results, inductively. Yet he does not give a direct indication of how he was led to his theorem, of how he "guessed" it, whereas in some other cases he offers suggestive hints about the ways and motives of his inductive considerations.

How was Euler led to his theorem on polyhedra? I think that it is not futile to speculate on this question although, of course, we cannot expect a conclusive answer. The question is relevant pedagogically: The theorem is of high interest in itself, and it is so simple; its understanding requires so little preliminary knowledge that its *rediscovery* can be proposed as a stimulating project to an intelligent teenager. Projects of this kind could give young people a first idea of scientific work, a first insight into the interplay of guessing and proving in the mathematician's mind.

One can imagine various approaches to the discovery (rediscovery) of Euler's theorem. I have presented two different approaches on former occasions.[2] I offer here a third one which, I like to think, could have been Euler's own approach. At any rate, I shall stress in the following some points of contact with Euler's text.[3]

1. *Analogy suggests a problem.* There is a certain analogy between plane geometry and solid geometry which may appear plausible even to a beginner. A circle in the plane is analogous to a sphere in space; the area enclosed by a curve in the plane is analogous to the volume enclosed by a surface in space; polygons enclosed by straight sides in the plane are analogous to polyhedra enclosed by plane faces in space.

Yet there is a difference. If we look closer the geometry of the plane appears as simpler and easier whereas that of space appears as more intricate and more difficult. Take the polygons and the polyhedra. We have a simple classification of polygons according to the number of their sides. The triangles form the simplest class; they have three sides. Next comes the class of quadrilaterals which have four sides, and so on. The n-sided polygons form a class; two polygons belonging to this class may differ quantitatively, in the lengths of their sides and the openings of their angles, yet they agree in an important respect -- should we say "qualitatively" or "morphologically"?[4] We could try to classify the polyhedra according to the number of their faces. Now look at the three polyhedra of Figure 1: the regular octahedron, a prism with a hexagonal

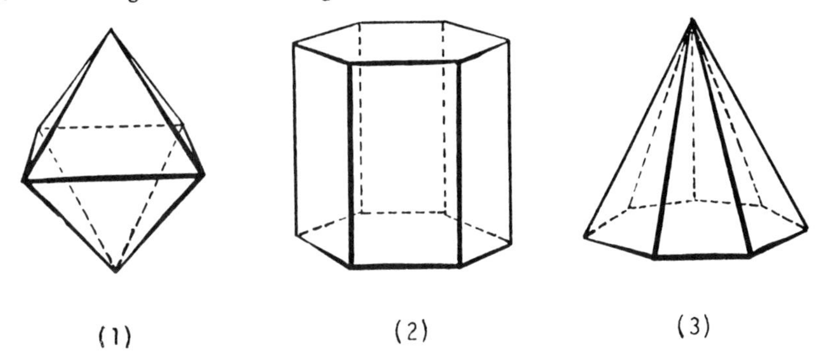

Figure 1

base, and a pyramid with a heptagonal base. All three have the same number of faces, namely eight, but they are too different in their whole aspect (morphology) to be classified together.[5]

Here emerges a problem: Let us devise a classification of polyhedra that accomplishes something analogous to the simple classification of polygons according to the number of their sides. Yet in the case of polyhedra taking into account just the number of faces is not enough as the example of Figure 1 shows.[6]

2. *A first trial.* Here is a remark that could be relevant. Two polygons that have the same number of sides also have the same number of vertices, equal to the number of sides. Yet polyhedra are more complicated. All three polyhedra in Figure 1 have eight faces, yet they have different numbers of vertices, namely six, twelve and eight vertices, respectively. Would it be enough for a good classification to take into account the number of faces F *and* the number of vertices V ?

What should we do to answer this question? Survey as many different forms of polyhedra as we can and count their faces and vertices. Figure 2 offers a short survey. Most polyhedra in Figure 2 are named.

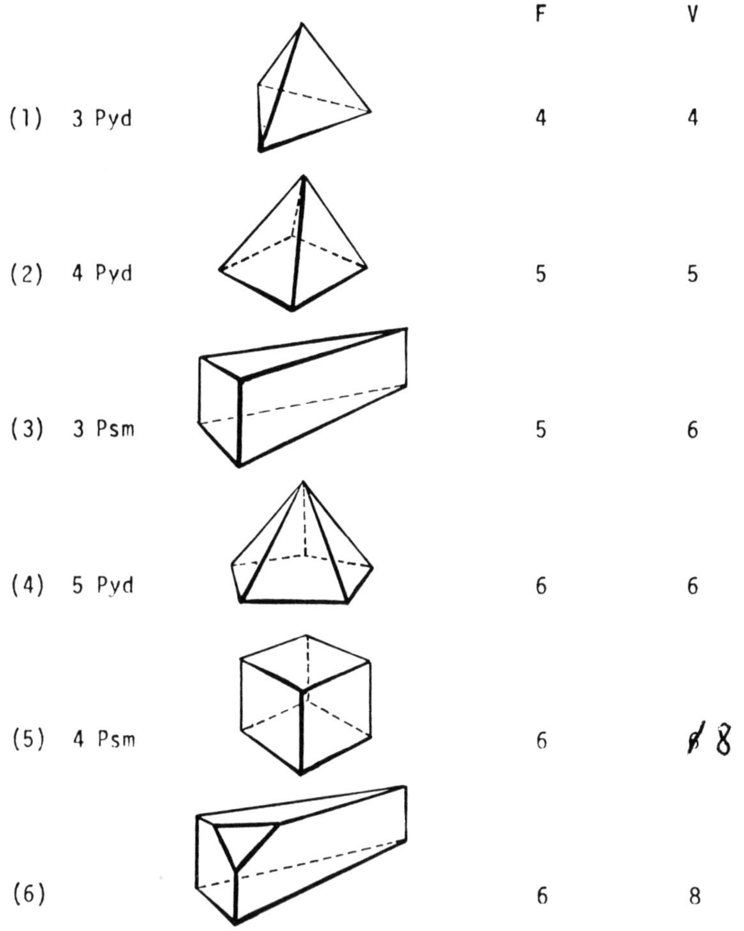

		F	V
(1)	3 Pyd	4	4
(2)	4 Pyd	5	5
(3)	3 Psm	5	6
(4)	5 Pyd	6	6
(5)	4 Psm	6	~~6~~ 8
(6)		6	8

Figure 2

The abbreviation "n Pyd" means "Pyramid with an n-sided base", and "n Psm" stands for "Prism with an n-sided base". Thus in polyhedron (5) the 4 Psm is represented by a cube, as quantitative specialization does not matter. Just the last polyhedron is not named; it is a "truncated 3 Psm", and we obtain it from a 3 Psm by cutting off one vertex (in fact, a small tetrahedron topped by that vertex). Polyhedron (6) answers our question, and it answers it negatively: (6) agrees with (5) (the cube) in both numbers considered (of faces and vertices), yet (5) and (6) are essentially (morphologically) different; they should not be put into the same class. The F and V, the numbers of faces and vertices, are *not enough.*[7]

3. *Another trial. Disappointment and triumph.* What else is here, besides the faces and the vertices, to provide a basis for the classification of polyhedra? The edges.[8] Let us look again at the polyhedra we have surveyed, and let us examine their edges.

	F	V	E
(1)	4	4	6
(2)	5	5	8
(3)	5	6	9
(4)	6	6	10
(5)	6	8	12
(6)	6	8	12

Figure 3

Figure 3 omits the names shown in Figure 2, but repeats the rest and adds the number of edges E. Yet it does not help; it provides no distinction between the polyhedra (5) and (6). They agree also in the number of edges, as they have agreed in the number of faces and vertices. And exploring further cases we find invariably: If two polyhedra have the same F and V, they also have the same E. Thus the number of edges contributes nothing to the classification of polyhedra over and above what the faces and vertices have done already. What a disappointment!

Yet there is something else. If the number E of edges is determined by the numbers F and V, of faces and vertices, then E is a function of F and V. Which function? Is it an increasing function? Does E increase whenever F increases? Does E necessarily increase with V? When examples show that neither is the case, the question arises, "Does E increase somehow with F and V jointly?" Such or similar questions (cf. the pages quoted in footnote [1]) may lead to more examples (more than displayed in Figures 2 and 3) and eventually to the guess,

$$E = F + V - 2 .$$

An unsuspected, extremely simple relation, unique of its kind. What a triumph!

One is tempted to compare Euler with Columbus. Columbus set out to reach India by a western route across the ocean. He did not reach India, but he discovered a new continent. Euler set out to find a classification of polyhedra. He did not achieve a complete classification, but he discovered, in fact, a new branch of mathematics, topology, to which his theorem on polyhedra properly belongs.

4. *Miscellaneous remarks.* We have seen a way which Euler may have taken in discovering his theorem on polyhedra, and this was our main topic. There remain several connected points worth considering, but we must consider them very briefly.

(a) Almost a year after his first Note Euler presented to the Russian Academy a second Note on polyhedra in which he gave a proof of his theorem.[9] His proof is invalid, and, looking back at it from our present standpoint, we can easily see why it was fated to be invalid.

It hinges on the concept of "polyhedron". What is a polyhedron? A part of three-dimensional space enclosed by plane faces. Take the case of Figure 4, a cube with a cubical cavity. Between the outer, larger cubical surface and the inner, smaller one there is a part of space, enclosed by plane faces. Is it a polyhedron? It has twice as many faces, vertices and edges as an ordinary cube, namely

$$F = 12,\ V = 16,\ E = 24,$$

and these numbers do not satisfy Euler's relation,

$$24 \neq 12 + 16 - 2 .$$

5

(b) After Euler's death there arose a debate.[10] Some mathematicians were for Euler's theorem, others against it. The opponents produced counterexamples, such as Figure 4. The partisans answered with invective: Figure 4 is not a polyhedron; it is a monster. It is indecent; it is obscene: The big cube with the small cube inside looks like an expectant mother with her unborn baby. An expectant mother is not a counterexample to the proposition that each person has just one head, and, similarly, Figure 4 is inadmissable as a counterexample.

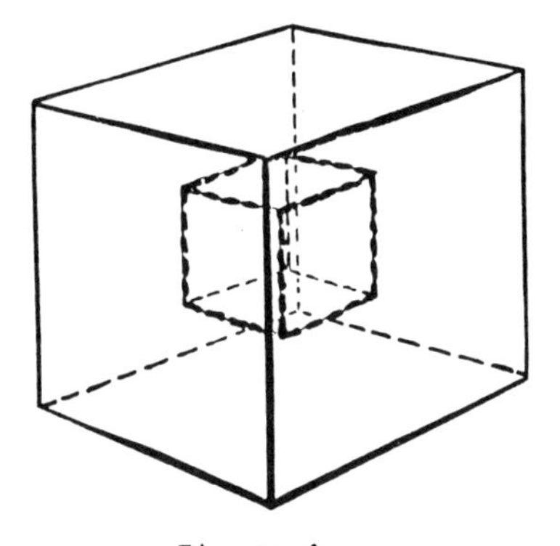

Figure 4

Which shows that in the heat of debate mathematicians can sound as silly as politicians.

(c) In fact, Euler's theorem cannot be really and truly proved before it is satisfactorily stated. There are two ways to state it more satisfactorily, either by generalizing, by introducing the relevant topological concepts unknown in Euler's time[11], or by specializing, by restricting it to convex polyhedra.

(d) Analogy suggested the approach to Euler's theorem considered in the foregoing sections. Yet analogy is a many-sided thing, and it can suggest other approaches too.

The sum of the angles in an n-sided polygon is $(n-2)180^{\circ}$. Looking for an analogous fact about polyhedra we can be led to Euler's theorem, and even to a valid proof of it for convex polyhedra, which is intuitive and can be conveniently presented on the high school level.[12]

(e) I said at the beginning that the "rediscovery" of Euler's theorem can be proposed as a project to an intelligent teenager. A more obvious occasion is to develop the theorem in class discussion; the teacher should lead the discussion so that the students have a fair share in the "rediscovery" of the theorem.

(f) In individual projects, or in class discussion, Euler's theorem could and should be used to introduce young people to *scientific method*, to *inductive research*, to the fascination of *analogy*. What is "scientific method"? Philosophers and non-philosophers have discussed this question and have not yet finished discussing it. Yet as a first introduction it can be described in three syllables:

GUESS AND TEST.

Mathematicians too follow this advice in their research although they sometimes refuse to confess it. They have, however, something which the other scientists cannot really have. For mathematicians the advice is

FIRST GUESS, THEN PROVE.

FOOTNOTES

1) See [1], pp. 72-93. There is a following second Note, pp. 94-108 and a preceding summary, pp. 71-72, which mentions the second Note. See also the remarks of the editor, pp. XIV-XVI. (Numbers in square brackets refer to the bibliography at the end of this paper.)

2) See [2], vol. 1, pp. 35-43 and [3], vol. 2, pp. 149-156, and also the annexed problems and solutions in both books.

3) The contents of this short note were presented, under various titles and with some variations, in Rome, in Zürich, in Missoula (to a joint session of the MAA and AMS on August 21, 1973), and in several colleges and high schools in the wider neighborhood of Stanford. A detailed abstract appeared in *Periodico di Matematica* (vol. 49 (1973), pp. 77-85) and a shorter one (for limited circulation only) was prepared by Clement E. Falbo and Jean C. Stanek of California State College, Sonoma.

4) I am intentionally avoiding the standard term which, by the way, did not exist in Euler's time. One of the ugliest outgrowths of the "new math" is the premature introduction of technical terms.

5) See [1], p. 71.

6) The classification of polyhedra takes up the major part of the text of Euler's Note. Was this problem of classification his starting point?

7) A high school student, working on our project, will probably have to survey many more polyhedra before he encounters such a critical pair, providing the negative answer.

8) Euler was the first to introduce the concept of the "edge of a polyhedron" and to give a name to it (*acies*). He emphasizes this fact, mentions it twice; see [1], p. 71 and p. 73. Perhaps Euler introduced edges in the hope of a better classification, and we follow his example here.

9) [1], pp. 94-108.

7

10) [4] uses the history of Euler's theorem to discuss topics in epistemology and methodology. Rewriting this discussion so that it becomes simpler and more accessible, even if less witty, would be a rewarding task.

11) See [5], especially pp. 258-259.

12) See [3], vol. 2, pp. 149-156. This approach, although not the attached proof, was also known to Euler. See [1], especially p. 90, Propositio 9.

REFERENCES

1. Leonhard Euler, *Opera Omnia*, series 1, vol. 26 (Orell Füssli), 1953.

2. G. Pólya, *Mathematics and Plausible Reasoning* (Princeton University Press), 1954.

3. G. Pólya, *Mathematical Discovery* (Wiley), 1962/4.

4. I. Lakatos, Proofs and Refutations, *British J. Philos. Sci.*, vol. 14, nos. 53, 54, 55, 56; 1963-64.

5. R. Courant and H. Robbins, *What is Mathematics?* (Oxford University Press), 1941.

George Polya, Professor Emeritus, Department of Mathematics, Stanford University, CA 94305.

Comments on the Papers

Comments on
[36] Über geometrische Wahrscheinlichkeiten

This is an expository paper. Though the results were known in 1919 by the authors quoted in the paper (Crofton, Czuber, Hurwitz), and first of all by E. Cartan [Bull. Soc. Math. France **24** (1896), 140–177; *Oeuvres complètes,* pt. II, vol. 1, 265–302], the paper contributed to the clarification of the foundations of the theory of geometrical probability and to its future development.
L. Santaló

Comments on
[38] Über geometrische Wahrscheinlichkeiten an konvexen Körpern

The author considers a convex body having volume J and surface area O. His second footnote refers to a paper by M. W. Crofton, who expressed J as the measure of the number of random points inside the body, and O as the measure of the number of random lines that meet it. Crofton gave an awkward expression for the analogous measure M of the number of random planes that meet the body, and conjectures that "it admits of some simple geometrical representation." Pólya discovered that this geometrical representation is actually the surface integral of the mean curvature of the bounding surface of the body. In the present paper he considers certain probabilities and mean values, which had been discussed in 1884 by Czuber, and expresses them elegantly in terms of the three properties J, O, M.
H. S. M. Coxeter

Geometrical probability is concerned with the probabilities of events defined in terms of random variables that are geometrical objects—in this paper, lines in R^2 and planes in R^3. The distribution of such a random geometrical object is supposed to be invariant under the group of transformations appropriate to the geometry. Pólya is showing that the measures (5) and (9) considered by the early geometrical probabilists (notably M. W. Crofton) are the only measures on the space of lines in R^2 and on the space of planes in R^3 invariant under the group of Euclidean motions. This is an important step in the construction of a precise framework for the brilliant intuitive arguments of Crofton, although in fact Pólya had been anticipated by E. Cartan [Bull. Soc. Math. France **24** (1896), 140–177]. The whole theory has since been greatly

generalized, to establish the existence and uniqueness of invariant measures on homogeneous spaces of very general type (L. Santaló, *Introduction to integral geometry,* Paris, 1953; L. Nachbin, *The Haar integral,* Princeton, 1965).
J. F. C. Kingman

Comments on
[54] Über den zentralen Grenzwertsatz der Wahrscheinlichkeitsrechnung und das Momentenproblem

Although the name "central limit theorem" for the normal limit law seems to have been articulated in the mathematical folklore by 1920, Feller in his famous text attributes to Pólya the first written use of this term.

This work is further distinguished in that it is the first to set forth a general theory for establishing convergence of distributions in terms of corresponding moments.
S. Karlin

An earlier work is A. M. Lyapunov, Mem. Acad. Sci. St. Petersburg **12** no. 5 (1901), 1–24. A later improvement is J. W. Lindeberg, Math. Z. **15** (1922), 211–225.
R. M. Dudley

Comments on
[56] Sur la représentation proportionnelle en matière électorale

On electoral systems, see S. J. Brams, Amer. Math. Soc. Notices **29** (1982), 136–138, and references given therein.
R. M. Dudley

Comments on
[58] Wahrscheinlichkeitstheoretisches über die "Irrfahrt"

The use of Laplace and Fourier transforms in §1 goes back to Laplace, who used the fact that the transform of a convolution of two measures is the product of their transforms to derive the central limit theorem. The novelty lies in the systematic use of the theory of Fourier transforms of rotation-invariant functions on R_n. But even here the basic formulae (5′) through (9′) were known to Cauchy and Poisson in dimension $n =$

1, 2, and 3 (see S. Bochner, *Vorlesungen über Fouriersche Integrale,* Leipzig, 1932, pp. 186, 187, and 226).
F. Spitzer

Comments on

[66] Über eine Aufgabe der Wahrscheinlichkeitsrechnung betreffend die Irrfahrt im Strassennetz

This paper contains the famous recurrence criteria for simple symmetric random walks in various dimensions. Thus, almost all paths visit Rome in one or two dimensions but in three or higher dimensions there is positive probability of not visiting Rome. This result is a classic and intriguing property of random walks. It served partly as a stimulus for the investigation of properties of Brownian-motion paths in various dimensions by numerous authors.

The term "random walk" was first used in this paper.
S. Karlin

The methods developed here to solve a very special problem were of sufficient generality and power to initiate major new developments in the theory of Markov processes. The fact, in §5, that $\Sigma\omega_k = 1$ if and only if $\Sigma\pi_k = \infty$ is valid for an arbitrary Markov chain with countable state space. The last two equations in §5 are ratio ergodic theorems which hold for any irreducible Markov chain with countable state space. For a systematic development with literature references see K.-L. Chung, *Markov chains* (2nd ed., Springer, 1967, pt. I). The use of harmonic analysis in §§2 and 3 to determine the asymptotic behavior of the transition function of the random walk extends in principle to random walks on arbitrary locally compact Abelian groups. Two of the milestones in this development are K.-L. Chung and W. H. J. Fuchs, Mem. Am. Math. Soc. no. 6, 1951, pp. 1–12, where a necessary and sufficient condition for recurrence of random walk on R_n is given in terms of the Fourier transform of the probability measure, and S. Port and C. J. Stone, Acta Math. **122** (1969), 19–115, where a simplified form of the Chung-Fuchs criterion is extended to arbitrary groups. An interesting converse of Pólya's theorem is due to R. M. Dudley, Proc. Am. Math. Soc. **13** (1962), 447–450.
F. Spitzer

Comments on

[74] Herleitung die Gaussschen Fehlergesetzes aus einer Funktionalgleichung

The fact that the characteristic function uniquely determines the probability distribution was first established in this paper. The inversion formula of P. Lévy is a later development.

The paper contains the celebrated characterization (under a second moment restriction) of the Gaussian distribution as the unique solution of a natural functional equation. This result also partly motivated the characterization of stable laws developed by P. Lévy, and served as the point of departure for numerous further characterizations of the Gaussian distribution appearing in the literature on statistics and probability. In recent years Linnik and his students have vigorously pursued this line of research.

S. Karlin

Comments on

[112] Sur l'interprétation de certaines courbes de fréquence

This paper introduces the celebrated "urn scheme." A fuller exposition occurs in [121].

R. M. Dudley

Comments on

[121] Sur quelques points de la théorie des probabilités

This is an important paper, quite unjustly neglected. It is the cornerstone of several theories in probaility and statistics research. It emphasizes the observational basis and validation rather than bias or subjective probabilities in testing the adequacy of a natural model. In certain respects the ideas here are precursors to the Neyman-Pearson theory of testing hypotheses.

This paper also contains the formulation and analysis of the Pólya urn scheme since generalized by numerous authors. The model is used to describe "contagion." It is the prototype of a "mixed Poisson process" and also serves as a prime example of a birth and depth process involving time-dependent transition parameters.

The Pólya urn scheme is related to certain physical models (direct products of Yule processes) and to biological models for population

growth. The discussion of this model is so fundamental that it is incorporated into most texts on applied stochastic processes.
S. Karlin

Comments on
[155] Sur la promenade au hasard dans un réseau de rues

For a definitive account of the passage to the limit from random walk to diffusion see K. Itô and H. P. McKean, Jr., *Diffusion processes and their sample paths* (Springer, 1965).
F. Spitzer

Comments on
[163] Heuristic reasoning and the theory of probability

As in several other articles, Pólya here attempts to provide a connection between the conventional calculus of probability and the degree of belief which one might have in a putative mathematical theorem at various stages in a mathematical investigation. This particular suggestion of Pólya's has never been taken very seriously, so far as I know, since in the case of mathematical theorems formidable difficulties present themselves immediately. One must abandon the convention that if E entails H, the probability of H given E is equal to 1; and the problem is what to replace this convention with. Whatever it is replaced with, however, one will indeed be able to obtain conclusions of the form: The plausibility of a theorem can only increase when a statement known to be a consequence of the theorem is confirmed. Such conclusions are reminiscent of those found in Keynes' *Treatise on probability* (though Keynes regards them as bearing only on empirical hypotheses, for he accepts the convention mentioned above).

There are two insights in this article that have been followed up by other writers. First is the realization that it is possible "to apply this same [probability] calculus to plausibilities by interpreting plausibility as a degree of belief. . . ." [p. 456] Pólya mentions discussions with de Finetti in the early part of the paper; it was de Finetti, of course, who not only showed it to be possible to interpret probabilities as degrees of belief, but developed an entire viable approach to statistics on that basis (see, for example, *Foresight: Its logical laws, its subjective sources*). The other insight is one which is at variance with de Finetti's conception of probability: Pólya argues that it is impossible to attach a determinate value to a plausibility, and that therefore one should formulate as a principle that plausibilities are not determinate numbers. "A probability is measured by a determinate number between 0 and 1. To a plausibility, we will make correspond an indeterminate number or a variable whose domain is the open interval (0, 1)." [p. 457] It is never quite clear what an "indeterminate number" or a "variable" of this sort is, nor is it clear how it is that they can be added and multiplied just like real numbers.

Keynes mentions non-numerical probabilities in his *Treatise,* but does not provide a coherent calculus for them. B. O. Koopman, however, writing at nearly the same time as Pólya, takes the claim that plausibilities or degrees of belief cannot be regarded as real numbers in the interval (0, 1) seriously. In a series of articles, *The bases of probability* [*Bull. Amer. Math. Soc.* **46** (1940), 763–774] and *The axioms and algebra of intuitive probability* [*Ann. Math.* **41** (1940), 269–292], he provides a generalization of the probability calculus which does handle non-numerical probabilities (and which also gives conditions for their reduction to numerical probabilities in special cases), and which appears to provide just the sort of thing Pólya was feeling toward in this article. (Though it should be remarked, again, that Koopman also accepts the convention that if H is entailed by E, the probability of H given E is 1.)
H. E. Kyburg, Jr.

Comments on
[175] Exact formulas in the sequential analysis of attributes

For an elementary account of related sequential procedures see T. S. Ferguson, *Mathematical statistics* (Academic Press, 1967, ch. 7).
F. Spitzer

Comments on
[180] Remarks on characteristic functions

The first part of this paper considers characteristic functions of Pólya type. Theorem 1, as a criterion for the identification of characteristic functions 'of continuous distributions, remains the most general and useful sufficient condition of its kind. (The hypotheses of Bochner's theorem are often hard to verify.)

The second half contains an extension of the important theorem of Paley and Wiener to the case of a general finite measure.
R. M. Dudley

A sufficient condition of wide applicability (now commonly known as the Pólya criterion) for testing that a real function be a characteristic function of a probability distribution is the content of Theorem 1. This result is incorporated into almost all courses treating probability theory. The Pólya criterion is useful in dealing with stable laws and subordinated characteristic functions, and has applications to the general theory of regenerative events recently elaborated by Kingman.
S. Karlin

Comments on
[44] Über die "doppelt-periodischen" Lösungen des *n*-Damen-Problems

This paper is concerned with doubly-periodic solutions of the n-queens problem, that is, the placing of n chess queens on an $n \times n$ chessboard so that no pair of queens attack one another. Such an arrangement is called a *solution.* The cells of the board can be indexed with ordered pairs as in an $n \times n$ matrix, and then a solution can be recorded as an n-set of pairs $\{(1, y_1), \ldots, (n, y_n)\}$ where $\{y_1, \ldots, y_n\} = \{1, \ldots, n\}$. Such an n-set is a solution if and only if both $\{y_1 + 1, \ldots, y_n + n\}$ and $\{y_1 - 1, \ldots, y_n - n\}$ are n-sets. A solution is called *doubly periodic* just when $\{1 + a, y_1 + b), \ldots, (n + a, y_n + b)\}$ is a solution for all $a, b \in \{0, \ldots, n - 1\}$ where integers are reduced to elements of $\{1, \ldots, n\}$ modulo n. This means that if the infinite chessboard is filed in the most obvious way with a doubly-periodic solution, then a doubly-periodic solution is obtained by cutting out an $n \times n$ board anywhere in the midst of this array. Pólya proves that $n \times n$ doubly-periodic solutions exist if and only if n is relatively prime to 6, and he gives a construction for some (but definitely not all) doubly-periodic solutions. Of course, if a solution to the n-queens problem has a queen in a corner of the board, the row and column she occupies can be cut off to form a solution to the $(n - 1)$-queens problem. Since every doubly-periodic solution gives rise to at least one solution with a queen in a corner of the board, Pólya's construction gives solutions for n congruent to 0 and 4 (mod 6) which are derived from the doubly-periodic solutions which exist for n congruent to 1 and 5 (mod 6). Besides these, another ingenious construction is given which combines a doubly-periodic solution for the n-queens problem with any solution for the m-queens problem to produce a solution for the mn-queens problem.

A solution is called *doubly symmetric* if it is unchanged by a 90° rotation about its center. In order for a solution to be invariant under such an action, the queens are mapped to each other in 4-cycles with the possible exception of a queen at the center of the board which would be mapped to itself. Thus, doubly-symmetric solutions can only exist for n congruent to 0 or 1 (mod 4). If it is also required that the solution be doubly periodic, then n must be congruent to 1 (mod 4). Pólya shows that if all the prime factors of n are also congruent to 1 (mod 4), then there is a doubly-periodic, doubly-symmetric solution.

The n-queens problem is discussed in Kraitchik's *Mathematical recreations.* It is now known that solutions exist for all numbers n except 2 and 3. A variation of the n-queens problem involves reflecting queens. A *reflecting queen* can move in the way a normal queen moves, but she is also allowed to enter and reflect out of a strip of cells added along the top of the board. A solution $\{(1, y_1), \ldots, (n, y_n)\}$ of the n-queens problem is a solution of the reflecting queens problem if and only if $\{y_1 \pm 1, \ldots, y_n + n\}$ is a $2n$-set.
D. Klarner

Comments on
[82] Über die Analogie der Kristallsymmetrie in der Ebene

The reader might also be interested in the little book *Symmetry* by Hermann Weyl (Princeton Univ. Press, 1952).
S. G. Williamson

Comments on
[145] Un problème combinatoire général sur les groupes de permutations et le calcul du nombre des isomères des composés organiques

This brief but self-contained note provides a concise statement of the 3-variable version of Pólya's classical enumeration theorem, which was not to appear in complete detail until 1937. Here we see that Pólya recognized the great advantage of placing many counting problems in a group-theoretic setting. The labels could then be stripped from the structures to be enumerated, and the generating function for the unlabeled structures could be expressed in terms of the permutations of an appropriate group and another generating function that was often very easily determined.

For the sake of brevity, the concept of the cycle index of a permutation group is not mentioned, but it is clearly implicit in formula (4), which relates the "configuration counting series" $F(x, y, z)$ to the "figure counting series" $f(x, y, z)$, and this constitutes the main result. Although the proof of (4) is only sketched, it will be sufficient for many readers, and the longer 1937 paper [152] may be consulted for more details.

The note concludes with a thoughtful illustration that enables one to obtain the generating function for the substituted benzenes, $C_{6+n}H_{6+2n}$, from that of the alcohol isomers, $C_nH_{2n+1}OH$. The illustration is particularly well chosen, because no involved group representation is required and the small coefficients in the benzene enumerator are readily verified. Although no formula is provided for the counting series for alcohol isomers, one is led to believe that this problem will be treated later, as is indeed the case.
E. M. Palmer

Comments on

[147] Algebraische Berechnung der Anzahl der Isomeren einiger organischer Verbindungen

Pólya begins by obtaining from first principles what he was later to call the cycle index of the dihedral group D_6, which is the automorphism group of benzene, C_6H_6 (equation 1). He then sketches the derivation of cycle indices for naphthalene (2), anthracene or pyrene (3), phenanthrene (4), and thiophene (5). He then states several rules that, in modern terminology, are as follows:
Rule 1. To find the counting series for molecules in which any hydrogen atom can be replaced by a certain monovalent radical X, substitute $1 + x^n$ for f_n in the cycle index.
Rule 2. To find the counting series when either of the two radicals X and Y may replace any hydrogen atom, substitute $1 + x^n$ for f_n in the cycle index.
Rule 3. This is the analogous rule for three radicals.
Rule 4. To find the counting series when a hydrogen atom can be replaced by any alkyl radical, replace f_n by $r(x^n)$, where

$$r(x) = 1 + x + x^2 + 2x^3 + 4x^4 + 8x^5 + 17x^6 + \cdots$$

Pólya then considers the series $g(x) = r(x) - 1$, with $r(x)$ as above, which enumerates alkyl radicals, not counting hydrogen alone. He uses the series to enumerate primary, secondary, and tertiary alcohols whose formulas are, respectively,

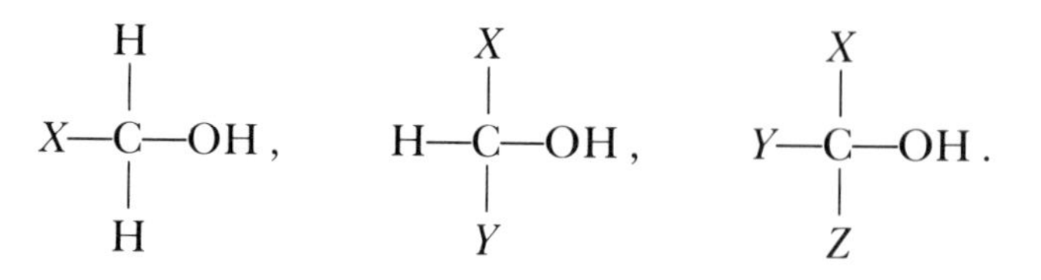

By putting these results together he obtains the functional equation

$$g(x) = x + xg(x) + \frac{g(x)^2 + g(x^2)}{2} + x\,\frac{g(x)^3 + 3g(x)g(x^2) + 2g(x^3)}{6},$$

from which the coefficients in $g(x)$ can be calculated.

Pólya then shows a curious but effective way of displaying the results of a chemical enumeration. He puts $x = X/\mathrm{H}$, substitutes $1 + x$ into the symmetry formula for benzene, and "multiplies" by C^6H^6, obtaining

$$C^6H^6 + C^6H^5X + 3C^6H^4X^2 + 3C^6H^3X^3 + 3C^6H^2X^4 + C^6HX^5 + C^6X^6 .$$

This displays the actual chemical formula of each isomer, preceded by the number of such isomers. In this result, the number of atoms are given as superscripts; in the paper, and elsewhere in these comments, the current practice of writing these numbers as subscripts has been followed.

Thus far Pólya was concerned with special cases and particular examples. He then generalizes these results, stating his classical enumeration theorem for a figure-counting series of the form $f(x, y, z)$. He uses, for illustration, the same example with which he opens his later paper, namely the problem of placing red, blue, and yellow spheres to make configurations, subject to a certain group of permutations. The chemical-enumeration results already cited are now exhibited as special cases of his main theorem.

Other chemical applications are also treated. If one computes the cycle index for the hexagonal ring structure of the Kékulé formula for benzene, and for the triangular prism, the result is the same if reflection is allowed, but not otherwise.

The methods already given can be extended to enumerate esters of the form R_1COOR_2, by the function $xg(x)[1 + g(x)]$; ketones of the form R_1COR_2, by the functions $\frac{1}{2}x[g(x) + g(x^2)]$; and compounds of the form

$X^{IV}R_1R_2R_3R_x$, where X^{IV} is a 4–valent radical with symmetrical valence bonds. The latter are enumerated by

$$\tfrac{1}{24}[g(x)^4 + 8g(x)g(x^3) + 3g(x^2)^2 + 6g(x)^2\, g(x^2) + 6g(x^4)].$$

It is observed that stereo-isomerism causes complications in the above results. Without proof, and without generalization, the author gives the generating function

$$\tfrac{1}{24}x[g(x)^4 + 8g(x)g(x^3) + 3g(x^2)^2 - 6g(x)^2 g(x^2) - 6g(x^4)] \\ + \tfrac{1}{6}x[g(x)^3 - 3g(x)g(x^2) + 2g(x^3)]$$

for the numbers of different asymmetrical compounds isomeric to C_nH_{2n+2}. This anticipates a result in his classical paper in which enumeration without repetition is effected by means of a modified cycle index in which terms corresponding to odd permutations are taken with a minus sign.

Pólya remarks that some problems arising in chemical enumeration are chemical, rather than mathematical, in nature. Thus the treatment of diphenyl

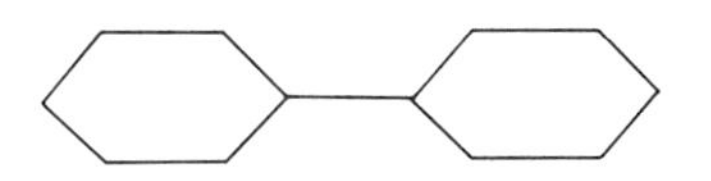

will differ according to whether the two benzene rings are able to rotate independently or not. Whether they can or cannot is a question of fact, which the chemist must decide.

Pólya answers the following two questions relating to stereo-isomers: (a) What is the number of theoretically possible structures of alcohols $C_nH_{2n+1}OH$ having exactly α asymmetrical carbon atoms? (b) What is the number of theoretically possible stereo-isomeric alcohols $C_nH_{2n+1}OH$? Let the number in (a) be denoted by $T_n^{(m)}$ and let

$$Q(x, y) = \sum_{n=0}^{\infty} \sum_{m=0}^{\infty} T_n^{(n)} x^n y^m .$$

The answer to (a) is then given by a functional equation for $Q(x, y)$.

The answer to (b) is

$$T_n^{(0)} + 2T_n^{(1)} + 4T_n^{(2)} + 8T_n^{(3)} + \cdots,$$

and is therefore readily derived from the answer to (a).

R. C. Read

Comments on

[148] Sur le nombre des isomères de certains composés chimiques

The purpose of this note is to present without proofs a brief summary of several of the formulas for chemical enumeration, which are developed in all detail in Pólya's *opus magnum* [152]. For example, the first paragraph quotes, without any preamble, the functional equations

$$q(x) = 1 + xq(x)q(x^2),$$

$$r(x) = 1 + \tfrac{1}{6}x[r(x)^3 + 3r(x)r(x^2) + 2r(x^3)],$$

$$s(x) = 1 + \tfrac{1}{3}x[s(x)^3 + 2s(x^3)],$$

$$t(x) = x \exp\left(\frac{t(x)}{1} + \frac{t(x^2)}{2} + \cdots\right),$$

and goes on to state that these equations determine power series expansions, having nonzero radii of convergence k, ρ, σ, τ, respectively. Each series has a single singular point on its circle of convergence, and $1 > k > \rho > \sigma > 0$, $\rho > \tau > 0$.

The author indicates briefly the interpretation of these series in terms of the enumeration of alcohols of the form $C_nH_{2n+1}OH$, viz.:

(a) $q(x)$ enumerates all isomers with no asymmetric carbon atoms.
(b) $r(x)$ enumerates all isomers, having no regard to stereo-isomerism.
(c) $s(x)$ enumerates all stereo-isomers.
(d) $t(x)$ is the enumerator for rooted trees.

The next two sections give some asymptotic results, as follows:

I. The number of isomeric paraffins C_nH_{2n+2} is asymptotically proportional to $\rho^{-n}\, n^{-5/2}$.
II. The number of isomeric alcohols C_nH_{2n+1} is asymtotically proportional to $\rho^{-n}\, n^{-3/2}$.
III. The number of isomers with formula $C_nH_{2n+2-2\gamma}$ is asymptotically proportional to $\rho^{n}\, n^{(3\gamma-5)/2}$.
IV. The number of isomers with formula $C_nH_{2n+\delta}\, X_1\, X_2 \ldots X_\delta$ where $X_1, X_2, \ldots, X_\delta$ stand for different monovalent radicals is asymptotically proportional to $\rho^{-n}\, n^{(2\delta-5)/2}$.
V. The number of isomeric benzene derivatives, with formula $C_{6+n}H_{6+2n}$ is asymptotically proportional to the number of isomers of $C_nH_{2n+1}OH$.
VI. The number of stereo-isomeric paraffins, C_nH_{2n+2}, is asymptotically proportional to $\rho^{-n}\, n^{-5/2}$.

VII. The number of stereo-isomeric alcohols, $C_nH_{2n+1}OH$, is asymptotically proportional to $\rho^{-n} n^{-3/2}$.

VIII. The number of isomeric paraffins without asymmetric carbon is asymptotically proportional to the number of isomeric alcohols, $C_nH_{2n+1}OH$, without asymmetric carbon atoms.

R. C. Read

Comments on

[149] Über das Anwachsen der Isomerenzahlen in den homologen Reihen der organischen Chemie

This paper is concerned with the rate of increase in the number of isomers in various homologous series of chemical compounds, such as, for example, the alcohols. It starts with a historical review, encompassing the work of Cayley (who enumerated the paraffins C_nH_{2n+2} and the alcohols $C_nH_{2n+1}OH$ up to $n = 13$) and of Blair and Henze (who extended Cayley's tables and produced tables for other classes of chemical compounds, including stereo-isomers.) There were minor errors in their tables, and correct values can be found in the chemical literature.

These tables were produced by the use of recursion formulae, requiring all previous values for the computation of each new value. The main concern of the present paper is with asymptotic formulae, rather than with exact results.

From theoretical considerations the number R_n of isomers of $C_nH_{2n+1}OH$ can be shown to be shown to be asymptotic to $A\rho^{-n}n^{-3/2}$, where A and ρ are constants. It is known that

$$0.35 < \rho < 0.38\,,$$

but more accurate estimates for the constants are difficult to obtain. Since

$$\log (n^{3/2}R_n) - n \log \rho^{-1} + \log A \rightarrow 0$$

as $n \rightarrow \infty$, the graph of $y = \log (n^{3/2}R_n)$ against $x = n$ approximates to

$$y = x \log \rho^{-1} + \log A$$

for large x, and it follows that the difference in y for unit change in x tends to $\log \rho^{-1}$. Using the tabulated values or R_n, as given by Cayley, Blair and Henze, and Perry, the author thus obtains the empirical result

$$\log (\rho^{-1}) = 0.4496 \cdots,$$

whence

$$0.35514 < \rho < 0.35523.$$

The number of isomeric benzol derivatives with formula $C_{6+n}H_{6+2n}$ is asymptotically $A\rho^{-n}n^{-3/2}$, where ρ is the same constant as before, but A is different. The same is true for the naphthalene derivatives $C_{10+n}H_{8+2n}$. The asymptotic formula for the number of paraffins, C_nH_{2n+2}, is $\alpha\rho^{-n}n^{-5/2}$, again with the same value for ρ.

From this it follows that the ratio of the number of alcohols $C_nH_{2n+1}OH$ to the number of paraffins C_nH_{2n+2} is $A\alpha^{-1}n$. The author observes that, corresponding to a given paraffin, there is at least one (and not more than n) different alcohol(s), and in this way interprets the ratio A/α.

Other asymptotic formulae are given. For example, the number of cycloparaffins with formula C_nH_{2n} is asymptotically $\frac{1}{4}\rho^{-n}n^{-1}$. If stereo-isomers are allowed, then similar formulae apply, but the constant ρ is replaced by σ, where

$$0.30 < \sigma < 0.31.$$

The author next gives a proof of the formula on which the above results are based. From first principle he derives the recursion formula

$$R_n = \tfrac{1}{6}R_j(R_j + 1)(R_j + 2) + \tfrac{1}{2}\Sigma R_jR_k(R_k + 1) + \Sigma R_jR_kR_l$$

for the number R_n of isomers $C_nH_{2n+1}OH$. In the first term we have $3j = n - 1$, and the term is taken to be zero if $n - 1$ is not divisible by 3; in the second term the summation is for $j + 2k = n - 1$ and $j \neq k$; in the third term the summation is for $j < k < l$ and $j + k + l = n - 1$.

The functional relation

$$r(x) = 1 + \tfrac{1}{6}x[r(x)^3 + 3r(x)r(x^2) + 2r(x^3)]$$

for the generating function

$$r(x) = R_0 + R_1x + R_2x^2 + R_3x^3 + \cdots$$

is then derived.

The question of convergence is then discussed. From considerations of dominance, it is shown that the radius of convergence ρ of the power series for $r(x)$ lies between those of the power series for the functions $f(x)$ and $F(x)$, defined by

$$f(x) = 1 + \tfrac{1}{6}xf(x)^3,$$

$$F(x) = 1 + xF(x)^3.$$

In this way the result

$$\tfrac{4}{27} \leq \rho \leq \tfrac{8}{9}$$

is obtained.

The author then considers some properties of the function $r(x)$ on its circle of convergence, and shows that the point $x = \rho$ is the only singularity of this circle. From this result, and the development of $r(x)$ as a power series in $(x - \rho)^{1/2}$, the asymptotic result given earlier in the paper is derived.

The number of benzene derivatives with the formula $C_{6+n}H_{6+2n}$ is now considered. From a result of an earlier paper [147], this number is known to be the coefficient of x^n in the series expansion of

$$\tfrac{1}{12}[r(x)^6 + 4r(x^2)^3 + 3r(x)^2r(x^2)^2 + 2r(x^3)^2 + 2r(x^6)].$$

It follows easily from this that the number in question is asymptotically

$$A\rho^{-n}n^{-3/2}.$$

The paper concludes with two short paragraphs noting similar results for stereo-isomers (the previous results were for structural isomers), and commenting on the result for cycloparaffins and paraffins.
R. C. Read

For some interesting comments concerning asymptotic results in the enumeration of tree-shaped molecules, the reader is referred to R. Otter, Ann. Math. **49**, no. 3 (July 1948).
S. G. Williamson

Comments on

[152] Kombinatorische Anzahlbestimmungen für Gruppen, Graphen und chemische Verbindungen

We refer the reader to the article by N. G. de Bruijn (ch. 5 of *Applied combinatorial mathematics,* ed. Beckenbach, Wiley, New York, 1964, pp. 144–184) or to ch. 5 of the book by C. L. Liu (*Introduction to combi-*

natorial mathematics, McGraw-Hill, New York, 1968) for an introduction to the modern development of Pólya's counting theory initially formulated in this paper. The numbers below refer to the corresponding sections of this paper.

1–6 (Einleitung). In a certain sense, the central topic of this paper is the organization of combinatorial computations with respect to a class of problems that can be modeled mathematically as orbit counting problems for various special group actions in finite function sets. The most basic combinatorial result involving the counting of orbits is, of course, Burnside's lemma. Pólya's result go considerably beyond Burnside's lemma by considering a very special class of group actions. Namely, if R^D denotes a set of functions with domain D, range R, and if a group G acts on D, then given $\gamma \in R^D$, $g \in G$, $t \in D$, we may define $(g\gamma)(t) = \gamma(g^{-1}t)$. The map $\hat{g} : \gamma \rightarrow (g\gamma)$ defines a homomorphism $g \rightarrow \hat{g}$ of G into the symmetric group $S(R^D)$. Thus G acts on R^D. In this paper Pólya restricts his attention to extensions of Burnside's lemma as applied to this special but very important situation. The principal computational advantages of Pólya's fundamental identity (Hauptsatz) stem, roughly speaking, from the use of averaging operations (arising from Burnside's lemma in this case), the reduction of the analysis of the action of the group G on the function set R^D to its action on the domain D (in constructing the cycle index polynomial), and the interchange of sum and product whenever possible. These basic features are found in most extensions of Pólya's fundamental identity. We refer the reader here to the articles of de Bruijn and Liu initially cited above. An interesting question concerning the identities of the type studied in this paper concerns the extent to which they can be developed in a manner that bypasses elementary permutation-group theory yet still retain the computational advantages that are usually provided by the various aspects of this theory. We refer the reader to D. A. Smith (*Baxter algebras, partition lattices, and Pólya theory—Lecture notes based on the work of G.-C. Rota,* Duke University, Fall, 1969) for a derivation of Pólya's identity from this point of view.

We remark that in addition to Cayley's work one should also look at the work of P. A. MacMahon (*Combinatory analysis,* Chelsea, New York, 1960—originally published in two volumes, 1915, 1916), especially the material on chessboard diagrams. Also one should look at the very interesting paper by J. H. Redfield [Amer. J. Math. **49** (1927), 433–455]. This paper anticipates Pólya's paper and much of the subsequent work on this class of combinatorial problems, but was apparently overlooked by Pólya, by Blair and Henze, and by Lunn and Senior. In regard to Redfield's work and its connections with Pólya's work the reader is referred to Foulkes [Canad. J. Math. **15** (1963), 272–284], Sheehan [Canad. J. Math. **19** (1967), 792–799], Harary and Palmer [Amer. J. Math. **89** (1967), 373–384], and Read [Canad. J. Math. **20** (1968), 808–841].

7–28 (Gruppen). The "Zyklenzeiger" or cycle index polynomial (§10) of a finite group G acting on a set D, $|D| = d$, may be defined by

$$P_G(f_1, \ldots, f_d) = \frac{1}{|G|} \Sigma f_1^{c(\sigma,1)} \cdots f_d^{c(\sigma,d)}, \tag{1}$$

where $c(\sigma, i)$ denotes the number of cycles of length i in the disjoint cycle decomposition of σ. Let $|R| = r$ and consider the action (described above) of G on R^D. Let Δ be a system of distinct representatives for the orbits of this action and let $w : R \to F$ (F a commutative ring). Define $W : R^D \to F$ by $W(\gamma) = \Pi_{i\in D} w(\gamma(i))$. The principal theorem (Hauptsatz) of this paper may be stated in the more general form

$$P_G\left(\sum_{r\in R} w(r), \sum_{r\in R} w^2(r), \ldots, \sum_{r\in R} w^d(r)\right) = \sum_{\gamma\in\Delta} W(\gamma). \tag{2}$$

We refer the reader to the article of de Bruijn cited above. If G is the octahedral group, $|R| = 3$, $w(r_1) = x$, $w(r_2) = y$, $w(r_3) = z$, we obtain the example of §2. As another example, take R to be a set of "figures" (undefined) and assign to each "figure" a monomial $x^m y^n$ from the ring of polynomials F in two variables. This correspondence may be called $w : R \to F$ as above. The ordered pair (m, n) might be called the "content" of the "figure." Let D be the integers $Z_s = \{1, \ldots, s\}$. The functions of R^D correspond to "s-tuples of figures" or "configurations." If G acts on D then G permutes "configurations" (i.e., G acts on R^D as above). A system of distinct representatives for the orbits of G acting on R^D is a complete set of "inequivalent configurations." The function $W : R^D \to F$ takes on values $x^p y^q \in F$, where (p, q) is the vector sum of the "contents" of the "figures" in the given "configuration." If this vector sum (p, q) is called the "content" of the given "configuration," then the right-hand side of (2) above becomes the "configuration counting series":

$$\sum_{(p,q)} F_{p,q} x^p y^q,$$

where $F_{p,q}$ denotes the number of "inequivalent configurations of type (p, q)." This example illustrates roughly the relationship between the intuitive formulation of Pólya and the formulation of equation (w) above (due to de Bruijn). We refer the reader also to Harary and Prins [Acta Math. **101** (1959), 141–162] and to the article of de Bruijn cited above.

Referring to §20 we remark that the interrelationships between pattern-enumeration techniques and group-representation theory have not been explored to the extent that they perhaps should be. Some interesting ideas may be found in Golomb (*A mathematical theory of discreet classification*, in C. Cherry, ed., *Information theory*, fourth London symposium, Butterworths, London, 1961), and in the articles by Foulkes, Sheehan, and Read cited above.

Referring to §21: For a discussion of these special cycle index polynomials in the context of certain graphical enumeration problems we refer the reader to Harary (*A seminar in graph theory*, Holt, Rinehart, Winston, New York, 1967).

Referring to §26, the reader may also be interested in the work of Golomb and Hales [J. Comb. Theory **5** (1968), 308–312] and Snapper [J. Comb. Theory **5**, no. 2 (1968), 105–114; Illinois J. Math. **13**, no. 1 (1969), 155–164].

A discussion of the problem discussed in §27 of developing the cycle index polynomial of a permutation group from the corresponding polynomials associated with certain subgroups may also be found in Harary and in de Bruijn.

It is interesting to consider Pólya's Kranz product identity as a direct application of de Bruijn's formulation of Pólya's Hauptsatz as stated above in equation (2). For any groups K acting on P and J acting on Q we have the corresponding actions on the set of functions Q^P of the groups K (for $k \in K$, $\gamma \in Q^P$, $j \in P$, define $(k\gamma)(j) = \gamma(k^{-1}j))$ and J^P (for $\varphi \in J^P$, $\gamma \in Q^P$, $j \in P$, define $(\varphi\gamma)j = \varphi(j)\gamma(j))$. Let A, B, R be finite sets. For $\gamma \in R^{A\times B}$ define $[\overline{\gamma}(i)](j) = \gamma(i, j)$ so $\overline{\gamma}(i) \in R^B$ and $\overline{\gamma} \in (R^B)^A$. The map $\psi : \gamma \rightarrow \overline{\gamma}$ is the natural bijection between $R^{A\times B}$ and $(R^B)^A$. Let finite groups G and H act on A and B respectively. The action of the Kranz product $G[H]$ acting on $R^{A\times B}$ may be regarded (with respect to the map ψ) as the action of the semi-direct product L of H^A and G acting on $(R^B)^A$. Let Δ_H be a system of distinct representatives (s.d.r.) for the orbits of H acting on R^B. We may then take the functions $(\Delta_H)^A$ to be a corresponding s.d.r. for the orbits of H^A acting on $(R^B)^A$. Let Δ_G be any s.d.r. for the orbits of G acting on $(\Delta_H)^A$. Since H^A is normal in L and $L/$

H^A is isomorphic to G we have that Δ_G is a s.d.r. for the orbits of L acting on $(R^B)^A$ and thus $\psi^{-1}(\Delta_G)$ is a s.d.r., call it $\Delta_{G[H]}$, for the orbits of $G[H]$ acting on $R^{A\times B}$. Let $w : R \to F$ and define $\overline{W}(\gamma) = \Pi_{(i,j)}w(\gamma(i, j))$. If we define $W^* : (R^B)^A \to F$ by $W^*(\alpha) = \Pi_{i\in A}W(\alpha(i))$ where for $\alpha \in (R^B)^A$, $W(\alpha(i)) = \Pi_{j\in B}w([\alpha(i)](j))$, then $W^*(\overline{\gamma}) = \overline{W}(\gamma)$ for all $\gamma \in R^{A\times B}$. Applying Pólya's fundamental identity to G acting on $(\Delta_H)^A$ we have that

$$\sum_{\gamma\in\Delta_{G[H]}} \overline{W}(\gamma) = \sum_{\overline{\gamma}\in\Delta_G} W^*(\overline{\gamma}) = P_G\left(\sum_{\alpha\in\Delta_H} W(\alpha), \ldots, \sum_{\alpha\in\Delta_H} W^\alpha(\alpha)\right).$$

But for each k, $1 \leq k \leq a$, if we apply Pólya's identity to the action of H on R^B with weight function $w^k : R \to F(w^k(i) = (w(i))^k, i \in R)$ we obtain

$$\sum_{\alpha\in\Delta_H} w^k(\alpha) = P_H\left(\sum_{i\in R} w^k(i), \ldots, \sum_{i\in R} w^{kb}(i)\right).$$

The net result is the Kranz product identity:

$$\sum_{\gamma\in\Delta_{G[H]}} \overline{W}(\gamma) = P_G\left(P_H\left(\sum_{i\in R} w(i), \ldots, \sum_{i\in R} w^b(i)\right), \ldots, P_H\left(\sum_{i\in R} w^a(i), \ldots, \sum_{i\in R} w^{ab}(i)\right)\right).$$

This identity can result in enormous savings in computation when properly applied.

Many other instances of semi-direct products of permutation groups arise in enumerative combinatories. One interesting class of such problems has been studied by Harrison; for discussion and references see Harrison's book, *Introduction to switching theory and automata* (McGraw Hill, New York, 1965) and Harrison and High, J. Comb. Theory **4** (1968), 277–299. These problems arise from certain combinatorial problems in switching theory. The semi-direct products in these cases are the so-called complete monomial groups, and they act on sets of the form $R^{(BA)}$ rather than $(R^B)^A$ (the former being in general of much greater cardinality). Harrison and High develop formulas for the cycle index polynomials of these groups in terms of the cycle index polynomials of the component groups. The analysis in these cases is considerably more involved than in the Kranz product case.

28–54 (Graphen). The principle concern of this paper as far as graphical enumeration is concerned is the enumeration of trees. A considerable amount of work has been done on a wide variety of graphical enumeration problems in the last twenty years. We do not attempt to comment on these results here but rather refer the reader to a number of survey articles by F. Harary (ch. 6 of *Applied combinatorial mathematics,* ed. Beckenbach, Wiley, 1964; *A seminar in graph theory,* ed. F. Harary, Holt, Rinehart, Winston, 1967; *Graph theory and theoretical physics,* ed. F. Harary, Academic Press, New York, 1967; *Ann arbor graph theory conference,* ed. F. Harary, Academic Press, New York, 1967). An interesting and well-written unified treatment of graphical enumeration problems may be found in ch. 3 of the forthcoming book *Pattern enumeration* by N. G. de Bruijn and D. Klarner. The advent of computers has introduced new possibilities in enumerative techniques and an entertaining discussion relating to this aspect of graph theory and graphical enumeration may be found in the article by Read, *Teaching graph theory to a computer* (in *Recent progress in combinatories,* ed. Tutte, Academic Press, New York, 1968). We remark that in most graphical enumeration problems Pólya's identity is used in its most basic form, and interest seems to center more on the often difficult problems of finding the cycle structure of various special permutation groups, of relating the cycle structure of a given group to that of certain of its basic component subgroups, and of choosing the appropriate "weight functions" to be used in Pólya's identity. The problem of enumerating "generalized graphs" leads to an interesting "k-dimensional" version of Pólya's identity which seems to be a basic extension of Pólya's Hauptzatz: see N. G. de Bruijn and D. Klarner, Nederl. Akad. Wetensch. Proc. ser. A72 = Indag. Math. **31** (1969), 1–9.

55–65 (Chemische Verbindungen). Lunn and Senior reference an interesting paper by Sylvester [Amer. J. Math. **1** (1878), 64] in which he studies certain interconnections between the graphical representations of various "molecular structures" and certain notions of classical invariant theory (invariants and covariants of "binary quantics" or polynomials in two variables). Actually, from a mathematical point of view the paper of Lunn and Senior makes quite interesting reading. Lunn and Senior correctly identify the problem of counting the structural isomers of a given chemical structure as an orbit counting problem and show how Burnside's lemma relates to this task (see p. 1045 in Lunn and Senior's paper for the form of Burnside's lemma or "Frobenius' theorem" used). It is clear that had Lunn and Senior been aware of Redfield's work (cited above) they would have recognized its relevance to their problems in chemistry.

The work of Blair and Henze carries the computational aspects of the subject further than does the work of Lunn and Senior. Blair and Henze first successfully treated the enumeration problem for the cases of the aliphatic hydrocarbons C_nH_{2n+2} and the mono-substituted aliphatic hydrocarbons $C_nH_{2n+1}X$ (the carbon associated with the radical or atom $X \neq H$ being the "root" of the associated rooted tree). The papers of Blair and Henze cited by Pólya deal respectively with the number of structurally isomeric alcohols of the methanol series, the number of isomeric hydrocarbons of the methane series, the number of stereoisomeric and nonstereoisomeric mono-substitution products of the paraffins, the number of stereoisomeric and nonstereoisomeric paraffin hydrocarbons, the number of structurally isomeric hydrocarbons of the ethylene series, and the construction of a table of the number of various types of structural isomers of various aliphatic compounds.

From a certain point of view the work of Blair and Henze is not as mathematically interesting as the work of Lunn and Senior, since they do not explicitly identify the group-theoretic aspects of their problem (as do Lunn and Senior and, of course, Pólya). When one restricts one's attention to the class of problems studied by Blair and Henze one sees, however, that more specialized techniques can be used to improve considerably or what one would obtain by simply a direct application of Pólya's Hauptsatz. We refer the reader to the paper by Otter [Ann. Math. **49**, no. 3 (1948)] for a discussion of this aspect of the problem.

There seems to have been very little systematic interest on the part of chemists in extending the work of Lunn and Senior, Blair and Henze, or Pólya on chemical enumeration problems. Perhaps work on computer synthesis in chemistry will revive some interest. Interest in such matters would no doubt be improved if mathematicians were to effectively relate certain key ideas in enumerative combinatories to the improvement of finite search techniques.

We refer the reader to the article *Enumeration of tree-shaped molecules* by de Bruijn (in *Recent advances in combinatories,* ed. Tutte, Academic Press, New York, 1969) for a formulation of Pólya's Hauptsatz using terminology suggestive of chemical applications.

66–86 (Asymptotische Bestimmung). Direct applications of Pólya's Hauptsatz do not in general yield results from which one may easily derive asymptotic formulas. As a partial list of papers containing interesting asymptotic results we give: R. Otter [Ann. Math. **49**, no. 3 (1948), 583–599];

P. Erdös and A. Renyi [Pub. Math. Inst. Hungarian Acad. Sci. **5**, series A, fasc. 1–2 (1960), 17–60]; W. T. Tutte [Can. J. Math. **14** (1962), 402–417; SIAM J. Appl. Math. **17**, no. 2, (1969), 454–60]; R. C. Mullin [J. Comb. Theory **3**, no. 2, (1967), 103–121]; and W. Oberschelp [Abstracts I.C.M. Moscow **13** (1966), 10–11; Math. Annalen **174** (1967), 53–78, *Strukturzahlen den Endlichen Relationssystenen* in *Contributions to mathematical logic,* ed. Schutte, North-Holland, Amsterdam, 1968, pp. 199–213].
S. G. Williamson

Comments on
[159] Sur les types des propositions composées

The solution of a combinatorial problem can often be secured by attacking what may appear to be a completely different problem but which, in essence, is only a clever reformulation. This paper provides a neat example of such a solution. In continuing the work of the logicians Jevon and Clifford, Pólya considered the problem of finding the number of "different" propositions composed of n statements, each of which has two truth values. This he recognized as equivalent to asking for the number of ways in which the 2^n unlabeled vertices of the hypercube can be colored using two different colors. Then the graph required to strip the labels from the n propositions and the two truth values is more readily recognized as the group of the n-dimensional hypercube having order $n!2^n$. With this approach, Pólya devised an algorithm for determining the cycle index of this group and, by applying his main theorem, he found the generating function for composed propositions. Subsequently this paper stimulated a considerable amount of effort toward improving and generalizing the approach to this problem and many others; see Harrison and High, J. Comb. Theory **4** (1968), 277–299.

The groups involved were generalized by Harary [Amer. Math. Monthly **66** (1959), 572–575; Pacific J. Math. **8** (1958), 743–755], and the group of the n-cube is recognized as the "exponentiation" group $[S_2]^{S_n}$. A formula for the cycle index of $[S_2]^{S_n}$ was first obtained implicitly by Slepian [Canad. J. Math. **5** (1953), 185–193]. Harrison and High [J. Comb. Theory **4** (1968), 277–299] described the cycle index of any exponentiation group and enumerated various Post functions. As mentioned in Palmer, *The exponentiation group as the automorphism group of a graph* (in *Proof techniques in graph theory,* ed. F. Harary, Academic Press,

New York, 1969, pp. 125–131), Palmer and Robinson devised an effective formula for expressing the cycle index of the exponentiation $[B]^A$ of any two permutation groups in terms of their individual cycle indexes. They provided the best available method for enumerating the types of Boolean functions, thus settling the problem initiated by Pólya in this paper.
E. G. Palmer

Comments on
[205] On picture-writing

This article portrays Pólya's extensive pedagogical power. "Picture-writing" does not involve insertion of illustrative figures into the text of an essay, but rather uses pictures as part of the text itself. In this sense, the medium becomes the message. The general idea of picture-writing is illustrated in three examples, which develop generating functions for (1) the number of ways of paying n cents with coins of specified denominations, (2) the number of ways of triangulating an n-gon, a problem usually attributed to Euler, and (3) the number of rooted trees on n points, first solved by Cayley.

In (1) the ingredients of the pictures are coins; in (2) a given triangulated polygon is decomposed into one triangle and two smaller triangulated polygons; (3) shows how a rooted tree with root degree d can be constructed from d smaller rooted trees.

The technique of generating functions has, of course, been independently discovered many times, but few other authors have described it so clearly.
F. Harary

Comments on
[222] Intuitive outline of the solution of a basic combinatorial problem

In this expository introductory article, Pólya illustrates and motivates his enumeration theorem for a readership of engineers and physicists. He accomplishes this without ever stating his classical enumeration theorem, using as the basic underlying problem the determination of the number of inequivalent ways of placing four gray balls, one white ball, and one black ball into six positions. The various kinds of equivalence are induced by the arrangement of the positions. The three possible arrangements considered are those of the vertices of (1) a regular hexagon, (2) a regular octahedron, and (3) a regular triangular prism.

Although Pólya's goal in this article is to present a mathematical theorem from the physical scientist's viewpoint, he succeeds in illustrating mathematical research as well.
F. Harary

For further reading and references we refer the reader to C. L. Liu, *Introduction to combinatorial mathematics* (McGraw-Hill, New York, 1968, pp. 126–167), N. G. de Bruijn, in *Applied combinatorial mathematics* (ed. Beckenbach, Wiley, New York, 1964, pp. 144–184), or M. A. Harrison, *Introduction to switching and automata theory* (McGraw-Hill, New York, 1965).
S. G. Williamson

Comments on
[230] On the number of certain lattice polygons

Problems of the type discussed in this paper are generally referred to as "cell growth problems" and seem to be quite difficult as a class. Some interesting results on this problem have been obtained by R. C. Read (Canad. J. Math. **14** (1962), 1–20). Read's results for An together with the previously known values for $n \leq 8$, are shown in the following table.

n	1	2	3	4	5	6	7	8	9	10
An	1	1	2	5	12	35	107	363	1248	4271

No closed expression or generating function in closed form is known for the numbers An. The values of An given in the above table count the lattice polygons of area n (n-celled "animals" or "polyominoes") up to rotations and reflections as well as translations. An account of the history of this problem is given by Harary [Publ. Math. Inst. Hungarian Acad. Sci. **5** (1960), 63–95]. The reader should also look at the paper by S. W. Golomb [Amer. Math. Monthly **61** (1954), 675–682] and the book by S. W. Golomb (*Polyominoes,* Scribner, New York, 1965).
S. G. Williamson

Comments on

[235] Gaussian binomial coefficients and enumeration of inversions
[237] Gaussian binomial coefficients

In paper [237] (written with G. L. Alexanderson) an exposition of the results presented in papers [230] and [235] is given for use in a high school class. This seems a bit ambitious. Since the papers [235] and [237] are similar, they are treated together here.

The Gaussian coefficients $\left[{n \atop r}\right]$ are a generalization of the binomial coefficients. They can be defined by

$$(1 - x)(1 - qx) \ldots (1 - q^{n-1}x) = \left[{n \atop 0}\right] + \left[{n \atop 1}\right]x + \left[{n \atop 2}\right]qx^2 + \ldots + \left[{n \atop n}\right]q^{n(n-1)/2}x^n.$$

It can then be shown that

$$\left[{n \atop r}\right] = \Pi_{k=1}^{n}(q^{n-k+1} - 1)/(q^k - 1) = \Sigma_{k=0}^{n(n-r)}A_{n,r}(k)q^k$$

is a polynomial in q with positive integer coefficients. Pólya made the remarkable discovery that $A_{n,r}(k)$ is the number of lattice paths of length $r + n$ from (0, 0) to (r, n) such that the area of the region enclosed by the lattice path, the x-axis, and the line $x = r$ is k. Another way to say this is that $A_{n,r}(k)$ is the number of partitions of k into exactly r non-negative parts, no part exceeding n. Another older interpretation of $A_{n,r}(k)$ is that it is the number of binary sequences of length $n + r$ having exactly k subsequences equal to (1, 0). Pólya shows how to get his interpretation from this one.
D. Klarner

Comments on

[245] Partitions of a finite set into structured subsets

This paper deals with the number of ways one can partition a finite set into k non-empty blocks, and then assign to each block of the partition a structure pattern chosen from a given set. (Pólya speaks of a structure on each block, but it is more descriptive to say structure pattern.) For example, one can think of a permutation of a set as a partition of the set with each block made into a cycle. Pólya does not formulate his problem exactly, but indicates what he means by examples. Such a mathematical formulation certainly is useful, and we will give two in this commentary. The first of these is closest to Pólya's intuitive presentation; the second parallels de Bruijn's approach to this sort of problem.

Let n be a positive integer, let $[n] = \{1, \ldots, n\}$, and let R_n^* be a set of (non-isomorphic) structures defined on $[n]$. (Each of Pólya's examples involves having R_n^* a binary relation or set of binary relations on $[n)$]. Associated with each $X \in R_n^*$ is a subgroup G_X of S_n (the full symmetric group on $\{1, \ldots, n\}$) called the *symmetry group* of X. The idea is that elements of S_n act on X but elements of G_X preserve the structure of X. Let B be an n-set, then each injection σ of $[n]$ onto B can be interpreted as a relabeling of each structure X with elements of B. Two injections σ_1, σ_2 of $[n]$ onto B are defined to be equivalent relabelings of $X \in R_n^*$ whenever there exists $\gamma \in G_X$ such that $\sigma_1\gamma = \sigma_2$. It is easy to check that this in an equivalence relation on the set of injections from $[n]$ onto B. An equivalence class of relabelings of X is called an *X-structure pattern,* and such a pattern contains $|G_X|$ elements. Hence, the number of X-structure patterns is $n/|G_X|$, so the total number of structure patterns one can assign to an n-set B is

$$p(n) = n! \sum_{X \in R_n^*} |G_X|^{-1}.$$

Define the generating functions

$$\psi(x) = \sum_{n=1}^{\infty} p(n) \frac{x^n}{n!} = \sum_{n=1}^{\infty} \left(\sum_{X \in R_n^*} |G_X|^{-1} \right) x^n,$$

$$F(x, y) = 1 + \sum_{n=1}^{\infty} \sum_{k=1}^{\infty} P(n, k) y^k \frac{x^n}{n!},$$

where $P(n, k)$ is the number of ways to partition an n-set into exactly k non-empty blocks, and then assign a structure pattern to each block. Pólya's main result (proved in a few lines after formula (6) in his paper) is that $F(x, y) = \exp\{y\psi(x)\}$.

Now for the second formulation. First, assume $B = [n]$ or rename the elements of B so that this is so. The set of structures R_n^* dealt with in the first formulation is replaced with a larger set R_n, which consists of all things isomorphic to elements of R_n^*. A representation χ of S_n acting on R_n is given, and two elements of R_n (x, y, say) are said to be equivalent when there exists $\gamma \in S_n$ such that $\chi(\gamma)X = Y$. Furthermore, the equivalence classes of S_n under χ in R_n has R_n^* as a system of distinct representatives. These equivalence classes become the structure patterns assignable to an n-set B.

This paper fits into the Pólya-de Bruijn theory involving enumeration of orbits of a finite group acting on a finite set. The problem of relabeling structures or "coloring" them with elements of a given set was considered in 1963 by de Bruijn in his important paper *Enumerative combinatorial problems concerning structures* [Nieuw Archief voor Wiskunde (3), **11** (1963), 142–161]. Also, de Bruijn took up the question of *The number of partition patterns of a set* [Proc. Royal Dutch Acad. Sci., ser. A, **82**, no. 3 (1979), 229–234] and in the form of examples in earlier work. Pólya's result is now a special case of de Bruijn's horrible monster theorem described in *A survey of generalizations of Pólya's enumeration theorem* [Nieuw Archief voor Wiskunde (2), **19** (1971), 89–112].
D. Klarner

Bibliography of George Pólya

(The number in parentheses following the paper number indicates the volume of the *Collected Papers* in which the paper appears.)

1. Über einige Fragen der Wahrscheinlichkeitsrechnung und gewisse damit zusammenhängende bestimmte Integrale (Hungarian), Dissertation, Budapest, 1912 [*Math. Phys. Lapok*, **22** (1913), 53–73, 163–219 (Compare No. 8)].

2. Über Molekularrefraktion (Hungarian), *Math. Phys. Lapok*, **21** (1912), 155–60 (Compare No. 4).

3. Konzentrationsverteilung einer ruhenden Lösung unter Einfluss der Gravitation (Hungarian), *Math. Phys. Lapok*, **21** (1912), 170–72.

4. Über Molekularrefraktion, *Phys. Z.*, **13** (1913), 352–54.

5(2). Über ein Problem von Laguerre (with M. Fekete), *Rend. Circ. Mat. Palermo*, **34** (1912), 89–120.

6. Über ein Problem von Laguerre (Hungarian), *Math. Naturwiss. Anz. Ungar. Akad. Wiss.*, **30** (1912), 783–96 (Compare No. 5).

7(2). Sur un théorème de Stieltjes, *C. R.*, **155** (1912), 767–69.

8. Berechnung eines bestimmten Integrals, *Math. Ann.*, **74** (1913), 204–12.

9(2). Sur un théorème de Laguerre, *C. R.*, **156** (1913), 996–99.

10. Über die reellen Nullstellen eines durch äquidistante Ordinaten bestimmten Polynoms (Hungarian), *Math. Naturwiss. Anz. Ungar. Akad. Wiss.*, **31** (1913), 438–47 (Compare No. 9).

11(2). Über einige Verallgemeinerungen der Descartesschen Zeichenregel, *Arch. Math. Phys.*, **23** (3) (1914), 22–32.

12(3). Über eine Peanosche Kurve, *Bull. Acad. Sci., Cracovie*, A (1913), 305–13.

13(2). Sur la méthode de Graeffe, *C. R.*, **156** (1913), 1145–47.

14(3). Sur un algorithme toujours convergent pour obtenir les polynomes de meilleure approximation de Tchebychef pour une fonction continue quelconque, *C. R.*, **157** (1913), 840–43.

15(3). Über eine von Herrn C. Runge behandelte Integralgleichung, *Math. Ann.*, **75** (1914), 376–79.

16(2). Über Annäherung durch Polynome mit lauter reellen Wurzeln, *Rend. Circ. Mat. Palermo*, **36** (1913), 279–95.

17(2). Über Annäherung durch Polynome deren sämtliche Wurzeln in einen Winkelraum fallen, *Nachr. Ges. Wiss. Gottingen* (1913), 326–30.

18(2). Über einen Zusammenhang zwischen der Konvergenz von Polynomfolgen und der Verteilung ihrer Wurzeln (with E. Lindwart), *Rend. Circ. Mat. Palermo*, **37** (1914), 297–304.

19(2). Über das Graeffesche Verfahren, *Z. Math. Phys.*, **63** (1914), 275–90.

20(2). Über zwei Arten von Faktorenfolgen in der Theorie der algebraischen Gleichungen (with I. Schur), *J. Reine Angew. Math.*, **144** (1914), 89–113.

21(2). Sur une question concernant les fonctions entières, *C. R.*, **158** (1914), 330–33.

22(2). Algebraische Untersuchungen über ganze Funktionen vom Geschlechte Null und Eins, *J. Reine Angew. Math.*, **145** (1915), 224–49.

23. Über positive quadratische Formen mit Hankelscher Matrix (Hungarian), *Math. Naturwiss. Anz. Ungar. Akad. Wiss.*, **32** (1914), 656–79.

24(1). Über ganzwertige ganze Funktionen, *Rend. Circ. Mat. Palermo*, **40** (1915), 1–16.

25. Zur Theorie der algebraischen Gleichungen (Hungarian), *Math. Naturwiss. Anz. Ungar. Akad. Wiss.*, **33** (1915), 139–41 (Compare No. 32).

26(1). Zwei Beweise eines von Herrn Fatou vermuteten Satzes (with A. Hurwitz), *Acta Math.*, **40** (1916), 179–83.

27(1). Über den Zusammenhang zwischen dem Maximalbetrage einer analytischen Funktion und dem grössten Gliede der zugehörigen Taylorschen Reihe, *Acta Math.*, **40** (1916), 311–19.

28(2). Bemerkung zur Theorie der ganzen Funktionen, *Jber. Deutsch. Math. Verein.*, **24** (1916), 392–400.

29(1). Über Potenzreihen mit ganzzahligen Koeffizienten, *Math. Ann.*, **77** (1916), 497–513.

30. Über den Eisensteinschen Satz (Hungarian), *Math. Naturwiss. Anz. Ungar. Akad. Wiss.*, **34** (1916), 754–58.

31(1). Über das Anwachsen von ganzen Funktionen, die einer Differentialgleichung genügen, *Vierteljschr. Naturforsch. Ges. Zürich,* **61** (1916), 531–45.

32(2). Über algebraische Gleichungen mit nur reellen Wurzeln, *Vierteljschr. Naturforsch. Ges. Zürich,* **61** (1916), 546–48.

33(3). Anwendung des Riemannschen Integralbegriffes auf einige zahlentheoretische Aufgaben, *Arch. Math. Phys.*, **26** (3) (1919), 196–201.

34(3). Über eine neue Weise bestimmte Integrale in der analytischen Zahlentheorie zu gebrauchen, *Nachr. Ges. Wiss. Göttingen* (1917), 149–59.

35(1). Über die Potenzreihen, deren Konvergenzkreis natürliche Grenze ist, *Acta Math.*, **41** (1916), 99–118.

36(4). Über geometrische Wahrscheinlichkeiten, *S.-B. Akad Wiss. Wien,* **126** (1917), 319–28.

37(3). Généralisation d'un théorème de M. Störmer, *Arch. Math. Naturvid.*, **35** (5) (1917).

38(4). Über geometrische Wahrscheinlichkeiten an konvexen Körpern, *Ber. Sächs. Ges. Wiss. Leipzig,* **69** (1917), 457–58.

39(1). Über Potenzreihen mit endlich vielen verschiedenen Koeffizienten, *Math. Ann.*, **78** (1918), 286–93.

40(3). Zur arithmetischen Untersuchung der Polynome, *Math. Z.*, **1** (1918), 143–48.

41(3). Über die Verteilung der quadratischen Reste und Nichtreste, *Nachr. Ges. Wiss. Göttingen* (1918), 21–29.

42(2). Über die Nullstellen gewisser ganzer Funktionen, *Math. Z.*, **2** (1918), 352–83.

43(4). Zahlentheoretisches und Wahrscheinlichkeitstheoretisches über die Sichtweite im Walde, *Arch. Math. Phys.*, **27** (3) (1918), 135–42.

44(4). Über die "doppelt-periodischen" Lösungen des *n*-Damen-Problems, Aus W. Ahrens, *Math. Unterhalt. Spiele,* 2-te Aufl. Berlin: Teubner, 1918. Bd. 2, pp. 364–74.

45(3). Über ganzwertige Polynome in algebraischen Zahlkörpern, *J. Reine Angew. Math.*, **149** (1919), 97–116.

46(1). Arithmetische Eigenschaften der Reihenentwicklungen rationaler Funktionen, *J. Reine Angew. Math.*, **151** (1920), 1–31.

47(1). Zur Untersuchung der Grössenordnung ganzer Funktionen, die einer Differentialgleichung genügen, *Acta Math.*, **42** (1920), 309–16.

48(3). Verschiedene Bemerkungen zur Zahlentheorie, *Jber. Deutsch. Math. Verein.*, **28** (1919), 31–40.

49. Zur Statistik der sphärischen Verteilung der Fixsterne, *Astr. Nachr.*, **208** (1919), 175–80.

50. Über das Gauss'sche Fehlergesetz, *Astr. Nachr.*, **208** (1919), 185–92, **209** (1919), 111–12.

51. Geometrische Darstellung einer Gedankenkette, *Schweiz. Pädagog. Z.* (1919).

52. Über die Verteilungssysteme der Proportionalwahl, *Z. Schweiz. Stat. Volkswirtsch.*, **54** (1918), 363–87.

53. Anschauliche und elementare Darstellung der Lexisschen Dispersionstheorie, *Z. Schweiz. Stat. Volkswirtsch.*, **55** (1919), 121–40.

54(4). Über den zentralen Grenzwertsatz der Wahrscheinlichkeitsrechnung und das Momentenproblem., *Math. Z.*, **8** (1920), 171–81.

55. Proportionalwahl und Wahrscheinlichkeitsrechnung, *Z. Ges. Staatswiss.*, **74** (1919), 297–322.

56(4). Sur la représentation proportionnelle en matière électorale, *Enseignement Math.*, **20** (1919), 355–79.

57(1). Über ganze ganzwertige Funktionen, *Nachr. Ges. Wiss. Göttingen* (1920), 1–10.

58(4). Wahrscheinlichkeitstheoretisches über die "Irrfahrt," *Mitt. Phys. Ges. Zürich,* **19** (1919), 75–86.

59(2). Geometrisches über die Verteilung der Nullstellen gewisser ganzer transzendenter Funktionen, *S.-B. Bayer. Akad. Wiss.* (1920), 285–90.

60. Anschaulich-experimentelle Herleitung der Gauss'schen Fehlerkurve, *Z. Math. Naturwiss. Unterricht,* **52** (1921), 57–65.

61(1). Neuer Beweis für die Produktdarstellung der ganzen transzendenten Funktionen endlicher Ordnung, *S.-B. Bayer. Akad. Wiss.* Math. Nat. Abteilung. (1921), 29–40.

62(1). En funktionsteoretisk bemaerkning, *Mat. Tidsskr.* (1921), B, 14–16.

63(1). Bestimmung einer ganzen Funktion endlichen Geschlechts durch viererlei Stellen, *Mat. Tidsskr.* (1921), B, 16–21.

64(3). Ein Mittelwertsatz für Funktionen mehrerer Veränderlichen, *Tôhoku Math. J.*, **19** (1921), 1–3.

65(1). Über die kleinsten ganzen Funktionen, deren sämtliche Derivierten im Punkte $z = 0$ ganzzahlig sind, *Tôhoku Math. J.*, **19** (1921), 65–68.

66(4). Über eine Aufgabe der Wahrscheinlichkeitsrechnung betreffend die Irrfahrt im Strassennetz, *Math. Ann.*, **84** (1921), 149–60.

67(2). Über die Nullstellen sukzessiver Derivierten, *Math. Z.*, **12** (1922), 36–60.

68(1). Sur les séries entières dont la somme est une fonction algébrique, *Enseignement Math.*, **22** (1922), 38–47.

69(1). Sur les séries entières à coefficients entiers, *Proc. London Math. Soc.*, **21** (2) (1923), 22–38.

70. Eine Ergänzung zu dem Bernoullischen Satz der Wahrscheinlichkeitsrechnung, *Nach. Ges. Wiss. Göttingen* (1921), 223–28 (1923), 96.

71(2). Bemerkung über die Mittag-Lefflerschen Funktionen $E_a(z)$, *Tôhoku Math. J.*, **19** (1921), 241–48.

72(1). Arithmetische Eigenschaften und analytischer Charakter, *Jber. Deutsch. Math. Verein.*, **31** (1922), 107–15.

73(1). Über eine arithmetische Eigenschaft gewisser Reihenentwicklungen, *Tôhoku Math. J.*, **22** (1922), 79–81.

74(4). Herleitung des Gauss'schen Fehlergesetzes aus einer Funktionalgleichung, *Math. Z.*, **18** (1923), 96–108.

75(1). Bemerkungen über unendliche Folgen und ganze Funktionen, *Math. Ann.*, **88** (1923), 169–83.

76(1). Analytische Fortsetzung und konvexe Kurven, *Math. Ann.*, **89** (1923), 179–91.

77(1). Über die Existenz unendlich vieler singulärer Punkte auf der Konvergenzgeraden gewisser Dirichletscher Reihen, *S.-B. Preuss. Akad., Phys.-Math. Kl.* (1923), 45–50.

78(3). Rationale Abzählung der Gitterpunkte (with R. Fueter), *Vierteljschr. Naturforsch. Ges. Zürich,* **68** (1923), 380–86.

79(4). Über die Statistik verketteter Vorgänge (with F. Eggenberger), *Z. Angew. Math. Mech.*, **3** (1923), 279–89.

80(3). On the mean-value theorem corresponding to a given linear homogeneous differential equation, *Trans. Amer. Math. Soc.*, **24** (1922), 312–24.

81(2). On the zeros of an integral function represented by Fourier's inegral, *Messenger of Math.*, **52** (1923), 185–88.

82(4). Über die Analogie der Krystallsymmetrie in der Ebene, *Z. Krystall.*, **60** (1924), 278–82.

83(1). Sur certaines transformations fonctionnelles linéaires des fonctions analytiques, *Bull. Soc. Math. France,* **52** (1924), 519–32.

84(1). Sur l'existence d'une limite considérée par M. Hadamard, *Enseignement Math.*, **24** (1925), 76–78.

85(3). Über eine geometrische Darstellung der Fareyschen Reihe, *Acta Lit. Sci. Szeged,* **2** (1925), 129–33.

86(1). On certain sequences of polynomials, *Proc. London Math. Soc.*, **24** (2) (1926), xliv–xlv.

87. Proof of an inequality, *Proc. London Math. Soc.*, **24** (2) (1926), lvii.

88(1). On an integral function of an integral function, *J. London Math. Soc.*, **1** (1926), 12–15.

89(1). On the minimum modulus of integral functions of order less than unity, *J. London Math. Soc.*, **1** (1926), 78–86.

90(2). On the zeros of certain trigonometric integrals, *J. London Math. Soc.*, **1** (1926), 98–99.

91. The maximum of a certain bilinear form (with G. H. Hardy and J. E. Littlewood), *Proc. London Math. Soc.*, **25** (2) (1926), 265–82.

92(3). Application of a theorem connected with the problem of moments, *Messenger of Math.*, **55** (1926), 189–92.

93(2). Bemerkung über die Integraldarstellung der Riemannschen ζ-Funktion, *Acta Math.*, **48** (1926), 305–17.
94(2). Sopra una equazione trascendente trattata da Eulero, *Boll. Un. Mat. Ital.*, **5** (1926), 64–68.
95(2). Sur les opérations fonctionnelles linéaires échangeables avec la dérivation et sur les zéros des polynomes, *C. R.*, **183** (1926), 413–14.
96(2). Sur les opérations fonctionnelles linéaires échangeables avec la dérivation et sur les zéros des sommes d'exponentielles, *C. R.*, **183** (1926), 467–68.
97(1). Sur les singularités des séries lacunaires, *C. R.*, **184** (1927), 502–4.
98(1). Sur un théorème de M. Hadamard relatif à la multiplication des singularités, *C. R.*, **184** (1927), 579–81.
99(1). Theorems concerning mean values of analytic functions (with G. H. Hardy and A. E. Ingham), *Proc. Roy. Soc. A*, **113** (1927), 542–69.
100(1). Sur les fonctions entières à série lacunaire, *C. R.*, **184** (1927), 1526–28.
101(2). Über trigonometrische Integrale mit nur reellen Nullstellen, *J. Reine Angew. Math.*, **158** (1927), 6–18.
102(2). Über die algebraisch-funktionentheoretischen Untersuchungen von J. L. W. V. Jensen, *Kgl. Danske Vid. Sel. Math.-Fys. Medd.*, **7** (17) (1927).
103(3). Note on series of positive terms, *J. London Math. Soc.*, **2** (1927), 166–69.
104(1). Elementarer Beweis einer Thetaformel. *S.-B. Preuss. Akad., Phys.-Math. Kl.* (1927), 158–61.
105(1). Sur les coefficients de la série de Taylor, *C. R.*, **185** (1927), 1107–8.
106(1). Eine Verallgemeinerung des Fabryschen Lückensatzes, *Nachr. Ges. Wiss. Göttingen* (1927), 187–95.
107(2). Über positive Darstellung von Polynomen, *Vierteljschr. Naturforsch. Ges. Zürich*, **73** (1928), 141–45.
108(1). Notes on moduli and mean values (with G. H. Hardy and A. E. Ingham), *Proc. London Math. Soc.*, **27** (2) (1928), 401–9.
109(3). Über die Funktionalgleichung der Exponentialfunktion im Matrizenkalkül, *S.-B. Preuss. Akad., Phys.-Math. Kl.* (1928), 96–99.
110(1). Über gewisse notwendige Determinantenkriterien für die Fortsetzbarkeit einer Potenzreihe, *Math. Ann.*, **99** (1928), 687–706.
111(1). Beitrag zur Verallgemeinerung des Verzerrungssatzes auf maehrfach zusammenhängende Gebiete, *S.-B. Preuss. Akad.* (a) (1928), 228–32; (b) Zweite Mitteilung (1928), 280–82; (c) Dritte Mitteilung (1929), 55–62.
112(4). Sur l'interprétation de certaines courbes de fréquences (with F. Eggenberger), *C. R.*, **187** (1928), 870–72.
113(1). Untersuchungen über Lücken und Singularitäten von Potenzreihen, *Math. Z.*, **29** (1929), 549–640. Résumé: *Boll. Un. Mat. Ital.*, **8** (1929), 211–14.
114(2). Über einen Satz von Laguerre, *Jber. Deutsch. Math. Verein.*, **38** (1929), 161–68.
115. Some simple inequalities satisfied by convex functions (with G. H. Hardy and J. E. Littlewood), *Messenger of Math.*, **58** (1930), 145–52.
116(4). Eine Wahrscheinlichkeitsaufgabe in der Kundenwerbung, *Z. Angew. Math. Mech.*, **10** (1930), 96–97.
117(1). Über das Vorzeichen des Restgliedes im Primzahlsatz, *Nachr. Ges. Wiss. Göttingen* (1930) [Fachgr. 1, no. 2], 19–27.
118(2). Some problems connected with Fourier's work on transcendental equations, *Quart. J. Math., Oxford Ser.*, **1** (1930), 21–34.
119. Eine Wahrscheinlichkeitsaufgabe in der Pflanzensoziologie, *Vierteljschr. Naturforsch. Ges. Zürich*, **75** (1930), 211–19.
120(3). Liegt die Stelle der grössten Beanspruchung an der Oberfläche? *Z. Angew. Math. Mech.*, **10** (1930), 353–60.
121(4). Sur quelques points de la théorie des probabilités, *Ann. Inst. H. Poincaré*, **1** (1931), 117–61.
122(1). Sur la recherche des points singuliers de la série de Taylor, *Atti del Congresso Internazionale, Bologna, 1928*, Vol. III, 243–47.
123(1). Über Potenzreihen mit ganzen algebraischen Koeffizienten, *Abh. Math. Sem. Univ. Hamburg*, **8** (1931), 401–2.
124. Sur quelques propriétés qualitatives de la propagation de la chaleur (with G. Szegö), *C. R.*, **192** (1931), 1340–41.

125(1). Über den transfiniten Durchmesser (Kapazitätskonstante) von ebenen und räumlichen Punktmengen (with G. Szegö), *J. Reine Angew. Math.*, **165** (1931), 4–49.

126(3). Sur les valeurs moyennes des fonctions réelles définies pour toutes les valeurs de la variable (with M. Plancherel), *Comm. Math. Helv.*, **3** (1931), 114–21.

127(1). On polar singularities of power series and of Dirichlet series, *Proc. London Math. Soc.*, **33** (2) (1932), 85–101.

128(2). On the roots of certain algebraic equations (with A. Bloch), *Proc. London Math. Soc.*, **33** (2) (1932), 102–14.

129(3). Bemerkung zur Interpolation und zur Näherungstheorie der Balkenbiegung, *Z. Angew. Math. Mech.*, **11** (1931), 445–49.

130. Wie sucht man die Lösung mathematischer Aufgaben? *Z. Math. Naturwiss. Unterricht*, **63** (1932), 159–69.

130A. Comment chercher la solution d'un problème de mathématique? *Enseignement Math.*, **30** (1931), 275–76 (résumé of the preceding paper).

131(4). Über eine Eigenschaft des Gaussschen Fehlergesetzes, *Atti del Congresso Internazionale, Bologna* (1928), Vol. VI, 63–64.

132(1). Über einen Satz von Myrberg, *Jber. Deutsch. Math. Verein.*, **42** (1932), 159.

133(3). Abschtäzung des Betrages einer Determinate (with A. Bloch), *Vierteljschr. Naturforsch. Ges. Zürich*, **78** (1933), 27–33.

134(3). Über die Konvergenz von Quadraturverfahren, *Math. Z.*, **37** (1933), 264–86.

135(3). Qualitatives über Wärmeausgleich, *Z. Angew. Math. Mech.*, **13** (1933), 125–28.

136(1). Über analytische Deformationen eines Rechtecks, *Ann. Math.*, **34** (2) (1933), 617–20.

137(1). Untersuchungen über Lücken and Singularitäten von Potenzreihen, Zweite Mitteilung. (Fortsetzung von 113), *Ann. Math.*, **34** (2) (1933), 731–77.

138(1). Bemerkung zu der Lösung der Aufgabe 105, *Jber. Deutsch. Math. Verein.*, **43** (1933), 67–69.

139(3). Quelques théorèmes analogues au théorème de Rolle, liés à certaines équations linéaires aux dérivées partielles, *C. R.*, **199** (1934), 655–57.

140(3). Sur l'application des opérations différentielles linéaires aux séries, *C. R.*, **199** (1934), 766–67.

141(1). Über die Potenzreihenentwicklung gewisser mehrdeutiger Funktionen, *Comm. Math. Helv.*, **7** (1934/35), 201–21.

142(1). On the power series of an integral function having an exceptional value (with A. Pfluger), *Proc. Cambridge Philos. Soc.*, **31** (1935), 153–55.

143(4). Zwei Aufgaben aus der Wahrscheinlichkeitsrechnung, *Vierteljschr. Naturforsch. Ges. Zürich*, **80** (1935), 123–30.

144(1). Sur les séries entières satisfaisant à une équation différentielle algébrique, *C. R.*, **201** (1935), 444–45.

145(4). Un problème combinatoire général sur les groupes des permutations et le calcul du nombre des isomères des composés organiques, *C. R.*, **201** (1935), 1167–69.

146(4). Tabelle der Isomerenzahlen für die einfacheren Derivate einiger cyclischen Stammkörper, *Helv. Chim. Acta*, **19** (1936), 22–24.

147(4). Algebraische Berechnung der Anzahl der Isomeren einiger organischer Verbindungen, *Z. Kristall.* (A), **93** (1936), 415–43.

148(4). Sur le nombre des isomères de certains composés chimiques, *C. R.*, **202** (1936), 1554–56.

149(4). Über das Anwachsen der Isomerenzahlen in den homologen Reihen der organischen Chemie, *Vierteljschr. Naturforsch. Ges. Zürich*, **81** (1936), 243–58.

150. Zur Kinematik der Geschiebebewegung, *Mitt. Vers. Wass. E. T. H. Zürich* (1937), 1–21.

151(1). Fonctions entières et intégrales de Fourier multiples (with M. Plancherel), *Comm. Math. Helv.* (a) Erste Mitteilung, **9** (1936/37), 224–48; (b) Zweite Mitteilung, **10** (1937/38), 110–63.

152(4). Kombinatorische Anzahlbestimmungen für Gruppen, Graphen und chemische Verbindungen, *Acta Math.*, **68** (1937), 145–254.

152A. (Ankündigung) *Comptes Rendus, Congrès International d. Math. Oslo,* (1936), Vol. 2, 19.

153(2). Über die Realität der Nullstellen fast aller Ableitungen gewisser ganzer Funktionen, *Math. Ann.*, **114** (1937), 622–34.

154(3). Sur l'indétermination d'un problème voisin du problème des moments, *C. R.*, **207** (1938), 708–11.

155(4). Sur la promenade au hasard dans un réseau de rues, *Actualités Sci. Ind.*, **734** (1938), 25–44.
156. Wie sucht man die Lösung mathematischer Aufgaben? *Acta. Psych.*, **4** (1938), 113–70.
157(1). Sur les séries entières lacunaires non-prolongeables, *C. R.*, **208** (1939), 709–11.
158(3). Eine einfache, mit funktionentheoretischen Aufgaben verknüpfte, hinreichende Bedingung für die Auflösbarkeit eines Systems unendlich vieler linearer Gleichungen, *Comm. Math. Helv.*, **11** (1938/39), 234–52.
159(4). Sur les types des propositions composées, *J. Symbolic Logic*, **5** (1940), 98–103.
160(2). On functions whose derivatives do not vanish in a given interval, *Proc. Nat. Acad. Sci.*, **27** (1941), 216–17.
161(2). Generalizations of completely convex functions (with R. P. Boas, Jr.), *Proc. Nat. Acad. Sci.*, **27** (1941), 323–25.
162(1). Sur l'existence de fonctions entières satisfaisant à certaines conditions lineáires, *Trans. Amer. Math. Soc.*, **50** (1941), 129–39.
163(4). Heuristic reasoning and the theory of probability, *Amer. Math. Monthly*, **48** (1941), 450–65.
164(1). On converse gap theorems, *Trans. Amer. Math. Soc.*, **52** (1942), 65–71.
165(2). Influence of the signs of the derivatives of a function on its analytic character (with R. P. Boas, Jr.), *Duke Math. J.*, **9** (1942), 406–24.
166(2). On the oscillation of the derivatives of a periodic function (with N. Wiener), *Trans. Amer. Math. Soc.*, **52** (1942), 245–56.
167(2). On the zeros of the derivatives of a function and its analytic character, *Bull. Amer. Math. Soc.*, **49** (1943), 178–91.
168(3). Approximations to the area of the ellipsoid, *Publ. Inst. Mat. Rosario*, **5** (1943).
169. Inequalities for the capacity of a condenser (with G. Szegö), *Amer. J. Math.*, **67** (1945), 1–32.
170. Sur une généralisation d'un problème élémentaire classique, importante dans l'inspection des produits industriels, *C. R.*, **222** (1946), 1422–24.
171(3). Estimating electrostatic capacity, *Amer. Math. Monthly*, **54** (1947), 201–6.
172(3). A minimum problem about the motion of a solid through a fluid, *Proc. Nat. Acad. Sci.*, **33** (1947), 218–21.
173(3). Sur la fréquence fondamentale des membranes vibrantes et la résistance élastique des tiges à la torsion, *C. R.*, **225** (1947), 346–48.
174(4). On patterns of plausible inference, *Courant Anniversary Volume*, 1948, 227–28.
175(4). Exact formulas in the sequential analysis of attributes, *University of California Publications in Mathematics*, New Series, **1** (5) (1948), 229–70.
176(4). Generalization, specialization, analogy, *Amer. Math. Monthly*, **55** (1948), 241–43.
177(3). Torsional rigidity, principal frequency, electrostatic capacity and symmetrization, *Quart. Appl. Math.*, **6** (1948), 267–77.
178(3). On the product of two power series (with H. Davenport), *Can. J. Math.*, **1** (1949), 1–5.
179(4). Remarks on computing the probability integral in one and two dimensions, *Proceedings of the Berkeley Symposium on Mathematical Statistics and Probability*, Berkeley, Calif.: Univ. California Press, 1949, 63–78.
180(4). Remarks on characteristic functions, *Proceedings of the Berkeley Symposium on Mathematical Statistics and Probability*, Berkeley, Calif.: Univ. California Press, 1949, 115–23.
181(3). Sur les symétries des fonctions sphériques de Laplace (with Burnett Meyer), *C. R.*, **228** (1949), 28–30.
182(3). Sur les fonctions sphériques de Laplace de symétrie cristallographique donnée (with Burnett Meyer), *C. R.*, **228** (1949), 1083–84.
183(4). Preliminary remarks on a logic of plausible inference, *Dialectica*, **3** (1949), 28–35.
184(4). With, or without, motivation? *Amer. Math. Monthly*, **56** (1949), 684–91.
185(3). Remark on Weyl's note "Inequalities between the two kinds of eigenvalues of a linear transformation," *Proc. Nat. Acad. Sci.*, **36** (1950), 49–51.
186. On the harmonic mean of two numbers, *Amer. Math. Monthly*, **57** (1950), 26–28.
187(3). Sur la symétrisation circulaire, *C. R.*, **230** (1950), 25–27.
188(1). Remarks on power series, *Acta Sci. Math.*, **12B** (1950), 199–203.

189(3). On the torsional rigidity of multiply connected cross sections (with Alexander Weinstein), *Ann. Math.*, **52** (1950), 154–63.

190(4). Let us teach guessing, *Études de Philosophie des Sciences,* en hommage à Ferdinand Gonseth, Neuchâtel: Griffon, 1950, pp. 147–154.

191(3). A note on the principal frequency of a triangular membrane, *Quart. Appl. Math.*, **8** (1951), 386.

192(4). On plausible reasoning, *Proceedings of the International Congress of Mathematicians,* Providence, R.I.: Amer. Math. Soc., 1950, Vol. I, 739–47.

193(3). Remarks on the foregoing paper, *J. Math. Phys.*, **31** (1952), 55–57.

194(3). Remarques sur un problème d'algèbre étudié par Laguerre, *J. Math. Pures Appl.*, **31** (9) (1952), 37–47.

195(3). Sur une interprétation de la méthode des différences finies qui peut fournir des bornes supérieures ou inférieures, *C. R.*, **235** (1952), 995–97.

196(3). Sur le rôle des domaines symétriques dans le calcul de certaines grandeurs physiques, *C. R.*, **235** (1952), 1079–81.

197(3). Convexity of functionals by transplantation (with M. Schiffer), *J. Analyse Math.*, **3** (1954), 245–345.

198(3). An elementary analogue to the Gauss-Bonnet theorem, *Amer. Math. Monthly,* **61** (1954), 601–3.

199(3). Estimates for Eigenvalues, *Studies in Mathematics and Mechanics presented to Richard von Mises.* New York: Academic Press, 1954, pp. 200–207.

200(3). More isoperimetric inequalities proved and conjectured, *Comm. Math. Helv.*, **29** (1955), 112–19.

201(3). Sur le quotient de deux fréquences propres consécutives (with L. E. Payne and H. F. Weinberger), *C. R.*, **241** (1955), 917–19.

202(3). On the characteristic frequencies of a symmetric membrane, *Math. Z.*, **63** (1955), 331–37.

203(3). On the ratio of consecutive eigenvalues (with L. E. Payne and H. F. Weinberger), *J. Math. Phys.*, **35** (1956), 289–98.

204(3). Sur les fréquences propres des membranes vibrantes, *C. R.*, **242** (1956), 708–9.

205(4). On picture-writing, *Amer. Math. Monthly,* **63** (1956), 689–97.

206. L'Heuristique est-elle un sujet d'étude raisonnable? *La Méthode dans les Sciences Modernes,* "Travail et Méthode," numéro hors série (1958), 279–85.

206A. Die Mathematik als Schule des plausiblen Schliessens, *Gymn. Helv.*, **10** (1956), 4–8. *Archimedes,* **8** (1956), 111–14; Mathematics as a subject for learning plausible reasoning (translation by C. M. Larsen), *Math. Teacher,* **52** (1959), 7–9.

207(3). Sur quelques membranes vibrantes de forme particulière, *C. R.*, **243** (1956), 467–69.

208(4). On the curriculum for prospective high school teachers, *Amer. Math. Monthly,* **65** (1958), 101–4.

209(1). Remarks on de la Vallée-Poussin means and convex conformal maps of the circle (with I. J. Schoenberg), *Pacific J. Math.*, **8** (1958), 295–334.

210(4). Ten Commandments for Teachers, *Journal of Education of the Faculty and College of Education of the University of British Columbia; Vancouver and Victoria,* (3) (1959), 61–69.

211(1). Sur la représentation conforme de l'extérieur d'une courbe fermée convexe (with M. Schiffer), *C. R.*, **248** (1959), 2837–39.

212(3). Heuristic reasoning in the theory of numbers, *Amer. Math. Monthly,* **66** (1959), 375–84.

213. On the location of the centroid of certain solids (with C. J. Gerriets), *Amer. Math. Monthly,* **66** (1959), 875–79.

214. Circle, sphere, symmetrization and some classical physical problems, *Modern Mathematics for the Engineer,* 2d series, New York: McGraw-Hill, 1961, pp. 420–41.

215(3). On the eigenvalues of vibrating membranes, In memoriam Hermann Weyl, *Proc. London Math. Soc.*, 3d series, **11** (1961), 419–33.

216. Teaching of mathematics in Switzerland, *Amer. Math. Monthly,* **67** (1960), 907–14; *Math. Teacher,* **53** (1960), 552–58.

217(4). The minimum fraction of the popular vote that can elect the President of the United States, *Math. Teacher,* **54** (1961), 130–33.

218. Leopold Fejér, *J. London Math. Soc.*, **36** (1961) 501–6.

219(3). Two more inequalities between physical and geometrical quantities, *J. Indian Math. Soc.*, **24** (1960) 413–19.
220(3). On the role of the circle in certain variational problems. In memoriam Lipót Fejér, *Ann. Univ. Sci. Budapest. Eötvös Sect. Math.*, **3–4** (1960/1961) 233–39.
221(4). The teaching of mathematics and the biogenetic law, *The Scientist Speculates*, ed. I. J. Good, London: Heinemann, 1962, pp. 352–56.
222(4). Intuitive outline of the solution of a basic combinatorial problem, *Switching Theory in Space Technology*, ed. H. Aiken and W. F. Main, Stanford, California: Stanford University Press, 1963, pp. 3–7.
223(4). On learning, teaching, and learning teaching, *Amer. Math. Monthly*, **70** (1963) 605–19.
224. Introduction, *Applied Combinatorial Mathematics*, ed. E. F. Beckenbach, New York: Wiley, 1964, pp. 1–2.
225(3). A series for Euler's constant, *Research papers in statistics, Festschrift for J. Neyman*, ed. F. N. David, New York: Wiley, 1966, pp. 259–61.
226. On teaching problem solving, *The Role of Axiomatics and Problem Solving in Mathematics*, Boston, Massachusetts: Ginn, 1966, pp. 123–29.
226A. L'enseignement par les problèmes, *Enseignement Math.*, **13** (1967) 233–41.
227. A note of welcome, *J. Combinatorial Theory*, **1** (1966) 1–2.
228(4). Inequalities and the principle of nonsufficient reason, *Inequalities*, ed. Oved Shisha, New York: Academic Press, 1967, pp. 1–15.
229(2). Graeffe's method for eigenvalues. *Numer. Math.*, **11** (1968) 315–19.
230(4). On the number of certain lattice polygons, *J. Combinatorial Theory*, **6** (1969) 102–5.
231(4). Fundamental ideas and objectives of mathematical education, *Mathematics in Commonwealth Schools*, 1969, pp. 27–34.
232(4). Entiers algébriques, polygones et polyèdres réguliers, *Enseignement Math.*, **15** (1969) 237–43.
233. Some mathematicians I have known, *Amer. Math. Monthly*, **76** (1969) 746–53.
234(4). On the isoperimetric theorem: history and strategy, *Mathematical Spectrum*, **2** (1969), 5–7.
235(4). Gaussian binomial coefficients and enumeration of inversions, *Proceedings of the Second Chapel Hill Conference on Combinatorial Mathematics and Its Applications*, University of North Carolina, Chapel Hill, N.C., 1970, pp. 381–84.
236(4). Two incidents, *Scientists at Work: Festschrift in Honour of Herman Wold*, ed. T. Dalenius, G. Karlsson, and S. Malmquist; Uppsala, Sweden: Almquist & Wiksells Boktryckeri AB, 1970, pp. 165–68.
237(4). Gaussian binomial coefficients (with G. L. Alexanderson), *Elemente der Mathematik*, **26** (1971) 102–08.
238(4). Methodology or heuristics, strategy or tactics, *Arch. Philos.*, **34** (1971) 623–29.
239. Eine Erinnerung an Hermann Weyl, *Math. Z.*, **126** (1972) 296–98.
240(4). A letter by Professor Pólya, *Amer. Math. Monthly*, **80** (1973) 73–4.
241. The Stanford University competitive examination in mathematics (with J. Kilpatrick), *Amer. Math. Monthly*, **80** (1973) 627–40.
242(4). A Story with a moral, *Math. Gazette*, **57** (1973) 86–7.
243. Formation, not only information, *Graduate Training of Mathematics Teachers*, Canadian Mathematical Congress, Montreal, 1972, pp. 53–62.
244. As I read them, *Developments in Mathematical Education*, Proceedings of the 2nd International Congress in Math. Education, ed. A. G. Howson, New York: Cambridge University Press, 1973, pp. 77–8.
245(4). Partitions of a finite set into structured subsets, *Math. Proc. Camb. Phil. Soc.*, **77** (1975), 453–8.
246(4). Probabilities in proofreading, *Amer. Math. Monthly*, **83** (1976), 42.
247(4). Guessing and proving, *California Math.*, **1** (1976), 1–8.
248(3). On the zeroes of successive derivatives, an example, *J. Analyse Math.*, **30** (1976), 452–5.